国家出版基金项目
"十二五"国家重点出版物出版规划项目

现代兵器火力系统丛书

炸 药 学

欧育湘 编著

北京理工大学出版社
BEIJING INSTITUTE OF TECHNOLOGY PRESS

内 容 简 介

本书论述了炸药的基本理论、主要性能及合成单质炸药的重要有机反应；详细阐述了几类最常用单质炸药的特性、制造原理及生产工艺；对耐热炸药、高能量密度炸药、低感炸药、高氮高能炸药以及以它们为基的新型军用混合炸药、含能黏结剂及增塑剂都进行了重点、系统而全面的论述。

本书注重化学理论与工艺技术相结合，反映了炸药领域的新理论、新材料、新工艺，很多内容都是以前同类教材及专著中缺乏或不够系统的。

本书可作为高等院校含能材料专业本科生及研究生教材，也可供专业生产人员、研究人员、管理干部、物流及其他有关人员使用。

图书在版编目（CIP）数据

炸药学／欧育湘编著. —北京：北京理工大学出版社，2014.2（2023.8 重印）
（现代兵器火力系统丛书）
国家出版基金项目及“十二五”国家重点出版物出版规划项目
ISBN 978－7－5640－8621－3

Ⅰ. ①炸…　Ⅱ. ①欧…　Ⅲ. ①炸药－理论　Ⅳ. ①TQ560.1

中国版本图书馆 CIP 数据核字（2014）第 020652 号

出版发行／北京理工大学出版社有限责任公司
社　　址／北京市海淀区中关村南大街 5 号
邮　　编／100081
电　　话／（010）68914775（总编室）
　　　　　82562903（教材售后服务热线）
　　　　　68944723（其他图书服务热线）
网　　址／http：//www. bitpress. com. cn
经　　销／全国各地新华书店
印　　刷／北京虎彩文化传播有限公司
开　　本／787 毫米×1092 毫米　1/16
印　　张／33.25
字　　数／624 千字
版　　次／2014 年 2 月第 1 版　2023 年 8 月第 3 次印刷
定　　价／84.00 元

责任编辑／王玲玲
文案编辑／王玲玲
责任校对／周瑞红
责任印制／王美丽

图书出现印装质量问题，请拨打售后服务热线，本社负责调换

现代兵器火力系统丛书
编　委　会

总　序

国防科技工业是国家战略性产业,是先进制造业的重要组成部分,是国家创新体系的一支重要力量。为适应不同历史时期的国际形势对我国国防力量提出的要求,国防科技工业秉承自主创新、与时俱进的发展理念,建立了多学科交叉,多技术融合,科研、实验、生产等多部门协作的现代化国防科研生产体系。兵器科学与技术作为国防科学与技术的一个重要分支,直接关系到我国国防科技总体发展水平,并在很大程度上决定着国防科技诸多领域的成果向国防军事硬实力的转化。

进入 21 世纪以来,随着兵器发射技术、推进增程技术、精确制导技术、高效毁伤技术的不断发展,以及新概念、新原理兵器的出现,火力系统的射程、威力和命中精度均大幅提升。火力系统的技术进步将推动兵器系统的其他分支发生相应的革新,乃至促使军队的作战方式发生变化。然而,我国现有的国防科技类图书落后于相关领域的发展水平,难以适应信息时代科技人才的培养需求,更无法满足国防科技高层次人才的培养要求。因此,构建系统性、完整性和实用性兼备的国防科技类专业图书体系十分必要。

为了解决新形势下兵器科学所面临的理论、技术和工程应用等问题,王兴治院士、王泽山院士、朵英贤院士带领北京理工大学、南京理工大学、中北大学的学者编写了《现代兵器火力系统》丛书。本丛书以兵器火力系统相关学科为主线,运用系统工程的理论和方法,结合现代化战争对兵器科学技术的发展需求和科学技术进步对其发展的推动,在总结兵器火力系统相关学科专家学者取得主要成果的基础上,较全面地论述了现代兵器火力系统的学科内涵、技术领域、研制程序和运用工程,并按照兵器发射理论与技术的研究方法,分述了枪炮发射技术、火炮设计技术、弹药制造技术、引信技术、火炸药安全技术、火力控制技术等内容。

本丛书围绕“高初速、高射频、远程化、精确化和高效毁伤”的主题,梳理了近年来我国在兵器火力系统相关学科取得的重要学术理论、技术创新和工程转化等方面的成果。

这些成果优化了弹药工程与爆炸技术、特种能源工程与烟火技术、武器系统与发射技术等专业体系，缩短了我国兵器火力系统与国外的差距，提升了我国在常规兵器装备研制领域的理论水平和技术水平，为我国兵器火力系统的研发提供了技术保障和智力支持。本丛书旨在总结该领域的先进成果和发展经验，适应现代化高层次国防科技人才的培养需求，助力国防科学技术研发，形成具有我国特色的"兵器火力系统"理论与实践相结合的知识体系。

本丛书入选"十二五"国家重点出版物出版规划项目，并得到国家出版基金资助，体现了国家对兵器科学与技术，以及对《现代兵器火力系统》出版项目的高度重视。本丛书凝结了兵器领域诸多专家、学者的智慧，承载了弘扬兵器科学技术领域技术成就、创新和发展兵工科技的历史使命，对于推进我国国防科技工业的发展具有举足轻重的作用。期望这套丛书能有益于兵器科学技术领域的人才培养，有益于国防科技工业的发展。同时，希望本丛书能吸引更多的读者关心兵器科学技术发展，并积极投身于中国国防建设。

丛书编委会

前　言

本书与以往的同类专著及教材相比，在内容上有较大更新。书中除了对制式军用炸药的论述更为全面和补充了一些新的研究成果外，特别是对一些近年研究得比较成熟和已应用或应用前景较好的新一代高能量密度炸药（笼形硝胺、单环及多环硝胺、呋咱及氧化呋咱、三唑、多氮化合物、硝酰胺盐、多硝基烃等）、耐热炸药、钝感炸药、多种含能黏结剂和增塑剂等做了较系统的阐述，故本书在很大程度上反映了炸药领域当代的先进科学技术水平。

本书理论与实际相结合，制式军用炸药与新一代高能量密度炸药及钝感、耐热炸药相结合，炸药生产工艺与实验室合成方法相结合，同时特别注重近年炸药领域内的研究成果及发展动态。全书内容涵盖炸药基本理论、炸药性能及其测试方法、合成炸药的常用有机反应、炸药制造工艺、单质炸药、军用及民用混合炸药、起爆药。此外，书中还汇集了很多近年研制的新单质炸药，以及以高能炸药（如 CL－20）和钝感炸药（如 NTO、TATB）为基的新型军用混合炸药。故本书是一本内容新颖而丰富的炸药学专著。

本书的编著者希望，对炸药感兴趣的初学者及有关大专院校的学生，通过对本书的学习，可较系统地获得炸药学的基本理论知识，了解各类炸药的性能、制造原理及应用领域，并初步认识新一代炸药的特点及前景。对于炸药行业的研究人员、教学人员、管理人员及有关的技术人员，则希望本书会有助于他们对新一代炸药的性能要求及发展前景有更多和更全面的了解，对他们更深入探索炸药领域带来新的启迪。

编著者首先要衷心感谢书末参考文献的所有作者、编者及出版者，是这些文献为本书提供了丰富的信息；其次要感谢审稿人对本书提出的宝贵和中肯的修改意见；最后要感谢在本书写作和出版过程中为编著者提供帮助的所有人员，编著者在此致以深深的谢意。

由于编著者水平有限，书中定有不妥甚至错误之处，恳请读者批评、指正。

编著者
2013 年 11 月

目　录

第1章　炸药基本理论

1.1　炸药和爆炸

1.1.1　爆炸和化学爆炸特征

爆炸是物质迅速的物理变化或化学变化。在此变化过程中，于有限体积内发生物质能量形式的快速转变和物质体积的急剧膨胀，并伴随有强烈的机械、热、声、光、辐射等效应。

广义的爆炸过程包括爆轰及爆燃。爆轰时，物质的势能或内能在极短的时间内转变成冲击波能、热辐射能、光能和声能，并在爆炸中心形成高温、高压、高能量密度气体产物区，且气体产物迅速膨胀，能对周围介质和物体产生剧烈的破坏作用。爆轰速度通常高于2 km/s，以激波形式传播。爆燃是燃速很高（可达1 km/s）的燃烧，能产生火焰和火花，有时还伴随有燃烧粒子的四面飞散，且不需外界供氧。爆燃以热波形式传播，反应区以低于声速的速度进入未燃物质。例如，爆破弹不能完全爆炸的现象就是一种爆燃。

爆炸一般分为物理爆炸、化学爆炸和核爆炸。例如，高速运行的物体强烈撞击高强度的障碍引起的爆炸，高压气瓶和蒸气锅炉引起的爆炸等，均属于物理爆炸，此时一种形式的机械能转变为另一种形式的机械能和热能。原子弹和氢弹的爆炸则属于核爆炸，此时核的分解转变为机械能、热能、光能、声能及辐射能。炸药的爆炸则属于化学爆炸，此时化学反应能转变为机械能、热能、光能、声能。炸药的化学爆炸有三个特征：

（1）反应的放热性。放热化学反应是产生化学爆炸的必要条件。实用的猛炸药分子中多含有 NO_2，因而，爆炸反应时，其中的氧可将分子中的碳和氢分别氧化为 CO_2 及 H_2O 而放出大量的热。衡量炸药爆炸做功能力的一个重要参数是爆热，军用炸药的爆热一般为3～6 MJ/kg。

（2）反应的高速性。爆炸反应是在微秒级（10^{-6} s）的时间内完成的（军用炸药的爆速一般为5～9 km/s），这是爆炸具有巨大功率和爆破作用的前提条件。

（3）生成大量气体产物。这些气体产物是爆炸做功的工质，是爆炸过程中实现炸药势能转变为机械能的物理因素。军用炸药爆炸时生成的气体产物量一般为600～1 000 L/kg。

1.1.2　炸药基本特征

炸药是在外部激发能作用下，能发生爆炸并对周围介质做功的化合物（单质炸药）或混合物(混合炸药)。炸药的爆炸绝大多数是氧化－还原反应,且可视为定容绝热过程,高温、高压的爆炸气态产物骤然膨胀时,在爆炸点周围介质中发生压力突跃,形成冲击波,可对外界产生相当大的破坏作用。

一、炸药基本特征

炸药具有四个特点:高体积能量密度,自行活化,亚稳态,自供氧。

1. 高体积能量密度

如以单位质量计,炸药爆炸所放出的能量远低于普通燃料燃烧时放出的能量。例如,1 kg 汽油或无烟煤在空气中完全燃烧时的放热量,分别为 1 kg 梯恩梯(TNT,2,4,6－三硝基甲苯)爆炸时放热量的 10 倍或 8 倍。即使以 1 kg 汽油或煤与氧的化学当量比混合物计,它们燃烧时的放热量也可达 TNT 爆热的 2.4 倍或 2.2 倍。但如以单位体积物质所放出的能量计,情况就大不相同了。例如,1 L 硝化甘油(NG,丙三醇三硝酸酯)或 1 L TNT 的爆热分别相当于 1 L 汽油－氧混合物燃烧时放热量的 570 倍或 370 倍。大多数炸药的体积能量密度为汽油－氧混合物的 130～600 倍。常用炸药的密度(ρ)与其定容爆热(Q_V)的乘积 ρQ_V 来表示炸药的体积能量密度。几种军用炸药的 ρQ_V 值见表 1－1。

表 1－1　几种军用炸药的 ρQ_V 值

炸　　药	$\rho/(g\cdot cm^{-3})$	$Q_V/(MJ\cdot kg^{-1})$	$\rho Q_V/(MJ\cdot m^{-3})$
梯恩梯	1.65	4.18	6.9×10^3
太安①	1.78	6.25	11.1×10^3
黑索今②	1.79	6.32	11.3×10^3
奥克托今③(β 型)	1.91	6.19	11.8×10^3
六硝基六氮杂异伍兹烷(HNIW,ε 型)	2.04	6.30	12.9×10^3

① 太安是季戊四醇四硝酸酯(PETN)。

② 黑索今是 1,3,5－三硝基－1,3,5－三氮杂环己烷(RDX)。

③ 奥克托今是 1,3,5,7－四硝基－1,3,5,7－四氮杂环辛烷(HMX)。

2. 自行活化

炸药在外部激发能作用下发生爆炸后,在不需外界补充任何条件和没有外来物质参与下,爆炸反应即能以极快速度进行,并直至反应完全。这是因为炸药本身含有爆炸变化所需的氧化组分和可燃组分,且爆炸时放出的爆热足以提供爆炸反应所需活化能。

3. 亚稳态

炸药在热力学上是相对稳定(亚稳态)的物质,只有在足够外部能激发下,才能引发爆炸。对某些工业炸药,可以说是相当稳定的,有时即使雷管也不能将其引爆。另外,大部分炸药的热分解速率甚低,甚至低于某些化肥和农药。近代战争要求炸药具有低易损性和高安全性,一些不稳定的爆炸物是不能作为炸药使用的,它们只能称为爆炸物质,而不能归入炸药的行列。

4. 自供氧

常用单质炸药的分子内或混合炸药的组分内，不仅含有可燃组分，而且含有氧化组分，它们不需外界供氧，在分子内或组分间即可进行化学反应。所以，即使与外界隔绝，炸药自身仍可发生氧化－还原反应甚至燃烧或爆炸。

二、爆炸性的基团

在目前实际应用的猛炸药中，最主要的爆炸性基团为 $C—NO_2$、$N—NO_2$ 及 $O—NO_2$，但并非所有含上述基团的化合物都具有爆炸性，一种化合物是否具有爆炸性取决于其整个分子结构，而不仅是某单个基团。例如，一硝基芳烃就没有爆炸性，而只有多硝基芳烃才具有爆炸性。表 1－2 中列举了一些常见的具有爆炸性的基团和化合物。

表 1－2 具有爆炸性的基团和化合物

基 团	化合物	例
$C—NO_2$，$N—NO_2$，$O—NO_2$	硝基化合物，硝胺，硝酸酯	TNT，HMX，PETN
ClO_3，ClO_4，NO_3	氯酸盐，高氯酸盐，硝酸盐	氯酸钾，高氯酸铵，硝酸铵
ONC	雷酸盐	雷汞
$N=N$，$N=N\equiv N$	偶氮，重氮，叠氮化合物	重氮二硝基酚，叠氮化铅

1.1.3 对炸药的基本要求

一、能量水平

炸药应具有满意的能量水平，即应具有尽可能高的做功能力和猛度，且对不同能量指标的要求常随炸药用途而异。用于破甲或碎甲弹的炸药，应具有高的爆速；用于对空武器的弹药，应具有较高的威力；用于矿井爆破的炸药，特别是安全炸药，应具有适当的爆速和爆热；机械加工业用的炸药，则往往要求低密度和低爆速，以免破坏工件。

二、安全性能

炸药应对机械、热、火焰、光、静电放电及各种辐射等的感度足够低，以保证生产、加工、储存、运输及使用中的安全。但炸药又应对冲击波和爆轰波具有适当的感度，以保证能可靠而准确地被起爆。另外，随炸药使用条件不同，还要求它们具有相应的特殊安全性能。例如，在深水中使用的炸药应当有良好的抗水性；在高温下使用的炸药应有良好的耐热性和理化稳定性（如不发生相变等）；在高温及真空条件下使用的炸药应具有低挥发性；在低温下使用的炸药应具有良好的低温稳定性（不发生相变、不脆裂等），并在低温下具有良好的爆轰敏感性和传爆稳定性。

三、安定性和相容性

炸药应具有良好的物理－化学安定性，以保证长储安全。军用炸药的储存期较长，民用炸药的储存期可以较短。炸药要与包装材料、弹体或其他防护物相接触，在混合炸药中还要与其他组分相接触，所以炸药的相容性也是十分重要的。

四、生产工艺和装药工艺

炸药生产工艺应成熟、可靠，安全程度高，产品质量和得率再现性好。

炸药应具有良好的加工和装药性能，能采取压装、铸装和螺旋装等方法装入弹体，且成型后的药柱应具有优良的物理稳定性及力学性能。

五、价格

在过去，军用炸药的价格不大为人所考虑，但由于近年的全球化倾向，炸药的价格已为人所重视了。因为战时大量消耗炸药，生产炸药的原材料必须价廉，能大量供应。同时，为了进一步降低炸药成本，近年已开始注意对过期炸药的回收再利用。例如，在炸药和推进剂中，采用热塑性弹性体（TPE）代替不可逆的交联聚合物，使含能材料中各组分能分离、回收和再利用。同时，TPE 可反复熔化，并用于制造新产品。

今天，一种新炸药即使多项性能满足使用要求，或者某一项性能理想，但如果价格过于高昂，也很难有乐观的应用前景。

六、对生态环境友好

炸药生产应尽量采用绿色工艺（例如以 N_2O_5 为硝化剂），生产过程中不产生或仅产生少量“三废”，且可以处理，易于实现达标排放，不增加对环境的污染，不影响生态平衡。另外，在军用炸药上应推广采用“绿色弹药”，这不仅可减少对人类健康和环境的不利影响，还能在弹药寿命到期时，更加低成本地回收再利用（用于民用）。

七、对军用炸药的其他要求

并非所有的炸药都适于军用。例如，代那迈特在工业中已使用很多年，但不适于军用。而另一些常用的炸药，如 TNT、RDX、HMX 等则是理想的军用炸药，且特别适用于装填弹药。

对军用炸药的要求是十分严格的，且很少有炸药能满足军用炸药的所有要求。为了确定一个炸药是否适于军用，首先要了解它前述的各项性能，然后还要了解它的挥发性、毒性、吸水性及密度，因为军用炸药的使用条件及最佳性能要求是多变的和严格的，所以这些性能也极其重要。

1. 密度

装药的理论密度应尽可能高。根据所用装药方式，炸药的平均装药密度可达炸药理论最大密度的 80% ~95%。高的装药密度可更好地防止炸药的内部摩擦，因而可降低装药感度。但如装药密度高，致使个别晶体发生破裂，则装药感度增高。提高装药密度可增加弹药中炸药的用量，因而使弹头、炸弹、手榴弹、炮弹等的能量更高。

2. 挥发性

军用炸药的挥发性应尽可能低。在装药温度及最高储存温度下，军用炸药最好几乎不挥发。过度的挥发性往往引起弹药内部压力升高，使混合炸药分离。挥发性也影响炸药的化学组成，使炸药的安定性明显下降，增大处理炸药的危险性。

3. 吸湿性

炸药的吸湿性也应尽量低，因为湿气对炸药的性能会有不利影响。湿气可以作为惰性物质，当炸药吸热时被蒸发出来；湿气也可作为溶剂介质，引起炸药发生一些人们所不希望的化学变化。将湿气带入炸药是很不利的，会降低炸药的感度、威力及爆速。当爆轰时蒸发出的湿气被冷却时，会降低反应温度。湿气也影响炸药的安定性，因为湿气促进炸药的热分解，腐蚀储存炸药的金属容器。

4. 寿命

弹头或弹药的寿命至少应为12～15年，因此，炸药的寿命也应与此相适应。此外，在一些幅员辽阔的国家，不同地区的温度差别很大，所以，炸药应在较宽的温度范围内（一般为 -40 ℃～$+60$ ℃）保持所需的性能。

5. 毒性

炸药是一类有毒危害物，其毒性正日益为人所重视和研究。军用炸药的毒性应尽可能低，高毒性的炸药是不能作为军用的。

1.1.4 炸药分类

很多能发生爆炸的化合物由于各种原因而不能实际应用，所以能作为炸药的单一化合物是不多的，但混合炸药的品种则极其繁多。可以采用各种平行的方法对炸药分类。例如，按化学组分可分为单质炸药（单组分炸药）和混合炸药，前者为单一化合物，后者则由多种组分构成。但无论是单质炸药还是混合炸药，大多由氧化剂（氧元素）及可燃剂（可燃元素）组成。按应用领域可分为军用炸药和民用（工业）炸药。按作用方式可将广义的炸药分为猛炸药、火药、起爆药及烟火药四类，但通常所说的炸药有时仅指猛炸药（也称高级炸药、次发炸药或第二炸药）。本书仅论述猛炸药及起爆药（且以单质炸药为主），故下文只讲述它们的分类。

一、单质炸药

单质炸药分子含有爆炸性基团，其中最重要的有 $C—NO_2$、$N—NO_2$ 及 $O—NO_2$ 三种，它们分别构成三类最主要的单质炸药：硝基化合物、硝胺及硝酸酯。

1. 硝基化合物炸药

目前用作炸药的硝基化合物主要是芳香族多硝基化合物，它们又可分为碳环（单环、多环及稠环）及杂环两大类，但最常用的是单碳环多硝基化合物，其典型代表是TNT。此类炸药的能量和感度大多低于硝酸酯类和硝胺类炸药，但安全性甚优，制造工艺成熟，大部分原料来源广泛，价格较低，故应用广泛。可用作炸药的脂肪族多硝基化合物主要有硝仿系化合物，它们的氧平衡较佳，密度和爆速均较高，但机械感度也较高，有的已获得实际应用。

2. 硝胺炸药

硝胺类炸药的感度和安全性介于硝基化合物炸药与硝酸酯炸药之间，但能量较高，综合性能较好，且原料来源丰富，制造工艺日趋成熟，所以在军事上的应用与日俱增，它们不仅越来越多地用于装弹，且已广泛用于发射药和固体推进剂中。当前各国竞相研究的高能量密度化合物，也多是硝胺炸药，特别是多环笼形硝胺。硝胺炸药可分为氮杂环硝胺、脂肪族硝胺及芳香族硝胺三类，最重要的炸药是氮杂环硝胺中的 RDX 和 HMX 等。

3. 硝酸酯炸药

硝酸酯炸药氧平衡较高，做功能力较强，但安全性较差，感度较高。重要的品种有 PETN、NG、乙二醇二硝酸酯(GDN)、二乙二醇二硝酸酯(DEGDN)、1,2,4－丁三醇三硝酸酯(BTTN)、纤维素硝酸酯(硝化棉,NC)等。除 PETN 用作猛炸药外，其余多用作枪炮发射药和固体推进剂组分(NG 也用作工业炸药部分)。

4. 其他

除了硝基化合物、硝胺、硝酸酯炸药以外，还有一些作为民用炸药或高能炸药组分的无机酸盐及有机碱硝酸盐。混合炸药及火药中广泛使用的硝酸铵及高氯酸铵属于无机酸盐，甲胺硝酸盐、硝酸胍、硝酸脲、乙二胺二硝酸盐等属于有机碱硝酸盐。

二、混合炸药

混合炸药常由单质炸药和添加剂或由氧化剂、可燃剂和添加剂按适当比例混制而成。常用于混合炸药的单质炸药是硝基化合物、硝胺及硝酸酯三类，氧化剂是硝酸盐、氯酸盐、高氯酸盐、单质氧、富氧硝基化合物等，可燃剂是木粉、金属粉、碳、碳氢化合物等，添加剂有黏结剂、增塑剂、敏化剂、钝感剂、防潮剂、交联剂、乳化剂、发泡剂、表面活性剂和抗静电剂等。研制混合炸药可以增加炸药品种、扩大炸药原料来源及应用范围，且通过配方设计可实现炸药各项性能的合理平衡，制得具有最佳综合性能且能适应各种使用要求和成型工艺的炸药。绝大多数实际应用的炸药都是混合炸药，品种极多。

1. 军用混合炸药

军用混合炸药是指用于军事目的的混合炸药，主要用于装填各种武器弹药和军事爆破器材。其特点是能量水平高，安定性和相容性好，感度适中，理化和力学性能良好。此外，低易损性也是 20 世纪 70 年代以来对军用炸药提出的普遍要求。军用混合炸药按其组分特点常分为铵梯炸药、熔铸炸药、高聚物黏结炸药、含金属粉炸药、燃料－空气炸药、低易损性炸药、分子间炸药等几大类。

2. 民用混合炸药

民用混合炸药是指用于工农业目的的混合炸药，也称为工业炸药，广泛用于矿山开采、土建工程、农田基本建设、地质勘探、油田钻探、爆炸加工等众多领域，是国民经济中不可缺少的能源。按组分可分为胶质炸药、铵梯炸药、铵油炸药、浆状炸药、水胶炸药、乳化炸药(包括粉状的)和液氧炸药等类。按用途可分为胶质岩石炸药、煤矿安全炸药、露天炸药、地质勘探炸药和地下爆破炸药等类。民用混合炸药应具有足够的能量水平，令人满意的安全性、实用性和经济性。

三、起爆药

在较弱外部激发能作用下，即可发生燃烧，并能迅速转变成爆轰的炸药称为起爆药。这类炸药感度高，爆轰成长期短，爆轰所产生的爆轰波，用以引爆猛炸药，所以也称为初发炸药。这类炸药按照组成,可分为单质起爆药、混合起爆药、共沉淀起爆药及配位化合物起爆药四类;按激发方式,可分为针刺药、击发药、摩擦药及导电药等。

1. 单质起爆药

单质起爆药是分子中含有特征爆炸性基团的单一化合物,重要的有叠氮化合物(如叠氮化铅,LA)、重氮化合物(如二硝基重氮酚,DDNP)、四氮化物(如四氮烯和四唑)、重金属的硝基酚盐(如三硝基间苯二酚铅,LTNR)及重金属的雷酸盐(如雷汞,MF)等。

2. 混合起爆药

混合起爆药是由两种以上单质起爆药或由起爆药、可燃剂等组成的混合物,其中还可加入钝感剂、敏化剂、黏结剂和安定剂等添加剂。混合起爆药常能满足某些单质起爆药不能满足的使用要求,如叠氮化铅与四氮烯可混合成对针刺敏感的混合物,叠氮化铅与三硝基间苯二酚铅可混合成对火焰敏感的混合物。

3. 共沉淀起爆药

共沉淀起爆药是将两种或两种以上起爆药中的阴离子与共同金属离子共沉淀制得的,具有比原单质起爆药更优异的综合性能,有的还兼具起爆药及猛炸药的特点,可作雷管装药,且使用安全、性能均一、设计简便,是起爆药家族中的"新秀"。

4. 配位化合物起爆药

配位化合物起爆药是含配位离子的化合物,例如高能钴配位化合物。其明显特点是比常规起爆药钝感,也称为"钝感起爆药"。对未加约束的此类化合物的粉末,明火、火花不能将其点燃,当压入管壳后,能用桥丝、火焰起爆。

综合上述,炸药的分类可用图 1-1 表示。

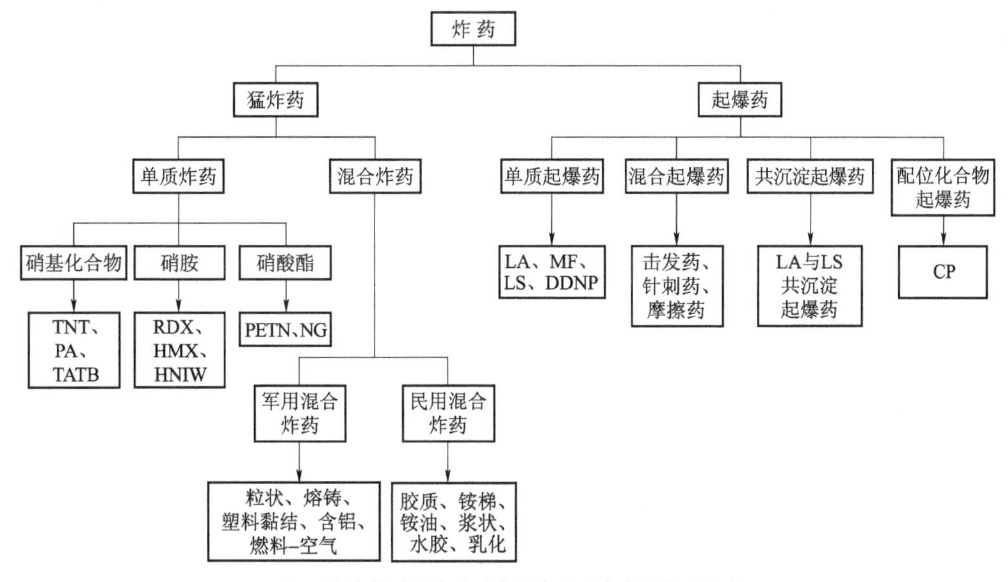

(注:图中各简称的全称或化学名称见本书末缩略语表)

图 1-1　炸药的分类

四、单质炸药(包括猛炸药及起爆药)的其他分类法

1. Plets 法

炸药分类的 Plets 法是基于炸药的化学结构。Plets 提出了“爆炸基团”和“辅助爆炸基团”理论,这类似于 Wiff 的“生色基团”和“辅助生色集团”理论以及 Ehrlich 的“毒素基团”和“次要毒素基团”理论。根据上述理论,任何给定物质的爆炸性能,取决于分子内存在的结构基团,即所谓的“爆炸集团”,而“辅助爆炸基团”则只增强或改性由“爆炸基团”决定的爆炸性能。

Plets 按炸药所含的“爆炸基团”将它们分为 8 类。

(1) 含—NO_2 和—ONO_2 的有机和无机化合物,如 $C_6H_3(NO_2)_3$、NH_4NO_3 等;

(2) 含—N ═N—和—N →N ≡ N 的无机和有机重氮及叠氮化物;

(3) 含—NX_2(X 为卤原子)的化合物;

(4) 含—O—N ⇄ C 的化合物,如雷酸盐 $Hg(ONC)_2$ 及雷酸 HONC;

(5) 含—$OClO_2$ 和—$OClO_3$ 的无机及有机氯酸盐和高氯酸盐,如 $KClO_3$、$KClO_4$、NH_4ClO_4 及其他有机盐;

(6) 含—O—O—和—O—O—O—的无机和有机过氧化物和臭氧化物;

(7) 含—C ≡ C—的乙炔及乙炔金属化合物;

(8) 含 M—C(C—金属键)的某些有机金属化合物。

尽管在原则上这种分类是正确的,但“爆炸基团”与“辅助爆炸基团”之间的差别是很不明确的,而且从实用的观点而言,这种差别没什么实际价值。现有主要的炸药均含有存在于硝基、硝酰氧基、氯酸根、高氯酸根等中的氧,炸药燃烧时产生碳的氧化物、水和氮,并释出能量。但是,其中的氧并不是必不可缺的,例如,LA 的分解能是由氮原子间的弱键断裂,氮再重新结合生成更稳定的化合物产生的。

2. Agrawal 法

在综观了 HEM 领域的发展后,印度的 J. P. Agrawal 提出了一种与上述完全不同的炸药分类方法,该方法基于炸药的一个最重要的性质:热稳定性或能量水平或钝感性等。迄今为止,文献上所报道的炸药可分类如下。

(1) 耐热或热稳定性炸药;

(2) 高能量或高密度、高爆速炸药;

(3) 熔铸炸药;

(4) 钝感炸药;

(5) 用于炸药的含能黏结剂和增塑剂;

(6) 用 N_2O_5 工艺合成的炸药。

1.1.5 炸药的应用

炸药的应用主要是军用和民用,特别是在民用上,其应用领域已不胜枚举。可以肯

定,用于和平的炸药比用于战争的炸药还要多。没有炸药,人类现代文明和现代进步都是不可能的。

一、军用

对军用炸药的很多要求不同于民用炸药,因为后者有时不必具备很高的猛度和爆碎能力。适于民用的炸药通常不满足大多数军用要求,因为很多民用炸药(如代那迈特)对撞击和冲击很敏感,以致存在很多危险性。在军事上,猛炸药用于装填火箭和导弹弹头、炮弹、炸弹、手榴弹、鱼雷、聚能装药弹、核武器等,对这类军用猛炸药的基本要求是高威力、高爆速、苛刻储存条件下的高热安定性,且对冲击、摩擦和撞击钝感。猛炸药在军事上也用于推进剂、发射药及火工药剂。

装填武器用的猛炸药,可如下分类:

(1) 将装填外壳爆炸成可致敌方人员伤亡碎片的炸药;

(2) 产生爆破作用以毁损敌方建筑物及设备的炸药;

(3) 穿透目标物(如装甲车辆)的炸药。

上述第(1)类军用炸药的用量是不大的,大量使用的军用炸药是上述第(2)类和第(3)类。

1. 炮弹

炮弹是一个装填有猛炸药的中空弹射体,从炮中用发射药发射。炮弹有两种作用:产生致敌方人员伤亡或步兵武器毁损的破片;产生破坏敌方设备的爆破。对产生爆破的炮弹,其装药的密度及威力可很不相同(即有很多种),适用的炸药有 TNT、Amatol、钝感 RDX/TNT 等,它们一般采用铸装。破甲弹具有强硬的钢弹体,其弹头以特殊的硬质钢制成。破甲弹装填的猛炸药对撞击引爆很钝感,所以在炸药被引信引爆前,炮弹即已穿透装甲。

2. 炸弹

炸弹一般可装填炸药,或化学品,或核、生物及化学(NBC)战剂,还装有爆炸系列。机载炸弹壳比炮弹壳较轻。用于通过爆破作用毁损建筑物的炸弹弹体也较轻,装填的炸药含有铝粉,以提高爆破效应。但用于杀伤人员的炸弹则弹体较重,装填的炸药(如 Amatol)的威力应足以将弹体破碎为碎片以杀伤人员。用于对付战舰的穿甲炸弹,则具有较重的弹体,但装填的猛炸药量则较少,而构造则与一般穿甲弹的相似。

3. 手榴弹

手榴弹包括手掷和枪射两种,是杀伤性武器。手榴弹是本身含有破片、爆破剂、烟或气体的军火,它被视为是手掷的、一种相当于"石头"的武器。有时,手榴弹装炸药中含有小的金属物体(如螺母和螺栓)。枪射手榴弹能达较远的距离,但其构造与手掷的基本相同。通用的杀伤手榴弹在军事上既用于进攻,也用于防卫。

4. 鱼雷

鱼雷的炸药装于弹头内,而其后仓载有燃料、电动机及控制装置。由于鱼雷要穿透战船(舰)并取得最佳的攻击效果,所以鱼雷的弹头由重钢板制成,引信为延期引信。鱼雷所装猛炸药应当是高密度、高威力及高爆速的,通常是装 RDX、TNT 及铝粉的混合炸药。

5. 聚能装药

由于战争中日益要求保护自身的有生力量,因而制造了装甲车辆,这导致使用聚能装药的武器迅速发展。聚能装药的穿透力与其直径的立方成正比,也与所用装药的爆压成正比。适用于聚能装药的炸药是铸装的 PETN/TNT、RDX/TNT 及或 HMX/TNT。各种加农炮的聚能装药及线性聚能装药能穿透和切断各种类型的目标,如增强的钢筋混凝土结构、掩体、中等厚度钢板、障碍物、桥梁等,而大型的加农炮聚能装药能损毁埋于地下 6 m 深的未爆炸的军械(UXO)及未爆炸的炸弹(UXB)。聚能装药常用于反坦克导弹(制导的和未制导的)的弹头,也用于引爆核武器。

6. 弹头

弹头是装有多量猛炸药,并带引爆引信的装置。弹头装于火箭及导弹中,后者能将弹头发射至既定目标,弹头爆炸后即将目标毁损。根据弹头拟毁损的目标,不同用途的弹头都是专门设计的,以便能发挥预期的作用。弹头可分成如下几类:

(1) 聚能装药弹头,用于反坦克及反装甲武器,装填 HMX/TNT(85/15)、HMX/蜡(95/5);

(2) 破片型弹头,用于防空及杀伤性武器,装填 HMX/TNT(70/30);

(3) 爆破型弹头,用于毁损软和半硬目标,装填 Dentex 和含铝粉炸药;

(4) 爆破兼对地冲击型弹头,用于毁损飞机跑道和重型掩体,装填对冲击钝感的 Torpex 和 HBX 配方炸药;

(5) 燃烧型弹头,用于破坏燃料库和军火库等,装填凝固汽油和以可燃金属为基的烟火药。

弹头采用铸装和压装的装药工艺。大多数战术导弹采用装填常规猛炸药的弹头,而核弹头只用于战略导弹或某些战术导弹。

7. 核武器

在几乎所有的核武器中,PBX 已经取代了熔铸炸药。在核武器中已经使用的 PBX 有 PBX-9010、PBX-9011、PBX-9404、PBX-9501、LX-04、LX-07、LX-09、LX-10、LX-11 以及钝感 PBX(如 PBX-9502 和 LX-17)。

由于在核武器中发生了一系列由猛炸药爆轰引起的意外,造成了钚的广泛污染,同时在混合、加工和制造炸药过程中,也发生了一些致命的爆炸事故,人们越来越关注武器的安全。很多常用的猛炸药(如 RDX 和 HMX)对冲击和热是相当敏感的,这导致人们在核武器中采用对冲击和枪击都较钝感的猛炸药,如 TATB、HNS 等。采用对摩擦和撞击都十分钝感且引燃温度极高的 TATB,可避免发生意外事故。现在,用于核武器的很多钝感混合炸药/PBX 都是以 TATB 为基的。TATB 具有足够的能量,但略逊于 B 炸药。钝感炸药 PBX-9504 含 85% TATB 及 15% HMX,该 RBX 在能量和感度间达到最佳平衡。

8. 推进剂和发射药

多类硝胺炸药(RDX、HMX、HNIW)是现代高能推进剂(用于宇宙飞船及导弹)和发射药的不可缺少的组分。

9. 烟火药剂及火工药剂

二、民用

民用炸药也称工业炸药或爆破炸药，它们一般是混合物，以猛炸药起爆器材或传播药起爆，或直接用雷管起爆。它们对冲击、摩擦和撞击相对钝感。

民用炸药可进一步分为许用炸药及非许用炸药。

许用炸药是一种可用于存在瓦斯或矿尘煤矿的炸药。这类炸药可产生很强的爆轰，但并不产生火焰，爆温及爆容较低，效应持续时间短，所以不会引燃甲烷和煤尘。

NG 基炸药的代那迈特（含 NG 及硅藻土）和爆胶（含 NC、NG、KNO_3 和木粉）、ANFO 炸药（AN 和燃料油组成）、乳化炸药（油包水型，含硝酸盐类氧化剂）及浆状炸药（含无机硝酸盐、胶、水及敏化剂等）都是工业上应用的许用炸药。

非许用炸药爆轰时产生火光和有毒物。含铝粉及负氧平衡的混合炸药都属于这类炸药。

民用炸药的主要应用领域是矿山开采（煤矿、硬石膏矿、有色金属矿、铁矿、少量的岩盐矿等）。南非的金矿，美国、加拿大和瑞典的金属矿，都使用相当数量的民用炸药。炸药其他重要应用行业是土木建筑工程，如修路、隧道开凿、土地开垦、开辟运河、河流改道甚至灭火（如油井的大火）等。近年来，大量炸药还用于油气工业（新油田的地震勘探、设备拆迁等）。

对上述各种应用，一般的程序是先在固体岩石或煤层上钻孔，然后塞入带雷管的炸药包，再引爆炸药，使岩石或煤床破裂或倒塌。

部分民用炸药还用于气体发生器、金属加工工业、汽车工业、食品工业、医药工业中。

1.1.6　炸药发展简史

从中国有正式可考的黑火药文字记载算起，炸药已有一千多年的历史，它的发展可分为四个时期：① 黑火药时期；② 近代炸药的兴起和发展时期；③ 炸药品种增加和综合性能不断提高时期；④ 炸药发展的新时期。

一、黑火药时期

黑火药是中国古代四大发明之一，是现代火药的始祖。至迟于公元 808 年（唐宪宗元和三年），中国即有了黑火药配方的记载，指明黑火药是由硝石（硝酸钾）、硫黄和木炭组成的一种混合物。

约在 10 世纪初（五代末或北宋初），黑火药开始步入军事应用，使武器由冷兵器逐渐转变为热兵器，这是兵器史上一个重要的里程碑，为近代枪炮的发展奠定了初步基础，具有划时代的意义。

黑火药传入欧洲后，于 16 世纪开始用于工程爆破。黑火药作为独一无二的火炸药，一直使用到 19 世纪 70 年代中期，延续数百年之久。

19 世纪中叶后，开创了工业炸药的一个新纪元——代那迈特时代。但由于黑火药具有易于点燃、燃速可控制的特点，目前在军用及民用两方面仍有许多难以替代的用途。

二、近代炸药的兴起和发展时期

在单质炸药方面，该时期始于 19 世纪中叶，至 20 世纪 40 年代。1833 年制得的硝化淀粉和 1834 年合成的硝基苯和硝基甲苯，开创了合成炸药的先例。1846 年制得了硝化甘油，为各类火药和代那迈特炸药提供了主要原材料。1863 年合成了梯恩梯，1891 年实现了它的工业化生产，1902 年用它装填炮弹以代替苦味酸，并成为第一次及第二次世界大战中的主要军用炸药。加上 1877 年合成的特屈儿，1894 年合成的太安，1899 年合成的黑索今以及 1941 年发现的奥克托今，使这一时期已经形成了现在使用的三大系列（硝基化合物、硝胺及硝酸酯）单质炸药。

就军用混合炸药而言，第一次世界大战前主要使用以苦味酸为基的易熔混合炸药，从 20 世纪初叶即开始被以梯恩梯为基的混合炸药（熔铸炸药）取代。在第一次世界大战中，含梯恩梯的多种混合炸药（包括含铝粉的炸药）是装填各类弹药的主角。在第二次世界大战期间，各国相继使用特屈儿、太安、黑索今为混合炸药的原料，发展了熔铸混合炸药特屈托儿、膨托利特、赛克洛托儿和 B 炸药等几个系列。同时，以上述几种猛炸药为基的含铝炸药也在第二次世界大战中得到应用。另外，以黑索今为主要成分的塑性炸药（C 炸药）及钝感黑索今（A 炸药）在此期间均为美国制式化。加上上述的 B 炸药，A、B、C 三大系列军用混合炸药都在这一时期形成，并一直沿用至今。

对工业炸药，1866 年，A · B · 诺贝尔（Nobel）以硅藻土吸收硝化甘油制得了代那迈特。1875 年，他又发明了爆胶，将工业炸药带入了一个新时代。19 世纪下半叶粉状和粒状硝铵炸药的发展，是工业炸药的一个极其重要的革新。硝铵炸药很快得到普及应用，且久盛不衰。从 19 世纪 80 年代，研制了煤矿用安全硝铵炸药。进入 20 世纪后，硝铵炸药得到迅速发展，尤以铵梯型硝铵炸药的应用最为广泛。

三、炸药品种增加和综合性能不断提高时期

该期始于 20 世纪 50 年代，至 20 世纪 80 年代中期。

在单质炸药方面，奥克托今进入实用阶段。在 20 世纪 60—70 年代，国外先后合成了耐热钝感炸药六硝基芪和耐热炸药塔柯特。国内外还合成了一系列高能炸药，它们的爆速均超过 9.0 km/s，密度达 1.95 ~ 2.0 g/cm^3。同时，国外还对三氨基三硝基苯重新进行了研究，中国也于 20 世纪 70—80 年代合成和应用了三氨基三硝基苯。

在军用混合炸药方面，第二次世界大战后期发展的 A、B、C 三大系列炸药，在 20 世纪 50 年代后均得以系列化及标准化。在此期间，还发展了以奥克托今为主要组成的奥克托儿熔铸炸药。20 世纪 60 年代，大力完善了高威力炸药。20 世纪 70 年代初，开始使用燃料 - 空气炸药。这一时期重点研制的另一类军用混合炸药是高聚物黏结炸药，并在 20 世纪 60—70 年代形成系列。70 年代后期，出现了低易损性炸药（不敏感炸药）及分子间炸药。

工业炸药在 20 世纪 50 年代中期进入了一个新的发展时期,其主要标志是铵油炸药、浆状炸药和乳化炸药的发明和推广应用。20 世纪 80 年代后,粉状乳化炸药得到迅速发展。

四、炸药发展的新时期

进入 20 世纪 80 年代中期后,现代武器对火炸药的能量水平、安全性和可靠性提出了更高和更苛刻的要求,促进了炸药的进一步发展。

20 世纪 90 年代研制的炸药是与“高能量密度材料(HEDM)”这一概念相联系的。1987 年美国的 A·T·尼尔逊(Nielsen)合成出了六硝基六氮杂异伍兹烷(HNIW),英、法等国也很快掌握了合成 HNIW 的方法。1994 年,中国也合成出了 HNIW,成为当时世界上能生产 HNIW 的少数几个国家之一。在这一时期合成出的高能量密度化合物还有八硝基立方烷(ONC)、1,3,3 - 三硝基氮杂环丁烷(TNAZ)及二硝酰胺铵(ADN)。另外,美国于 20 世纪 90 年代开始研制以 HNIW 为基的高聚物黏结炸药,其中的 RX - 39 - AA、AB 及 AC,相当于以奥克托今为基的 LX - 14 系列高聚物黏结炸药,而可使能量输出增加约 15% 。

1.2　炸药热分解通性

炸药的化学变化有热分解、燃烧及爆轰三种,但热分解可发展成燃烧,燃烧可转化成爆轰,爆轰可衰减为燃烧。

1.2.1　炸药热分解的一般规律

炸药在室温下,活化分子数目较少,当温度升高时,活化分子数目增多,分解速度增大,通常把炸药的热分解分为三个阶段。

(1) 热分解的延滞期。炸药受热后的起始一段时间。此时炸药的分解速度很低甚至趋于零。

(2) 热分解的加速期。延滞期结束后炸药分解速度逐渐加快的一段时间。在此时段内,分解速度可达极大值。

(3) 热分解降速期。分解速度逐渐下降的一段时间。当炸药量较少时,炸药可一直分解完毕;但当炸药量较多时,分解速度可一直增长到爆炸,此时并不存在降速期。

对一般的化学反应,随浓度下降,反应速度降低;但对炸药的热分解,尽管原始物质不断减少,但由于反应物的反应放热,使温度升高而加速分解。

炸药的起始热分解速度只受温度的影响。每种炸药在固定温度下的起始热分解速度是定值,且可用阿累尼乌斯(Arrhenius)方程式(1 - 1)表示。

$$k = A \cdot \exp(-E_a/RT) \tag{1-1}$$

式中　k——起始热分解速率常数,s^{-1};

A——指前因子，s^{-1}；

E_a——热分解反应的活化能，J/mol；

R——通用气体常数，J/(mol·K)；

T——温度，K。

对式(1－1)微分可得式(1－2)。

$$d(\ln k)/dT = E_a/RT^2 \tag{1-2}$$

由式(1－2)可知，$\ln k$ 随温度的变化率与 E_a 值成正比。炸药热分解的活化能比一般物质化学反应的活化能高几倍，因此，炸药热分解速度随温度升高，其增长率比一般物质化学反应速度的增长率大得多。

1.2.2 炸药热分解的初始反应

初始反应是炸药热分解的开始阶段，是炸药分子发生键断裂的最早步骤。气态炸药的初始反应，可认为是分子中最薄弱的键首先断裂。例如对于硝酸酯来说，首先是发生O—N 键的断裂。见反应式(1.1)，即

$$R—O \nmid NO_2 \longrightarrow R—O\cdot + NO_2 \tag{1.1}$$

对三硝基氮杂环丁烷(硝胺－硝基化合物)，其分解的初始反应可由 N—N 或 C—N 键断裂开始，存在下述两种可能途径。见反应式(1.2)。

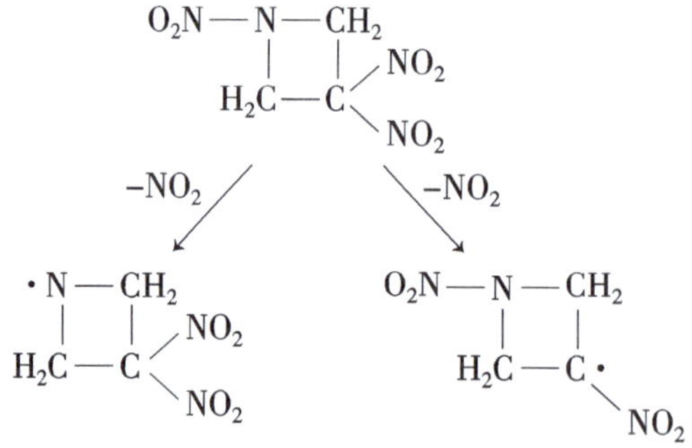

O_2N—N—CH_2 / H_2C—C(NO_2)(NO_2)

$-NO_2$ → ·N—CH_2 / H_2C—C(NO_2)(NO_2)

$-NO_2$ → O_2N—N—CH_2 / H_2C—C·(NO_2)

(1.2)

气态炸药的热分解初始反应，随分子结构的不同，发生断键的位置可能不同，所以对一些复杂的炸药分子，其初始反应也是难以分析的。

对于凝聚态炸药，由于分子结构的复杂及分子间的相互作用，最薄弱的键不一定是计算键能最小的键。例如，对某些结构复杂的硝基苯的烷基衍生物来说，在分子内可形成六元杂环，使其起始热分解不是硝基和苯环相连的 C—N 键断裂，而是六元杂环的 C—C 键断裂。

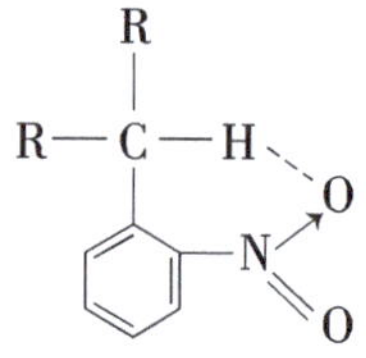

R / R—C—H···O / N(→O)(=O)

另外,不同相态炸药分子的热分解速度是不同的,它们的活化能的差异即可说明这一点。表 1－3 中列出了几种炸药在不同相态时的热分解活化能。

表 1－3　炸药在不同相态时的热分解活化能

样　品	$E_a/(kJ \cdot mol^{-1})$		
	气态	溶液	固态
太安	196.6	165.3	215.5
黑索今	169.0	202.5	205.1
梯恩梯	144.4	109.6	

总的来看,炸药热分解的初始反应仍然是比较简单的,可视为单分子反应(气态)或双分子反应(固态),且此时热分解速率也较低,热分解产物之间还没有发生互相反应,加速趋势也很弱。

1.2.3　炸药热分解的二次反应

有些热分解初始反应产物(如 NO_2)相当活泼,可以继续和分解形成的其他产物或者炸药本身相互作用,这类后续反应统称为热分解的二次反应。二次反应很复杂,由多元反应组成,它们可以是氧化反应、水解反应、催化反应等。以硝酸酯热分解的二次反应为例,可包括下列几类:

(1) 初始反应生成的烷基自由基被 NO_2 氧化为醛,后者进一步被氧化成为羧酸(活化能 E_a 约为 80 kJ/mol)。

(2) 醛类分解为自由基和甲醛(E_a 值为 60～120 kJ/mol)。见反应式(1.3)。

$$RCH_2O \longrightarrow R\cdot + CH_2O \tag{1.3}$$

(3) 自由基与 NO 反应生成亚硝基化合物(E_a 值约为 420 kJ/mol)。

(4) 硝酸酯转变为亚硝酸酯。见反应式(1.4)。

$$RCH_2ONO_2 + N_2O_4 \longrightarrow RCH_2ONO + N_2O_5 \tag{1.4}$$

(5) 硝酸酯发生酸性分解。见反应式(1.5)。

$$RCH_2ONO_2 + HA \xrightarrow{H_2O} RCH_2OH + ANO_2 \tag{1.5}$$

(6) 硝酸酯的 C—O 键断裂,进行中性水解(E_a 值约为 120 kJ/mol)。见反应式(1.6)。

$$RCH_2ONO_2 + H_2O \longrightarrow RCH_2OH + HNO_3 \tag{1.6}$$

(7) 在醇类物质作用下,硝酸酯发生碱性皂化反应(E_a 值约为 80 kJ/mol)。见反应式(1.7)。

$$RCH_2ONO_2 + OH^- \longrightarrow RCHO + H_2O + NO_2 \tag{1.7}$$

黑索今热分解的二次反应也相当复杂,在 NO_2、CH_2O 及其他自由基之间可发生一系列反应，见反应式(1.8)。

$$7NO_2 + 5CH_2O \longrightarrow 7NO + 2CO_2 + 5H_2O + 3CO \tag{1.8}$$

CH_2O 和黑索今也可发生下述反应，见反应式(1.9)。

$$CH_2O + C_3H_6N_6O_6 \longrightarrow NO + CO_2 + CO + H_2O \tag{1.9}$$

前述的三硝基氮杂环丁烷的二次反应则可综述如下，见反应式(1.10)。

$$-NO_2 \qquad -NO_2 \qquad -NO_2 \qquad \longrightarrow N_2O_2 + C_3H_4 \tag{1.10}$$

由于二次反应的复杂性，很难确定其动力学规律，通常只能笼统地用简化了的唯象动力学方程表示，且这类反应一般具有自催化性质。但二次反应与一些环境条件有关，不完全由炸药本质所决定。

1.2.4 炸药热分解的加速历程

炸药的热分解过程，如单质炸药的热分解，其初始反应速度只随炸药本身性质(如化学结构、晶型、相态及颗粒等)和环境温度而改变。在一定温度下，它决定炸药最大可能的热安定性。在一般的储存和加工条件下，炸药的分解速度很小。热分解的二次反应一般是自行加速反应，其反应速率除与自身分解产物、反应的放热性有关外，还与外界条件有关，且所达到的反应速度比初始反应大得多。因为二次反应与外界条件有关，所以在一定范围和条件下，可以人为控制热分解的加速历程，以提高炸药的安全性。

自动加速反应的历程一般是比较复杂的，基本类型如下：

(1) 热积累自动加速。由于热分解本身放热，使反应物的温度升高，导致反应加速，反应的加速又增加了放热量的强度，此热量更加速分解反应。这样累积的自行加速，最后可导致爆炸，即热爆炸。

(2) 自催化加速。由于反应产物有催化作用，随着反应产物的积累而使炸药分解加速。自催化加速往往在分解经过一段时间之后才发生，因为具有催化作用的产物要经历一段产生和积累的过程。同时，伴随积累的自催化加速常导致爆炸。

(3) 自由基链加速。能使活化质点再生的反应称为链反应。当链的分支大于中断时，反应速度增加，发生链加速。在许多情况下，链加速的同时发生热积累，两者结合成链-热加速，最终导致爆炸。

(4) 局部化学反应加速。固体炸药热分解时，如果在晶体局部表面上瞬间生成反应初核，而它又迅速向晶体内部增长，这种快速反应被称为局部化学反应。有人认为局部化学反应是链反应的特例，可以把初核的增长视为链分支作用。

1.3　单质军用炸药热分解的特征及规律

1.3.1　硝酸酯类炸药(太安)的热分解

很早就有人认为，太安是硝酸酯类炸药中热分解速度最低的。但是进一步研究表明，熔融太安的热分解速度却并不低。在 145 ℃ ~ 171 ℃，$m/V = 10 \times 10^{-4}$ g/cm^3 时，熔态太安受热后，立刻开始分解，并明显地加速，生成二氧化氮。当装填密度加大时，分解初速稍有降低，但与硝化甘油分解初速相比，太安的要低得多。

固态太安的热分解与溶液中的太安明显不同。120 ℃时，固态太安的分解初速仅为溶于惰性溶剂时的 1/65，为硝化甘油的约 1/800。固态太安的热分解曲线分为速度缓慢上升和快速分解两个阶段。装填密度对固态太安热分解出现加速的时间影响较大。当装填密度为 3×10^{-2} g/cm^3 时，强烈的热分解加速约在 1 500 min 时出现，而装填密度为 8.8×10^{-2} g/cm^3 时，则在 1 100 min 左右就已出现。

固态太安在靠近其熔点分解时，热分解速度与温度关系较大。此时，根据初始速度对数与绝对温度倒数所作出的 Arrhenius 图不呈直线。不过，这点不是太安所特有的，或许对所有熔点较高的炸药(如特屈儿、黑索今、奥克托今等)都是这样。接近炸药熔点时，其热分解速度明显加快的原因可能与炸药的增进熔融有关。就是说，在接近熔点时，炸药分解的凝聚相产物可与原炸药作用而形成类似低共熔点的物质，使混合物熔点降低，炸药提前熔融，两部分热分解速度成倍增加，这时炸药的热分解速度由固态及熔态热分解速度两部分构成，见式(1-3)。

$$v = \eta v_m + (1 - \eta) v_s \tag{1-3}$$

式中　η ——炸药熔融的百分数；

v_m, v_s——分别表示熔态和固态炸药的热分解速度。

总的看来，太安比硝化甘油热稳定性好，但因其能溶解于梯恩梯中，所以在较高温度时，喷特里特(太安/梯恩梯混合炸药)的热分解速度比固态太安的高。

1.3.2 硝基胺类炸药的热分解

一、黑索今的热分解

黑索今在气相(蒸气)、液相(熔融态或溶解在惰性溶剂中)或固相的热分解均已为人们广泛研究。

在气相中,黑索今的热分解初始产物是 NO_2,但其量很快达到极大值,而后就逐步消失。有人认为,黑索今在气相热分解时,先脱硝基然后开环生成链状自由基分子、N_2 及 CH_2O,链状分子再进一步降解生成 NO_2、CO_2 及 H_2O。因此,黑索今的气相热分解产物含有 NO_2、CH_2O、CO_2 及 H_2O 等。

液相黑索今在 200 ℃ ~300 ℃热分解时,反应有明显的自催化趋势,且在较低温度下更为明显。黑索今在液相时,分子的处境与在气相中不同。液相分解的第一步可能是氮杂环的破裂,下一步才是自由基分解放出 NO_2。

黑索今在固态时是分子晶体,分子间有可能构成分子间键。据电子显微镜观察,发现单晶黑索今热分解最初的核心可能是晶体的缺陷。但当分解开始后,由于中间分解产物的体积与原来分子体积不同,可能产生晶体破裂力,而使热分解进一步发展。黑索今的固相分解进行到一定程度时,才明显地放出气体分解产物 NO_2。

实验结果表明,固态黑索今的热分解具有明显的局部化学性质。例如,黑索今的堆聚状态对热分解速度有明显的影响。黑索今被某些物质包覆时,热失重的开始温度由 170 ℃推迟到 175 ℃ ~190 ℃,失重4%的温度则由 200 ℃推后到 208 ℃。不同溶剂重结晶的黑索今的分解速度也有明显不同。因此,选择不同的堆聚密度、包覆层和溶剂重结晶均能改善黑索今的安定性。值得注意的是,O_2 和 NO_2 能强烈地降低黑索今的分解速度,当 O_2 和 NO_2 的量很大时,黑索今可全部分解为气体,而不留固相残渣。实验发现,黑索今的固相残渣能够催化黑索今的热分解,而 O_2 和 NO_2 能将固相残渣氧化,从而使黑索今的热分解减缓,另外,CH_2O 能强烈地加快黑索今的热分解,原因是 CH_2O 能和 NO_2 作用。

二、奥克托今的热分解

奥克托今的熔点高,在固相时分解速度就已相当明显。在 214 ℃ ~234 ℃间的部分分解(装填密度为 5×10^{-3} g/cm^3)表明,当热分解开始时,有一延滞期存在,而后才开始加速热分解。奥克托今受热后即放出一部分气体,在 10 ~15 cm^3/g 之间,为总分解量的2%左右。根据热分解放气量为 60 cm^3/g 所需时间与温度的关系,求得的奥克托今晶体热分解活化能约 170 kJ/mol。

用不同溶剂重结晶的奥克托今晶体(颗粒大小相等),其热分解速度是不同的。在同一温度(234 ℃)下,没有精制的奥克托今热分解速度最快,其次是二甲基甲酰胺一次重结晶的奥克托今,而由环戊酮重结晶的奥克托今分解速度最慢。表 1-4 列出了重结晶用溶剂对晶体奥克托今热分解的影响。晶体的红外图谱表明,由环戊酮重结晶的奥克托今是 α 晶型。但是,影响热分解速度的主因可能不是晶型,而是晶体中含有的杂质。

表 1-4　重结晶用溶剂对于奥克托今热分解的影响(234 ℃)

重结晶用溶剂	半分解期/min
未重结晶产品	160
二甲基甲酰胺	181
丙酮	204
环戊酮	246

奥克托今的晶体大小也影响其热分解速度，而且大颗粒分解速度反而比小颗粒的快。这与一般的局部热分解动力学规律相反，这可能与在热作用下大晶体奥克托今发生迸裂有关。

1.3.3　硝基化合物类炸药的热分解

硝基化合物类炸药是所有炸药中热分解速度最低的一类。自从提出高耐热的炸药(例如，在 250 ℃ ~300 ℃，几小时至几十小时内不发生明显的热分解)的需求以来，人们开始注意研究硝基化合物的热分解特性。另外，在处理含有少量硝基化合物的吸附剂时，往往利用高温来分解这些硝基化合物，这种工艺过程也要求了解硝基化合物热分解动力学的特性。

一、1,2,3－三硝基苯的热分解

1,2,3－三硝基苯气相热分解的活化能值很接近，并与硝基甲烷热分解活化能较一致，也与 C—N 键的键能很符合。因此，人们认为气相硝基苯的热分解是由 C—N 键断裂开始的。

三硝基苯气相热分解还有个特点，就是随着反应器内玻璃表面的增大(用毛细玻璃管填充反应空间)，热分解速度加快。这种现象和三硝基苯可能在玻璃表面上液化，而其在液相比在气相热分解要快有关。利用这种特性，可以设计合理的用热分解处理含三硝基苯或其他类似化合物(例如三硝基甲苯)吸附剂的装置。

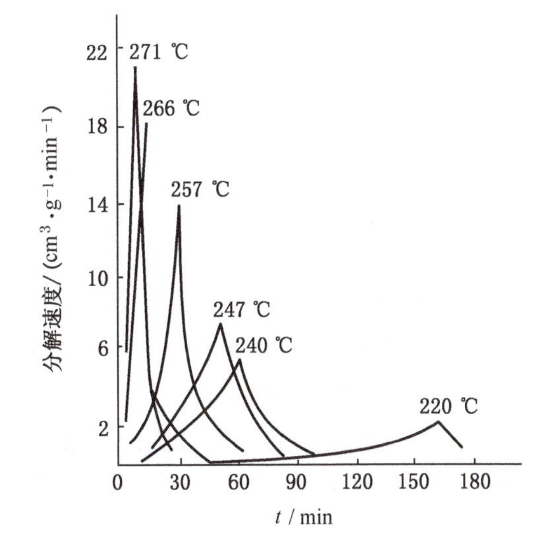

图 1-2　温度对梯恩梯热分解过程的影响

二、梯恩梯的热分解

梯恩梯的热分解速度只比三硝基苯的略快。在 200 ℃时，梯恩梯分解速度很小；220 ℃ ~270 ℃间，随着温度的升高，其热分解速度的极大值就越高，出现的时间也越早(图 1-2 及表 1-5)。

许多物质能加快梯恩梯的热分解，由 MnO_2、CuO、Cr_2O_3 及 Ag_2O 等组成的混合催化剂即属于这类物质。在高温下，上述物质能明显缩短梯恩梯的热爆炸延滞期；300 ℃时，会使梯恩梯瞬间爆炸，而没有延滞期。

表 1－5 梯恩梯热分解速度极大值出现的时间与温度的关系

温度/℃	220	240	247	257	266	271
出现时间/min	160	60	50	30	18	10

在 220 ℃～270 ℃，液相梯恩梯的热分解有相当明显的延滞期，而一旦热分解开始后即出现加速现象。利用等温差示扫描量热（DSC）技术研究其热分解也证实了上述情况，即有热分解延滞期存在（图 1－3）。

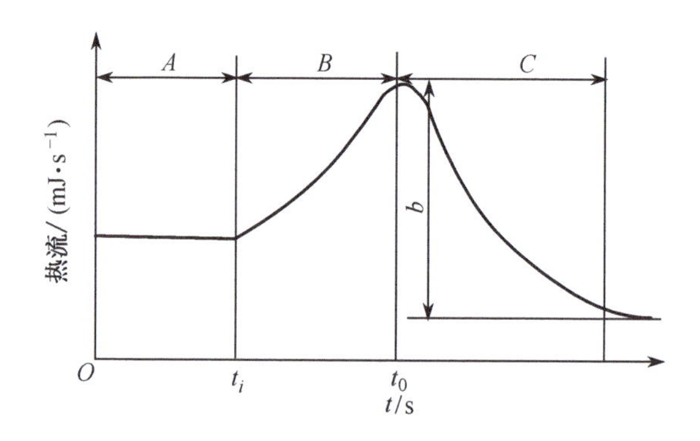

图 1－3 典型梯恩梯的等温 DSC 热分解曲线

1.4 炸药的爆炸变化

炸药爆炸变化有燃烧和爆轰两种典型形式。

炸药的燃烧是一种猛烈的物理化学变化，反应区沿炸药表面法线方向传播的速度称为燃速，一般在几毫米至数百米每秒，且随外界压力的升高而显著增加。燃烧过程比较缓慢，不伴有任何显著的声效应。但在有限容积内，燃烧进行得较强烈，此时压力会较快上升，且其气态燃烧产物能做出抛射功。

炸药的爆轰是以爆轰波形式沿炸药高速自行传播的现象，速度一般在数百米到数千米每秒，且传播速度受外界条件的影响很小。在爆炸点附近，压力急剧上升，其爆轰产物猛烈冲击周围介质，从而导致爆炸点附近物体的碎裂和变形。

在一定条件下，燃烧可以过渡到不稳定爆轰，进而发展为稳定爆轰。

1.4.1　引燃

一、引燃的物理实质

引燃是燃烧的起始阶段。凝聚炸药的引燃，是在外界热源作用下，表面温度升高，高温又逐步向系统内部传递，形成厚度为 h_h 的加热层。设系统的原温为 T_0，而接受外热的加热层热表面的温度为 T_s，冷表面的温度仍为 T_0。在加热层内可进行快速的化学反应，形成反应层，反应层的热表面和加热层的热表面重合，所以反应层热表面的温度也为 T_s。反应层的另一表面也位于加热层内，但温度为 T_r。$T_0 < T_r < T_s$。当 T_s 足够高时，则反应层内化学反应放出的热量，传至炸药下层时，足以维持引燃过程继续进行，并不断发展，形成稳定燃烧。另一种可能就是引燃逐步减弱，最后衰变为热分解。

二、引燃的基础参量

设加热层和反应层的厚度分别为 h_h 和 h_r。根据传热理论，h_h 与系统的热扩散系数 α° 和外界热源作用时间 τ_h 有关，可用式(1-4)表示。

$$h_h = \sqrt{\alpha^\circ \tau_h} \tag{1-4}$$

另外，加热层的平均温度降 φ_h 可表示为式(1-5)。

$$\varphi_h = \frac{T_s - T_0}{h_h} \tag{1-5}$$

反应层的厚度 h_r 则可用式(1-6)表示。

$$h_r = \sqrt{2\alpha^\circ \tau_a} \tag{1-6}$$

式中　τ_a——绝热热爆炸延滞期，与 $\exp\left(\frac{E}{RT_s}\right)$ 有关。

于是反应层的平均温度降 φ_r 为

$$\varphi_r = \frac{T_s - T_r}{h_r} \tag{1-7}$$

同时，反应层向加热层传播的热量可用式(1-8)表示。

$$\lambda \varphi_h = \frac{Q\rho u_r h_r}{c_0} \tag{1-8}$$

式中　λ——系统的导热系数；

u_r——反应速率；

ρ——系统密度；

c_0——系统比热容；

Q——反应热。

引燃系统外界热源所必需的作用时间 τ_h 则为

$$\tau_h = \frac{\tau_a}{2}\left(\frac{T_s - T_0}{T_s - T_r}\right)^2 \tag{1-9}$$

在接近引燃出现瞬间,加热层内的热储量 Q_h 应是

$$Q_h = h_h c_0 \rho (T_s - T_0) \tag{1-10}$$

当 T_s 值一定,传向系统热表面热流 $\bar{q}$ 已知时,则有

$$Q_h = \bar{q} \tau_h = h_h c_0 \rho (T_s - T_0) \tag{1-11}$$

于是 τ_h 也可表示为

$$\tau_h = \frac{h_h c_0 \rho}{\bar{q}} (T_s - T_0) \tag{1-12}$$

由此可见,对任一长度药柱,从端面的引燃可视为厚度为 h_h 的平板药层的引燃。

1.4.2 燃烧

炸药被引燃后,火焰向深层传播,使炸药燃烧。燃烧以燃烧反应波的形式传播,反应区的能量通过热传导、辐射及燃烧气体产物的扩散传入下层炸药。燃烧的稳定性及燃速与反应区中的放热速度及向下层炸药和周围介质的传热速度有关。当放热量小于散热量时,燃速降低,直至燃烧熄灭。反之,则燃速增加,甚至引起爆炸。若放热与散热平衡,则出现稳定燃烧。放热速度主要取决于反应动力学,散热速度则主要取决于物质的导热性。影响炸药燃烧的主要因素是炸药的化学组成、导热性、装药直径、密度、几何形状、孔隙性及环境条件等。

一、稳定燃烧与不稳定燃烧

在一定条件下,炸药的引燃可导致稳定燃烧,此时燃速是稳定的,通常只与环境压力和温度有关,不随燃烧过程而变化。简言之,即燃速不随过程变化的燃烧,称为稳定燃烧。

炸药发生稳定燃烧时,在其表面层有一稳定的反应区,并沿表面法线形成以某种规律表示的温度分布曲线,该曲线以恒定速度沿炸药推移。燃烧是层层传递,平行传播,所以稳定燃烧也称平行层燃烧。例如,将硝化乙二醇置于垂直的玻璃管中燃烧时,液态硝化乙二醇表面平稳地自上而下移动,表面上空则出现淡蓝色火焰。随着燃烧的进行,硝化乙二醇似乎从管底泄漏而消失。此即稳定燃烧。如被燃烧的炸药柱具有密度低、多孔隙等特征,则炸药燃烧产生的高温气体可向药柱孔隙内渗入,当渗入气体造成的加热层厚度(深度)大于正常加热层,且高温气体存在的时间也超过孔隙壁达到引燃温度的时间时,就可点燃孔隙深处的炸药,此时炸药的稳定燃烧被破坏,燃速发生不规则的变化,时大时小,不再保持稳定的燃速,这就形成了不稳定燃烧。炸药不稳定燃烧时,燃烧表面被强烈扭曲,燃烧表面明显扩大,燃速大大增高。不稳定燃烧有两种发展可能,一是转变为热分解,一是转变为低速爆轰或正常爆轰。

二、稳定燃烧速度

凝聚炸药的燃烧反应包括气相反应区(火焰区)、凝聚相反应区及凝聚相加热区(图1-4)。主要化学反应在气相反应区中进行,并放出大量的热。几个反应区间存在传质

和传热，即热由气相反应区传递至凝聚相反应区，凝聚相反应区则不断供给气相反应区可燃物。稳定燃烧时，反应区间的传热及性质是动态平衡的。

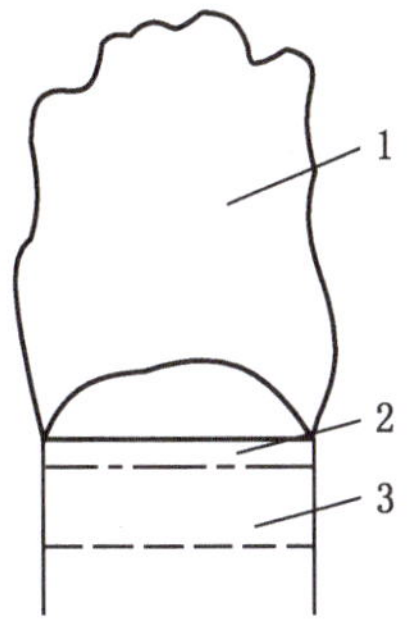

表征炸药燃烧的特性参数有燃速、燃烧温度及其分布、临界燃烧条件及燃烧产物组成等，但最重要的是燃速，特别是垂直于燃烧表面的法向线性燃速 u。但 u 与药柱的密度 ρ 有关，所以常以稳定燃烧的质量燃速 u_m 表征，u_m 是 u 与 ρ 的乘积，即

$$u_m = u_0\rho_0 = u_f\rho_f = C \tag{1-13}$$

图1-4　燃烧反应区

1—气相反应区；
2—凝聚相反应区；
3—凝聚相加热区

式中　u_0——炸药的线性燃速；
ρ_0——炸药的密度；
u_f——火焰燃速；
ρ_f——燃烧气相产物密度；
C——常数。

u 只与燃烧时的环境条件（压力及温度）有关，存在下述关系

$$u = kp^{\nu} \tag{1-14}$$

式中　k——燃烧的温度系数；
p——压力；
ν——燃速压力指数。

根据凝聚炸药燃烧理论的推导，质量燃速 u_m 可表示为

$$u_m = \frac{q}{c_p(T_s - T_0)} = \frac{\lambda\varphi_h}{c_p(T_s - T_0)} \tag{1-15}$$

$$u_m = \frac{\sqrt{2\lambda\phi\Delta T_f}}{c_p\rho(T_s - T_0)} \tag{1-16}$$

式中　q——自气相传给凝聚相的热流量；
c_p——凝聚相平均比热容；
T_s——加热区热表面温度；
T_0——凝聚相初温；
ρ——凝聚相密度；
λ——凝聚相导热系数；
φ_h——加热区平均温度梯度；
ϕ——反应区内的平均放热速率；
ΔT_f——反应区温差。

1.4.3　爆轰

爆轰是炸药化学反应的最激烈形式，爆速可达几千米每秒，爆压可达几十吉帕，爆温可达几千摄氏度。爆轰时,炸药释放能量的速率也很快,因此可产生很大功率。高压、高温、大功率决定了炸药做功的强度。爆轰反应是极其复杂的化学反应,它的传播具有波动性质。可把爆轰的传播视为爆轰波的传播。

爆轰波的传播是与炸药装药的直径有关的,装药爆速达到极大值时的最小直径称为极限直径,爆速的极大值称为极限爆速。同时,当装药直径小于某一临界值时,就不可能稳定爆轰。能够传播稳定爆轰的最小装药直径称为临界直径,对应于临界直径的爆速称为临界爆速。直径小于临界直径的装药,无论起爆冲量多强,都不能达到稳定爆轰。

理想爆轰是指装药直径足够大,即大于极限直径时产生的稳定爆轰,其爆速决定于爆轰的放热量和装药密度。实验证明,理想爆速大约与爆轰反应热效应的平方根成正比,而随密度增加成比例地增长。

非理想爆轰是在装药直径较小(小于极限直径但大于临界直径)时产生的稳定爆轰,非理想爆轰的速度是装药直径的函数。

一、爆轰变化方程

炸药的爆轰变化方程(爆轰化学反应方程)是计算炸药爆炸的 5 个特征量(爆速、爆压、爆热、爆容和爆温)的基础和依据,是根据炸药爆轰产物写出的。因此,确定炸药的爆轰变化方程,即是确定炸药爆轰产物的成分和含量。爆轰产物的测定常在厚壁钢弹中进行,试样通常置于具有厚壁惰性外壳(黄铜、金、铅、陶瓷、玻璃等)的容器中,将其用石英砂或炮泥包裹。弹的容积一般为 20 L,也有人为了模拟实际使用情况而采用 100 L 甚至 15 m^3 的钢罐。产物成分的分析可采用化学吸收法或气相色谱法,但所得的均为冷却后的爆轰产物组成。由于在冷却过程中温度和压力的变化,使产物之间相互反应的化学平衡发生移动,因此得到的结果和爆轰瞬间的并不一致。而且,炸药爆轰时的化学反应是多种反应同时进行,且炸药装药的几何尺寸、引爆方式、爆轰环境、混合炸药各成分的均匀程度等都会影响实测产物组成。因此,确定炸药的化学反应是一困难而又复杂的问题,而得到的炸药反应方程也只能是近似的。

1. 爆轰变化方程的简化理论确定法

对 $C_aH_bO_cN_d$ 类炸药,根据其含氧量的不同,可分为三种类型进行简化处理。

(1) 第一类炸药。指氧平衡为零或正值的炸药,即 $c \geqslant (2a + b/2)$,如硝化甘油等。这类炸药的含氧量足以使可燃元素完全氧化,其生成物中含有完全燃烧产物(CO_2 及 H_2O)、O_2、N_2 及一些吸热化合物(NO)等,其爆轰变化反应可用化学式(1.11)表示:

$$C_aH_bO_cN_d = xCO_2 + uH_2O + wN_2 + iO_2 + jNO + Q_V \tag{1.11}$$

(2) 第二类炸药。指$(a + b/2) < c \leqslant (2a + b/2)$的负氧平衡炸药,如太安、黑索今等。这类炸药的含氧量虽不能完全氧化炸药中的可燃元素,但足以使其生成完全气化的产物,不含游离的固体碳。产物主要成分为 CO_2、CO、H_2O、N_2 及 H_2 等,其爆轰变化反应如反应式(1.12)所示:

$$C_aH_bO_cN_d = xCO_2 + yCO + uH_2O + wN_2 + hH_2 + Q_V \quad (1.12)$$

(3) 第三类炸药。指 $c<(a+b/2)$ 的负氧平衡炸药，如梯恩梯等。这类炸药爆轰时不能完全生成气体产物，含有固体碳。其爆轰产物主要有 CO_2、CO、H_2O、C、N_2 及 H_2，爆轰变化反应如反应式(1.13)：

$$C_aH_bO_cN_d = xCO_2 + yCO + zC + uH_2O + wN_2 + hH_2 + Q_V \quad (1.13)$$

2. 爆轰变化方程的经验确定法

(1) 第一类炸药。一般认为，该类炸药爆炸时生成完全氧化产物，放出最大热量。当忽略产物中少量的 NO_x 和 CO 时，反应方程式(1.14)为

$$2C_aH_bO_cN_d \longrightarrow 2aCO_2 + bH_2O + dN_2 + (c-2a-b/2)O_2 \quad (1.14)$$

(2) 第二类炸药。有两种经验确定方法，其中的 Mallard－Lechatelier 法(M－L 法)，是假定炸药中的氧首先使碳全部氧化成一氧化碳，剩下的氧均匀地使氢氧化成水及使一氧化碳氧化成二氧化碳，见反应方程式(1.15)。

$$2C_aH_bO_cN_d \longrightarrow (3a-c)CO + (c-a)CO_2 + (c-a)H_2O + (a+b-c)H_2 + dN_2 \quad (1.15)$$

按 Brinkley－Wilson 法(B－W 法)，这类炸药中的氧首先使全部的氢氧化成水，然后使碳氧化成一氧化碳，如仍有剩余的氧，则进一步使一氧化碳氧化成二氧化碳，见反应方程式(1.16)。

$$2C_aH_bO_cN_d \longrightarrow bH_2O + (2c-2a-b)CO_2 + (4a-2c+b)CO + dN_2 \quad (1.16)$$

(3) 第三类炸药。对此类炸药，M－L 法已不适用，按照 B－W 法，见反应方程式(1.17)。

$$2C_aH_bO_cN_d \longrightarrow bH_2O + (2c-b)CO + (2a-2c+b)C + dN_2 \quad (1.17)$$

二、爆轰的 C－J 理论

爆轰过程的基本理论是爆轰流体力学理论。19 世纪末 20 世纪初提出的气体爆轰流体力学理论，其基本点是将爆轰波简化为含化学反应的一维定常传播的强间断面，通常称为 Chapman-Jouguet 理论，简称 C－J 理论。该理论成功地解释了气体爆轰的基本关系式，利用它可推导出爆轰参数的计算公式，在预测气体爆速方面获得了很大的成功。因此，C－J 理论很快被人们接受，成为流体动力学爆轰理论的基础。

1. 理论的基本假定

C－J 理论考察平面一维理想爆轰波的稳定传播过程，故假设：① 爆轰波阵面是一维平面波；② 爆轰波传播过程中无能量耗散；③ 化学反应是瞬时完成的，且化学反应区中释放的能量全部用来支持爆轰波的自行传播。

根据上述假设，平面一维理想爆轰波结构示意图见图 1－5，图中 D 为爆速，p 为压力，ρ 为密度，u 为质点速度，e 为比内能，T 为温度。下标 1 表示爆轰产物，下标 0 表示原始爆炸物。

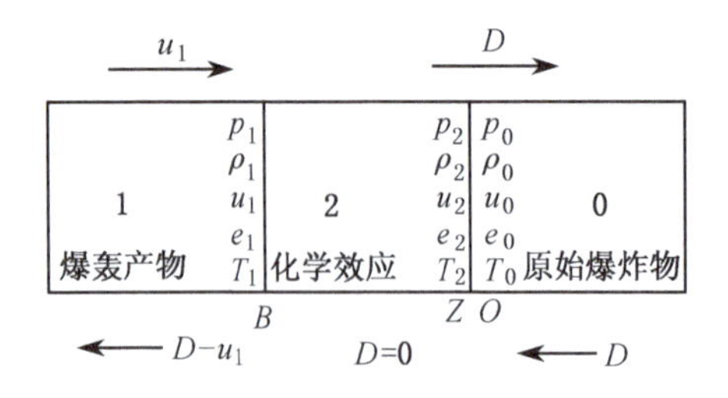

图 1-5　平面一维理想爆轰波结构示意图

2. 爆轰波基本方程

按图 1-5 将坐标取在爆轰波面上，则爆轰波以爆速（D）沿爆炸物向前运动，而反应区相对于该坐标系的速度便等于零。另外，原始爆炸物以 D 的速度流入反应区，而爆轰产物则以（$D-u_1$）的速度流出反应区。于是，由质量、动量及能量守恒可分别得式（1-17）～式（1-19）。

$$\rho_0 D = \rho_1(D - u_1) \tag{1-17}$$

$$p_1 - p_0 = \rho_0 D u_1 \tag{1-18}$$

$$e_1 - e_0 = \frac{1}{2}(p_1 + p_0)(V_0 - V_1) + Q_V \tag{1-19}$$

式（1-19）中的 Q_V 为爆轰反应热，V 为比容。

将式（1-17）及式（1-18）进行处理，可得式（1-20）及式（1-21）。

$$D = V_0\sqrt{\frac{p_1 - p_0}{V_0 - V_1}} \tag{1-20}$$

$$u_1 = (V_0 - V_1)\sqrt{\frac{p_1 - p_0}{V_0 - V_1}} \tag{1-21}$$

式（1-19）、式（1-20）及式（1-21）是爆轰波的三个基本方程，其中式（1-19）称为爆轰波的 Hugoneot 方程，它在 $p-V$ 平面形成的曲线称为爆轰波的 Hugoneot 曲线，此曲线是爆轰产物的终态轨迹。

除了上述三个方程外，还有一个爆轰产物的状态方程式（1-22）。

$$p_1 = p(\rho_1 T_1) \tag{1-22}$$

这样就有了四个方程，但要求解的爆轰波参数有五个（p_1、ρ_1、u_1、T_1 及 D），所以还需一个定解方程。爆轰波定型传播的条件，即所谓 C-J 条件，可提供第五个状态方程。

3. C-J 条件

如上所述，爆轰波的 Hugoneot 曲线应为爆轰产物的终态轨迹，即对称稳定传播的爆轰，其爆轰产物的状态一定相应于该曲线上的某一点，但这一点如何确定呢？这可由图 1-6 所示的 C-J 条件示意图得到答案。在该图中，曲线 1 为冲击波的 Hugoneot 曲线，曲线 2 为爆

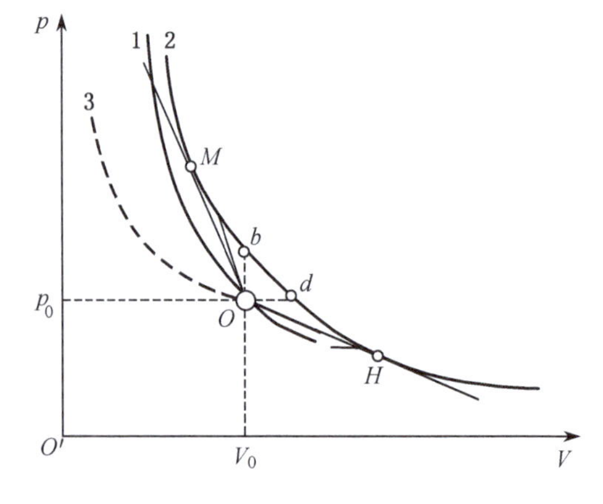

图 1-6　C-J 条件示意图

轰波的 Hugoneot 曲线,曲线 3 为过初态点 O 的等熵线。从曲线 1 的初态点 $O(p_0, V_0)$ 作等压线与曲线 2 交于 d 点,作等容线与曲线 2 交于 b 点,再过初态点 O 向两个方向作曲线 2 的切线,此两切线分别与曲线 2 切于 M 点和 H 点(切于 M 点的切线称为 Михелъсон 线)。C－J 理论研究指出,只有产物状态相应于 M 点的爆轰波才能稳定传播。

切点 M 的状态称为 C－J 状态,该点的重要性是:稀疏波在此点状态下的传播速度等于爆轰波向前推进的速度,即

$$D = u_1 + C(\text{声速}) \tag{1-23}$$

式(1－23)即 C－J 条件。此外,C－J 点还具有三个重要性质:① C－J 点是爆轰波的 Hugoneot 曲线、Михелъсон 直线和过该点等熵线的公切点;② C－J 点是爆轰波的 Hugoneot 曲线上熵值最小点;③ C－J 点是相应 Михелъсон 直线上熵值最大点。

至此,爆轰波的 5 个未知数已有相应的式(1－19)～式(1－23)5 个方程,但还存在两个问题:

(1) 爆轰产物状态方程的形式;

(2) 上面描述的是理想爆轰波的传播,没有涉及爆轰波的结构及其中的化学反应,故只能计算 C－J 平面两侧的参数。

下文先讨论爆轰波的结构。

4. 爆轰波的定常结构 ZND 模型

由于理想爆轰波 C－J 理论的局限性,因而随着实验测试水平的提高,发现 C－J 理论与实验结果有较大的偏离。例如,气体爆轰自持爆轰的终点虽然落在计算给出的 Hugoneot 曲线上,但其压力和密度都比 C－J 点的值低 10%～15%。对凝聚炸药,直接测得的 C－J 点爆压和按 C－J 理论计算的 C－J 点爆压也有明显的差别。再者,爆轰波毕竟存在一个有一定宽度的化学反应区,将化学反应区的宽度视为零,即把爆轰波阵面当作一个间断面处理,也是不恰当的。

显然,C－J 的简化过多,应当修正。为了考虑爆轰波化学反应的能量释放过程,必须研究爆轰波的精细结构。在 20 世纪 40 年代,苏联及美国的学者分别独立提出描述爆轰波定常结构的 ZND 模型。该模型的示意图示于图 1－7。

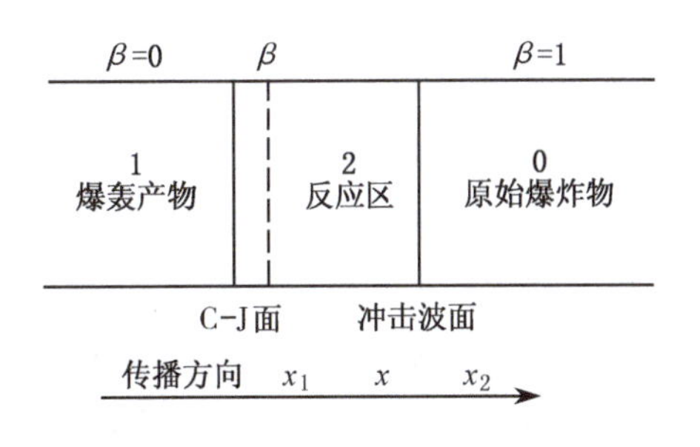

图 1－7　ZND 模型示意图

ZND 模型的假设如下:① 爆轰过程能量无损失;② 爆轰波反应区化学反应达到平衡;③ 爆轰波反应区内反应类型单一,且爆轰波前沿到 C－J 面的反应程度是逐渐增加的,在 C－J 面处反应已全部完成;④ 爆轰波反应区的厚度远比分子自由程的大。对 ZND 模型,可在反应区内取任一控制面,原则上可用流体力学的三个守恒方程、状态方程和 C－J条件解出在爆轰反应区内各参数与已反应分子分数的关系,且与 C－J 点的关系见

式(1-24)~式(1-26)。

$$V_1 = V_{C-J} = \frac{\gamma}{\gamma+1}V_0 \tag{1-24}$$

$$p_1 = p_{C-J} = \frac{\rho_0 D_{min}^2}{\gamma+1} \tag{1-25}$$

$$D_{min} = \sqrt{2Q_V(\gamma^2-1)} \tag{1-26}$$

式(1-24)~式(1-26)中的 γ 为绝热指数,其余各符号的物理含义见上文。利用式(1-24)~式(1-26),采用 ZND 模型也可求得爆轰反应区中各参数空间的分布。

ZND 模型是一个经典的爆轰波模型,它并未完全反映爆轰波面内所发生过程的实际情况。首先,实际爆轰波反应区内所发生的化学反应过程,并不完全井然有序、层层展开,而往往以螺旋爆轰的方式进行。其次,实际的爆轰传播过程中有能量损失。再者,爆轰波反应区末端并不一定满足 C-J 条件。还有,爆轰波反应区内所发生的化学反应历程极为复杂,其中同时存在着多级反应过程。这些都有待于今后的不断完善。

三、凝聚炸药的爆轰理论

1. 凝聚炸药的爆轰反应机理

凝聚炸药的爆轰机理与炸药化学组成、物理状态及爆轰条件等有关。人们曾提出了如下几种爆轰反应机理。

(1) 整体反应机理。在强冲击波的作用下,波阵面上的炸药受到强烈的绝热压缩,炸药层各处均匀地升温,因而化学反应在整个反应区内进行,故称整体反应机理。

整体反应时,一般要在 1 000 ℃以上才能快速进行,而固体炸药的压缩性较差,绝热压缩时温升不明显,所以必须有较强的冲击波才能引起整体反应。但液体炸药的压缩升温就比较容易。例如,薄层硝化甘油压缩时,温度可达 1 000 ℃以上,化学反应可在 10^{-7}~10^{-6} s 内完成。

(2) 表面反应机理。在冲击波的作用下,波阵面上的炸药受到强烈压缩,而炸药层中的温升不均匀,化学反应首先从“起爆中心”开始,进而发展到整个炸药层。由于起爆中心容易在颗粒表面及炸药中所含气泡周围形成,故此机理称为表面反应机理。

当炸药受到冲击压缩时,颗粒之间的摩擦和变形、炸药中所含气泡的绝热压缩以及流向颗粒之间的气态反应产物等,均可使颗粒表面及气泡与炸药接触表面的温度急剧升高,引起这些局部高温点首先发生高速的化学反应,而后以一定的速度向颗粒内部扩展,因此可以按照逐层燃烧的规律来分析表面反应的过程。

为了使炸药颗粒或其内部的气泡表面温升至开始反应,也需要一定强度冲击波的作用。但是,与整体反应机理相比,表面反应机理所需的冲击波强度低得多。

(3) 混合反应机理。此机理是非理想的混合炸药,特别是固体混合炸药所特有的。这种反应不在整体炸药内进行,而是在一些分界面上分阶段进行的。

铵梯炸药、铵油炸药及铵木油炸药等爆轰时,就是按这种机理进行的。

在由氧化剂和可燃物或由炸药与非爆炸成分组成的混合炸药中，某些组分（氧化剂或炸药）先分解，分解产物则渗透到其他组分的表面层并与之反应，也可能发生分解产物之间的反应。

由于这类炸药的非理想性，其爆轰传播过程受颗粒粒径及其混合均匀程度和装药密度的显著影响。颗粒过大，混合不均匀，密度过大，均不利于这类炸药化学反应的扩展。

2. 爆轰产物的状态方程

建立能正确描述凝聚炸药爆轰产物热力学行为的状态方程是计算爆轰参数所必需的。尤其对凝聚态炸药，爆轰产物的高压、高温和高密度已不适于采用理想气体状态方程。对建立爆轰产物状态方程，已有三种代表性的模型，分述如下。

（1）固体模型。此模型将爆轰产物近似看成固态，状态方程的一般形式如式（1－27）。

$$p = \phi(V) + f(V)T \tag{1-27}$$

式中　$\phi(V)$——由于分子相互作用产生的压强，叫作弹性压强，它只与物质的密度有关；

$f(V)T$——与分子热运动和振动有关的压强，称为热压强。

（2）气体模型。此模型将爆轰产物视为真实气体，状态方程可表示为理想气体状态方程的各种修正形式，其中之一是 Ville 方程，见式（1－28）。

$$pV = RT\left(1 + \frac{b}{V} + 0.625\frac{b^2}{V^2} + 0.287\frac{b^3}{V^3} + 0.193\frac{b^4}{V^4}\right) \tag{1-28}$$

式中　b——分子余容，等于分子体积的 4 倍；

V——爆轰产物的摩尔体积。

气体模型中值得推荐的是 BKW 方程，见式（1－29）。

$$pV = RT(1 + xe^{\beta x})$$

$$x = \frac{k\sum x_i k_i}{V(T+\theta)^{\alpha}} \tag{1-29}$$

式中　x_i——产物中第 i 种气体的摩尔分数；

k_i——产物中第 i 种气体的余容因子；

α,β,k,θ——经验确定的常数。

BKW 方程中有适用于黑索今和梯恩梯的两套参数可供选用。

（3）液体模型。此模型将爆轰产物视为液体，是介于气体和固体之间的一种模型。在 1937 年出现的笼子或囚胞模型（简称 L－J－D 模型）即属于液体模型。用统计力学理论可建立该模型的爆轰产物状态方程式（1－30）。

$$(p + N^2 \cdot d/V^2)[V - 0.7816(Nb)^{1/3} \cdot V^{2/3}] = RT \tag{1-30}$$

式中　N——阿伏伽德罗常数；

d——液体中一对相邻分子中心间的平均距离。

3. 炸药爆轰参数的理论计算方法

在选定了爆轰产物的状态方程（1－22）以后，就可以根据方程式（1－17）、式（1－18）、

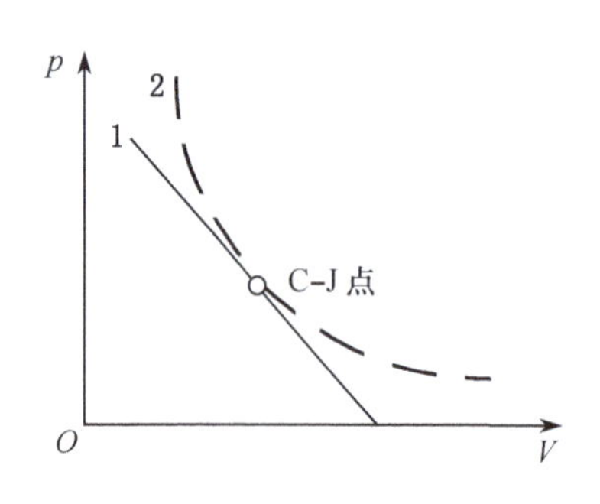

图 1－8 由计算的爆轰产物 Hugoneot 曲线确定 C－J 点

1—Михелъсон 线(斜线);
2—计算的爆轰产物 Hugoneot 曲线

式(1－19)和式(1－23)联合求解炸药的爆轰参数。但是,这一过程相当复杂,基本的算法程序是:

(1) 计算给定炸药爆轰后的一系列满足 Hugoneot 方程的 p、V 值,在 p、V 坐标图上画出 Hugoneot 曲线,如图 1－8 所示。

(2) 从初始状态点 $O(p_0, V_0)$ 向 Hugoneot 曲线引切线(图 1－8 中的斜线),相切点即 C－J 点。

(3) 将 C－J 点所对应的 p_{C-J} 和 V_{C-J} 代入方程(1－20)即可确定 D,将 p_{C-J} 和 V_{C-J} 代入方程(1－21)可得 u_{C-J}。

(4) 应用 C－J 条件式 $D = u_{C-J} + C_{C-J}$,可求得 C－J 点对应爆轰产物的声速 C_{C-J}。

(5) 将计算得到的 p_{C-J} 和 V_{C-J} 代入状态方程即可求得对应爆轰产物的 T_{C-J};将 p_{C-J}、V_{C-J}、V_0 和对应的 Q_V 代入 Hugoneot 方程也可计算出相应的爆轰产物的内能 e_{C-J}。

四、燃烧转爆轰

燃烧和爆轰是两个本质不同的过程,但两者又互有联系,在一定条件下,前者会转变为后者。凝聚炸药的燃烧转爆轰,是由于燃烧产物聚集,使反应区压力不断增加,燃速也相应增加,当燃速达某一临界值后,原来稳定均匀的燃烧可突跃地转变为爆轰。凝聚炸药燃烧时,在火焰阵面前不产生冲击波和炸药的运动,而是在火焰阵面后未反应完全的热气体产物中形成冲击波。凝聚炸药燃烧产生的气体使火焰区急剧膨胀,当来不及排除这部分气体时,后面新产生的气体会不断挤压先前产生的气体,形成冲击波。此外,悬浮于气态反应产物中的炸药颗粒发生热爆炸后,也产生冲击波。当这些冲击波强度达某一临界值时,这些气体首先爆轰,同时冲击炸药也使其爆轰。

凝聚炸药燃烧转爆轰经过顺层燃烧、对流燃烧、低速爆轰和稳定爆轰四个阶段。各阶段能量传递方式不同,顺层燃烧是通过热传导,对流燃烧是通过强制对流,低速爆轰由弱的冲击波引起,而稳定爆轰则由强冲击波引起。四个阶段的长短取决于炸药自身的物理、化学性质、药柱结构以及试验条件,但总的过程是加速的。在一定条件下,有的炸药燃烧可直接转变为稳定爆轰,有的则稳定于低速爆轰阶段,而不转变为稳定爆轰。

燃烧转爆轰具有下述一般规律:① 气体平衡的破坏是燃烧转变为爆轰的主要原因,当燃速超过某一临界值时,平衡就可能被破坏;② 对大多数能燃烧的炸药,其燃速和加速度远远小于临界值;③ 火焰面的弯曲会破坏燃烧的稳定性;④ 当排气不充分时,火焰面压力增加,是火焰阵面后形成冲击波的原因;⑤ 装于壳体中的炸药易发生燃烧转爆轰。

第2章　炸药主要性能

表征炸药主要性能的指标有氧平衡、密度、标准生成焓、安定性、相容性、感度、爆炸特性和爆炸作用等。本章涉及的一般是固态炸药。

2.1　氧　平　衡

2.1.1　氧平衡

氧平衡(OB)是指炸药中的氧用来完全氧化可燃元素以后,单位质量炸药所多余或不足的氧量。氧平衡说明炸药中含氧量的多少,与炸药的爆速、爆压、爆热、做功能力都有密切的关系,是炸药的一个重要参数。

对通式为 $C_aH_bO_cN_d$ 的单质炸药,其氧平衡可按式(2-1)计算。

$$OB = [c-(2a+b/2)] \times \frac{16}{M} \times 100\% \tag{2-1}$$

式中　M——炸药的相对分子质量。

随炸药中氧含量不同,炸药氧平衡可分为三类:

- 正氧平衡,$c-(2a+b/2)>0$;
- 零氧平衡,$c-(2a+b/2)=0$;
- 负氧平衡,$c-(2a+b/2)<0$。

对混合炸药,一般采用质量加和法计算其氧平衡,即分别将各组分的氧平衡乘以该组分的质量分数,然后求代数和,即得到混合炸药的氧平衡。

如炸药中含有金属,则需将式(2-1)修改为式(2-2),以用于计算 OB。

$$OB = [c-(2a+b/2+n \cdot m)] \times \frac{16}{M} \times 100\% \tag{2-2}$$

式中　n——炸药中所含金属原子数;

　　m——将一个金属原子氧化为金属氧化物所需氧原子数。

2.1.2　氧系数

氧系数(A)表明炸药分子被氧饱和的程度,即炸药所含氧原子与完全氧化可燃元素所需氧原子之比,对 $C_aH_bO_cN_d$ 类炸药,A 可用式(2-3)计算。

$$A = \frac{c}{2a+b/2} \times 100\% \tag{2-3}$$

- 正氧平衡，$A > 100\%$；
- 零氧平衡，$A = 100\%$；
- 负氧平衡，$A < 100\%$。

A 与 OB 的关系可用式(2-4)表示。

$$OB = \frac{16c(1 - 1/A)}{M} \times 100\% \tag{2-4}$$

氧平衡理论对设计混合炸药是很有用的。有一类称为 Amatol 的混合炸药，是 AN(硝酸铵)与 TNT 的混合物，其中 AN 的 OB 为 +20%，而 TNT 的 OB 为 -74%。但似乎零氧平衡的混合炸药具有最佳的爆炸性能，实际上也是如此，80% AN 及 20% TNT 组成的混合炸药的 OB 为 +1%，在各种组成的 Amatol 中，此组成的混合炸药是爆炸性能佼佼者，其威力比 TNT 的高 30%。

从炸药的 OB 也可以预估它爆轰时所放出的气体类型。如果 OB 为大的负值，则其所含氧不足以将 C 氧化成 CO_2，因而会生成有毒的 CO。对于工业炸药而言，生成气体的类型是很重要的，工业炸药应尽可能少地生成有毒气体产物。

有机猛炸药主要是带爆炸性基团的碳氧化合物，爆炸性基团中含有键合较弱的氧。在猛炸药爆轰反应的初始阶段，炸药分子破裂，与氮相连的氧用于与可燃原子反应。炸药爆炸或爆轰时释放的能量，主要来自碳和氢的氧化反应，所以与炸药的氧含量有关(多余还是不足)。不过，炸药中桥氧基和羟基的氧不能增加能量，因为这类键的破裂和重组是等能量的。但—C—O—N—中的氧对提高炸药的能量具有适度作用，因为它具有两种可能性。这说明，炸药分子内氧原子对炸药能量的贡献，根据它们在取代基中键合情况的不同而是有差异的。当用 OB 值来预估炸药的猛度、威力和感度时，OB 接近零的炸药具有较高的猛度、威力及感度，但也有很多例外。

用式(2-1)计算的某些起爆药、猛炸药及氧化剂的氧平衡见表 2-1。

表 2-1 某些起爆药、猛炸药和氧化剂的氧平衡

名　称	分子式	OB/%
起爆药		
DDNP	$C_6H_2(NO_2)_2O—N{=}N—$	-61.00
LS · H_2O	$C_6H(NO_2)_3O_2Pb \cdot H_2O$	-22.00
MF	$Hg(ONC)_2$	-11.20
猛炸药		
TACOT	$(C_6H_2)_2(NO_2)_4N_4$	-74.20
TNT	$C_6H_2(NO_2)_3CH_3$	-74.00
HNS	$(C_6H_2)_2(CH)_2(NO_2)_6$	-68.0
TEGDN	$(C_6H_2)_6(ONO_2)_2O_2$	-66.70
TNB	$C_6H_3(NO_2)_3$	-56.30

续表

名　称	分子式	OB/%
TATB	$C_6(NH_2)_3(NO_2)_3$	-56.00
DATB	$C_6H(NH_2)_2(NO_2)_3$	-55.80
CE	$C_6H_2(NO_2)_3NNO_2CH_3$	-47.39
PA	$C_6H_2(NO)_3OH$	-45.40
DEGDN	$(CH_2)_4(ONO_2)_2O$	-41.00
NQ	$HN=CNH_2NHNO_2$	-31.00
HMX	$(CH_2)_4(NNO_2)_4$	-21.68
RDX	$(CH_2)_3(NNO_2)_3$	-21.60
HNIW 或 CL-20	$(CH_2)_6(NNO_2)_6$	-10.95
PETN	$C(CH_2)_4(ONO_2)_4$	-10.30
EGDN	$(CH_2)_2(ONO_2)_2$	0.00
NG	$C_3H_5(ONO_2)_3$	+3.50
氧化剂		
ADN	$NH_4N(NO_2)_2$	+25.80
HNF	$N_2H_5C(NO_2)_3$	+13.00
AN	NH_4NO_3	+20.00
AP	NH_4ClO_4	+27.23
注:表中各缩写的全称(化学名称)见本书末缩略语表。		

2.2 密　　度

炸药的密度是指单位体积内所含的炸药质量。炸药的体积若为晶体本身的体积,则为晶体密度;若为具有一定形状的装药或药柱制成品的体积,则为装药密度;若为容器内装填炸药的体积,则为装填密度。

由于晶体的体积是不易压缩的,所以炸药的晶体密度就可看成是该炸药的最大理论密度。炸药的晶体密度越大,则炸药的装药密度越高,装药的能量密度也越大。炸药晶体密度是与炸药的分子结构和晶体结构密切相关的,掌握估算炸药晶体密度的方法和探讨炸药密度与结构之间的关系,有助于设计和合成出具有较高密度和良好爆炸性能的炸药。炸药密度与炸药的许多爆炸性能,如爆速、爆热、爆压、猛度及比容等都有密切关系,是计算这些参数必须具有的数据之一。

2.2.1 晶体密度的计算方法

从分子结构的观点来看，炸药的晶体密度主要是由两个因素决定的，一个是分子内键和基团本身的密度，另一个是分子间相互堆积的紧密程度。因此，分子中含有的高密度键和基团越多，分子的排列和堆积越紧密，炸药的密度就越大。

就键对炸药的密度贡献而言，由大到小的次序为：C ═O，C—N，N—N，C—C，N ═N，C ═N，N—H，C—H。含氢的键对密度的贡献较小，含氧键对密度的贡献则较大。

就基团对炸药密度的贡献而言，由大到小的次序为：ONO_2，CNO_2，NNO_2，C ═O。

炸药分子间堆积的紧密程度，主要与分子偶极矩、氢键及空间位阻有关。偶极矩增大、分子内及分子间氢链增多及位阻降低，均有利于分子紧密排列而提高炸药的密度。除了上述的键和基团因素及分子堆积情况外，炸药分子的其他一些结构参数（构型、对称性、环及其稠合程度等）也能明显影响炸药的密度。

炸药的晶体密度可用摩尔体积法、摩尔折射度法及结晶化学法近似计算。

一、摩尔体积法

此法是以 1 mol 炸药的质量与其所占体积之比求得炸药的晶体密度，其计算式为式（2 - 5）。

$$\rho = M/V_m \qquad (2-5)$$

式中 ρ——晶体密度，g/cm^3；

M——摩尔质量，g/mol；

V_m——摩尔体积，cm^3/mol。

炸药的 V_m 值可由基团的 V_m 贡献值加权求得，表 2 - 2 列有芳香族化合物中某些基团的 V_m 贡献值，可供选用，其他基团的 V_m 贡献值可见有关文献。

表 2 - 2 芳香族化合物基团的摩尔体积贡献值

基 团	基团的摩尔体积贡献值 /($cm^3 \cdot mol^{-1}$)	基 团	基团的摩尔体积贡献值 /($cm^3 \cdot mol^{-1}$)
$C_a—NO_2$	29.697	$C_a—CH_3$	25.963
$C_a—H$	11.876	$C_a—NH_2$	15.663
$C_a—OH$	16.019		

注：表中 C_a 代表芳香族碳原子。

根据表 2 - 1 中的数值，可如下计算梯恩梯的晶体密度。

$$V_m = 2V_m(C_a—H) + 3V_m(C_a—NO_2) + 1V_m(C_a—CH_3)$$
$$= 2 \times 11.876 + 3 \times 29.697 + 1 \times 25.963$$
$$= 138.8\ (cm^3/mol)$$

M =227.13 g/mol

d =227.13/138.806 = 1.636 (g/cm^3)(实测值为1.654 g/cm^3)

二、摩尔折射度法

此法是根据 Lorentz - Lorenz 公式，即摩尔折射度公式(2-6)，计算炸药晶体密度。

$$\frac{n^2-1}{n^2+2} \times \frac{M}{\rho} = R \tag{2-6}$$

式中　n——折射率；

R——摩尔折射度，cm^3/mol；

M——摩尔质量，g/mol；

ρ——密度，g/cm^3。

经过变换，可将式(2-6)转换为式(2-7)。

$$\rho = C\frac{M}{R} \tag{2-7}$$

式中　C——与结构有关的常数，也称为 Lorentz - Lorenz 系数，$C=\frac{n^2-1}{n^2+2}$。

某些类型炸药的 C 值列于表2-3及表2-4。炸药的摩尔折射度可根据键折射度(表2-5)由加权法求得。

表2-3　炸药的 C 值

化合物类型	C	化合物类型	C
链状 C—NO_2 类	0.25	链状 N—NO_2 类	0.36
芳环 C—NO_2 类	0.34	对称 C—ONO_2 类	0.32
非芳环(包括杂环)类	0.36	非对称 C—ONO_2 类	0.27

表2-4　炸药的 C 值

化合物类型		C
Ⅰ	芳香族硝基化合物(苯系) 1. 一硝基化合物 2. 多硝基化合物	 0.314 0.348
Ⅱ	非芳环及链状 N—NO_2 化合物 1. 链状及环状(包括杂环) 2. 八元环化合物(β-HMX)	 0.353 0.365
Ⅲ	链状硝基化合物(一硝基化合物) 1. 直链 2. 支链	 0.245 0.265

续表

化合物类型		C
Ⅳ	硝仿系化合物 1. 直链(简单多硝基化合物) 2. 含有 N—NO_2 者 3. 含有 C ═O 及 C—O 者	 0.250 0.328 0.308
Ⅴ	硝酸酯化合物 1. 一硝酸酯 2. 二硝酸酯 3. 三硝酸酯 4. 多硝酸酯 5. 带支链的硝酸酯(如太安等)	 0.246 0.273 0.284 0.306 0.325

表 2-5 键的折射度(R_D)

键	$R_D/(cm^3 \cdot mol^{-1})$	键	$R_D/(cm^3 \cdot mol^{-1})$
C—H	1.676	C—Br	9.390
C—C	1.296	C—I	14.610
C ═C	4.170	C—O(酯)	1.540
C ≡ C(在链端)	5.870	C—O(缩醛)	1.460
C ≡ C(在链中)	6.240	C ═O	3.320
C—C(环丙烷)	1.490	C ═O(甲酮)	3.490
C—C(环丁烷)	1.370	C—S	4.610
C—C(环戊烷)	1.260	C ═S	11.910
C—C(环己烷)	1.270	C—N	1.570
C ┈ C(芳香族)	2.688	C ═N	3.760
C—F	1.440	C ≡ N	4.820
C—Cl	6.510	O—H(醇)	1.660
O—H(酸)	1.800	N—O	2.430
S—H	4.800	N →O(硝基烷类)	1.780
S—S	4.110	N ═O	4.000
S—O	4.940	N—N	1.990
N—H	1.760	N ═N	4.120
N—F	2.140		

按摩尔折射度法,可如下计算梯恩梯的晶体密度。

$$\begin{aligned} R &= 6R_D(\mathrm{C} \overset{\cdots}{=} \mathrm{C}) + 5R_D(\mathrm{C—H}) + 3R_D(\mathrm{C—N}) + 3R_D(\mathrm{N} \rightarrow \mathrm{O}) + 3R_D(\mathrm{N} = \mathrm{O}) + 1R_D(\mathrm{C—C}) \\ &= 6 \times 2.688 + 5 \times 1.676 + 3 \times 1.570 + 3 \times 1.780 + 3 \times 4.000 + 1 \times 1.296 \\ &= 47.854\ (\mathrm{cm^3/mol}) \end{aligned}$$

$C = 0.348$

$M = 227.13\ \mathrm{g/mol}$

$$\rho = C\frac{M}{R} = 0.348 \times 227.13/47.854 = 1.652\ (\mathrm{g/cm^3})$$

三、结晶化学法

如果用 X 射线衍射法测得炸药单晶的晶胞参数,即边长 a、b、c 及交角 α、β、γ,则可通过式(2-8)求得晶胞体积 V,进而通过式(2-9)计算炸药的晶体密度。

$$V = a \cdot b \cdot c\sqrt{1 - \cos^2\alpha - \cos^2\beta - \cos^2\gamma + 2\cos\alpha\cos\beta\cos\gamma} \tag{2-8}$$

$$\rho = \frac{ZM}{N_0 V} \tag{2-9}$$

式中　ρ——晶体的密度,$\mathrm{g/cm^3}$;

M——摩尔质量,g/mol;

N_0——阿伏伽德罗常数,$6.023 \times 10^{23}\ \mathrm{mol^{-1}}$;

Z——晶胞中的分子数;

V——晶胞的体积,$\mathrm{cm^3}$。

例如,已测得 ε-六硝基六氮杂异伍兹烷(HNIW, CL-20)的晶胞体积为 $1.424\ 2\ \mathrm{nm^3}$,晶胞内分子数为 4,则根据式(2-9)可计算得到 ε-HNIW 的晶体密度为(HNIW 的摩尔质量为 438.23 g/mol)

$$\rho = \frac{4 \times 438.23 \times 10^{21}}{6.023 \times 10^{23} \times 1.424} = 2.044\ (\mathrm{g/cm^3})\quad(\text{实测值为 } 2.04\ \mathrm{g/cm^3})$$

2.2.2　密度测定方法

一、晶体密度的测定(密度瓶法)

美国及我国军用标准都规定可用密度瓶法测定固态炸药的晶体密度。该法所用设备为密度瓶(图 2-1),瓶中装入试样及一种不溶解也不膨润试样的液体介质,由试样排出的介质质量计算试样的密度。当以水为介质时,测定方法如下:用新煮沸并冷却的蒸馏水充满密度瓶(一般为 50 mL),然后塞住塞子(小心别漏入空气),使支管上的毛细管充水并从顶部溢出。将瓶恒温(一般为 20 ℃)后,擦去支管溢出的余水,并将毛细管的帽子盖上,再将密度瓶外部的水擦去,称量充水密度瓶。将密度瓶内的水倒空,加入 5~10 g 试样,再加入蒸馏水,至瓶的 3/4 高度处,将瓶浸入恒温浴,

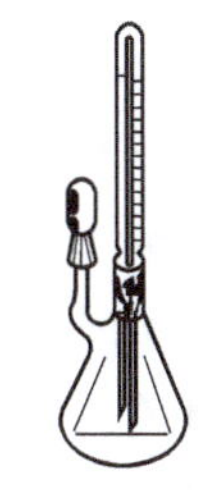

图 2-1　密度瓶

抽真空,待试样孔隙间的空气被全部抽除后,往瓶中加满蒸馏水,恒温后将瓶从恒温浴中取出,称量带水及试样的密度瓶。按式(2-10)计算试样在20 ℃时的密度ρ_E(g/cm^3)。

$$\rho_E = m\rho_W/(m + m_1 - m_2) \quad (2-10)$$

式中 m——试样质量,g;

m_1——充水的密度瓶质量,g;

m_2——装水及试样的密度瓶质量,g;

ρ_W——20 ℃时水的密度,g/cm^3。

用密度瓶法测定试样密度时,如试样多孔,则在放入密度瓶前应很容易碎筛;如试样溶于水或者含有水溶性组分,则应用其他溶剂代替水。

二、堆积密度的测定(标准容器法)

堆积密度又称假密度或表观密度,是在规定的条件下,充满标准容器的炸药质量与容器容积之比。测量时,将试样置于装药容器中,测定自由落满容器的试样质量,根据接受器的容积求出堆积密度。

我国采用的测定粉状炸药堆积密度的主要设备为一高50 cm、内径50 mm的铜质圆筒(标准容器,也称接受器或密度计),孔径2 mm的方孔筛及一铝质隔板(中部开孔)。测定炸药堆积密度时,按测定要求规定的位置,放好接受器、筛及隔板,称取120 g炸药,置于筛网的隔板上,用牛角勺轻轻来回刮动筛网,使试样均匀通过筛网并自由落入接受器中,使试样面与接受器上端面齐平,再轻敲接受器,使试样面稍低于接受器上端面。称量装有试样的接受器,按式(2-11)计算试样堆积密度ρ_{Ef}(g/cm^3)。

$$\rho_{Ef} = (m_1 - m_2)/V \quad (2-11)$$

式中 m_1——充满炸药接受器的质量,g;

m_2——空接受器质量,g;

V——接受器体积,cm^3。

三、装填密度的测定

装填密度是指装填于弹体(如炸弹、炮弹)中的单位体积炸药的质量,其测定方法如下:在环境温度下称量已干燥好的清洁弹体,再以水充入弹体中(装水高度与装炸药时相同),重新称量。倒尽弹体中的水,于彻底干燥后在规定装药条件下装填炸药,再称量。按式(2-12)计算装药密度ρ_{EL}(g/cm^3)。此时假定水的密度为1.0 g/cm^3。

$$\rho_{EL} = (m_2 - m_1)/(m_3 - m_1) \quad (2-12)$$

式中 m_1——空弹体质量,g;

m_2——装有炸药的弹体质量,g;

m_3——装有水的弹体质量,g。

还有一种采用几个小杯为装药容器,以测定杯中炸药在一定压力下的装填密度的方法。该法先在环境温度下将各杯分别称量(准确至0.001 g),再往各杯充水,直至水面凸出,再称量装水的杯。倒空杯内的水,烘干,往各杯装入0.400 g炸药,并将药在一定压力下压 3 min,然后将杯从压机上取出,称量。再将压装有炸药的各杯的上部装水至满,再行称量。按式(2－13)计算杯中炸药的装填密度 ρ_{EL}(g/cm^3)。此时假定水的密度为 1.0 g/cm^3。

$$\begin{aligned}\rho_{EL} &= 0.400/(V_0 - V_1) \\ &= 0.400/[(m_1 - m_0) - (m_3 - m_2)]\end{aligned} \tag{2-13}$$

式中 V_0——未装炸药的杯中水的体积,cm^3;

V_1——压装有炸药的杯的上部水的体积,cm^3;

m_1——充满水的杯的质量,g;

m_0——空杯质量,g;

m_2——压装有炸药的杯的质量,g;

m_3——压装有炸药并在药上部充满水的杯的质量,g。

四、药柱或药丸密度的测定(静力称量法)

该法适用于测定在专用浸液中不溶解、不吸湿或微溶解、微吸湿的炸药药柱或药块的密度。

该法的主要部件是一玻璃标准物(短柱状硬质玻璃)。测定试样前,应先校准此标准物的质量。标定时,先按规定条件测定标准物在空气中的质量 m_{01}(准确至 0.000 1 g)及在专用浸液中的质量 m_{02}(准确至 0.000 1 g)。将测定值 m_{01} 及 m_{02} 与给定标准值比较,如测定值的相对误差均不大于 ±0.01%,可认为测试系统符合规定。

测定试样密度时,按测定标准物相同的条件,测定 t ℃下试样在空气中及专用浸液中的质量,再由公式(2－14)计算 t ℃下试样的密度。

$$\rho_E = \frac{m_1}{m_1 - m_2}\rho_1 \tag{2-14}$$

式中 ρ_E——t ℃下试样的密度,g/cm^3;

m_1——t ℃下试样在空气中称量时所示质量,g;

m_2——t ℃下试样在专用液中称量时所示质量,g;

ρ_1——t ℃下专用浸液的密度,g/cm^3。

专用浸液为 0.01% 的润滑剂的蒸馏水溶液,其密度可视为与蒸馏水的相同。

2.2.3 密度与爆轰性能的关系

一、爆速与密度的关系

对碳氢氧氮系炸药,其爆速随密度线性增长(当密度在 0.5 g/cm^3 至晶体密度范围内时),并可用式(2－15)表示。

$$D_\rho = D_{1.0} + M'(\rho - 1.0) \tag{2-15}$$

式中 D_ρ——炸药密度为 ρ 时的爆速，m/s；

$D_{1.0}$——炸药密度为 1.0 g/cm^{3}时的爆速，m/s；

M'——与炸药性质相关的系数，是炸药密度增加 1.0 g/cm^{3}时爆速的增长量，(m·s^{-1})/(g·cm^{-3})；

ρ——装药密度，g/cm^3。

对大多数猛炸药来说，M'值一般处于 3 000 ~ 4 000 (m·s^{-1})/(g·cm^{-3})，即炸药密度每增加 0.1 g/cm^3，爆速可提高 300 ~ 400 m/s。

炸药的晶体密度越大，得到高爆速装药的可能性也就越大。

式(2-15)只适用于有机化合物类炸药。对无机化合物类炸药(如起爆药中的雷汞、叠氮化铅等)，虽然也存在密度增加爆速也相应增加的趋势，但它们的 M'值均较小。故尽管它们的密度值很大，但爆速并不很高，仅为 5 000 m/s 左右。雷汞甚至还有“压死”现象。

作为一个实例，表 2-6 列有黑索今爆速与装药密度的关系值。

表 2-6 黑索今爆速与装药密度的关系

装药密度/(g·cm^{-3})	1.00	1.20	1.59	1.63	1.80
爆速/(km·s^{-1})	6.05	6.73	8.06	8.20	8.78

二、爆压与密度的关系

关于爆压与装药密度的关系，人们已提出过多种表达式，都是认为爆压与炸药密度的平方相关联。其中具有代表性的有下述的式(2-16) ~ 式(2-18)三式。

$$p = a\rho_0^2 \tag{2-16}$$

式中 a——与炸药性质有关的常数。

$$p = 1.558\rho_0^2\varphi \tag{2-17}$$

式中 φ——与炸药有关的特性值。

$$p = K(\rho_0 \sum N)^2 + L \tag{2-18}$$

式中 K,L——常数；

$\sum N$——氮当量之和。

由于爆压与密度的平方有关，故爆压是随密度的增长而以指数关系迅速增长的。这样，晶体密度大的炸药，就可能达到高的爆压。例如，当装药密度接近晶体密度时，奥克托今的爆压可达 39 GPa 左右，而梯恩梯则只能达到 18 ~ 19 GPa。

三、爆热与密度的关系

爆热并不是一个定值，它强烈地依赖于装药密度和爆炸条件，装药密度增加时，爆热线性增长。从表 2-7 中黑索今爆热与密度的关系即可明显看出这种规律。

表2-7 黑索今药柱在不同密度时测定的爆热值

密度/(g·cm^{-3})	爆热实测值/(kJ·kg^{-1})	
	液态水	气态水
0.5	5 401	4 982
0.65	5 527	—
0.70	5 568	—
1.00	5 736	—
1.15	5 862	5 443
1.70	6 238	—
1.73	6 238	5 862
1.74	6 280	—
1.78	6 322	5 862

炸药的爆热主要取决于炸药的组成、标准生成焓及其他分子结构因素，故上述密度对爆热的影响是指对同一炸药而言的，不同种类的炸药间并不存在密度高爆热就一定高的规律。

四、爆容与密度的关系

密度的变化也会改变爆轰产物的体积和组成。随密度的增加，爆轰气体产物的总量减少，但CO_2在产物中的含量增加。这是由于密度增加时，爆轰波阵面上的压力增大，继而又影响爆轰产物之间的平衡。压力增大时，气态产物体积减小，而CO_2和C的相对含量增加，CO的相对含量减少。这种影响对负氧平衡的炸药是很明显的，但对正氧平衡和接近正氧平衡的炸药，则比较微弱。

表2-8列有不同初始密度的黑索今的爆容和爆轰产物中的$\varphi(CO)/\varphi(CO_2)$。

表2-8 不同密度的黑索今的爆容和爆轰产物中的$\varphi(CO)/\varphi(CO_2)$

初始密度/(g·cm^{-3})	爆容/(L·kg^{-1})		$\varphi(CO)/\varphi(CO_2)$
	液态水	气态水	
0.5	730	930	4.7
1.00	690	890	2.2
1.78	630	820	1.8

2.3 标准生成焓

炸药的标准生成焓是标准状态的稳定单质合成标准状态的炸药分子所发生的焓变

($\Delta_f H^{\ominus}$)，是进行炸药热力学参数和爆轰参数计算的基本数据，它直接影响爆热，进而影响爆温、爆速、爆压、做功能力等。

$\Delta_f H^{\ominus}$可为正值，也可为负值。正$\Delta_f H^{\ominus}$意味着由元素组成生成化合物时吸热，这类反应称为吸热反应；而负$\Delta_f H^{\ominus}$意味着由元素组成生成化合物时放热，这类反应称为放热反应。对炸药而言，生成反应通常是放热的。在放热反应中，释出的能量有多种方式，但实际上，通常是热能。因为炸药的$\Delta_f H^{\ominus}$是炸药的热焓与生成它的元素的热焓（习惯上取为零）之差，这就是说，炸药的热焓等于其$\Delta_f H^{\ominus}$，而炸药爆炸时放出的净能量是爆炸产物$\Delta_f H^{\ominus}$的总和减原始炸药的$\Delta_f H^{\ominus}$。

2.3.1 计算方法

$\Delta_f H^{\ominus}$的计算有很多方法，如键能加和法、基团加和法及分子轨道法等，下文将分别对它们予以介绍。但对于结构比较复杂的炸药，由于在分子中含有较大量的NO_2等原子团，一般较难计算，或者计算结果偏差较大。

一、键能或基团加和法

根据各类键或基团对$\Delta_f H^{\ominus}$的贡献值及基团相互影响的校正值，可方便地算出化合物的$\Delta_f H^{\ominus}$，同时还可以进一步分析分子结构与能量间的初步关系。炸药$\Delta_f H^{\ominus}$的加权法计算式为式(2－19)。

$$\Delta_f H^{\ominus} = \sum (\Delta_f H') \qquad (2-19)$$

式中　$\Delta_f H^{\ominus}$——炸药的标准生成焓；

$\Delta_f H'$——键或基团对标准生成焓的贡献值及基团相互影响的校正值。

键与某些基团对标准生成焓的贡献值及基团相互影响的校正值见有关专著。

例如，根据加和法，可如下计算梯恩梯的标准生成焓。梯恩梯分子中含有六个C═C键、两个C—H键、三个C—NO_2键及一个C—CH_3键，由有关文献查得，它们对标准生成焓的贡献值分别为+36.0、-30.1、-78.3及-69.1 kJ/mol。另外，对大多数炸药而言，分子中的基团存在相互影响的现象，所以还必须考虑对其予以校正。在梯恩梯分子中，此校正须包括三个互为间位的硝基间、两个邻位硝基与甲基间及一个对位硝基与甲基间的影响，此三种影响的校正值，按文献查得分别为+25.5、+6.3及-11.7 kJ/mol。于是梯恩梯的计算标准生成焓应为

$$\Delta_f H^{\ominus} = 6\times36.0+2\times(-30.1)+3\times(-78.3)+1\times(-69.1)+$$
$$3\times25.5+2\times6.3+1\times(-11.7) = -70.8\ (\mathrm{kJ/mol})$$

二、分子轨道法

采用全部价电子的半经验分子轨道法（MINDO/3）可计算如亚硝基化合物、亚硝酸酯、重氮化合物等的$\Delta_f H^{\ominus}$。

利用MINDO/3法计算时，要输入构成分子的原子空间排列的各种数据，如键长、键

角、扭转角等,这些数据可由其晶体结构测定得到。

用 MINDO/3 分子轨道法计算得到的某些炸药的 $\Delta_f H^\ominus$ 列于表 2-9,并和基团加和法求得值及实测值进行了对比。因为得到的 MINDO/3 法和基团加和法所求出的 $\Delta_f H^\ominus$ 都是标准状态下的气体生成焓,对于固、液态的炸药,还需根据它们的蒸发热和升华热予以校正。

表 2-9 中的值表明,MINDO/3 分子轨道法所得计算值与基团加和法所得值有较明显的差异,且两者均与实测值(固或液)偏离。

表 2-9　炸药的计算和实测 $\Delta_f H^\ominus$　　$kJ \cdot mol^{-1}$

炸　　药	分子轨道法（MINDO/3）计算值	基团加和法计算值	实测值（液或固）
硝化甘油	-46.9	-333.3	-371.0
1,3,5-三硝基苯	32.7	41.4	-43.5
2,4,6-三硝基甲苯	127.3	-70	-67.0
2,4,6-三硝基酚	-139.8	-118.1	-214.4
2,4,6-三硝基间苯二酚	222.7	31.8	-102.6
四硝基甲烷	7.5	-87.5	37.3
特屈儿	-62.4	121.4	19.7
太安	-238.6	-447.2	-505.3
黑索今	165	175.4	61.5
奥克托今	224	234.0	74.9

鉴于半经验的 MINDO/3 分子轨道法的计算精度取决于所输入的分子结构参数的精度,如欲使炸药的 $\Delta_f H^\ominus$ 的计算精度有所改善,需要对炸药结构优化,调整其初始参数。随着近年来量子化学计算技术的进展,应用能量梯度法优化分子几何结构已相当普遍,它可以自动寻找所计算分子的最佳几何结构参数,从而能较准确地计算 $\Delta_f H^\ominus$,但这需要应用复杂的计算代码。

2.3.2　测定方法

测定炸药的 $\Delta_f H^\ominus$ 时,可测定炸药的完全燃烧反应的标准焓变($\Delta_c H^\ominus$),再按盖斯(Hess)定律由式(2-20)计得 $\Delta_f H^\ominus$。

$$\Delta_f H^\ominus = 燃烧产物\ \Delta_f H^\ominus 总和 - \Delta_c H^\ominus \tag{2-20}$$

$\Delta_c H^\ominus$ 的测定见有关专著。

某些起爆药、猛炸药和氧化剂的 $\Delta_f H^\ominus$ 见表 2-10。

表 2-10 某些起爆药、猛炸药和氧化剂的 $\Delta_f H^{\ominus}$

名　　称	分子式	$\Delta_f H^{\ominus}/(kJ \cdot kg^{-1})$	$\Delta_f H^{\ominus}/(kJ \cdot mol^{-1})$
LA	$Pb(N_3)_2$	+1 612	+469
MF	$Hg(ONC)_2$	+1 354	+386
$LS \cdot H_2O$	$C_6H(NO_2)_3O_2Pb \cdot H_2O$	-1 747	-855
DDNP/Dinol	$C_6H_2(NO_2)_2O—N=N—$	+989	+207
TNT	$C_6H_2(NO_2)_3CH_3$	-115	-26
PA	$C_6H_2(NO)_3OH$	-978	-224
TNB	$C_6H_3(NO_2)_3$	-135	-28
NG	$C_3H_5(ONO_2)_3$	-1 674	-380
EGDN	$(CH_2)_2(ONO_2)_2$	-1 704	-259
DEGDN	$(CH_2)_4(ONO_2)_2O$	-2 120	-415.7
TEGDN	$(C_6H_2)_6(ONO_2)_2O_2$	-2 506	-601.7
PETN	$C(CH_2)_4(ONO_2)_4$	-1 703	-538
CE 或 Tetryl	$C_6H_2(NO_2)_3NNO_2CH_3$	+118	+34
NQ	$HN=CNH_2NHNO_2$	-913	-95
RDX	$(CH_2)_3(NNO_2)_3$	+279	+62
HMX	$(CH_2)_4(NNO_2)_4$	+253	+75
HNIW 或 CL-20	$(CH_2)_6(NNO_2)_6$	+1 006	+460
TATB	$C_6(NH_2)_3(NO_2)_3$	-597	-154
HNS	$(C_6H_2)_2(CH)_2(NO_2)_6$	+128	+58
TACOT	$(C_6H_2)_2(NO_2)_4N_4$	+4 103	+1 592.8
AN	NH_4NO_3	-4 428	-355
AP	NH_4ClO_4	-2 412	-283
ADN	$NH_4N(NO_2)_2$	-1 087	-148
HNF	$N_2H_5C(NO_2)_3$	-393	-72

注:表中各缩写的全称(化学名称)见本书末缩略语表。

2.4 安　定　性

安定性是指在一定条件下,炸药保持其物理、化学性能不发生超过允许范围变化的能力,它对炸药的制造、储存和使用具有重要的实际意义,是评定炸药能否正常使用的重要性能之一。可分为物理安定性及化学安定性,前者指延缓炸药发生吸湿、渗油、老化、机械强度降低和药柱变形等的能力,后者指延缓炸药发生分解、水解、氧化和自动催化反应等的能力，两者是互有关联的。粉状硝铵炸药的吸湿、结块，代那迈特炸药的收缩、渗油、老化和冻结，液氧炸药的挥发，乳化炸药的分层和析晶，都是物理安定性欠佳的实例。化学安定性主要取决于炸药的分子结构，但也受外界条件的影响，如硝化甘油中的残酸和水分可使其化学安定性大大下降；但某些具有负催化作用的杂质，则可减缓炸药的分解。

所有炸药在使用之前，通常会在弹药库中保存一段时间，保存时间从几天到数年不等。通常条件下，这些弹药库没有加热或冷却系统，因此储存期间的温度变化很大，这取决于该弹药库所处的地理位置。从安全和使用的角度而言，重要的是在整个储存时间，炸药不仅要保证安全，还要保持它的物化性能和爆炸性能。

2.4.1 热安定性评估

对炸药的制造、储存和使用具有重要实际意义的是其化学热安定性，它与炸药的分子结构、相态、晶型及杂质含量等有关。一般而言，可用炸药的初始热分解反应速率常数粗略评估炸药的最大热安定性，这种初始反应原则上是单分子反应，其反应速率常数可用 Arrhenius 公式计算。因为单分子一级反应的半衰期 $\tau_{1/2}$ 等于 $\ln 2/k$，所以半衰期也可用于表征炸药的安定性。但实际上，炸药绝不允许达到半衰期对应的分解程度，因而是常用分解 5% 或小于 5% 所需时间来评估炸药的热安定性。根据 Arrhenius 公式计算得到的几种常用炸药在 25 ℃下分解 5% 所需时间可达 $10^4 \sim 10^9$ d。这说明，常用炸药在常温下是比较安定的和可以长储的。炸药初始热分解的某些产物（如 NO_2）往往对炸药的继续分解具有催化作用，所以炸药的热分解反应通常是加速的，因此，人们在实际中只能采用最小热安定性，此时硝化甘油在常温下的安全储存期应是 3 年左右。

炸药的安定性受下述因素的影响。

一、分子结构

含—NO_2、—NNO_2、—ONO_2 及—N_3 的某些化合物，被加热某一定温度时可发生爆炸，这说明上述诸类化合物被加热时，分子内部产生应力，而当后者增至一定程度时，分子会突然裂解。对某些炸药，分子安定性不高，以致在常温下即可发生分解。热安定性与分子结构关系详见 2.4.2 节。

二、温度

所有炸药在远低于它们自爆温度下即能发生热分解。因此，在决定炸药安定性时，它们的热分解反应是相当重要的，而热分解反应可通过测定高温下的分解速率决定。

所有的军用炸药在 -40 ℃ ~ +60 ℃下是安定的，但每一种炸药都有一个分解速度快速增长而使安定性下降的温度。一般而言，在高于 +70 ℃时，大多数炸药不再安定。

三、光

有些含氮基团的炸药（如起爆药 LA、MF 等），当暴露于日光下，受到紫外线照射时很易分解，因而影响它们的安定性。

四、静电放电

在一定环境条件,静电放电足以引发一系列炸药爆轰。因此,在处理炸药及烟火药时,大多数时候是不够安全的,工作台及操作者均需接地。

五、物态与化学品

大多数军用猛炸药,如TNT(芳香族硝基化合物)、RDX、HMX(硝胺)及PETN(硝酸酯)均为固体。在低于熔点时,这些炸药常具有优异的热安定性,但在熔融状态,它们的热安定性明显下降。酸、碱、有机碱、强氧化剂和强还原剂通常与上述猛炸药是不相容的。一般而言,让猛炸药与碱性物质接触是不适宜的。

2.4.2 热安定性与分子结构的关系

一、爆炸性基团的特性

在三类主要的单质炸药中,一般是硝基化合物比硝胺安定,而硝胺又比硝酸酯安定,其主要原因是硝基化合物中的最薄弱键 $C—NO_2$ 的解离能既大于硝胺分子中的 $N—NO_2$ 键,也大于硝酸酯分子中的 $O—NO_2$ 键。

二、爆炸性基团的数目及其排列方式

一般来说,炸药中爆炸性基团越多,安定性越低。但有时也由于取代基效应而表现出相反的情况。基团在分子中的排列方式也对炸药安定性有很大的影响,并列或集中排列都可使安定性明显降低。例如,苯、苯胺及丙烷的硝基衍生物,其热安定性均随取代硝基数的增加而明显降低。

三、分子内的活泼氢原子

如硝基化合物炸药分子中含有活泼氢原子,则炸药的热分解可通过该活泼氢原子的转移,形成五中心过渡态的消除反应来进行。而这类反应所需活化能低于 $C—NO_2$ 键断裂所需的解离能,因而导致炸药安定性下降。显然,活泼氢原子的质子化程度越大,该氢原子就更易发生转移,硝基化合物的安定性就更低。

炸药分子内的活泼氢原子对热安定性的影响有时是很明显的,甚至能超过爆炸基团本身的影响。例如,根据键解离能,硝基化合物的热安定性应高于硝酸酯,但有些脂肪族硝酸酯化合物,其中的硝酰氧基被硝基取代后,热安定性不是提高,而是急剧下降,其原因是硝基烷中存在的活泼氢原子改变了它们的分解历程。

四、分子的取代基

取代基对炸药反应性的影响可用线性自由能原理所导出的多种关系式,如哈密特(Hammett)方程及塔夫特(Taft)方程来关联。例如,对含硝仿基或偕二硝基的炸药,往其分子中引入吸电子取代基时,炸药热安定性提高;引入推电子取代基时,热安定性降低。这是因为,这类炸药中的吸电子基团可通过诱导作用,使硝仿基或偕二硝基中 $C—NO_2$ 键上的电子云向硝基方向偏移的程度相对减弱,因而加强和稳定了分子中最易断裂的 $C—NO_2$ 键。而推电子基团的作用则正好相反(表2-11)。而对硝胺类炸药,推电子基可改

善其热安定性,吸电子基则恶化其热安定性(表 2-12)。这是因为硝胺分子中 N—N 键最弱,热分解时此键最先断裂,其反应式为

$$RNHNO_2 \rightleftharpoons RNH\cdot + \cdot NO_2 \tag{2.1}$$

表 2-11　取代基对 $RR'NCH_2(NO_2)_3$ 热安定性的影响

化合物	R	R′	加热时间/h		失重/%
			313 ~ 323 K	333 ~ 343 K	
H—N—$CH_2C(NO_2)_3$ (N 上连苯基)	苯基	H	10	0	15.42
H—N—$CH_2C(NO_2)_3$ (N 上连对硝基苯基), NO_2	对硝基苯基, NO_2	H	30	22	0.31
H—N—$CH_2C(NO_2)_3$ (N 上连邻硝基苯基), O_2N	O_2N—苯基	H	30	22	0.23
O_2N—N—$CH_2C(NO_2)_3$ (N 上连 2,4,6-三硝基苯基), O_2N, NO_2, NO_2	O_2N, NO_2, NO_2 (三硝基苯基)	NO_2	30	22	0.07

当硝胺中存在推电子性较强的基团时,氨基氮上的自由电子对将发生较大的转移,使 N—N 键具有较大的双键特征,因而不易断裂为自由基。例如,对于表 2-12 中的乙烯二硝胺与亚甲基二硝胺而言,由于乙烯基的给电性比亚甲基的强,故前者的热分解活化能较后者的大,热安定性优于后者。表 2-12 中的$(CH_3)_2NNO_2$ 为仲硝胺,由于其分子中存在两个烃基,使 N—N 键具有较大的双键特征,故不易热分解;同时,它的氨基氮上不易进行质子加成,故不易水解。这说明,带推电子基的仲硝胺的热安定性是较佳的。RDX 及 HMX 均含此类结构,故它们的安定性均很高。

表 2-12　几种硝胺热分解动力学数据

化合物	温度范围/K	$E_a/(kJ\cdot mol^{-1})$	$\lg A/s^{-1}$	393 K 时的半分解期/h
$CH_2(NHNO_2)_2$	383 ~ 403	148.1	15.6	2.3
$(CH_2NHNO_2)_2$	408 ~ 418	209.2	21.0	1.2×10^3

续表

化合物	温度范围/K	$E_a/(kJ \cdot mol^{-1})$	$\lg A/s^{-1}$	393 K时的半分解期/h
$(CH_3)_2NNO_2$	全部温度区间	170.7	14.1	5.7×10^4
RDX	486～572	198.7	18.5	1.6×10^3
HMX	449～503	152.7	10.7	7.2×10^3

五、分子对称性

炸药分子结构的对称性可赋予炸药较好的安定性。在同类炸药中，具有对称结构者热安定性一般较佳，例如，在芳香族硝基化合物中，与其他硝基处于邻对位及与烷基处于间位的硝基都是最不稳定的基团。如1,3,5-三硝基苯约比1,2,4-三硝基苯的热安定性高4 000倍。一些三硝基芳烃于413 K条件下加热40 h后，分解放出气体的速度见表2-13。

表2-13 一些芳香族硝基化合物的分解放气速度

组别	化合物	放出气体速度/$(cm^3 \cdot kg^{-1} \cdot h^{-1})$
Ⅰ	1,3,5-三硝基苯	0
	1,2,4-三硝基苯	8.0
Ⅱ	2,4,6-三硝基甲苯	9.0
	2,3,4-三硝基甲苯	13.0
	2,3,5-三硝基甲苯	24.0
	2,4,5-三硝基甲苯	32.0

另外，相比其他三硝基化合物，三硝基苯的热分解速率明显缓慢，但若向三硝基苯环上引入任何取代基，都会使炸药的安定性急剧下降，见表2-14。

表2-14 取代基对三硝基苯热分解速度的影响

化合物	放出气体速度①/$(cm^3 \cdot kg^{-1} \cdot h^{-1})$
1,2,5-三硝基苯	0(453 K时为0.05)
2,4,6-三硝基苯酚	0.6
2,4,6-三硝基苯胺	4.0
2,4,6-三硝基甲苯	9.0
2,4,6-三硝基苯甲醚	32.0

① 在413 K下加热炸药40 h。

据粗略计算,往三硝基苯中引入一个 CH_3 时,其热安定性约降低到三硝基苯的 1/40 000;但往其中再引入一个 CH_3 时,化合物安定性不但不继续下降,反而升高,只降低到三硝基苯的 1/2 000;当引入三个 CH_3 时,分子重新具有对称性结构,此时化合物的安定性约降低到三硝基苯的 1/200。三硝基苯中甲基数对其热分解速度的影响见表 2-15。

表 2-15　三硝基苯中甲基数对其热分解速度的影响

化合物	放出气体速度①/($cm^3 \cdot kg^{-1} \cdot h^{-1}$)
1,3,5-三硝基苯	0(453 K 为 0.05)
2,4,6-三硝基甲苯	9.0
2,4,6-三硝基二甲苯	0.5(433 K 为 8.0)
2,4,6-三硝基三甲苯	0(453 K 为 8.4)

① 在 413 K 下加热炸药 40 h。

不仅对于芳香族硝基化合物,对其他类炸药,分子对称性对热安定性的影响也十分明显。例如,太安与其他硝酸酯比较,热安定性是最高的,但当太安分子结构的对称性遭到破坏时,安定性即显著下降。另外,2,4,6-三硝基-1,3,5 三氨基苯的高耐热性,除分子间及分子内氢键的作用外,还应归因于其结构上的高对称性和形成了大 π 键,故其 C—NO_2 键级很高。

六、分子内及分子间氢键

分子内氢键可使分子体积缩小,分子势能降低,因而可提高炸药的热安定性。分子间氢键可增大分子的晶格能,从而使炸药的熔点和分解点升高。三氨基三硝基苯分子中形成的分子内氢键及分子间氢键(图 2-2),无疑是使其具有极高热稳定性的重要原因之一。

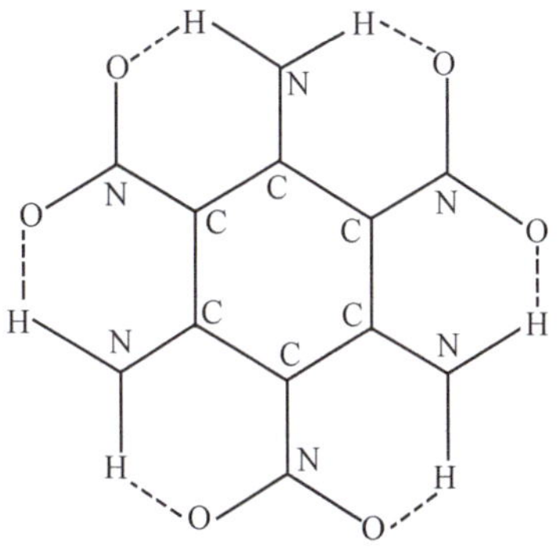

图 2-2　三氨基三硝基苯的分子结构及其氢键

另外一种著名的高稳定性炸药——硝基胍,也与三氨基三硝基苯一样,即形成的分子内和分子间氢键,以及由氢键而形成的网状结构是使该炸药稳定的最主要原因。因为在晶体中,这样的网状氢键结构具有能量吸收器的作用。

此外,通过对偶极矩、电离势、键能、电荷分布及键级等的计算,证明奥克托今中也存在分子间及分子内氢键,如径向硝胺基之间较弱的分子间氢键,轴向与径向硝胺基之间较强的分子间氢键,分子内亚甲基与硝基间的分子内氢键等。

一般来说,炸药分子中 CH_2 或 NH_2 中的 H 均可与 NO_2 形成氢键,由于 N 的电负性大于 C 的电负性,因此,N—H…O 键较 C—H…O 键更为常见。故炸药分子中氨基越多,其熔点或分解点越高,体系越加稳定。见表 2-16。

在炸药分子中适当引入 NH_2,是设计耐热炸药常采用的方法。

表 2-16 氨基对炸药熔点的影响

炸　　药	熔点/℃
1,2,5-三硝基苯	122
2,4,6-三硝基苯胺	190
1,3-二氨基-2,4,6-三硝基苯	290
1,3,5-三氨基-2,4,6-三硝基苯	330

七、晶型及晶体完整体

不同晶型炸药分子中各基团的排列方式各异,所属晶系也可能不同,晶胞中的分子数及堆积方式也常有差别,所以具有不同的热力学稳定性及热安定性。晶体外形、晶体表面的光滑程度、晶体缺陷、晶粒大小及粒度分布等,也都会影响炸药的热安定性。一般来说,表面光洁、边缘圆滑的完整的球形结晶,具有较佳的热安定性。

许多炸药是多晶型的,如 HMX 有 α、β、δ、γ 四种晶体,其中 β-HMX 最安定。2,4,6,8,10,12-六氮杂三环[7d.3.0.$0^{3,7}$]十二烷二酮-3,9 有两种晶型,其中 A 型的热安定性优于 B 型。六硝基六氮杂异伍兹烷在常温常压下可生成 α、β、γ 和 ε 四种晶型,以 ε-晶型的热力学稳定性最佳。六硝基芪(HNS)也有两种晶型,HNS-Ⅱ型比 HNS-Ⅰ型有较好的热安定性。

炸药晶体完整性不同,热分解速度可相差很大。同时,热分解的程度也往往取决于晶体的完好程度。例如,用不同方法重结晶的或未经重结晶的重(三硝基乙基-*N*-硝基)乙二胺晶体具有明显不同的晶癖及晶体外形,它们的热分解速度也很不相同。热分解慢的晶体都具有表面光滑、边缘整齐的外形,而热分解快的晶体则存在明显的晶体缺陷,如絮状、层状或线状缺陷。这种晶体完整性对炸药热安定性的影响一般具有普遍性的规律。

2.4.3 热安定性测定方法

测定热安定性的方法很多,其基本原理是测定试样在一定条件下的质量变化或能量变化,如真空安定性法测定气态分解产物体积(或压力),热失重分析(TGA)测定质量损失,气相色谱法测定气态分解产物组成,差热分析(DTA)和差示扫描量热法(DSC)测量反应热效应等。根据测试过程中环境温度是否变化,又可分为等温、变温两大类。但从实用性而言,宜以多种测定方法综合评价安定性,且有时还需在接近实际储存温度下进行常储试验。中国规定可采用真空安定性试验(压力传感器法)、DTA 和 DSC 法、微量量热法、气相色谱法、100 ℃加热及 75 ℃加热法等多种方法测定炸药的安定性。这些方法的较详细情况见下文。

一、量气法

量气法的历史比较悠久，目前仍是广泛应用的重要方法。

采用量气法时一般保持反应器内恒温，系统内不应存在温差，以避免物质的升华、挥发、冷凝等现象。但是，有些量气法却不能严格保证这一点，这样，就可能出现上述物质转移现象，并影响炸药分解过程。

就对反应器的温度控制来说，可分为恒温、变温两种。下述的真空安定性法及布氏计法均属于前一种。恒温热分解一般要求把环境温度控制在(±0.1 ~ ±1) ℃。

1. 真空热安定性法

此法是一种在国外使用较多的工业检验方法，其原理是令定量试样(猛炸药 5 g，起爆药 1 g)在定容、恒温和一定真空度下分解，测定其在一定时间内放出气体的压力，再换算成标准状态下的体积，并以该体积评价试样的热安定性。真空安定性的试验温度，一般炸药为(100 ±0.5)℃或(120 ±0.5)℃，耐热炸药为(260 ±0.5)℃。对加热时间，一般炸药为 48 h，耐热炸药为 140 min。

真空热安定性法的热分解器可以是一个具有一定形状的玻璃瓶，带有磨口塞，塞上焊有长毛细管，管的另一端与压力计相连，以测量瓶内压力。测定时，将试样置于分解瓶内。加热炸药前，将系统抽空到剩余压力为 0.6 kPa 左右，测定此时瓶内压力、室温及大气压。按规定在一定温度下将试样加热一定时间。加热完毕，将仪器冷却到室温，再测定瓶内压力、室温及大气压，而后按式(2 -21)计算炸药热分解产物的体积。

$$V=[A+C(B_1-H_1)]\frac{273(p_1-H_1)}{760(273+t_1)}-[A+C(B-H)]\frac{273(p-H)}{760(273+t)} \quad (2-21)$$

式中 V——炸药热分解产物标准体积，cm^3；

A,C——仪器的常数；

B,B_1——炸药热分解前及分解后压力计毛细管总高减去水银杯中汞柱高，mm；

H,H_1——炸药热分解前及后分别测定的压力计内汞柱高减去水银杯中汞柱高，mm；

p,p_1——炸药热分解前及后分别测定的大气压力，mmHg①；

t,t_1——炸药热分解前及后分别测定的室温，℃。

绝大多数炸药或炸药配方，加热 120 ℃ ×40 h，每克炸药释放气体量小于 1 cm^3。

这种方法的优点是仪器简单，操作方便，能同时测定多个样品。缺点是不适用于挥发性样品，每次试验只能得出一个数据，不能说明热分解过程。

图 2 -3 所示是一种以真空热安定性法测定炸药热安定性的装置图。

常用猛炸药的放气量(5 g,40 h)见表 2 -17。

---

① 1 mmHg = 133 Pa。

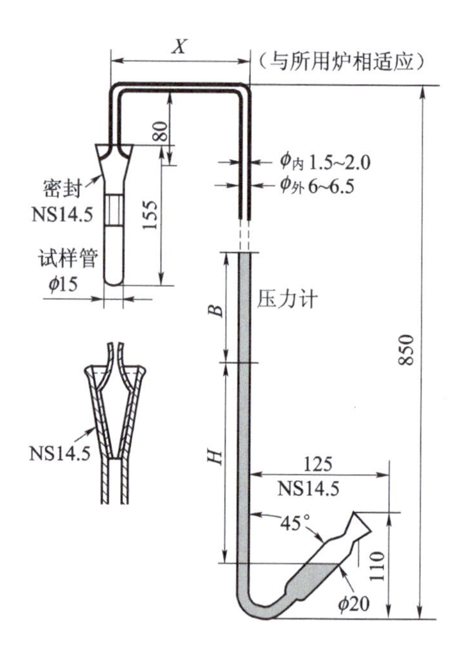

图 2－3　真空热安定性试验装置

表 2－17　常用猛炸药放气量(5 g,40 h)

炸　　药	放气量/mL	
	100 ℃	120 ℃
TNT	0. 1	0. 23
PA	0. 2	0. 50
CE	0. 3	1. 0
TATB	—	0. 36
D 炸药	0. 2	0. 4
β－HMX	0. 37	0. 45
RDX/蜡(91/9)	0. 3	0. 6
RDX/TWT(60/40)	0. 7	0. 9
NQ	0. 37	0. 44
EDNA	0. 5	1. 5
PETN	0. 5	>11
AN	0. 30	0. 30
AP	0. 13	0. 20
AN/TNT/Al(22/67/11)	—	4. 40

注:表中缩写的全称(化学名称)见本书末缩略语表。

2. 布尔登(Bourdon)压力计法

此法将定量试样置于定容、恒温和真空的专用玻璃仪器(布氏压力计,见图2-4)中加热,根据零位计原理测量分解气体的压力,用压力(或标准体积)-时间曲线描述热分解规律的一种炸药热安定性的测定方法。

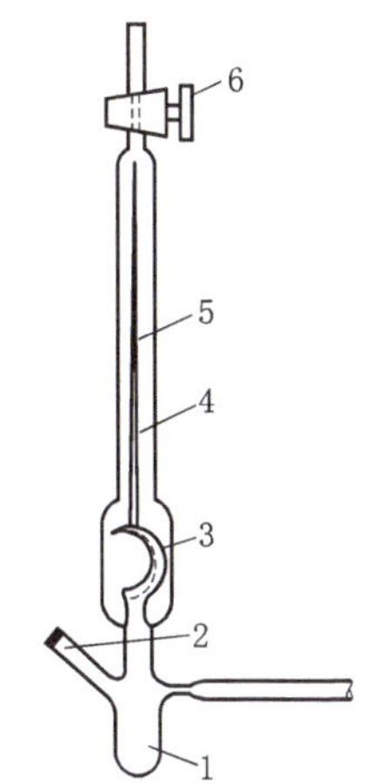

图2-4 Bourdon压力计

1—反应器;2—加料和抽真空支管;3—玻璃薄腔;4—补偿空间;5—指针;6—活塞

布氏计有不同的结构,但通常分为两个互相隔绝的空间,即反应空间和补偿空间。在反应空间中放有待测样品,补偿空间则与真空泵、压力计联通,用以测量反应空间压力。与其他测压法相比,此法有下列优点:

(1) 试样置于密闭容器内,可完全避免外来杂质对热分解的影响。

(2) 反应空间小,仅使用几十到几百毫克样品,操作安全性大为提高。

(3) 可在较大范围内变更试验条件,如装填密度可在 $10\times10^{-4}\sim4\times10^{-1}$ g/cm^{3}之间改变,又可往系统中引入氧气、空气、水、酸和某些催化剂,以研究它们对热分解过程的影响;还可模拟炸药生产、使用和储存时的某些条件。

(4) 压力计灵敏,精确度较高,指针可感受13.3 Pa的压差。

此法适用于各种炸药及其相关物的热安定性和相容性的测试,也可取得炸药热分解形式的动力学数据。此法的试验条件如下:反应温度为(100±0.5)℃;装填密度为 $3.5\times10^{-1}\sim4.0\times10^{-1}$ g/cm^3;试验周期为48 h。

3. 气相色谱法

令定量试样在定容、恒温和一定真空度下受热分解,用气相色谱仪测定试样分解生成的产物(如NO、NO_2、N_2、CO_2、CO等),并以这些产物在标准状态下的体积评价试样的热安定性。气相色谱法测定炸药分解热安定性时,试验温度可为(120.0±1)℃或(100.0±1)℃,连续加热时间为48 h。

二、失重法

失重法是测量炸药质量随温度变化的技术。炸药热分解时形成气体产物,本身质量减少。因此,测量炸药样品质量的变化,也可以了解炸药热分解性质。但是,在一般测量质量的仪器中,反应空间不易密闭和恒温,而炸药在热分解过程中不可避免地要发生蒸发和升华,因而会影响热分解过程的真实性。所以,挥发性较强的炸药一般不用这种方法测定。

热失重可分为等温和不等温(温度以某一恒定速度上升)两种。

1. 等温热失重

用普通天平就可以测定炸药等温热分解的失重。通常将炸药保存于恒温箱中,而后定期取出称重。例如，通常采用的 100 ℃及 75 ℃加热法是在大气压下，令定量试样在 (100 ± 1) ℃或(75 ± 1) ℃下，连续加热 48 h 或 100 h，求出试样减量，并以其表征试样的热安定性。对 100 ℃ 加热法，测定试样第一个 48 h 及第二个 48 h 的减量；对 75 ℃加热法，测量试样 48 h 减量。也有人曾采用弹簧秤连续测定炸药的等温热失重。

2. 不等温热失重

近几十年来，广泛采用现代化的不等温热失重法（各种结构的热天平仪器）研究炸药的热分解（热重分析法，TGA 法）。该法的特点是反应环境温度以一定速度上升，而炸药在受热过程中的质量变化则被转换成为电信号并自动记录在记录仪上（与计算机连用）。对记录下来的 TGA 曲线进行动力学分析，可以了解炸药的热分解特性。如测得炸药在不同升温速度下的 TGA 曲线，则可求得炸药的热分解动力学参数。某一炸药 TGA 曲线见图 2－5。图中横坐标为温度(T)，纵坐标为质量(m)及失重百分数(%)。曲线上质量基本不变的部分称为平台（图中 AB 与 CD），累积质量变化达到热天平可检测时的温度为起始温度(T_i)，而累积质量变化达到最大值时的温度称为终止温度(T_f)，T_i 与 T_f 的温度间隔称为反应区间。应当指出，也可测定等温 TGA 曲线，此曲线反映炸药在某一恒温下不同时间的失重，可用以研究炸药在等温下的热分解。

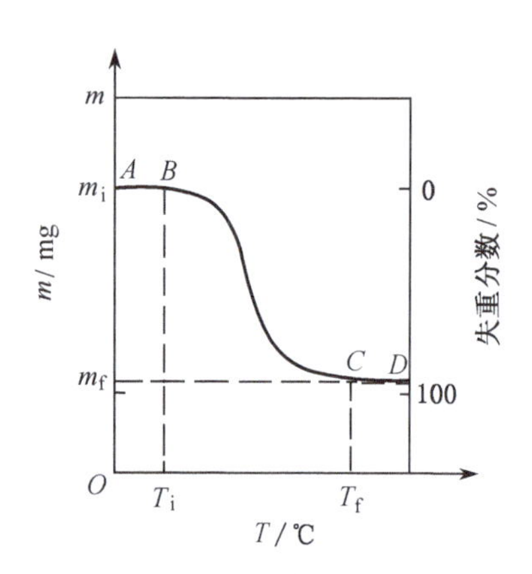

图 2－5　某一炸药的 TGA 曲线

三、量热法

分析炸药热分解过程热量变化的方法叫量热法。量热法研究的是动力学变化，并非古典的热力学数据。当前最常用的量热法是差热分析(DTA)法、差示扫描量热(DSC)法、微量量热法及加速反应量热法(ARC)。

1. 差热分析法

DTA 法是在程序控制温度下，测量试样和参比物的温度差与温度关系的技术。测定时，将试样和参比物（空气或 $\alpha-Al_2O_3$）在相同的热条件下加热或冷却，用差示热电偶记录试样与参比物间的温度差随温度（或时间）的变化情况，即得 DTA 曲线（图 2－6）。图中曲线的纵坐标为试样与参比物的温度差，零点向上表示放热反应，向下表示吸热反应。曲线上相应温度差近似于零的部分（AB、DE 和 FG）称为基线；BCD 和 EHF 分别称为吸热峰和放热峰；BD 和 EF 称为峰宽；峰顶至基线的距离（CC' 和 HH'）称为峰高；峰和内插基线间所包围的面积（$BCDC'B$ 和 $EHFH'E$）称为峰面积；

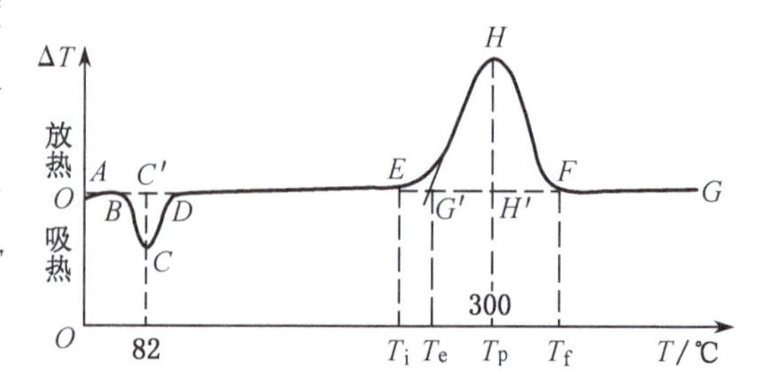

图 2－6　某一炸药的 DTA 曲线

峰的前沿最大斜率点的切线与基线的交点 G'称为外推起始点。T_i 为起始温度，T_f 为终止温度，T_p 为峰温，T_e 为外推起始温度。

2. 差示扫描量热法

DSC 法是在程序控制温度下，测量试样和参比物的功率差与温度关系的技术。按测量方式分为热流式和功率补偿式两种。前者是直接测量试样的物理、化学变化所引起的热流量与温度的关系；后者是测量试样端和参比物端的温差消失而输送给试样和参比物的功率差和温度的关系。由 DSC 法得到的记录曲线称为 DSC 曲线（图 2－7），这与 DTA 曲线相同，只是曲线的纵坐标为试样和参比物的功率差（以 mJ/s 计）。可用 DSC 曲线的峰形、峰的位置、各特征峰温度和动力学参量的变化来分析被试炸药的热安定性及相容性。如混合炸药与其组分的 DSC 曲线相比，混合体系的初始分解温度和放热分解峰温大幅度地向低温方向移动，且反应热效应明显增大，则说明体系相容性不良或安定性恶化。另外，DSC 峰温与初始分解温度之差，在一定程度上反映热分解反应加速趋势的大小。差值越小，加速趋势越大。

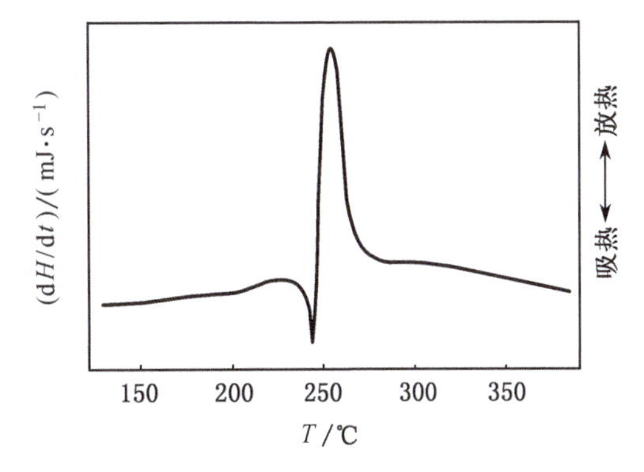

图 2－7　某一炸药的 DSC 曲线

测得在不同升温速度下炸药的 DSC 曲线，可求得炸药的热分解动力学数据。另外，DTA 及 DSC 曲线也可以是等温的，即温度差或功率差与时间的关系曲线。

有时，还以加热速度为零时 DTA 或 DSC 曲线的峰温 T_{p0} 评价炸药的热分解安定性。T_{p0}值越高，热安定性越好。DTA 及 DSC 法适用于炸药及其相关物热分解安定性优劣的快速筛选，也用于测定炸药热分解的动力学参数（如表观活化能、反应速度常数及指前因子）。

以热分析法（DTA 及 DSC）测得的一些炸药的热性能见表 2－18。

表 2－18　某些炸药的热性能

炸　　药	熔点/℃	引燃温度/℃	放热峰温度/℃	起始热分解温度/℃
2,4,6－TNT	81	295～300	250	—
苦味酸铵	280（分解）	313	280	—
CE（三硝基苯甲硝胺）	129	—	162～212	—
RDX	205	229	215	—
β－HMX	275	279～281	260	—
PETN	140	203	160	—
硝基胍	264	—	168	—

续表

炸　　药	熔点/℃	引燃温度/℃	放热峰温度/℃	起始热分解温度/℃
硝酸铵	169	>360	吸热	—
TNAZ	约 100	—	253	>240
CL-20	—	—	225	215
ADN	91.5~93.5	—	184	145
HNF	115~124	—	—	—

3. 微量量热法

此法是测定炸药热分解过程能量变化而得到的热流曲线，再找出该曲线前缘上斜率最大点的切线与外延基线的交点，最后求得该交点所对应的时间或某一时刻的放热速率，此速率即可用于表征炸药的热安定性。

用微量量热仪可在较低温度(60 ℃~100 ℃)下研究炸药的初始分解特性及动力学，所得数据可用于判断仿真温度下炸药的安定性和相容性。评价相容性的标准是：按两条纯组分热流曲线高度之和绘制的理论热流曲线，若位于混合体系实测曲线之上或两者重叠，则混合体系是相容的；若位于实测曲线之下，则是不相容的。图 2-8 所示是六硝基六氮杂异伍兹烷(HNIW)、HNIW/HTPB(端羟聚丁二烯)(96/4)及 HNIW/GAP(聚叠氮缩水甘油醚)(96/4)三种炸药在 70 ℃下的热流曲线(微量热量法测得)。以 GAP 或 HTPB 为黏结剂的两种 PBX 的曲线位于 HNIW 曲线之上。60 h 内的积分热量，HNIW 为0.25 J/g，HNIW/HTPB(96/4)为 8.8 J/g，HNIW/GAP(96/4)为 16.75 J/g。

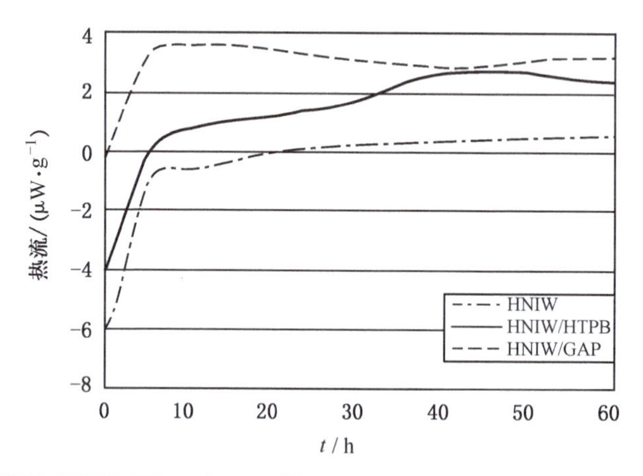

图 2-8　HNIW、HNIW/HTPB(96/4)及 HNIW/GAP(96/4)三者在 70 ℃时的热流曲线

4. 加速反应量热法

加速反应量热仪是一种绝热量热器(图 2-9)。被试炸药(固态、液态及气态样品均可，用量为 1~10 g)置于球形样品池中(保持几乎完全绝热状态)，后者再悬挂在量热计内部，并与膜式压力转换器相连，而夹套中装的加热器则用以提供试样热分解所需温度。

样品池中心与反应器的温度采用高精度的热电堆测定，精度可达 0.01 ℃。ARC 的测试温度范围为 0 ℃ ~ 50 ℃，表压力为 0 ~ 17.26 MPa。

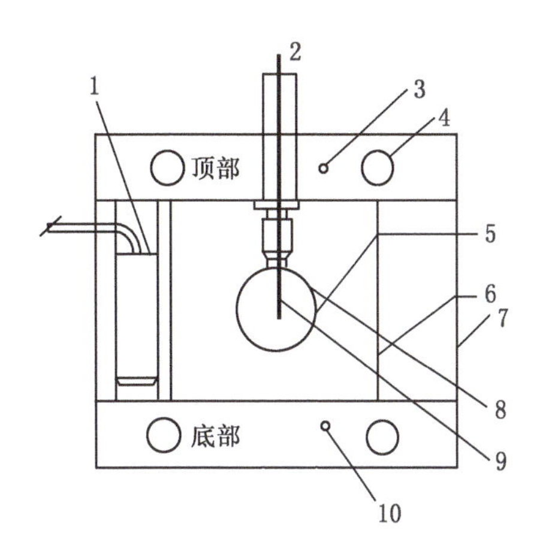

图 2－9　ARC 结构示意图

1—加热器；2—接压力传感器；3—顶部热电偶；4—加热器；5—小球热电偶；6—壳体热电偶；7—壳体；8—样品容器；9—试样热电偶；10—底部热电偶

上述分析气态产物的现代仪器方法有助于了解炸药热分解的微观机理，用这些技术求得的数据可说明气相产物释放的过程以及炸药热分解的二次反应。

ARC 可以自动采集和储存温度、压力数据，并用多种程序对数据进行处理，所以它不仅可测定炸药热分解过程中的压力、温度及反应速率随时间的变化情况，还可以得到热分解的动力学数据。图 2－10 所示的是用 ARC 测得的 HMX 热分解时的自加热情况。

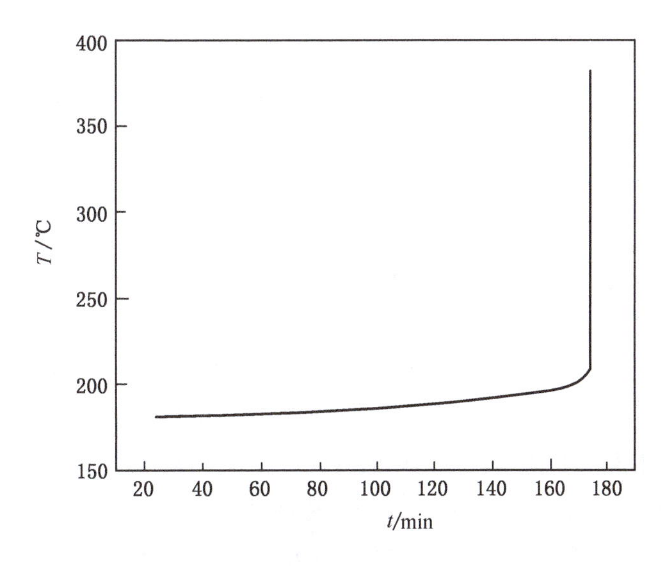

图 2－10　ARC 测定的 HMX 的自加热情况

四、热分解气体产物的仪器分析法

近年来，各种仪器分析技术已广泛用于炸药热分解研究领域。例如，将炸药热分解初期的气相产物送入质谱仪，可在一定程度上测得气相产物的成分。利用扫描质谱仪还可以研究某一气相产物（如 NO_2）在分解过程中的变化关系。当采用质谱－色谱联用时，就能更清楚地了解炸药分解过程。又如，可采用化学发光法测量炸药分解放出的氮氧化物与臭氧反应产生的辐射光强，以评估氮氧化物的生成速度，进而评价炸药的热安定性和相容性。化学发光法的原理是炸药分解形成的氮氧化物可与臭氧发生反应：$NO + O_3 \rightleftharpoons NO_2^* + O_2$，$NO_2^* + M \rightleftharpoons NO_2 + M$，$NO_2^* \rightleftharpoons NO_2 + h\nu$，而反应所生成的激发态 NO_2^* 在衰变至基态 NO_2 过程中辐射发光。此法的优点是快速、灵敏度高，且在较短时间内（通常为一天）即可完成仿真温度（60 ℃或更低）下的炸药安定性和相容性试验。

上述分析气态产物的现代仪器方法有助于了解炸药热分解的微观机理，用这些技术求得的数据可说明气相产物释放的过程以及炸药热分解的二次反应。

炸药热分解的凝聚相产物，可以用各种色谱、红外光谱、核磁共振谱、等离子荧光光谱、能谱法等多种仪器分析法鉴定。

2.5 相 容 性

2.5.1 概论

炸药的相容性是指炸药与其他物质混合或接触时，所构成的系统与各组分相比，在规定时间和一定条件下，其物理、化学、爆炸性能改变的情况，也称配伍性，是衡量炸（火）药能否安全使用的重要标志之一。相容性的概念始于第二次世界大战初期，但至今仍未有一致公认的评价标准。比较统一的看法是，在炸（火）药有限使用期内，炸（火）药组分之间，或炸（火）药与其他材料接触时，彼此不产生有害的影响，或系统与组分相比，其改变程度不超过一定的允许范围，则认为是相容，反之则认为是不相容。相容性可分为化学相容性及物理相容性，前者是指系统化学性质的变化，常指在一定温度一定湿度下，系统内某种物质对另一指定物质是否引起或是否加速化学变化的情况。弹药行业所指的相容性，一般是指化学相容性。物理相容性是炸药系统物理性能的变化。化学相容性与物理相容性是密切相关的，炸药系统化学性质的变化往往导致或加速物理性质的变化，而物理性质的变化有时也能改变某些化学变化的速度。相容性也可以分为组分相容性（内相容性）和接触相容性（外相容性）。内相容性是指混合炸药中各组分（包括所含微量杂质）间的相容性，是炸药本身能否长期正常储存的决定性因素。外相容性是指炸药制品与接触材料（如弹壁、包覆层、油漆等）的相容性，是弹药能否长期储存的重要因素。如炸药与其他材料混合或接触时形成不相容体系，会导致安定性下降、爆发点降低、机械感度增大、起爆感度变化、老化速度加快、包装物或接触物被腐蚀等一系列严重问题。在设计炸药配方及选择与炸药制品接触的材料时，必须进行相容性试验。

当炸药直接接触聚合物或其他材料时，可能会：① 炸药的一个或多个性能受到影响；② 聚合物或接触材料的一个或多个性能受到影响；③ 炸药、聚合物或接触材料的性能，都没有受到不利的影响。

炸药 - 聚合物或炸药 - 接触发材料复合物在①及②情况下，被认为是不相容的，而在③情况下，被认为是相容的。从某种程度上说，聚合物或接触材料对炸药的影响，或者炸药对聚合物或接触材料的影响，可根据各成分的化学性质和结构定性地预测。

一个不具相容性的炸药可能导致效能损失，有时甚至会发生非常危险的意外事故。例如，氯酸盐炸药与 AN 是不相容的，因为两者接触时会生成自动分解的氯酸铵。弹药的相容性和安定性决定了弹药运输、储存时的安全性及服役时的可靠性。因此，评估炸药、推进剂和烟火药的性能是否会被与它们接触的任何材料恶化是非常重要的。这个问题是极其复杂的，这一方面是因为要满足弹药储存及服役的各种严格要求和频频变化的条件，另一方面是由于构建武器系统的非炸药材料（它们与炸药接触）是多种多样的。除了应研究炸药、推进剂和烟火药各组分的安定性及彼此的相容性外，还必须研究它们与惰性涂层，即用于武器装配系统的密封剂、封泥及油漆的相容性，才能保证炸药、推进剂、烟火药及它们配方的性质不会受到与它们接触的任何材料的负面影响，反之亦然，即上述几种含能材料也不会给与它们接触的其他材料的性能带来不利影响。安定性研究一般为相容性研究所支持和补充。相容性研究不仅可检验新组分的适用性，还可研究与推进剂接触的抗老剂或黏结剂和推进剂之间的可能相互反应。这种相互反应可以是化学反应，也可能是由某些添加剂的迁移或相互变化引起的。相容性的数据可保证正确选择用于炸药、推进剂和烟火药配方的组分及用于硬件组合件的材料。

2.5.2　相容性测定方法

目前测定相容性的最好方法，是将有关组分混合或接触，在模拟使用条件下，进行常储或加速试验，再测定系统有关性能的变化。至于具体的试验方法，测定热安定性的各种方法原则上都可用于测定相容性，只不过这里是测定混合物与各组分变化量的差值，强调的是对比的变化程度，差值越小，相容性越好；反之则越差。下面介绍三种常用于测定相容性的方法。

一、真空热安定性法

用真空热安定性法测定相容性时，是测定混合体系放气量与单独体系放气量及接触材料放气量总和两者的差值 R（即净增放气量），以评价各组分的相容性。

在相容性测试中，将(5.0 ± 0.05) g 炸药与(0.5 ± 0.05) g 仔细研磨的聚合物或接触材料充分混合，用该混合物进行真空安定性测试。分别对炸药和聚合物或接触材料进行多次重复实验。在大多数情况下，高能炸药的加热温度为 120 ℃，加热时间的极限为 40 h。混合物释放的气体体积（V, cm^3）与单一炸药及单一接触材料两者释放的总气体体积之差，用以评估相容性，见公式(2-22)。

$$V = C - (A + B) \tag{2-22}$$

式中　C——混合物放气量；

A——单一炸药放气量；

B——单一聚合物或接触材料放气量。

当 $V \leqslant 1\ cm^3$ 时，可以认为接触材料与炸药相容性良好；当 $V = 5\ cm^3$ 时，接触材料与炸药相容性不好。$V=1.0\sim2.0\ \mathrm{cm}^3$ 和 $2.0\sim3.0\ \mathrm{cm}^3$ 时，两种材料的反应很轻微或轻微；$V=3.0\sim5.0\ \mathrm{cm}^3$ 时，反应较明显。但有一些研究者认为，如果 $V=3\sim5\ \mathrm{cm}^3$，相容性是不确定的，但如果 $V>5\ \mathrm{cm}^3$，则接触的两种材料肯定不相容。

二、热分析法

例如，用 DTA 及 DSC 测定相容性时，是测定单独体系相对于混合体系的分解峰温的改变量 ΔT_p 及单独体系相对于混合体系的表观活化能相对改变量 $\Delta E_a/E_a$，再按下述标准评价混合体系中各组分的相容性。

$\Delta T_p\leqslant2.0$ ℃及 $\Delta E_a/E_a\leqslant20\%$，相容性为 1 级；

$\Delta T_p\leqslant2.0$ ℃及 $\Delta E_a/E_a>20\%$，相容性为 2 级；

$\Delta T_p>2.0$ ℃及 $\Delta E_a/E_a\leqslant20\%$，相容性为 3 级；

$\Delta T_p>2.0$ ℃及 $\Delta E_a/E_a>20\%$，或 $\Delta T_p>5$ ℃，相容性为 4 级。

三、气相色谱法

将炸药、接触材料及两者 1∶1 的混合物三种试样，各取一定量（如 5 g）在一定温度（如 100 ℃或 120 ℃）加热一定时间（如 48 h），然后将所得分解产物引入气相色谱仪，测定分解产物体积及分解产物组成。可根据分解产物体积评定炸药与该接触材料的相容性，根据分解产物的组成，可粗知热分解情况。可按式（2－23）计算 R 值。

$$R=\frac{V_3}{V_1+V_2}\tag{2-23}$$

式中 V_3——混合物的放气量；

V_1——炸药的放气量；

V_2——接触材料放气量。

如 $R<1.5$，炸药与接触材料相容；$R>3$，不相容；$R=1.5\sim3$，相容性不十分确定（位于临界状态）。

2.6 感　　度

感度是指炸药在外界能量作用下发生爆炸的难易程度。此外界能被称为初始冲能或起爆能，通常以起爆能定量表示炸药的感度。感度是炸药能否实用的关键性能之一，是炸药安全性和作用可靠性的标度。感度具有选择性和相对性，前者指不同的炸药选择性地吸收某种起爆能，后者则指感度只是表示危险性的相对程度。对炸药感度的评价宜结合多种试验综合进行。根据起爆能的类型，炸药感度主要可分为热感度、撞击感度、摩擦感度、起爆感度、冲击波感度、静电火花感度、激光感度、枪击感度等。

尽管多种外界能量都能使炸药爆炸，但各种能量的作用机制和引爆炸药的机理不尽相同。另外，炸药种类繁多，它们的物理、化学性质，如聚集状态、表面状况、熔点、硬度、导热性和晶体外形等，均可影响炸药的感度。而且，测试方法和条件也与感度测定结果有关。由于多方面的因素错综复杂地互为影响，所以，虽然可以用能量来衡量外界的作用，但在不同情况和在不同条件下所测得的能引起炸药发生爆炸的能量之间并没有什么定量的关系。

为了使炸药感度的测试结果具有实用性，能对各种炸药的感度进行评定和比较，各国都制定了一些感度的测试标准，其中有些在国际上已得到公认。

2.6.1　感度与分子结构的关系

目前，人们对炸药感度与分子结构间的内在联系已进行了广泛的探索，目的在于认识和掌握炸药对外界能量刺激作用敏感程度的规律，以便能在不降低其能量水平的前提下尽可能地或适当地降低其感度，寻求提高炸药能量及安全性的化学和物理途径，开发新型高能钝感炸药。

一、概述

目前，常见的炸药有硝酸酯、硝胺和硝基化合物，其分子中分别含有 $O—NO_2$、$N—NO_2$ 或 $C—NO_2$，这些基团使炸药的能量水平与安全性成为相互矛盾的两个因素，而安全性又是限制炸药应用的一个关键。显然，炸药的感度取决于其分子结构，如取代基的种类及特性、分子中弱键的强度及分子构型等。在早期研究中，人们只是定性或近似定量地探讨官能团和分子结构对感度的影响。近年来，人们以量子力学方法计算分子轨道参数，然后确定分子构型，并优化构型以获得平衡构型，同时求得分子的键长、键角及势能等参数，进而研究这些分子结构参数与感度的关系。经过对炸药分子轨道参数的分析、归纳，并与其感度对照，人们发现炸药的某些分子轨道参数与其能量、热安定性、撞击感度和冲击波感度相关。

二、键特性

键特性主要是指静电势、键长、键强度和分子中骨架原子的平面度等。炸药分子中 $C—NO_2$ 和 $N—NO_2$ 的键特性对其感度具有重要影响。一般来说，$C—NO_2$ 和 $N—NO_2$ 键强度越大（键长越短），分子越稳定；氮原子上孤对电子电负性减小，孤对电子离域作用增强，分子也越稳定。

1. 芳香族硝基化合物

芳香族硝基化合物 $C—NO_2$ 键中点上的静电势 V_{mid} 与其撞击感度相关。V_{mid} 可由式（2－24）计算。

$$V_{mid} = \frac{1}{2R}(Q_A + Q_B) \tag{2-24}$$

式中　R——A—B 键长；

Q_A，Q_B——A，B 原子的电荷量，由分子轨道波函数算出。

通常用最大静电势，即 $V_{mid,max}$ 来表征整个分子静电势。$V_{mid,max}$ 越小，撞击感度越低。以 1，3，5－三硝基苯为基准参照物，若往分子中引入给电子官能团，如 NH_2、OCH_3 和

OC_2H_5，则减小了基准物分子中碳原子的正电性，使 $V_{mid,max}$ 降低，分子稳定性增高。1,3,5－三硝基苯衍生物（除羟基衍生物外）的撞击感度与 $V_{mid,max}$ 线性相关系数为 0.86。芳香族硝基化合物的感度与 C—NO_2 键离解能之间的关系是一致的，但有两个例外，一个是含羟基的芳香族硝基化合物。尽管在基准物中引入羟基后，$V_{mid,max}$ 减小，但该类化合物撞击感度增高，这是由于生成了少量不稳定的氮酸。另一个是烷基取代的芳香族硝基化合物，在基准物中引入烷基后，可降低分子的撞击感度，但也恶化其热安定性，这说明撞击感度与热安定性两者的发生和发展历程可能不同。这方面最典型的例子是 2,4,6－三硝基甲苯（TNT），它的热安定性比三硝基苯的差，但其撞击感度则较低。

2. 硝胺

同时考虑分子中所有 N—NO_2 键的键长和相对分子质量两个因素时，式（2－25）所示的 nR_{ave}/M 与硝胺的冲击波感度有关，该感度与 R_{ave}/M 的线性相关系数为 0.94。脂肪族硝基化合物的冲击波感度与 R_{ave}/M 也存在类似的线性关系。

$$\frac{\sum_{i=1}^{n} R_i}{M} = \frac{nR_{ave}}{M} \tag{2-25}$$

式中 n——分子中 N—NO_2 键数；

R_i——N—N 键长；

R_{ave}——分子中 N—N 键长的平均值；

M——相对分子质量。

表 2－19 列有某些硝胺的冲击波感度及键参数值。对该表中的一些数据，可做如下解释：用氮原子取代脂肪烃或脂环烃中的碳时，其余的碳原子与氮原子上的孤对电子形成共轭键，从而增高了分子的稳定性；当用强吸电子性的硝基取代胺分子中氮原子上的氢时，氮原子上孤对电子的离域程度加强，电负性降低，使整个分子更加趋于稳定；与此同时，N—N 键缩短，构成氮杂环的 C—N 键长也降低，导致原来立体结构的氮杂环趋于平面化，这些均有助于增加硝胺的稳定性。

表 2－19 某些硝胺的冲击波感度及键参数值

分子式或结构式	冲击波感度[①]（隔板厚度/mm）	M	R_i[②]/nm	R_{ave}/nm	$(nR_{ave}/M)\times 10^2$/nm
$C_3H_6O_6N_6$（RDX）	63.5	222	0.139 3	0.137 9	0.186
$C_4H_8O_8N_8$（HMX）	56.64	296	0.137 3	0.136 1	0.184
$O_2NN\quad NNO_2$（环状）	55.12	162	0.141 0	0.135 4	0.167
$O_2NN\quad NNO_2$ / $O_2NN\quad NNO_2$（双环）	51.31	322	0.141 7	0.141 4	0.176

续表

分子式或结构式	冲击波感度①(隔板厚度/mm)	M	R_i②/nm	R_{ave}/nm	$(nR_{ave}/M)\times 10^2$/nm
$O_2NN\langle\rangle NNO_2$	41.66	176	0.137 3	0.137 3	0.156
$(NCCH_2)_2NNO_2$	34.29	140	0.137 1	0.137 1	0.098
$(NCCH_2CH_2)_2NNO_2$	<1.27	168	0.135 5	0.135 5	0.081

① 给定强度冲击波作用下，导致 100% 爆轰的最大隔板厚度。

② 分子中 $N—NO_2$ 键中最长键的长度。

对大量氮杂环类硝胺分解历程的研究表明，其分解存在 $N—NO_2$ 键断裂和对称开环两个相互竞争的过程，两个过程的差别是对称开环过程需要超过一个开环势垒，而 $N—NO_2$ 键断裂则不需如此。硝胺的热安定性、撞击感度和冲击波感度取决于最小能量的分解过程，即 $N—NO_2$ 键的断裂过程，而其能量释放则取决于开环分解过程。

三、键能和键电荷分布

如前所述，对于三类主要的单质炸药，它们所含爆炸性基团分别为 $C—NO_2$、$N—NO_2$ 及 $O—NO_2$，而其感度则均与释放 NO_2 的难易有关，而此难易程度又取决于 $X—NO_2$ 的键能和电荷分布。关于键能，$C—NO_2 > N—NO_2 > O—NO_2$。关于键电荷的分布，对芳香族硝基化合物炸药，其离域共振作用强，能在芳香环上分布所吸收的能量，$C—NO_2$ 键的断裂只有在环完全受激后才能发生。对硝酸酯炸药及硝胺炸药，则只能将吸收的能量分别转移到 $O—NO_2$ 键及 $N—NO_2$ 键上。综合键能及键电荷分布两种因素，感度大小顺序为：硝酸酯 > 硝胺 > 芳香族硝基化合物。

图 2-11 所示为 RDX 在基态时的电荷分布图。

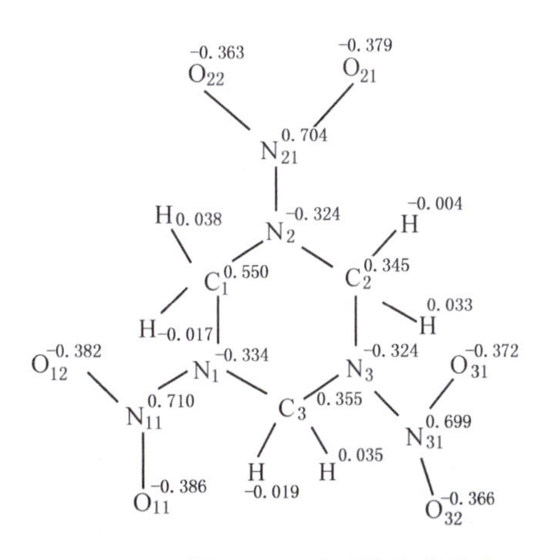

图 2-11 基态 RDX 分子的电荷分布

四、氧平衡指数 OB_{100}

在 20 世纪 70 年代后期，人们即已指出，有机高能炸药的撞击感度，取决于在落锤撞击下引起较大温度变化时所发生的热分解过程。同时指出，对撞击时所产生的温度条件和热分解机理类似的炸药，其感度应与某种参数之间有一定的关系。经研究后发现，炸药的撞击感度（发生 50% 爆炸的特性落高 h_{50}）的自然对数与其氧平衡指数 OB_{100}（100 g 炸药所含氧与将其所含氢氧化为水，碳氧化为二氧化碳所需氧的相差程度，可按式(2-26)计算）存在粗略的线性关系，并据此可由 OB_{100} 值计算 h_{50} 值。OB_{100} 值越小，h_{50} 越高。这就是所谓感度-结构趋势，它初步建立了炸药撞击感度与其分子结构的关系。

$$OB_{100}=\frac{100[2n(\mathrm{O})-n(\mathrm{H})-2n(\mathrm{C})-2n(\mathrm{COO})]}{M} \qquad (2-26)$$

式中 $n(\mathrm{O})$,$n(\mathrm{H})$,$n(\mathrm{C})$——分别为炸药中所含的氧、氢、碳原子数量,mol/mol;

$n(\mathrm{COO})$——炸药中所含羧基数量,mol/mol;

M——炸药摩尔质量,g/mol。

由上式可以看出,这基本上是 H_2O - CO 氧平衡的写法,只是其中加了一点结构因素,即将羧基中无效氧予以剔除。羧基中的氧称为死氧或无效氧。一个氧原子为两个氧化剂当量,每一个羧基则应减去两个氧化剂当量。一个氢原子为一个可燃剂当量,一个碳原子则为两个可燃剂当量。

用质量为 2.5 kg 的落锤仪对多种炸药进行试验,求得它们的 h_{50} 值,并将其与各种炸药计算所得的 OB_{100} 值进行对照,可得到各类炸药的 lg h_{50} 和 OB_{100} 之间的某些线性关系,并可得到它们的回归直线。这些回归直线的斜率和截距随炸药类别而异。

根据感度 - 结构趋势可大概预估不同分子结构的炸药的撞击感度 h_{50},其理论基础则是波登(Bowden)的热点起爆学说。实际上,除了炸药的分子结构外,影响热点发生和发展的因素是很多的,在应用感度 - 结构趋势时,尽管在测定 h_{50} 的试验中已经减小了这些因素的影响,但并不能全面消除这些因素的干扰,所以有时会得出矛盾的结果。

表 2 - 20 汇集了一些主要炸药的 OB_{100} 值及 h_{50} 值,将表中的 lg h_{50} 与 OB_{100} 作图,得到相应的回归直线,见图 2 - 12 及图 2 - 13(图中阿拉伯数字为炸药代号)。

表 2 - 20 某些炸药的 h_{50} 和 OB_{100}

炸 药	分子式	相对分子质量	OB_{100}	h_{50}/cm
无 α - CH 键的炸药				
TNB	$C_6H_3N_3O_6$	213	-1.46	100
PA	$C_6H_3N_3O_7$	229	-0.44	87
SA	$C_6H_3N_3O_8$	245	+0.41	43
TNA	$C_6H_3N_5O_8$	273	+0.37	41
2,3,4,5,6 - 五硝基苯胺	$C_6H_2N_6O_{10}$	318	+1.88	15
2,4,6 - 三硝基苯甲酸	$C_7H_3N_3O_8$	257	-1.12	109
苦酰胺	$C_6H_4N_4O_6$	228	-1.75	177
DATB	$C_6H_5N_5O_6$	243	-2.06	320
含 α - CH 键的炸药				
TNT	$C_7H_5N_3O_6$	227	-3.08	160
2,4,6 - 三硝基苯甲醛	$C_7H_3H_7O_7$	241	-1.24	36

续表

炸　药	分子式	相对分子质量	OB_{100}	h_{50}/cm
3,5-二甲基-2,4,6-三硝基苯酚	$C_8H_7N_3O_7$	257	-3.50	77
硝胺				
RDX	$C_3H_6N_6O_6$	222	0	24
HMX	$C_4H_8N_8O_8$	296	0	26
CE	$C_7H_5N_5O_8$	287	-1.04	32
EDNA	$C_2H_6N_6O_6$	210	-1.33	34
N-甲基 EDNA	$C_3H_8H_4O_4$	164	-3.65	114
注:表中各缩写的全称(化学名称)见本书末缩略语表。				

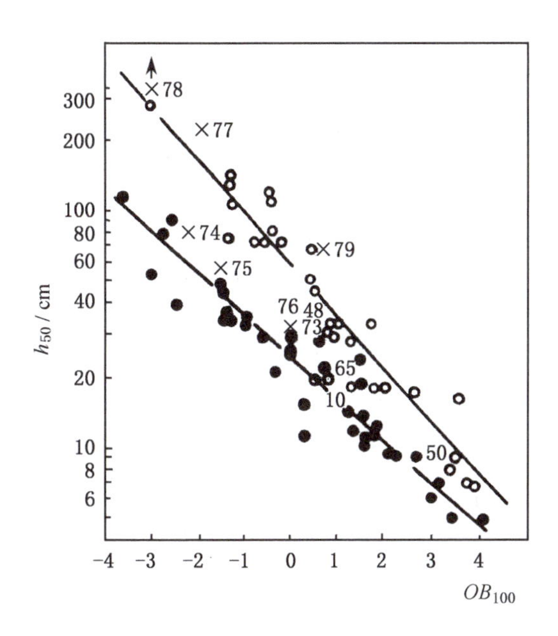

图 2-12　脂肪族多硝基化合物的 h_{50} 与 OB_{100} 的关系

○—三硝基甲基化合物;●—氮硝基化合物;×—偕二硝基化合物

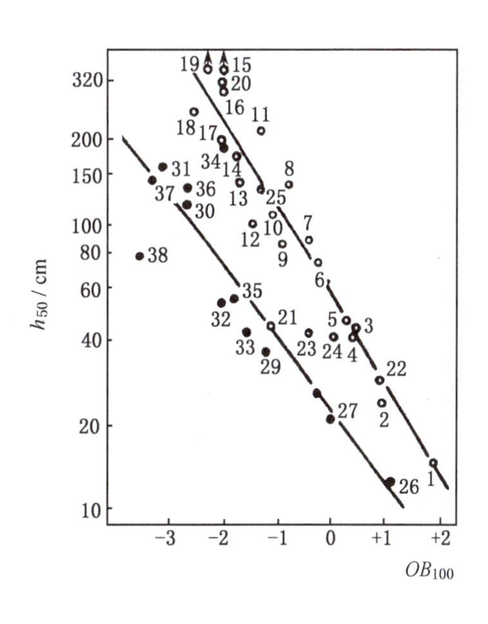

图 2-13　芳香族多硝基化合物的 h_{50} 与 OB_{100} 的关系

○—不含 α-C—H 键化合物;●— 含 α-C—H 键化合物

根据各类炸药的 h_{50} 及 OB_{100} 值,按最小二乘法回归处理,可得到下述的回归方程,见式(2-27)~式(2-30)。

(1) 含 N—NO_2 化合物。

$$\lg h_{50} = 1.372 - 0.168 OB_{100} \tag{2-27}$$

$r = 0.95$, $SD = 0.105$ 对数单位。

(2) 含 $C(NO_2)_3$ 化合物。

$$\lg h_{50}=1.753-0.233OB_{100} \tag{2-28}$$

$r=0.968$，$SD=0.106$ 对数单位。

(3) 含 α-CH 键的芳香族硝基化合物。

$$\lg h_{50}=1.33-0.26OB_{100} \tag{2-29}$$

$r=0.97$，$SD=0.09$ 对数单位。

(4) 不含 α-CH 键的芳香族硝基化合物。

$$\lg h_{50}=1.73-0.32OB_{100} \tag{2-30}$$

$r=0.96$，$SD=0.09$ 对数单位。

下面列举两个计算实例。

(1) 计算 RDX 的撞击感度 h_{50}。

RDX 属于硝胺类，故

$$\lg h_{50}=1.372-0.168OB_{100}$$

$$OB_{100}=\frac{100\times(2\times6-6-2\times3)}{222}=0$$

$$\lg h_{50}=1.372-0.168\times0=1.372$$

$$h_{50}=23.6\ \text{cm}（实测值为 24 cm）$$

(2) 计算梯恩梯的撞击感度 h_{50}。

梯恩梯为含 α-CH 键的芳香族硝基合物，故

$$\lg h_{50}=1.33-0.26OB_{100}$$

$$OB_{100}=\frac{100\times(2\times6-5-2\times7)}{227}=-3.08$$

$$\lg h_{50}=1.33-0.26\times(-3.08)=2.131$$

$$h_{50}=135\ \text{cm}（实测值为 160 cm）$$

五、活性指数 *F* 值

炸药的撞击感度可以是结构不稳定性的一种标志，也就是炸药分子结构活性的外在表现。分子结构活性大者，容易受外界作用而激发，因而感度大；活性小者，则不容易被激发，感度就小。炸药分子结构的活性取决于分子中所含有的活性基团，其大小则与活性基团的性质、数量和基团之间的相互影响有关。

一般而言，所有的含氧基团都是活性基团，其中以 $C—NO_2$、$N—NO_2$ 和 $O—NO_2$ 最为重要，而 OH、C═O 和 C—OR 等基团次之，它们对感度的影响比 NO_2 的小。而 H、CH_3 和其他烃基等均可以增加分子的稳定性，属于非活性基团。在炸药分子中，各种基团对活性指数的贡献值具有加和性。将 100 g 炸药中各活性基团对整个分子活性指数贡献值（表 2-21）求和，可得到总活性指数贡献值，称为炸药的摩尔活性指数 F，它可按式（2-31）求得。

$$F = \frac{100}{M}\sum N_i K_i \tag{2-31}$$

式中　M——摩尔质量，g/mol；

N_i——第 i 种活性基团或原子数量，mol/mol；

K_i——第 i 种活性基团或原子对活性指数的贡献值，可由表 2-21 中查得。

显然，F 值大者撞击感度高，反之则低。

表 2-21　基团和原子对活性指数的贡献值

基团或原子	C—NO$_2$	N—NO$_2$	C—ONO$_2$	C═O 和 C—OR	COOR 和 CONH$_2$	苯环	碳原子	氢原子
贡献值	4	4.75	5.75	1	5/4	4/5	-1/8	-1/16

根据表 2-21 的数据，F 值可按式（2-32）计算。

$$F = \frac{100}{M}\left[4N(\mathrm{C{-}NO_2}) + 4.75N(\mathrm{N{-}NO_2}) + 5.75N(\mathrm{C{-}ONO_2}) + N(\mathrm{OR}) + \frac{5}{4}N(\mathrm{E}) + \frac{4}{5}N(\mathrm{Ar}) - \frac{1}{8}N(\mathrm{C}) - \frac{1}{16}N(\mathrm{H})\right] \tag{2-32}$$

式中　$N(\mathrm{C{-}NO_2})$——分子中 C—NO$_2$ 基团的数目；

$N(\mathrm{N{-}NO_2})$——分子中 N—NO$_2$ 基团的数目；

$N(\mathrm{C{-}ONO_2})$——分子中 C—ONO$_2$ 基团的数目；

$N(\mathrm{OR})$——分子中 C═O、C—O—R 等基团的数目（R═H、NH_2、CH_3 等）；

$N(\mathrm{E})$——分子中 COOR 和 $CONH_2$ 基团的数目；

$N(\mathrm{Ar})$——分子中苯环的数目；

$N(\mathrm{C})$——分子中碳原子的数目；

$N(\mathrm{H})$——分子中氢原子的数目。

与 OB_{100} 类似，对于硝基类、硝胺类和硝酸酯类炸药，它们在撞击下发生爆炸所需落高 h 或发生 50% 爆炸所需落高 h_{50} 的对数值与活性指数 F 值呈线性关系，见式（2-33）~式（2-34）。

$$\ln h = a - bF \tag{2-33}$$

或

$$\ln h_{50} = a_{50} - b_{50}F \tag{2-34}$$

式中　a_{50}，b_{50}，a 及 b——系数值；

h_{50} 是以质量为 2.5 kg 的落锤在 12-型撞击装置上测得的。

将上述数据与计算的 F 值进行回归处理，各类炸药的线性回归方程式见式（2-35）~式（2-38）。

对硝基类炸药：

$$\ln h_{50} = 14.6617 - 1.8904F \tag{2-35}$$

或

$$\lg h_{50} = 6.3675 - 0.821F \tag{2-36}$$

$r = 0.94$；$SD = 0.15$ 对数单位。

对硝胺炸药：

$$\ln h_{50} = 11.4250 - 1.3820F \tag{2-37}$$

$r = 0.98$；$SD = 0.15$ 对数单位。

对硝酸酯类炸药：

$$\ln h_{50} = 11.6874 - 1.4154F \tag{2-38}$$

$r = 0.994$；$SD = 0.7$ 对数单位。

式(2－38)不适用于太安及二季戊四醇六硝酸酯。

下面列举两个计算实例。

(1) 计算梯恩梯的撞击感度。

$$\lg h_{50} = 6.3675 - 0.821F$$

$$F = 100 \times \left[4 \times 3 + \frac{4}{5} - (2 \times 7 + 5)/16\right] / 227 = 5.116$$

$$\lg h_{50} = 6.3675 - 0.821 \times 5.116 = 2.167$$

$h_{50} = 147$ cm(实测值 160 cm)

(2) 计算亚甲基二硝胺的撞击感度 h_{50}。

$$\ln h_{50} = 11.4250 - 1.3820F$$

$$F = 100 \times \left(2 \times 4.75 - \frac{1}{8} - \frac{4}{16}\right) / 136 = 6.710$$

$$\ln h_{50} = 11.4250 - 1.3820 \times 6.710 = 2.152$$

$h_{50} = 8.6$ cm(实测值 13 cm)

2.6.2 感度测定方法

一、热感度

热感度指炸药在热作用下发生燃烧或爆炸的难易程度。热引起的自催化反应或自由基链式反应均能加速炸药分解而导致燃烧或爆炸。热感度可用爆发点和火焰感度表示。爆发点是炸药在一定试验条件及一定延滞期(从开始加热到发生爆炸的时间，一般定为 5 s)下发生燃烧或爆炸的温度。火焰感度则以炸药受到导火索或黑火药柱燃烧发生的火星或火焰作用时，试样以 50% 发火的距离、100% 发火的最大距离或 100% 不发火的最小距离表示。

1. 爆发点

测定爆发点可用等速升温法和恒温法。测定时，将炸药(约 50 mg)装于雷管壳中，再将雷管置于加热浴中。如采用等温升温法，则以一定升温程序使加热浴升温，直到试样爆炸,取此时加热浴介质的温度为爆发点。如采用恒温法,则是在几个(一般取 5 个)恒定温度下加热炸药,测定试样发生爆炸的延滞期,再绘制温度 - 时间曲线,从曲线上求得延滞期为 5 s 的爆发点。实测的炸药爆发点随测定方法而有差异。图 2 - 14 所示是一种爆发点测定仪。

2. 火焰感度

测定火焰感度时,将炸药装于火帽中引燃,当以黑火药柱或导火索为点火源时,其设备(火焰感度仪)见图 2 - 15。可调节点火源下端面与装药表面之间的距离,平行做 6 次试验,求得试样 100% 发火的最大距离及 100% 不发火的最小距离。也可采用升降法求得试样 50% 发火的距离。联合国炸药危险等级分类试验手册建议推广一种测定火焰感度的方法,该法是在试管中装入 3 g 试样,用长 23 cm 的导火索直接与试样接触,点燃导火索,观察试样是否发火。连续 5 次试验均不发火的结果为“ - ”,否则为“ + ”。“ + ”表示被试验的炸药对火焰不甚钝感。

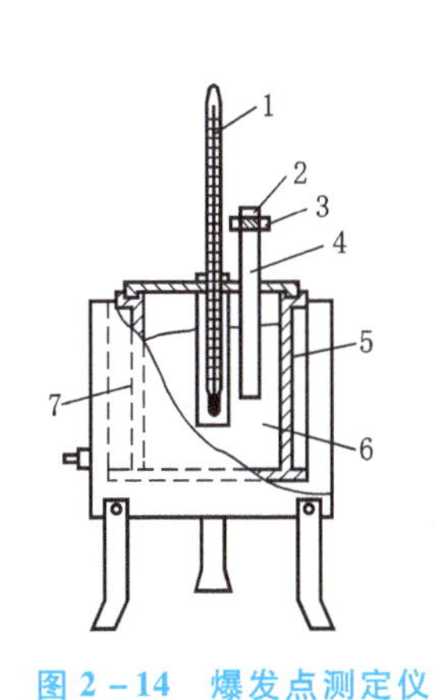

图 2 - 14　爆发点测定仪

1—温度计;2—塞子;3—固定螺母;4—雷管壳;5—加热浴体;6—加热用合金;7—电炉

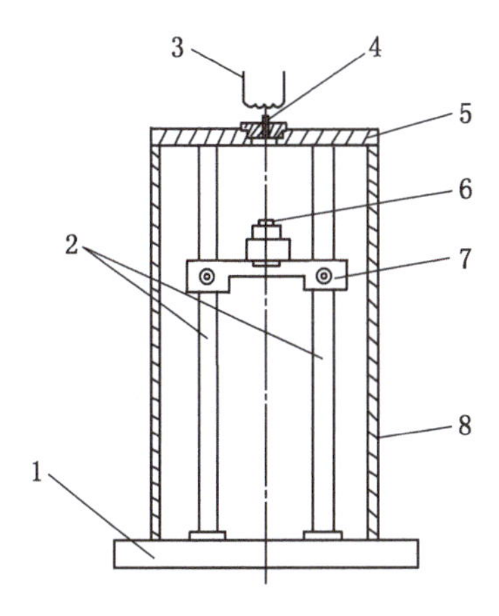

图 2 - 15　火焰感度仪

1—底座; 2—立柱; 3—点火装置; 4—黑火药药柱; 5—顶盖; 6—试样; 7—托盘; 8—护罩

近年还发展了一些试样量大、加热方式接近实际情况的测量热感度的模拟试验。中国规定了测定炸药爆发点的 5 s 延滞期法、测定热爆炸临界温度的 1 000 s 延滞期法、测定热感度的烤燃弹法及测定火焰感度的导火索法。

二、撞击感度

撞击感度指在机械撞击作用下,炸药发生燃烧或爆炸的难易程度。它可用多种形式的落锤(仪)法及苏珊(Susan)试验测定。

1. 表示法

炸药的撞击感度的表示方式有以下几种:

(1) 实验采用落锤重不变,而以改变落高的方式进行操作时,用撞击感度曲线表示。对每一个落高连续进行 10 次试验,并计算相应的爆炸或起爆试样的百分比。实验结果以表或图，即绘制撞击感度曲线（对于指定的炸药，恒重落锤的落高与试样起爆或爆炸百分比之间的关系）表示。撞击感度也可用落高表示，如发生 50% 起爆或爆炸的落高，记作（h_{50}）；发生 100% 起爆或爆炸的最低落高，记作（h_{100}）；不发生起爆或爆炸的最大落高，记作（h_0）等。不过，也有一些实验方法，将 10 次连续实验中发生一次起爆或爆炸的落高作为最低落高，并以此作为衡量撞击感度的指标。

（2）实验结果也可以用撞击能量（E_I）表示，通常用发生 50% 起爆或爆炸的撞击能量为衡量指标。撞击能量根据公式（2－39）计算，单位为 N·m。

$$E_I = M_W \cdot H \cdot g \tag{2-39}$$

式中 E_I——撞击能量；

M_W——落锤质量；

H——落锤落高；

g——重力加速度。

（3）实验结果还可用样品对参比炸药的相对撞击感度（O_R）表示，参比炸药通常为三硝基甲苯（TNT），由公式（2－40）计算：

$$O_R = \frac{E_I(X)}{E_I(TNT)} \times 100\% \tag{2-40}$$

式中 O_R——相对撞击感度；

$E_I(X)$——被测炸药的撞击能；

$E_I(TNT)$——TNT 的撞击能。

（4）有时，撞击感度也可用炸药"感度系数"（FI）表示。在实验中，将炸药与标准炸药特屈儿（其 FI 定为 70）的感度进行对比。FI 是与落锤导致燃烧或爆炸的最小高度成比例的，但由于这个高度是变化的，所以通常测定发生 50% 爆炸或燃烧的高度（也称为中位高度），再根据公式（2－41）计算 FI。

$$\text{炸药的 FI} = (A/B) \cdot 70 \tag{2-41}$$

式中 A——被试炸药发生 50% 爆炸或燃烧的高度；

B——特屈儿发生 50% 爆炸或燃烧的高度。

比较由不同实验室多个研究团队所报告的炸药撞击感度数据，普遍有所不同，这是由于：① 实验采用的方式不同；② 使用不同类型的撞击感度仪器。常用起爆药、猛炸药及氧化剂的撞击感度见表 2－22。

表 2－22 某些起爆药、猛炸药和氧化剂的撞击感度

名　称	分子式	相对分子质量	h_{50}	
			cm	Nm
起爆药				
LA	$Pb(N_3)_2$	291.30	—	2.5－4.0
MF	$Hg(ONC)_2$	284.60	—	2.5－5.0

续表

名　　称	分子式	相对分子质量	h_{50}	
			cm	Nm
LS	$C_6H(NO_2)_3O_2Pb \cdot H_2O$	468.30	—	1.0-2.0
DDNP	$C_6H_2(NO_2)_2O—N=N—$	210.12	—	1.5
猛炸药				
TNT	$C_6H_2(NO_2)_3CH_3$	227.15	160	15.0
PA	$C_6H_2(NO)_3OH$	229.12	87	7.4
TNB	$C_6H_3(NO_2)_3$	213.10	100	7.4
NG	$C_3H_5(ONO_2)_3$	227.11	1	0.2
EGDN	$(CH_2)_2(ONO_2)_2$	152.00	0.2	0.2
DEGDN	$(CH_2)_4(ONO_2)_2O$	196.10	—	0.1
TEGDN	$(C_6H_2)_6(ONO_2)_2O_2$	240.10	—	12.7
PETN	$C(CH_2)_4(ONO_2)_4$	316.16	20	2-3
CE	$C_6H_2(NO_2)_3NNO_2CH_3$	287.17	49	2-3
NQ	$HN=CNH_2NHNO_2$	104.08	>320	>49.0
RDX	$(CH_2)_3(NNO_2)_3$	222.12	28	7.4
HMX	$(CH_2)_4(NNO_2)_4$	296.19	33	7.5
HNIW 或 CL-20	$(CH_2)_6(NNO_2)_6$	438.24	28	4.0
DATB	$C_6H(NH_2)_2(NO_2)_3$	243.00	320	—
TATB	$C_6(NH_2)_3(NO_2)_3$	258.17	>320	50.0
HNS	$(C_6H_2)_2(CH)_2(NO_2)_6$	450.00	54	5.0
TACOT	$(C_6H_2)_2(NO_2)_4N_4$	388.22	102	69.0
氧化剂				
AN	NH_4NO_3	80.04	149	50.0
AP	NH_4ClO_4	117.50	93	15.0-25.0
ADN	$NH_4N(NO_2)_2$	124.07	8-12	3.0-5.0
HNF	$N_2H_5C(NO_2)_3$	183.19	25	2.0-5.0

注:表中各缩写的全称(化学名称)见本书末缩略语表。

2. 试验方法

(1) 落锤法。测定炸药撞击感度最常用的设备是落锤仪(图 2-16),它由两根或三根垂直安装的平行长导轨和悬挂在导轨一定高度(可达 4 m)的落锤(1~30 kg)组成。测定时,使重锤自由落下,撞击在装有试样的撞击装置(图 2-17)上,观察试样是否发生爆

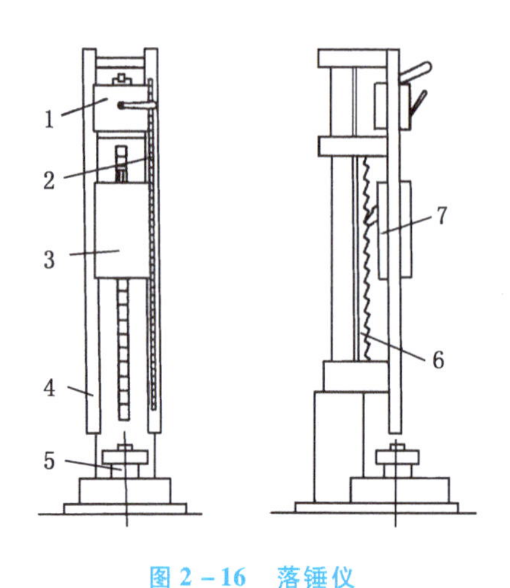

图 2-16 落锤仪

1—抓放装置;2—分度尺;3—落锤;4—导柱;
5—撞击装置;6—齿板;7—防回跳齿杆

炸(一般根据是否发声、发光、冒烟和分解痕迹来判断试验结果),将结果可用下述几种表示法表示。

① 爆炸百分数,即以一定质量落锤从一定高度撞击炸药时发生爆炸次数与试验次数之比。常用落锤质量为 10 kg,落高为 25 cm,一般试验 25～50 次。② 发生 50% 爆炸的落高(称为特性落高或临界落高),普遍采用升降法测定,或者由感度曲线求得。③ 上限或下限,前者是 100% 爆炸的最小落高,后者是 100% 不爆炸的最大落高。平行试验 10 次或 25 次。④ 6 次试验中发生一次爆炸的高度,按固定间隔升降落锤求得。

(2) Susan 试验。这是一种可用于评价炸药在接近使用条件下相对危险性的大型撞击试验。该法是将一定规格的炸药柱装入炮弹中(图 2-18),令炮弹以不同速度对距炮口一定距离的靶板射击,使装药爆炸。通过测定某一位置的空气冲击波超压,计算炮弹撞击靶板时炸药释放的相对化学能——相对点爆轰能 E_D。以炸药完全爆轰时的 E_D 为 100,无爆轰反应时为 0,根据由 E_D 对弹速作图所得的 Susan 曲线,可求得不同弹速下的 E_D 值。弹速一定时,E_D 值越高的炸药,撞击感度越高。即 Susan 曲线可用来衡量被试炸药的感度。

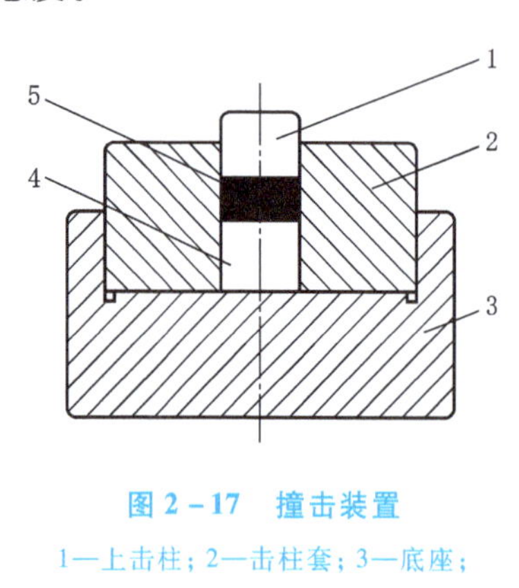

图 2-17 撞击装置

1—上击柱;2—击柱套;3—底座;
4—下击柱;5—试样

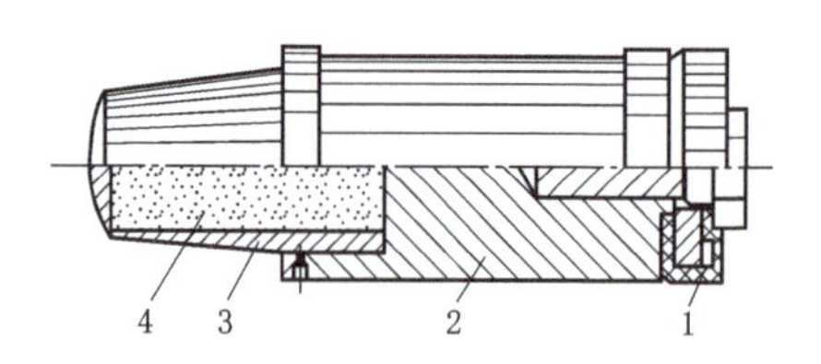

图 2-18 Susan 试验用炮弹

1—密封环;2—炮弹本体;
3—铝帽罩;4—炸药

中国规定了多种测定撞击感度的方法。对固体炸药、浆状炸药及塑料黏结炸药,均可采用落锤仪法;对固体炸药柱,可采用 Susan 试验法。此外,对固体炸药,还可采用滑道试验测定其斜撞击感度。

三、摩擦感度

摩擦感度是指炸药受到摩擦时发生爆炸的难易程度，通常以已知质量的摩擦摆摩擦炸药，以炸药发生的变化（发火、爆炸、噼啪作响或爆裂声）表示炸药的摩擦感度。炸药摩擦感度定义不如撞击感度的严格，前者的表示方法也只是以炸药受摩擦时发生的变化与标准比较而已。某些炸药的摩擦感度按下述次序递降：起爆药、O－硝基化合物、N－硝基化合物和 C－硝基化合物。

我国常用摩擦摆（图 2－19）测定，该摆由本体、油压机及摆锤三部分组成。测定时，将20～30 mg 试样置于两个直径为 10 mm、高为12 mm 的钢滑柱间，借油压机通过顶杆将上滑柱由滑柱套中顶出，并用一定压力压紧，然后令一定质量的摆锤从一定角度沿弧形下落，打击在水平击杆上，推动上滑柱移动 1～2 mm，使试样受到强烈摩擦，观察试样是否发生爆炸。通常在同一条件下做两组试验，每组 25 发，并以在一定试验条件下试样的爆炸概率或以不同挤压压强对爆炸概率作图所得到的摩擦感度曲线表示炸药的摩擦感度。

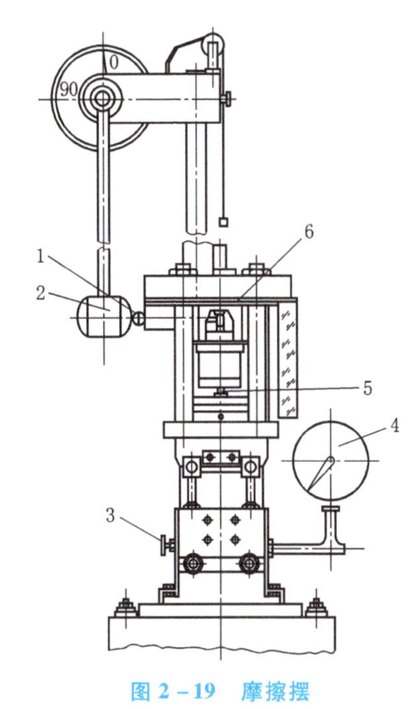

图 2－19　摩擦摆

1—击杆；2—摆锤；3—泄压阀手柄；4—压力表；5—下顶柱；6—上顶柱

BAM 摩擦感度仪（图 2－20）由机片、电动机、托架及砝码等四部分组成。测试时，炸药置于摩擦棒与板之间，将砝码挂在托架的挂钩上，形成一定的压力，摩擦棒以一定速度往复运动，给炸药以一定摩擦作用，观察炸药是否发生反应。测定在 6 次试验中只发生一次爆炸的最小负载，作为炸药摩擦感度的标志。

美国军用标准采用 ABL 滑动摩擦感度仪（其示意图见图 2－21），该感度仪由固定轮、平台、摆、油压机几部分组成。测定时，将炸药均匀地铺在粗糙的平台 2 上（台宽 6.4 mm，

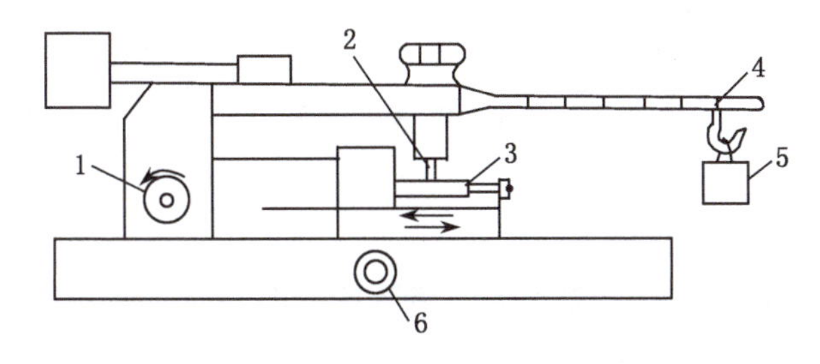

图 2－20　BAM 摩擦感度仪

1—机体；2—摩擦棒；3—摩擦板；4—托架；5—砝码；6—铸铁基座

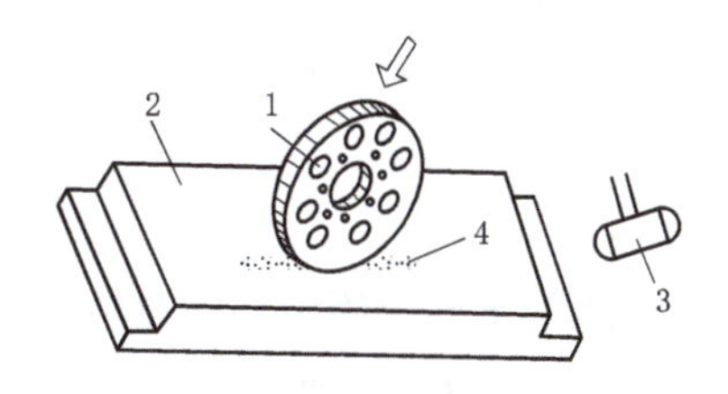

图 2－21　ABL 摩擦感度仪

1—固定轮；2—平台；3—摆锤；4—试样

长 25.4 mm),药层厚度取单个晶粒,即为一层试样。降下轮 1,使其与试样接触,且借助油压机挤紧(作用力可在 44 ~ 8 000 N 间调节),而后释放摆锤 3 撞击平台 2,使平台以一定速率被强制滑动 25.4 mm。观察炸药的反应,求出在 20 次试验中不发生爆炸的最大压力,以其表示炸药的摩擦感度。

四、起爆感度

起爆感度指在起爆药、传爆药或其他猛炸药的直接作用下,炸药发生爆轰的难易程度,也称爆轰感度。一般以最小起爆药量(极限药量)表示,它是指在一定试验条件下,使猛炸药完全爆轰所需的最小起爆药量。此量越小,猛炸药的起爆感度越高。最小起爆药量还与试验条件(如炸药颗粒度和装药密度等)有关。起爆感度也可用临界引爆药量(被试炸药发生 50% 爆轰所需的某种引爆药量)和能直接引爆药柱的雷管型号表示(如工业炸药一般以用 8 号工业雷管能否引爆来评定其起爆感度)。最小起爆药量也用来衡量起爆药的起爆能力,其值越小,起爆药的起爆能力越大。

1. 极限药量试验

将 1 g 炸药装入 8 号雷管壳,以 49 MPa 压强压实。再将起爆药压于炸药上,然后插入 100 mm 长导火索,引爆炸药。如铅板(验证板)上出现直径大于管壳外径的孔洞,则表明炸药完全爆轰。改变起爆药量(采用内插法,每次改变 10 mg),求得极限药量。极限药量测定装置见图 2-22。

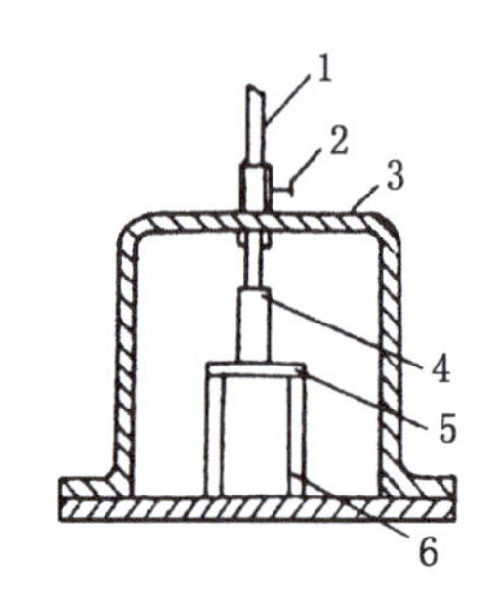

图 2-22 极限药量测定装置

1—导火索;2—固定管;3—防护罩;4—试样管;5—验证板;6—支座

2. 临界引爆药量试验

此试验测定被试炸药有 50% 发生爆轰所需的起爆药量。被试药柱为 25.4 mm × 25.4 mm,在上端面掏成的半球形空穴装填起爆药,改变空穴体积以改变起爆药量,用升降法求得临界引爆药量。

五、冲击波感度

冲击波感度指炸药在冲击作用下发生爆炸的难易程度。

冲击波起爆是炸药起爆的主要形式,冲击波感度对评价炸药的起爆和安全性方面都具有十分重要的意义,它反映炸药是否具有良好的战地生存能力和准确、可靠的起爆性能。测定方法有隔板试验、楔形试验及殉爆试验等。另外,极限药量及临界直径也可用于测定冲击波感度。

1. 隔板试验

隔板试验是测定冲击波感度最常用的方法,此法是在主发炸药(用以产生冲击波)和被发炸药(被冲击波引爆)间放置惰性隔板(金属板或塑料片),常用升降法测定使被发炸药发生 50% 爆炸的临界隔板厚度,作为评价冲击波感度的指标。该法的试验装置见图 2-23 。主发炸药被雷管引爆后,输出的冲击波压力被隔板衰减后再作用于被发炸药上,观察后者是否仍能被引爆。改变隔板厚度进行试验，即可求得起爆被发炸药的最大隔板厚度或使被发炸药50%爆炸的隔板临界厚度。隔板厚度与隔板材料及其大小（大隔板及小隔板）有关。隔板材料可以是空气、水、纸板、石蜡、有机玻璃、金属或其他惰性材料，隔板尺寸也有多种。

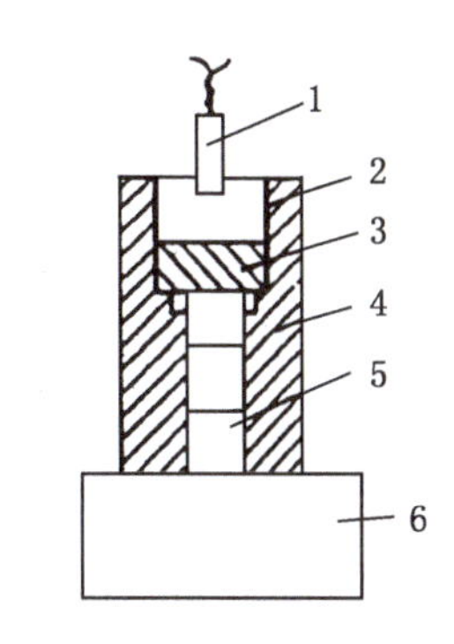

图 2－23　隔板试验装置

1—雷管；2—主动炸药；3—隔板；4—固定器；5—被动炸药；6—验证板

2. 楔形试验

此法的试验装置见图 2－24。测定时，将炸药制成斜面状（楔形），由宽面引爆，观察爆轰在何处停止传播，以该处炸药厚度（即临界爆轰尺寸）表征炸药的冲击波感度。通常此值越大，冲击波感度越低。试验用药量为 50 g 左右，楔形角可为 1°、2°、3°、4°或 5°。

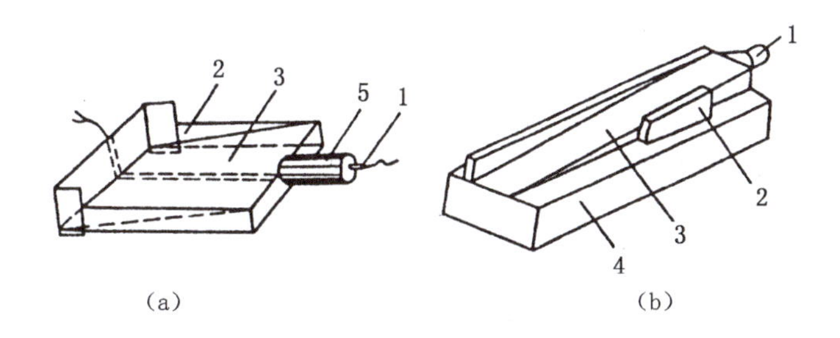

图 2－24　楔形试验装置

（a）液体炸药用楔形试验（b）固体炸药用楔形试验

1—雷管；2—槽子或限制板；3—炸药；4—验证板；5—传爆药柱

六、静电火花感度

静电火花感度指在静电放电作用下，炸药发生燃烧或爆炸的难易程度。静电火花感度包括两方面：一是炸药是否容易产生静电和积累静电量，二是炸药对静电放电火花是否敏感。一般用试样 50% 爆炸所需电压（V_{50}）及静电火花能量（E_{50}）表示。测定结果与很多因素有关。中国国家军用标准对静电火花感度的测定方法做了统一的规定。图 2－25 所示的是静电感度仪的工作原理示意图。测定时，先将开关 K 接通电极 a，使电容器充电，而后又将 K 扳向电极 b，使电容器放电，电火花作用在试样 5 上，观察样品爆炸时所需的能量值，常用引发爆炸概率为 50% 时的电压 V_{50} 表示，$E_{50}=1/2CV_{50}^2$，而 V_{50} 常用类似于撞击感度的特性落

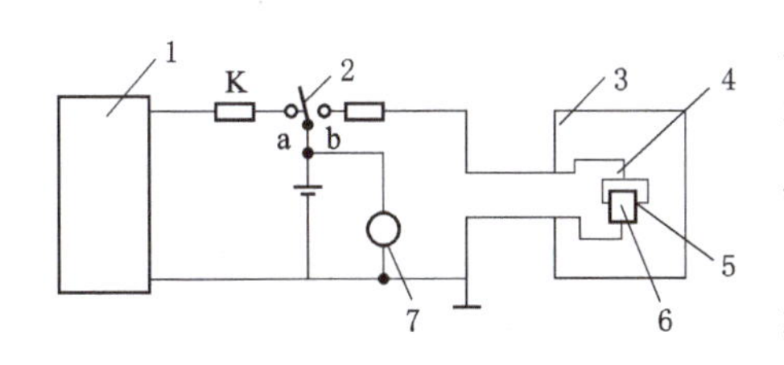

图 2－25　静电感度仪示意图

1—高压电源；2—高压真空开关；3—防护箱；4—针形电极；5—试样；6—击柱；7—静电计

高 h_{50} 的求法确定。

七、枪击感度

枪击感度又称抛射体撞击感度。指在枪弹等高速抛射体撞击下，炸药发生燃烧或爆炸的难易程度。落锤撞击炸药是低速撞击，抛射体撞击炸药是高速撞击，后者比前者更能准确评价炸药在使用过程中的安全性和起爆感度。中国规定采用 7.62 mm 步枪普通枪弹，以 25 m 的射击距离射击裸露的药柱或药包，观察其是否发生燃烧或爆炸。以不小于 10 发试验中发生燃烧及爆炸的概率表示试样的枪击感度。也可采用 12.7 mm 机枪法测定固体炸药的枪击感度，此法是根据试验现象、回收的试样残骸及破片和实测空气冲击波超压综合评定试样的感度。美国军用标准规定用 12.7 mm ×12.7 mm 铜柱射击裸露的压装或铸装药柱，通过增减发射药量调节弹速，用升降法测定发生 50% 爆炸所需的弹丸速度。欧洲标准是以直径为 15 mm、长度不小于 10 mm 的黄铜弹丸射击直径 30 mm 的试样，找出引起炸药爆炸的最低速度。当用低于该速度 10% 范围内的弹丸速度进行 4 发射击，如都不引起药柱反应，则确认该速度为极限速度。

八、激光感度

激光感度指在激光能量作用下炸药发生燃烧或爆炸的难易程度，常用 50% 发火能量表示。此值与激光波长、激光输出方式及激光器其他工作参数有关。目前一般认为，自由振荡激光器引爆炸药基本上按照热起爆机理进行，调 Q 激光器引爆炸药则可能除热作用外，还存在光化学反应和激光冲击反应。测定激光感度时，先根据试样将激光能量调到合适范围，再以升降法改变激光能量，观察试样是否燃烧或爆炸，并找出 50% 发火的激光能量。

中国采用的测定炸药激光感度的激光感度仪示意图见图 2－26。由激光头输出的激光 I_0 经分光镜分为 I_1 及 I_2，I_1 又经 45°反射镜分为 I_3 及 I_4，I_4 再经衰减片聚焦作用到聚焦炸药上，将后者引爆。I_4 能量可通过增减衰减片和改变充电电压进行调节，求得炸药 50% 发火的激光能量作为激光感度值。

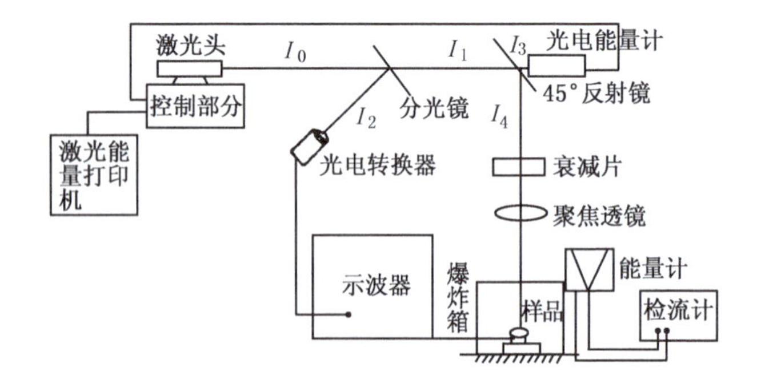

图 2－26 激光感度仪示意图

2.7 爆炸特性

炸药的爆炸特性是综合评价炸药能量水平的特性参数，有爆热、爆温、爆速、爆压及爆容五项。

2.7.1 爆热

在一定条件下，单位质量炸药爆炸时放出的热量称为爆热，是炸药借以做功的能源，与爆压、爆温和做功能力都有密切关系。分为定容爆热及定压爆热，以爆热弹测得的是定容爆热，根据炸药及其爆轰产物标准生成焓以盖斯定律计算得到的是定压爆热。由于爆轰产物的成分难以准确确定，所以计算爆热的误差较大。炸药的爆热也可用经验式计算。定压爆热与定容爆热可以换算。

负氧平衡炸药的爆热随其密度的增大而增大，零氧及正氧平衡炸药的爆热则基本与密度无关。往炸药中加入铝粉之类的金属粉，可大幅度提高炸药的爆热，因为这类金属粉能与爆轰产物中的一氧化碳、水和二氧化碳发生放热反应，这是提高炸药爆热的一个主要途径。

一、理论计算

根据盖斯(Hess)定律，反应过程热效应与反应进行的途径无关，只取决于系统的初态与终态。也就是说，如果由相同物质经不同途径得到相同的最终产物时，则不同过程放出或吸收的热量是相等的。利用图2－27所示的Hess三角形可以计算炸药的爆热。图中状态1为组成炸药的元素的稳定状态单质，状态2为炸药，状态3为爆轰产物。由1到3有两条途径，一是由标准状况下的稳态单质生成标准状态下的炸药，热效应为$\Delta_f H^{\ominus}_{(1-2)}$（炸药的标准生成焓），然后由标准状态下的炸药生成标准状态下的爆轰产物，热效应为$\Delta_r H^{\ominus}_{(2-3)}$（炸药爆炸变化标准焓变，为定压爆热的负值，即$-Q_p$）；另一途径是由标准状况下的稳态单质直接生成标准状态下的爆轰产物，热效应为$\Delta_f H^{\ominus}_{(1-3)}$（爆轰产物的标准生成焓总和），根据Hess定律可得式(2－42)。

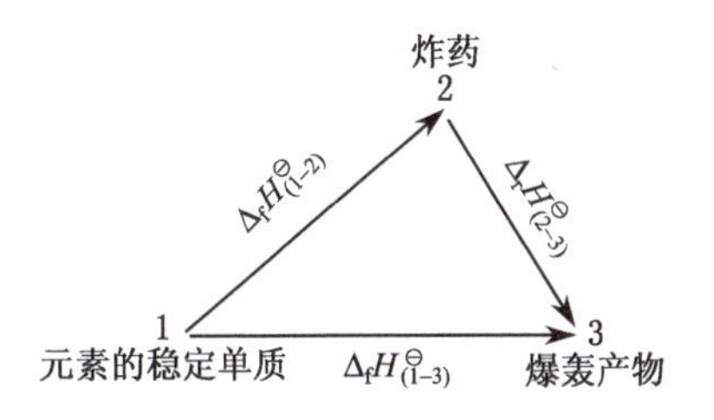

图2－27　计算爆热的Hess三角形

$$\Delta_f H^{\ominus}_{(1-2)} - Q_p = \Delta_f H^{\ominus}_{(1-3)} \tag{2-42}$$

$$-Q_p = \Delta_f H^{\ominus}_{(1-3)} - \Delta_f H^{\ominus}_{(1-2)}$$

已知炸药的爆轰化学反应式及爆轰产物和炸药的标准生成焓就可算出炸药的爆热。炸药的爆轰化学反应式可以由实验确定，也可以按经验方法确定；炸药的标准生成焓可以由燃烧热求得或根据经验和半经验公式计算；爆轰产物的标准生成焓可由物化手册查得。

因为由热化学数据表中查得的炸药及其爆轰产物标准生成焓都是定压下的，所以按式（2－42）算出的爆热为定压爆热，如欲得到定容爆热，可按式（2－43）进行换算。

$$Q_V = Q_p + 2.477n \tag{2-43}$$

式中 Q_V——定容爆热，kJ/mol；

Q_p——定压爆热，kJ/mol；

n——1 mol 炸药生成的气态爆轰产物量，mol/mol。

下面给出一个计算爆热的实例。

已知太安的爆炸反应方程式（2.2）为

$$C_5H_8O_{12}N_4 \longrightarrow 4H_2O + 3CO_2 + 2CO + 2N_2 \tag{2.2}$$

求太安的爆热 Q_p。

由式（2－42）有

$$-Q_p = \Delta_f H^{\ominus}_{(1-3)} - \Delta_f H^{\ominus}_{(1-2)}$$

$$\Delta_f H^{\ominus}_{(1-2)} = \text{太安的标准生成焓} = -541.6\ \text{kJ/mol}$$

$$\begin{aligned}\Delta_f H^{\ominus}_{(1-3)} &= 4\times\Delta_f H^{\ominus}_{H_2O} + 3\times\Delta_f H^{\ominus}_{CO_2} + 2\times\Delta_f H^{\ominus}_{CO}\\ &= 4\times(-241.8) + 3\times(-393.5) + 2\times(-110.5)\\ &= -2\ 368.7\ (\text{kJ/mol})\end{aligned}$$

$$-Q_p = -2\ 368.7 - (-514.6) = -1\ 854.1\ (\text{kJ/mol})$$

$$Q_p = 1\ 854.1\ \text{kJ/mol}$$

二、经验计算

炸药爆热的经验计算式很多，下面举出一种。

由式（2－42）有

$$-Q_V = \Delta_f H^{\ominus}_{(V)(1-3)} - \Delta_f H^{\ominus}_{(V)(1-2)}$$

上式中的爆轰产物定容标准生成焓 $\Delta_f H^{\ominus}_{(V)(1-3)}$ 可由式（2－44）计算

$$\Delta_f H^{\ominus}_{(V)(1-3)} = K\Delta_r H^{\ominus}_{(V)\max} \tag{2-44}$$

式中 K——真实性系数；

$\Delta_r H^{\ominus}_{(V)\max}$——按最大放热原则得出的炸药爆轰反应的定容最大焓变，kJ/mol。

按照最大放热原则，对通式为 $C_aH_bO_cN_d$ 的正氧和零氧平衡炸药，$\Delta_r H^{\ominus}_{(V)\max}$（kJ/mol）可按式（2－45）计算。

$$-\Delta_r H^{\ominus}_{(V)\max} = 393a + 121b \tag{2-45}$$

负氧平衡炸药的 $\Delta_r H^{\ominus}_{(V)\max}$ 可按式（2－46）计算。

$$-\Delta_r H^{\ominus}_{(V)\max} = 197c + 22b \tag{2-46}$$

大部分有机炸药的真实性系数与炸药的氧系数之间有如下关系。

$$K = 0.32A^{0.24} \tag{2-47}$$

式中 A——炸药的氧系数，%。

只需知道炸药的分子式，即可算出爆轰产物的定容标准生成焓 $\Delta_f H^{\ominus}_{(V)(1-3)}$，如果又知炸药的定容标准生成焓 $\Delta_f H^{\ominus}_{(V)(1-2)}$，即可算出炸药的定容爆热 Q_V。

例如，按上法可如下计算 RDX($C_3H_6O_6N_6$)的 Q_V。

按式(2-46)有

$$-\Delta_r H^{\ominus}_{(V)\max} = 197\times 6 + 22\times 6 = 1\ 314\ (\text{kJ/mol})$$

RDX 的氧系数为

$$A = \frac{6}{2\times 3 + 6/2} = 66.67\%$$

$$K = 0.32\times 66.67^{0.24} = 0.877$$

$$\Delta_f H^{\ominus}_{(V)(1-3)} = -1\ 314\times 0.877 = -1\ 152\ (\text{kJ/mol})$$

又 RDX 的定容标准生成焓 $\Delta_f H^{\ominus}_{(V)(1-2)} = 94$ kJ/mol

所以

$$-Q_V = -1\ 150 - 94 = -1\ 244\ (\text{kJ/mol})$$

即

$$Q_V = 1\ 244\ \text{kJ/mol}$$

按上法计算所得爆热，对大部分炸药($A = 12\% \sim 115\%$)的误差不超过 3.5%，但该式未考虑密度对爆热的影响，因而只适用于高密度单体炸药或由这类单体炸药组成的混合炸药的爆热的计算。某些起爆药、猛炸药和氧化剂的计算爆热见表 2-23。

表 2-23　某些起爆药、猛炸药和氧化剂的计算爆热(水为气态)

名　称	分子式	$Q/(\text{J}\cdot\text{g}^{-1})$	$Q/(\text{cal}$①$\cdot\text{g}^{-1})$
起爆药			
LA	$Pb(N_3)_2$	1 610	385
MF	$Hg(ONC)_2$	1 735	415
$LS\cdot H_2O$	$C_6H(NO_2)_3O_2Pb\cdot H_2O$	1 453	347
DDNP	$C_6H_2(NO_2)_2O$—N═N—	3 646	871
猛炸药			
TNT	$C_6H_2(NO_2)_3CH_3$	3 720	925
PA	$C_6H_2(NO)_3OH$	3 350	801
TNB	$C_6H_3(NO_2)_3$	3 876	926
NG	$C_3H_5(ONO_2)_3$	6 214	1 485
EGDN	$(CH_2)_2(ONO_2)_2$	6 730	1 610
DEGDN	$(CH_2)_4(ONO_2)_2O$	4 141	990

① 1 cal = 4.184 J。

续表

名　称	分子式	$Q/(J\cdot g^{-1})$	$Q/(cal\cdot g^{-1})$
TEGDN	$(C_6H_2)_6(ONO_2)_2O_2$	3 317	793
PETN	$C(CH_2)_4(ONO_2)_4$	5 940	1 365
CE 或 Tetryl	$C_6H_2(NO_2)_3NNO_2CH_3$	4 166	996
NQ	$HN{=}CNH_2NHNO_2$	2 730	653
RDX	$(CH_2)_3(NNO_2)_3$	5 297	1 266
HMX	$(CH_2)_4(NNO_2)_4$	5 249	1 255
HNIW 或 CL-20	$(CH_2)_6(NNO_2)_6$	6 084	1 554
DATB	$C_6H(NH_2)_2(NO_2)_3$	3 805	910
TATB	$C_6(NH_2)_3(NO_2)_3$	3 062	732
HNS	$(C_6H_2)_2(CH)_2(NO_2)_6$	4 008	958
TACOT	$(C_6H_2)_2(NO_2)_4N_4$	4 015	960
氧化剂			
AN	NH_4NO_3	1 441	344
AP	NH_4ClO_4	1 972	471
ADN	$NH_4N(NO_2)_2$	2 668	638

注：表中各缩写的全称（化学名称）见本书末缩略语表。

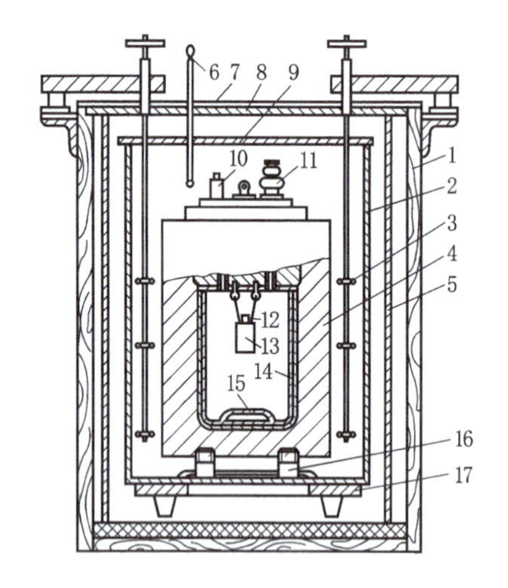

图 2-28　爆热测定装置

1—木桶；2—量热桶；3—搅拌桨；4—量热弹体；5—保温桶；6—贝克曼温度计；7,8,9—盖；10—电极接线柱；11—抽气口；12—电雷管；13—药柱；14—内衬桶；15—热块；16—支撑螺栓；17—底托

三、实验测定

实验测定爆热采用容积为 1～5 L 的爆热弹（图 2-28）。测定时，将一定质量、一定密度的炸药试样置于厚壁惰性外壳中，再吊放在爆热弹中，爆热弹则装在置有定量蒸馏水的量热计中，待热平衡后，精确测量系统初温。用雷管引爆试样，炸药爆轰放出的热经弹壁传给蒸馏水，使水温升高。由试验前后水温的变化和量热系统的总热容即可求出炸药的爆热。量热系统的总热容可通过在弹内燃烧已知热值的标准物质苯甲酸进行标定。实验测得的爆热值可按式(2-48)计算。

$$Q_V(\text{kJ/kg}) = \frac{c(M_W + M_1)(T - T_0) - q}{M_E} \qquad (2-48)$$

式中　c——水的比热容，kJ/(kg·℃)；

M_W——注入的蒸馏水质量，kg；

M_1——仪器的水当量，kg，可用苯甲酸进行标定而求得；

q——雷管空白试验的热量,kJ;

M_E——炸药试样的质量,kg;

T_0——爆轰前量热计中的水温,℃;

T——爆轰后量热计中的最高水温,℃。

按式(2-48)得到的爆热值是爆轰产物水为液态时的热效应,实际爆炸中,产物水呈气态,故应从按此法测出的热值扣除水冷凝时所放出的热量,才是真正的爆热值。

如果量热计的绝热外套换成恒温外套,将实验室温度控制在(25±1)℃,这样的量热计就称为恒温量热计。

测定爆热时,爆热弹要抽真空,炸药要装在厚壁惰性外壳中。国外一般采用黄铜、金、铅等金属外壳,爆炸时金属破片对弹壁破坏严重。我国采用脆性材料陶瓷、玻璃作外壳,既减轻了对弹壁的破坏,又可节约贵重的金属材料。

2.7.2 爆温

爆温是指全部爆热用来定容加热爆轰产物能达到的最高温度。爆温越高,气体产物的压力越高,做功能力越强。爆温可用理论计算,也可用近似实验测定。

一、理论计算

理论计算时,假定爆轰过程中是定容绝热的,爆热全部用于加热爆轰产物,且爆轰产物的热容只是温度的函数,而与爆炸时所处压力(或密度)及状态无关,于是只需知道爆热及爆轰产物组成即可计算出爆温。

1. 按爆轰产物的平均比热容计算

见式(2-49)。

$$Q_V = \int_{T_1}^{T_2} c_V \mathrm{d}T = \bar{c}_V(T_2 - T_1) = \bar{c}_V t \tag{2-49}$$

式中 Q_V——炸药定容爆热,kJ/mol;

T_1——炸药初始温度,K;

T_2——炸药爆温,K;

c_V——爆轰产物分子比热容之和,kJ/(mol·K);

$\bar{c}_V$——温度 $T_1 \sim T_2$ 内爆轰产物平均分子比热容之和(可按式(2-50)计算),kJ/(mol·K);

t——温度间隔,即净增温度,与采用的温标无关。

$$\bar{c}_V = \sum n_i \bar{c}_{Vi} \tag{2-50}$$

式中 n_i——第 i 种产物的量,mol/mol;

$\bar{c}_{Vi}$——第 i 种产物的平均分子比热容,kJ/(mol·K)。

2 000 K 以下时,平均分子比热容与温度 t(℃)之间有如下关系。

$$\bar{c}_V = a + bt \tag{2-51}$$

故
$$Q_V = \bar{c}_V t = (a + bt)t = bt^2 + at$$

且式(2－49)可转化成式(2－52)。

$$t = \frac{-a + \sqrt{a^2 + 4bQ_V}}{2b} \tag{2-52}$$

爆轰产物的 a,b 值见有关文献。

在 2 000～6 000 K 范围内,平均分子比热容与温度 T(K)之间有如下关系。

$$\bar{c}_V = \bar{A} + \frac{\bar{B}\times 10^3}{T}\left(1 + \frac{\bar{C}\times 10^3}{T}\right) \tag{2-53}$$

式中 $\bar{A}$,$\bar{B}$,$\bar{C}$——常数,见有关文献。

当爆轰产物的组成及爆热已知时,根据式(2－49)或式(2－52)即可算出爆温 T_2($T_2 = t + T_1$)。

2. 按爆轰产物内能值计算

根据热力学第二定律,有式(2－54)。

$$-\mathrm{d}E = \mathrm{d}Q + p\mathrm{d}V \tag{2-54}$$

爆轰过程为定容过程,$\mathrm{d}V = 0$,反应放出的热量全部用于使爆轰产物的内能增加,因此,根据不同温度时产物内能的变化就可以求出爆温。计算时,首先假定一个温度,按此温度求出全部爆轰产物的内能,将此数值和爆热进行比较,如果两数值相差较大,再另行假定一个爆温值重新进行计算,直到基本符合时为止。某些爆轰产物不同温度时的内能值见有关文献。

对某些工业炸药的爆温,可以采用表 2－24 的经验公式进行近似计算。

表 2－24　爆温(℃)的近似计算式

炸药类型	爆温计算式
含硝化甘油的非安全炸药	$0.607Q_V$① $+280$
含硝化甘油的安全炸药	$0.423Q_V + 430$
含梯恩梯的非安全阿莫尼特	$0.449Q_V + 560$
含梯恩梯的安全阿莫尼特	$0.416Q_V + 470$
巴里斯太火药	$0.502Q_V + 697$

① 为液态水时的定容爆热(kJ/kg)。

二、实验测定

目前,实验测定爆温尚十分困难,因为爆温很高,且达最大值后在极短时间内即迅速下降,同时又伴随爆炸的破坏效应。爆温可采用色光法测定,此法是将炸药的爆轰产物视为吸收能力一定的灰体,能辐射出连续光谱,如测得光谱的能量分布或两个波长的光谱亮度的比例,则可计算出爆温。

2.7.3　爆速

爆速是药柱直径达到或超过极限直径时,爆轰波在炸药中稳定传播的速度,与炸药化学性质及密度有关。爆速不仅是衡量炸药爆炸性能的重要参数,还可以用来推算其他爆轰参量。

一、经验计算

近几十年来,人们提出了许多计算炸药爆速的经验和半经验式,如 M · J · 卡姆莱特(Kamlet)公式、氮当量公式和修正氮当量公式、Bernard 公式、$\omega - \Gamma$ 公式等,现介绍如下。

1. Kamlet 公式

Kamlet 公式可用来计算 CHON 系炸药的爆速和爆压,且以其所提出的 N、$\overline{M}$ 和 Q 值为基础,因此也称为 $\overline{NMQ}$ 公式。

Kamlet 认为,炸药的爆轰性能可归结于以下四个参数的关系上,即单位质量炸药的爆轰气体量(mol/g)、爆轰气体的平均摩尔质量、爆轰反应的化学能和装药密度,从而提出了计算爆速的 Kamlet 公式(2 - 55)。

$$D = 1.01\varphi^{1/2}(1 + 1.30\rho_0) = (1.01 + 1.313\rho_0)\varphi^{1/2} \tag{2-55}$$

式中　D——炸药的爆速,mm/μs 或 km/s;

ρ_0——炸药的装药密度,g/cm^3;

φ——炸药的特性值,按式(2 - 56)计算

$$\varphi = N\overline{M}^{1/2}Q^{1/2} \tag{2-56}$$

其中　N——每克炸药气体爆轰产物量,mol/g;

$\overline{M}$——气体爆轰产物的平均摩尔质量,g/mol;

Q——每克炸药的爆轰化学能,即单位质量炸药的最大爆热值,cal/g(4.184 J/g)。

对 N、$\overline{M}$ 和 Q 值的计算,如果假定炸药爆轰时,爆轰产物的组成取决于以下两个化学反应式(2.3)和反应式(2.4)的平衡:

$$2CO \rightleftharpoons CO_2 + C + 172.5\ \text{kJ} \tag{2.3}$$

$$H_2 + CO \rightleftharpoons H_2O + C + 131.5\ \text{kJ} \tag{2.4}$$

且这两个化学平衡在较高的装药密度下都以向右移动为主。如果再规定爆轰产物形成的方式为:氧首先与氢反应生成水,剩余的氧再与碳反应生成二氧化碳。如有多余的氧,则以氧分子存在;如多余的碳,则形成固态的碳(最大放能原则)。对于 $C_aH_bO_cN_d$ 炸药的 N、$\overline{M}$ 和 Q 值的计算,可按表 2 - 25 所述方法进行。

表 2-25 N、$\overline{M}$ 和 Q 值的计算方法

参数	组分条件		
	$c \geqslant 2a + \frac{b}{2}$	$2a + \frac{b}{2} > c \geqslant \frac{b}{2}$	$\frac{b}{2} > c$
$N/(\text{mol} \cdot \text{g}^{-1})$	$\frac{b+2c+2d}{4M}$①	$\frac{b+2c+2d}{4M}$	$\frac{b+d}{2M}$
$\overline{M}/(\text{g} \cdot \text{mol}^{-1})$	$\frac{4M}{b+2c+2d}$	$\frac{56d+88c-8b}{b+2c+2d}$	$\frac{2b+28d+32c}{b+d}$
$Q \times 10^{-3}/(\text{cal} \cdot \text{g}^{-1})$	$\frac{28.9b+94.05a+0.239\Delta_f H^{\ominus}}{M}$②	$\frac{28.9b+94.05\left(\frac{c}{2}-\frac{b}{4}\right)+0.239\Delta_f H^{\ominus}}{M}$	$\frac{57.8c+0.239\Delta_f H^{\ominus}}{M}$

① M—— 炸药的摩尔质量,g/mol。

② $\Delta_f H^{\ominus}$ —— 炸药的标准生成焓,kJ/mol。

炸药的特性值 φ 是 N、$\overline{M}$ 和 Q 值的函数,可直接按式(2-56)求出,所以 φ 值在某种程度上反映了炸药的爆轰性能特性。

值得指出的是,N、$\overline{M}$ 和 Q 值并不是孤立的,三者之间有关联。N 值增大,会使 $\overline{M}$、Q 值减小;反之,N 值的减小,引起 $\overline{M}$、Q 值的增大。这样,在不同的适应状态下(即决定爆轰产物组成的平衡化学反应不同),三者的数值都有变化,但对 φ 值所带来的影响却可以相互抵消或补偿,即计算出的 φ 值较为恒定。

用 Kamlet 公式可如下计算装药密度为 1.817 g/cm^3 的奥克托今的爆速(奥克托今的摩尔质量为 296 g/mol, $\Delta_f H^{\ominus}$ 为 75.1 kJ/mol,氧平衡符合 $2a+b/2>c \geqslant b/2$ 的条件)。

$$N = \frac{b+2c+2d}{4M} = \frac{8+2\times 8+2\times 8}{4\times 296} = 0.033\ 78$$

$$\overline{M} = \frac{56d+88c-8b}{b+2c+2d} = \frac{56\times 8+88\times 8-8\times 8}{8+2\times 8+2\times 8} = 27.20$$

$$Q = \frac{28.9b+94.05\left(\frac{c}{2}-\frac{b}{4}\right)+0.239\Delta_f H^{\ominus}}{M} \times 10^3$$

$$= \frac{28.9\times 8+94.05\times\left(\frac{8}{2}-\frac{8}{4}\right)+0.239\times 75.1}{296} \times 10^3$$

$$= 1\ 478$$

$$\varphi = N\overline{M}^{\frac{1}{2}}Q^{\frac{1}{2}}$$

$$= 0.033\ 78 \times 27.2^{\frac{1}{2}} \times 1\ 478^{\frac{1}{2}} = 6.773$$

$$\varphi^{\frac{1}{2}} = 6.773^{\frac{1}{2}} = 2.602$$

$$D = (1.01 + 1.313\rho_0)\varphi^{\frac{1}{2}}$$

$$= (1.01 + 1.313 \times 1.817) \times 2.602 = 8.834\ (\text{km/s})$$

2. 氮当量公式和修正氮当量公式

计算炸药爆速的氮当量公式是我国炸药工作者于 1964 年提出的，可用式(2-57)表示。

$$D = 1\ 850 \sum N + 1\ 160(\rho_0 - 1.0) \sum N \tag{2-57}$$

式中　D——炸药的爆速，m/s；

ρ_0——炸药的装药密度，g/cm^3；

$\sum N$——炸药的氮当量。

炸药的爆速除与装药密度有关外，还与爆轰产物密切有关。采用氮当量公式时，爆轰产物的组成可按下列规则定出：分子中的氢首先被氧化生成水；然后碳被氧化生成一氧化碳，多余的氧再将一氧化碳氧化为二氧化碳。若还剩下氧，则以元素状态存在；若不足以将碳完全氧化为一氧化碳，则形成固体碳。此即 B-W 规则。

取爆轰产物中的氮对爆速的贡献为 1，其他爆轰产物对爆速的贡献与氮相比的系数，称为氮当量系数，见表 2-26。

表 2-26　爆轰产物的氮当量系数

爆轰产物	N_2	H_2O	CO	CO_2	O_2	C
氮当量系数	1	0.54	0.78	1.35	0.5	0.15

以 100 g 炸药为基准，各种爆轰产物的量 mol/(100 g)与其氮当量系数乘积的总和，称为炸药的氮当量。

将式(2-57)简化，可表示为式(2-58)。

$$\begin{aligned} D &= 1\ 850 \sum N + 1\ 160(\rho_0 - 1.0) \sum N \\ &= (690 + 1\ 160\rho_0) \sum N \end{aligned} \tag{2-58}$$

$\sum N$ 可由式(2-59)计算。

$$\sum N = \frac{100}{M} \sum X_i N_i \tag{2-59}$$

式中　M——炸药的摩尔质量，g/mol；

X_i——每摩尔炸药中第 i 种爆轰产物的量，mol/mol；

N_i——第 i 种爆轰产物的氮当量系数。

用式(2-58)及式(2-59)计算 CHON 系炸药的爆速时，如炸药中含有下述基团：OH、C—O—C、NH_2、NH、C=O、C=C、C=N、NNO_2、ONO_2、CHO、N_3，则爆速计算值与实测值相差较大(>±3%)。产生误差的主要原因在于原始氮当量概念中，较少考虑炸药分子的结构因素，为此，人们将结构因素引入氮当量概念中，而得到修正氮当量的概念和计算爆速的修正氮当量公式(2－60)。

$$D = (690 + 1\ 160\rho_0)\sum N''' \qquad (2-60)$$

$\sum N'''$ 可按式(2－61)计算。

$$\sum N''' = \frac{100}{M}\left(\sum P_i N_{Pi} + \sum B_k N_{Bk} + \sum G_j N_{Gj}\right) \qquad (2-61)$$

式中 $\sum N'''$——炸药的修正氮当量；

P_i——每摩尔炸药中，第 i 种爆轰产物量，mol/mol；

N_{Pi}——第 i 种爆轰产物的修正氮当量系数；

B_k——第 k 种化学键在分子中出现的次数；

N_{Bk}——第 k 种化学键的修正氮当量系数；

G_j——第 j 种基团在分子中出现的次数；

N_{Gj}——第 j 种基团的修正氮当量系数。

爆轰产物、化学键和基团的修正氮当量系数可在有关文献中查得。

应用氮当量公式和修正氮当量公式可如下计算奥克托今在装药密度为 1.817 g/cm^3 时的爆速。

爆轰反应方程式为

$$C_4H_8O_8N_8 \longrightarrow 4N_2 + 4H_2O + 4CO \qquad (2.5)$$

$$\begin{aligned}\sum N &= \frac{100}{M}\sum X_i N_i \\ &= \frac{100}{296.16}\times(4 + 4\times 0.54 + 4\times 0.78) \\ &= 3.133\end{aligned}$$

$$\begin{aligned}D &= (690 + 1\ 160\rho_0)\sum N \\ &= (690 + 1\ 160\times 1.817)\times 3.133 = 8\ 765\ (\text{m/s})\end{aligned}$$

利用修正氮当量公式计算爆速时，首先应计算修正氮当量

$$\begin{aligned}\sum P_i N_{Pi} &= 4N(N_2) + 4N(H_2O) + 4N(CO) \\ &= 4\times 0.981 + 4\times 0.629 + 4\times 0.723 \\ &= 9.32\end{aligned}$$

$$\begin{aligned}\sum B_k N_{Bk} &= 8N(C—H) + 8N(C—N) + 8N(N=O) + 4N(N—N) \\ &= 8\times(-0.012\ 4) + 8\times 0.009\ 0 + 4\times 0.032\ 1 \\ &= 0.101\ 2\end{aligned}$$

$$\sum G_j N_{Gj} = 4N(N—NO_2) = 4\times 0.002\ 8 = 0.011\ 2$$

$$\sum N''' = \frac{100}{296.16}\left(\sum P_i N_{Pi} + \sum B_k N_{Bk} + \sum G_j N_{Gj}\right)$$

$$=\frac{100}{296.16}\times(9.32+0.1012+0.0112)$$
$$=3.185$$
$$D=(690+1\,160\times1.817)\times3.185$$
$$=8\,910\ (\mathrm{m/s})$$

3. Bernard 公式

对于所有理想的 CNHO 炸药，Bernard、Rothstein 和 Peterson 曾提出了一个关联理论最大爆速 VOD 与系数 F 之间的线性关系式(2－62)，其中的 F 只取决于炸药的组成及结构。

$$F=0.55D+0.26$$

或

$$D=(F-0.26)/0.55 \tag{2-62}$$

式中　D——爆速；

F——系数。由式(2－63)计算：

$$F=\frac{100}{\overline{M}_{\mathrm{W}}}\left[n(\mathrm{O})+n(\mathrm{N})-\frac{n(\mathrm{H})}{2n(\mathrm{O})}+\frac{A}{3}-\frac{n(\mathrm{B})}{1.75}-\frac{n(\mathrm{C})}{2.5}-\frac{n(\mathrm{D})}{4}+\frac{n(\mathrm{E})}{5}\right]-G \tag{2-63}$$

式中　G——系数，对液体炸药为 0.4，对固体炸药为 0；

A——系数，对芳香族炸药为 1.0，对其他炸药为 0；

$\overline{M}_{\mathrm{W}}$——炸药相对分子质量；

$n(\mathrm{O})$——氧原子数；

$n(\mathrm{N})$——氮原子数；

$n(\mathrm{H})$——氢原子数；

$n(\mathrm{B})$——将 C 氧化为 CO_2，H_2 氧化为 H_2O 后剩余的氧原子数；

$n(\mathrm{C})$——以双键与 C 相连(如 C＝O)的氧原子数；

$n(\mathrm{D})$——以单键与 C 相连(如 C—O—R、R＝H、NH_4 或 C)的氧原子数；

$n(\mathrm{E})$——硝酸酯(盐)基团数。

上述关系式的主要特征在于，F 仅由炸药分子式和化学结构即可导出，而无须炸药任何的物理、化学和热化学性能，但需知炸药的物理状态，即炸药是固体还是液体。另一个炸药参数是 OB，因为 OB 与炸药的能量和炸药的爆炸产物有关，所以爆速也是 OB 的函数，OB 趋近于零时，VOD 增高。采用 Bernard 公式的 VOD 计算值与实验值之间的误差为 0.46%～4.0%。

4. $\omega-\Gamma$ 公式

见本书第 11 章。

二、实验测定

1. 记时法

炸药柱被引爆后，爆轰波沿药柱轴向前传播，波阵面上离子的导电性或压力突跃，依次使装在药柱中的探针接通，产生一连串脉冲信号，并通过高频电缆被记时仪记录。根据

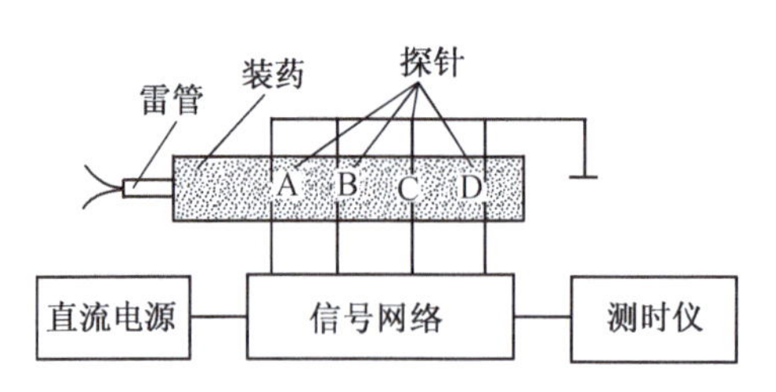

图 2-29 记时法测爆速原理图

测针间距 Δs 和通过该间距的时间 Δt 可算得两测针间药柱的平均爆速，即 $D=\Delta s/\Delta t$。此法测量简便，精度高，已广泛采用。图 2-29 是其原理图。

2. 光学法

光学法也称高速摄影法。采用高速摄影机将爆轰波阵面发出的光拍摄记录，得到爆轰波传播的距离-时间扫描曲线，再用工具显微镜或其他仪器测出曲线上各点（即爆轰波通过装药任一断面）的瞬时速度（$D(t)=\mathrm{d}s(t)/\mathrm{d}t$），或用分幅照相法测量爆轰波通过药柱的平均爆速。此法可测出爆速变化的过程，其原理见图 2-30。

3. 导爆索法

将已知爆速（D_0）的导爆索两端分别插入炸药试样 A、B 两个孔中，准确测量两孔的距离（l_{AB}）。将导爆索中间部分拉直并固定在铅板上，在铅板对应导爆索中点处刻痕。炸药引爆后，导爆索也被引爆。导爆索中两相向传播的爆轰波相遇时，在铅板上留下炸痕。测量炸痕与导爆索中点的距离（l），即可算出炸药的爆速（D）。见式（2-64）。

$$D=\frac{2l_{AB}}{l}D_0 \tag{2-64}$$

此法不需专门仪器，常用于工业炸药的野外测试，其装置见图 2-31。

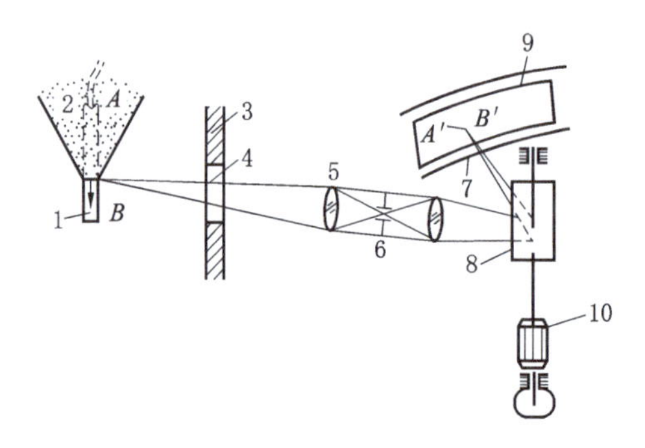

图 2-30 光学法测爆速原理图

1—药柱；2—爆轰产物；3—防护墙；
4—透光玻璃窗口；5—物镜；6—狭缝；
7—相机框；8—转镜；9—胶片；10—高速电动机

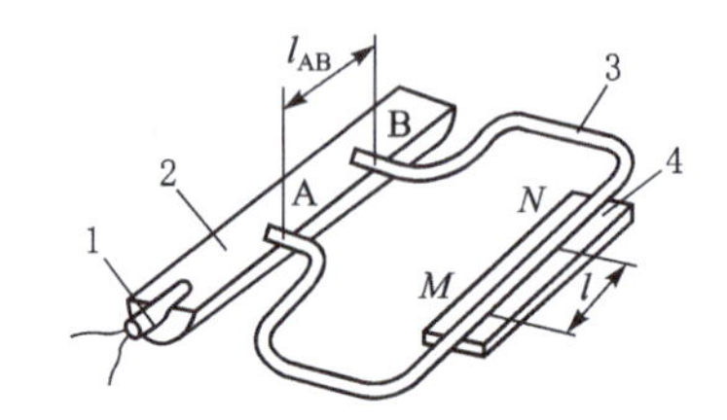

图 2-31 导爆索法测爆速装置图

1—雷管；2—被测炸药；
3—标准导火索；4—刻痕板

2.7.4 爆压

爆压是炸药爆轰时爆轰波阵面的压力，也称 C-J（Chapman-Jouguet）压力，它与炸药装药密度的平方成正比。

一、经验计算

爆压可根据爆轰流体力学理论、C－J条件及爆轰产物状态方程计算，但相当繁复。在工程设计中，常以经验公式估算，简便快捷，也具有一定的精度。对大多数碳氢氧氮系固体炸药，上述计算爆速的 Kamlet 法、氮当量及修正当量法，都可用于计算爆压，其计算式分别为式(2－65)～式(2－67)。另外，爆压也可用 $\omega-\Gamma$ 公式计算，见本书第11章。

$$p = 1.558\rho_0^2\varphi \tag{2-65}$$

$$p = 1.092(\rho_0 \sum N)^2 - 0.574 \tag{2-66}$$

$$p = 1.106(\rho_0 \sum N''')^2 - 0.840 \tag{2-67}$$

以上公式中爆压 p 的单位均 GPa，其他各参数的物理含量及单位见爆速的计算。

下面举出两个计算实例。

(1) 以 Kamlet 法计算炸药密度为 1.70 g/cm 的硝基胍的爆压（硝基胍的标准生成焓 $\Delta_f H^\ominus$ 为 －90 kJ/mol）

$$N = \frac{b+2c+2d}{4M} = 0.0384$$

$$\overline{M} = \frac{56d+88c-8b}{b+2c+2d} = 23.0$$

$$Q = \frac{28.9b + 94.05\left(\frac{c}{2}-\frac{b}{4}\right) + 0.239\Delta_f H^\ominus}{M} \times 10^3 = 904$$

$$\varphi = N\overline{M}^{\frac{1}{2}}Q^{\frac{1}{2}} = 5.54$$

$$p = 1.558\rho_0^2\varphi = 24.95 \text{ GPa}$$

(2) 以氮当量及修正氮当量法计算装药密度为 1.70 g/cm^{3}的硝基胍的爆压。硝基胍的爆轰反应方程为

$$CH_4O_2N_4 \longrightarrow 2N_2 + 2H_2O + C \tag{2.6}$$

1) 由氮当量公式计算爆压。

$$\sum N = \frac{100}{M}\sum X_i N_i$$

$$= \frac{100}{104.07} \times (2 + 2 \times 0.54 + 0.15)$$

$$= 3.104$$

$$p = 1.092 \times (1.70 \times 3.104)^2 - 0.574 = 29.8 \text{ (GPa)}$$

2) 由修正氮当量公式计算爆压。

$$\sum p_i N_{pi} = 2N(N_2) + 2N(H_2O) + N(C)$$

$$= 3.361$$

$$\sum B_k N_{Bk} = N(\mathrm{C{=}N}) + 2N(\mathrm{C{-}N}) + 4N(\mathrm{N{-}H}) + 2N(\mathrm{N{=}O}) + N(\mathrm{N{-}N})$$
$$= -0.2618$$

$$\sum G_j N_{Gj} = 0.0028$$

$$\sum N''' = \frac{100}{104.07} \times (3.361 - 0.2618 + 0.0028)$$
$$= 2.981$$

$$p = 1.106(\rho_0 \sum N''')^2 - 0.84$$
$$= 1.106 \times (1.7 \times 2.981)^2 - 0.84$$
$$= 27.56\ (\mathrm{GPa})$$

二、实验测定

1. 水箱法

通过测量水中冲击波参数推算出爆轰压。实验测定时，在透明水箱中充以蒸馏水，装药爆炸后，冲击波将水层压缩，使水密度增大，透明度降低。采用同步爆炸闪光光源和高速摄影机记录下冲击波轨迹，求得水中冲击波速度，再利用水的 Hugoneot 方程即可确定出爆轰压 p_{C-J}。即

$$p_{C-J} = \frac{p_W(\rho_W U_{SW} + \rho_X D)}{2\rho_W U_{PW}} \tag{2-68}$$

当以水为媒介时，可得公式(2-69)

$$p_W = \rho_W U_{SW} U_{PW} \tag{2-69}$$

式中 p_W——水中传播的冲击波压力；

ρ_W——水的密度；

U_{SW}——水中传播的冲击波速度；

U_{PW}——水中的粒子速度；

ρ_X——炸药的密度；

D——爆速。

可用 Aquarium 技术测定 U_{SW}，然后，通过取代 U_{SW}、a 和 b，来计算 U_{PW}，见公式(2-70)：

$$U_{SW} = a + bU_{PW} \tag{2-70}$$

其中，$a = 1.51\ \mathrm{mm/\mu s}$，$b = 1.85$。

最后，将 U_{SW}、U_{PW} 和水的密度(为 $1\ \mathrm{g/cm^3}$)值代入公式(2-69)，计算出起爆压力(水中传播的冲击波压力)p_W，再由式(2-68)计算 p_{C-J}。

1982 年，美国制定了水箱法测爆轰压的军用标准。此法操作简便，费用较少，易于推广。水箱法测爆压装置示意图见图 2-32。

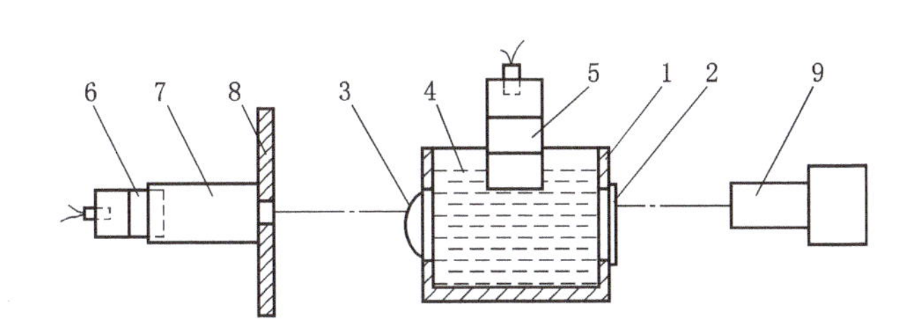

图 2-32　水箱法测爆压装置示意图

1—水箱;2—光学玻璃;3—玻璃透镜;4—蒸馏水;5—试验药柱;6—光源药柱;7—白纸筒;8—木栏板;9—高速扫描照相机

2. 自由面速度法

通过测量紧贴炸药的金属板自由面的速度来确定爆轰压,而测定自由面速度的方法有探针法、氩气隙闪光法和激光干涉仪法等。

3. 电磁法

测量埋设在炸药中的 U 形铝箔传感器速度,并假设传感器整体随产物一起运动,再结合炸药的密度和爆速可直接算得爆轰压。

4. 锰铜压力计法

直接测量爆轰压或测量与炸药接触的金属板中的冲击波压力再反推爆轰压。这是一种较新的测量方法。

此外,可用平板炸坑试验测量板坑深度估算爆轰压。用不同方法或不同装置测得的爆压值差别为 10% ~20% 。

2.7.5　爆容

爆容也称比容,是单位质量炸药爆炸时生成的气态产物在标准状态(0 ℃,101.325 kPa)下占有的体积。爆轰产物中的水为液态时,其余爆轰产物的体积称为干爆容;水为气态时,全部爆轰产物的体积称为全爆容。爆容是衡量爆炸作用的一个重要标志,因为高温高压的气体产物是对外做功的工质。爆容越大,越易于将爆热转化为功。爆容可根据爆轰反应方程式按式(2-71)计算,也可由实验测定。

$$V_0 = \frac{22\ 400n}{m} \tag{2-71}$$

式中　V_0——爆容,L/kg;

m——炸药质量,g;

n——气态爆轰产物总量,mol。

中国规定爆容的测定采用压力法,即在爆热弹(或其他钢弹)内将炸药爆轰后,冷却到室温,测定弹内压力、环境温度和大气压力(弹的容积已知),然后按式(2-72)计算干爆容。为测定全爆容,则还需求出被吸收水量在标准状态下的体积。

$$V = \frac{V_0(p - p_W + p_0)T_0}{101 \cdot T \cdot m} - \frac{V_d}{m} \tag{2-72}$$

式中 V——试样的干爆容，L/g；

V_0——爆热弹的内容积，L；

p——冷却到温度为 T 时的爆轰产物的压力（表压），kPa；

p_W——温度为 T 时水的饱和蒸气压，kPa；

p_0——大气压，kPa；

T_0——273 K；

T——冷却后爆轰产物的温度，K；

m——试样质量，g；

V_d——一发雷管爆轰产物在标准状态下所占的体积，L。

2.8 爆炸作用

炸药爆炸时对周围物体的各种机械作用，统称为爆炸作用，常以做功能力及猛度表示。研究炸药的爆炸作用，有助于合理设计装药和充分发挥炸药的效能。

2.8.1 做功能力

炸药产物对周围介质所做的总功，称为做功能力，也称威力或爆力。总功是爆炸总能量（E）的一部分。见式（2-73）。

$$A = A_1 + A_2 + A_3 + \cdots + A_n = \eta E \tag{2-73}$$

式中 A——炸药的做功能力（总功）；

$A_1 \sim A_n$——部分功；

η——做功效率。

当爆炸的外界条件变化时，总功一般变化不大，但功的各部分所占比例有变。为了充分利用炸药的能量，应尽可能提高有用功（有效功）的比例。

一、理论表达式

炸药爆轰时，高温高压的爆轰产物膨胀，对外做功。根据热力学第一定律，应有式（2-74）。

$$-\mathrm{d}U = \mathrm{d}Q + \mathrm{d}A \tag{2-74}$$

由于爆轰气体做功的时间极短，可近似地认为膨胀过程是绝热过程，即 $\mathrm{d}Q=0$，故可得式（2-75）。

$$\mathrm{d}A = -\mathrm{d}U = -c_V\mathrm{d}T \tag{2-75}$$

即爆轰产物由温度 T_1 膨胀到 T_2 时所做的总功可用式（2-76）表示。

$$A = \int_{T_2}^{T_1} c_V\mathrm{d}T = \bar{c}_V(T_1 - T_2) \tag{2-76}$$

式中　T_1—— 爆温，K；

T_2——膨胀终了时的温度，K；

$\bar{c}_V$——$T_1 \sim T_2$ 间爆轰产物平均比热容，J/(g·K)。

因为终了温度 T_2 很难确定，常用爆轰产物膨胀过程的体积和压力来代替温度的变化。又由于该膨胀可以认为是一个等熵过程，故其压力和体积之间符合式(2－77)所示关系。

$$pV^{\gamma} = 常数 \tag{2-77}$$

式中　γ——多方指数。

假定爆轰产物性质符合理想气体，则其状态方程可为式(2－78)。

$$\frac{p_1 V_1}{T_1} = \frac{p_2 V_2}{T_2}$$

或

$$\frac{T_2}{T_1} = \frac{p_2 V_2}{p_1 V_1} = \left(\frac{V_1}{V_2}\right)^{\gamma-1} = \left(\frac{p_2}{p_1}\right)^{\frac{\gamma-1}{\gamma}} \tag{2-78}$$

式中　p_1、V_1—— 未膨胀时爆轰产物的压力和体积；

p_2、V_2——膨胀终了时爆轰产物的压力和体积。

将式(2－78)代入(2－76)可得式(2－79)。

$$\begin{aligned} A &= \bar{c}_V(T_1 - T_2) = \bar{c}_V T_1\left(1 - \frac{T_2}{T_1}\right) = \bar{c}_V T_1\left[1 - \left(\frac{V_1}{V_2}\right)^{\gamma-1}\right] \\ &= \bar{c}_V T_1\left[1 - \left(\frac{p_2}{p_1}\right)^{\frac{\gamma-1}{\gamma}}\right] \end{aligned} \tag{2-79}$$

又因 $\bar{c}_V T_1$ 近似于炸药的爆热，故式(2－79)可转换成式(2－80)。

$$A = Q_V\left[1 - \left(\frac{V_1}{V_2}\right)^{\gamma-1}\right] = Q_V\left[1 - \left(\frac{p_2}{p_1}\right)^{\frac{\gamma-1}{\gamma}}\right] = Q_V \eta \tag{2-80}$$

式中　Q_V——爆热；

η——做功效率。

由式(2－80)可以看出，爆轰产物所做的功小于炸药的爆热，且与产物膨胀程度及多方指数有关。爆热越大，爆轰产物膨胀程度越高，做功能力越大；多方指数越大，做功能力也越大。

炸药的爆热和爆轰产物组成及炸药的氧平衡有关，因而炸药的做功能力也与氧平衡有关，零氧平衡或微负氧平衡炸药的做功能力均较大。

大部分炸药，相对做功能力与相对爆热基本上是一致的，但对某些正氧平衡炸药(如硝化甘油)及含铝炸药，相对做功能力比相对爆热小得多。

二、经验计算法

1. 特性乘积法

爆热 Q 决定了炸药的能量，此能量又通过气态爆轰产物膨胀转变为功。爆轰产物体

积 V_g 越大，Q 转变为功的效率越高。$Q_V V_g$ 一般被称为炸药的特性乘积，它与做功能力存在式(2－81)所述的关系。

$$A = 3.65 \times 10^{-4} Q_V V_g \tag{2-81}$$

式中的常数 3.65×10^{-4} 是由实验测定的，式中的 A、Q_V、V_g 的单位分别为 kJ/g、kJ/g 和 cm^3/g。

Q_V 及 V_g 可由实验确定，但比较困难，而如根据炸药的氧平衡用经验方法进行计算，又相当烦琐，也不准确。不过尽管采用不同公式算出的 Q_V 及 V_g 的差别较大，但对 $Q_V V_g$ 的影响不大。故为简化起见，可以采用按最大放热原则算出的 Q_{max} 及相应的 V_m 的乘积($Q_{max}V_m$)作为特性乘积以计算 A。

在实验测定做功能力时，一般采用在同样条件下被试炸药的 A 与某一参比炸药的 A 的比值作为前者的相对做功能力。常用的参比炸药为梯恩梯，相对做功能力称为梯恩梯当量。

用 $Q_{max}V_m$ 法计算梯恩梯当量时，只需计算某炸药的 $Q_{max}V_m$ 与梯恩梯的 $Q_{max}V_m$ 即可。由特性乘积法计算的常用炸药相对做功能力与实验值比较一致。

2. 威力指数法

研究表明，炸药的做功能力是其分子结构的可加函数，而各种分子结构对做功能力的贡献可以用威力指数 π 表示，且由 π 可按式(2－82)计算炸药相对做功能力。

$$A = (\pi + 140) \times 100\%$$

$$\pi = \frac{100\sum f_i x_i}{n} \tag{2-82}$$

式中 A——相对做功能力(梯恩梯当量)；

π——威力指数；

f_i——炸药分子中特征基和基团的个数；

x_i——特征基和基团的特征值；

n——炸药分子中的原子数。

常用炸药的特征基和基团的特征值见表2－27。

表2－27　特征基和基团的特征值

特征基和基团	x_i	特征基和基团	x_i
C	－2	O(在 N═O 中)	+1.0
H	－0.5	O(在 C—O—N 中)	+1.0
N	+1.0	O(在 C═O 中)	－1.0
N—H	－1.5	O(在 C—O—H 中)	－1.0

按威力指数法计算所得黑索今的相对做功能力见表2－28。

表2-28 按威力指数法计算的黑索今的做功能力

特征基和基团(个数)	$f_i x_i$
C(3)	$3\times(-2)=-6$
H(6)	$6\times(-0.5)=-3$
N(6)	$6\times1.0=6$
O(6)	$6\times0.1=6$
$n=21$	$\sum f_i x_i=3$
$\pi=300/21=14.3$ $A=(14.3+140)\times100\%=154.3\%$(实验值为150%)	

炸药的相对做功能力也可以是某炸药的威力(计算值 QV)与标准炸药(通常为PA)威力的比值。即

$$A=\frac{Q\cdot V}{Q(\mathrm{PA})\cdot V(\mathrm{PA})}\times100\% \tag{2-83}$$

式中 $Q(\mathrm{PA})$——3 250 kJ/g;

$V(\mathrm{PA})$——0.831 $\mathrm{dm^3/g}$。

某些起爆药及猛炸药的相对做功能力见表2-29,表中数据表明,猛炸药的威力远大于起爆药。

表2-29 某些起爆药和猛炸药的相对做功能力(标准炸药为苦味酸)

炸 药	分子式	相对做功能力/%
起爆药		
LA	$Pb(N_3)_2$	13.0
MF	$Hg(ONC)_2$	14.0
$LS\cdot H_2O$	$C_6H(NO_2)_3O_2Pb\cdot H_2O$	21.0
猛炸药		
TNT	$C_6H_2(NO_2)_3CH_3$	118.0
PA	$C_6H_2(NO)_3OH$	100.0
NG	$C_3H_5(ONO_2)_3$	170.0
EGDN	$(CH_2)_2(ONO_2)_2$	182.0
PETN	$C(CH_2)_4(ONO_2)_4$	167.0
CE 或 Tetry1	$C_6H_2(NO_2)_3NNO_2CH_3$	132.0
NQ	$HN{=}CNH_2NHNO_2$	99.0
RDX	$(CH_2)_3(NNO_2)_3$	169.0
HMX	$(CH_2)_4(NNO_2)_4$	169.0
DATB	$C_6H(NH_2)_2(NO_2)_3$	132.0
TATB	$C_6(NH_2)_3(NO_2)_3$	101.0
HNS	$(C_6H_2)_2(CH)_2(NO_2)_6$	109.0

注:表中各简称的全称(化学名称)见本书末缩略语表。

三、实验测定

1. 铅垮扩孔法

铅垮扩孔法也称 Trauzl 法。该法是将 10 g 炸药置于一圆柱形铅垮中央的孔中(铅垮直径及高均为 200 mm,孔径 25 mm,深 125 mm),引爆炸药后,爆轰产物将孔扩张为梨形,测量孔的扩张体积,以此值衡量做功的能力。此法简便易行,欧洲国际炸药测试方法标准化委员会将其定为工业炸药的标准测试方法,其示意图见图 2-33。

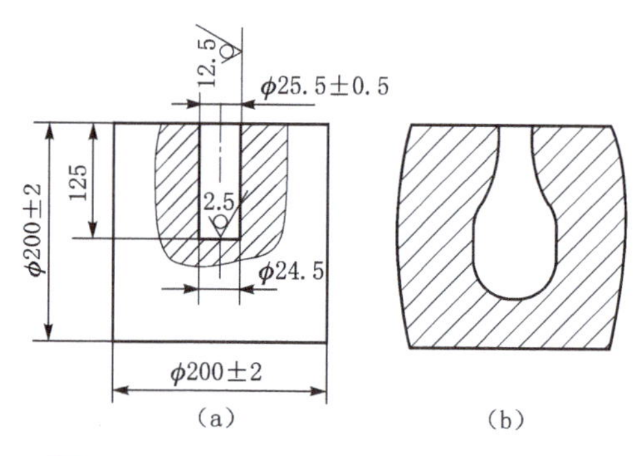

图 2-33 铅垮扩孔法测做功能力示意图

(a) 试验前的铅垮;(b) 试验后的铅垮

2. 弹道臼炮法

其主要设备为一悬挂在钢梁上的钢制臼炮体,臼炮体中央有两个互相连通的空腔,里面的叫爆炸室,外面的叫膨胀室。试验时,将 10 g 炸药试样置于爆炸室中,接上雷管,在膨胀室中塞入一钢制弹丸。炸药爆炸时,爆轰产物膨胀将弹丸抛出而臼炮体则向后摆一定角度,按式(2-84)计算试样所做的功。

$$A = A_0(1 - \cos\alpha) \tag{2-84}$$

式中 A——炸药所做功;

A_0——臼炮的结构参数;

α——臼炮体摆角度。

臼炮法测得的只是做功能力的一部分,通常测定同样条件下被试炸药做功能力与参比炸药(梯恩梯)做功能力的比值,即试样的梯恩梯当量值。臼炮法示意图见图 2-34。

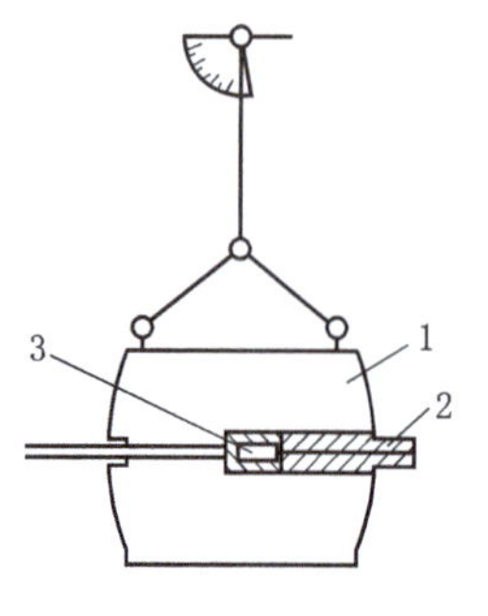

图 2-34 弹道臼炮法测做功能力示意图

1—摆体;2—炮弹;3—炸药装药

"弹道臼炮试验"被认为是测量炸药威力的最令人满意的实验室试验。1962 年,该试验被炸药测试标准化国际委员会所认可。在 Trauzl 或铅块试验中,在美国优先选用弹道臼炮(杜邦公司型),但一些欧洲国家认为 Trauzl 或铅块试验是标准试验。

3. 漏斗坑法

在均匀介质(土壤、沙或岩石)中具有一定深度的孔内装入定量炸药，引爆后可形成一个漏斗形坑。用相同质量被测炸药与参比炸药在同样条件下所形成的漏斗坑的体积比来衡量被测炸药的相对做功能力。

4. 圆筒试验

此试验用于评定炸药爆轰产物膨胀做功时的能量释放和加速金属管壁的能力，并用以建立爆轰产物的状态方程。试验用标准圆筒内径 25.4 mm，壁厚 2.5 mm，管长约 300 mm。测定时，管内装炸药，由一端引爆。用高速摄影机记录管壁随时间而膨胀的过程（同时用记时法测定炸药的爆速），分别定出管壁位移 5 mm（相应于膨胀到 2 倍筒体积）和 19 mm（相应于膨胀到 7 倍筒体积）两处的管壁运动速度，表示炸药爆轰产物在两个不同阶段膨胀做功时的能量释放。

2.8.2　猛度

爆轰产物粉碎或破坏与其接触（或接近）介质的能力，可用爆轰产物作用在与爆轰传播方向垂直单位面积上的冲量表示。

猛度一词是由法文“爆破”衍生而来的，它不同于炸药总做功能力，它主要是指炸药的爆碎能力。炸药爆轰达到压力峰值的快速性（时间）可作为猛度的衡量。人们曾试图制造测定猛度的设备，但并未完全成功。猛度与爆压（p_{C-J}）近似呈线性关系。而 p_{C-J} 又与炸药的密度及爆速有关，所以，猛度是 $\rho \cdot D^2$ 的函数。

业已证明，对所有实际目的而言，$\rho \cdot D^2$ 可作为猛度适当的替代值。对爆破弹、炸弹及手榴弹等的效果，猛度值是很重要的。

一、理论表达式

假设一维平面爆轰波从左向右传播，在垂直于爆轰波传播方向的右方有一刚性壁，则爆轰产物作用在壁（目标）上的压力 p 可用式（2－85）表示。

$$p = \frac{8}{27} p_{C-J} \left(\frac{l}{D\tau} \right)^3 \tag{2-85}$$

式中　p_{C-J}——爆轰压；

l——爆轰波距壁的距离；

D——爆速；

τ——作用时间。

当爆轰波自壁反射时，作用在壁上的总冲量 I 可由式（2－86）计算。

$$\begin{aligned} I &= \int_{\frac{l}{D}}^{+\infty} Sp\mathrm{d}\tau = \frac{64}{27} Sp_{C-J} \left(\frac{l}{D} \right)^3 \int_{\frac{l}{D}}^{+\infty} \frac{\mathrm{d}\tau}{\tau^3} \\ &= \frac{32}{27} Sp_{C-J} \frac{l}{D} \end{aligned} \tag{2-86}$$

式中　S——炸药装药横截面的面积。

将 $p_{C-J} = \frac{1}{4}\rho D^2$ 代入式（2－86）可得式（2－87）。

$$I = \frac{8}{27}Sl\rho D = \frac{8}{27}mD \tag{2-87}$$

式中 m——炸药的质量。

作用在壁(目标)上的比冲量 i 的表达式见式(2-88)。

$$i = \frac{I}{S} = \frac{8}{27}mD/S \tag{2-88}$$

因为爆轰产物存在侧向飞散,而不是全部作用在目标上,所以式(2-87)及式(2-88)中的 m 不应是全部装药质量,而应是爆轰产物朝给定方向飞散的那一部分装药质量,即有效装药质量。对圆柱形装药,当装药长度超过直径的 2.25 倍时,有效装药量由式(2-89)计得。

$$m_e = \frac{2}{3}\pi r^3 \rho \tag{2-89}$$

式中 m_e——有效装药量;

r——装药半径;

ρ——装药密度。

当装药长度小于直径的 2.25 倍时,有效装药量由式(2-90)计得。

$$m_e = \left(\frac{4}{9}l - \frac{8}{81}\frac{l^2}{r} + \frac{16}{2\ 187}\frac{l^3}{r^2}\right)\rho \tag{2-90}$$

式中 l——装药长度。

根据式(2-88)~式(2-90)就可计算已知爆速的不同装药尺寸的炸药的比冲量,计算值与实验值一致性良好。

二、实验测定

炸药密度及颗粒度(特别是混合炸药)等因素对猛度有明显影响。对工业炸药来说,密度较低时,猛度随密度的增加而增大;但当密度达到一定值后,密度增高反而导致猛度下降。混合炸药各组分的颗粒度越小,猛度越高。猛度常采用下述几种方法测定。

1. 铅柱压缩法

铅柱压缩法又称 Hess 试验。在钢板上放置一个直径 40 mm、高 60 mm 的铅柱,铅柱上放置一直径 11 mm、厚 10 mm 的钢片,钢片上放置 50 g 试样(药装于直径 40 mm 的纸筒中,密度 1.0 g/cm^3),引爆试样,铅柱被压缩成蘑菇形,以试验前后铅柱的高度差(铅柱压缩值)表示猛度。此法适用于低猛度炸药,其装置示意图见图 2-35。

2. 铜柱压缩法

铜柱压缩法又称 Kast 试验。在 Kast 猛度计活塞下放置一测压铜柱,炸药试样(直径 21 mm、高 100 mm)置于猛度计的铅板上引爆,活塞即可使铜柱压缩变形,以试验前后的铜柱高差(铜柱压缩值)表示猛度。此法适用于高猛度炸药。

3. 弹道摆法

此法的主要设备为一悬挂的实心摆体,两端有可更换的摆头(图 2-36)。试样爆炸后,通过钢片撞击摆体,使摆体偏转一定角度,根据偏转角度算出摆体获得的冲量。一般用试样的冲量与参比炸药(梯恩梯)冲量的比值表示试样的相对猛度。

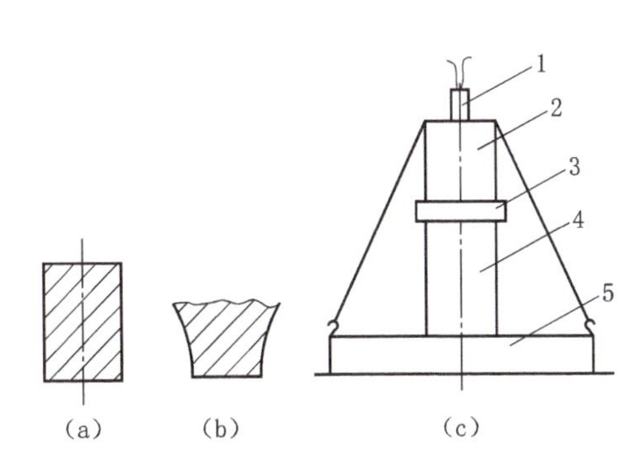

图2-35　铅柱压缩法测猛度装置示意图

(a) 试验前的铅柱;(b) 试验后的铅柱;(c) 试验装置

1—雷管;2—炸药;3—钢片;4—铅柱;5—钢底座

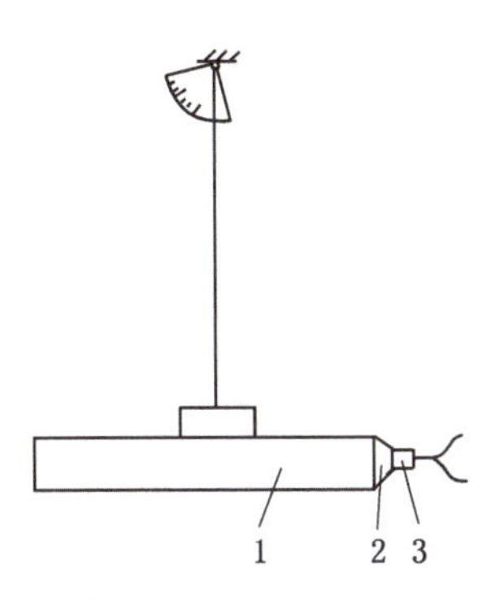

图2-36　弹道摆法测猛度装置示意图

1—摆体;2—击砧;3—药柱

4. 平板炸坑试验

平板炸坑试验又称平板凹痕试验,简称板坑试验。用于测定炸药的相对猛度。试验时,将受试药柱置于板的中心,用雷管和传爆药柱引爆,以板上形成的炸坑深度评定炸药猛度。通常选择某一梯恩梯药柱的炸坑深度为100%,算出试样坑深的相对值,作为相对猛度。板坑试验也是间接测爆压的一种简便手段,此时先标定好常用炸药的爆压与坑深值的关系,再根据试样的坑深值由关系曲线估算试样爆压。

2.8.3　聚能效应

使炸药爆炸作用的能量集中于一定方向的效应,称为聚能效应。可通过底部具有锥形空穴的装药而实现。若锥孔带有金属罩(药型罩),且选择适当的炸药,则聚能效应可大为增强。具有锥形空穴的装药,其爆轰波传播到锥孔顶部后,爆轰产物的气流沿锥孔面的法线向轴心抛散,由于各向气流都向轴心集中,因而形成了一股集聚气流,这股气流的密度和速度分布是不均匀的,在距离装药端面某一距离处(焦点)达到最大值,即在焦点附近出现最强的聚能效应。若在锥孔上加上药型罩,则爆轰产物的能量将传给药型罩,使之变形和破碎,并形成能量密度极高的金属流,聚能效应得以加强。药型罩的形状可为半球形、圆锥形、喇叭形等,材料可为紫铜、生铁和钢等。聚能效应在军事上用于增加炮弹的破甲能力,在民用上大量用于供油气井开采的射孔弹、切割钢板等。

2.8.4　殉爆

某一炸药装药爆轰时引起位于与它相隔一定距离处的其他装药发生爆轰的现象,称为殉爆,它也反映了炸药对冲击波的感度。首先爆轰的炸药称为主发炸药或主爆炸药,被殉爆的炸药称为被发炸药或被爆炸药。主发炸药爆轰时,被发炸药100%殉爆的两装药间的最大距离,称为殉爆距离;而被发炸药100%不殉爆的最小距离,称为殉爆安全距离。殉爆距离既与主发炸药的密度、药量、爆轰性能及外壳有关,也与被发炸药的引爆物性、物理化学特性、装药结构、相对于主发炸药的取向、承受表面及中间介质的种类(气体、液体或固体)有关。殉爆距离可实际测定。为了防止殉爆,在建筑火炸药工厂、车间、实验室及药库时,必须考虑构筑物之间的殉爆安全距离,此距离可用经验公式计算。为了确保爆轰的有效传递,在设计武器装药和工程爆破装药时,也必须考虑殉爆距离。

第3章　合成单质炸药的主要有机反应

用于合成单质炸药及其他含能化合物（包括它们的中间体）的常用经典有机反应有硝化（包括C—硝化、N—硝化及O—硝化）、缩合、叠氮化、间接硝化等，而应用尤为广泛的是硝化。

3.1　硝化反应

向有机化合物分子内引入硝基的反应称为硝化反应。可分为C—硝化、N—硝化（通常所称的硝解是N—硝化的一例）及O—硝化（酯化），分别用于形成三类单质炸药：硝基化合物（硝基与碳相连）、硝胺（硝基与氮相连）及硝酸酯（硝基与氧相连）。三类硝化的通式可用反应式(3.1)～反应式(3.3)表示。

$$\text{—}\overset{|}{\underset{|}{C}}H + HNO_3 \longrightarrow \text{—}\overset{|}{\underset{|}{C}}\text{—}NO_2 + H_2O \tag{3.1}$$

$$\rangle NH + HNO_3 \longrightarrow \rangle N\text{—}NO_2 + H_2O \tag{3.2}$$

$$\text{—}\overset{|}{\underset{|}{C}}\text{—}OH + HNO_3 \longrightarrow \text{—}\overset{|}{\underset{|}{C}}\text{—}ONO_2 + H_2O \tag{3.3}$$

除了以硝基取代化合物中氢原子的直接硝化外，有时也用硝基置换化合物中其他原子或官能团以形成硝基化合物，或通过氧化、加成等反应向化合物中引入硝基，这类方法称为间接硝化法。这部分只讨论直接硝化，间接硝化在本章3.5节叙述。

3.1.1　C—硝化

一、经典反应历程

C—硝化，特别是芳烃的C—硝化，是单质炸药合成和生产中最重要的有机反应之一。直接C—硝化是以硝基取代碳上的氢原子，有离子型和自由基型两类。绝大多数芳烃的C—硝化为正离子反应历程。以硝硫混酸为硝化剂时，其历程可用反应式(3.4)表示。烷烃、环烷烃及烯烃的C—硝化则多为自由基反应历程，以硝酸为硝化剂的烷烃C—硝化历程见反应式(3.5)。

$$HNO_3 + 2H_2SO_4 \rightleftharpoons NO_2^+ + H_3O^+ + 2HSO_4^-$$

$$\text{C}_6\text{H}_5\text{—R} + NO_2^+ \rightleftharpoons \text{R—}[\text{C}_6\text{H}_5(\text{H})(NO_2)]^+ \longrightarrow \text{R—C}_6\text{H}_4\text{—}NO_2 + H^+$$

δ络合物

(3.4)

$$HNO_3 \longrightarrow \cdot OH + \cdot NO_2$$
$$3RH + HNO_3 \longrightarrow 3R\cdot + 2H_2O + NO$$
$$RH + \cdot OH \longrightarrow R\cdot + H_2O$$
$$R\cdot + \cdot NO_2 \longrightarrow RNO_2$$
$$R\cdot + HNO_3 \longrightarrow RNO_2 + \cdot OH \qquad (3.5)$$

芳烃的C—硝化是双分子芳香族亲电取代反应(S_EAr_2),为两步过程。第一步是硝化试剂(NO_2^+)进攻基质芳环,形成极活泼的芳烃正离子(也称σ络合物或Wheland中间体);第二步是正离子脱除离去基团(如质子)而形成稳定的C—硝基化合物。

上述的芳烃正离子型反应历程已为很多实验结果所支持,但后来又发现了一些该历程所不能完全解释的实验现象,因而人们对芳烃的C—硝化进行了更深入的研究,在理论上取得了不少新进展,如π络合物和碰撞对控制、自(积)位(ipso)硝化机理、单电子转移机理等,本书对它们简介如下。

二、π络合物

芳烃正离子是由亲电试剂进攻芳环生成的,因而有可能是先形成π络合物,然后再转变为芳烃正离子。G·A·欧拉(Olah)曾采用强亲电试剂($NO_2^+BF_4^-$)硝化某些芳烃,得出各芳烃硝化速度与π络合物稳定性相一致的结果,并提出在此类硝化反应中,π络合物的生成为速控步骤的论点。

如果考虑到π络合物的生成,芳烃正离子机理的通式可表示如反应式(3.6)。

R—C₆H₅ + E^+ ⇌ R—C₆H₅→E^+ π络合物

⇅ σ络合物 R—[C₆H₅(H)(E)]⁺ (3.6)

R—C₆H₄—E + H^+ ⇌ R—C₆H₄(E)→H^+ π络合物

1961年,Olah曾发现,在某些硝化反应中,底物选择性出现反常现象。当在环丁砜中,以硝鎓盐硝化甲苯时,甲苯的反应活性仅为苯的1.7倍,甚至更低。对均三甲苯,其硝化反应速度仅为苯的2.7倍,而其溴化反应速度则几乎为苯的2×10^8倍。但是,位置选择性则与其他条件下的硝化没有明显的区别。Olah认为,发生这种现象的原因,肯定是反应中存在两种中间体及与之相应的过渡态,见图3-1。图中的第二个中间体可能是σ

络合物，而在它之前的过渡态 TS_1 与正常硝化中的过渡态相似，因此，可导致正常的产物分布，即位置选择性不受影响。但第一个中间体是 π 络合物。关于 π 络合物的存在，已经获得了某些实验证据。无论是芳香烃还是烯烃，均能与一系列的亲电试剂形成 π 络合物，其中有些已被分离出来，有些已用光谱法或根据其溶解度和热化学性能鉴定。例如，卤化氢与芳香烃或烯烃能够形成1:1的无色加成物，其溶液不导电，性能与 σ 络合物明显不同。Olah 提出，上述 π 络合物的生成可能是硝化的速控步骤，而生成络合物的过渡态 TS_1 可能非常类似于一种松散的分子络合物。他还求出过某些烷基苯硝化速度（在环丁砜中以 $NO_2^+BF_4^-$ 硝化）与它们的分子络合物稳定性的关系，实验结果列于表3－1。表列数据说明，取代基对硝化速度的影响甚小，多甲基苯的相对硝化速度与多甲基苯和 HCl 形成的分子络合物的相对稳定性是平行的，但两者间的定量关系并不严格。

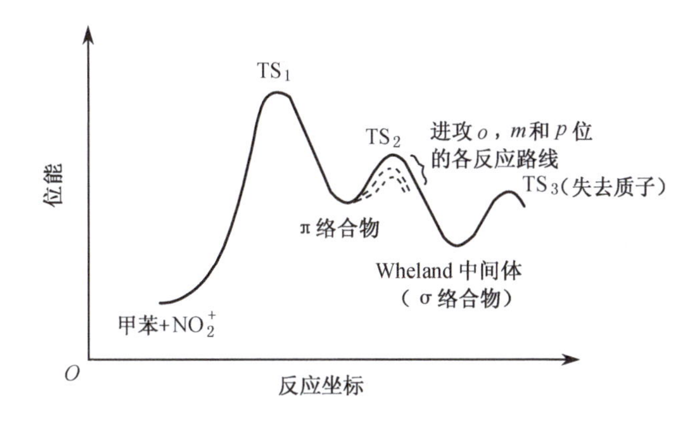

图3－1　形成 π 络合物为速控步骤的硝化反应自由能图

表3－1　多甲基苯与 HCl 形成的分子络合物的相对稳定性与多甲基苯相对硝化速度（在环丁砜中以 $NO_2^+BF_4^-$ 硝化）的比较

甲基取代基	多甲基苯与 HCl 分子络合物相对稳定性	相对硝化速度
无	1.00	1.00
Me	1.51	1.67
1,2－Me_2	1.81	1.75
1,3－Me_2	2.06	1.65
1,4－Me_2	1.65	1.66
1,3,5－Me_3	2.60	2.71

三、碰撞对控制

关于 Olah 发现的某些硝化反应中底物选择性甚低的现象，有人认为是由硝化过程中物料混合较慢所引起的。因为很多硝化反应进行极快，很难进行正常的动力学测定，所以通常采用竞争硝化方法来测定两种被硝化物的相对反应活性。例如，测定甲苯和苯的硝化速度时，是用不足量的亲电试剂将甲苯和苯的混合物硝化，再测定生成的硝基甲苯和硝基苯量，速度是由此两值决定的。如果硝化的化学反应非常快，则决定硝化速度的将是亲电试剂与底物相互接触（碰撞）的速度。现在已有几个证据支持这种观点：

（1）用 $NO_2^+BF_4^-$ 在环丁砜中硝化联苄（$PhCH_2CH_2Ph$）时，所得二硝基化合物的量反常地高，这可能是由于混合不匀，致使局部地区 NO_2^+ 浓度过高所致。

（2）在硝硫混酸中硝化甲苯时，其硝化速度约为苯的 20 倍，但往甲苯中再行引入给电子基团，硝化速度并不成比例地增高，二甲苯与三甲苯的硝化速度都大约只为甲苯的 2 倍，这与它们的溴化情况大不相同。以 Br_2 为溴化剂在 85% AcOH 中溴化时，甲苯、1,3－二甲苯及 1,3,5－三甲苯的溴化速度分别为苯的 $10^{2.8}$、$10^{5.7}$ 及 $10^{8.3}$ 倍。这也说明硝化反应速度由 NO_2^+ 与底物分子间的碰撞速度所限制（碰撞控制），而不是由化学反应速度所决定的。但这种情况下的速控步骤是微观扩散，而非宏观混合。扩散控制硝化反应的活化焓与二步过程（第一步为硝酸离解为 NO_2^+，第二步是 NO_2^+ 扩散至底物，第二步的速度取决于反应物料的黏度）计算值相符。

在磷酸中硝化时，也出现类似情况，但因为磷酸黏度比硫酸的更高，故扩散速度更低，此时即使对于苯，扩散也可成为决定硝化速度的因素。反之，稀硝酸黏度比硫酸的低，故此时只有对活性较高的底物才出现碰撞速度决定硝化速度的情况。

π 络合物的生成为速控步骤与碰撞控制速度这两种观点，并不是完全不相容的。在碰撞对控制反应中，位置选择性仍然保持不变，这说明在 Wheland 中间体之前，可能还有另一个中间体（A）生成，即如反应式（3.7）所示。

$$ArH + NO_2^+ \xrightleftharpoons{\text{碰撞控制}} (A) \to \text{三种位置异构的 Wheland 中间体} \tag{3.7}$$

中间体（A）通常被称为碰撞对，以 $ArH \cdot NO_2^+$ 表示，它很可能是两个组分未发生强烈吸引，而仅仅是被一层围绕的溶剂分子联系在一起；或者是两组分间发生了完全的电荷转移，形成自由基/自由基离子对 $ArH \cdot^+ NO_2 \cdot$。也还有可能存在一些中间情况，如某种形式松散结合的分子络合物或 π 络合物。

四、自（积）位（ipso）硝化

在已有取代基碳原子上发生的亲电进攻，称为 ipso 进攻，见反应式（3.8）。

R
NO_2^+
R　NO_2
ipso中间体
NO_2^+
H　NO_2
产物
R
邻、间、对中间体

（3.8）

如果原有取代基 R 是一个合适的离去基团，能以 R^+ 形式从芳香环上离去，则 ipso 中间体可转变为某种产物。当 R 是一个电正性的基团（例如 Me_3Si^+）时，此类反应是为人所熟知的；不过此时最常见的取代形式是质子为亲电试剂。此外，芳香环上的烷基也能以这种方式被取代。例如，硝化对异丙基甲苯时，产物中含有约 10% 的对硝基甲苯。还有，芳香环上的溴和碘也可被取代（氯则不能），硝基也是一个较好的离去基团。

ipso 硝化的第二种模式是亲电试剂发生 1,2－迁移，形成第二个中间体，后者再转变成邻位硝化产物，见反应式（3.9）。

(3.9)

要估计通过 ipso 硝化生成的邻位产物与通过直接亲电进攻生成的邻位产物的比例，目前还相当困难。但在某种情况下，通过 ipso 硝化生成的邻位产物可能不少。例如，在硝硫酸混中硝化 1,2,4,5－四甲基苯时，其硝化速度可能是由底物与亲电试剂的碰撞速度所决定。如反应仅限于一硝化，3－硝基－1,2,4,5－四甲基苯的生成量，则与所用硫酸浓度密切相关。硫酸浓度大于 85% 时，也仅有 12% 的 3－硝基化合物是由 NO_2^+ 直接进攻 3－位所形成的，而其余的 88% 的产物则是由于最初遭受 ipso 进攻并随后发生重排生成的，这可表示成反应式（3.10）。

碰撞对　12%　88%　在稀酸中衍生成其他产物

(3.10)

强的给电子取代基可促进亲电试剂对于对位的进攻，即使对位已被另一个取代基占据时也是如此，这时对于对位的进攻即 ipso 进攻。例如，在硫酸中硝化 4－$CH_3C_6H_4N(CH_3)_2$ 时，采用核磁共振跟踪反应，发现主要产物 2－NO_2－4－$CH_3C_6H_3N(CH_3)_2$ 是通过两步反应，即亲电试剂首先进攻 4－位（ipso），随后硝基发生 1,3－重排生成的，见反应式（3.11）。

(3.11)

通过苯酚和苯基醚的硝化,可阐明 1,3 - 重排的实质。在含水硫酸中硝化对甲基苯甲醚或对氯苯甲醚时,不仅生成正常的邻位硝基衍生物,还生成相应的邻硝基酚。同位素(^{18}O)标记实验表明,羟基来自溶剂,这说明邻硝基酚是通过 ipso 硝化机理,并随后发生硝酰阳离子重排产生的,即如反应式(3.12)所示。

R, NO_2 ; ^{+}OMe $\xrightarrow[-H^+]{H_2O}$ R, NO_2 ; MeO, OH $\xrightarrow[-MeOH]{H^+}$ R, NO_2 ; ^{+}OH

$\longrightarrow$ {R, OH $\cdot NO_2^+$} $\longrightarrow$ R, NO_2, OH　　R=Me,Cl　　(3.12)

五、单电子转移硝化机理

一般认为,芳香族硝化反应属于芳环上的亲电取代反应,但近年来有关研究指出,某些芳烃的硝化反应并不一定是简单的亲电取代反应,决定其反应速率的一步可能是单电子转移。例如,有人认为,在以 NO_2^+ 硝化苯的反应中,可能首先是苯转移一个 π 电子给 NO_2^+,随后是苯环将一个质子丢失给周围环境,最后完成硝化,并使分子恢复电中性。见反应式(3.13)。

$$C_6H_6 + NO_2^+ \longrightarrow [C_6H_6^{+\cdot}] \cdot NO_2 \xrightarrow{-H^+} [C_6H_5^{\cdot} \cdot NO_2] \longrightarrow C_6H_5^{\cdot} \cdot NO_2 \longrightarrow C_6H_5NO_2 \quad (3.13)$$

单电子转移硝化已经得到一些理论及实践的证明。有人指出,在气态中,某些亲电体 LUMO 的能量低于苯的 HOMO 的能量,NO_2^+ LUMO 的能量为 -11.0 eV,I^+ 为 -10.4 eV,Br^+ 为 -11.8 eV;而苯 HOMO 的能量则为 -9.24 eV。前线分子轨道理论认为,HOMO 轨道能量高于 LUMO 轨道能量时,电子可以自发地从 HOMO 轨道流入 LUMO 轨道,这就为单电子转移消除了能垒上的困难。实际上,在芳烃与 NO_2^+ 的反应过程中,人们已经观察到游离基正离子的形成。

近年又有人提出,芳烃的硝化也可通过涉及单电子转移的反应式(3.14)进行。

$$\left.\begin{aligned} &ArH + NO^+ \rightleftharpoons NO\cdot + ArH^+\cdot \\ &NO\cdot + NO_2^+ \rightleftharpoons NO^+ + NO_2\cdot \\ &NO_2\cdot + ArH^+\cdot \longrightarrow Ar^+(H)NO_2 \xrightarrow{-H^+} ArNO_2 \end{aligned}\right\} \quad (3.14)$$

六、通过亚硝化的硝化

亚硝酸盐可使很多硝化反应减速，这种副作用主要是由亚硝酸盐使$(H_2ONO_2)^+$脱质子引起的。然而，在硝化很活泼的基质时，亚硝酸盐能加速硝化反应。此外，很多有机化合物能被硝酸氧化而形成亚硝酸，后者对硝化反应具有自动催化作用。在这种情况下，硝化反应可能是通过亚硝化历程进行的。

通过亚硝化的硝化机理，首先是亚硝化（在硝化酚时，已分离出亚硝基酚），接着是亚硝基化合物的氧化。动力学研究表明，亚硝化的主要亲电试剂是亚硝酰离子 NO^+ 和 N_2O_4，N_2O_4 的活性较低，但浓度较高。

直接硝化与亚硝化 - 氧化间的平衡是很复杂的。在稀酸中，NO_2^+ 浓度甚低，反应几乎完全按亚硝化路线进行。在强酸中，活性很高的 NO_2^+ 起主导作用，亚硝化反应甚微，因而亚硝酸盐的自催化作用就十分明显。在自动催化过程中，某些被硝化物的反应速度特别高，这说明此时进行的反应已由硝化转变为亚硝化，反应系统中亚硝化亲电试剂的浓度比 NO_2^+ 的高。

最近发现，在 85% 的硫酸中硝化 *N*,*N* - 二甲基苯胺时，反应能为亚硝酸所催化，但不可能是亚硝化 - 氧化机理，因为在同样的反应条件下，硝化比亚硝化快。此外，在此反应体系中，生成了一种主要副产物四甲基联苯胺，这说明反应体系中存在自由基正离子 $Me_2NPh^{\cdot+}$。还有，在硝化 *N*,*N* - 二甲基对甲苯胺时，采用电子自旋共振谱也观察到了类似的自由基。在这种情况下，*N*,*N* - 二甲基苯胺的硝化可能是按反应式（3.15）所示的亚硝化机理进行的。

$$\text{C}_6\text{H}_5\text{NHMe}_2^+ \xrightarrow{\text{NO}^+} [\text{C}_6\text{H}_5\text{NHMe}_2^+ \cdots \text{NO}^+] \xrightarrow{-\text{H}^+} [\text{C}_6\text{H}_5\text{NMe}_2^{\cdot+} \cdots \text{NO}\cdot] \xrightarrow{\text{NO}_2^+} [\text{C}_6\text{H}_5\text{NMe}_2^{\cdot+} \cdots \text{NO}_2^{\cdot}] \xrightarrow{-\text{H}^+} p\text{-}\text{NO}_2\text{C}_6\text{H}_4\text{NMe}_2 \qquad (3.15)$$

芳烃 C—硝化的硝化剂，常用者有硝酸、硝酸 - 硫酸混合物及硝酸 - 乙酸（酐）混合物等，但近十年来，以氧化氮为硝化剂的研究和开发有了很大的进展。N_2O_5 已可以用电化学方法大规模地制得。用 N_2O_5 硝化有选择性好、速率高等优点，尤其是适合于硝化在硝硫混酸中不稳定的化合物，更为重要的是，解决了硝硫混酸的回收和污染问题，人们称用氧化氮的硝化方法为绿色硝化。后来，在绿色硝化方法中又有新的发展，用混有臭氧或空气氧的 NO_2 硝化苯，在硝基位置的选择性上和得率上都得到了很好的结果，称为 Kyodai 硝化。硝化剂发展的另一个新动向是，Olah 等近来强调用硝鎓盐来代替混酸，两

种已知的盐 $NO_2^+BF_4^-$ 和 $NO_2^+PF_6^-$ 对于不活泼的底物是有效的硝化剂，并且它的选择性很好。

3.1.2 N—硝化

N—硝化是用于合成和制造硝胺炸药的有机反应。直接 N—硝化是以硝基取代氮上氢原子，是硝化试剂对氮的亲电进攻，多为离子型反应历程。当以硝酸为硝化剂时，可用反应式(3.16)表示。

$$HNO_3+H^+ \rightleftharpoons H_2NO_3^+ \rightleftharpoons NO_2^++H_2O$$

$$RNHR'+NO_2^+ \rightleftharpoons \left[\begin{array}{c} NO_2 \\ |+ \\ RNR' \\ | \\ H \end{array}\right] \xrightarrow{B} RN(NO_2)R'+BH \tag{3.16}$$

N—硝化还有一种亚硝酸催化反应历程(也属于离子型)，此历程是先亚硝化而后氧化硝化，见反应式(3.17)。

$$R_2NH+NO^+ \rightleftharpoons \left[R_2N\begin{array}{l} \diagup H \\ \diagdown NO \end{array}\right]^+ \xrightarrow{-H^+} R_2NNO \xrightarrow{HNO_3} R_2NNO_2+HNO_2 \tag{3.17}$$

在合成和生产一些很重要的硝胺类炸药(如黑索今、奥克托今、六硝基六氮杂异伍兹烷等)时，虽然也形成 $N—NO_2$，但并不是以 NO_2^+ 直接取代基质中的氢，即不是发生 N—H 键的断裂，而是发生 C—N 键的断裂形成 $N—NO_2$，这种 N—硝化常称为硝解。在炸药合成中最初定义的硝解，是指 R_2NCH_2R(叔胺)型化合物与硝化剂作用，在 C—N 键断裂和形成硝胺的同时，还生成醇，后者又被酯化为相应的硝酸酯的这一类反应。见反应式(3.18)。

$$R_2NCH_2R'+HONO_2 \longrightarrow R_2NNO_2+HOCH_2R' \xrightarrow{NO_2^+} O_2NOCH_2R' \tag{3.18}$$

但上述反应有时也不生成醇，而由 NO_3^- 作用于游离的烷基正离子生成硝酸酯。见反应式(3.19)。

$$R_2NCH_2R'+HONO_2 \longrightarrow R_2NNO_2+{}^+CH_2R' \xrightarrow{NO_3^-} O_2NOCH_2R' \tag{3.19}$$

由乌洛托品制造黑索今和奥克托今时，都遵循上述硝解历程。

后来，硝解反应的范围又得到进一步扩展，即凡不是通过 N—H 键断裂发生 N—硝化而形成硝胺的反应，即使不生成副产物硝酸酯，也均称为硝解。例如由 $RNCl_2$ 发生 N—Cl 键断裂而生成硝胺 $RNHNO_2$，由 R_2NCOR' 发生 C—N 键断裂而生成硝胺 R_2NNO_2 及酸

$R'CO_2H$ 等都是硝解反应。上述第二种硝解的典型例子有：由1,3,5,7-四乙酰基-1,3,5,7-四氮杂环辛烷或由1,5-二乙酰基-3,7-二硝基-1,3,5,7-四氮杂环辛烷合成奥克托今，由六乙酰基六氮杂异伍兹烷（HAIW）合成六硝基六氮杂异伍兹烷等（HNIW）。

N—硝化与芳烃的C—硝化都是两步离子型反应历程，但与芳烃的C—硝化不同，N—硝化的第二步（脱质子）为慢步（速控步），所以胺类的硝化反应不宜在酸度过高的介质中进行。

3.1.3 O—硝化

O—硝化是取代醇羟基中的氢原子形成硝酸酯的有机反应，亦即酯化反应。O—硝化是硝化试剂对醇中羟基氧的亲电进攻，也多是离子型历程。当以硝酸为硝化剂时，历程如反应式（3.20）。

$$
\begin{aligned}
&HNO_3+HNO_3 \longrightarrow H_2NO_3^+ + NO_3^- \\
&H_2NO_3^+ \rightleftharpoons NO_2^+ + H_2O \\
&ROH+NO_2^+ \rightleftharpoons \left[R\overset{+}{O}\langle^{H}_{NO_2} \right] \rightleftharpoons RONO_2+H^+
\end{aligned}
\tag{3.20}
$$

上述反应历程是酰氧键断裂而不是烷氧键断裂，即醇羟基中的氢被硝酰基（NO_2）取代，而不是醇中的羟基被硝酰氧基（ONO_2）所取代，是用含^{18}O的醇进行O—硝化证明的。至于O—硝化的离子型历程，则已为反应的动力学结果所支持。

如果合成硝酸酯时是先将醇溶于硫酸中，随后再用硝酸或硝硫混酸硝化，则其反应历程是先生成硫酸酯，后者再在硝化时发生酯交换反应生成硝酸酯，而硫酸对醇的酯化则是烷氧键断裂历程，见反应式（3.21）。

$$
\begin{aligned}
&HO-\underset{\underset{O}{\|}}{\overset{\overset{O}{\|}}{S}}-O\boxed{H+HO}R \rightleftharpoons ROSO_3H+H_2O \\
&ROSO_3H+HNO_3 \rightleftharpoons RONO_2+H_2SO_4
\end{aligned}
\tag{3.21}
$$

当醇的O—硝化在硝酸或硝硫混酸中进行时，NO_2^+ 对伯醇的进攻速度极快，为零级反应（如用65%的硝酸硝化甲醇）；对仲醇的进攻速度较低，为一级反应；而用98%硝酸硝化季戊四醇则为二级反应。

醇的O—硝化是可逆的，伴随有水解的逆反应，且硫酸能加速硝酸酯的水解。但在大多数情况下，酯的水解速度比醇的酯化速度低得多。O—硝化通常以发烟硝酸（如季戊四醇）或硝硫混酸（如丙三醇）为硝化试剂。由于O—硝化常伴随氧化反应，所以应尽量降低硝化酸中的二氧化氮浓度。当以硝硫混酸硝化醇类时，要选择合理的混酸组成。

3.2 醛胺缩合反应

醛胺缩合反应是用于构成 C—N 键和合成含能化合物非爆炸性母体的一类非常重要的反应，如制造黑索今和奥克托今的六亚甲基四胺（乌洛托品）就是氨与甲醛的缩合产物，六硝基六氮杂异伍兹烷的母体六苄基六氮杂异伍兹烷则是由苄胺与乙二醛缩合而成的。

3.2.1 反应历程

醛胺缩合通常为两步反应，第一步是胺作为亲核试剂对醛中羰基的亲核加成，第二步是脱水。加成反应是在酸或碱催化作用下进行的，且是可逆反应，生成物是甲醇胺，可分别用反应式（3.22）（酸催化）或反应式（3.23）（碱催化）表示。

$$RNH_2 + \rangle C{=}O + HB \rightleftharpoons \left[\begin{array}{c} H \\ | \\ RN \\ | \\ H \end{array} \cdots \begin{array}{c} | \\ C \\ | \end{array} \cdots O \cdots H \cdots B \right] \rightleftharpoons \rangle C \begin{array}{l} OH \\ \overset{+}{N}H_2R \end{array} \quad B^- \tag{3.22}$$

$$\begin{aligned} RNH_2 + \rangle C{=}\overset{+}{O}H + B^- &\rightleftharpoons \left[B \cdots H \cdots \begin{array}{c} R \\ | \\ N \\ | \\ H \end{array} \cdots \begin{array}{c} | \\ C \\ | \end{array} \cdots OH \right] \\ &\rightleftharpoons \rangle C \begin{array}{l} OH \\ NHR \end{array} + HB \end{aligned} \tag{3.23}$$

甲醇胺的脱水可在酸或碱催化下，也可在无催化剂作用下进行，可分别用反应式（3.24）（酸催化）、反应式（3.25）（碱催化）或反应式（3.26）（无催化）表示。

$$\begin{aligned} \begin{array}{c} R \\ | \\ HN \end{array} - \begin{array}{c} | \\ C \\ | \end{array} - OH + HB &\rightleftharpoons \left[\begin{array}{c} R \\ | \\ HN \end{array} \cdots \begin{array}{c} | \\ C \\ | \end{array} \cdots \begin{array}{c} O \\ H \end{array} \cdots H \cdots B \right] \\ &\rightleftharpoons R\overset{+}{\underset{H}{N}}{=}C\langle + H_2O + B^- \end{aligned} \tag{3.24}$$

$$\begin{aligned} \begin{array}{c} R \\ | \\ HN \end{array} - \begin{array}{c} | \\ C \\ | \end{array} - OH + B^- &\rightleftharpoons \left[B \cdots H \cdots \begin{array}{c} R \\ | \\ N \end{array} \cdots \begin{array}{c} | \\ C \\ | \end{array} \cdots OH \right] \\ &\rightleftharpoons RN{=}C\langle + OH^- + BH \end{aligned} \tag{3.25}$$

$$\rangle C \begin{array}{l} OH \\ NHR \end{array} \rightleftharpoons \rangle C{=}\overset{+}{N}HR + OH^- \tag{3.26}$$

影响醛胺缩合反应的主要因素有醛和胺的结构、溶剂、立体化学等。醛与伯胺进行可逆缩合时,得到含 C ═N 键的 Schiff 碱,而与仲胺及叔胺反应,通常得不到 Schiff 碱形式的化合物。具有 α - 碳原子的羰基化合物与仲胺反应时,有时可得到烯胺。氨水与甲醛或乙二醛反应时,得到乌洛托品和联二环化合物。脂肪族伯胺与甲醛缩合脱水,可生成三嗪类化合物,而乙二胺与甲醛或乙二醛在无外来酸、碱作用下的反应产物是多环化合物。

3.2.2　应用实例

一、笼形胺的合成

笼形胺六苄基六氮杂异伍兹烷(HBIW)是合成高能量密度炸药 HNIW 的母体,可在酸催化剂存在下,于适当溶剂中由 40% 乙二醛水溶液与苄胺缩合而成。其反应历程首先是苄胺与乙二醛缩合成二甲醇苄胺Ⅰ(二元醇),接着此二元醇质子化为二亚胺Ⅱ。Ⅰ和Ⅱ都是十分活泼的化合物,在室温下,几天内即可转变为胶状物,不过从中可分离出 3% ~5% 的 HBIW。但在含少量酸的某些溶剂中,二亚胺Ⅱ通过自身 1,2 - 偶极加成生成无环二聚物Ⅲ,后者再环化和质子化为一个五元环化合物Ⅳ,Ⅳ又与Ⅱ反应并质子化即形成双环三聚物Ⅴ,最后,Ⅴ通过分子内环化同时失去一个质子而转变为 HBIW。见反应式(3.27)。

该反应的副反应是二亚胺Ⅱ的聚合反应。

$$2PhCH_2NH_2+(CHO)_2 \longrightarrow \underset{(\mathrm{I})}{PhCH_2NHCHOHCHOHNHCH_2Ph}$$

$$\xrightarrow[-2H_2O]{H^+} \underset{(\mathrm{II})}{PhCH_2\overset{\delta^-}{N}{=}\overset{\delta^+}{C}HCH{=}NCH_2Ph}$$

$$\xrightarrow{\text{缩合}} \underset{(\mathrm{III})}{\begin{array}{c} PhCH_2\bar{N}CHCH{=}NCH_2Ph \\ | \\ PhCH_2N{=}CHCH{=}\overset{+}{N}CH_2Ph \end{array}} \tag{3.27}$$

$$\xrightarrow{H^+} (\mathrm{IV})\ \text{[五元环：}PhCH_2N\text{-----}\overset{\delta^+}{C}HCH{=}\overset{\delta^-}{N}CH_2Ph\text{；}PhCH_2NH\text{—环—}\overset{+}{N}\text{—}CH_2Ph]$$

$$\xrightarrow[H^+]{PhCH_2\overset{\delta^-}{N}{=}\overset{\delta^+}{C}HCH{=}NCH_2Ph} (\mathrm{V})\ \text{[双环：}PhH_2C\text{—}N,\ CH_2Ph\text{—}N^+,\ PhCH_2NH,\ NHCH_2Ph,\ \overset{+}{N}\text{—}CH_2Ph,\ N\text{—}CH_2Ph]$$

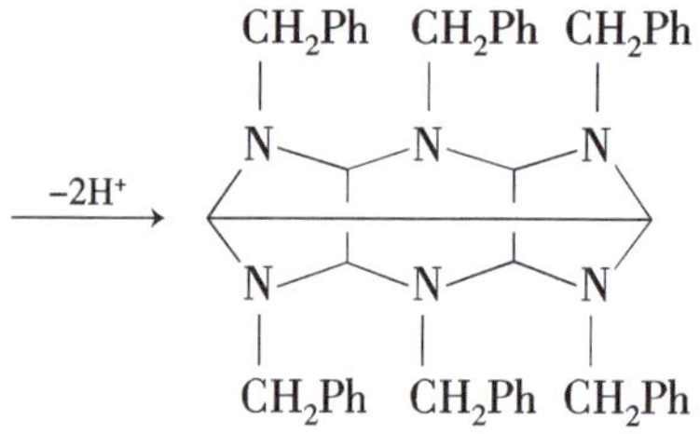

$$\xrightarrow{-2H^+}$$ (hexabenzyl hexaazaisowurtzitane: N atoms each bearing CH_2Ph)

二、双环及多环胺的合成

以乙二醛与多种胺(如脲、硫脲、硫酰二胺、乙二胺、二氨基呋咱等)进行缩合,可制得一系列环胺,后者经硝化可形成相应的硝胺炸药。

1. 不对称缩合(加成与脱水分步进行)

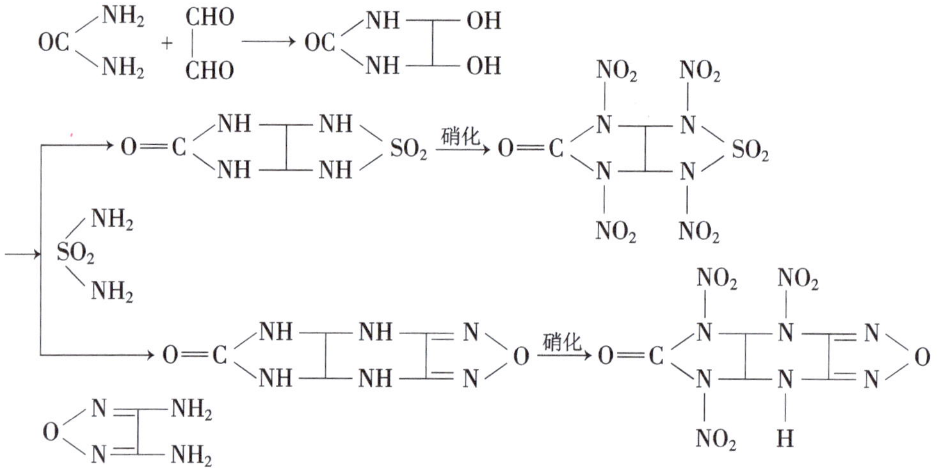

$$OC(NH_2)_2 + (CHO)_2 \longrightarrow OC(NH)_2(CHOH)_2$$

$$\xrightarrow{SO_2(NH_2)_2} O{=}C(NH)_2(CH)_2(NH)_2SO_2 \xrightarrow{硝化} O{=}C(NNO_2)_2(CH)_2(NNO_2)_2SO_2$$

$$\xrightarrow{\text{diaminofurazan}} O{=}C(NH)_2(CH)_2(NH)_2C_2N_2O \xrightarrow{硝化} O{=}C(NNO_2)_2(CH)_2(NNO_2)(NH)C_2N_2O \quad (3.28)$$

反应式(3.28)中胺及酰胺的氨基氮不带取代基,在稀酸中即可发生缩合,且缩合产物可以游离状态被分离出来。但如氨基氮上带取代基,则只有在浓酸中才能缩合,且产物以共轭酸形式析出。

2. 对称缩合(加成与脱水同步进行)

如乙二醛与尿素在 pH = 1 的酸性水溶液中可对称缩合为甘脲,见反应式(3.29)。

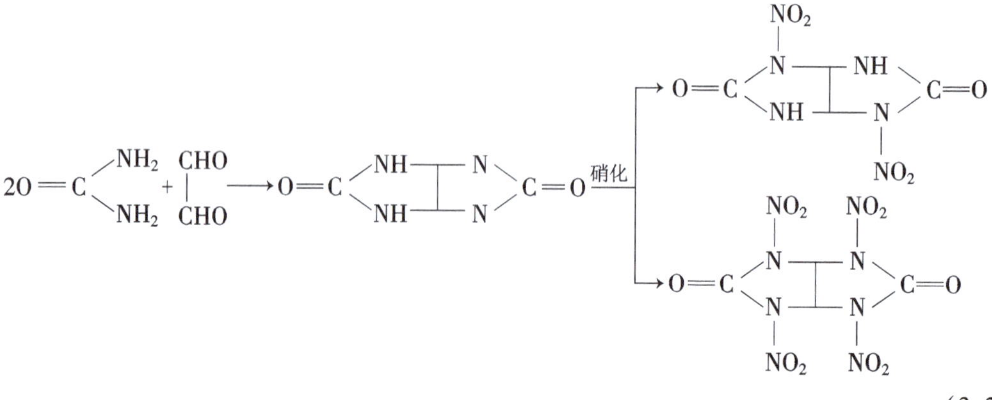

$$2O{=}C(NH_2)_2 + (CHO)_2 \longrightarrow O{=}C(NH)_2(CH)_2(NH)_2C{=}O \xrightarrow{硝化} \begin{cases} O{=}C(NNO_2)(NH)(CH)_2(NH)(NNO_2)C{=}O \\ O{=}C(NNO_2)_2(CH)_2(NNO_2)_2C{=}O \end{cases} \quad (3.29)$$

二氨基呋咱的碱性比尿素的稍强，在 12% 盐酸中与乙二醛反应，也可得到对称缩合产物，见反应式(3.30)。

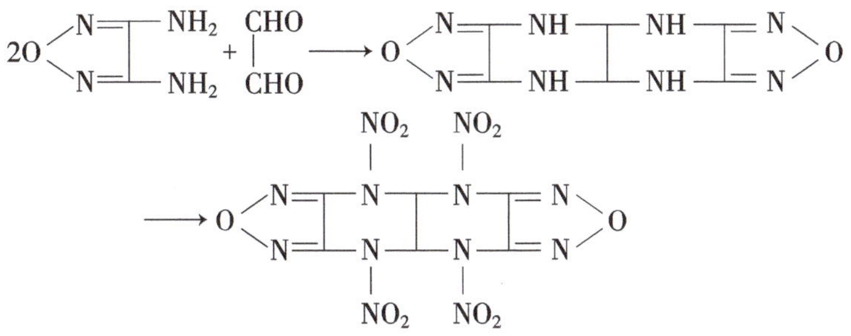

(3.30)

硫脲的碱性比尿素的弱，只有在浓酸中与乙二醛反应，才能得到异硫脲的双环衍生物，见反应式(3.31)。

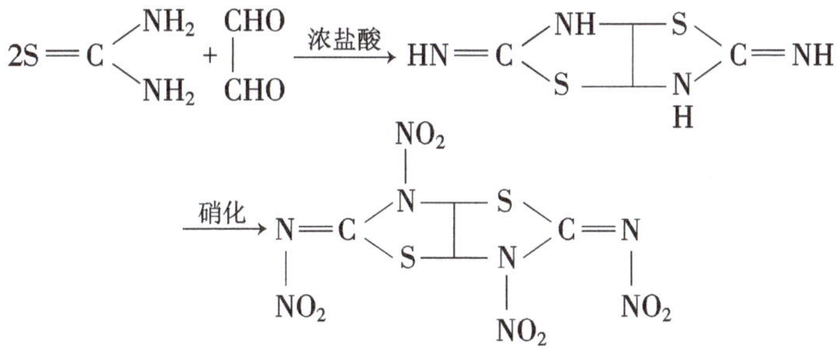

浓盐酸

硝化

(3.31)

在硫脲分子中有两个反应中心，但作为亲核中心反应时，首先是 S 而不是 N。

乙二胺碱性较强，在酸中易形成共轭酸，故不易与乙二醛缩合；但在无催化剂存在下，可与乙二醛反应生成双环化合物，见反应式(3.32)。

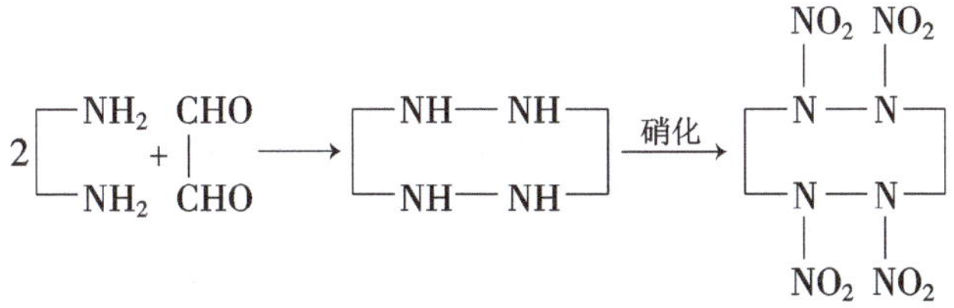

硝化

(3.32)

3.3　曼尼希(Mannich)反应

Mannich 反应也属于缩合反应，它是含活泼氢原子化合物(酸组分)、醛及胺(碱组分)三者的不对称缩合，常用于很多硝基化合物的合成，反应产物称为 Mannich 碱，其通式如反应式(3.33)。

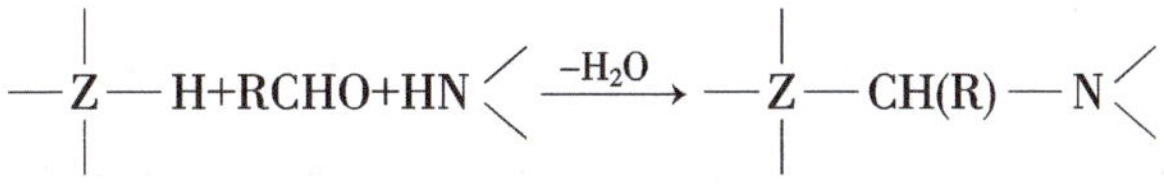

$$-\overset{|}{\underset{|}{Z}}-H + RCHO + HN\langle \xrightarrow{-H_2O} -\overset{|}{\underset{|}{Z}}-CH(R)-N\langle \qquad (3.33)$$

3.3.1 反应历程

在合成炸药时，用于 Mannich 反应的酸组分可以是硝基化合物、酚、羧酸及其酯、伯硝胺等，醛组分可以是甲醛、乙醛、乙二醛、芳香醛、硝基醛等，胺组分可以是脂肪胺及其盐、酰胺、肼、芳香胺、氨等。以硝基化合物为酸组分的 Mannich 反应在合成炸药中极受重视。

Mannich 反应可用下述四种方法之一来进行：

① 胺与醛反应制得的 N - 羟甲基衍生物与酸组分反应；② 酸组分与醛反应生成的醇与胺缩合；③ 酸组分、醛与胺三者直接反应；④ 酸组分与希弗（Schiff）碱或其盐反应。

就反应历程而言，Mannich 反应是一个两步反应。在酸性介质中，第一步是由醛胺缩合产物生成活性中间体亚胺正离子（$RNH{=}CH_2$）$^+$，第二步是此正离子作为亲电试剂进攻酸组分生成 Mannich 碱。酸催化的醛胺缩合产物通常是 N - 羟甲基化合物（甲醇胺），且酸性有利于使其转变为亚胺正离子。因此，酸性介质中的 Mannich 反应当属于离子型的双分子亲电取代效应（S_E2），即所谓的赫尔曼（Hellmann）历程，可用反应式（3.34）及反应式（3.35）表示。

$$RNH_2+CH_2O \longrightarrow RNHCH_2OH \xrightarrow{H^+} \left[RNH{=}CH_2\right]^+ \tag{3.34}$$

$$-\overset{|}{\underset{|}{Z}}-H+\left[RNH{=}CH_2\right]^+ \longrightarrow -\overset{|}{\underset{|}{Z}}-CH_2NHR+H^+ \tag{3.35}$$

有些 Mannich 碱的生成并不遵循 Hellmann 历程，而是先由酸组分与醛反应生成中间体，后者再与胺作用生成 Mannich 碱。但 Hellmann 历程对大多数 Mannich 反应，特别是酸催化的 Mannich 反应是适用的。

3.3.2 应用实例

通过 Mannich 反应，曾合成了很多的硝基化合物及硝胺，特别是硝仿系炸药。下面列举两个实例。

一、以乙二胺、甲醛及硝仿合成 N,N' - 双（β，β，β - 三硝基乙基）乙二硝胺

见反应式（3.36）。

$$\begin{matrix} CH_2NH_2 \\ | \\ CH_2NH_2 \end{matrix} + CH_2O + CH(NO_2)_3 \longrightarrow \begin{matrix} CH_2NHCH_2C(NO_2)_3 \\ | \\ CH_2NHCH_2C(NO_2)_3 \end{matrix} \longrightarrow \begin{matrix} NO_2 \\ | \\ CH_2NCH_2C(NO_2)_3 \\ | \\ CH_2NCH_2C(NO_2)_3 \\ | \\ NO_2 \end{matrix} \tag{3.36}$$

上述化合物为零氧平衡，密度 1.90 g/cm^3，但感度较高，故未获实用。以 $CH(NO_2)_3$ 为酸组分通过 Mannich 反应曾合成了许多新炸药，但均由于密度较低，或安定性较差和感

度较高而未用。

二、由氨、甲醛及 *N*,*N* - 双(二硝基甲基)硝胺合成 1,3,3,5,7,7 - 六硝基 -1,5 - 二氮杂环辛烷

见反应式(3.37)。

$$O_2N—N[C(NO_2)_2H]_2 + CH_2O + NH_3 \xrightarrow{H_2SO_4} \text{3,3,7,7-四硝基-1,5-二氮杂环辛烷} \xrightarrow[\text{或}HNO_3/H_2SO_4]{HNO_3/CH_2Cl_2} \text{1,3,3,5,7,7-六硝基-1,5-二氮杂环辛烷} \quad (3.37)$$

3.4　叠氮化反应

3.4.1　反应历程

向有机化合物分子内引入叠氮基的反应称为叠氮化反应,可用于合成一系列的含能添加剂,特别是含能黏结剂和增塑剂。引入叠氮基的方法很多,但在含能化合物合成中,最为重要和应用最广的是用叠氮基取代脂肪族化合物中饱和碳原子上的离去基团或芳香环上的离去基团,前者属于脂肪族双分子亲核取代反应(S_N2),后者属于芳香族双分子亲核取代反应(S_NAr_2),遵循门森海默(Meisenheimer)历程,但都为离子型反应,分别见反应式(3.38)及反应式(3.39)。

$$N_3^- + \text{C—L} \longrightarrow \overset{\delta^-}{N_3}\text{---C---}\overset{\delta^-}{L} \longrightarrow N_3\text{—C} + L^- \quad (3.38)$$

$$(NO_2)_n\text{—C}_6\text{H}_4\text{—L} + N_3^- \rightleftharpoons (NO_2)_n\text{—[C}_6\text{(L)(N}_3\text{)]}^- \xrightarrow{-L^-} (NO_2)_n\text{—C}_6\text{H}_4\text{—}N_3 \quad (3.39)$$

可被叠氮基取代的离去基团有卤素(氯)、对甲苯磺酰氧基、硝酰氧基、三氟甲基磺酰氧基等,其中以三氟甲基磺酰氧基的离去能力最强。

3.4.2　应用实例

目前为人所青睐的一些含能黏结剂,如聚叠氮缩水甘油醚(GAP)、聚 3,3 - 二(叠氮

甲基)氧丁环(BAMO)、聚3－甲基－3－叠氮甲基氧丁环(AMMO)及很多相关的共聚物等,都是以叠氮基取代饱和碳原子上的氯原子合成的,其细节可见本书第9章。

通过叠氮化反应往硝仿系炸药中引入一个叠氮甲基以取代三硝基甲基中的一个硝基,可合成一类叠氮甲基偕二硝胺。这既可提高化合物的能量,又可改善化合物的性能。例如,对硝仿系硝胺 *N*,*N*－二(三硝基乙基)硝胺进行结构修饰可合成 *N*,*N*－二(叠氮甲基偕二硝基乙基)硝胺,此化合物的密度达1.835 $g \cdot cm^{-3}$,是迄今为止密度最高的有机叠氮化合物。详见本书第9章。

往芳环引入叠氮基后形成的邻叠氮硝基化合物,脱氮后可制得苯并氧化呋咱化合物。例如,*N*,*N'*,*N''*－三(2－硝基苯并二氧化呋咱)三聚氰酰胺,密度达1.93 $g \cdot cm^{-3}$,热分解放热峰温度达317 ℃,是一种高氮高密度炸药。其结构式如下。

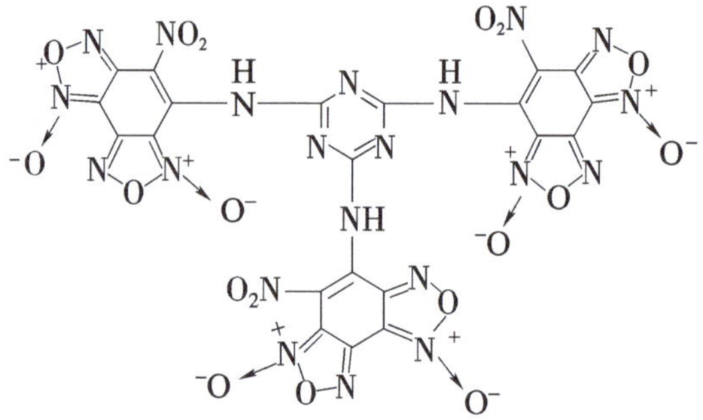

(3.40)

苯并氧化呋咱化合物的合成,一般是由硝基邻位含离去基团(如卤素)的苯衍生物,在适当溶剂中与叠氮化钠进行亲核取代反应以叠氮化,然后令互为邻位的—NO_2 及—N_3 在高温下脱 N_2 环化制得。

3.5 间接硝化反应

3.5.1 氧化反应

采用适当的氧化剂可将芳香胺、脂肪胺、肟、亚硝基化合物、亚硝胺等氧化为相应的硝基化合物,以合成一些较难合成的多硝基苯、偕二硝基化合物及叔碳硝基化合物。

常用的氧化剂有过酸(酐或盐)、过氧化氢、高锰酸钾、重铬酸、次氯酸盐、臭氧、硝酸和三氧化铬等。

氧化反应在炸药合成上的实例颇多,具有代表性的有:以80%的过氧化氢和发烟硫酸氧化五硝基苯胺合成六硝基苯(反应式(3.41));以硝酸和过氧化氢氧化1,3,5－三亚硝基－1,3,5三氮杂环己烷为黑索今(反应式(3.42));用间氯过苯甲酸将二氨基立方烷氧化为二硝基立方烷(反应式(3.43))等。

NH_2 O_2N NO_2 O_2N NO_2 NO_2 $\xrightarrow[H_2SO_4/SO_3]{80\%\ H_2O_2}$ NO_2 O_2N NO_2 O_2N NO_2 NO_2 (3.41)

NO ON—N N—NO $\xrightarrow{HNO_3/H_2O_2}$ NO O_2N—N N—NO_2 $\longrightarrow$ NO_2 O_2N—N N—NO_2 (3.42)

NH_2 H_2N $\xrightarrow{m\text{-}ClC_6H_4CO_3H}$ NO_2 O_2N (3.43)

3.5.2　维克多 - 迈尔(Victor - Meyer)反应

这是将卤代烷与亚硝酸银反应以合成伯硝基烷、硝基酯及 α,ω - 二硝基烷的一种方法,为亲核取代反应。但由于此反应的亲核试剂 NO_2^- 内存在两个反应中心(氮原子及氧原子),故具有双位反应特性,产物是不同比例的硝基烷和亚硝酸酯。其反应历程见反应式(3.44)。该反应式表明,Victor - Meyer 反应的历程不同于一般的脂肪族亲核取代反应,而是经过既具有单分子亲核取代反应(S_N1)特征,又具有双分子亲核取代反应(S_N2)特征的过渡态。

RX+$AgNO_2$ → X^-+R^+ ····· O N O $\xrightarrow{Ag^+}$ RONO+AgX

RX+$AgNO_2$ → O O N$^{\delta-}$ ····· R$^{\delta+}$ ····· Ag$^{\delta+}$ $\xrightarrow{X^-}$ RNO_2+AgX (3.44)

以溴代烷或碘代烷为基质,通过 Victor - Meyer 反应已合成出一些芳香族和脂肪族伯硝基化合物(如 $CH_3C_6H_4CH_2NO_2$、$O_2NC_6H_4NO_2$、$C_8H_{17}NO_2$),硝基酯(如 $CH_3CH(NO_2)CO_2C_2H_5$),α,ω - 二硝基烷(如 $O_2N(CH_2)_nNO_2$)。但 Victor - Meyer 反应不宜用于合成仲及叔硝基烷。

后来,Victor - Meyer 反应被改进,采用亚硝酸钠代替亚硝酸银,并采用偶极非质子溶剂为反应介质,令烷基取代优先发生在氮原子上,因而减少了生成亚硝酸酯的副反应,使产物中硝基化合物的得率大为提高。

3.5.3 特米尔(Ter – Meer)反应

在碱性介质中,用 NO_2^- 取代 1 – 硝基 – 1 – 卤代烷中的卤素以合成偕二硝基化合物的方法,也为亲核取代反应,其历程见反应式(3.45)。

$$CH_3CH(Cl)(NO_2) + NO_2^- \rightleftharpoons CH_3C^-(Cl)(NO_2) + HNO_2 \xrightleftharpoons{NO_2^-} CH_3C(Cl)=\overset{+}{N}(O^-)(OH)$$
$$\xrightarrow{NO_2^-} CH_3C(NO_2)=\overset{+}{N}(O^-)(OH) + Cl^- \tag{3.45}$$

上述历程说明,卤代硝基烷在其中的卤素被置换前,先异构化为酸式,随后再发生 NO_2^- 取代卤素的反应。而要使反应顺利进行,系统中应有氮羰酸(—NOOH)存在。

后来,有人对 Ter – Meer 反应提出了一个如反应式(3.46)所表示的自由基阴离子历程。

$$CH_3CH(NO_2)Cl + e^- \longrightarrow [CH_3CH(NO_2)Cl]^- \longrightarrow CH_3\dot{C}HNO_2$$
$$\xrightarrow{NO_2^-} [CH_3\dot{C}H(NO_2)_2]^- \xrightarrow{CH_3CH(NO_2)Cl} CH_3C(NO_2)_2H + [CH_3CH(NO_2)Cl]^- \tag{3.46}$$

3.5.4 卡普龙 – 谢切特(Kaplan – Shechter)反应

这是在碱性或中性介质中,伯或仲硝基化合物的盐与硝酸银、亚硝酸钠反应以制备偕二硝基化合物的一种方法,特别适用于由有位阻的化合物合成仲偕二硝基化合物。此反应由氧化 – 还原过程组成,与电解反应类似,遵循自由基反应历程(见反应式(3.47))。

$$R\ddot{C}HNO_2^- + Ag^+ \longrightarrow Ag + \left[R\dot{C}HNO_2 \rightleftharpoons RCH=N(O\cdot)(O)\right]$$
$$\xrightarrow{:N(=O)O^-} \left[RCH(NO_2)N(O^-)(O)\right] \xrightarrow{Ag^+} RCH(NO_2)_2 + Ag \tag{3.47}$$

式中的 R 可为烷基或苯基。

Kaplan – Shechter 已用于合成很多偕二硝基化合物,得率可达 60% ~90% 。

3.5.5 桑德迈尔(Sandmeyer)反应

这是将芳香族伯胺转化为重氮盐,后者再与亚硝酸钠进行脱氮反应以生成硝基化合物的方法。在无催化剂存在下,苯系重氮盐与亚硝酸钠的反应历程见反应式(3.48)。

$$R\text{-}C_6H_4-N_2^+ \overset{NO_2^-}{\rightleftharpoons} R\text{-}C_6H_4-N_2NO_2 \overset{NO_2^-}{\rightleftharpoons} \left[R\text{-}C_6H_4^-(NO_2)-N{=}N-NO_2\right] \longrightarrow R\text{-}C_6H_4-NO_2 + N_2\uparrow + NO_2^- \tag{3.48}$$

这是一个两步过程。首先是重氮盐与 NO_2^- 形成不稳定的中间化合物——重氮亚硝酸酯,后者继续与第二个 NO_2^- 作用,发生芳香环上的双分子亲核取代而生成硝基化合物。

Sandmeyer 反应已用于由邻硝基苯胺合成邻二硝基苯,由 3,4,5 - 三氨基 - 1,2,4 - 三唑合成 1 - 烷基 - 3,5 - 二硝基 - 1,2,4 - 三唑,由 1,4 - 二氨基萘合成 1,4 - 二硝基萘等,最高得率可达 90%。

3.5.6　亨利(Henry)反应

这是硝基烷与醛或酮反应以制备硝基醇的方法。它属于亲核试剂(硝基烷)对羰基加成反应,在碱性介质和酸性介质的反应历程分别见反应式(3.49)及式(3.50)。

$$R_1-\underset{\underset{\displaystyle O}{\|}}{C}-R_2+Y^- \longrightarrow R_1-\underset{\underset{\displaystyle O^-}{|}}{\overset{\overset{\displaystyle Y}{|}}{C}}-R_2 \xrightarrow{H^+} R_1-\underset{\underset{\displaystyle OH}{|}}{\overset{\overset{\displaystyle Y}{|}}{C}}-R_2 \tag{3.49}$$

式中的 Y^- 代表亲核试剂。

$$R_1-\underset{\underset{\displaystyle O}{\|}}{C}-R_2+H^+ \longrightarrow R_1-\underset{\underset{\displaystyle OH}{|}}{\overset{+}{C}}-R_2 \xrightarrow{Y^-} R_1-\underset{\underset{\displaystyle OH}{|}}{\overset{\overset{\displaystyle Y}{|}}{C}}-R_2 \tag{3.50}$$

由双(2,2,2 - 三硝基乙醇)缩甲醛制备 2,2,8,8 - 四硝基 - 4,6 - 二氧杂 - 1,9 - 壬二醇即 Henry 反应的一个实例见反应式(3.51)。

$$CH_2\left[OCH_2C(NO_2)_3\right]_2 \xrightarrow{NaOH/H_2O_2} \xrightarrow[H^+]{37\%\ CH_2O} CH_2\left[OCH_2C(NO_2)_2CH_2OH\right]_2 \tag{3.51}$$

3.5.7　迈克尔(Michael)反应

这是含活泼氢化合物(亲核试剂)与含活泼双键的共轭体系(不饱和化合物)的加成

反应，也称为共轭加成反应。令硝基烷与α，β－不饱和酮（醛、酯、腈）、不饱和砜、不饱和酰胺或硝基烯烃反应，通过 Michael 反应已合成了一系列多硝基化合物。

Michael 反应在碱催化下进行，碱试剂从含活泼氢化合物中夺取质子而形成碳阴离子，后者则作为亲核试剂加成至不饱和化合物双键的β碳原子上，生成烯醇式阴离子，烯醇再互变异构。其历程可用反应式（3.52）表示。

$$>\underset{\substack{|\\ NO_2}}{CH} \xrightarrow{\text{碱}} >\underset{\substack{|\\ NO_2}}{C^-}$$

$$>\underset{\substack{|\\ NO_2}}{C^-} + >\underset{\beta}{C}=\overset{|}{\underset{\alpha}{C}}-\overset{|}{C}=O \longrightarrow >\underset{\substack{|\\ NO_2}}{C}-\overset{|}{\underset{|}{C}}-\overset{|}{C}=\overset{|}{C}-O^- \rightleftharpoons >\underset{\substack{|\\ NO_2}}{C}-\overset{|}{\underset{|}{C}}-\overset{|}{\underset{-}{C}}-\overset{|}{C}=O \tag{3.52}$$

3.6 合成硝胺的其他反应

3.6.1 氨基保护硝化法合成硝胺

大多数伯胺不能用硝酸直接硝化以制得伯硝胺，其原因一是伯硝胺在酸中易于分解，二是硝酰阳离子进攻伯胺形成的中间体单取代的硝胺离子（见反应式（3.53））稳定性较低。

$$R-\underset{\substack{|\\ H}}{\overset{\substack{H\\ |}}{N}} + NO_2^+X^- \rightleftharpoons \left[R-\underset{\substack{|\\ H}}{\overset{\substack{H\\ |}}{N}}-NO_2\right]^+ + X^- \tag{3.53}$$

伯胺的硝化通常采用氨基保护硝化法，此法一般需经过以下四步：

① 在伯胺上引入保护基团（如酰基）；② 对已保护的胺进行硝化；③ 消去保护基团；④ 分离出硝胺。如甲基硝胺的制备如反应式（3.54）所示进行。

$$CH_3NH_2+RCOCl \longrightarrow CH_3NHCOR \xrightarrow{HNO_3}$$

$$CH_3\underset{\substack{|\\ NO_2}}{N}COR \xrightarrow{NH_3} CH_3\underset{\substack{|\\ NO_2}}{N}H \cdot NH_3 \xrightarrow{HCl} CH_3NHNO_2 \tag{3.54}$$

根据胺的碱性，胺与硝酸的反应可能有下面两种方式（见反应式（3.55）及反应式（3.56））。

$$>N-H+\overset{+}{N}O_2 \rightleftharpoons >\underset{\substack{|\\ H}}{\overset{+}{N}}-NO_2 \rightleftharpoons >N-NO_2+H^+ \tag{3.55}$$

$$>N—H+HNO_3 \rightleftharpoons >N(H)\cdots HONO_2 \rightleftharpoons >\overset{+}{N}H_2+NO_3^- \tag{3.56}$$

其中,碱性强的胺按反应式(3.56)进行,碱性弱的胺按反应式(3.55)进行。引入酰基等基团可以明显地降低胺的碱性,促使反应按反应式(3.55)进行以生成硝胺。

3.6.2　通过氯胺合成硝胺

此法是将伯胺氯化成 *N*－二氯胺,再用过量的醋酐、浓硝酸处理,令硝基取代其中一个氯而得到 *N*－氯－*N*－硝胺,然后在还原介质中消去第二个氯而得到伯硝胺(见反应式(3.57)),用这种方法可以制备得到丁基硝胺、异丁基硝胺、辛基硝胺、乙二硝胺等。

碱性较强的仲胺也不易通过直接硝化而得到仲硝胺,但如通过氯化仲胺,就能以较好的得率制得仲硝胺,见反应式(3.58)。

$$RNH_2 \xrightarrow{HOCl} RNCl_2 \xrightarrow[Ac_2O]{HNO_3} RN(Cl)—NO_2 \xrightarrow{Na_2S_2O_3} RN(H)—NO_2 \tag{3.57}$$

$$\begin{aligned} &2HCl+2HNO_3+3Ac_2O \rightleftharpoons 2AcOCl+N_2O_3+4AcOH \\ &AcOCl+R_2NH \rightleftharpoons R_2NCl+AcOH \\ &R_2NCl+HNO_3+Ac_2O \rightleftharpoons R_2NNO_2+AcOH+AcOCl \end{aligned} \tag{3.58}$$

当正离子氯取代了仲胺上的氢时,胺的碱性变弱,因而更易于被硝化。这也可如下解释:当反应式(3.59)中的胺与硝酰阳离子反应,A^+离去后形成的 N—N 键除了 σ 键外,还有 π 键,这就加强了 N—N 键的稳定性,如果 A 是 Cl,则比 A 是 H 时更易离去,因为 N—Cl 键的键能低于 N—H 键。

$$\oplus NO_2 + :N(R)(R)—A \longrightarrow \left[O_2N—N(R)(R)(A)\right]^{\oplus} \longrightarrow O_2N\cdots N(R)_2 + A^{\oplus} \tag{3.59}$$

3.6.3　通过硝基胍合成硝胺

将二胺和硝基胍反应生成的环状化合物硝化,再经水解可得到二硝胺,见反应式(3.60)。

$$(CH_2)_n(NH_2\cdot HCl)_2 + H_2N—C(=NH)—NHNO_2 \longrightarrow (CH_2)_n<[NH—C(=N)]>C—NH(NO_2) \tag{3.60A}$$

$$\xrightarrow{\text{硝化}} (CH_2)_n \begin{matrix} N(NO_2) \\ N(NO_2) \end{matrix} C{=}O \xrightarrow{\text{水解}} (CH_2)_n \begin{matrix} NH{-}NO_2 \\ NH{-}NO_2 \end{matrix} \tag{3.60B}$$

此外,令 β - 硝酰氧基乙基 - 1,3 - 二硝基胍在水中沸腾,也可按 57% 的得率制得乙二硝胺,见反应式(3.61)。

$$O_2NOCH_2CH_2N(NO_2){-}C({=}NH){-}NHNO_2 \longrightarrow \begin{matrix} H_2C{-}N(NO_2) \\ | \\ H_2C{-}N(NO_2) \end{matrix} C{=}NH \tag{3.61}$$

$$\longrightarrow \begin{matrix} H_2C{-}N(NO_2) \\ | \\ H_2C{-}N(NO_2) \end{matrix} C{=}O \longrightarrow \begin{matrix} H_2C{-}NHNO_2 \\ | \\ H_2C{-}NHNO_2 \end{matrix}$$

3.6.4 碱性硝化法合成硝胺

当某些胺不易以直接亲电硝化制得时,有时可采用亲核反应成功地制得硝胺。此法是先将某种碱与胺反应,使胺脱去一个质子转化成其共轭碱,后者再与硝酸酯反应形成络合阴离子,最后脱去阴离子而生成硝胺,见反应式(3.62)。

$$\begin{matrix} R \\ R' \end{matrix} NH + B^- \rightleftharpoons HB + [R{-}N{-}R']^-$$

$$\xrightarrow{R''ONO_2} \left[\begin{matrix} RNR' \\ | \\ R''O{-}NO_2 \end{matrix} \right] \longrightarrow \begin{matrix} R \\ R' \end{matrix} N{-}NO_2 + [OR'']^- \tag{3.62}$$

例如,用 2 - 氰基 - 2 - 硝酰氧基丙烷为硝化剂,对胺进行碱性硝化,可制得硝基丙胺、丁胺、异丁胺、戊胺和异戊胺,得率为 50% ~55% ,见反应式(3.63)。

$$[R{-}N{-}R']^- + CH_3{-}C(ONO_2)(CN){-}CH_3 \longrightarrow \left[(RNR')^{\delta-}{-}\overset{+}{N}(O^{\delta-})_2{-}O{-}C(CH_3)_2{-}CN^{\delta-} \right] \tag{3.63}$$

$$\longrightarrow \begin{matrix} R \\ R' \end{matrix} N{-}NO_2 + (CH_3)_2CO + CN^-$$

此外,以苯基锂为碱,硝酸戊酯为硝化剂,可制得芳族硝胺,见反应式(3.64)。

$$ArNH_2 \xrightarrow{C_6H_5Li} ArNHLi \xrightarrow{C_5H_{11}ONO_2} ArN(NO_2)Li \xrightarrow{H^+} ArNHNO_2 \tag{3.64}$$

以正丁基锂为碱,硝酸戊酯为硝化剂,可制得脂肪族伯硝胺,见反应式(3.65)。

$$RNH_2 \xrightarrow{nC_4H_9Li} RNHLi \xrightarrow{AmONO_2} RN(NO_2)Li \xrightarrow{H^+} RN(H)NO_2 \tag{3.65}$$

但这种方法反应条件苛刻(如低温、干燥的氮气反应介质等),实际应用价值不大。

3.6.5　胺硝酸盐“脱水”合成硝胺

胺与硝酸反应可生成盐,后者“脱水”即可得到相应的硝胺,可见反应式(3.66)及反应式(3.67)。

$$R\overset{+}{N}H_3\overset{-}{N}O_3 \xrightarrow{-H_2O} R—N(H)—NO_2 \tag{3.66}$$

$$RR'\overset{+}{N}H_2\overset{-}{N}O_3 \xrightarrow{-H_2O} RR'N—NO_2 \tag{3.67}$$

硝基胍、硝基脲都可用此法制备,叔胺的硝酸盐也可借助类似的“脱水”反应而得到硝胺,如乌洛托品硝酸盐可与脱水剂(醋酐或浓硫酸)作用而得到二硝基五亚甲基四胺(DPT),见反应式(3.68)。

$$\text{乌洛托品二硝酸盐}\ (\overset{-}{O_3}NH\overset{+}{N}\cdots\overset{+}{N}H_2\overset{-}{N}O_3) \xrightarrow[\text{或}(CH_3CO)_2O]{H_2SO_4} \text{DPT}\ (O_2N—N\cdots N—NO_2) \tag{3.68}$$

上述反应是否是真正的脱水反应,还有待探讨。使用硝酸盐“脱水”制硝胺时,一般都用浓硫酸作“脱水剂”。在有大量浓硫酸存在下,乌洛托品硝酸盐可能降解成为羟甲基硝胺等碎片,作为合成 DPT 的原始物质;也可能是硫酸与部分游离硝酸作用产生硝酰阳离子,后者对胺进行硝化而生成硝基胺。

3.6.6　氧化亚硝胺合成硝胺

将胺进行亚硝化,即得到亚硝胺。一般都用亚硝酸,或强无机酸(如 HCl)与亚硝酸盐(如 $NaNO_2$)混合物作为亚硝化剂。胺的亚硝化比较容易进行。例如,乌洛托品与亚硝酸作用制得环三亚甲基三亚硝胺及二亚硝基五亚甲基四胺都有可观的得率;亚硝化四氮杂十氢化萘的得率也在 90% 以上。将亚硝胺氧化成硝胺的氧化剂可用高浓度浓硝酸、浓硝酸加过氧化氢、过氧化三氟醋酸等,见反应式(3.69)~反应式(3.71)。

$$R_2N—NO \xrightarrow{HNO_3} R_2N—NO_2 \tag{3.69}$$

$$R_2N—NO \xrightarrow{HNO_3+H_2O_2} R_2N—NO_2 \tag{3.70}$$

$$R_2N—NO \xrightarrow{CF_3CO_3H} R_2N—NO_2 \tag{3.71}$$

用 N 同位素示踪方法研究亚硝胺氧化成硝胺的过程,认为可能有两种不同的反应机理:硝酸与亚硝胺作用生成硝胺并非亚硝基被氧化,而是硝基取代亚硝基;而当用过酸(酐)作氧化剂时,才是真正的由亚硝基氧化成了硝基,见反应式(3.72)。

$$R_2N—{}^{15}NO \xrightarrow{H^{14}NO_3} R_2N—{}^{14}NO_2(\text{Ⅰ})$$

$$R_2N—{}^{15}NO \xrightarrow{O} R_2N—{}^{15}NO_2(\text{Ⅱ}) \tag{3.72}$$

上述反应用的亚硝胺是用 $Na^{15}NO_2$ 制备的,亚硝基氮为同位素 ^{15}N,经 98% 硝酸处理得到的硝胺(如(Ⅰ)),其硝基氮基本上不包括原亚硝基上的 ^{15}N,这说明是由 $^{14}NO_2$ 取代了 ^{15}NO,而不属于氧化反应。用 CF_3COOOH 氧化 $R_2N—{}^{15}NO$ 所得的硝胺(Ⅱ),其硝基氮上 $^{15}N/^{14}N$ 值与亚硝基氮的相应数字基本一致,这说明它是真正氧化反应了。

用过氧化三氟醋酸氧化亚硝胺比用 H_2O_2 的效果好,前者的反应机理是先使亚硝基氧酰化,然后过氧氧原子靠近具有弱亲核性的亚硝基氮,从而使之氧化成为硝基,见反应式(3.73)。

$$R^1R^2\ddot{N}—N{=}O + HOO—C(=O)—CF_3 \longrightarrow \left[R^1R^2\overset{+}{N}{=}\ddot{N}—O—O(HO)—C(O^-)(O)—CF_3\right] \longrightarrow R^1R^2N—\overset{+}{N}(O^-){=}O + CF_3CO_2H \tag{3.73}$$

这种方法可以得到高纯度的硝胺,并可获得较高的得率,是一种制备硝胺的较好方法。

3.6.7 氧化重氮酸盐合成伯硝胺

这是一个古典的伯硝胺制备方法,有人在 1892 年就用此法制得了伯硝胺。具体过程是用次氯酸盐、高锰酸盐或铁氰化钾作为氧化剂,氧化重氮酸盐,得到异硝胺盐,再酸化即得到相应的伯硝胺,见反应式(3.74)。

$$C_6H_5N{=}N—OK \xrightarrow{K_3Fe(CN)_6} C_6H_5N{=}\overset{O\uparrow}{N}—OK \xrightarrow{HCl} C_6H_5\overset{H}{N}—NO_2 \tag{3.74}$$

3.7 合成硝酸酯的其他反应

硝酸酯除了采用硝酸或硝硫混酸酯化法制备外,还有一些其他的合成方法,但它们一般不具有工业价值,只适用于实验室规模合成。

3.7.1 硝酸银与卤代烷反应

这是一种实验室制备硝酸酯的简单方法，属亲核取代反应，通常在溶剂中进行，适用的溶剂有硝基甲烷、硝基苯、乙腈等。见反应式(3.75)。

$$RX + AgNO_3 \xrightarrow{\text{溶剂}} RONO_2 + AgX \qquad (3.75)$$

此法可制得与具有光学活性的卤代烷相反构型的硝酸酯。

3.7.2 环氧乙烷衍生物与硝酸加成

此反应可用于制备二元醇的一硝酸酯，见反应式(3.76)。例如，用稀硝酸与硝酸铵为试剂，按此反应制得的邻位碳上带羟基的一硝酸酯，得率可达40%～60%。

$$\text{RHC—CHR (环氧，O桥)} \xrightarrow{HNO_3} \text{RCH(OH)—CHR(ONO}_2\text{)}$$
$$\text{RCH—CH}_2\text{ (环氧，O桥)} \xrightarrow{HNO_3} \text{RCH(OH)—CH}_2\text{(ONO}_2\text{)} + \text{RCH(ONO}_2\text{)—CH}_2\text{(OH)} \qquad (3.76)$$

3.7.3 亚硝酸乙酯与烷基过氧化氢反应

此法是令亚硝酸乙酯与烷基过氧化氢反应生成乙醇及相应的烷基硝酸酯，且后者是由过氧化亚硝酸酯重排得到的，见反应式(3.77)。

$$C_2H_5ONO + ROOH \xrightarrow{-C_2H_5OH} ROONO \longrightarrow RONO_2 \qquad (3.77)$$

3.7.4 亚硝酸酯的氧化

亚硝酸酯经光解氧化可以得到相应的硝酸酯。例如辛基亚硝酸酯光氧化为辛基硝酸酯的得率可达50%，N_2O_4 与 O_2 的混合物也可将亚硝酸酯氧化成相应的硝酸酯，见反应式(3.78)。

$$C_8H_{17}ONO + h\nu \xrightleftharpoons{-NO} C_8H_{17}O\cdot \xrightleftharpoons{NO_2} C_8H_{17}ONO_2 \qquad (3.78)$$

反应式(3.78)中第二步所需的 NO_2 可由第一步生成的 NO 被 O_2 氧化得到。

3.7.5 转移硝化

以 *N*-硝基-2,4,6-三甲基吡啶鎓四氟硼酸盐与醇的转移硝化制取烷基硝酸酯(特别是多元硝酸酯)是一种方便而安全的方法，见反应式(3.79)。

$$ROH + \text{(N-硝基-2,4,6-三甲基吡啶鎓 } BF_4^-\text{)} \xrightarrow[0\ ℃\sim10\ ℃]{CH_3CN/N_2} RONO_2 + \text{(2,4,6-三甲基吡啶鎓 } BF_4^-\text{，N—H)} \qquad (3.79)$$

第4章　硝化过程及硝化操作

硝化，特别是芳香族化合物的硝化，是制造单质炸药最基本、最重要的反应过程之一，早在19世纪重有机化学工业发展的初期，硝化即已成为大规模应用的有机单元操作了，它不仅是制造一系列化工产品的基本过程，也是亲电取代反应的一个典型范例，在发展有机化学理论方面起了重要的作用。

近30年来，工业硝化一直是一个引人注目和极为活跃的研究领域之一，并取得了很多令人瞩目的成就，包括：新硝化剂、芳香族化合物硝化选择性及异构体比例控制、多相硝化及非均相硝化反应动力学、低温硝化工艺及硝化副反应等。这些成果对于人们深入了解硝化过程，特别是对实现工业硝化最优化和提高硝化本质安全程度，均具有重大的价值。

4.1　硝　化　剂

硝化剂的通式为 $NO_2—X$，它可产生有效的硝化试剂 NO_2^+。根据X离去的难易程度，各硝化剂的硝化活性次序为 $NO_2^+ > NO_2—{}^+OH_2 > NO_2—Cl > NO_2—NO_3 > NO_2—OCOCH_3 > NO_2—OH > NO_2—OCH_3$。现在硝化剂的范围已大大扩展。

在炸药生产中，真正的硝化剂主要是硝酸。实际采用的常常是硝酸和各种质子酸（如硫酸、发烟硫酸、氢氟酸、氟硫酸等）、有机酸（及其酸酐）以及各种路易斯酸的混合物。

4.1.1　硝酸

在炸药制备中，硝酸用于硝化高活性的芳香族化合物（如芳胺、酚类）、脂肪烃（如烷烃、炔烃）、胺（如六亚甲基四胺）、醇（如季戊四醇）等。工业上较少用硝酸硝化一般的芳香族化合物，这是因为硝酸的硝化能力较弱，硝化生成的水易将硝酸稀释，故需使用远远过量的硝酸；另外，硝酸的强氧化性及腐蚀性也是它作为硝化剂的缺点。然而硝酸硝化工艺简单，酸度较低，不易使被硝化物质子化，故特别适用于碱性化合物的硝化。

在高浓度硝酸中存在硝鎓离子 NO_2^+。在无水硝酸中，约有3%的硝酸按反应式(4.1)解离。

$$HNO_3 + HNO_3 \xrightleftharpoons{\text{快}} H_2NO_3^+ + NO_3^-$$

$$H_2NO_3^+ + HNO_3 \xrightleftharpoons{\text{慢}} NO_2^+ + H_3O^+ + NO_3^-$$

总反应式

$$3HNO_3 \rightleftharpoons NO_2^+ + H_3O^+ + 2NO_3^- \quad (4.1)$$

在硝酸水溶液中，非电离的硝酸氢键水缔合物和 NO_3^- 间存在反应式(4.2)所示的平衡。

$$O_2N—O—H\cdots O\begin{matrix}\diagup H\\ \diagdown H\end{matrix} \rightleftharpoons NO_3^- + H_3O^+ \quad (4.2)$$

所以，高浓度硝酸中的硝化试剂应当是 NO_2^+ 或其载体。且同位素技术证明，即使硝酸浓度低于 70%，其中尚含有 NO_2^+。甚至还有人认为，在相当稀的硝酸中，也仍有可能存在 NO_2^+ 或其载体，但稀硝酸生成 NO_2^+ 的方式可能与高浓度硝酸不同。不过，在浓度 25% 以下的硝酸水溶液中硝化某些高活性的被硝化物(如苯酚及苯胺)，可能遵循亚硝化 - 氧化机理，见反应式(4.3)。

$$ArH + HNO_2 \longrightarrow ArNO + H_2O$$

$$ArNO + HNO_3 \longrightarrow ArNO_2 + HNO_2 \quad (4.3)$$

硝酸中常存在亚硝鎓离子(NO^+)，它也是一种亲电试剂。另外，硝酸易分解形成氮氧化物，其中的二氧化氮分子可引发自由基硝化反应。

硝酸既是硝化剂，也是强氧化剂。酸的浓度越高，硝化能力越强，而氧化能力则相对减弱，反之亦然。提高硝化温度，硝化速度增高，但氧化副反应也加剧。

4.1.2　硝酸与硫酸的混合物(硝硫混酸)

一、概述

硝硫混酸是实验室及工业上应用最广泛、最重要的硝化剂，用于硝化多种基质。硝硫混酸作为硝化剂具有如下优点：① 硝化能力强；② 硫酸能与氮氧化物作用生成亚硝基硫酸，故可减少氮氧化物引起的副反应；③ 硫酸比热容较大，不致引起反应温度剧升；④ 可减少硝酸的用量，提高硝酸的利用率；⑤ 对设备的腐蚀性比硝酸的低；⑥ 价廉。但硝硫混酸不适于胺类等碱性化合物的硝化。此外，没有一个简单的方法可将稀硫酸中的水全部除去。

往硝酸中加入硫酸，硝化试剂 NO_2^+ 的浓度显著提高，因而可大大提高硝化能力。

在硝硫混酸中，按反应式(4.4)的反应形成 NO_2^+。

$$H_2SO_4 + HNO_3 \rightleftharpoons HSO_4^- + H_2NO_3^+$$

$$H_2NO_3^+ \rightleftharpoons H_2O + NO_2^+$$

$$H_2O + H_2SO_4 \rightleftharpoons H_3O^+ + HSO_4^- \quad (4.4)$$

总反应式　$$2H_2SO_4 + HNO_3 \rightleftharpoons NO_2^+ + H_3O^+ + 2HSO_4^-$$

当无水混酸中的硝酸浓度在 12% 以下时，其中的硝酸几乎全部解离为 NO_2^+。如混酸中硝酸浓度再增高，硝酸解离为 NO_2^+ 的比例下降。当混酸中硝酸与硫酸的摩尔比一定时，酸中 NO_2^+ 的浓度随水含量的增高而降低。如混酸中水含量大于 50%，则不论硝酸与硫酸的比例如何，光谱技术已检测不出酸中 NO_2^+ 的存在。但动力学方法证明，用含水高至60%的硝硫混酸硝化苯甲醚时,硝化试剂仍可能是 NO_2^+。

在硝酸混酸中,有时也采用一部分发烟硫酸,这种硝化剂含有游离的三氧化硫,即为硫酸-三氧化硫-硝酸体系,是负水混酸,它们的硝化能力高于含水或无水混酸,而且可防止某些硝化产物在含水混酸中分解。

在发烟硫酸中存在反应式(4.5)所示的平衡:

$$H_2SO_4 + SO_3 \rightleftharpoons H_2S_2O_7 \tag{4.5}$$

而硝酸则与焦硫酸按反应式(4.6)生成 NO_2^+:

$$\begin{aligned} HNO_3 + 2H_2S_2O_7 &\rightleftharpoons NO_2^+ + HS_2O_7^- + 2H_2SO_4 \\ HNO_3 + HS_2O_7^- &\rightleftharpoons NO_2^+ + 2HSO_4^- \end{aligned} \tag{4.6}$$

硝化反应生成的水又与三氧化硫按反应式(4.7)结合生成硫酸,使反应体系处于无水状态:

$$SO_3 + H_2O \rightleftharpoons H_2SO_4 \tag{4.7}$$

二、硝硫混酸的硝化能力

表示硝硫混酸硝化能力的最佳参数是 NO_2^+ 的浓度,但此浓度不易测定(特别是浓度很低时),因而在工业硝化中常以废酸(硝化后的混酸)的硫酸脱水值(*DVS*,也称废酸强度)或废酸的硫酸有效浓度(ϕ)来表示混酸的硝化能力。

1. *DVS* 值

DVS 是废酸中硫酸质量分数与水质量分数之比,见公式(4-1)。

$$DVS = \frac{w_S}{w_W} \times 100\% \tag{4-1}$$

式中 w_S——废酸中硫酸的质量分数;

w_W——废酸中水的质量分数。

2. ϕ 值

ϕ 是废酸中硫酸质量分数与硫酸和水质量分数之和的比值,见公式(4-2)。

$$\phi = \frac{w_S}{w_S + w_W} \times 100\% \tag{4-2}$$

式(4-2)中各符号的意义同前。计算 ϕ 值时,应考虑废酸中三氧化二氮(N_2O_3)与硫酸作用所消耗的硫酸量和生成的水量。

ϕ 值对硝酸含量较大的混酸无意义。对硝酸含量不高的混酸,ϕ 值越大,硝化能力越强。

3. 酸度函数

如果引入“酸度函数”的概念,也能说明硝硫混酸中硫酸的作用。对于稀酸水溶液的酸度,可用 pH 度量,但对一些强(超)酸,其酸度已超过 pH 的范围,用于计算 pH 的公式已不适用,故必须引入一个新的函数来表示这类强酸的酸度,这就是“酸度函数”(H)。H 表征系统中质子给予体将质子转移至质子接受体的能力,它能定量地表示强(超)酸的酸度。测定 H 时,可用不同的指示剂,故有不同的 H 值,但 H 都是负值,H 的代数值越小(即越负),酸度越强。对硝硫混酸,硫酸的 H 比硝酸的小,酸度大,是质子给予体(酸),硝酸

的 H 比硫酸的大，酸度小，是质子接受体（碱），两者间的质子传递方式即如上述反应式（4.4）所表示的。由此可知，根据反应式（4.4）及 H 可评估硝硫混酸中的 NO_2^+ 浓度及其硝化能力。下面阐述 H 的定义。

系统中的强酸将质子转移至弱酸（碱）时，可用 $B + H^+ \rightleftharpoons BH^+$ 表示，在浓酸中，平衡常数 K 应用活度 α 表示（见公式（4－3））。

$$K_{BH^+} = \frac{\alpha_B \alpha_{H^+}}{\alpha_{BH^+}} = \frac{\alpha_{H^+}\gamma_B[B]}{\gamma_{BH^+}[BH^+]}(\gamma\text{ 为摩尔活度系数}) \qquad (4-3)$$

$$pK_{BH^+} = -\lg\frac{\alpha_{H^+}\gamma_B}{\gamma_{BH^+}} - \lg\frac{[B]}{[BH^+]} = H_0 - \lg\frac{[B]}{[BH^+]}$$

$$H_0 = -\lg\frac{\alpha_{H^+}\gamma_B}{\gamma_{BH^+}}$$

上式中的 H_0 即定义为酸度函数。H_0 为一个负数，且 H_0 的代数值越小，即越负，介质的酸度越强。采用适当的指示剂（硝基苯胺类），利用光谱分析手段，可求得 H_0。

对于稀溶液，$\gamma = 1$，$\alpha_{H^+} = [H^+]$，所以 $H_0 = pH$。

表 4－1～表 4－3 分别汇集了不同浓度的硝酸、硫酸及发烟硫酸的 H_0 值。但表 4－2 及表 4－3 的数据是来自不同的研究者。

表 4－1 20 ℃下 HNO_3 的 H_0 值

质量分数 /%	浓度 /(mol·L^{-1})	H_0	质量分数 /%	浓度 /(mol·L^{-1})	H_0	质量分数 /%	浓度 /(mol·L^{-1})	H_0
6	0.97	-0.29	40	6.75	-2.36	75	17.1	-4.30
10	1.68	-0.64	45	7.92	-2.62	80	18.5	-4.62
15	2.58	-0.97	50	10.4	-2.88	85	19.8	-4.98
20	3.55	-1.28	55	11.7	-3.13	90	21.2	-5.31
25	4.56	-1.75	60	13.0	-3.42	95	22.5	-5.76
30	4.62	-1.85	65	14.3	-3.72	100	24.0	-6.30
35	5.62	-2.10	70	15.7	-3.99			

表 4－2 25 ℃下 H_2SO_4 的 H_0 值

质量分数 /%	浓度 /(mol·L^{-1})	H_0	质量分数 /%	浓度 /(mol·L^{-1})	H_0	质量分数 /%	浓度 /(mol·L^{-1})	H_0
10	1.09	-0.32	45	6.19	-2.85	80	14.1	-7.34
15	1.69	-0.66	50	7.12	-3.38	85	15.5	-8.14
20	2.33	-1.01	55	8.12	-3.91	90	16.7	-8.92
25	3.01	-1.37	60	9.17	-4.46	95	17.8	-9.85
30	3.70	-1.72	65	10.3	-5.08	100	18.7	-12.2
35	4.50	-2.06	70	11.5	-5.80			
40	5.32	-2.41	75	12.8	-6.56			

表 4-3 25 ℃下发烟 H_2SO_4 的 H_0 值

H_2SO_4 质量分数/%	100	100.2	100.5	100.7	101	102	103	104	105	106	107
H_0	-11.1	-11.43	-11.66	-11.75	-11.82	-12.06	-12.28	-12.47	-12.62	-12.74	-12.87

值得提及的是,将混酸的 H_0 值与混酸中 NO_2^+ 的浓度相关联还有待进一步研究。

三、硝硫混酸的配酸计算

硝硫混酸的主要成分是硝酸、硫酸和水(或三氧化硫),还含有少量氮氧化物,但在配制混酸的计算中,常将氮氧化物略而不计。在下文的计算中,酸中各组分的浓度均以质量分数(质量浓度)计。

设以硝酸、硫酸及废酸配制混酸。硝酸的质量分数为 $w_{N(r)}$,硫酸的质量分数为 $w_{S(r)}$,废酸中的硝酸、硫酸及水三者的质量分数分别为 $w_{N(w)}$、$w_{S(w)}$ 及 $w_{W(w)}$,而所配混酸的硝酸、硫酸及水三者的质量分数应分别为 $w_{N(m)}$、$w_{S(m)}$ 及 $w_{W(m)}$。则配制 1 t 混酸所需硝酸、硫酸及废酸三者的质量(t)(m_N、m_S 及 m_W)可如下求得。

根据物料衡算,可建立联立方程(4-4)。

$$\begin{cases} m_N + m_S + m_W = 1 \\ m_N \cdot w_{N(r)} + m_W \cdot w_{N(w)} = w_{N(m)} \\ m_S \cdot w_{S(r)} + m_W \cdot w_{S(w)} = w_{S(m)} \end{cases} \tag{4-4}$$

用消元法解上述联立方程,可得

$$m_N = \frac{w_{N(m)}(w_{S(r)} - w_{S(w)}) + w_{N(w)}(w_{S(m)} - w_{S(r)})}{w_{S(r)}(w_{N(r)} - w_{N(w)}) - w_{N(r)} \cdot w_{S(w)}}$$

$$m_S = \frac{w_{S(m)}(w_{N(r)} - w_{N(w)}) + w_{S(w)}(w_{N(m)} - w_{N(r)})}{w_{S(r)}(w_{N(r)} - w_{N(w)}) - w_{N(r)} \cdot w_{S(w)}}$$

$$m_W = \frac{w_{N(r)}(w_{S(r)} - w_{S(m)}) - w_{N(m)} \cdot w_{S(r)}}{w_{S(r)}(w_{N(r)} - w_{N(w)}) - w_{N(r)} \cdot w_{S(w)}}$$

如 $w_{S(r)} = 95\%$,$w_{N(r)} = 98\%$,$w_{S(w)} = 70\%$,$w_{N(w)} = 2\%$,而欲令 $w_{N(m)} = 10\%$,$w_{S(m)} = 80\%$,$w_{W(m)} = 10\%$,则

$$m_N = \frac{0.10 \times (0.95 - 0.70) + 0.02 \times (0.80 - 0.95)}{0.95 \times (0.98 - 0.02) - 0.98 \times 0.70} = 0.097\ 3\ (t)$$

$$m_S = \frac{0.80 \times (0.98 - 0.02) + 0.70 \times (0.10 - 0.98)}{0.95 \times (0.98 - 0.02) - 0.98 \times 0.70} = 0.672\ 6\ (t)$$

$$m_W = \frac{0.98 \times (0.95 - 0.80) - 0.10 \times 0.95}{0.95 \times (0.98 - 0.02) - 0.95 \times 0.70} = 0.230\ 1\ (t)$$

如果用发烟硫酸配制混酸,则发烟硫酸的 H_2SO_4 质量分数按公式(4-5)计算

$$w_{S(r)} = 100 + 0.225 \times m_t \tag{4-5}$$

式中 $w_{S(r)}$——发烟硫酸的 H_2SO_4 质量分数,%;

m_t ——每 100 g 发烟硫酸所含游离三氧化硫的量,g。

例如,20% 的发烟硫酸的 H_2SO_4 质量分数为

$$w_{S(r)} = \frac{100 + 0.225 \times 20}{100} \times 100\% = 104.5\%$$

当用两种不同浓度的酸配制第三浓度的酸时,可用下述的十字交叉法。例如,欲配制 m kg 浓度为 w 的硝酸,所用两种原料的质量分数分别为 w_1 及 w_2,则两种原料酸的用量 m_1 及 m_2 可按公式(4 - 6)求得。

$$w_1 \quad - \quad w_2 = (w_1 - w_2)$$

$$\searrow \ \swarrow$$

$$w$$

$$\swarrow \ \searrow$$

$$(w - w_2) \quad + \quad (w_1 - w) = (w_1 - w_2)$$

$$m_1 = m \times \frac{w - w_2}{w_1 - w_2}$$

$$m_2 = m \times \frac{w_1 - w}{w_1 - w_2} \tag{4 - 6}$$

当用 20% 的发烟硫酸与 92.5% 的硫酸配制无水硫酸时,$w_1 = 104.5\%$,$w_2 = 92.5\%$,$w = 100\%$,如配制 100 kg 无水混酸,则

$$104.5 - 92.5 = 12$$

$$\searrow \ \swarrow$$

$$100$$

$$\swarrow \ \searrow$$

$$\underset{7.5}{(100 - 92.5)} + \underset{4.5}{(104.5 - 100)} = 12$$

$$m_1 = 100 \times \frac{100 - 92.5}{104.5 - 92.5} = 100 \times \frac{7.5}{12} = 62.5\ (\text{kg})$$

$$m_2 = 100 \times \frac{104.5 - 100}{104.5 - 92.5} = 100 \times \frac{4.5}{12} = 37.5\ (\text{kg})$$

4.1.3　硝酸与乙酸或乙酸酐的混合物

硝酸与乙酸的混合物可使硝化反应在均相条件下进行,便于研究硝化历程。乙酸与硝酸可按反应式(4.8)反应:

$$HNO_3 + CH_3COOH \rightleftharpoons NO_3^- + CH_3COOH_2^+$$

$$CH_3COOH_2^+ \rightleftharpoons CH_3CO^+ + H_2O \tag{4.8}$$

因此,往硝酸中加入乙酸会降低体系中 NO_2^+ 的浓度,减弱体系的硝化能力,但却能硝化芳烃支链。例如,用乙酸与硝酸的混合物硝化甲苯,在适当条件下可生成相当量的苯基硝基甲烷。

硝酸与乙酸酐的混合物是一种具有较大实用意义的硝化剂,用于硝化芳香族化合物时,可提高邻位产物比例,且特别适用于硝化胺类以制备硝胺(如黑索今及奥克托今)。硝酸与乙酸酐可按反应式(4.9)反应:

$$
\begin{aligned}
HNO_3 + (CH_3CO)_2O &\rightleftharpoons CH_3COONO_2 + CH_3COOH \\
HNO_3 + CH_3COONO_2 &\rightleftharpoons CH_3COOH + N_2O_5 \\
2CH_3COONO_2 &\rightleftharpoons N_2O_5 + (CH_3CO)_2O \\
N_2O_5 &\rightleftharpoons NO_2^+ — NO_3^-
\end{aligned}
\tag{4.9}
$$

另据分析，在硝酸与乙酸酐的混合物中存在乙酰硝酸酯、质子化的乙酰硝酸酯、共价硝酐分子和硝鎓离子及硝酸，其硝化进攻试剂应视具体情况而论。

光谱分析证明，硝酸与乙酸酐混合物中硝酸质量分数达 57.9% 时开始产生 NO_2^+，达 87.6% 时 NO_2^+ 浓度达最大值。

4.1.4 硝鎓盐

硝鎓离子即硝酰阳离子 NO_2^+。硝鎓盐的通式是 $NO_2^+A^-$（A^- 为 BF_4^-、PF_6^-、ClO_4^- 等）。最重要的硝鎓盐是四氟硼酸硝鎓盐（$NO_2^+BF_4^-$），它是将无水氢氟酸加到溶于硝基甲烷或二氯乙烷等溶剂的硝酸中，然后用三氟化硼将溶液饱和制得的，见反应式(4.10)。

$$HNO_3 + HF + BF_3 \longrightarrow NO_2^+BF_4^- + BF_3 \cdot H_2O \tag{4.10}$$

$NO_2^+BF_4^-$ 是无色晶体，极易吸潮，相当稳定，高于 170 ℃ 才分解，在高温下可长期储存。

硝鎓盐作为硝化剂时进攻试剂仍为 NO_2^+ 或其离子对。硝鎓盐具有很强的硝化能力，反应通常在无水溶剂（如环丁砜、乙腈、硝基甲烷等）中进行，可用于硝化芳香族化合物和脂肪族化合物，也能与醇反应生成硝酸酯，但用于硝化带碱性基团的芳香族化合物时效果不佳，硝化芳胺时只生成硝胺。

硝鎓盐本身不易发生复杂的化学反应，因此，适宜用于研究硝化历程，这也是目前硝鎓盐的主要应用领域，它大大加深了人们对芳香族化合物亲电硝化历程的认识。近年来，硝鎓盐的用途正在稳步扩展，有人认为它将成为一种广泛使用的硝化剂。

一、用于硝化芳烃

$NO_2^+BF_4^-$ 特别适用于硝化含有易水解基团的芳香族化合物，例如腈、酰卤和酯。用 $NO_2^+BF_4^-$ 为硝化剂时，常以环丁砜为溶剂。以 $NO_2^+BF_4^-$ 为硝化剂时，也可用硝基甲烷为溶剂。硝化活性芳烃时，温度为 −20 ℃ 至室温，反应时间为 5 ~ 10 min。硝化不活泼的芳烃时，需较高的温度和较长的时间，且宜在强酸性溶液（如 CF_3SO_3H、FSO_3H、HF、H_2SO_4）中进行，此时硝化得率甚高。如基质过量，二硝化产物很少。

$NO_2^+BF_4^-$ 在很多溶剂中的溶解度很有限，这大大限制了它的作用。但 $NO_2^+PF_6^-$ 的溶解度比 $NO_2^+BF_4^-$ 的大得多，不过其原料 PF_5 不易得到。

$NO_2^+CF_3SO_3^-$ 用于选择性非均相硝化甲苯（一硝化及二硝化），得率可达 98%。如硝化温度为 −110 ℃ ~ −60 ℃，间硝基甲苯生成量仅 0.2% ~0.5%。

如在强酸（FSO_3H）中进行硝化，硝鎓盐的硝化能力可进一步提高，甚至可将苯硝化为均三硝基苯,且得率甚高。例如用 $NO_2^+BF_4^-$ 在 FSO_3H 中硝化间二硝基苯,在 150 ℃下反应 3 h,可制得纯的 1,3,5 - 三硝基苯,得率达 50%。

硝鎓盐也广泛用于硝化杂环芳香族化合物。

二、用于 N—硝化

在环丁砜或二氧化硫溶液中用 $NO_2^+BF_4^-$ 硝化伯胺及仲胺,可生成硝胺。见反应式(4.11)。

$$2R_2NH + NO_2^+BF_4^- \longrightarrow R_2N{-}NO_2 + R_2NH\cdot HBF_4 \qquad (4.11)$$

中等至低碱度的胺,可在乙腈和乙酸乙酯中被 $NO_2^+BF_4^-$ 硝化为相应的 N—硝胺,得率为 87% ~98%。高碱度的胺,被 $NO_2^+BF_4^-$ 硝化时,$NO_2^+BF_4^-$ 被还原为 $NO^+BF_4^-$,同时生成亚硝胺。脂肪 - 芳香胺也可用硝鎓盐顺利硝化,且采用低酸度的介质可避免 N—硝基重排为 C—硝基。

芳香族的亚甲基二胺能被硝鎓盐硝化为 *N*,*N* - 二芳基亚甲基二硝胺,且得率甚高。见反应式(4.12)。

$$\left[R{-}C_6H_4{-}NH\right]_2CH_2 + 2NO_2^+A^- \longrightarrow \left[R{-}C_6H_4{-}N(NO_2)\right]_2CH_2 + 2HA \qquad (4.12)$$

伯硝胺(或它们的盐)与 $NO_2^+BF_4^-$ 及其他硝鎓盐反应可方便地生成 *N*,*N* - 二硝胺。见反应式(4.13)。

$$RN(NO_2)X + NO_2^+A^- \longrightarrow RN(NO_2)_2 + X^+A^- \qquad (4.13)$$

用硝鎓盐硝化二烷基酰胺可制得相应的硝胺,反应可在 20 ℃下于乙腈中进行,得率达 90%。见反应式(4.14)。

$$R_2NCOR' + NO_2^+BF^- \longrightarrow R_2N{-}NO_2 + R'CO^+BF_4^- \qquad (4.14)$$

由 *N* - 烷基硝酰胺与 $NO_2^+BF_4^-$ 反应可高得率地制得烷基 - *N*,*N* - 二硝胺。见反应式(4.15)。

$$RN(NO_2)COR' + NO_2^+BF_4^- \longrightarrow RN(NO_2)_2 + R'CO^+BF_4^- \qquad (4.15)$$

4.1.5　五氧化二氮硝化剂

炸药一般是用常规硝化剂制得的,但欧洲国家及美国,已转向于一种用 N_2O_5 作为硝化剂的新硝化方法,这种方法的完善主要应归功于英国研究者的贡献。与常规的硝化剂比较,N_2O_5 具有一些优点,并可用于制备所有各类炸药,即 $C{-}NO_2$ 炸药(TNT 等)、$N{-}NO_2$ 炸药(RDX、HMX 等)和 $O{-}NO_2$ 炸药(NG 等)。N_2O_5 硝化剂具下述特点:① 比常规硝化剂硝化速度快得多;② 得率高达 80% ~90%;③ 产品纯度较好;④ 温度易于控制,因为反应不总是放热的；⑤ 不需处理废酸；⑥ 通用，可用于制备所有三类炸药，即 C—NO_2、N—NO_2 和 O—NO_2 炸药。

事实上，N_2O_5 早在 1849 年即已为人所报道，但 1925 年前，它的应用被人忽视，这主要由于制造纯 N_2O_5 困难，且其热稳定性不好，储存不便。N_2O_5 可用三种方法制备：① 在 N_2O_4 存在下电解 HNO_3；② 臭氧化 N_2O_4；③ 用 P_2O_5 使 HNO_3 脱水。N_2O_5 一般于 -60 ℃ 下储存，以下述两种方式用于硝化。

（1）N_2O_5 溶于纯 HNO_3 中。对某些硝化基质，这是不可替代的硝化系统。

（2）N_2O_5 溶于有机溶剂中。氯代溶剂可用于很多硝化，且可直接合成多硝基化合物，而不形成酸性副产物，后者影响环境。N_2O_5 的氯代溶剂也适用于硝化张力杂环化合物。

Millar 及其同事已用此方法合成了 Tris-X 及亚甲基同系物。同样，法国研究者也用 N_2O_5 合成了 1,3,4,6-四硝基甘脲（TNGU，法国称其为 Sorguyl）。另外，一系列新的含能黏结剂和氧化剂（作为炸药和推进剂的主要组分）最近也已在文献中报道。在英国，用 N_2O_5 选择性硝化由价廉前体制得硝化端羟聚丁二烯（NHTPB），并已经扩试和评估，所得数据说明 NHTPB 适于作为黏结剂。以 N_2O_5 制得的低相对分子质量 PNiMMO 和 PGlyN（潜在的增塑剂）以及高相对分子质量的 PNiMMO 和 PGlyN（很有希望的黏结剂）都已有供应。ADN 是一个对环境友好和高性能的复合推进剂用氧化剂，也已采用上述新硝化方法合成。所有上述化合物都是最近兴起的，并被认为是下一代的含能材料，且它们已用新原料和新技术合成，接下来是对它们的性能研究和应用评估，其中的某些被认为是很有应用前景的，且正处于扩试生产和大规模应用的不同阶段。

4.1.6 其他硝化剂

可用的其他硝化剂有：

（1）以其他质子酸为催化剂硝酸硝化剂，如硝酸 - 氟化氢 - 三氟化硼、硝酸 - 三氟甲基磺酸、硝酸 - 氟磺酸、硝酸 - 固体酸等。

（2）以路易斯（Lewis）酸为催化剂的硝化剂，如硝酰卤 - Lewis 酸、氮氧化物 - Lewis 酸、烷基硝酸酯 - Lewis 酸等。

（3）氮的氧化物，如 NO_2、N_2O_4、N_2O_3、N_2O_5。

（4）含金属催化剂的硝化剂。

这些硝化剂大多尚未获得工业应用，但由于各有特点而适用于一些特殊的硝化场合。本书限于篇幅，不能对其详述，有兴趣的读者可参考本书作者编著的《炸药合成化学》一书（1998 年，兵器工业出版社出版）。

4.2　芳香族化合物硝化反应动力学

4.2.1　硝酸或硝硫混酸的硝化反应动力学

此两系统中的 C—硝化包括三步，第一步是 NO_2^+ 的生成，第二步是 NO_2^+ 对芳香环的进攻，第三步是离去基团（质子）的离去。见反应式(4.16)。

$$3HNO_3 \underset{k_{-1}}{\overset{k_1}{\rightleftharpoons}} NO_2^+ + H_3O^+ + 2NO_3^-$$

$$(HNO_3 + 2H_2SO_4 \underset{k_{-1}}{\overset{k_1}{\rightleftharpoons}} NO_2^+ + H_3O^+ + 2HSO_4^-) \tag{4.16}$$

$$ArH + NO_2^+ \underset{k_{-2}}{\overset{k_2}{\rightleftharpoons}} ArHNO_2^+ \xrightarrow{k_3} ArNO_2 + H^+$$

在上述三步反应中，第三步一般是很快的，第一步或者第二步是速控步骤。

硝化反应的动力学方程，根据反应条件而异，分述如下。

(1) 在浓硫酸中用适量硝酸硝化许多芳香族化合物时，反应为二级，实验动力学方程式为式(4-7)。

$$v = k_2[ArH][HNO_3] \tag{4-7}$$

因为在这种情况下，NO_2^+ 对芳香环的进攻为速控步骤。

若硝化在过量浓硝酸中进行，则反应为假一级（因为此时$[HNO_3]$可视为定值），实验动力学方程式为式(4-8)。

$$v = k_1[ArH] \tag{4-8}$$

(2) 在有机溶剂中以过量硝酸硝化活性高于苯（有时也包括苯）的芳香族化合物时，反应为假零级，实验动力学方程式为式(4-9)。

$$v = k_0 \tag{4-9}$$

因为在这种情况下，NO_2^+ 的形成是速控步骤，且$[HNO_3]$可视为定值。因此，在有机溶剂中以过量硝酸硝化时，甲苯、乙苯、对二乙苯、1,3,5-三甲苯等化合物的硝化速度相同。

如果在同样条件下，硝化比苯活性低的化合物（如苯甲酸乙酯、氯苯、溴苯），则反应为假一级，实验动力学方程式为式(4-8)。这是因为此时反应的速控步骤是第二步，而$[HNO_3]$又视为恒定。

(3) 在稀硝酸或稀硝硫混酸（NO_2^+ 浓度极低）中硝化很活泼的芳香族化合物时，此时硝酸与水之间的^{18}O 同位素交换速度与硝化速度相等，说明二者具有同一速控步骤（NO_2^+ 的生成），这可用反应式(4.17)表示。

$$HNO_3 \xrightarrow[\text{慢}]{H^+} H_2O + NO_2^+ \begin{cases} \xrightarrow{ArH} ArNO_2 \\ \xrightarrow{H_2^{18}O} HN^{18}O_3 \end{cases} \tag{4.17}$$

硝化活性很高的芳香族化合物时,反应为假零级。如果底物活性较低,则反应为假一级,这说明此时反应速控步骤已变为第二步(亲电试剂对芳香环的进攻)。

由上述可知,无论硝化是在无机溶剂(硫酸、硝酸)还是在有机溶剂(如 CH_3NO_2)中进行,其反应级数随底物活性和硝酸用量不同,可为假零级、假一级或二级。在浓硝硫混酸中的硝化常为二级。

4.2.2 硝酸-醋酸酐的硝化反应动力学

用硝酸在醋酸酐中硝化芳香族化合物为扩散控制,反应速度与被硝化物浓度成正比,而与被硝化物的性质关系不大,如均三甲苯的硝化速度仅略高于间二甲苯。分子内选择性与其他硝化反应类似,这说明在醋酸酐中用硝酸硝化时,亲电试剂也是 NO_2^+,但 NO_2^+ 的形成不是速控步骤。当硝化系统中均三甲苯的浓度在适宜范围内时,反应对均三甲苯为一级。在某些情况下,由于介质效应,可观察到表观零级反应。对以硝酸在醋酸酐中的硝化,曾提出反应式(4.18)所述的反应机理。

$$ArH + AcONO_2 \xrightleftharpoons{(1)} ArH \cdot AcONO_2$$

$$ArH \cdot AcONO_2 + Ac_2\overset{+}{O}H \xrightleftharpoons{(2)} ArH \cdot Ac\overset{+}{O}NOOH + Ac_2O$$

$$ArH \cdot Ac\overset{+}{O}NOOH \xrightarrow{(3)} ArH \cdot NO_2^+ \cdot AcOH \xrightarrow[-AcOH]{(4)} Ar^+\begin{matrix} / H \\ \backslash NO_2 \end{matrix}$$

$$Ar^+\begin{matrix} / H \\ \backslash NO_2 \end{matrix} \xrightarrow{-H^+} ArNO_2 \tag{4.18}$$

硝化系统中最初形成的碰撞对是由乙酰硝酸酯产生的,此碰撞对再质子化形成正离子,随后又互变异构化为 $ArH \cdot NO_2^+ \cdot AcOH$,后者再丢失一分子醋酸而变为 Wheland 中间体。对活性较低的被硝化物,第四步为速控步骤,对均三甲苯及与其类似的高活性被硝化物,速控步骤可能是第三步。

4.3 芳香环上取代基的定位效应和对底物硝化反应的影响

进行芳香族化合物的硝化时,如芳香环上已有取代基,则 NO_2^+ 进入环中的位置及反应速度,均受原有取代基的影响。对取代位置的影响称为定位效应;对反应速度的影响称为致活作用(提高反应速度)或致钝作用(降低反应速度)。这两种作用是互相关联的,它们不仅与原有取代基的性质有关,还受反应条件(温度、溶剂、催化剂等)的影响。

往芳香环中引入取代基后，由于诱导效应和共轭效应综合作用的结果，环上电子云密度分布发生变化，有的取代基使环上的电子云密度增高，有的则使之降低。据此，常将取代基分成两类，第一类（给电子）取代基具有致活作用（卤素除外），主要使 NO_2^+ 进入其邻、对位；第二类（拉电子）取代基具有致钝作用，主要使 NO_2^+ 进入间位。第一类取代基主要有：$N(CH_3)_2$、NH_2、OH、OCH_3、$NHCOCH_3$、$OCOCH_3$、CH_3、Cl、Br、I 和 CH_2COOH 等；第二类取代基主要有：$N(CH_3)_3$、NO_2、CN、SO_3H、CHO、COOH、$COOCH_3$ 等。

4.3.1　定位效应和致活（钝）作用的定性解释

可以根据电子效应和空间效应，定性地说明定位效应和致活（钝）作用。一般说来，有利于 NO_2^+ 进入的位置，是使 σ 络合物的过渡态能量较低和较稳定的位置。

在形成 σ 络合物的过渡态中，正电荷分布于 NO_2^+ 与苯环间，NO_2^+ 进攻一取代苯时，可生成三种异构中间体（A）、（B）及（C）和三种相应的过渡态，其能量取决于环上正电荷与 NO_2^+ 之间的相互作用。因为在 σ 络合物及其过渡态中，根据 NBMO 计算，正电荷主要集中于 NO_2^+ 的邻位和对位，所以当芳香环上已存在给电子取代基 R 时，如果 NO_2^+ 进入邻、对位，则 R 与环上带部分正电荷的碳原子直接相连，R 也参与正电荷分散，使正电荷离域程度较大，因而芳烃正离子的稳定性增高。如果 NO_2^+ 进入间位，则 R 是隔一个碳原子与环上带部分正电荷的碳原子相连，R 不参与正电荷的分散，使正电荷的离域程度较低，因而芳烃正离子的稳定性下降，故 NO_2^+ 优先进入邻、对位。

当 R 为吸电子取代基时，如进入间位，则 R 不与带部分正电荷的碳原子直接相连，故比进入邻、对位时正电荷的离域情况较好，因而芳烃正离子也较为稳定。

4.3.2　定位效应和致活（钝）作用的定量分析

可以采用相对分速率来定量分析定位效应和致活（钝）作用。相对分速率是一取代芳烃衍生物单个位置（邻位、间位及对位）的分速率常数与苯的单个位置的分速率常数之比，见公式（4－10）。

$$f_o = 6k_o/k_B = 6k_s w_o/2k_B$$
$$f_m = 6k_m/k_B = 6k_s w_m/2k_B$$
$$f_p = 6k_p/k_B = 6k_s w_p/k_B \quad (4-10)$$

式中　f_o，f_m，f_p——分别为邻位、间位及对位的相对分速率；

k_o，k_m，k_p——分别为单个邻位、间位及对位的分速率常数；

k_B——苯的总反应速率常数；

k_s——取代芳烃的总反应速率常数；

w_o, w_m, w_p——各异构体的质量分数。

例如，在 25 ℃下，于硝基甲烷中以硝酸硝化甲苯，其反应速率常数为同条件下苯的 21 倍，硝化产物组成（质量分数）为：邻硝基甲苯 61.7%、间硝基甲苯 1.9%、对硝基甲苯 36.4%，则甲苯硝化的相对分速率为

$$f_o = 6 \times 21 \times 61.7\%/2 = 38.9$$

$$f_m = 6 \times 21 \times 1.9\%/2 = 1.2$$

$$f_p = 6 \times 21 \times 36.4\% = 45.9$$

根据相对分速率，可了解的反应活性的两个相关方面，即底物选择性（分子间选择性）和位置选择性（分子内选择性）。$\lg f_p$ 可作为底物选择性的度量，它指的是同一亲电试剂对不同底物的选择性，是定位基团对某一底物致活程度的标志。较小的底物选择性反映亲电试剂具有很大的进攻能力或者底物具有很大的反应活性；而较大的底物选择性则说明相反的情况。$\lg(f_p/f_m)$ 称为指向因子或选择性因子，以 S_f 表示，它可作为位置选择性的度量，是指亲电试剂对同一底物不同位置的选择性（见公式(4-11)）。

$$S_f = \lg(f_p/f_m) \tag{4-11}$$

由于 f_m 值甚小，故 S_f 值不易测准。

S_f 值也可根据间位和对位异构体的质量分数由公式(4-12)求得。

$$S_f = \lg(2w_p/w_m) \tag{4-12}$$

当芳香环上有两个取代基时，各位置上的相对分速率有时可根据两个取代基效应的加和性，由两取代基各自的相对分速率相乘得到。但有许多情况，取代基效应不能加和。

Hammett 方程可用来表示芳香环中取代基对位和间位的反应性（采用 σ^+ 值关联），表达式见式(4-13)。式中 σ 为取代基常数，ρ 为反应常数。

$$\begin{aligned} \lg f_p &= \rho\sigma_p^+ \\ \lg f_m &= \rho\sigma_m^+ \end{aligned} \tag{4-13}$$

将上述 Hammett 方程代入位置选择性方程中，则可得公式(4-14)。

$$\begin{aligned} S_f &= \lg(f_p/f_m) = \rho(\sigma_p^+ - \sigma_m^+) \\ \lg f_p &= S_f\sigma_p^+/(\sigma_p^+ - \sigma_m^+) = CS_f = C\lg(f_p/f_m) \\ \lg f_m &= S_f\sigma_m^+/(\sigma_p^+ - \sigma_m^+) = C'S_f = C'\lg(f_p/f_m) \end{aligned} \tag{4-14}$$

4.3.3 芳烃硝化的区域选择性

采用某些催化剂（如沸石分子筛类）对芳烃进行催化硝化时，可提高硝化的区域选择性。例如，在 ZSM-5 型及改性 ZSM-5 型沸石分子筛类催化剂存在下，于醋酐-浓硝酸中硝化甲苯，可提高甲苯对位的硝化能力，使邻硝基甲苯与对硝基甲苯的比例能降至 1.2 左右（但产品总得率有待提高），而以硝硫混酸硝化甲苯所得工业一硝基甲苯中，对硝基

甲苯含量仅 36% 左右,而邻位异构体则为 60% 左右。近年由于产品结构调整,染料和医药中间体工业对对硝基甲苯的需求量增加,造成邻硝基甲苯的过剩,使有关生产厂家面临经济和环保的双重压力。因此,提高一硝基甲苯中对位异构体的比例具有重要的现实意义。实际上,不仅对于甲苯,而且对于所有的芳烃,研究新的硝化方法,以使各异构体的比例更加符合各方面的需求,是一个在理论上及实际上都值得重视的研究领域。我国学者在这方面做过很多工作,有兴趣的读者可进一步阅读有关文献。表 4-4 是以不同硅铝比的 ZSM-5 型沸石分子筛类催化剂代替硫酸,以硝酸为硝化剂硝化甲苯的结果,由此表可见区域选择性的一斑。

表 4-4　ZSM-5 型催化剂上以硝酸硝化甲苯①的产物异构体组成

催化剂②	催化剂的硅铝比③	一硝基甲苯异构体比例④/%			邻/对比
		邻	间	对	
ZSM-5	60.2∶1.0	57	9	34	1.68
HZSM-5	62.2∶1.0	52	8	40	1.30
MgZSM-5		53	6	41	1.29
FeZSM-5		51	6	43	1.19
LaZSM-5		51	5	44	1.16

① 硝化条件为:甲苯 10.0 mL,浓硝酸(25 ℃密度 1.40 g/cm^3)10.0 mL,醋酐 6.0 mL,催化剂 2.5 g,回流 24 h。
② HZSM 是由 ZSM 与盐酸(0.2 mol/L)回流制得,MZSM 是由 HZSM 与硝酸盐溶液(0.2 mol/L)回流制得。
③ SiO_2 与 Al_2O_3 的物质的量之比。
④ 质量比。

4.4　硝化过程中的副反应

芳香族化合物硝化中的主要副反应是氧化反应和聚合反应。副反应增加原材料消耗,降低产品质量,严重时可引起燃烧、爆炸事故。

4.4.1　氧化反应

硝化系统中的硝酸、氮氧化物、硝鎓离子及硝基化合物都是可能的氧化剂,硝硫混酸中的硫酸在硝化温度过高时也具有一定的氧化能力,但硝化过程中的主要氧化物是高价态的氮氧化物。氧化既可在有机相中发生,也可在酸相中发生。

主要的氧化副反应如下。

一、苯环被氧化

活性高的被硝化物易发生此类氧化,结果是在苯环中引入羟基,形成硝基酚衍生物,如硝化甲苯时生成硝基酚、硝基甲酚等。

二、取代基被氧化

硝化带某些取代基的芳香族化合物时,不仅苯环上可发生氧化,取代基也能被氧化,例如二甲苯中的一个甲基被氧化为羟甲基、甲酰基或羧基,乙苯被氧化为苯乙酮、苯甲酸及1-苯乙醇等。在粗制硝基甲苯中也含有侧链氧化产物硝基苯甲酸,除了烷基氧化外,某些其他取代基(特别是氨基)也可被氧化。芳香胺的氧化中间产物可相互络合,形成深色的树脂状物。

三、苯环破裂

共轭体系的苯环在一般情况下不易破裂,但某些硝基酚在硫酸作用下导致苯环破裂。如2-硝基对甲苯酚在硫酸作用下可转变成2-甲基己二烯二酸内酯。硝化过程中,苯环也有可能破裂生成一氧化碳、二氧化碳、氢氰酸、氮、草酸和水等。将二硝基甲苯硝化为三硝基甲苯或将二硝基苯硝化为三硝基苯时,苯环破裂生成少量的硝基甲烷和多硝基甲烷。

硝化时的氧化副反应十分复杂,从甲苯硝化所得的一硝基甲苯中已分离出14种氧化副产物,其中10种已经鉴定,如硝基甲酚、二硝基甲酚、对硝基酚、2,4-二硝基酚、3-硝基-4-羟基苯甲酸等。研究指出,甲苯硝化时生成的氧化副产物量与生成的亚硝酸量(物质的量)相等,增高混酸中硫酸的浓度和硝化时的相比均可减少氧化副产物量。

4.4.2 聚合反应

硝化过程的聚合反应导致形成络合物或树脂状物。例如,用硝硫混酸硝化苯时,如硝酸量不足而混酸中又有亚硝酸存在,则反应液变成褐色,这是因为生成了组成为$(C_6H_6)_x(HNSO_5)_y(H_2SO_4)_x$的络合物。以硝硫混酸硝化甲苯时,如混酸硝化能力不足,也可生成组成为$(G_7N_8)(HNSO_5)_2(H_2SO_4)_3$的络合物,此时硝化液显褐色,如不及时采取措施,反应液可转变成黑色,并在有机相中生成树脂状物。及时往硝化体系中加入硝酸,可破坏此络合物,使之转变成硝基甲苯。将萘硝化成二硝基萘时,产品中也可含一定数量的树脂状物。实践证明,越容易被硝化的化合物,越容易形成络合物,而硝化活性较低的化合物时,则不易发生形成络合物的副反应。有时,树脂状物的生成可能与氧化反应有关。

4.5 硝化工艺

硝化工艺按操作方式可分为间断法及连续法;按物料的物态可分为气相硝化、气-液相硝化及液相硝化,液相硝化按物料间的互溶性又可分为均相硝化及非均相硝化。在炸药生产中,连续液相硝化工艺是最常见的。

4.5.1 液相硝化工艺

很多芳香族化合物的工业硝化都属于液相硝化,且多为两相反应,其中一相是无机相(酸相),另一相是有机相(油相)。前者是有机物(被硝化物和硝化产物)在酸中的饱和溶液,后者是酸(硝酸、硫酸、水)在有机相中的饱和溶液。在两相硝化系统中,大部分硝基化合物存在于有机相中,而水存在于酸相中,硝化主要在两相界面或靠近两相界面的酸相中进行,因此被硝化物及硝化产物都要发生相转移,所以硝化速度不仅受化学反应动力学控制,还受两相间的传质过程控制。

一、芳烃间断液相硝化工艺

间断硝化时,通常是先往硝化器中加入全部被硝化物(或硝化剂),再缓慢加入硝化剂(或被硝化物),通过调节加料速度和通入的冷却水量维持硝化温度。加料后,都需提高硝化温度并保温一定时间以使硝化完全,随后将硝化物与硝化剂分离,硝化物经洗涤和精制为成品,硝化剂经处理后循环使用。

间断硝化时,反应物和产物浓度及反应速度均随时间而变化,但在理想混合条件下,整个反应器内各处物料的浓度在同一时间是相同的,反应速度也一样。此外,间断硝化通常是分段进行的,各段只完成部分硝化,然后分离出中间产品,再用硝化能力更强的硝化剂进行下一步硝化。

间断硝化停、开工方便,但操作麻烦,生产能力低,操作费用高,副反应多,产品质量不够均匀,又不易实现自动和集中控制,且生产安全性差。间断硝化目前只用于小规模的生产中。

二、芳烃连续液相硝化工艺

最近二三十年来,连续硝化工艺在很多炸药生产中得到了广泛的应用。与间断硝化工艺相比,连续硝化工艺的反应器容积小,操作安全,操作费用低,硝化条件能较好地控制。

连续硝化常以多个立罐式硝化器串联,硝化物料可以并流或逆流,还可采用混合式。并流时,原料连续加入第一个硝化器(也可在后面的硝化器中补加原料),溢流物料依次通过以后的硝化器,产品由最后一个硝化器流入分离装置,再分离为产品及废酸。这种流动方式适于硝化速度适中的均相硝化。逆流时,两种互溶性不大的原料分别自反应系统的两端加入反应器,物料在分离器中分离为两相后相向逆流,产品自最后一个分离器分出,废酸则自第一个分离器分出(图 4-1)。逆流时,未硝化物与较稀的酸接触,而已部分硝化的化合物与较浓的酸接触,这是合理的。这种流动方式适于反应速度较低且能形成

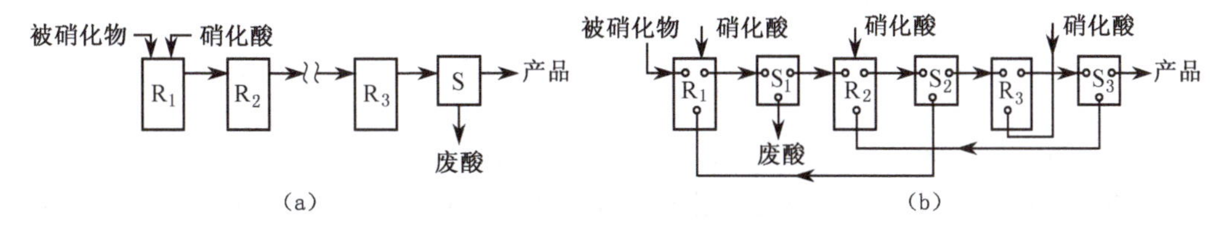

图 4-1　连续立罐式硝化系统的流动方式

(a) 并流式;(b) 逆流式

R—反应器; S—分离器

两相的非均相反应系统。

采用管式反应器连续硝化时，原料混合后用泵自管的一端送入，以保证物料在管内呈现湍流，在管内完成反应后，产品由管的另一端流出后进入分离器分离。在稳态操作和管内物料呈活塞流时，管内各点物料组成是物料流经管长的函数，而与时间无关。对非均相反应，管内物料应保持高度湍流，以形成湍流和保持良好的乳化状态。乳化液流出管式反应器后分离为酸相及有机相，一部分酸可用泵通过热交换器再循环使用，但有机相是很少循环反应的。

管式硝化器也可串联使用，使硝化器串联装置可用于制备三硝基甲苯，方法是在第一个硝化器中于 10 s 内完成全部一硝化及大部分二硝化，而在第二个硝化器中于 2 ~6 min 内完成三硝化。管式连续硝化也已用于生产硝化甘油。

采用单个的管式硝化器或串联的管式硝化器以连续法制备一硝基苯及一硝基甲苯时，被硝化物只微过量，硝化在绝热下于 80 ℃ ~120 ℃和稍高于大气压的压力下(以防止物料蒸发)进行，酸相中的硝酸几乎全部用于反应，而反应后的硫酸采用真空蒸发器回收后循环使用。物料在硝化器中的停留时间仅 0.5 ~1.2 min，产物含副产物极微。

三、链烷烃液相硝化工艺

液态链烷烃可采用液相硝化，反应主要按自由基历程进行。对于非极性的链烷烃，高度离子化的混酸不是有效的硝化剂，常用的硝化剂是单一的硝酸(60% ~70%)和二氧化氮。

硝酸硝化时，硝化试剂是具有自由基性质的二氧化氮，适宜的硝化温度为 100 ℃ ~200 ℃。由于温度较低，所以被硝化物的碳链很少断裂。硝化压力为 0.4 ~20 MPa，以使原料和产物处于液态，并使硝化副产物溶于液相。以硝酸为硝化剂的液相硝化存在两液相，因此搅拌是非常重要的。如硝化压力过低，则可能同时存在液相及气相。

采用二氧化氮为硝化剂时，反应过程中生成硝酸，硝酸也起部分硝化作用。如反应系统中存在脱水剂(如无水硫酸铜)，则可防止硝酸生成。常压下以二氧化氮硝化烷烃时反应时间长，转化率低，因此常令反应在加压下进行，并适当提高反应温度，以缩短反应时间，提高转化率。

对大多数链烷烃的液相硝化，如采用管式硝化器，物料停留时间为 1 ~4 min，通过一次反应，只有 10% ~20% 的硝化剂转化为硝基烷。

4.5.2 气相硝化工艺

气相硝化(以硝酸蒸气或二氧化氮为硝化剂)是目前工业上用于制造碳原子数不超过 3 个的一硝基烷烃的方法。气相硝化也可用于制造多碳一硝基烷，但此时碳链发生断裂，使产品成分过于复杂，分离困难。气相硝化通常在高温及适当压力下进行，以使被硝化物、硝化剂及产物的混合物处于气态。气相硝化收率和每次反应的转化率都不高，为了提高原料利用率，通常是将反应后的气体冷却后循环利用。

以 50% ~60% 硝酸为硝化剂时，硝化温度多为 350 ℃ ~450 ℃，压力为 0.7 ~1.5 MPa，硝化时间仅 0.1 ~0.5 s，但转化率只有 20% ~40%（丁烷硝化）。硝化时还生成醛（特别是甲醛）、一氧化碳、二氧化碳、水、低级烷烃、烯烃和少量的醇和酮。一般来说，被硝化烷烃的相对分子质量增大，转化率提高。

以二氧化氮为硝化剂时，硝化温度为 200 ℃ ~450 ℃，压力为 0.7 ~1.5 MPa，反应时间为0.5 ~240 s。转化率低于以硝酸为硝化剂的气相硝化，如硝化丙烷时仅 27%。

4.5.3　绿色硝化工艺

绿色硝化工艺是指对环境无害或能防止环境污染的硝化工艺，这种工艺能降低或消除传统硝化工艺中有害物质的使用和产生，它能通过减少硝化过程内在的危害而使硝化工艺具有可持续的发展性。

现在工业上采用的硝化工艺主要是硝硫混酸硝化工艺，硝化用酸需经处理再循环使用，这一处理过程的复杂性丝毫不亚于硝化本身，更重要的是，处理过程中对环境造成很大的污染，特别是对大气的酸雾污染。改进酸的处理工艺，虽然可使污染减轻，但仍然是不可避免的。

以 N_2O_5 为硝化剂的硝化新工艺，与常规的硝硫混酸硝化工艺相比，具有选择性高、氧化副反应少、硝化温度低、硝化速率快、产品质量好、对环境污染轻等特点，被人们称为“绿色硝化工艺”，它有望用于硝化棉、硝化甘油、梯恩梯、黑索今及奥克托今的制造中。这种硝化技术的关键是工业制备 N_2O_5 及 N_2O_4，并降低其成本。

N_2O_5 可用化学法或电解法制备，属于化学法的有 N_2O_4 臭氧氧化法和硝酸与五氧化二磷脱水法，属于电解法的有 N_2O_4 硝酸溶液电解法和硝酸电解脱水法，其中以最后一种方法工艺较简单，过程易于控制，电流效率高，产品质量好，是国外最新的工业制备 N_2O_5 的方法。

俄罗斯已采用 $N_2O_5-HNO_3$ 为硝化剂制备了含氮量接近最高值 14.0% ~14.1% 的硝化棉，工艺过程在大气压和适中的温度下进行，设备配置简单，产品的物理力学性能也得到改善。后处理只需水洗和水煮洗几次，且废酸成分单一，可以回收利用。

国内有关单位用 $N_2O_5-HNO_3$ 对精制棉分别进行了气相硝化和液相硝化的试验研究，可制得各种含氮量的硝化棉，最高含氮量在 13.8% 以上。气相硝化的废酸处理十分简单，产品后处理极为简便。

采用 $N_2O_5-HNO_3$ 作硝化剂来改造目前的硝化棉生产工艺，可实现生产过程自动控制，硝化剂组分在线检测，全面提高硝化棉的质量和生产安全性，降低生产成本。

我国以 $N_2O_5-HNO_3$ 为硝化剂，硝解乌洛托品与脲，成功地制得了 1,3,5 - 三硝基 - 1,3,5 - 三氮杂环己酮 -2（RDX 酮），硝化剂为 20% 的 $N_2O_5-HNO_3$ 溶液，乌洛托品与 N_2O_5 的摩尔比为 1:1.5，反应温度为 5 ℃ ~20 ℃，反应时间为 40 min，产品熔点 183 ℃ ~184 ℃（文献值为 184 ℃），产品得率 120%（以 1 mol 乌洛托品生成 1 mol RDX 酮为基计算）。该工艺不仅极大地提高了过程的安全程度，且产品得率高，质量好，废酸的主要成分是稀硝酸，通过蒸馏浓缩得到的发烟硝酸可重新使用，对环境基本无污染。

4.6 影响芳烃液相硝化反应的主要因素

4.6.1 温度

温度升高，硝化反应速度增高（氧化副反应也加剧），硝化产物在酸相中的溶解度加大（这有利于在邻近两相界面的酸相中的硝化反应），物料黏度下降，扩散系数增高（这有利于传质）。另外，温度还影响两相界面的表面张力，因而改变两相相面面积，进而改变两相间的传质阻力。还有，因为生成 NO_2^+ 的可逆反应基本上是平衡反应，所以酸相中 NO_2^+ 及其他离子的浓度也与温度有关。

尽管温度对硝基进入芳香核中位置的影响比磺化小得多，但从安全和产品纯度考虑，维持硝化温度稳定仍是十分重要的。而且，温度宜尽可能低，特别是在基质尚未被硝化，或只有一小部分被硝化的反应初期。

因为硝化反应都是放热反应，而炸药生产中的硝化混合物及硝化产物大多具有爆炸性或燃烧性，当硝化温度失控时，硝化反应速度和副反应速度增加，释热量增多，从而又促使温度和反应速度增高，其结果可能会导致燃烧甚至爆炸。

温度的安全极限取决于被硝化物的化学结构，例如将二硝基甲苯硝化成三硝基甲苯，将酚硝化成苦味酸时，温度接近或超过 120 ℃是危险的；将二甲基苯胺硝化成特屈儿时，温度不宜超过 80 ℃；而醇类的 O—硝化则应在接近或低于室温下进行。

稳定操作的连续硝化机，单位时间内的传热量是恒定的，但对间歇操作的硝化机，即使某段时间内的加料量不变，其传热量也不是固定的，因为硝化机内物料的组成会随时间变化。所以，为了保持硝化机物料温度比较恒定，应当调节加料速度。例如，在硝化反应的初期，酸比较浓，硝化速度较快，稀释热也较大，故此时加料速度宜稍慢，随后则可适当加快，至反应末期又应放慢，因为此时酸的硝化能力已较低。

4.6.2 搅拌速度

前已述及，生产炸药的液相硝化过程，多为两相反应。两相反应的物理过程是加入的反应物被溶解，在相内或边界层内反应后，产物被转移出来，新的反应物又被溶解进去，如此不断循环，直到反应结束。以混酸硝化二硝基甲苯制造三硝基甲苯为例，二硝基甲苯与混酸接触以后，一部分二硝基甲苯溶入混酸中，一部分混酸（其成分与酸相的成分不同）溶入有机相中，构成两相。二硝基甲苯在酸相中被硝化成三硝基甲苯，酸相中三硝基甲苯量超过溶解度以后，就转入有机相。由于发生了反应，酸相中二硝基甲苯的浓度降低，有机相中的二硝基甲苯再转移到酸相中去。有机相中的情况与此相似，不过反应产物不同而已，因为有机相中进行的主要是氧化副反应。

在两相液相硝化中，为了促进两相间的平衡，有利于两相的混合及两相间的物理传递过程，减少传质阻力，加速物料在分散相与连续相间的传质过程，对立罐式硝化机必须采用适当形式和相当强度的搅拌，才能保证必需的硝化速度。

另外，大多数硝化主要在酸相中进行，酸相中的反应速度比有机相中的高很多，强烈的搅拌可使硝化器内的物料乳化，使物料能通过很大的两相界面进行扩散，令两相均达到饱和而提高反应速度。而不良的搅拌使界面减小，容易导致硝化速度过低和硝化过程不均匀，形成所谓的死角，其中将积聚未硝化的或没有充分硝化的物料，这也是导致事故的一个原因。

搅拌强度还影响传热速度。因为在槽式反应器中，反应混合物的给热系数与其雷诺准数有关，增强搅拌能增大给热系数。而且，硝化初期的搅拌应该特别加强，此时反应最剧烈，放出的热量最多。反应初期两个液相的密度差大，两相的混合比硝化后期困难。

两相硝化的硝化速度受化学因素及物理因素影响，对同一硝化基质，前者主要取决于硝化温度及硝化物料组成，后者则主要取决于两相间的传质情况。对于化学反应速度很低的硝化体系，硝化速度常为化学反应控制；对于化学反应速度很高的硝化体系，硝化速度常为传质过程控制或同时为化学反应与传质过程两者控制。有时，加快搅拌速度或采取其他加速传质过程的措施，可使硝化由传质控制转化为化学反应控制。例如，用硝硫混酸硝化甲苯时，在一定条件下增强搅拌，硝化速度增加，但当搅拌强度超过一定限度后，改变搅拌速度对硝化速度不再有明显影响，因为此时的硝化速度为化学反应控制。

4.6.3　硝化酸组成及相比

酸相和有机相组成影响反应物在各相的浓度、两相相互溶解度、物料黏度、扩散系数及两相间的表面张力，进而影响反应系统的传质和传热情况，改变硝化反应速度。当然，组成不同的酸相，其硝化能力不同。另外，酸相与有机相的体积比（相比，俗称模数）与乳化液的类型关系很大，在大多数工业硝化中，由搅拌引起的剪切力在较大程度上被扩展至连续相（很可能是酸相）而不是分散相中，所以相比也显著影响硝化过程。

4.7　硝　化　器

4.7.1　立罐式硝化器

立罐式硝化器属于混流型反应器，是目前普遍应用的硝化器，在连续硝化工艺中常串联使用。这类硝化器由机体、传热装置、搅拌装置、提升器、分离器等主要部件构成，是一个完成硝化反应、传热、提升、分离等过程的组合体，其具体构造见图 4－2。

有些立罐式硝化器的分离器是单独的设备。分离器有静态的及动态的两种。

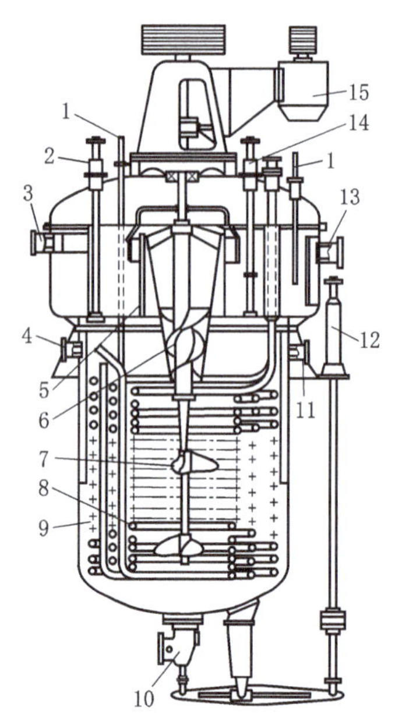

图 4-2　立罐式硝化器

1—温度计;2—废酸回流阀;3—硝化物出料管;4—进料管;5—重力分离器;6—提升器;7—搅拌器;8—蛇管;9—硝化机体;10—安全阀;11—进料管;12—手轮;13—废酸出料管;14—硝化物回流阀;15—电动机

立罐式硝化器的设计与物料流动模式有关。一种是内循环式硝化器,它装有引流管,反应乳化液通过引流管可内循环很多次,但并非系统中所有的硝化器均需采用内循环技术,不过各硝化器的乳化液必须分离成酸相及有机相。串联立罐式内循环连续硝化系统常用于甲苯的三硝化,即制造梯恩梯。还有一种环路硝化器,它是在内循环硝化器的基础上改进而成的,即通过一环路使物料循环,此环路包括一个用以混合和搅拌物料的泵、一个用以进行大部分硝化反应及传递硝化热的热交换器以及一个用以使大部分乳化液循环的回路。环路硝化器已用于甲苯和苯的一硝化。

4.7.2　管式硝化器

管式硝化器是一种连续操作的硝化器,有直管式、螺管式和列管式等几种,列管式的构造见图 4-3。

为了保证反应物混合均匀,物料在进入管式反应器前宜先混合,可采用喷射器、三通管及离心泵作为混合装置。管式硝化器装配有传热性能极佳的热交换器,管中物料有足够高的流速。

与立罐式反应器相比,管式反应器生产能力大,单位容积所具有的传热面积大,生产本质安全程度高,且易于实现自动化和集中控制,但不适于反应速度低的非均相硝化。另外,管式硝化器内反应物的平均浓度较混流反应器的高,反应速度较大,物料在管内停留时间较均匀。

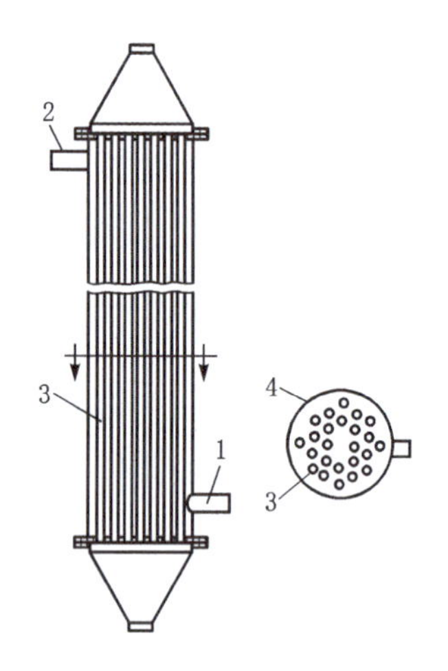

图 4-3　列管式硝化器

1—冷却剂进口;2—冷却剂出口;3—列管;4—花板

第 5 章　硝基化合物炸药

目前用作炸药的硝基化合物主要是芳香族多硝基化合物,它们属于叔硝基化合物。根据芳香母体的结构可分为碳环(单环、多环及稠环)与杂环两大类,最常用的是单碳环多硝基化合物,其典型代表是梯恩梯,苯、二甲苯、酚、酚醚、氯苯、苯胺的多硝基衍生物也曾作为混合炸药的组分使用过,三氨基三硝基苯、二氨基三硝基苯、六硝基芪、塔柯特、2,6-二苦胺基-3,5-二硝基吡啶则是性能优异的耐热炸药。硝基化合物炸药的爆炸能量和机械感度均低于硝酸酯类和硝胺类炸药,安定性甚优,制造工艺成熟,大多原料来源充足和价格较低,故应用广泛。可用作炸药的脂肪族多硝基化合物主要是硝仿系化合物,它们的氧平衡较佳,密度和爆速均较高,机械感度也较高,有的已获实际应用。多硝基烷烃大多用作混合炸药组分或制造炸药的原料。

5.1　芳香族硝基化合物通性

芳香族硝基化合物是指硝基直接与芳环相连,即芳环母体中的氢被硝基取代后生成的一类化合物,可分为一硝基、二硝基及多硝基几种,但只有二硝基及多硝基化合物能用作炸药。为方便起见,硝基的结构可用下述共振式表示:

$$—N^{+}\begin{matrix}\diagup O^{-}\\ \diagdown\!\!\diagdown O\end{matrix}\longleftrightarrow —N^{+}\begin{matrix}\diagup\!\!\diagup O\\ \diagdown O^{-}\end{matrix}$$

实际上,硝基氮上的两个氧原子是完全等价的,均带部分负电荷,氮则带正电荷,且以 sp^3 杂化轨道与另外三个原子成键,当硝基邻位不存在大体积基团时,芳香族硝基化合物通常为平面结构,硝基的 π 电子轨道与苯环的 π 电子轨道平行,故分子可由于诱导效应及共轭效应而稳定。但硝基邻位,有时甚至是间位的基团,都可能使硝基偏离苯环平面,此时硝基将绕 C—N 键旋转一个角度,因而使共轭效应受阻。例如,在晶胞中,α-TNT 以 A、B 两种构象存在,2,4,6 位上的三个硝基在此两构象中偏离苯环的角度分别为 51°、24°和 45°及 60°、30°和 45°(图 5-1)。

5.1.1　化学性质

芳香族硝基化合物能发生亲核反应、亲电取代反应、自由基取代反应、光化学反应、还原反应等。

一、亲核反应

芳环上带有硝基时,由于诱导和共轭效应而使芳环上的电子云密度大为降低(特别

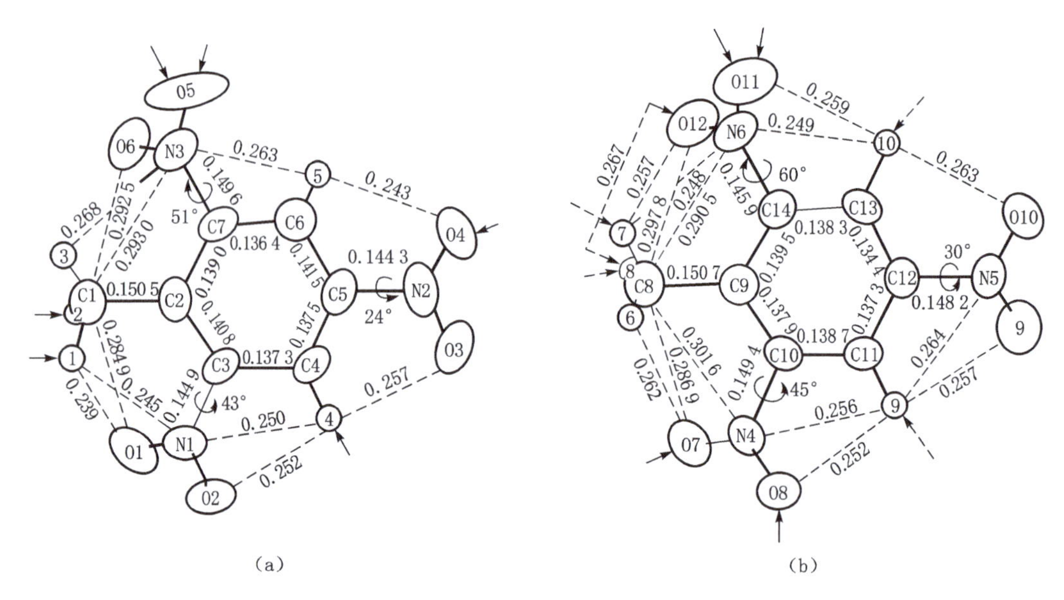

图 5－1　梯恩梯的分子结构（键长单位为 nm）

（a）构象 A；（b）构象 B

是在硝基的邻、对位），因而亲核反应就成了芳香族硝基化合物（尤其是多硝基化合物）的特征反应之一，其中有代表性的有如下几种。

1. 姜诺夫斯基（Janovsky）反应

姜诺夫斯基反应指在碱性丙酮溶液中芳香族硝基化合物与碳负离子形成有色的醌式结构的反应，见反应式（5.1）。

$$CH_3-\overset{\overset{\displaystyle O}{\|}}{C}-CH_3+OH^- \longrightarrow CH_3-\overset{\overset{\displaystyle O}{\|}}{C}-CH_2^-$$

$$\text{间二硝基苯}\left(\text{2-氯-1,3,5-三硝基苯}\right)+CH_3-\overset{\overset{\displaystyle O}{\|}}{C}-CH_2^- \longrightarrow \text{H, }CH_2COCH_3\text{, }NO_2\text{, }=NO_2^-\left(\text{Cl, }CH_2COCH_3\text{, }O_2N\text{, }NO_2\text{, }=NO_2^-\right) \quad (5.1)$$

Janovsky 反应是可逆的，加酸又能生成起始的硝基化合物。二硝基苯、三硝基苯及它们的衍生物均能发生 Janovsky 反应，但芳环上带有较多取代基的硝基化合物（如 2,4－二硝基均三甲苯、2,4,6－三硝基三甲苯）则不能发生此反应。不同硝基化合物的 Janovsky 反应产物的颜色不同，常据此定性鉴定多种硝基化合物。但也有少数芳香族硝基化物与碱性丙酮的反应产物是无色的。

2. 冯里克特（Von Richter）反应

这是指在高温（约 150 ℃）下，硝基苯的乙醇水溶液与氰化钾反应转化为苯甲酸的反应。在此反应中，羧基不是取代硝基，而是进入硝基的邻位，其反应历程十分复杂，历经几十年才得到反应式(5.2)所示的历程。反应的第一步是亲核试剂 CN^- 进攻芳环硝基的邻位，随后又经过环化、失水、脱氮等一系列的中间步骤才生成苯甲酸。Von Richter 反应对阐述如何论证反应历程上为人详熟。

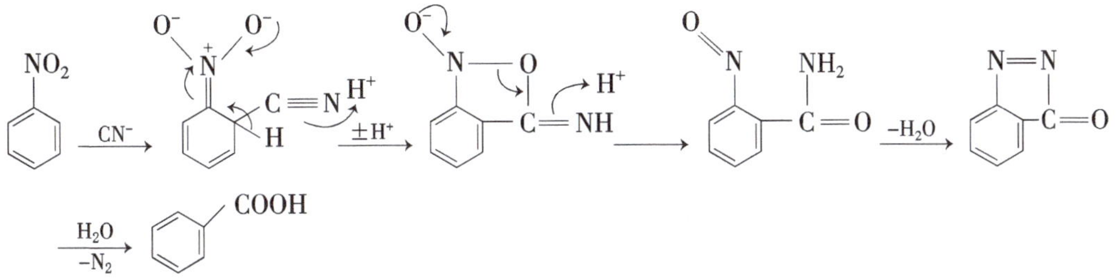

$$C_6H_5NO_2 \xrightarrow{CN^-} \cdots \xrightarrow{\pm H^+} \cdots \longrightarrow \cdots \xrightarrow{-H_2O} \cdots \xrightarrow[-N_2]{H_2O} C_6H_5COOH \tag{5.2}$$

3. 亲核取代反应

芳香族硝基化合物上的 X、NO_2、H、RO、ArO、OH、NH_2 等，特别是当它们处于硝基邻、对位时，均能被多种亲核试剂所取代而生成其他芳香族硝基化合物，其反应机理涉及离解型、苯炔型、单电子转移型及缔合型等。这类芳环上的亲核取代反应常用于其他硝基化合物的合成及某些硝基化合物的分析鉴定。见反应式(5.3)～反应式(5.5)。

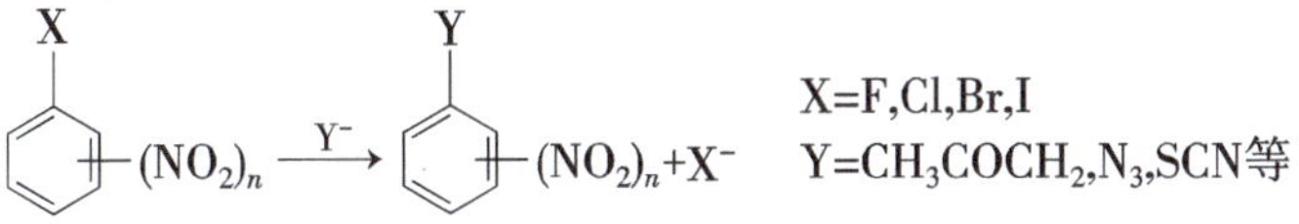

$$X\text{-}C_6H_{5-n}(NO_2)_n \xrightarrow{Y^-} Y\text{-}C_6H_{5-n}(NO_2)_n + X^- \quad \begin{array}{l} X=F,Cl,Br,I \\ Y=CH_3COCH_2,N_3,SCN\text{等} \end{array} \tag{5.3}$$

$$o\text{-}C_6H_4(NO_2)_2 \xrightarrow{Y^-} o\text{-}Y\text{-}C_6H_4NO_2 + NO_2^- \quad Y=RO,\ OH,\ NH_2,\ SO_3Na,\ ArS\text{等} \tag{5.4}$$

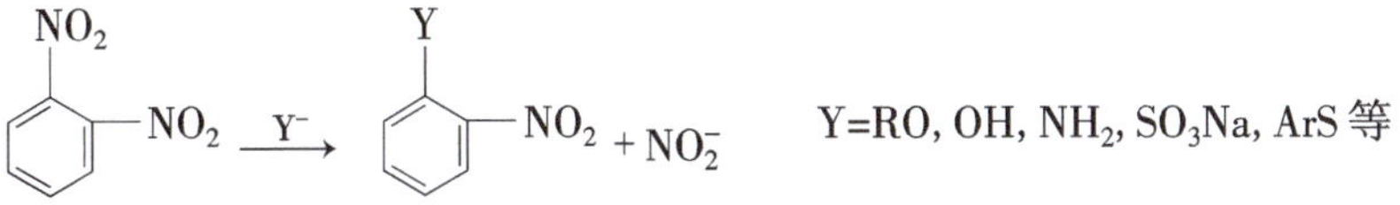

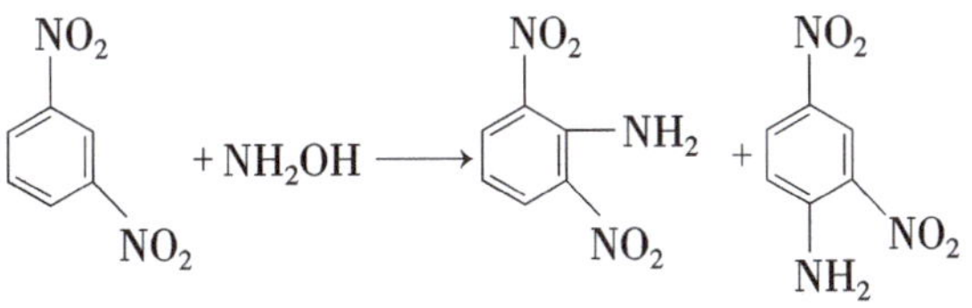

$$m\text{-}C_6H_4(NO_2)_2 + NH_2OH \longrightarrow 2,6\text{-}(NO_2)_2C_6H_3NH_2 + 2,4\text{-}(NO_2)_2C_6H_3NH_2 \tag{5.5}$$

二、亲电取代反应

硝基使芳环上的电子云密度下降，是亲电取代反应的致钝基团，是间位定位基。例如，硝基芳烃的亲电硝化速率比其芳环母体要慢得多(有时相差几个数量级)，且硝基芳烃不发生傅－克(Fridel-Crafts)反应。在某些情况下，芳环上的硝基对亲电取代也有可能产生有利的影响。例如，苯胺易于质子化，故不能用硝硫混酸直接硝化；对苯胺的硝基衍生物而言，分子中的硝基降低了氨基氮上的电子云密度，使之不易与质子加成，而氨基的推电子效应仍能赋予苯环足够的对亲电试剂的活性，所以，某些硝基苯胺仍能用硝硫混酸硝化为含更多硝基的苯胺衍生物。见反应式(5.6)。

$$CH_3(O_2N)_2C_6H_2NH_2 \xrightarrow{HNO_3/H_2SO_4} (O_2N)_5C_6NH_2 \tag{5.6}$$

三、自由基取代反应

现在已发现了很多涉及芳香族硝基化合物的自由基反应，如用乙酰基过氧化物或四乙基铅将 α－TNT 转变为2，4，6－三硝基间二甲苯的反应，硝基苯与乙酸汞在非极性溶剂中的汞化反应，硝基苯的芳基化反应，硝基苯与过氧化氢及亚铁盐的反应等。上述反应的自由基特性，可由产物的异构体比例得到证明。对正常的自由基取代反应，硝基为邻、对位定位基，并使反应致活；对亲电取代反应，硝基为间位定位基，并使反应致钝。例如，令硝基苯与芳基自由基（4-$CH_3C_6H_4$·及 4-BrC_6H_4 ·）反应，生成 4-$CH_3C_6H_4$-$C_6H_4NO_2$ 及 4-BrC_6H_4-$C_6H_4NO_2$，两种情况下产物异构体的分布是很相近的，间位为 9% 左右，对位为 60% 左右，邻位为 30% 左右。另外，令苯基自由基与甲苯及硝基苯进行竞比芳基化反应，硝基联苯的产量是甲基联苯的 4 倍。

四、光化学反应

硝基邻位带含氢基的所有芳香族硝基化合物对光都是敏感的，易于发生光化学反应（见反应式(5.7)及反应式(5.8)）；在一定条件下，硝基对位带含氢基团的芳香族硝基化合物也能发生类似的反应。

$$R-C(R')(H)-C_6H_4-NO_2 \xrightarrow{h\nu} R-C(R')(OH)-C_6H_4-NO \tag{5.7}$$

$$OHC-C_6H_4-NO_2 \xrightarrow{h\nu} HOOC-C_6H_4-NO \tag{5.8}$$

光对芳香族硝基化合物的照射，还可引起亲核取代、1，3－环加成及生成氮羧酸的重排等反应。见反应式(5.9)～式(5.11)。

$$C_6H_4(NO_2)_2 \xrightarrow[h\nu]{NH_3} (O_2N)_2C_6H_3NH_2 \tag{5.9}$$

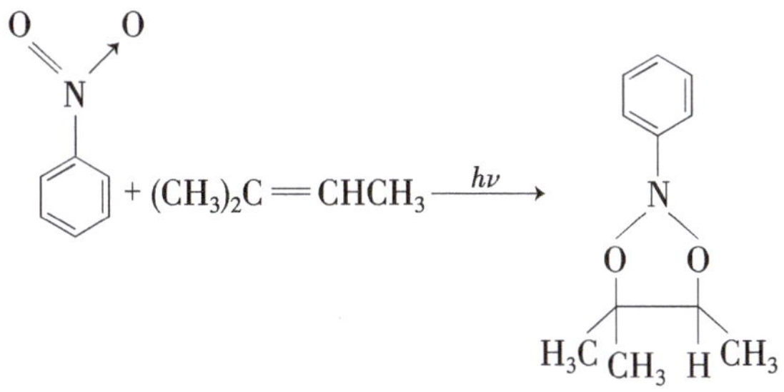

$$+ (CH_3)_2C{=}CHCH_3 \xrightarrow{h\nu} \qquad (5.10)$$

$$\xrightleftharpoons{h\nu} \qquad (5.11)$$

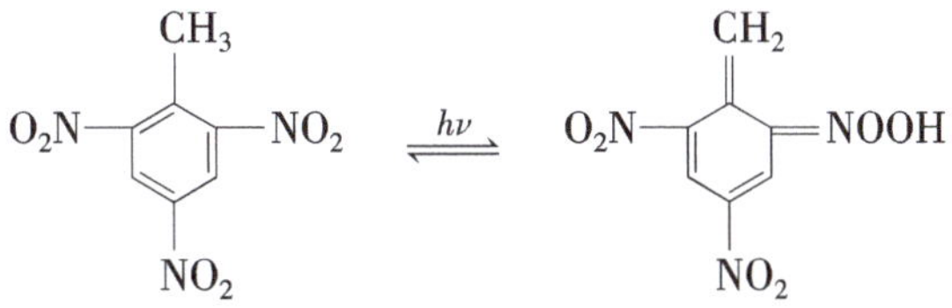

五、还原反应

芳香族硝基化合物很易被还原为芳胺，但经过中间羟胺及亚硝基化合物。采用一般的化学还原法，很难由芳香族硝基化合物制备亚硝基化合物（可用电解还原法或分子内氧化还原法制得），不过可以制得芳基羟胺，也可进行选择性还原。例如，采用不同的反应条件，可将α－TNT中甲基对位或甲基邻位的一个硝基还原为氨基。见反应式(5.12)。

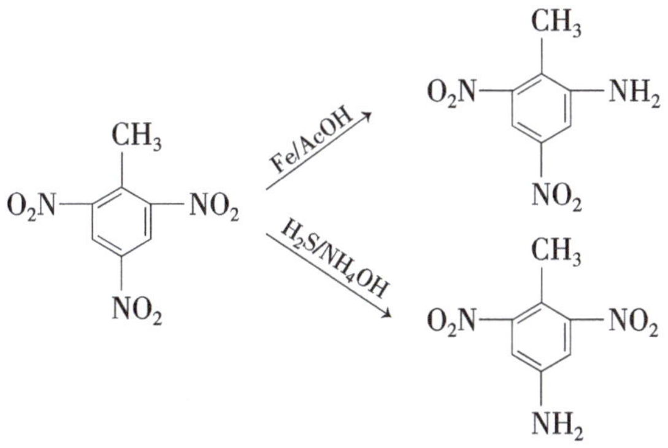

$$\xrightarrow{Fe/AcOH} \quad \xrightarrow{H_2S/NH_4OH} \qquad (5.12)$$

芳香族硝基化合物的另一类还原反应是将芳环选择性还原而不影响硝基。例如，可用 $NaBH_4$ 由 1,3,5－三硝基苯制得 1,3,5－三硝基环己烷，其机理涉及负氢离子向缺电子的 3－位碳离子的进攻。这类还原可用于合成脂环族或脂肪族硝基化合物。

5.1.2　热安定性

芳香族硝基化合物的热安定性优于硝胺及硝酸酯，在室温下储存是很稳定的，只有在高温（高于 150 ℃）下才发生分解，且热分解具有很长的诱导期。根据估算，梯恩梯在 150 ℃下热分解的一级速率常数 k_1 为 $2.75\times10^{-3}\,s^{-1}$。2,4－及 2,6－二硝基甲苯混合物在 100 ℃、150 ℃及 200 ℃下热分解的诱导期分别为 1.57×10^5 h、1.04×10^3 h 及 18 h（以 65 g 试样在规定体积的容器中热分解产生的气体压力达 19 kPa 时为诱导期）。多种芳香族硝基化合物在高温下热分解的活化能及指前因子值列于表 5－1。

表 5-1 几种芳香族硝基化合物热分解的活化能(E_a)及指前因子(A)

化合物	$E_a/(kJ \cdot mol^{-1})$	$\lg A/s^{-1}$	$T/℃$
梯恩梯	113.0	11.4	
苦味酸	161.5	11.6	183～270
1,3,5-三硝基苯	217.1	13.6	270～355
间二硝基苯	220.1	12.7	345～410
硝基苯	223.4	12.65	395～445

芳香族硝基化合物热分解过程中形成自由基,例如,苦味酸在 190 ℃～210 ℃受热,经过30～55 min的诱导期后,用 ESR 谱仪可检测出强的自由基信号。2,4-二硝基苯胺和2,4,6-三硝基苯胺在室温下就能产生自由基,可能是由于分子内的电荷转移,形成了离子自由基。对于甲苯等的硝基衍生物,则可能通过氢原子转移形成自由基。见反应式(5.13)。

$$
\begin{aligned}
&2NO_2C_6H_4\overset{|}{\underset{|}{C}}H \longrightarrow NO_2C_6H_4\overset{|}{\underset{|}{C}}\cdot + HO_2\dot{N}C_6H_4\overset{|}{\underset{|}{C}}H \\
&2NO_2C_6H_4CHO \longrightarrow NO_2C_6H_4\dot{C}O + HO_2\dot{N}C_6H_4CHO \\
&2NO_2C_6H_4OH \longrightarrow NO_2C_6H_4O\cdot + HO_2\dot{N}C_6H_4OH
\end{aligned}
\qquad (5.13)
$$

5.1.3 爆炸性质

芳香族多硝基化合物为负氧平衡炸药,且芳环大 π 共轭体系的标准生成焓比组成相似的非共轭体系的小(具有更大的负值),同时大多密度也较低,所以这类炸药的能量水平低于硝胺及硝酸酯。芳香族多硝基化合物的最大爆速受芳香环上各种取代基的影响(表 5-2),很多取代基都能提高其爆速(以二或三硝基甲苯为基准),尤以含氟基团为甚。芳香族多硝基化合物的撞击感度均较低,但随硝基数的增多而增高,且与其氧平衡指数 OB_{100}及活性指数 F(见第 2 章 2.5 节)有关。往芳香环中引入推电子基团,可提高芳环上碳原子的电子云密度,增强 C—NO_2 键,降低炸药的感度。另外,对于分子式相同的芳香族硝基化合物,以硝基互处于间位的机械感度最低。

表 5-2 取代基对芳香族多硝基化合物爆速的影响(以二或三硝基苯基为基准)

取代基	代表性化合物	$\Delta D/(m \cdot s^{-1})$
$-\overset{|}{C}=$	六硝基芪	-120
$-CH_3$	二、三硝基甲苯	0
—H	三硝基苯	160

续表

取代基	代表性化合物	$\Delta D/(\mathrm{m\cdot s^{-1}})$
$-NH_2$	三硝基苯胺、三硝基间苯二胺、三硝基间苯三胺	270
—OH	苦味酸	520
—N=N—O—	二硝基重氮酚	760
$-N_3$	三硝基三叠氮苯	83
$-CONF_2$	*N*,*N* - 二氟三硝基苯甲酰胺	1 240
$-NF_2$	*N*,*N* - 二氟三硝基苯胺	1 560

5.1.4　毒性和生理作用

芳香族硝基化合物有毒，二硝基和三硝基甲苯的 LD_{50}（大鼠，口服）分别约为 600 mg/kg及 900 mg/kg。其主要致毒作用是形成高铁血红蛋白和变性珠蛋白小体，前者降低血液的输氧能力，后者引起血液中细胞破碎。另外，芳香族硝基化合物对肝脏损伤较大（可引发中毒性肝炎），对神经系统、心血管系统及眼、肾、皮肤具有危害性。

改变苯环上的取代基，可改变硝基化合物的毒性。如在硝基苯中引入 NO_2、NH_2 和 Cl，使其毒性增强；引入 OH、CO_2H 等水溶性基团，可明显地降低其毒性；引入 SO_3H，则几乎可以完全改变其生理作用，根据动物（鱼类）试验，芳香环上取代基的毒性顺序为：$Cl > Br > NO_2 > Me > OMe > NH_2 > OH$。

此外，取代基的相对位置对毒性也有影响，例如，在多硝基苯衍生物中，硝基互为邻、对位比硝基互为间位时毒性大。

芳香族硝基化合物在体内的代谢过程因其化学结构而异，如硝基苯可在体内经还原为亚硝基酚，再经苯醌亚胺转变成对氨基酚，后者可随尿排出体外，也可进一步转变为苯基羟胺。见反应式(5.14)。

NO_2 [H] NO OH NH O NH_2 OH 排出体外 NHOH

(5.14)

5.2 梯 恩 梯

梯恩梯(TNT)是目前使用量最大和应用最广泛的一种炸药，学名是2,4,6-三硝基甲苯，分子式 $C_7H_5N_3O_6$，相对分子质量227.13，氧平衡-73.96%，结构式如下：

CH_3

O_2N NO_2

NO_2

5.2.1 梯恩梯性质

一、物理性质

纯梯恩梯为无色针状结晶，有两种晶型，分别属于单斜晶系及长方晶系，晶体密度1.654 g/cm^3，表观密度0.9 g/cm^3，熔融装药密度1.47 g/cm^3，固态装药密度与装药压力的关系见表5-3。

表5-3 梯恩梯装药密度与装药压力的关系

装药压力/MPa	27.5	68.5	137.5	200	275	343	413
装药密度/($g\cdot cm^{-3}$)	1.320	1.456	1.558	1.584	1.599	1.602	1.610

梯恩梯难溶于水，微溶于乙醇、四氯化碳及二硫化碳，极易溶于吡啶、丙酮、甲苯、苯及氯仿，在硝酸、硫酸及硝硫混酸中也有一定溶解度，梯恩梯的溶解性能见表5-4～表5-8。

表5-4 梯恩梯在有机溶剂中的溶解度 $g\cdot(100\ g溶剂)^{-1}$

溶剂 / T/℃	水	CCl_4	苯	甲苯	丙酮	95%乙醇	$CHCl_3$	乙醚	吡啶	1,2-二氯乙烷	二硫化碳
0	0.010 0	0.20	13	28	57	0.65	6	1.73		10	0.20
5	0.010 5	0.25	24	32	66	0.75	8.5	2.08			0.25
10	0.011 0	0.40	36	38	78	0.85	11	2.45			
15	0.012 0	0.50	50	45	92	1.07	15	2.85			0.30
20	0.013 0	0.65	67	55	109	1.23	19	3.29	137		0.48
25	0.015 0	0.82	88	67	132	1.48	25	3.80	158	70	0.63
30	0.017 5	1.01	113	84	156	1.80	32.5	4.56	184	100	0.85
35	0.022 5	1.32	144	104	187	2.27	45		215		1.13

续表

溶剂 T/℃	水	CCl_4	苯	甲苯	丙酮	95% 乙醇	$CHCl_3$	乙醚	吡啶	1,2－二氯 乙烷	二硫 化碳
40	0.028 5	1.75	180	130	228	2.92	66		255		1.53
45	0.036 0	2.37	225	163	279	3.70	101		302		2.02
50	0.047 5	3.23	284	208	346	4.61	150		370	300	
55	0.057 0	4.55	361	272	449	6.08	218		462		
60	0.067 5	6.90	478	367	600	8.30	302		600		
65	0.077 5	11.40	665	525	843	11.40	442		833		
70	0.087 5	17.35	1 024	826	1 350	15.15			1 250	857	
75	0.097 5	24.35	2 028	1 685	2 678	19.50			2 460		
80	0.107 5										
85	0.117 5										
90	0.127 5										
95	0.137 5										
100	0.147 5										

表 5－5　梯恩梯在硝酸中的溶解度　　g·(100 g 溶剂)$^{-1}$

T/℃	硝酸浓度/%		
	40	50	70
20	0.5	0.97	7.93
40	1.03	1.95	10.25
60	1.93	3.63	
80	3.13	5.20	
90	3.75	6.53	

表 5－6　梯恩梯在硝酸中的溶解度　　%

硝酸浓度/%	T/℃	溶解度	硝酸浓度/%	T/℃	溶解度
78.2	48	100	84.7	33	100
	53	150		41	150
	56	200		46	200
	59	250		54	300
	61	300			
80.4	44	100	91.8	26	150

续表

硝酸浓度/%	T/℃	溶解度	硝酸浓度/%	T/℃	溶解度
82.5	50	150	97	34	200
	54	200		45	300
	56	250		55	500
	38	100		34	235
	46	150		47	376
	50	200		52	458
	54	250		57	650
	56	300		61	830

表 5-7 梯恩梯在硫酸中的溶解度 %

T/℃ \ 硫酸浓度/%	70	75	80	85	90	95	100
0		0.3	0.4	0.6	2.0	3.5	13.0
10		0.3	0.45	0.75	2.2	4.0	13.5
20		0.3	0.50	0.85	2.5	4.8	15.0
25		0.32	0.55	0.95	2.6	5.2	15.5
30		0.35	0.60	1.0	2.7	6.0	16.5
40	0.2	0.4	0.65	1.3	3.0	7.0	18.0
50	0.2	0.45	0.70	1.7	3.5	8.5	21.0
60	0.22	0.50	1.0	2.3	5.2	11.0	24.8
70	0.35	0.7	1.6	3.3	7.0	13.5	26.5
80	0.6	1.3	2.4	4.8	10.0	18.0	29.0

表 5-8 梯恩梯在混酸中的溶解度

混酸各组分质量分数/%			溶解度/%		
H_2SO_4	HNO_3	H_2O	20 ℃	50 ℃	70 ℃
60	0	40	0.20	0.52	0.70
80	0	20	0.59	1.25	2.07
90	0	10	2.55	4.70	7.63
60	1	39	0.22	0.41	0.62
80	1	19	0.55	1.08	1.68
90	1	9	1.85	4.35	7.49
60	5	35	0.25	0.55	1.23
80	5	15	0.73	1.48	1.85
90	5	5	1.76	4.49	7.53

梯恩梯能与很多其他硝基化合物、硝胺及硝酸酯混溶，并形成二元低共熔物（表5-9），其中很多具有实用价值。α-梯恩梯还能形成多种三元低共熔物，如α-TNT/2,4-DNT（二硝基甲苯）/*p*-MNT（一硝基甲苯）（熔点16.7 ℃），α-TNT/*p*-MNT/*o*-MNT（熔点19.5 ℃），α-TNT/β-TNT/γ-TNT（熔点44.4 ℃），α-TNT/2,4-DNT/*m*-DNB（二硝基苯）（熔点29 ℃）等。

表5-9　梯恩梯的低共熔物

第二种组分	梯恩梯质量分数/%	熔点/℃	第二种组分	梯恩梯质量分数/%	熔点/℃
黑索今	97.5	78.6	邻硝基甲苯	16	-15.6
间二硝基苯	54.5	51		19.5	-9.7
1,8-二硝基萘	82	73.4	对硝基甲苯	42	34
2,4-二硝基甲苯	50	45.6	太安	87	76.1
	46	45	苦味酸	65	59.8
	48	45.8		66	55
				68	59
黑喜儿	88	78.2			
硝基苯	7	2.0	特屈儿	57.9	58.3
硝化甘油	17.6	7.0	三硝基间甲酚	43.3	41.3
	17.1	6.3	三硝基间二甲苯	92	75
	15	6.4			

纯梯恩梯熔点为80.6 ℃～80.85 ℃，军品梯恩梯熔点为80.2 ℃～80.4 ℃，300 Pa下的沸点为190 ℃，80 ℃及100 ℃下的蒸气压分别为5.6 Pa及14.0 Pa，-100 ℃～+78 ℃范围内的线膨胀系数约$6.0\times10^{-5}\,K^{-1}$（铸装药），导热系数约0.50 W/(m·K)（密度为1.60 g/cm^3时），梯恩梯实际上不吸湿，在高温下饱和湿度的空气中，其最小吸湿量为0.03%～0.05%。

二、热化学性质

20 ℃时梯恩梯的比热容为1.38 J/(g·K)，定容标准生成焓约为-60 kJ/mol（由燃烧热计算得到），定容燃烧焓约为-15.2 MJ/kg，结晶焓约为-20 kJ/mol。

三、化学性质

1. 与酸的作用

梯恩梯是一弱中性碱（$pK_a\approx14$），不腐蚀金属，与重金属氧化物无明显的反应。即使在100%的硫酸中也基本上不电离。在不太高的温度下，梯恩梯溶于酸是物理过程，不发生化学反应，但在高温下则不同，例如在高于110 ℃且足够浓的硝酸溶液中，梯恩梯的甲基可被氧化成羧基，浓硫酸与梯恩梯于145 ℃共热6 h就开始分解。在金属存在下，将梯恩梯与稀酸共热时，对比氢活泼的金属（如铝、铁），除了发生硝基的还原反应外，还伴随其他反应。例如将梯恩梯和铁屑各 20 g、发烟硝酸 10 mL 和水 100 mL 在 90 ℃ ~95 ℃ 共热 2 h 后，得到 2 ~3 g 棕色物质，后者加热时就可能发生爆燃，遇发烟硝酸或 49/49 的硝硫混酸就可能发火。生产过程中含酸梯恩梯与金属设备接触，有可能形成梯恩梯与金属反应的敏感产物。

2. 与碱的作用

梯恩梯对碱敏感，它与碱的反应产物大多对外界刺激（如热、机械作用）很敏感，容易发火或爆炸。梯恩梯与碱的反应非常复杂，根据碱的类型和反应条件（如有无溶剂、溶剂性质、溶液浓度、反应时间和温度等）可以发生多种反应，产物也极不相同。一般而言，梯恩梯稀溶液与碱反应的初级产物是传荷配合物、σ－配合物或三硝基苄基负离子。

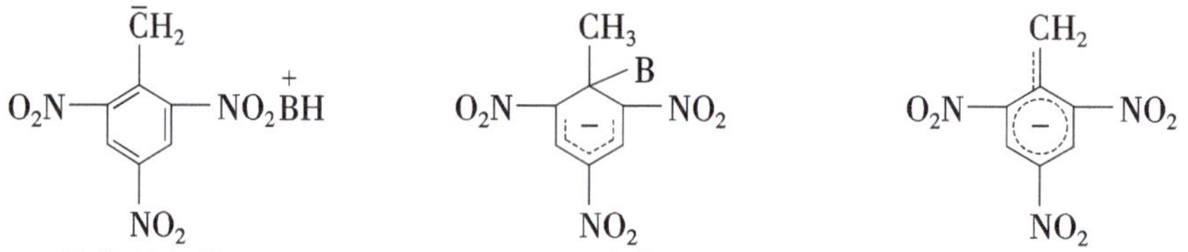

传荷配合物　　σ-配合物　　三硝基苄基负离子

上述配合物中梯恩梯与碱的物质的量之比可为 1/1、1/2 或 1/3，它们的爆发点比梯恩梯的低，撞击感度高。例如，梯恩梯与氢氧化钾水溶液的反应产物，根据碱量的不同，爆发点为 104 ℃ ~157 ℃，而撞击感度比叠氮化铅的还高。

梯恩梯与碱生成的初级产物在低温下具有相对稳定性，如果形成的时间不长，在低温下用酸酸化仍可析出梯恩梯；但如时间过长或温度过高，它们会继续变化而生成复杂的次级产物。

在无溶剂存在下，粉状梯恩梯与湿（干）氨气或氢氧化铵作用时，梯恩梯质量增加，颜色变深，最后变成黑色树脂状物质。用硫酸处理后者，则放出硝烟。氨与梯恩梯反应产物的爆发点为 250 ℃ ~290 ℃，最后生成的黑色树脂状物不发生爆炸，但中间产物的机械感度较大。在液氨中，梯恩梯与氨的初级反应产物是两者摩尔比为 1∶1 和 1∶2 的 σ－配合物。

往 160 ℃的梯恩梯中加入氢氧化钾立即发生爆炸。往 100 ℃的梯恩梯中加入氢氧化钾，形成表面膜，但如加入酒精，使膜溶解，混合物就立即发火。将梯恩梯与氢氧化钾的粉状混合物加热至 80 ℃也能发火。梯恩梯与氢氧化钠的混合物与此相似，但反应较为缓和，迅速加热至 80 ℃就可能发火，但缓慢加热至 200 ℃也可能不爆炸，而是逐渐分解。

鉴于上述，要严格防止梯恩梯与碱（特别是强碱）接触，以保证生产安全和产品质量。

3. 氧化反应

除了在高温下高浓度硝酸可将梯恩梯中的甲基氧化成羧基外，其他一些氧化剂，例如 93% 硫酸中的硝酸，在相当高的温度及较长的反应时间内也可将甲基氧化成羧基。在浓硫酸中用重铬酸钠在 40 ℃ ~45 ℃下氧化梯恩梯也可得到三硝基苯甲酸，用水稀释就可析出产物，再在水中煮沸就失羧成为三硝基苯。将梯恩梯中的甲基氧化，中间体是三硝基苯甲醛,但反应不易停留于此阶段,故只能得到三硝基苯甲酸。

用次卤酸盐氧化梯恩梯时,苯环破裂,产物为相应的三卤代硝基甲烷。

4. 还原反应

在酸性或碱性条件下,用过量还原剂还原梯恩梯,三个硝基都可被还原成氨基,而生成三氨基甲苯。梯恩梯的部分还原通常在中性或碱性介质中进行,例如在加有浓氨水的二噁烷溶液中用硫化氢还原梯恩梯,可生成 2,6 - 二硝基 - 4 - 氨基甲苯和 3,3′,5,5′ - 四硝基 - 3,3′ - 二甲基氧化偶氮苯;在氯化铵水溶液中用锌粉还原,可生成 4,6 - 二硝基 - 2 - 羟胺基甲苯;在丁二酸酯脱氢酶制剂或心脏、肝脏组织浸取液作用下,被还原成 2,6 - 二硝基 - 4 - 氨基甲苯;在黄质氧化酶制剂的作用下,则被还原成 2,6 - 二硝基 - 4 - 羟胺基甲苯。这些反应对于梯恩梯在动物体内的代谢过程具有十分重要的意义。

5. 与光的作用

梯恩梯受日光照射后颜色变深,性质变化。凝固点 80.0 ℃的梯恩梯受日光照射 2 周或 3 个月后,凝固点分别降至 79.5 ℃和 74 ℃。但如将梯恩梯置于真空中暴晒,则其颜色和凝固点不易改变。从受日光照射的梯恩梯中已分离出了 2 - 亚硝基 - 4,6 - 二硝基苯甲醇,这是分子内氧化 - 还原反应的一种中间产物。梯恩梯的水溶液受日光照射后显粉红色,但此光化学反应速率与溶液酸度有关,其反应产物十分复杂,从中已分离出近 20 种化合物,包括含 3 个或 2 个硝基的酚、芳醛、酰胺、醛、肟、羧酸及偶氮衍生物等,它们大多是由梯恩梯中甲基的氧化反应产生的。由于三个硝基的影响,甲基上氢原子的活性大大增强。受光照射时,梯恩梯首先异构化成酸式,再进一步解离成三硝基苄基负离子,后者再发生一系列反应。

四、热安定性

梯恩梯的热安定性非常高,100 ℃以下可长时间不变化,100 ℃时第一个及第二个 48 h 各失重 0.1% ~0.2%,在 150 ℃加热 4 h 基本上不发生分解,在 145 ℃ ~150 ℃储存 177 h,熔点由 80.75 ℃ 降低至 79.9 ℃,160 ℃开始明显放出气体产物,在 200 ℃加热 16 h,有 10% ~25% 的梯恩梯发生分解,还分离出 13% 的聚合物和一些未知结构的产物,前者不溶于苯,熔点高于 300 ℃,可燃烧。但在分解产物中未检测到三硝基苯。表 5 - 10 列出梯恩梯真空热安定性的试验结果。

表 5 - 10　梯恩梯的真空热安定性

T/℃	100	120	135	150
放出气体量/[mL · (5 g)$^{-1}$ · (40 h)$^{-1}$]	0.10	0.23	0.44	0.65

梯恩梯在 210 ℃加热 14 ~16 h(或更短的时间)可发生自燃,240 ℃加热可检测出自由基。因此,有人认为熔融 TNT 在高温(≥150 ℃)下是不稳定的。

五、爆炸性质

梯恩梯爆发点 475 ℃(5 s)或 295 ℃(5 min),密度 1.60 g/cm^{3}时的爆热 4.56 MJ/kg

(液态水),密度 1.64 g/cm^{3}时的爆速 6.92 km/s(爆速与密度的关系见表 5-11),爆压 19.1 GPa(密度 1.63 g/cm^3),密度 1.61 g/cm^{3}时的爆温约 3 500 K,密度 1.50 g/cm^{3}时的全爆容 750 L/kg。做功能力 285 cm^3(铅𬭚扩孔值),猛度 16 mm(铅柱压缩值)或3.9 mm(铜柱压缩值),撞击感度 4% ~8%①,摩擦感度② 4% ~6%。起爆感度 0.27 g(叠氮化铅)。

表 5-11 梯恩梯爆速与装药密度的关系

装药密度/(g·cm^{-3})	1.34	1.45	1.50	1.60
爆速/(km·s^{-1})	5.94	6.40	6.59	6.68

六、毒性和生理作用

梯恩梯可通过呼吸系统、消化系统及皮肤进入人体,引起肝、血液和眼中毒,导致皮肤炎、胃炎、发绀、中毒性黄疸、再生障碍性贫血等病症,其中中毒性肝炎及再生障碍性贫血可造成死亡。有关这方面的详细情况可见程景才编著的《炸药毒性与防护》一书(1994 年兵器工业出版社出版)。所有从事长期接触梯恩梯工作的人员应定期进行医学检查。车间空气中梯恩梯的浓度应小于 1 mg/m^3。

5.2.2 梯恩梯的用途

由于梯恩梯具有一系列突出的优点,如安定性和安全性好,也有一定的能量水平,且生产工艺成熟,价格低廉,原料来源丰富,所以在军用及民用中都获得了极为广泛的应用。在弹药中,梯恩梯可单独使用,也可与炸药或非炸药制成多个系列的混合炸药,特别是以梯恩梯为基的熔铸炸药(如 B 炸药等)在装弹中普遍使用。梯恩梯及以其为基的混合炸药,既可压装,也可铸装。在工业炸药中,梯恩梯更是适用的含能材料,是很多混合炸药最重要的组分之一。

尽管梯恩梯的能量水平不如黑索今及奥克托今,但它在今后相当长时期内,仍将是最主要的军用及民用炸药之一。

5.2.3 梯恩梯的制造工艺

梯恩梯于 1863 年由 J·威尔布兰德(J. Willbrand)首先制得,1891 年,德国开始工业化生产。目前梯恩梯是由甲苯经硝硫混酸连续硝化,再经亚硫酸钠精制(或其他方法精制)而得。其制备过程主要包括硝化及精制两部分。

一、硝化

1. 硝化过程

即往甲苯中逐步(分三段)引入三个硝基的化学反应过程,第一段主要生成一硝基甲

---

① 指以落锤仪测得的爆炸概率,落锤质量 10 kg,落高 25 cm。本书所言的撞击感度,除注明者外,均与此同。

② 指以摩擦摆测得的爆炸概率,摆角为(90 ±1)°,压强为(3.92 ±0.07) MPa。本书所言的摩擦感度,除注明者外,均与此同。

苯,第二段主要生成二硝基甲苯,第三段主要生成梯恩梯。见反应式(5.15)。

$$C_6H_5CH_3 + HNO_3 \xrightarrow{H_2SO_4} C_6H_4CH_3NO_2 + H_2O$$

$$C_6H_4CH_3NO_2 + HNO_3 \xrightarrow{H_2SO_4} C_6H_3CH_3(NO_2)_2 + H_2O$$

$$C_6H_3CH_3(NO_2)_2 + HNO_3 \xrightarrow{H_2SO_4} C_6H_2CH_3(NO_2)_3 + H_2O \tag{5.15}$$

现多采用三(多)段连续硝化法制造梯恩梯。一段采用 2 ~3 台并联的硝化机及一台稀释机,二段采用 2 台机(并联或并 - 串联),三段则以 8 ~9 台机串联。一段各机加入甲苯、稀硝酸(浓度 45% ~55%)及二段废酸,二段各机加入一硝基甲苯、浓硝酸及三段 1 号机的废酸。二硝基甲苯进入三段 1 号机,随后经分离器分离所得硝化物逐台后移。三段各机加入浓硝酸,浓硫酸或发烟硫酸则加入三段 8 号机(采用 9 台机时),随后酸相经分离器流出,再经澄清塔送去脱硝。硝化物送去洗涤及精制。硝化温度一段 20 ℃ ~50 ℃,二段 60 ℃ ~80 ℃,三段 70 ℃ ~120 ℃。

三段连续硝化法制备梯恩梯的工艺流程见图 5 -2。

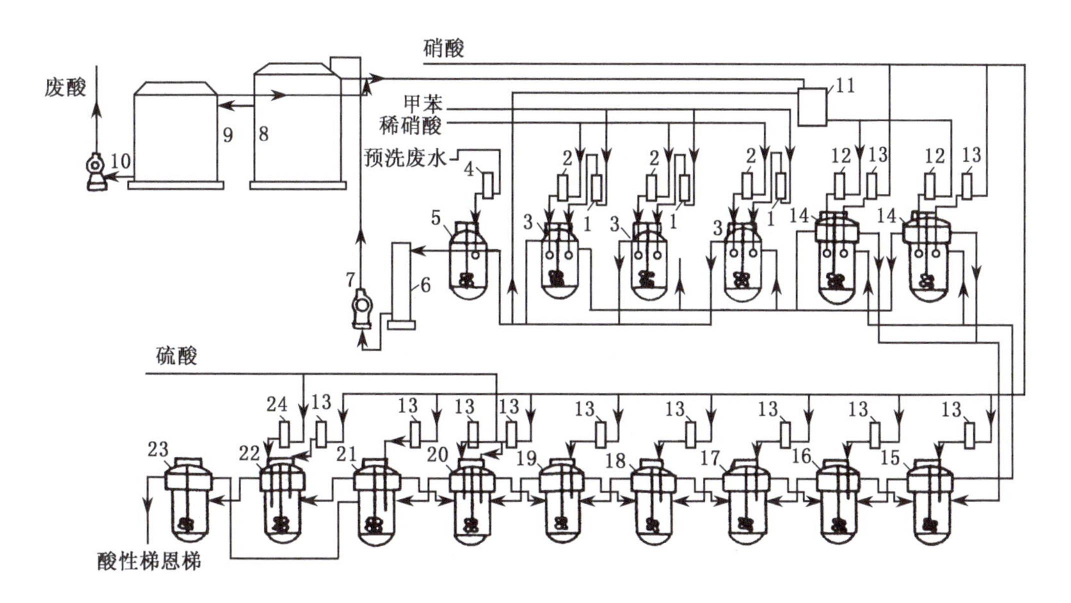

图 5 -2　三段连续硝化法制备梯恩梯工艺流程图

1—甲苯流量计;2—稀硝酸流量计;3—一段硝化机;4—水流量计;5—稀释机;6—稳压槽;7—离心泵;8—分离塔;9—澄清塔;10—离心泵;11—硝基甲苯高位槽;12—硝基甲苯流量计;13—硝酸流量计;14—二段硝化机;15—三段 1 号硝化机;16—三段 2 号硝化机;17—三段 3 号硝化机;18—三段 4 号硝化机;19—三段 5 号硝化机;20—三段 6 号硝化机;21—三段 7 号硝化机;22—三段 8 号硝化机;23—三段 9 号硝化机;24—硫酸计量槽

2. 甲苯的一硝化

甲苯一硝化时生成三种异构体(见反应式(5.16)),其中,间硝基甲苯在进一步硝化时生成不对称梯恩梯而在精制时被除去。

CH_3 —(36.1%)→ 对硝基甲苯（CH_3, NO_2）；—(59.2%)→ 邻硝基甲苯（CH_3, NO_2）；—(4.7%)→ 间硝基甲苯（CH_3, NO_2） (5.16)

甲苯一硝化为两相反应,且主要在两相界面或接近界面的酸相中进行。因为生成的一硝基甲苯是直接供二硝化之用,故允许其中含有适量的二硝化物。在一定范围内,提高硝化酸中硫酸浓度,可降低一硝基甲苯中间位异构体的含量和邻/对比,并适度提高硝化速度和抑制氧化副反应。降低温度也可减少间位异构体的生成和氧化副反应,但增加了冷却负荷和降低硝化速度。搅拌转速增加,可由于加大两相界面而显著提高硝化速度,但搅拌增强至一定程序后,对硝化速度的影响就很小了,因此这时反应已不属于传质控制。

除了氧化副反应外,甲苯一硝化时还发生所谓"树脂化反应",此时形成一种使硝化液颜色加深的复合物,后者是当硝硫混酸硝化能力不足而又含有较多亚硝酸时生成的,应及时将其破坏并使其转化为一硝基甲苯。

作为有机中间体,目前用量最大的是对硝基甲苯,所以人们力图降低甲苯一硝化产物的邻/对比。在一些多孔性物质(如酸性黏土、硅胶、活性炭、分子筛、硅藻土等)或一些可作为催化剂的物质(如酸浸渍的硅酸铝、磺酸化树脂、芳香族磺酸、五氧化二磷等)存在下,以硝硫混酸硝化甲苯,由于上述物质的阴离子体积较大,它与 NO_2^+ 组成的离子对进攻甲苯时,邻位位阻较大,故均可增加对硝基甲苯的生成量。另外,生产一硝基甲苯作为有机中间体时,应防止二硝基甲苯的生成。

制造作为梯恩梯中间体的一硝基甲苯时,控制的工艺参数如下：废酸 φ 值 70% ~ 74%,硝酸过用量 3% ~5%,硝化温度 35 ℃ ~55 ℃。

3. 一硝基甲苯异构体的分离

作为有机中间体,需要纯的一硝基甲苯异构体,所以常将粗制一硝基甲苯分离纯制。为此,将粗一硝基甲苯依次用水、稀碱液、水洗涤,以除去其中的废酸和氧化产物(主要是甲酚的硝基衍生物),再加热除去水分和甲苯,然后送往分离。工业上采用的分离方法主要有连续蒸馏法及蒸馏 - 结晶法。

(1) 连续蒸馏法。用蒸馏法分离一硝基甲苯的三种异构体,可采用多个理论塔板数适当的串联塔系进行,图 5 - 3 所示的是一个 7 塔蒸馏流程图。经洗涤及加热处理后的粗一硝基甲苯先送入第一塔,在此蒸出沸点为 221 ℃的邻硝基甲苯,釜液则送入第二塔,该塔顶馏出物则送入第四塔。与此同时,第二塔釜液经水蒸气处理并除去残渣后送入第三塔,第三塔的釜液也送入第四塔。第二塔及第三塔的作用是除去第一塔釜液中的焦油状物,而第四塔釜底流出物为沸点 238 ℃的对硝基甲苯,塔顶馏出物则进入第五塔。第五、

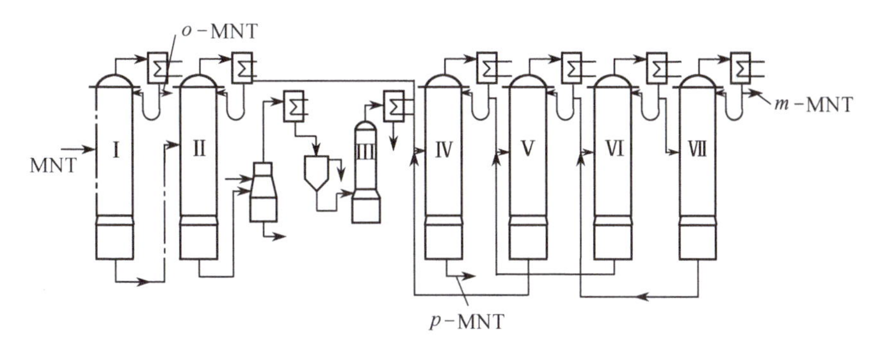

图 5-3　连续蒸馏法分离一硝基甲苯三种异构体流程图

六两塔顶馏出物也分别进入第六塔及第七塔，而五、六、七三塔的釜底流出物则分别送入前一塔继续蒸馏。最后由第七塔顶馏出的是间硝基甲苯。这种连续蒸馏法分离出的邻及对硝基甲苯的纯度不低于 99.7%，间硝基甲苯的纯度不低于 99.5%。

（2）蒸馏-结晶法。采用单蒸馏塔以此法分离粗一硝基甲苯时，是将经处理后的粗一硝基甲苯由塔下部第二节或第三节连续加入，维持塔内真空度 96 kPa 以上，塔顶温度 105 ℃～110 ℃，即蒸出邻硝基甲苯。釜液送入管式结晶机，缓冷至 20 ℃，卸除液体，再升温至 48 ℃，再卸除液体，而附于结晶机管壁上的固体即对硝基甲苯，将其加热熔化后放出。结晶后母液可再行蒸馏，可蒸出邻硝基甲苯与间硝基甲苯的混合物，后者再蒸馏时，可从中可分出纯间硝基甲苯，由釜底流出物可得粗对硝基甲苯，可再重结晶纯化。

4. 甲苯的二硝化

二硝化可生成六种二硝基甲苯异构体（见反应式(5.17)），其中四种在进一步硝化时生成不对称梯恩梯。工业上制得的用于制造梯恩梯的二硝基甲苯的组成如下：2,4-二硝基甲苯 75.6%～76.1%，2,6-二硝基甲苯 19.7%～19.8%，3,4-二硝基甲苯 2.25%～2.57%，2,3-二硝基甲苯 1.23%～1.44%，2,5-二硝基甲苯 0.54%～0.61%，3,5-二硝基甲苯 0%～0.08%。

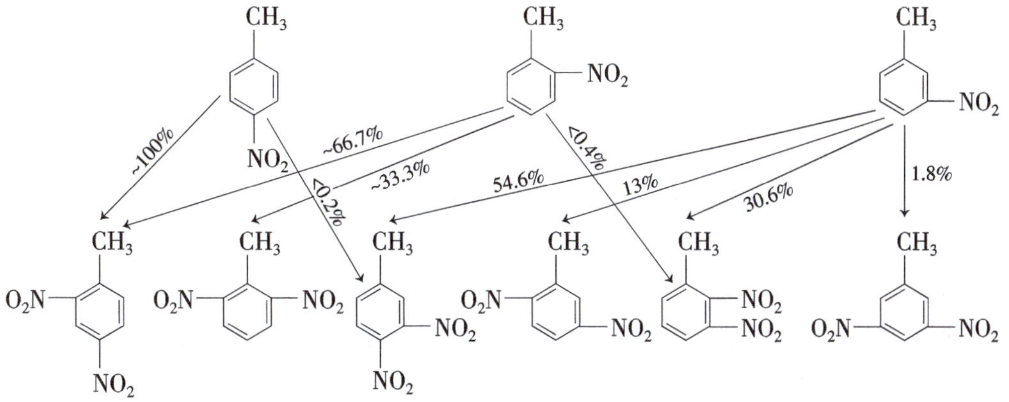

(5.17)

由于硝基的致钝作用，甲苯二硝化的速度比一硝化的低 6 个数量级，所以要采用较高

ϕ 值(84% ~85%)的混酸及较高的硝化温度 60 ℃ ~80 ℃。一硝基甲苯的硝化也是两相反应,在硫酸质量分数分别为 80% 和 90% 的硝化酸中,50 ℃时一硝基甲苯的溶解度分别为 2.09% 和 33.9%(高于甲苯在一硝化酸中的溶解度)。提高硝化酸 ϕ 值、硝化温度和搅拌转速(在一定范围内),均可加快一硝基甲苯的硝化速度。另外,提高硝化温度可增大邻硝基甲苯的相对活性;提高硝化酸的硫酸浓度可增大邻硝基甲苯中 4 - 位的选择性;降低硝化温度或在硝化酸中加入磷酸,均可提高产物中 2,4 - 二硝基甲苯的含量。

作为有机中间体的二硝基甲苯,所要求的异构体组成随用途而异。例如,用于制造甲苯二异氰酸酯的二硝基甲苯,2,4 -/2,6 - 比值可为 80/20 或 65/35。生产异构体比例不同的二硝基甲苯时,宜采用略有差异的工艺条件和工艺流程,或者采用分离技术处理粗产品以得到异构体组成符合要求的产品或纯的二硝基甲苯异构体。

甲苯二硝化的副反应主要是甲基被氧化,生成二硝基苯甲酸;其次是一硝基甲苯中含有的二硝基酚被氧化开环,生成气态产物。另外,如果硝化酸 ϕ 值过高或硝酸含量过低,或硝化系统中杂质过多,易造成硝化产物与废酸分离不清。

5. 甲苯的三硝化

用于甲苯三硝化的是二硝基甲苯六种异构体的混合物,生成的是三硝基甲苯的六种异构体——α - 梯恩梯及五种不对称梯恩梯。见反应式(5.18)。

(5.18)

甲苯的三硝化也是两相反应,硝化在酸相中进行。二硝基甲苯在酸中溶解度较大,且甲苯三硝化所用硝硫混酸的 ϕ 值大(87% ~98%),硝化温度高(75 ℃ ~115 ℃),所以硝化酸中有机物浓度较高。由于两个硝基的致钝作用,甲苯三硝化的速度颇低。尽管是两相硝化,但硝化速度受化学反应速度的控制(动力学控制),所以搅拌强度对三硝化速度的影响不甚明显,这与甲苯的一硝化和二硝化是不同的。为了保证三硝化的完成,除了需采用高 ϕ 值的硝化酸及高的硝化温度外,三硝化一般采用多台(如 9 台)硝化机,而物料则为串联逆流(图 5 - 2)。这样可令高 ϕ 值的硝化酸与难硝化的硝化物(二硝基甲苯含量低者)相遇,以使反应完全;而低 ϕ 值的硝化酸则与较易硝化的硝化物(二硝基甲苯含量高者)相遇,以保证一定的硝化速度。

甲苯三硝化时的副反应有氧化(甲基被氧化和苯环破裂等)、酚类的硝化及耦合等,形成的主要副产品有硝基苯甲酸、硝基甲酚、四硝基甲烷、偶氮化合物等。

工业二硝基甲苯硝化为三硝基甲苯的主要工艺条件(物料逆流、发烟硫酸工艺)如下:ϕ 值 87% ~98%,废酸中硝酸质量分数 2% ~4%,硝酸过用量 80% ~100%,相比 2 ~5,各机(9 台机时)硝化温度见表 5 -12。

表 5 -12　甲苯三硝化各机硝化温度　℃

机号	1	2	3	4	5	6	7	8	9
硝化温度	75 ~85	80 ~90	85 ~95	90 ~100	90 ~100	95 ~105	95 ~105	100 ~110	100 ~115

二、精制

1. 亚硫酸钠精制

目前工业生产中多是用亚硫酸钠处理粗制梯恩梯以除去其中所含不对称梯恩梯等杂质。粗梯恩梯中的不对称梯恩梯、2,4 - 和 2,6 - 二硝基甲苯以外的二硝基甲苯异构体、四硝基甲烷、多硝基苯甲酸及耦合物等均可与亚硫酸钠反应生成溶于水的钠盐被水洗除去。见反应式(5.19)。

三硝基苯与亚硫酸钠反应较慢,2,4 - 和 2,6 - 二硝基甲苯、三硝基间二甲苯、三硝基苯甲醇、三硝基苯甲醛等不能被亚硫酸钠除去。

$$\text{(2-CH}_3\text{-1,3,4-trinitro-benzene)} + Na_2SO_3 \rightleftharpoons \left[\text{CH}_3\text{, } O_2N\text{, } NO_2\text{, } SO_3Na\text{, } NO_2 \text{ adduct}\right] Na^+ \longrightarrow \text{(CH}_3\text{, } O_2N\text{, } SO_3Na\text{, } NO_2\text{-benzene)} + NaNO_2$$

$$C(NO_2)_4 + Na_2SO_4 \longrightarrow (NO_2)_3CSO_3Na + NaNO_2 \tag{5.19}$$

按操作方式,精制可分为间断法和连续法;按处理过程中梯恩梯的物态,分为熔融法和结晶法,工业上常采用连续熔融态精制法。此法采用 4 个精制机、1 个洗涤机与 1 个酸化机。粗梯恩梯、水和亚硫酸钠溶液连续加入 1 号精制机,再逐个溢流至后面的精制机,经最后一个精制机分离出的梯恩梯进入洗涤机洗去残存的母液,再在酸化机中除去残碱,再进入接受槽。为了减少洗涤水用量和废水量,接受槽中分离出来的水可加到 1 号精制机中。整个系统保持在80 ℃ ~85 ℃。由于温度高,一部分 α - 梯恩梯损失掉了,精制得率为 91% 左右,亚硫酸钠用量为粗梯恩梯的 4% 左右。

亚硫酸钠法连续熔融精制梯恩梯的工艺流程见图 5 -4。

亚硫酸钠精制法工艺和设备简单,操作安全,产品质量能满足使用要求;但是对粗制梯恩梯的质量要求较高,精制率较低,精制中又生成了新的杂质,还产生大量亚硫酸钠废液(俗称红水),其中有机物的浓度高,毒性大,处理比较麻烦,所以人们研究了用其他亚硫酸盐精制梯恩

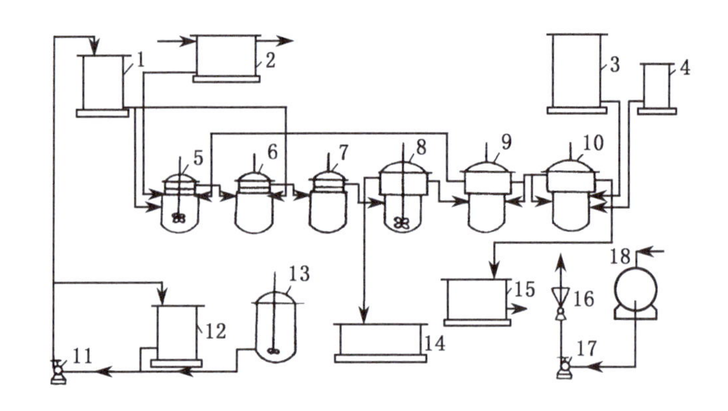

图 5-4　亚硫酸钠法连续熔融精制梯恩梯工艺流程

1—亚硫酸钠溶液高位槽；2—水药分离器；3—热水高位槽；4—硫酸槽；5—1 号精制机；6—2 号精制机；7—3 号精制机；8—4 号精制机和分离器；9—洗涤分离机；10—酸化分离机；11—离心泵；12—亚硫酸钠溶液储槽；13—亚硫酸钠溶液配置机；14—沉淀池；15—梯恩梯接受槽；16—喷射泵；17—离心泵；18—热水槽

梯的方法。

2. 其他亚硫酸盐精制梯恩梯

亚硫酸铵、亚硫酸镁或亚硫酸盐-酸式亚硫酸盐混合物均可用于精制梯恩梯。亚硫酸铵与不对称梯恩梯反应生成溶于水的二硝基甲苯磺酸铵，反应中生成的亚硝酸铵又能与亚硫酸铵进一步反应。见反应式(5.20)。

$$C_6H_2(CH_3)(NO_2)_3 + 4(NH_4)_2SO_3 + H_2O \longrightarrow C_6H_2(CH_3)(NO_2)_2SO_3NH_4 + 2NH_3 + 3(NH_4)_2SO_4 \tag{5.20}$$

反应式(5.20)表明，不仅 1 mol 不对称梯恩梯要消耗 4 mol 亚硫酸铵，且由于亚硫酸铵被氧化成硫酸铵和生成氨，这就更需要增大亚硫酸铵用量，才能使介质酸度不致太高和保证产品的质量。若能防止氨损失，亚硫酸铵的用量可以降低。

用亚硫酸铵法精制梯恩梯时，最好是在室温下将梯恩梯与亚硫酸铵溶液混合，再升温至 85 ℃；或将亚硫酸铵溶液逐渐滴加到水与熔融梯恩梯的混合物中，以防生成 3-氨基二硝基甲苯而导致产品色泽加深。

用镁盐代替钠盐精制梯恩梯时，可采用亚硫酸镁-酸式亚硫酸镁的混合物，以增大溶液中亚硫酸盐浓度。100 g 粗制梯恩梯用 1~1.5 g 氧化镁与二氧化硫配成的溶液，可使精制品的凝固点达到 80.2 ℃，相当于 1 mol 不对称梯恩梯用 1.4~2.1 mol 氧化镁。在介质 pH 相同的条件下，亚硫酸镁精制比亚硫酸钠精制梯恩梯的损失量少得多。

3. 结晶法精制梯恩梯

早期以结晶法精制梯恩梯是将粗梯恩梯溶解在热有机溶剂中，然后冷却结晶。使用的溶剂有乙醇、甲苯及它们的混合物。这种精制法不安全，且成本较高。自从亚硫酸钠精制法出现后，这种方法就被淘汰了。瑞典的 Bofors 公司和美国的 Leonard 公司用硝酸重结晶法精制梯恩梯则得到较好的效果。图 5－5 为 Bofors 公司采用的生产流程。该精制系统由 5～7 个结晶机和 1 个酸洗机组成，第一个结晶机还附有一个预结晶机。采用此法时，将含酸梯恩梯先用质量分数 50%～60% 的硝酸洗涤，以除去硫酸。洗涤后的硝酸供甲苯一硝化使用。梯恩梯与作为结晶溶剂的硝酸（质量分数 50%～70%，一般为 60%～65%）按一定的质量比（硝酸∶梯恩梯＝1～3，一般为 1.4～2）加到预结晶机（D）中（该机的温度低于结晶温度），并在此形成晶核，然后依次流过各结晶机，最后经输送机（E）送入分离机中（各机温度见表 5－13）。分离后所得滤饼先用同样浓度的硝酸洗涤，然后用热水在熔态下洗至酸度合格，再转入干燥。结晶母液大部分可循环使用，多余部分进行回收（蒸出硝酸或加水稀释）。当用 62% 的硝酸作为溶剂时，由 100 kg 粗梯恩梯可得到 89～90 kg 成品和 10 kg 梯恩梯油，后者用亚硫酸钠洗涤后，含α－梯恩梯 45%～55%，不对称梯恩梯 30%～35%，二硝基甲苯 15%～20%。

表 5－13　各结晶机的温度　℃

机号	酸洗机	1	2	3	4	5	6	7
T	80～85	56～58	50～54	44～48	38～42	32～36	26～30	19～23

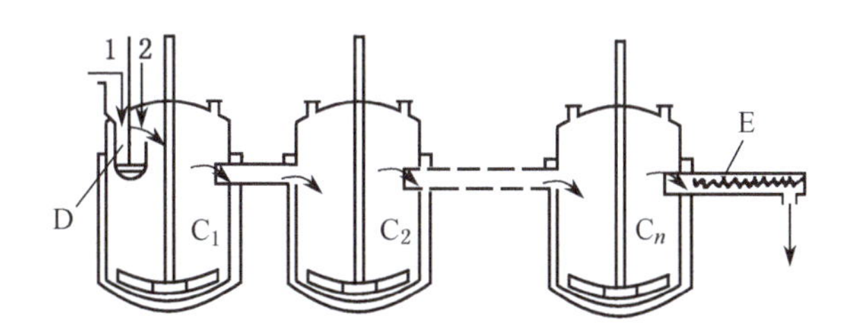

图 5－5　硝酸结晶法精制梯恩梯流程图

C_1，C_2，…，C_n—结晶机；D—预结晶机；E—输送机

1—梯恩梯；2—硝酸

与亚硫酸钠法相比，硝酸结晶精制法的优点是：① 硝化物的回收率高，虽然精制率只有 90% 左右，但还可得到 7%～9% 梯恩梯油；② 不产生新的杂质，精制品的质量好；③ 硝酸对二硝基甲苯等杂质的溶解度大，故对粗制品的质量要求可略低；④ 红水量大为减少，因为需要用亚硫酸钠处理的梯恩梯油量只有粗梯恩梯的 10% 左右。

硝酸结晶精制法的缺点是：硝酸的腐蚀性强，需建立一套结晶母液回收装置及一套小型亚硫酸钠精制和处理红水的装置，工艺复杂。

三、制造梯恩梯的低温工艺

下述的是美国一个采用低温工艺制造梯恩梯的中试装置（单个槽式反应器容积为 120 L）的工艺简况。

1. 工艺过程概述

低温工艺可降低间硝基甲苯生成量,从而可简化精制过程和减少红水量。

低温工艺的主要特点是在低温(约 -10 ℃)下将甲苯二硝化,随后在较高温度(约 90 ℃)下进行三硝化。由于硝化酸中硝基化合物的浓度低于它在酸中的溶解度,所以反应是在单相中进行的。此外,单相无水酸与硝基化合物并流,产物梯恩梯从无水酸中结晶和过滤。

当硝基化合物在酸相中的浓度足够低,以致反应器内容物成为单相时,与现行制造梯恩梯的反应系统相比,反应结果几乎无变化。采用单相反应系统,可使反应器构造简化和制造过程更为安全(因为这时不需要分离器),同时可降低分散硝基化合物所需的混合功率。低温工艺流程见图 5-6。

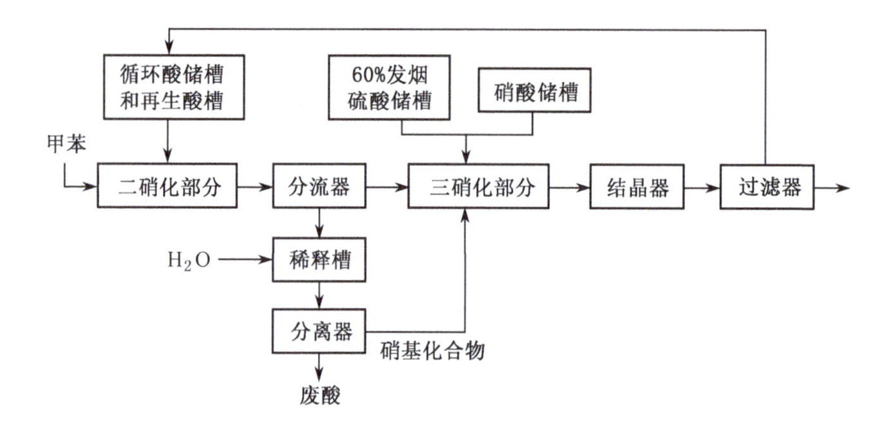

图 5-6 制造梯恩梯的低温工艺流程图

低温工艺中第一个主要过程是二硝化,它是在约 -8 ℃下,将甲苯与循环酸混合后进行的。反应完毕后,混合物经分流器分成相等的两份,一份直接送至三硝化器,另一份则送至水稀释槽,然后在分离器中使硝基化合物与酸相分离,分离所得的硝基化合物也送入三硝化器,而废酸则由系统中排走。

三硝化采用 60% 发烟硫酸与发烟硝酸的混合物为硝化酸,温度控制在 90 ℃以下,以防止氧化。

溶有梯恩梯的硝化酸由三硝化器送入结晶系统,它包括五个串联的槽式搅拌结晶器,各结晶器的操作温度依次降低,最后一个结晶器的温度约为 -5 ℃。进入第一个结晶器的物料含有约 16.5%(质量分数)的梯恩梯。

2. 二硝化

低温工艺的第一步反应是将甲苯转化为二硝基甲苯,该反应是在无水硫酸介质中进行的,其温度接近混合物系的冰点(即约 -10 ℃)。

二硝化的硝化剂是硫酸氢硝鎓盐($NO_2^+ HSO_4^-$),它是硝酸与发烟硫酸中的三氧化硫反应生成的。研究表明，二硝化进行得很快，且其速度与硝化酸浓度关系较小。由于甲苯在硝化酸中的溶解度很低，因此二硝化速度与反应物的传质情况密切相关，故采用的是循环反应器系统，且甲苯恰好在离心泵循环前加入，这样可使甲苯在硝化酸流中雾化，以利于传质。二硝化部分有四个串联的循环反应器，甲苯均量（各1/3）加入前三个反应器中。图5-7所示为二硝化流程。

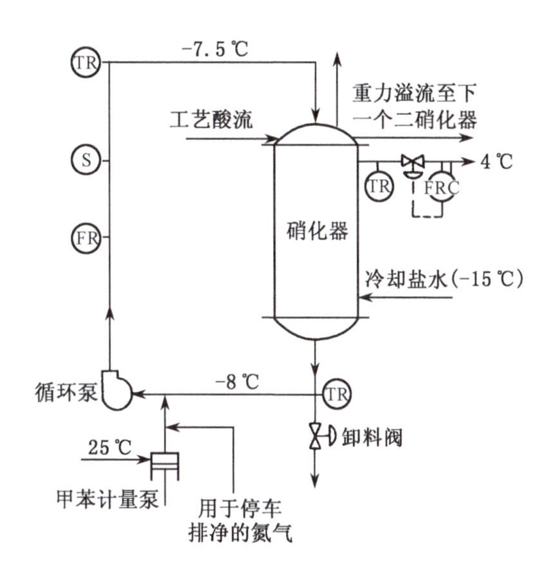

图5-7 二硝化循环反应器

TR—温度记录器；FR—流量记录器；

FRC—流量记录控制器；S—取样口

3. 三硝化

三硝化是二硝基甲苯与硫酸氢硝鎓盐反应生成三硝基甲苯。连续进入三硝化器系统的各物料质量比为：

混酸（60%发烟硫酸与发烟硝酸的混合物）	100
二硝化器流出物	92
二硝化器流出物中的硝基化合物	14

采用上述组成的混合物进行间断反应时，三硝化反应速度与二硝基甲苯浓度有关。90 ℃时，约在1 h内二硝基甲苯即硝化完全。在60 ℃以下，三硝化反应速度是不大的；温度高于90 ℃ 时，则将发生过度的氧化。

三硝化采用三个带夹套的串联槽式搅拌反应器，此系统在90 ℃下操作时，足以使硝基化合物全部转化成梯恩梯。系统装有第四个反应器作为补充反应器，以保证反应安全。

三硝化器流出物组成示于表5-14。

表5-14 三硝化器流出物的组成及流量

组分	质量比	质量分数/%
有机物	100	16.53
HNO_3	46	7.60
SO_3	57	9.42
H_2SO_4	329	54.38
$NO^+HSO_4^-$	73	12.07
总计		100.00

4. 结晶

采用串联槽式搅拌结晶系统。进入结晶器的物料含梯恩梯质量分数约16.5%，此物料在结晶器操作温度下，不致因为太黏而不能流入结晶器。为了保证梯恩梯结晶，最后一个结晶器的温度保持 -5 ℃。用来冷却最后一个结晶器的冷却剂，最低温度可为 -15 ℃。可采用五个结晶器，以有利于物料逐渐冷却，不致形成大粒梯恩梯结晶。

结晶器中物料是过饱和的。当结晶速度较温度变化慢时，通常引起溶液过饱和。对串联槽式搅拌结晶器，结晶速度低，则对结晶过程影响较小，因为此时有较长的可供结晶的停留时间。

加入结晶器的热物料与结晶器中原有的液体充分混合时将发生较大的热交换。这种充分混合可使结晶器各处物料更为均一，且能避免在结晶器的局部地区形成过饱和度过高的液体，这种过饱和的液体能促进梯恩梯晶核的生成，从而导致形成过细的结晶。

梯恩梯结晶系统流程见图5-8。

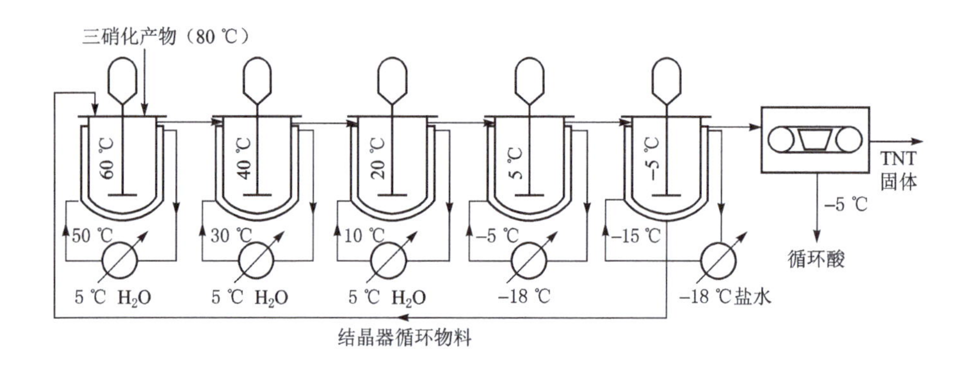

图5-8 梯恩梯结晶系统流程图

四、梯恩梯生产工艺改进

梯恩梯生产工艺改进以防治环境污染为重点，重大技术改革有低温管道硝化、精制新工艺、无水混酸硝化剂、在线自动检测技术、建立水循环系统等。

1. 低温管道硝化工艺

在20世纪50年代的管道硝化和70年代的低温硝化工艺的基础上，人们发展了列管式硝化器和立罐式硝化器相结合的梯恩梯低温管道硝化新工艺。即利用高效热传递的列管，于低温下将甲苯硝化成一硝基甲苯，再用立罐式硝化器，在用含 SO_3 40%发烟硫酸作脱水剂的无水混酸中，使一硝基甲苯硝化成梯恩梯。这种工艺可克服原低温硝化工艺基建投资大的缺点，又可进一步减少污染，提高得率，降低成本和增加安全。

2. 精制新工艺

（1）亚硫酸钠精制工艺的改进。亚硫酸钠精制过程中，梯恩梯及其他副产物的损失量随精制系统pH而改变。当pH为9~10时，梯恩梯的损失达8%~10%；pH在8以下时，损失量可减少到 1% ~2%，所以应将 pH 控制在 8 或 8 以下。在亚硫酸钠溶液中加入亚硫酸氢钠缓冲剂，以控制系统的 pH，可使精制梯恩梯得率由 85% ~88% 提高到 94% 以上，副产物生成量由0.8% 以上降低到 0.3% 以下。

此外，美国改进了精制红水回收的工艺，如在红水中加入氢氧化铝，再将混合物料还原成二氧化硫和可溶性的铝酸钠，然后用碳酸钠溶液洗涤吸收，制成亚硫酸钠和氢氧化铝，前者可重新用于精制梯恩梯，后者可循环使用。

（2）亚硫酸镁精制工艺。此工艺有两种操作法。

1）将氧化镁与二氧化硫水溶液混合并加热制成亚硫酸镁，再加入酸性精制梯恩梯，于 82 ℃下反应 15 min，过滤，用 1% 硫酸洗涤，除去附着的镁化物。此法精制的梯恩梯只含有微量不对称称梯恩梯异构体以及少量副产物。

2）在梯恩梯水悬浮液中，加入亚硫酸镁，反应时间 15 ~20 min，pH 控制在 7.5 ~8.5。为循环使用精制废水中的亚硫酸镁，可采用废水强化工艺，保持精制梯恩梯所需要的亚硫酸镁浓度。此法精制的梯恩梯与亚硫酸钠法产品相比，颜色较浅，得率高 1.5% 以上，纯度达 99.76% ~99.8%，镁含量为 0.000 4% ~0.000 6%，渗油性和线性结晶速度相似，其他指标均符合美军标 MIL – T –248C 要求。

亚硫酸镁法废水中主要含硫酸镁，用碳加热，可使其转变成氧化镁，后者又可制成亚硫酸镁，供循环使用。

亚硫酸镁法的突出优点是：可利用亚硫酸钠精制设备；提高了精制梯恩梯得率（1.5% 以上）、梯恩梯纯度和装药质量；废水可焚烧成氧化镁和二氧化硫循环使用，能耗量仅为焚烧亚硫酸钠精制废水的 1/4。如将废水直接修正循环使用，可消除红水污染。

（3）亚硫酸铵精制工艺。此法是将亚硫酸铵水溶液与熔融粗制梯恩梯置于密闭反应器中，于 80 ℃ ~90 ℃下剧烈搅拌，除去不对称梯恩梯等杂质，所得产品得率高，废水易处理。因精制过程中会释放氨而增加溶液 pH，需加入二氧化硫以控制 pH 不高于 7.2。此外，氨能与不对称梯恩梯反应生成二硝基甲苯胺，此副产物影响梯恩梯质量，需从工艺上限制二硝基甲苯胺的生成量。

此法的废水不含金属离子，可采用硝化废酸脱硝后的废硫酸混合处理，回收亚硫酸铵的全部硫含量，氨则全部转化成氮。

上述三种精制梯恩梯工艺某些指标的对比见表 5 –15。

表 5 –15　三种精制梯恩梯工艺对比

工艺条件与结果	亚硫酸钠法		亚硫酸铵法	亚硫酸镁法
	普通工艺	优化工艺		
料比（TNT/亚硫酸盐）	27.8	27.8	5.48	10
反应时间/min	5	7	15	15
开始 pH	10.4	7.3	6.6	7.1

续表

工艺条件与结果	亚硫酸钠法		亚硫酸铵法	亚硫酸镁法
	普通工艺	优化工艺		
最终 pH	11.1	9.1	8.2	8.9
精制梯恩梯凝固点/℃	80.66	80.74	80.42	80.53
精制梯恩梯理论得率/%	95.68	95.60	95.75	95.85
精制梯恩梯实际得率/%	85.5	94.4	93.83	94.5
不对称梯恩梯含量/%	0.18	<0.1		0.1
副产物含量/%	约 0.8	<0.3		0.3
工艺设备费用	100		96	94
操作费用	100		105	94

3. 无水混酸硝化剂

采用含 20%(甚至 40%)SO_3 的发烟硫酸与发烟硝酸组成无水混酸制造梯恩梯,与采用 97.5% 浓硫酸及发烟硝酸组成无水混酸作为硝化剂制造梯恩梯相比,有以下优点:① 降低硝化温度,减少了间硝基甲苯和氧化副产物量;② 降低硝酸的分解,减控硝烟污染;③ 生产工艺稳定,生产安全性提高;④ 大大减少了硫酸浓缩时硫酸雾的排放量,从根本上改善了难以治理的硫酸雾污染;⑤ 减少了硝化混酸中的杂质和聚合物,提高了梯恩梯质量;⑥ 提高了硝化速度和硝化器的生产效率。

采用发烟硫酸作脱水剂,不仅是提高梯恩梯生产效率和生产安全性的重大革新,也是防治污染、发展无害工艺的有效技术途径。

4. 在线自动检测技术

在线自动检测技术是实现连续化、自动化的关键。现代梯恩梯生产可采用的在线自动检测仪表有硝化混酸液相色谱仪、梯恩梯凝固点自动测定仪和紫外硝酸分析仪等。这些仪表从采样到排样全部自动,并和计算机联用。

5. 建立水的循环系统

梯恩梯生产中应建立基本上密闭的水循环系统,以节约生产用水,减少生产废水,减轻污染,进而达到零排放。

5.3 耐热硝基化合物炸药

某些特殊的炸药应用领域(如深油井、空间探测等)需要耐热炸药。生产安全、可靠、在高温下稳定的炸药或混合炸药是一个新的研究领域,目前全球均在积极进行。

由于硝基化合物的耐温能力高，它们在作为耐热炸药方面正受到特别的重视。

第二次世界大战后，由于对耐高温和不敏感炸药的需求，导致人们合成了一系列很稳定的硝基化合物，它们对撞击钝感，暴露于高温下不致被引爆。这类硝基化合物包括六硝基芪、三氨基三硝基苯、二氨基三硝基苯、塔柯特、2,6－二苦胺基－3,5－二硝基吡啶及某些三嗪系、三唑系硝基化合物等。

5.3.1　提高硝基化合物炸药耐热性的途径

可通过引入氨基、共轭结构与三唑环缩合及成盐等途径，提高硝基化合物的耐热性。

一、引入氨基

在已有硝基（—NO_2）的苯环上其他位置引入氨基（—NH_2），是提高炸药耐热稳定性的最简单和最古老的方法之一。这可通过往三硝基苯（TNB）上引入氨基形成一氨基－2,4,6－三硝基苯（MATB）、1,3－二氨基－2,4,6－三硝基苯（DATB）及 1,3,5－三氨基－2,4,6－三硝基苯（TATB）得到有力证明。热稳定次序为 TATB > DATB > MATB。它们的结构式如下。

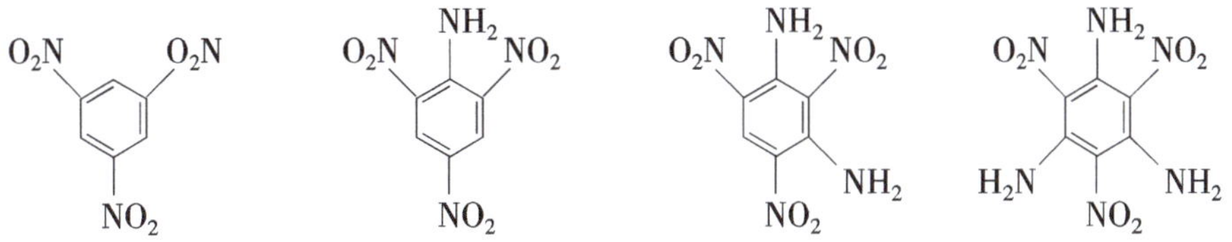

TNB　m.p. 122 ℃　　MATB　m.p. 192 ℃　　DATB　m.p. 286 ℃　　TATB　m.p. >350 ℃

DATB 及 TATB 在苯的硝基衍生物中已被公认为耐热炸药。DATB 相当稳定，熔点为 286 ℃，但它在 216 ℃时转变为较低密度结晶，这限制了它的应用。有几个专利已提及 DATB 混合炸药在空间技术中的应用，这是有实际价值的。另外，TATB 在 260 ℃～290 ℃的热稳定性极佳，可在此温度范围内应用。TATB 是一个具有不寻常的热稳定、低感度及其他一些宝贵性能的炸药，在耐热及安全炸药中，它是首选。TATB 的性能是与其分子结构有关的，首先，它的苯环中的 C—C 键极长，而 C—N 键（—NH_2 与苯环相连的键）极短，且含 6 个歧化氢键。其次，TATB 中存在很强的分子内及分子间氢键。因此，TATB 无可观测的熔点，且除浓硫酸外，TATB 在所有溶剂中的溶解度都很低。

在苯环中引入氨基可提高化合物耐热性这一点也为下述实例证实。

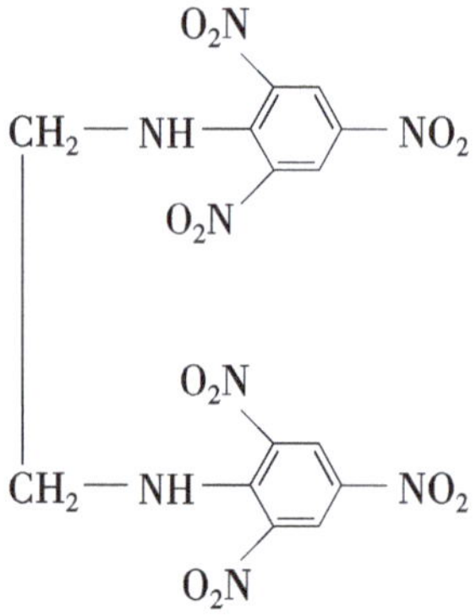

O_2N
CH_2—NH— —NO_2
O_2N
|
O_2N
CH_2—NH— —NO_2
O_2N

m.p. 213 ℃

二（三硝基苯基）乙二胺

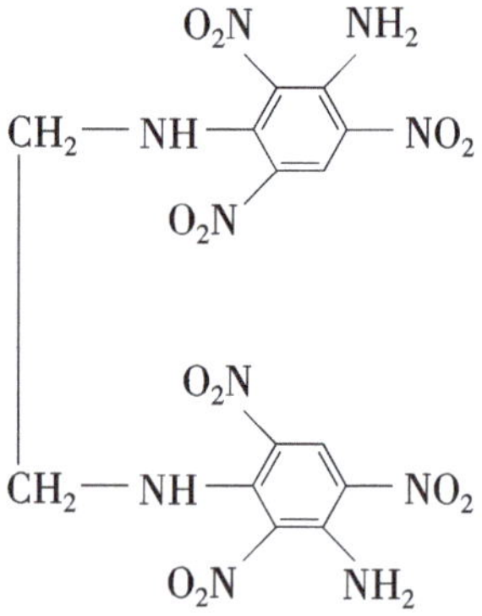

O_2N NH_2
CH_2—NH— —NO_2
O_2N
|
O_2N
CH_2—NH— —NO_2
O_2N NH_2

m.p. 275 ℃

二（三硝基一氨基苯基）乙二胺

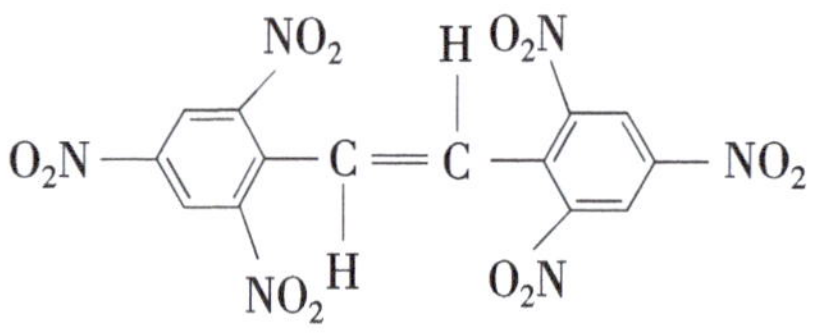

NO_2 H O_2N
O_2N— —C═C— —NO_2
NO_2 H O_2N

m.p. 316 ℃

2,2′, 2,4′, 6,6′-六硝基二苯基乙烯（HNS）

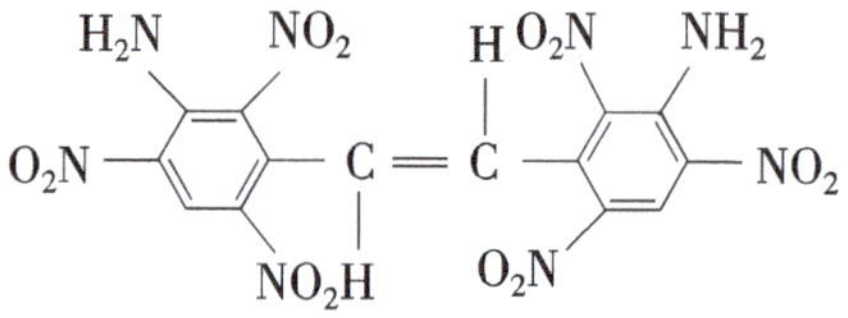

H_2N NO_2 H O_2N NH_2
O_2N— —C═C— —NO_2
NO_2 H O_2N

m.p. 很高

3,3′-二氨基-HNS

上述两组实例表明，引入氨基使熔点升高，而热稳定性是与高熔点及低蒸气压相关的，所以热稳定性肯定可由引入氨基而提高。例如，HNS 是一个耐热性极佳的炸药，而往其中引入氨基后，生成了二氨基 - HNS，热稳定性进一步提高。

另外，联苯胺类的多硝基芳香族化合物具有高的热稳定性，往硝基的邻位引入氨基，热稳定性进一步得到改善。这可见于下述两组实例。

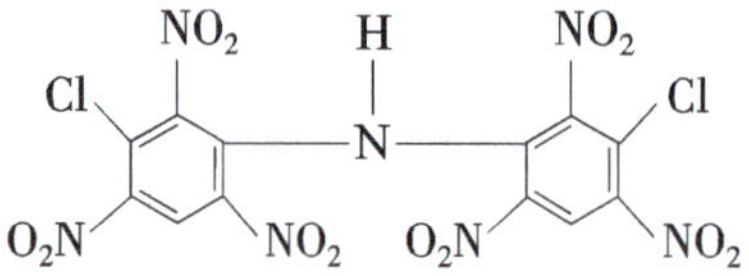

NO_2 H NO_2
Cl — N — Cl
O_2N NO_2 O_2N NO_2

m.p. 92 ℃~94 ℃

3,3′-二氯-2,2′,4,4′,6,6′-六硝基二苯胺

NO_2 H NO_2
H_2N — N — NH_2
O_2N NO_2 O_2N NO_2

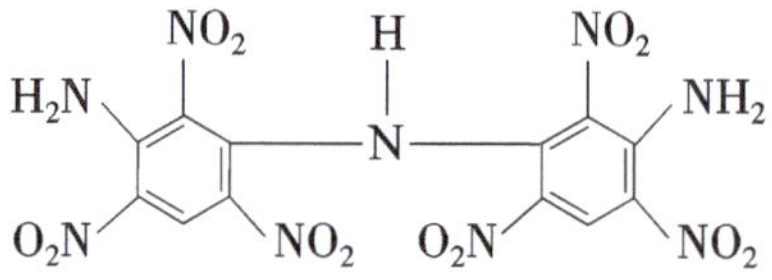

m.p. 232 ℃~237 ℃

3,3′-二氨基-2,2′,4,4′,6,6′-六硝基二苯胺

Cl NO_2 NO_2 H O_2N Cl
O_2N— —N— —N— —NO_2
NO_2 H O_2N NO_2 O_2N

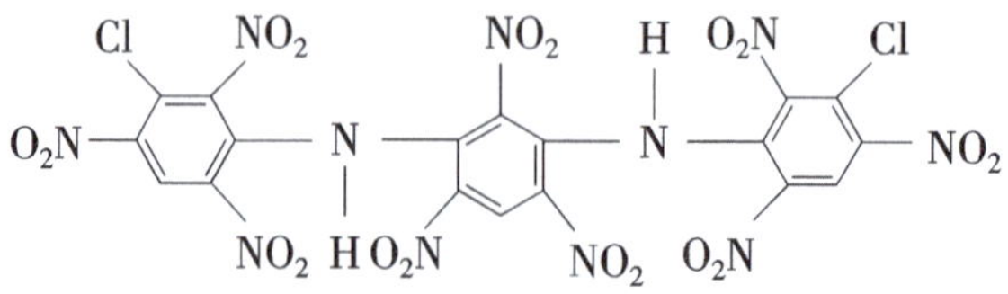

m.p. 较低

1,3-二(3′-氯-2′,4′,6′-三硝基苯胺基) -2, 4, 6-三硝基苯

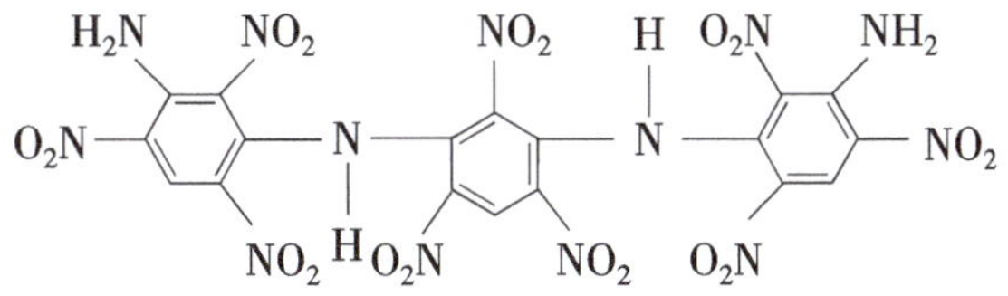

m.p. 很高

1,3–二(3′–氨基–2′, 4′, 6′–三硝基苯胺基)–2, 4, 6–三硝基苯

上述三个（不含二氨基 HNS）带氨基的耐热硝基化合物可由如下合成（见反应式（5. 21）~式（5. 23））。

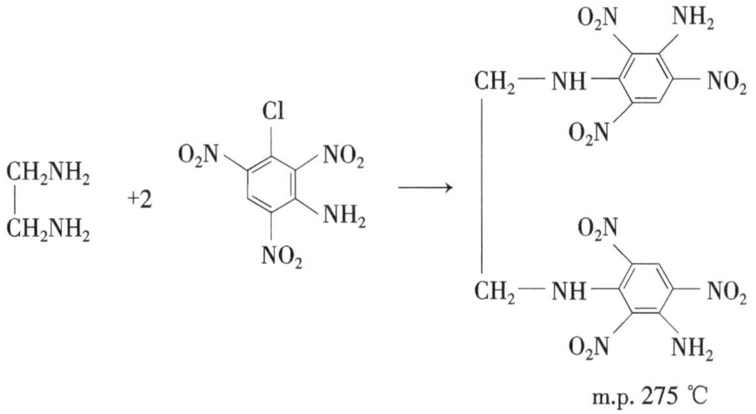

m.p. 275 ℃

（5. 21）

m.p. 140 ℃~141 ℃

H_2SO_4+HNO_3

NH_3,溶剂

m.p. 92 ℃~94 ℃

m.p. 232 ℃~237 ℃

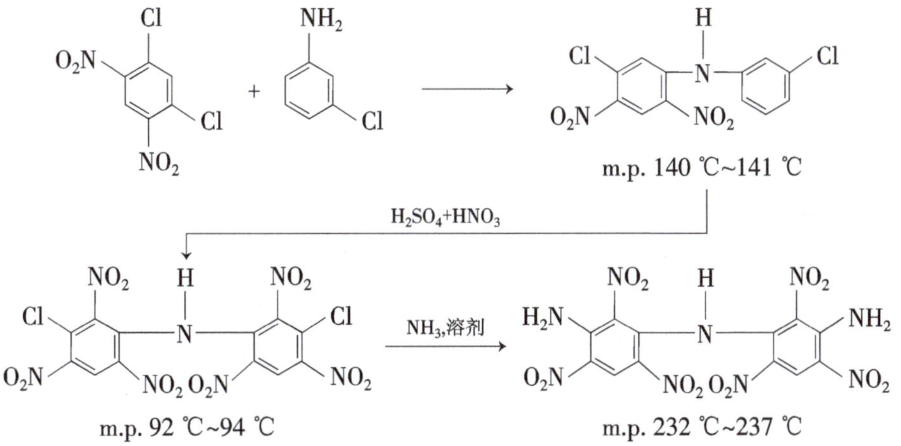

（5. 22）

硝化

m.p. 179 ℃~180 ℃

胺化

m.p. 很高

(5.23)

二、引入共轭结构

通过在炸药分子中引入共轭结构来提高热稳定性的最佳实例是 HNS，它是 1964 年由美国 Naval Ordnance Laboratory（NOL）的 Shipp 合成的。在英国及中国，都有采用 Shipp 法生产 HNS 的相当规模的工业装置。HNS 已作为耐热炸药及混合炸药有效地用于阿波罗（Apollo）宇宙飞船及在月球上进行的地震试验。据报道，HNS 还曾在空间火箭中用于分级。

与 HNS 相类似，共轭结构也存在于六硝基偶氮苯（HNAB）及六硝基四氯偶氮苯（HNTCAB）中，从耐热性的观点来看，这两者都是有价值的炸药。与 PETN 及 HNS 相比，HNAB 的熔点更高，且更钝感，而 HNTCAB 则是一个熔点高达 308 ℃ ~314 ℃的耐高温炸药，它能用作合成其他耐高温炸药的中间体，与苦酰胺、DATB、TATB 及其他氨基硝基衍生物反应，HNTCAB 能转变为一个新系列的耐高温炸药。

为研究引入—C═C—键对多硝基芳香族化合物热稳定性的影响，有人设计和合成了 3,3′-双(2,2′,4,4′,6,6′-六硝基二苯乙烯)和偶氮-3,3′-双(2,2′,4,4′,6,6′-二苯基乙烯)。从相对分子质量及分子对称性来看，这两个炸药应具高熔点及高热稳定性。DSC 研究证明，它们的热稳定性是与其熔点有关的，当它们为熔态时，分解速度加快。在上述两炸药系列中，还有一个炸药，即对称-2,2′,4,4′,6,6′-六硝基-

3－甲基硝基氨基二苯乙烯，它也是一个耐热含能材料。上述的一系列炸药，都由于环中存在共轭结构而具有高耐热性。

三、与三唑环缩合

由 1，2，4－三唑或氨基－1，2，4－三唑与苦基氯缩合生成的各种苦基和苦胺基取代的 1，2，4－三唑和 3，3′－双（1，2，4－三唑基）都是耐热炸药。根据热稳定性及撞击感度数据，3－苦胺基－1，2，4－三唑（PAT）比其母体化合物更耐热。PAT 的结晶密度为 1.94 g/cm^3，VOD 为 7 850 m/s，p_{C-J}为 30.7 GPa，撞击感度大于 320 cm（2.5 kg 落锤）。PAT 相当钝感，曾被认为是一种有潜在应用价值的耐热炸药，且将来有可能代替 TATB。

另外，PAT 的硝基衍生物 PAT－Ⅰ及 PAT－Ⅱ也是由于环中的三唑环赋予了它们一定的热稳定性。

PAT、PAT－Ⅰ及 PAT－Ⅱ的结构式如下。

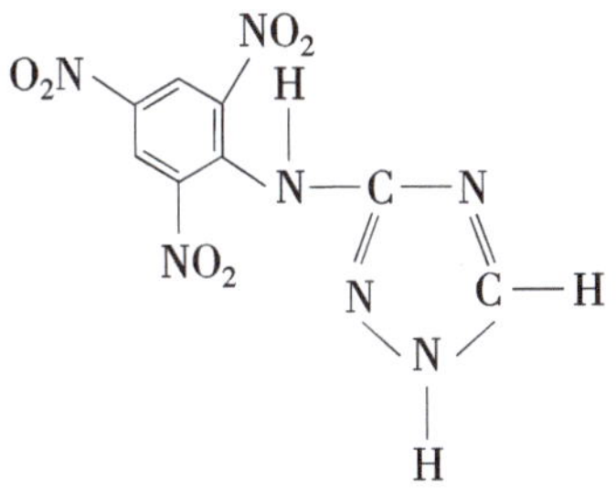

PAT 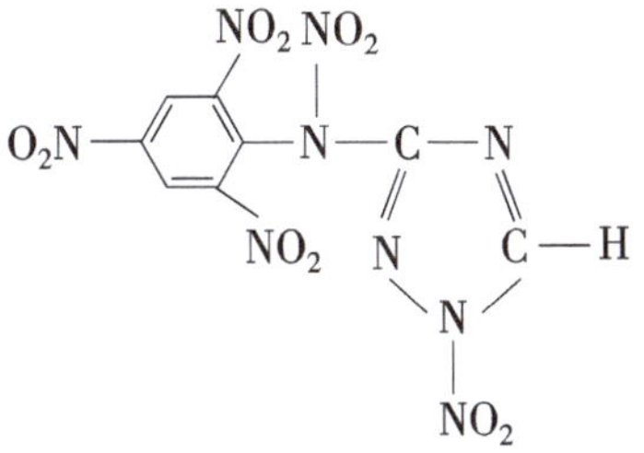　　PAT–Ⅰ

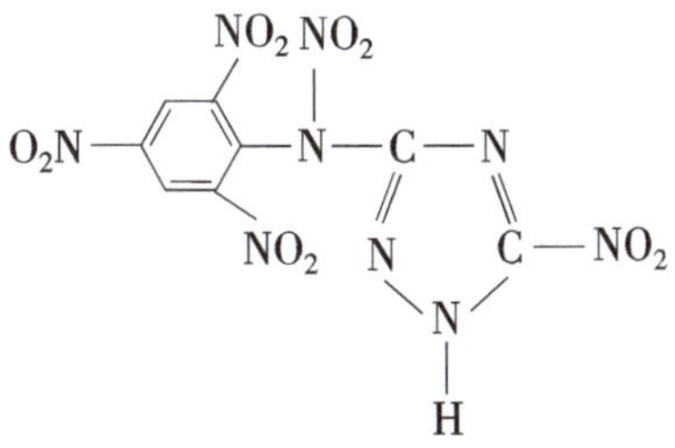

PAT–Ⅱ

不过，PAT－Ⅰ及 PAT－Ⅱ的热稳定性不如 PAT。PAT－Ⅰ的结晶密度为 1.92 g/cm^3，熔点约 103 ℃，计算 VOD 约 8 590 m/s，计算 p_{C-J}为 34.5 GPa，h_{50}为 28 cm。PAT－Ⅰ的密度高、熔点低，能量与 RDX 的相当，故它也可能像 TNT 和 TNAZ 一样作为熔铸炸药。

还有一个三唑系耐热炸药，学名为 1，3－双（1′，2′，4′－三唑－3′－氨基）－2，4，6－三硝基苯，简称 BTATNB，也由三硝基间二氯苯与 3－氨基－1，2，4－三唑缩合制得，其结构式如下。

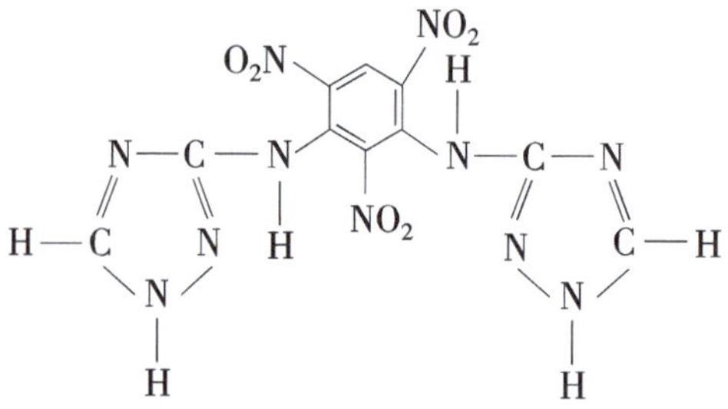

NO_2 O_2N H N—C—N N—C—N H—C N H NO_2 N C—H N N H H

BTATNB

BTATNB 与 PAT 相比，前者的熔点更高(320 ℃，PAT 为 310 ℃)，热稳定性也略优，且对撞击及摩擦均更为钝感。另外，将苦基氯与三硝基间二氯苯分别与 5－氨基－1,2,3,4－四唑在甲醇中缩合，可分别制得 5－苦胺基－1,2,3,4－四唑(PATE)及 5,5′－三硝基间苯二氨基－1,2,3,4－四唑(SAT)，也称 1,3－双(1′,2′,3′,4′－四唑－5′－氨基)－2,4,6－三硝基苯。PATE 爆燃温度约 203 ℃，计算 VOD 约 8 126 m/s；SAT 爆燃温度约 140 ℃，计算 VOD 约 8 602 m/s。这说明，PATE 比 SAT 更耐热，但前者的撞击及摩擦感度比后者的高。PATE 及 SAT 的结构式如下。

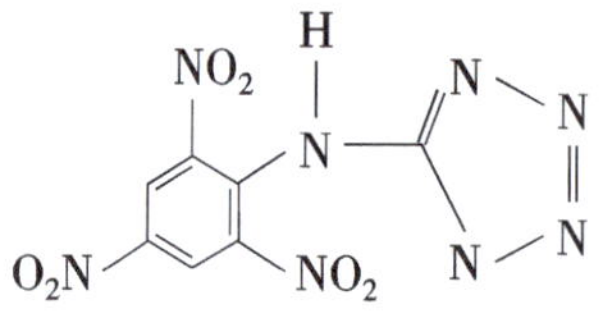

H NO_2 N N N N O_2N NO_2 N N

PATE

N H NO_2 H N N N N N N N N N N O_2N NO_2 N N

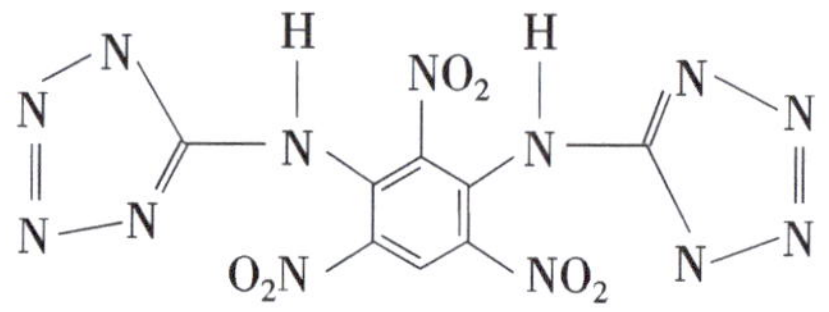

SAT

四、成盐

成盐可提高炸药的热稳定性，这可用下述结构说明。

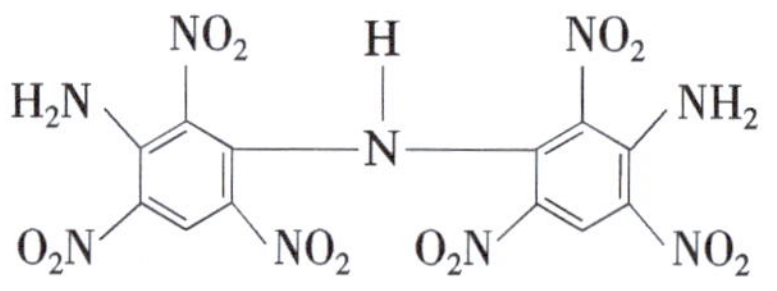

NO_2 H NO_2 H_2N NH_2 N O_2N NO_2 O_2N NO_2

m.p. 232 ℃~237 ℃
3,3′－二氨基－2,2′,4,4′,6,6′－六硝基二苯胺

NO_2 K NO_2 H_2N NH_2 N O_2N NO_2 O_2N NO_2

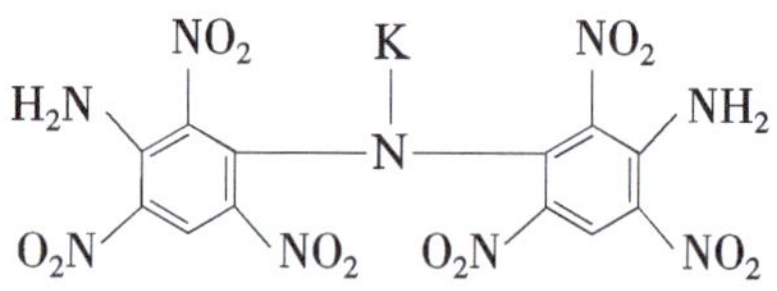

m.p. 333 ℃~334 ℃
3,3′－二氨基－2,2′,4,4′,6,6′－六硝基二苯胺钾盐

5.3.2 六硝基芪

六硝基芪(HNS)学名 2,2′,4,4′,6,6′－六硝基均二苯基乙烯，也称六硝基联苄，分子式$C_{14}H_6N_6O_{12}$，相对分子质量 450.23，氧平衡 －67.52%。结构式如下：

$$O_2N-C_6H_2(NO_2)_2-CH=CH-C_6H_2(NO_2)_2-NO_2$$

一、性能

HNS 是一种性能优越的耐热低感炸药，黄色结晶，有 HNS－Ⅰ（用溶剂洗涤）和 HNS－Ⅱ（用溶剂重结晶）两种类型，彼此性能略有差异，通常应用的为 HNS－Ⅱ型。HNS 的吸湿性为 0.004%（30 ℃，相对湿度 90%），不溶于水、氯仿、四氢呋喃及异丙醇，微溶于热丙酮和冰醋酸，溶于二甲基甲酰胺、二甲基亚砜、硝基甲烷、二噁烷、硝基苯及浓硝酸。晶体密度 1.74 g/cm^3，堆积密度 0.32～0.45 g/cm^3（Ⅰ型）或 0.45～1.0 g/cm^3（Ⅱ型）。熔点 316 ℃～317 ℃（Ⅱ型）及 313 ℃～314 ℃（Ⅰ型），爆热 5.2 MJ/kg，密度 1.70 g/cm^3时，爆速及爆压分别为7.10 km/s和 26.2 GPa，爆容 590 L/kg，做功能力 301 cm^3（铅𪸩扩孔值），撞击感度 40%，摩擦感度 36%，爆发点大于 350 ℃（5 s）。160 ℃时的蒸气压为 3.9×10^{-6} Pa。标准生成焓为 55 kJ/mol，燃烧焓为 －14.5 MJ/kg。260 ℃真空热安定性试验第一个 20 min 放气量为 1.8 $cm^3/(g\cdot h)$（Ⅰ型）及 0.3 $cm^3/(g\cdot h)$（Ⅱ型），DTA 曲线起始放热峰温为 315 ℃（Ⅰ型）及 325 ℃（Ⅱ型），300 ℃的半分解期 172 min（Ⅱ型）。

二、合成

是在碱存在下以 2 mol TNT 氧化偶联为 1 mol HNS，可分为一步法及两步法。

1. 一步法（Shipp 法）

此法不分离出反应中间体（三硝基氯苄），一步直接合成 HNS。见反应式（5.24）。

$$O_2N-C_6H_2(NO_2)_2-CH_3 \xrightarrow[-H_2O]{OH^-} O_2N-C_6H_2(NO_2)_2-CH_2^- \xrightarrow{Cl^+} O_2N-C_6H_2(NO_2)_2-CH_2Cl \xrightarrow[-H_2O]{OH^-} O_2N-C_6H_2(NO_2)_2-CHCl^-$$

$$\xrightarrow[-Cl^-]{PiCH_2Cl} O_2N-C_6H_2(NO_2)_2-CHCl-CH_2-C_6H_2(NO_2)_2-NO_2 \xrightarrow{NaOH} HNS \quad (\text{Pi为苦基}) \tag{5.24}$$

实验室以 Shipp 法合成 HNS 的操作程序如下。在反应器中加入 100 份水，再将 6 份氢氧化钠（纯度以 95% 计）溶于其中。在 20 ℃～30 ℃下往碱液中通入氯气，至 pH 达 11 左右为止。将此溶液冷却至 0 ℃～－5 ℃，在剧烈搅拌下，在 1 min 内迅速将预先冷却好的 TNT 溶液（此溶液是将 10 份梯恩梯溶于由 90 份四氢呋喃与 40 份甲醇组成的混合物中所得）加入。将反应温度升至 20 ℃左右，搅拌 30 min，使产品结晶全部析出。过滤，用甲醇洗涤结晶至滤液无色。得土黄色粗产物，得率 40% 左右，熔点 250 ℃ ~280 ℃。将粗产物与丙酮（1 份 HNS 用 8 份丙酮）加入反应瓶中，加热回流 1 h，趁热过滤，滤饼用丙酮洗涤至滤液无色。得浅黄色细小结晶，即 HNS－Ⅰ型，熔点约 315 ℃。

将 HNS－Ⅰ在二甲基甲酰胺（1 份 HNS－Ⅰ用 20 份二甲基甲酰胺）中加热至 110 ℃左右，使产物全部溶解，然后冷却，析出淡黄色针状结晶。过滤，用少量丙酮洗涤几次。如此经多次重结晶后，产物熔点达 316 ℃ ~318 ℃，为 HNS－Ⅱ型，得率 35% ~37%。重结晶制备 HNS－Ⅱ时，通常在开始析晶前加入少量乙腈形成晶核，以得到粒径适当且粒度分布均匀的长方晶形 HNS－Ⅱ。与 HNS－Ⅰ相比，HNS－Ⅱ的堆积密度、熔点、热安定性均有提高，撞击感度有所下降，流散性改善。

Shipp 法的优点是工艺简单，缺点是四氢呋喃及其他溶剂用量大，粗品质量差，且反应需用冷冻盐水降温。

后来，人们在 Shipp 法的基础上，对 HNS 的制备做出了很多改进，主要有：① 用有机胺代替氢氧化钠，可使粗 HNS 得率提高至 55% 左右，HNS－Ⅰ得率提高至 45% 左右。② 用 1:1 的乙醇－乙酸乙酯代替四氢呋喃－甲醇作为 TNT 的溶剂。③ 采用二甲基亚砜或二甲基甲酰胺－叔丁醇为溶剂，硫酸铜为催化剂，在碱性条件下将 TNT 氧化偶联为 HNS。④ 在二甲基甲酰胺、二甲基亚砜中，以羧酸盐为催化剂，用空气或氧将 TNT 转变为 HNS。⑤ 在相转移催化剂存在下，用次氯酸钠水溶液氧化 TNT 的非水溶性溶液以合成 HNS。

2. 两步法

此法仍以 TNT 为原料合成 HNS，但是将反应中间体（六硝基联苄（HNDB）或三硝基氯苄（TNBC））分出，再将后者氧化为 HNS。

（1）HNDB 法。此法是将次氯酸钠溶液滴加入 TNT 溶液中，由于 TNT 恒过量，产物为 HNDB（$PiCH_2Cl + PiCH_2^- \longrightarrow PiCH_2CH_2Pi + Cl^-$），得率约 80%。令后者溶于适当溶剂（可用的有二甲基甲酰胺、二甲基亚砜、四氢呋喃、甲苯、氯苯等）中，可在碱性条件下（可用有机碱或无机碱）将其氧化（可用的氧化剂有空气、氧、卤素、N—卤代酰胺、醌类、过渡金属盐等）为 HNS。也可采用电解氧化法。HNDB 法所得粗 HNS 的质量较佳。

（2）TNBC 法。此法与 Shipp 法相同，但在 TNT 溶液加入次氯酸钠水溶液后 1 min，立即往反应物中加入稀盐酸令反应中止，并分离出 TNBC（得率可达 85%）。在有机溶剂中用碱处理 TNBC 即可得 HNS（得率 70% 左右）。如采用相转移催化剂，在非水溶液中进行此步反应，HNS 的得率可提高至 80% 以上，产品熔点可达 312 ℃ ~316 ℃。

实验室以 TNBC 法合成 HNS 的操作程序如下：将 10 份 TNT 溶解在由 90 份四氢呋喃和 40 份甲醇组成的混合液中，将所得溶液冷却至 0 ℃以下，再在搅拌下将其迅速倒入冷却至 0 ℃的 105 份 5% NaOCl 水溶液中。加完料后约 1 min，将反应物倾入由 1 000 份水和 12 份 37% 盐酸的混合物中，很快就析出蜡状黄色晶体，为三硝基氯苄。约 1 h 后，滤出结晶，用水洗涤干燥，得到约 10 份三硝基氯苄，用苯－乙烷重结晶后熔点为 85 ℃。

将 10 份三硝基氯苄溶解在由 150 份四氢呋喃和 80 份甲醇组成的混合液中，再在 25 ℃ ~30 ℃下往所得溶液中加入 160 份 1% 的氢氧化钠水溶液，约半分钟就析出 HNS 细小结晶。放置15 min 后，滤出产物，用甲醇洗涤至滤液无色。得 HNS 4.4 份，得率约 50%。产物用硝基苯重结晶后，熔点为 315 ℃ ~316 ℃。

我国研究者对两步法制造 HNS 的工艺做过很多改进，特别是在晶癖改良剂上很有创新，利用一套设备可同时制得 HNS－Ⅰ及 HNS－Ⅱ型产品。

三、用途

HNS 用作柔性导爆索装药（HNS－Ⅱ制成的软导爆索在 227 ℃下放置 7 d 后仍能可靠爆轰）、挠性线型空心装药、耐高温石油射孔弹装药等，也可用作火箭、导弹的分级分离设备和宇航中需要的耐高温炸药。HNS 的另一重要用途是作为改进铸装梯恩梯结晶的添加剂。HNS 可与 TNT 形成配合物 $HNS(TNT)_2$，后者不溶于 TNT，成为 TNT 结晶时的晶核，这使铸装 TNT 的晶粒细而均匀，铸件的强度得以改善。常采用含 0.2% ~0.3% HNS 的 TNT 以热循环法或其他方法进行铸装，以提高铸装 TNT 的质量。此外，在 B 炸药中加入适量 HNS，也可改善药柱强度，并减小弹底空隙。

5.3.3　三氨基三硝基苯

三氨基三硝基苯（TATB）全名 1,3,5－三氨基－2,4,6－三硝基苯，也称三硝基间苯三胺，分子式 $C_6H_6N_6O_6$，相对分子质量 258.15，氧平衡 －55.78%。结构式如下：

NH_2

O_2N　　NO_2

H_2N　　NH_2

NO_2

一、性能

TATB 是最早的耐热、钝感炸药之一，黄色粉状结晶，在太阳光或紫外线照射下变为绿色。不吸湿，室温下不挥发，高温时升华，除能溶于浓硫酸外，几乎不溶于所有有机溶剂，高温下略溶于二甲基甲酰胺和二甲基亚砜。晶体密度 1.937 g/cm^3，熔点大于 330 ℃（分解），标准生成焓约 －150 kJ/mol。250 ℃、2 h 失重 0.8%，100 ℃第一个及第二个 48 h 均不失重，经 100 h 不发生爆炸，DTA 开始放热温度为 330 ℃。爆热 5.0 MJ/kg（液态水，计算值），密度1.857 g/cm^3时爆速 7.60 km/s，密度 1.89 g/cm^3时爆压 29.1 GPa，做功能力 89.5%（TNT 当量），撞击感度及摩擦感度均为 0%，在 250 ℃ ~300 ℃，其 h_{50}（2.5 kg 落锤）大于 320 cm，爆发点 >340 ℃（5 s）。

TATB 是一种非常安定、非常钝感的耐热炸药，爆轰波感度也很低，且临界直径较大，在 Susan 试验、滑道试验、高温（285 ℃）缓慢加热、子弹射击及燃料火焰等形成的能量作用下，TATB 均不发生爆炸，也不以爆炸形式反应。

二、合成

文献中已报道过几种合成 TATB 的方法，考虑到所合成产品产率和纯度以及工艺的难易程度，由对称三氯苯（*s* - TCB）合成 TATB 的工艺被认为是适宜用于放大生产的。目前，几乎所有国家都采用此法大规模制造 TATB。但 TCB 也是一种炸药，且在有些国家，其国内尚无供应。另外，应用 TCB 还会引起一些环境方面的关注。

1. TCB 法

先将 1,3,5 - 三氯苯硝化为 1,3,5 - 三氯 - 2,4,6 - 三硝基苯，再将后者氨化制得。见反应式（5.25）。

$$\text{1,3,5-}C_6H_3Cl_3 \xrightarrow[-H_2O]{H_2SO_4/HNO_3} \text{2,4,6-}(O_2N)_3C_6Cl_3 \xrightarrow[-NH_4Cl]{NH_3} \text{2,4,6-}(O_2N)_3C_6(NH_2)_3 \quad (5.25)$$

（1）实验室合成法。实验室合成 TATB 的程序如下。

1）硝化。在反应瓶中加入硝硫混酸（由浓硫酸及发烟硝酸按体积比 5∶1 配成），在 40 ℃以下加入 1,3,5 - 三氯苯（1 份三氯苯用 30 份混酸）。将物料升温至 60 ℃时，1,3,5 - 三氯苯明显溶解。继续升温至 140 ℃左右，开始有回流现象，在 150 ℃下保温 5 h。冷却至室温，过滤。产品为白色颗粒状固体，用水洗涤至中性。产物熔点 186 ℃ ~ 190 ℃，得率约 85%。粗品用二氯乙烷精制后，熔点达 193.6 ℃ ~ 194.6 ℃。

2）氨化。在反应瓶中加入二甲苯及三硝基三氯苯（两者质量比为 13∶1），往所得溶液内通入氨气，并搅拌反应液。随着氨气的进入，即有黄色沉淀产生。继续在 25 ℃ ~ 30 ℃下通氨气 2 ~ 3 h。过滤出结晶产物，用丙酮（或乙醇）洗去二甲苯，然后用水洗涤除去无机盐，洗至无 Cl^- 为止。产物得率（以三硝基三氯苯计）约 80%。

3）精制。先将制得的粗 TATB 在二甲基亚砜中浸泡 24 h，过滤，用丙酮淋洗，干燥后再溶于沸腾的二甲基亚砜中（1 份粗 TATB 用 55 份二甲基亚砜），趁热过滤，冷却析晶，过滤，用丙酮洗涤结晶，得到片状黄色结晶，熔点在 330 ℃以上。

（2）工业生产方法。工业上生产 TATB 也是采用上述的实验室合成路线，下面举出的是一个实例。

1）硝化。在硝化器中先装 95% 硝酸和含 25% SO_3 的发烟硫酸，配成混酸（所用发烟硫酸与硝酸的质量比为 1∶0.18），加热至 90 ℃，缓慢加入 1,3,5 - 三氯苯（每份用混酸 12 份），最后在 150 ℃ ~ 155 ℃保温反应 2 h，冷却至 45 ℃，加入 400 kg 冷水，冷却至 30 ℃，滤出硝化物，用水洗涤。硝化产物的质量组成为：三硝基三氯苯 89%，1,2,4,5, - 四氯 - 3,6 - 二硝基苯 8%，1,3,5 - 三氯 - 2,4 - 二硝基苯 3%。1 kg 1,3,5 - 三氯苯可得 1.6 kg 三硝基三氯苯。得率 80%，熔点不低于 190 ℃。

硝化时，加入的三氯苯很快被硝化成二硝基化合物，后者的熔点为 130 ℃左右，反应时呈液态。随着二硝基三氯苯不断被硝化，逐渐出现由二、三硝化物组成的固相。三硝化速度取决于二硝基三氯苯在混酸中的溶解度，受二硝基三氯苯由固相向液相的扩散速度控制。

2）氨化。先将三硝基三氯苯溶于二甲苯（每份三硝基三氯苯用二甲苯 15 份）中，溶液过滤后进入氨化器，首先进行蒸馏除水。升温至 140 ℃，在搅拌下通入压力为 0.4 MPa 的氨气，1 mol 三硝基三氯苯要通入 6.3 ~ 6.8 mol 氨气。反应完成后，降温和放空，加入约为二甲苯量 1/4 的水，溶去悬浮在反应液中的氯化铵。将混合物在 100 ℃ 搅拌至少 30 min，再冷却至 80 ℃ 后滤出产品，并用热水煮洗。氨化得率为 97%。

由于 TATB 不溶于一般的溶剂，故无法精制，其纯度和粒度完全靠氨化过程控制。

三硝基三氯苯中的杂质是二硝基三氯苯和二硝基四氯苯，它们在上述氨化条件下不发生反应，留在母液中，母液中二硝基三氯苯的浓度约 2.0 g/L，二硝基四氯苯的浓度约 5.0 g/L，未反应的三硝基三氯苯的浓度约 50 g/L。母液可以循环利用一次，对产品的粒度和氯化物含量没有显著影响。

2. 其他方法

（1）DCA 法。以 3,5 - 二氯苯甲醚（DCA）为原料也可制得 TATB。用 90% 的硝酸与 94% 的硫酸配成的混酸，在 100 ℃ 下即可将 3,5 - 二氯苯甲醚硝化成三硝基衍生物，后者可以通过两种途径氨化。

1）直接氨化。在甲苯溶液中进行。见反应式（5.26）。

$$C_6(OCH_3)(NO_2)_3Cl_2 \xrightarrow{5NH_3} C_6(NH_2)_3(NO_2)_3 + 2NH_4Cl + CH_3OH \tag{5.26}$$

2）先用氯化亚硫酰将 3,5 - 二氯三硝基苯甲醚氯化成三硝基三氯苯，然后氨化。用有限量的氨对 3,5 - 二氯三硝基苯甲醚和三硝基三氯苯进行竞争氨化的试验结果表明，前者的氨化速度要比后者的大得多。

（2）TMHI 法。1,1,1 - 三甲基碘化肼（TMHI）在室温下与硝基芳烃反应，通过 VNS 反应可发生氨化。如在强碱（NaOMe 或 *t* - BuOK）存在下，令 TMHI 与苦酰胺反应，可以 95% 的得率生成 TATB。此法原材料之一的 TMHI，可由 1,1 - 二甲基肼（不对称二甲基肼）（UDMH）与碘甲烷进行烷基化反应制得，或直接由肼与碘甲烷反应制得。另一原料苦酰胺则可由 D 炸药制得。这就是说，此法制造 TATB 的两种主要原料均可来自价廉的原材料或者多余的非军用含能材料。据报道，UDMH（用为液体推进剂）及 D 炸药，在很多国家（如美国、英国、法国及苏联）均被大量废弃处理，这正好可用于制造 TATB。在美国陆军国防弹药中心（DAC）的指导和资助下，美国 Lawrene Livermore National Laboratory（LLNL）已研发成功将苦酰胺转化为 TATB 的工艺（小试），现正扩试中。

（3）间苯三酚法。还有人报道了一种将 1,3,5 - 三羟基苯（间苯三酚）转变为 TATB 的方法，此法分为硝化、烷基化及氨化三步（反应式（5.27）），当采用三甲氧基衍生物时，总得率达 87%。用类似的路线，也可高得率合成 DATB 及苦酰胺。此法仍处于实验室研发阶段。但据报道，美国 ATK 硫化物公司对此法已成功地完成了中试，产品得率达 98%，纯度 95% ~99%，粒径 40 ~60 μm。同时，此工艺与传统的 TCB 工艺相比，降低了 TATB 生产对环境的影响。

$$\text{间苯三酚} \xrightarrow[\text{2. } HNO_3;5\ ^\circ C\quad \text{3. 加热}]{\text{1. } NaNO_2, NaOH} \text{TNPG} \xrightarrow{(RO)_3CH} \text{(其中R=Me,Et或Pr)} \xrightarrow{NH_3,\text{溶剂}} \text{TATB} \qquad (5.27)$$

间苯三酚：HO, OH, OH

TNPG：NO_2, HO, OH, O_2N, NO_2, OH

RO, OR, NO_2, O_2N, NO_2, OR (其中R=Me,Et或Pr)

TATB：NO_2, H_2N, NH_2, O_2N, NO_2, NH_2

三、应用

TATB 用于高速导弹弹头是特别有价值的，它的能量水平虽然较低，但处理安全。在美国，TATB 得到广泛应用，且有为数不少的 TATB 中试制造装置。

采用不敏感猛炸药(IHE)，可大大提高弹药、武器及人员的安全和生存率，因为 IHE 对高温、撞击、冲击都十分钝感。在现代核武器中，TATB 被认为是最重要的 IHE，因为就耐热及抗物理冲击而言，TATB 优于能量与之相当的任何已知炸药。TATB 的高稳定性，使它不仅适于军用，也适于民用。

早期，美国在核武器中曾采用 TNT、RDX 及 HMX，但这引起钚气溶胶扩散的危害。这种半衰期极长的放射性同位素对人员和环境都会造成极大的危险。因此，美国能源部及国防部转向将 IHE(如 TATB 基混合炸药)用于核武器中。对现代武器、宇航和核武器，TATB 混合炸药是特别有吸引力的，因为这类炸药能满足对高温及意外引发的安全要求。此外，TATB 的临界直径比 TNT 的小，这意味 TATB 能较易维持稳态爆轰，同时不易由爆燃转化为爆轰。

现在，美国能源部能可提供 5 年的 TATB 用量，这是为保证美国核武器(资源)的安全性和可靠性而设计的。美国国防部也在研究采用 TATB 作为不敏感的爆破材料的可能性，这不仅由于 TATB 的安全性能，而且其爆炸威力也大于等当量的 TNT。

TATB 除了作为 IHE 外，还用于制造重要的中间体六氨基苯，后者已用于制备铁磁有机盐和合成新的杂多环分子(如 1,4,5,8,9,12 - 六氮三亚苯基，HAT)，HAT 与低价过渡金属配合可作为强电子接受体。

还有,TATB 还拟用为制造溶致液晶相组分的试剂,而这种液晶相可用于显示装置。TATB 在民用上,可用于需要耐热性炸药的深井爆破。但 TATB 的高成本限制了它的应用。几年前,美国工业规模生产的 TATB 售价为 90~250 $/kg。现在,美国能源部供应外部用户的 TATB 为 200 $/kg。用 VNS 工艺生产 TATB,如以工业规模制造,其价格可降至 90 $/kg,制造时间可减少 40%。VNS 法与现有方法相比,在环保方面也具有很大优点,即不采用含氯原料。

5.3.4 二氨基三硝基苯

二氨基三硝基苯(DATB)全名为 1,3-二氨基-2,4,6-三硝基苯,分子式 $C_6H_5N_5O_6$,相对分子质量 243.14,氧平衡 -55.93%。结构式如下:

NH₂ / O₂N—苯环—NO₂, NH₂ / NO₂

$$\text{1,3-}(NH_2)_2\text{-2,4,6-}(NO_2)_3C_6H$$

一、性能

二氨基三硝基苯为灰黄色粉状结晶,有两种晶型,相变温度 217 ℃。不溶于水、乙醇、正丙醇及乙醚,微溶于二氯乙烷、苯、四氯化碳、丙酮、硝基甲烷及乙酸乙酯,易溶于四氢呋喃、二甲基甲酰胺及二甲基亚砜。晶体密度 1.83 g/cm^3,熔点 295 ℃~298 ℃。100 ℃第一个 48 h 不失重,第二个 48 h 失重 0.4%,经 100 h 不挥发,不爆炸。爆热 4.10 MJ/kg(液态水)。密度 1.746 g/cm^3 时爆速 7.45 km/s,密度 1.79 g/cm^3 时爆压 25.9 GPa,做功能力 100%(TNT 当量),撞击感度及摩擦感度均为 0%,最小起爆药量 0.20 g(叠氮化铅)。

二、合成

下面叙述三种实验室制备 DATB 的方法。

(1)由间二甲氧基苯经磺化、硝化及氨化制得。见反应式(5.28)。

$$1,3\text{-}(OCH_3)_2C_6H_4 \xrightarrow{\text{磺化}} \xrightarrow{\text{磺化}} 1,3\text{-}(OCH_3)_2\text{-}2,4,6\text{-}(NO_2)_3C_6H \xrightarrow[\text{溶剂}]{NH_3} 1,3\text{-}(NH_2)_2\text{-}2,4,6\text{-}(NO_2)_3C_6H \tag{5.28}$$

在反应器中装入 100 份 95% 硫酸,在搅拌下迅速加入 10 份间二甲氧基苯,将物料温度上升至 90 ℃~100 ℃,并在此温度下保温 30 min 后,将磺化液降温至 5 ℃~10 ℃,逐渐加入 55 份 70% 硝酸,加硝酸的时间约 2.5 h,加完后再搅拌 15 min。将反应物倾入碎冰中,得到细黄色晶体三硝基间二甲氧基苯。得率为 87%。如用 100% 硫酸磺化,然后用发烟硝酸和发烟硫酸配成的混酸硝化，硝化得率可提高至 91% ~94% 。

将三硝基间二甲氧基苯溶于溶剂中，在不同条件下氨化，可以得到不同粒度的 DATB。

（2）将间硝基苯胺硝化成四硝基苯胺，再将后者氨化制得。见反应式(5.29)。

$$NH_2,\ NO_2 + KNO_3 + H_2SO_4 \xrightarrow[-H_2O]{-KHSO_4} O_2N,\ NH_2,\ NO_2,\ NO_2,\ NO_2 \xrightarrow{NH_3} O_2N,\ NH_2,\ NO_2,\ NH_2,\ NO_2 \tag{5.29}$$

1）四硝基苯胺制备。向反应器内加入 3 份硝酸钾和 36 份 96% 的硫酸，搅拌使硝酸钾完全溶解。升温至 50 ℃ ~60 ℃，加入 1 份间硝基苯胺，再继续升温至 80 ℃ ~85 ℃，保温 5 min，然后降至室温，过滤，水洗数次，得黄色晶体。收率约 70%，熔点 200 ℃左右。经硝基甲烷重结晶，产品熔点为 219 ℃ ~220 ℃。

2）二氨基三硝基苯制备。向反应器内加入 12 份无水乙醇和 1 份四硝基苯胺，在 10 ℃下向反应器内通入干燥的氨气。此时反应液呈橘黄色，温度逐渐上升。继续通入氨气，保持温度 25 ℃ ~30 ℃，反应 1 ~1.5 h。过滤，水洗。产品收率 60% ~75%，熔点 280 ℃左右。在醋酐中重结晶，产品熔点为 286 ℃ ~288 ℃。

（3）将间二氯苯硝化为三硝基间二氯苯（TNDCB），或由斯蒂芬酸（三硝基间苯二酚）的二吡啶鎓盐用三氯氧磷氧化成 TNDCB，再将后者加入无水甲醇中形成悬浮液，在 0 ℃下通入干燥氨气氨化，也可制得 DATB。见反应式(5.30)。

$$Cl,\ Cl \xrightarrow{H_2SO_4/HNO_3};\quad OH,\ O_2N,\ NO_2,\ OH,\ NO_2 \xrightarrow{POCl_3};\quad O_2N,\ Cl,\ NO_2,\ Cl,\ NO_2 \xrightarrow[CH_3OH]{NH_3} O_2N,\ NH_2,\ NO_2,\ NH_2,\ NO_2 \tag{5.30}$$

5.3.5 塔柯特

塔柯特（TACOT）全名为四硝基二苯并 -1,3a,4,6a - 四氮杂戊搭烯，它实际上是多种结构异构体的混合物，主要组分的分子式 $C_{12}H_4N_8O_8$，相对分子质量 388.21，氧平衡 -74.18%。结构式如下：

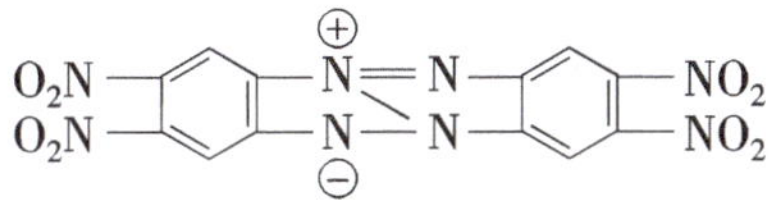

O_2N O_2N N N N N NO_2 NO_2

一、性能

塔柯特为橙黄色结晶,溶于热二甲基亚砜和 95% 浓硝酸,稍溶于硝基苯和二甲基甲酰胺,不溶于水和大多数有机溶剂。晶体密度 1.76 g/cm^3,熔点约 400 ℃,标准生成焓约 500 kJ/mol,燃烧焓约 −15 MJ/kg。在 316 ℃下长期加热不发生爆炸,378 ℃才开始分解,在 275 ℃下加热 28 d 后仍可使用。爆热 4.10 MJ/kg,爆速 7.20 km/s(密度 1.64 g/cm^3),爆压 18.1 GPa(密度 1.64 g/cm^3),做功能力 96%(TNT 当量)。起爆 0.4 g 试样所需最小起爆药量为 0.026 g(叠氮化铅),2 kg 落锤的特性落高 h_{50} 为 142 cm,爆炸概率 64%(5 kg,94 cm),爆发点 420 ℃(5 s)。

二、合成

以邻苯二胺为原料,经偶联、重氮化、叠氮化及脱氮环化几步制得二苯并 −1,3a,4,6a − 四氮杂戊搭烯,再将后者硝化即制得塔柯特。见反应式(5.31)。

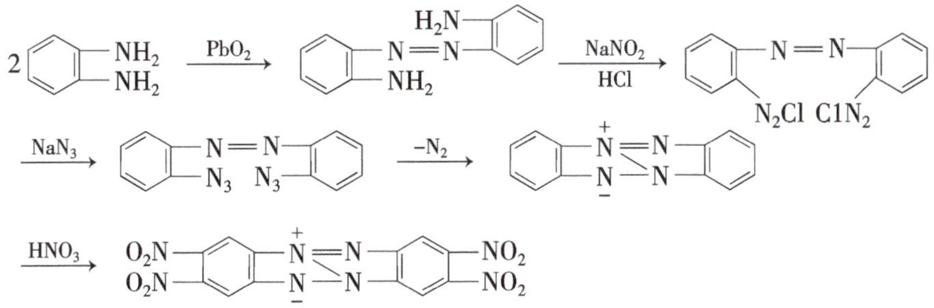

2 NH_2 NH_2 —PbO_2→ H_2N N=N NH_2 —$NaNO_2$/HCl→ N=N N_2Cl ClN_2

—NaN_3→ N=N N_3 N_3 —$-N_2$→ N=N N—N

—HNO_3→ O_2N O_2N N=N N—N NO_2 NO_2

(5.31)

实验室制备 TACOT 的操作程序如下。

1. 2,2′ − 二氨基偶氮苯的制备

在反应瓶中,加入 50 份邻苯二胺与 1 600 份苯,在 20 ℃ ~45 ℃加热物料以令邻苯二胺溶解。分批加入 240 份二氧化铅,在 45 ℃ ~50 ℃下反应 1 h,再升温至 65 ℃ ~70 ℃,回流 2 ~3 h。将不溶的铅盐滤去,将深橙色的滤液冷却,再往滤液中加入 180 份浓盐酸,有沉淀析出。过滤,将沉淀放入冷水中,用氢氧化钠溶液调整 pH 达 9.0,用二氯甲烷 800 ~1 000 份提取水溶液中的产物。分离出二氯甲烷层,用硫酸镁干燥,再蒸馏出二氯甲烷,剩余物则用苯重结晶,得橙色晶体。得率约 40%,产物熔点 133 ℃ ~134 ℃。

2. 2,2′ − 二叠氮偶氮苯的制备

在反应瓶中加入 25 份 2,2′ − 二氨基偶氮苯、210 份浓盐酸和 250 份水。冷却至 0 ℃ ~2 ℃,滴加由 21 份亚硝酸钠溶于 120 份水形成的溶液,加料温度在 8 ℃以下。

加完料后再在同温度下搅拌 1 h,然后滴加由 20 份叠氮化钠溶于 120 份水形成的溶液,加料温度为 0 ℃ ~5 ℃。加料时有氮气放出,并析出二叠氮化物。加完料,常温下继续搅拌 2 h。过滤,得二叠氮偶氮苯晶体。产品得率约 90%,熔点 110 ℃ ~111 ℃,熔化时分解。

3. 二苯并 -1,3a,4,6a - 四氮杂戊搭烯的制备

在反应瓶中加入二叠氮化物 10 份及十氢化萘 680 份。令物料逐渐升温,至 60 ℃左右开始放出氮气,偶氮基的橙色渐渐退去。继续升温至 170 ℃时,又放出氮气。在 175 ℃ ~185 ℃保温 2 ~3 h。蒸馏浓缩反应液,析出黄色长针状四氮杂戊搭烯。产品得率约 93%,熔点 237 ℃ ~238 ℃。

4. 四硝基二苯并 -1,3a,4,6a - 四氮杂戊搭烯的制备

在反应瓶中加入 1 份二苯并四氮杂戊搭烯及 15 份浓硫酸,搅拌溶解后,在冷却下缓慢滴加 30 份发烟硝酸。15 min 后,升温至 60 ℃ ~70 ℃,保温 15 min。将反应混合物冷却后倒入 5 倍体积的冰水中,析出橙色产品,过滤,用热水洗涤数次。用二甲基甲酰胺重结晶后得橙红色固体,熔点约 410 ℃,熔化时分解。

三、应用

以塔柯特为基础装药的雷管,工作温度可达 275 ℃。用作耐热炸药,适用于导弹、火箭与空间器件的装药及高温爆破工程装药。

5.3.6 2,6 - 二苦胺基 -3,5 - 二硝基吡啶

2,6 - 二苦胺基 -3,5 - 二硝基吡啶(PYX)的分子式 $C_{17}H_7N_{11}O_{16}$,相对分子质量 621.3,氧平衡 -55.36%。结构式如下:

一、性能

PYX 熔点 460 ℃,晶体密度 1.75 g/cm^3。起始分解点 360 ℃(DTA),300 ℃、24 h 失重 1%(TGA),250 ℃真空安定性试验放气量为 0.9 mL/[g·(48 h)]。爆速 7.50 km/s,爆压 24.2 GPa。PYX 的耐热性和爆炸能量大于六硝基芪,爆轰感度大于三氨基三硝基苯。

二、合成

将苦基氯与 2,6 - 二氨基吡啶缩合成 2,6 - 二苦胺基吡啶,再用发烟硝酸硝化缩合产物可制得 PYX。见反应式(5.32)。

Cl
O_2N NO_2 + H_2N N NH_2 ⟶ NO_2 NO_2 O_2N HN N NH NO_2 O_2N NO_2
NO_2

$\xrightarrow{HNO_3}$ NO_2 NO_2 O_2N NO_2 O_2N HN N NH NO_2 O_2N NO_2

(5.32)

1. 2,6－二苦胺基吡啶的制备

在反应瓶中加入 200 份无水二甲基甲酰胺(也可用工业乙醇代替二甲基甲酰胺,但用量需改变),在搅拌下加入 11 份 2,6－二氨基吡啶、55 份三硝基氯苯及 20 份氟化钠。将混合物在 115 ℃加热 5 h,然后在迅速搅拌下倾入 2 000 份水中。滤出固体,用水充分洗涤后,在 1 600 份沸腾甲醇中回流 30 min。滤出产品,用甲醇洗涤,得粗品 2,6－二苦胺基吡啶。得率 87% ~90%。用丙酮－乙醇重结晶后,熔点达 300 ℃(分解)。

氟化钠的作用是将三硝基氯苯转变为三硝基氟苯(卤素交换反应),后者对亲核取代反应比较活泼。如果不加氟化钠,反应得率可降至 40% ~50%。

2. 2,6－二苦胺基－3,5－二硝基吡啶的制备

在－20 ℃下,将 50 份 2,6－二苦胺基吡啶加到 750 份 90% 硝酸中。将溶液加热至 25 ℃,在此温度下搅拌 1 h,然后升温回流 5 h。冷却后用 1 400 份 70% 硝酸将反应物料稀释,再冷却至 0 ℃,过滤出产品。先用浓硝酸后用水和甲醇洗涤滤饼,得 2,6－二苦胺基－3,5－二硝基吡啶。得率 67% ~70%。

5.3.7 *N*,*N*′,*N*″－三苦基三聚氰胺

N,*N*′,*N*″－三苦基三聚氰胺(TPM)的分子式 $C_{21}H_9N_{15}O_{18}$,相对分子质量 759.43,氧平衡－60.05%。结构式如下:

NO_2 H H NO_2
N
O_2N N C C N NO_2
N N
NO_2 NO_2
C
NH
O_2N NO_2
NO_2

一、性能

TPM 为黄色粉末或淡黄色片状结晶，溶于丙酮、乙腈、甲酸甲酯、乙酸乙酯、二噁烷、硝基甲烷、四氢呋喃、环己酮、二甲基甲酰胺等，微溶于甲醇、硝基苯等，室温下不溶于水。晶体密度 1.72 g/cm^3，熔点 301 ℃～302 ℃，不吸湿。燃烧焓约 －13 MJ/kg。起始分解点 295 ℃（DTA 法）。爆速 7.1 km/s（密度 1.65 g/cm^3），爆压 20.4 GPa，爆热约 2.5 MJ/kg，做功能力 96%（TNT 当量）。爆发点大于 360 ℃（5 s），撞击感度 88%，摩擦感度 76%。

二、合成

由苯胺与三聚氯氰进行亲核取代反应生成 *N*，*N′*，*N″*－三苯基三聚氰胺，再用硝硫混酸硝化后者制得。见反应式(5.33)。

1. *N*，*N′*，*N″*－三苯基三聚氰胺的制备

在反应瓶中加入 300 份苯和 56 份苯胺，再分批加入 19 份三聚氯氰。将物料升温至 91 ℃～92 ℃，使反应混合物回流 3～4 h，此时三聚氯氰逐渐溶解，而 *N*，*N′*，*N″*－三苯基三聚氰胺则逐渐生成。反应结束后，将反应混合物冷却至室温，过滤，先用少量苯，再用 2% 盐酸，最后用 2% 碳酸氢钠水溶液和水洗涤，得粗产品，得率约 94%，熔点 194 ℃～196 ℃。粗品用冰醋酸重结晶，得到白色晶体，熔点 232 ℃～233 ℃。

$$3\,C_6H_5NH_2 + C_3N_3Cl_3 \xrightarrow{\text{苯中回流}} C_3N_3(NHC_6H_5)_3 \xrightarrow{HNO_3/H_2SO_4} C_3N_3[NHC_6H_2(NO_2)_3]_3 \qquad (5.33)$$

2. *N*，*N′*，*N″*－三苦基三聚氰胺的制备

在冷却下往反应瓶中加入 280 份浓硫酸（95%～98%）及 210 份 68% 硝酸配成混酸。

在 25 ℃ ~30 ℃下,分批向混酸中加入 20 份 *N*, *N*′,*N*″-三苯基三聚氰胺,加料温度保持在 70 ℃以下。加完料,令物料升温至 93 ℃ ~95 ℃,保温 3 ~4 h。反应结束后,令反应混合物冷却至 40 ℃ ~50 ℃。过滤,滤液用冰水稀释后再过滤。产物先用水,再用 95% 乙醇洗涤,最后在沸水中煮洗 1 h。过滤,得粗品。得率约 93%,熔点 297 ℃ ~298 ℃(分解)。

5.3.8 TPM 的衍生物

TPM 的耐热性中等,能量略大于 TNT。将 TPM 中的杂环氮原子用一个、两个或三个 C—NO_2取代,可分别得到嘧啶、吡啶及苯的硝基取代的三(苦胺基)衍生物,此三者的结构式分别见(Ⅰ)、(Ⅱ)及(Ⅲ)。

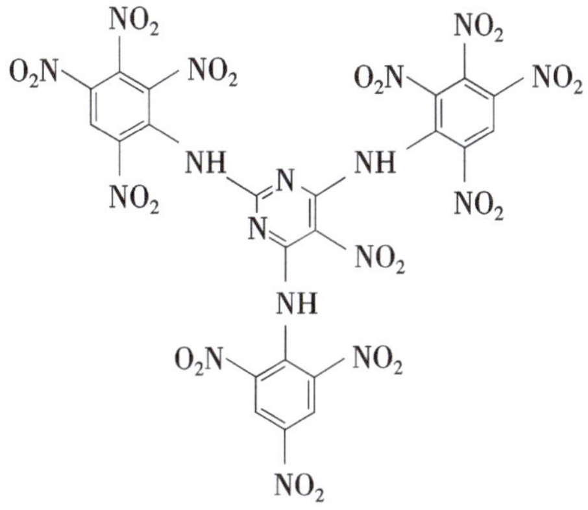

(Ⅰ) m.p. 334 ℃

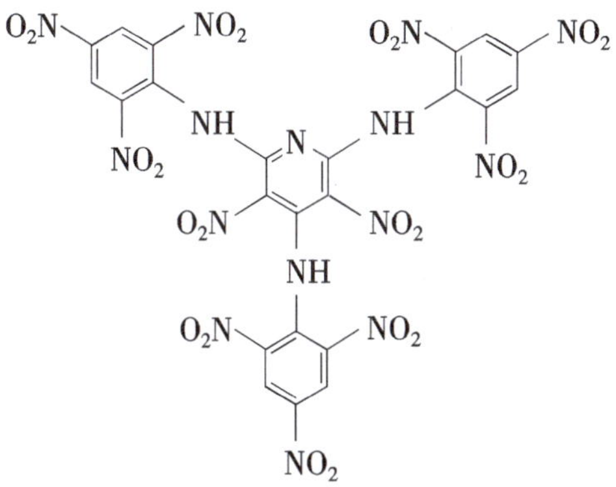

(Ⅱ) m.p. 276 ℃

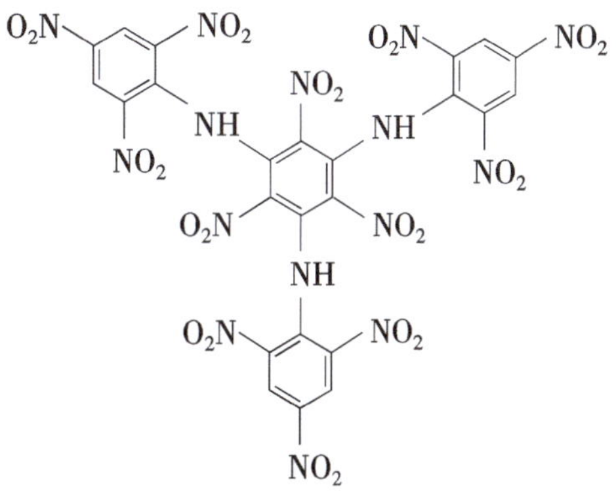

(Ⅲ) m.p. 234 ℃

从熔点看,炸药(Ⅰ)应比 TPM 更耐热,但当杂环中氮原子更多地被 C—NO_2取代,尽管此时母体环中的共振稳定增强,但是,形成的炸药(Ⅱ)及(Ⅲ)的热稳定性却降低,(Ⅱ)及(Ⅲ)的热稳定性下降,可能是由于立体障碍增高。这个观点可由下述事实得到证明：当从（Ⅱ）中消除体积较大的4－苦胺基，则形成PYX，而PYX是最耐热的炸药之一。

猛炸药（Ⅲ）（1,3,5－三硝基－2,4,6－三苦胺基苯）易爆轰，热稳定性好。它由1,3,5－三氯－2,4,6－三硝基苯（*s*－TCTNB）与苦酰胺反应制得（以活性铜粉为催化剂），其熔点为234 ℃，它用于油井钻探的桥丝雷管中。

5.3.9 2,5－二苦基－1,3,4－噁二唑

用于传爆药中的炸药，宜热稳定性高，但也应对冲击敏感。2,5－二苦基－1,3,4－噁二唑（DPO）（结构式如下）则兼具这两方面的性能，它热稳定性好，撞击感度 h_{50} 为20 cm。有人认为，DPO的撞击感度高，是由于噁二唑环中存在N—N键，这是一个易引发的键。DPO通常被认为是一个耐热的PETN的替代物。

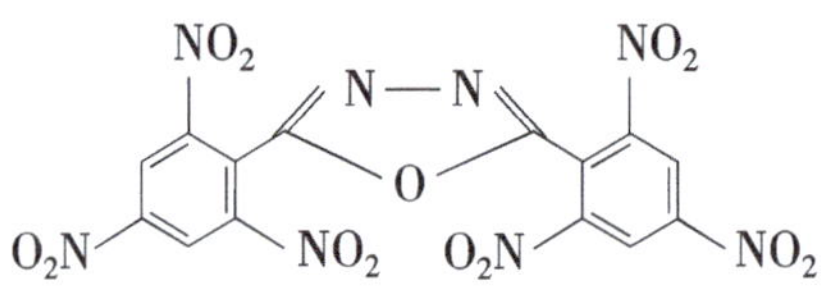

DPO

5.3.10 2,2′,2″,4,4′,4″,6,6′,6″－九硝基三联苯

2,2′,2″,4,4′,4″,6,6′,6″－九硝基三联苯（NONA）（结构式如下）是由2 mol苦基氯与1 mol 1,3－二氯－2,4,6－三硝基苯通过Ulmann缩合反应制得的，反应温度为210 ℃，硝基苯为溶剂，铜粉为催化剂。NONA的结晶密度为1.78 g/cm^3，熔点为440 ℃～450 ℃（分解），但生成的气体量少。适于在空间技术中用作爆破炸药。

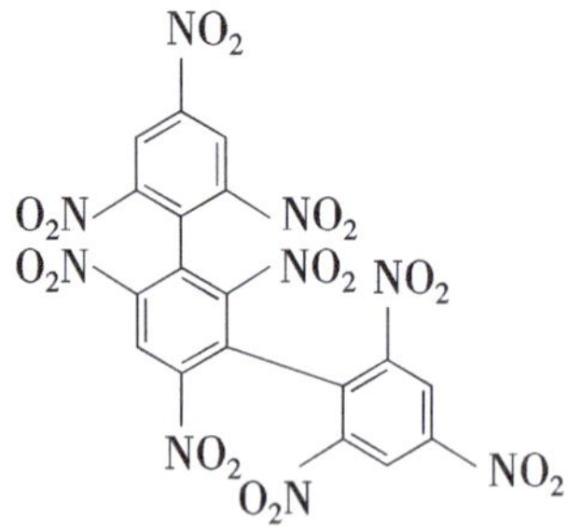

NONA

5.3.11 3,5－二氨基－2,6－二硝基吡啶－*N*－氧化物

3,5－二氨基－2,6－二硝基吡啶－*N*－氧化物（DADNPO）的能量水平与HNS的相当，但热稳定性比HNS的更好，所以当钻探的油井更深时，可用DADNPO代替HNS。

近期，还报道了几个多硝基吡啶类新炸药，如，2,4,6－三硝基吡啶氧化物、2,4,6－

三硝基吡啶和 2,6－二叠氮－4－硝基吡啶－1－氧化物，其中的 2,4,6－三硝基吡啶的耐热性与 TNB 的类似，而撞击感度与 RDX 的相近。上述几种化合物都是猛炸药，能量水平优于 TNB 及 TNT。

5.3.12　*N*,*N*′－双(1,2,4－三唑－3－基)－4,4′－二氨基－2,2′,3,3′,5,5′,6,6′－八硝基偶氮苯

此化合物的代号为 BTDAONAB，结构式见下。将 4－氯－3,5－二硝基苯胺通过硝化、氧化、偶联，然后用 3－氨基－1,2,4－三唑亲核取代苯环上的氯原子，即可制得 BTDAONAB。就热稳定性而论，此化合物是迄今为止报道过的耐热炸药中的佼佼者，其 DTA 曲线上的放热峰温约 550 ℃，而 TATB 约 360 ℃，TACOT 约 410 ℃，NONA 为 440 ℃～450 ℃，PYX 约 460 ℃。

O_2N　NO_2　O_2N　NO_2
H—N—N　N—N—N=N—N　N—N—H
H　O_2N　NO_2　O_2N　NO_2　H

5.3.13　聚硝基亚苯

聚硝基亚苯(PNP)是一类苯环上带芳香族 C—NO_2，且以芳香族 C—C 键相连的化合物，它可由间二氯三硝基苯和铜粉在硝基苯介质中合成(Ullman 反应)，见反应(5.34)。

PNP 是棕绿黄至棕黑色粉体，溶于很多通用有机溶剂。其性能如下：爆燃温度 286 ℃～294 ℃，爆炸能 3 300 J/g，密度 1.8～2.2 g/cm^3，对撞击和摩擦钝感。另外，PNP 为非结晶物质，热稳定性好，被认为是耐温惰性黏结剂或软化剂，最近报道了某些以 PNP 为黏结剂的烟火药配方。PNP 不熔化，用丙酮/乙醇溶液可包覆于填料上。PNP 也可能用作推进剂及炸药的耐热黏结剂。

OH, O_2N, NO_2, OH, NO_2 —(嘧啶, $POCl_3$)→ Cl, O_2N, NO_2, Cl, NO_2 —(硝基苯, 铜粉)→ $[O_2N, NO_2, NO_2]_n$ PNPs　(5.34)

5.3.14　其他

1,3,5－三(2－硝氧乙基硝胺基)－2,4,6－三硝基苯(结构式Ⅰ)有可能作为 PETN 的替代物。2,4,6－三(3′,5′－二氨基－2′,4′,6′－三硝基苯胺基)－1,3,5－三嗪(PL－1，结构式Ⅱ)是一种新的热稳定和钝感炸药，与 TATB 相比，它的热稳定性稍差(TATB 的熔点约 350 ℃，PL－1 的约 336 ℃)，计算 VOD 也略低(TATB 约 8 000 m/s，

PL－1 约 7 861 m/s)，但它的密度较高(TATB 约 1.94 g/cm³，PL－1 约 2.02 g/cm³)。就撞击及摩擦感度而言，TATB 与 PL－1 相当。4－苦胺基－2，6－二硝基甲苯(DADNT，结构式Ⅲ)具有很好的热稳定性，且处理时安全，在研制安全、钝感炸药或推进剂中，它可能是一个有吸引力的新含能组分。

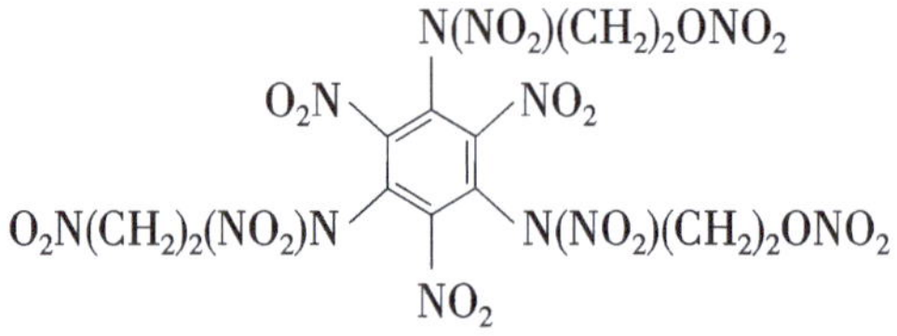

$N(NO_2)(CH_2)_2ONO_2$；O_2N；NO_2；$O_2N(CH_2)_2(NO_2)N$；$N(NO_2)(CH_2)_2ONO_2$；NO_2

(Ⅰ)

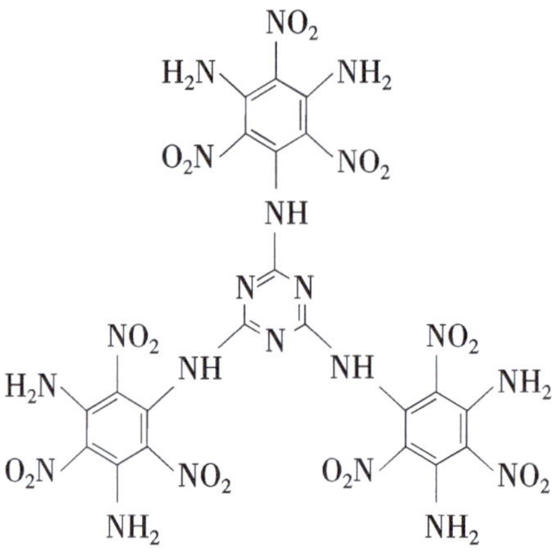

NO_2；H_2N；NH_2；O_2N；NO_2；NH；N N N；NO_2；NH；NH；NO_2；H_2N；NH_2；O_2N；NO_2；O_2N；NO_2；NH_2；NH_2

(Ⅱ)

NO_2；NO_2；O_2N；N；CH_3；H；NO_2；NO_2

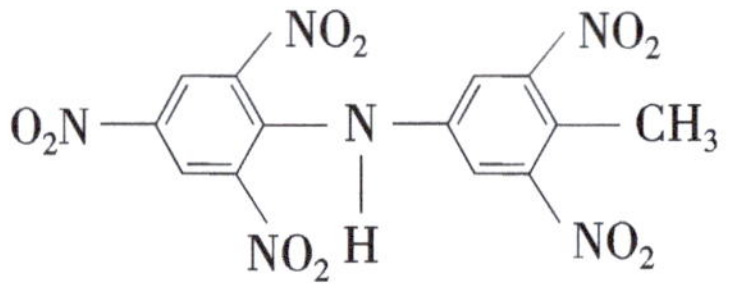

(Ⅲ)

5.3.15 有应用前景的耐热炸药

最有应用前景的耐热炸药有 TATB、TACOT、PYX、BTDAONAB、NONA、PNP 等，它们的性能及应用见表 5－16。

表 5－16 最有前景的耐热炸药及其性能和应用

炸药	熔点/℃	密度/(g·cm⁻³)	h_{50}/cm①	VOD/(m·s⁻¹)	特点和应用
TATB	＞350	1.94	320	8 000	耐热，极钝感，能量水平尚可。用于空间技术、核武器、特殊军事用途(如高速导弹)

续表

炸药	熔点/℃	密度/(g·cm^{-3})	h_{50}/cm①	VOD/(m·s^{-1})	特点和应用
TACOT	494（点燃）	1.85	很钝感	7 250	耐热达 354 ℃,对撞击极钝感。用于 FLSC 及耐高温雷管
PYX	460	1.75	63	7 450	对撞击稍敏感。可作为 HNS 替代物,用于油气井耐热射孔弹装药
BTDAONAB	550 不熔,DTA 曲线放热峰温 550	1.97	87	8 321	迄今为止报道过的最耐热的炸药。合成尚处实验室规模,需进一步评估
NONA	440～450（分解）	1.78	—	—	有可能用于空间技术的爆破装药
PNP(多硝基多亚苯基)	286～294	1.8～2.2	—	—	用作烟火药配方中的耐热黏结剂
① 2.5 kg 落锤。					

表 5－16 的数据表明,PYX 对撞击较敏感,故应用受限。TACOT 的合成较复杂,包括 5 步(故制造成本高),且形成的产物是一异构体混合物(各苯环上两个硝基的位置不同),它的耐热性虽极佳,但能量水平(VOD)比 TATB 的要低。另外,在表 5－16 中,TATB 是最耐热的炸药之一,且其撞击感度也极低,能量水平也差强人意。就热稳定性而论,BTDAONAB 是迄今已知的所有耐热炸药中的佼佼者,但其合成规模有待放大,且在大量使用前,还需要仔细评估。

文献曾报道耐热炸药(如 HNS)已用于月球上的地震试验,这可能是考虑到在月球表面的这类应用应当以安全为先。月球表面的温度很高,而炸药的感度随温度升高而增高,所以在月球上使用 TNT、RDX 及 HMX 等常规炸药是危险的,在月球表面进行地震试验需要使用耐热炸药。

同样,另一种耐热炸药 PYX 已用于油气井的射孔弹,因为打深井时总是遇到高温,这时采用常规炸药是很不安全的。

5.3.16　传统的耐热硝基化合物

曾用作或可用作耐热炸药的硝基化合物还有 2,2′,4,4′,6,6′－六硝基偶氮苯、2,2′,4,4′,6,6′－六硝基联苯、2,2′,4,4′,6,6′－六硝基二苯醚、2,2′,4,4′,6,6′－六硝基二苯硫、2,2′,4,4′,6,6′－六硝基二苯砜、二氨基六硝基联苯等,它们都是较好的耐热炸药,其性质和制备方法汇集于表 5－17。

表 5－17 一些传统的耐热芳香族多硝基化合物的性能及制备方法

项目	六硝基偶氮苯	六硝基联苯	六硝基二苯醚	六硝基二苯硫	六硝基二苯砜	二氨基六硝基联苯
代号	HNAB	HNBP	HNDO	HNDPS	HNDPSO	DAHNBP
分子式	$C_{12}H_4N_8O_{12}$	$C_{12}H_4N_6O_{12}$	$C_{12}H_4N_6O_{13}$	$C_{12}H_4N_6O_{12}S$	$C_{12}H_4N_6O_{14}S$	$C_{12}H_6N_8O_{12}$
相对分子质量	452.23	424.21	440.21	456.27	488.27	454.25
氧平衡/%	－49.53	－52.80	－47.25	－56.10	－45.87	－52.83
结构式	NO_2 NO_2 O_2N—N═N—NO_2 NO_2 NO_2	NO_2 NO_2 O_2N— —NO_2 NO_2 NO_2	NO_2 NO_2 O_2N—O—NO_2 NO_2 NO_2	NO_2 NO_2 O_2N—S—NO_2 NO_2 NO_2	NO_2 O NO_2 O_2N—S—NO_2 NO_2 O NO_2	H_2N NO_2 O_2N NH_2 O_2N— —NO_2 NO_2 NO_2
外观	橙红色结晶	浅黄色结晶	黄色结晶	红黄色结晶	浅黄色结晶	黄色结晶
晶体密度/($g\cdot cm^{-3}$)	1.79	1.6	1.70	1.65		1.79
熔点/℃	～221	～263	～269	～234	～307	～304
溶解性		不溶于水，稍溶于丙酮、乙醇、甲苯及醋酸	不溶于水，稍溶于乙醇和乙醚，易溶于硝基苯	稍溶于醚和乙醇，易溶于冰醋酸及丙酮	稍溶于苯和甲苯，溶于丙酮及乙醇	

续表

项目	六硝基偶氮苯	六硝基联苯	六硝基二苯醚	六硝基二苯硫	六硝基二苯砜	二氨基六硝基联苯
爆发点/℃		320	>360	379(升温速度 20 ℃·min^{-1})	297(升温速度 5 ℃·min^{-1})	
爆速 /(km·s^{-1})	7.25 (密度 1.77 g·cm^{-3})		7.18(密度 1.65 g·cm^{-3})	7.0(密度 1.61 g·cm^{-3})		7.0(密度 1.76 g·cm^{-3})
做功能力(铅垮扩孔值)/cm^3	与特屈儿相近	344	373	320	与特屈儿相近	
撞击感度	与特屈儿相近	低于特屈儿				
热安定性	100 ℃时真空安定性试验放气量小于 1 cm^3·g^{-1}·$(40 h)^{-1}$			95 ℃下每天加热 8 h,30 d无分解	95 ℃下每天加热 8 h,30 d无分解	260 ℃真空安定性试验放气量为 1.26 cm^3·g^{-1}·h^{-1}
制备方法	先令二硝基氯苯与肼反应,生成四硝基氢化偶氮苯,再用硝硫混酸进行氧化硝化,即可制得	将三硝基氯苯溶于一硝基苯中,再与铜粉共热制得	以二段法用硝硫混酸硝化二苯醚制得	在碱性溶液中,以三硝基氯苯与硫代硫酸钠反应制得	用三氧化铬的硝酸悬浮液氧化六硝基二苯硫制得	用硝硫混酸将3-溴苯甲醚硝化成2,4,6,-三硝基-3-溴苯甲醚,再通过Ullman反应将其偶联成3,3-二甲氧基-2,2′,4,4′,6,6′-六硝基联苯,最后再氨化即得

5.4 其他芳香族硝基化合物

5.4.1 苯和二甲苯的硝基衍生物

一、1,3,5-三硝基苯

1,3,5-三硝基苯(TNB)的分子式 $C_6H_3N_3O_6$,相对分子质量 213.11,氧平衡 -56.31%。结构式如下:

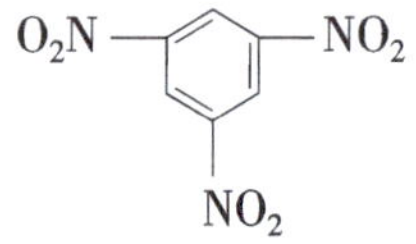

(结构式:苯环 1,3,5 位各连一个 NO_2)

TNB 为淡黄色斜方片状结晶(由苯中析出),易溶于苯、氯仿、乙醚、丙酮、热乙醇等,不溶于冷乙醇、石油醚等。晶体密度 1.69 g/cm^3,熔点 121 ℃~122.5 ℃,室温下不挥发,在 25 ℃及饱和湿度空气中的吸湿量为 0.05%。标准生成焓约 -35 kJ/mol,熔化焓约 15 kJ/mol,120 ℃下加热 12 h 失重 1.2%。爆速 7.35 km/s(密度 1.66 g/cm^3),爆压 21.9 GPa(密度1.64 g/cm^3),爆热 4.90 MJ/kg(液态水),爆容 640 L/kg,做功能力 325 cm^3(铅炉扩孔值)或 110%(弹道臼炮法的 TNT 当量),猛度 110%(铅柱压缩的 TNT 当量),撞击感度 10%,摩擦感度 0%,爆发点 550 ℃(5 s)。

TNB 是将三硝基甲苯氧化成三硝基苯甲酸再脱羧制得(见反应式(5.35)),也可用铜还原三硝基氯苯制得。TNB 的能量水平较梯恩梯的略高,但制造工艺较复杂。曾与二硝基苯组成混合炸药使用。

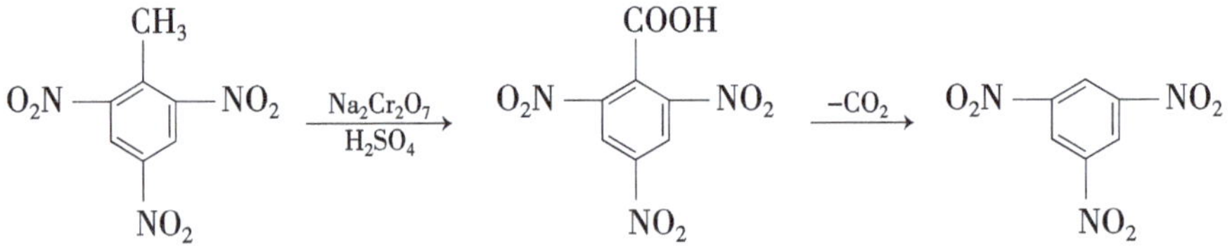

$$\text{2,4,6-}(NO_2)_3C_6H_2CH_3 \xrightarrow[H_2SO_4]{Na_2Cr_2O_7} \text{2,4,6-}(NO_2)_3C_6H_2COOH \xrightarrow{-CO_2} \text{1,3,5-}(NO_2)_3C_6H_3 \tag{5.35}$$

二、六硝基苯

六硝基苯(HNB)的分子式 $C_6N_6O_{12}$,相对分子质量 348.12,氧平衡为 0%。结构式如下:

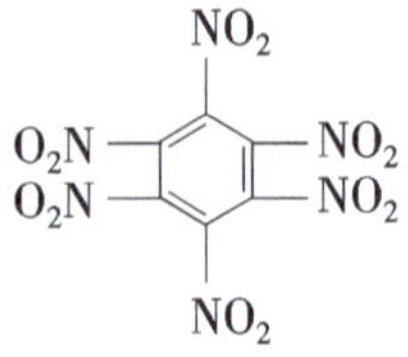

(结构式:苯环六个位置各连一个 NO_2)

HNB 为绿色六面体结晶(由二氯乙烷中析出),溶于苯、二氯乙烷,难溶于氯仿、四氯化碳。晶体密度 2.01 g/cm^3，熔点 254 ℃ ~258 ℃，极易吸湿，并在室温下即能与水发生化学反应。120 ℃下加热 12 h 失重 1.5%，130 ℃下的热分解情况与太安的相仿。爆速 9.33 km/s（密度1.956 g/cm^3），爆压 42.1 GPa（密度 1.938 g/cm^3），爆发点 282 ℃，撞击感度 56%。

此多硝基化合物爆速及密度均高于奥克托今，但化学活性太高，耐水性差，与水作用生成三硝基间苯三酚，在空气中放置 1 ~2 d 即呈红黄色，最后变成黄色粉末，故未获实际应用。

三硝基苯与硫化铵进行还原反应生成二硝基苯胺，再用硝硫混酸硝化还原产物制得五硝基苯胺，最后以过硫酸氧化五硝基苯胺可制得六硝基苯。见反应式(5.36)。

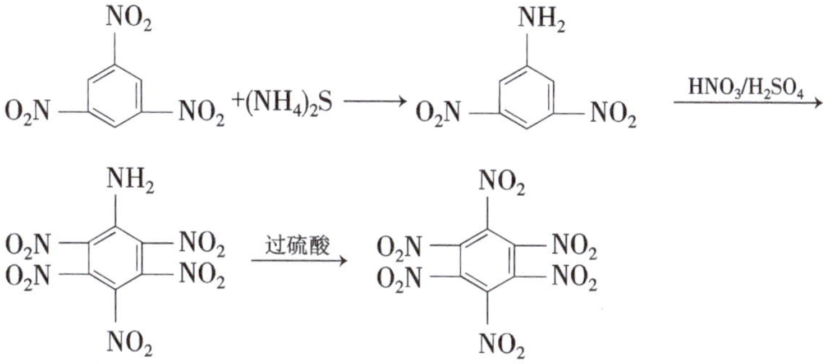

(5.36)

三、三硝基间二甲苯

三硝基间二甲苯（TNX）的分子式 $C_8H_7N_3O_6$，相对分子质量 241.16，氧平衡 -89.56%。结构式如下：

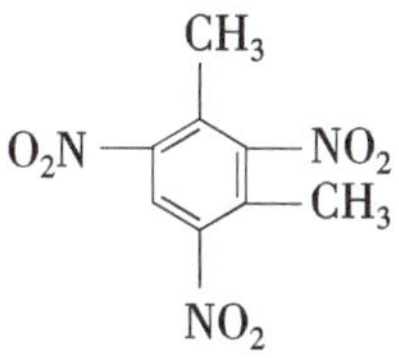

TNX 为淡黄色针状结晶，高温时，溶于苯及甲苯；室温时，微溶于苯及甲苯，难溶于乙醇。晶体密度 1.65 g/cm^3，熔点 182 ℃ ~183 ℃。标准生成焓约 -100 kJ/mol，80 ℃下加热 48 h 的失重为 0.035%。爆速 6.60 km/s，爆容 650 L/kg，爆热 4.7 MJ/kg（液态水），做功能力 270 cm^3（铅𬭚扩孔值）或 89.6%（TNT 当量值），爆发点 330 ℃（5 s）。

一般以工业二甲苯（三种二甲苯异构体及乙苯的混合物）作为制造三硝基二甲苯的原料，所得硝化产物的得率和纯度取决于原料中间二甲苯的含量。三硝基间二甲苯的制造与梯恩梯的相似，即采用硝硫混酸硝化和亚硫酸钠精制。硝化则可采用一段法、二段法和三段法。此三硝基化合物可与梯恩梯、苦味酸或硝酸铵混合制成低熔点的熔铸混合炸药，现在已不再使用。

5.4.2 酚、酚盐和酚醚的硝基衍生物

一、苦味酸

苦味酸(PA)学名为2,4,6－三硝基苯酚,分子式$C_6H_3N_3O_7$,相对分子质量229.10,氧平衡－45.39%。结构式如下：

OH

O_2N — [苯环] — NO_2

NO_2

PA俗称黄色炸药,是黄色结晶,难溶于四氯化碳,微溶于二硫化碳,溶于热水、乙醇及乙醚,易溶于丙酮、乙酸乙酯、吡啶、甲醇、苯、硝酸和硫酸。吸湿性0.04%(30 ℃,相对湿度90%),晶体密度1.763 g/cm^3,熔点约122 ℃。标准生成焓约－220 kJ/mol,熔化焓(122 ℃时)约20 kJ/mol。爆发点320 ℃(5 s),密度1.70 g/cm^{3}时的爆热和爆速分别为4.52 MJ/kg(液态水)和7.35 km/s,密度1.72 g/cm^{3}时的爆压为26.5 GPa,爆温约3 000 K,全爆容680 L/kg,撞击感度24%～36%,摩擦感度0%,做功能力315 cm^3(铅_铸扩孔值)或105%(TNT当量),猛度16 mm(铅柱压缩值)或103%(TNT当量),100 ℃ 48 h失重小于1%。化学性质活泼,呈酸性,与弹体金属接触生成机械感度甚高的苦味酸盐。将苯酚溶于硫酸制得苯酚二磺酸,再用硝酸硝化后者可制得苦味酸。第一次世界大战期间,苦味酸是主要的军用炸药之一,常用作炮弹、防空炸弹、地雷等的装药,但由于它的酸性,第一次世界大战后逐渐为梯恩梯所取代。可用于制造苦味酸铵(D炸药)。

二、苦味酸铵

苦味酸铵又称D炸药,学名为2,4,6－三硝基苯酚铵,分子式$C_6H_6N_4O_7$,相对分子质量246.14,氧平衡－52.00%。结构式如下：

ONH_4

O_2N — [苯环] — NO_2

NO_2

苦味酸铵为黄色(安定型)或红色(亚安定型),斜方晶体,两者很容易互相转换。吸湿性0.1%(室温,100%相对湿度),易溶于沸水,微溶于冷水、乙酸、乙酸乙酯,几乎不溶于乙醚。晶体密度1.72 g/cm^3,熔点265 ℃～271 ℃,爆发点318 ℃(5 s,分解),爆热4.27 MJ/kg,爆速7.15 km/s(密度1.63 g/cm^3),爆容685 L/kg,撞击感度20%,摩擦感度0%,做功能力280 cm^3(铅_铸扩孔值)或98%(TNT当量),猛度95%(TNT当量),100 ℃

第一个 48 h 失重 0.1% ,第二个 48 h 失重 0.1% ,100 h 内不爆炸。将苦味酸悬浮于热水中,以气态或液态氨中和,再冷却析晶制得。可单独或与梯恩梯制成混合炸药,如皮克拉托尔(Picratol),用于装填穿甲弹和航空炸弹。第一次世界大战期间应用较多,后逐渐为其他性能更优异的炸药所取代。

三、二硝基苯甲醚

二硝基苯甲醚(DNA)的分子式为 $C_7H_6N_2O_5$,相对分子质量 198.13,氧平衡 -96.9%。DNA 为白到黄色针状晶体,密度 1.34 g/cm^3,熔点 92 ℃ ~96 ℃,沸点 207 ℃(1.6 kPa),微溶于热水,溶于乙醇、乙醚等多种有机溶剂。可由二硝基氯苯经甲氧基化制得。可用于熔铸混合炸药中代替 TNT。

四、三硝基苯甲醚

2,4,6 - 三硝基苯甲醚(TNA)的分子式 $C_7H_5N_3O_7$,相对分子质量 243.13,氧平衡 -62.51%。结构式如下:

OCH_3
O_2N　NO_2
NO_2

三硝基苯甲醚为淡黄色结晶,溶于热乙醇和乙醚。晶体密度 1.61 g/cm^3,熔点 65 ℃ ~67 ℃(工业品),吸湿。标准生成焓约 -150 kJ/mol。爆燃点 285 ℃,爆热 4.31 MJ/kg(液态水),爆速 6.80 km/s(密度 1.57 g/cm^3),爆容 700 L/kg,做功能力 295 cm^3(铅𪕎扩孔值)。令三硝基氯苯的甲醇溶液与碱反应,或硝化苯甲醚均可制得三硝基苯甲醚,它的爆炸能量介于梯恩梯和苦味酸之间,且是最钝感的炸药之一,可作为代用炸药以降低混合炸药熔点,曾用于炸弹装药,但由于它能水解成苦味酸,且熔点过低,故应用有限,现已被淘汰。

5.4.3　2,4,6 - 三硝基氯苯

2,4,6 - 三硝基氯苯(TNCB)又名苦基氯,分子式 $C_6H_2N_3O_6Cl$,相对分子质量 247.55,氧平衡 -45.24%。结构式如下:

Cl
O_2N　NO_2
NO_2

TNCB 为淡黄色结晶,由乙醇中重结晶析出者为单斜棱晶,易溶于丙酮、乙酸乙酯、甲苯、苯、氯仿、甲醇、乙醇、乙醚等,微溶于二硫化碳和四氯化碳。晶体密度 1.797 g/cm^3,熔点

81 ℃ ~83 ℃，密度 1.77 g/cm^3时的爆速为 7.35 km/s，爆容 620 L/kg，做功能力315 cm^3（铅𫔍扩孔值），猛度为 114%（铅柱压缩的 TNT 当量值），撞击功 16 J，摩擦感度为压柱负荷 353 N 时无反应。三硝基氯苯易水解成苦味酸，从而与金属作用形成爆炸性盐类，且其中有些甚敏感。以高浓度硝硫混酸硝化二硝基氯苯，或在有机碱存在下，令苦味酸与三氯氧磷作用，均可制得三硝基氯苯。此多硝基化合物是一代用炸药，曾被德国用于装弹。它可压装或铸装，还可与铝粉组成混合炸药。

5.4.4 芳胺及酰胺的硝基衍生物

一、苯胺的硝基衍生物

2,4,6 - 三硝基苯胺虽然具有爆炸性，但作为炸药无实用价值。2,3,4,6 - 四硝基苯胺是一种猛烈的炸药，做功能力约为梯恩梯的 150%（铅𫔍扩孔值），它的安定性不佳，分子中位于氨基间位的硝基不稳定，但可作为制造二氨基三硝基苯的原料。五硝基苯胺是一种更为猛烈的炸药，由于稳定性差而未获应用，不过可作为制造三氨基三硝基苯的原料。

二、六硝基二苯胺

2,2′,4,4′,6,6′ - 六硝基二苯胺俗称黑喜儿（hexyl），分子式 $C_{12}H_5N_7O_{12}$，相对分子质量 439.21，氧平衡 -52.82%。结构式如下：

NO_2　　NO_2

O_2N—⟨苯环⟩—NH—⟨苯环⟩—NO_2

NO_2　　NO_2

六硝基二苯胺为黄色针状结晶，易溶于丙酮、硝酸和热醋酸，稍溶于乙醇，微溶于乙醚和冷醋酸，几乎不溶于水、苯、氯仿和石油醚。吸湿性 0.09%（25 ℃，相对湿度 100%），晶体密度 1.653 g/cm^3，熔点 243 ℃ ~245 ℃，爆热 4.20 MJ/kg（液态水），密度 1.67 g/cm^3时的爆速为 7.15 km/s，爆容 780 L/kg，做功能力 325 ~350 cm^3（铅𫔍扩孔值），猛度 114%（铜柱压缩的 TNT 当量值），真空安定性试验结果为 4.41 cm^3（5 g 试样，125 ℃，48 h）。制造六硝基二苯胺的典型方法是用浓硝酸硝化 2,4 - 二硝基二苯胺（由二硝基氯苯与苯胺缩合制得），第一步硝化出四硝基化合物，第二步再硝化出六硝基化合物。此炸药曾用于传爆管，也用来与梯恩梯和硝酸铵组成铸装混合炸药，或与梯恩梯和铝粉组成水下炸药，由于这类炸药的毒性，现已被取代。

三、酰胺的硝基衍生物

在各种酰胺的多硝基衍生物中，具有一定使用价值的是 2,2′,4,4′ - 四硝基草酰苯胺、2,2′,4,4′,6,6′ - 六硝基草酰苯胺和 2,2′,4,4′,6,6′ - 六硝基二苯脲，它们的性能、制备方法及应用汇集于表 5 - 18。不过它们也都归属于传统的耐热硝基化合物。

表 5－18　四硝基草酰苯胺、六硝基草酰苯胺及六硝基二苯脲的性能、制备及应用

项目	四硝基草酰苯胺	六硝基草酰苯胺	六硝基二苯脲
代号	TNO	HNO	HNDPU
分子式	$C_{14}H_8N_6O_{10}$	$C_{14}H_6N_8O_{14}$	$C_{13}H_6N_8O_{13}$
相对分子质量	420.25	510.24	482.23
氧平衡/%	－83.75	－53.31	－53.08
结构式	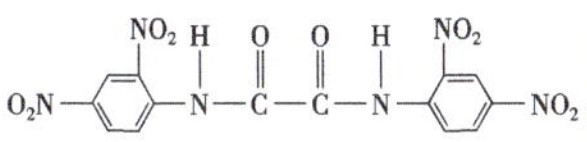	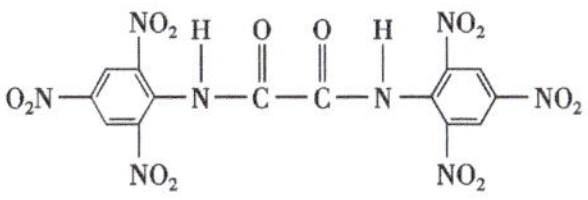	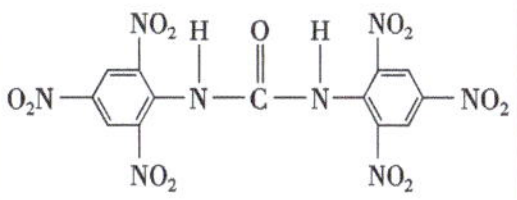
外观	淡黄色结晶	近白色结晶	淡黄色结晶
熔点/℃	313～315	295～300	208～209
溶解性	易溶于二甲基甲酰胺，溶于醋酸、硝酸和氢氧化钾水溶液，不溶于乙醇、苯、四氯化碳和乙醚	易溶于二甲基甲酰胺，溶于硝酸，不溶于乙醇、丙酮、苯、醋酸、四氯化碳	易溶于热硝基苯
爆发点/℃(5 s)	392	384	345
撞击感度	76.2 cm①	38.1 cm①	与特屈儿相近
热安定性	100 ℃ 48 h 失重 0.77%	100 ℃ 48 h 失重 0.77%	140 ℃时开始分解
制备方法	由草酸和苯胺制得草酰苯胺，再硝化为四硝基草酰苯胺	以硝硫混酸硝化四硝基草酰苯胺制得	硝化均二苯脲制得，可采用一段法、二段法或三段法
用途	作为烟火药组分	用于点火药和烟火药	用于传爆药、雷管、导爆索和火帽

① 采用 Picatiny 兵工厂仪器，落锤 2 kg，是六次试验中至少有一次爆炸的最小落高。

5.5　脂肪族硝基化合物

5.5.1　硝基烷烃

硝基烷烃是由烷烃分子中的一个或多个氢原子被硝基取代的烷烃衍生物，它的同分异构体为亚硝酸酯。

分子含一个硝基的称为一硝基烷烃，包括伯硝基烷（RCH_2NO_2）、仲硝基烷（R_2CHNO_2）和叔硝基烷（R_3CNO_2）。含多个硝基的称为多硝基烷烃，其中包括同一碳原子上含两个硝基的“偕”硝基烷烃及含三个硝基的“连”硝基烷烃。少数硝基烷烃用习惯

命名,如氯化苦(Cl_3CNO_2)、硝仿($HC(NO_2)_3$)和硝基异丁基甘油($(HOCH_2)_3CNO_2$)等。

在炸药工业中,硝基烷烃大多是制造其他混合炸药的组分或合成其他单质炸药的原料。因为伯和仲硝基烷上的α-氢原子比较活泼,能发生一系列的化学反应而衍生出多种硝基化合物。特别是,对含多个硝基的α-碳原子上的氢原子(如三硝基甲烷,即硝仿中的氢原子),其反应活性更高,硝仿常用来合成很多硝仿系炸药。有些硝基烷(如硝基甲烷)本身也是一种猛烈的炸药。

一、性质

1. 物理性质

低碳一硝基烷烃是无色透明油状液体,略具芳香味,有一定的挥发度。密度略大于水或与水相近。不溶于或部分溶于水和脂肪烃及脂环烃,易溶于大多数有机溶剂,且本身是良好的溶剂。沸点远高于相对应的同分异构体亚硝酸酯(CH_3NO_2 沸点 101.2 ℃;CH_3ONO 沸点 -12 ℃)。碳链增长,密度降低,沸点增高,在水中溶解度减小。

多硝基烷烃在室温下多为无色晶体或蜡状固体,有樟脑香味。不溶于水,溶于多数有机溶剂。

硝基烷烃的碱金属盐($C_nH_{2n}NO_2M$,M 为碱金属离子)均为白色晶体,溶于水,不溶于碳氢化合物、醚和高级醇等非极性溶剂。

高碳数硝基烷的热性能与硝基甲烷的不同,如硝基丙烷以分子内含的氧燃烧时提供的能量仅为硝基甲烷的 20%,若在空气或氧中燃烧,则为硝基甲烷的两倍。

一些低碳一硝基烷烃的物理性质见表 5-19。一些重要多硝基烷的物理性质及爆炸性质见表 5-20。

表 5-19 一些低碳一硝基烷烃的物理性质

物性	硝基甲烷	硝基乙烷	1-硝基丙烷	2-硝基丙烷
分子式	CH_3NO_2	$CH_3CH_2NO_2$	$CH_3CH_2CH_2NO_2$	$CH_3CH(NO_2)CH_3$
相对分子质量	61.04	75.07	89.09	89.09
沸点(101.3 kPa)/℃	101.20	114.07	131.18	120.25
蒸气压(20 ℃)/kPa	3.64	2.11	1.01	1.73
冰点/℃	-28.55	-89.52	-103.99	-91.32
密度(20 ℃)/($g\cdot cm^{-3}$)	1.138	1.051	1.001	0.988
折射率 n_D^{20}	1.381 88	1.391 93	1.401 60	1.394 39
蒸气相对密度(空气为 1)	2.11	2.58	3.06	3.06
燃烧焓/($kJ\cdot mol^{-1}$)	-708.4	-1 362	-2 016	-2 000
汽化焓/($kJ\cdot mol^{-1}$)	38.27	41.6	43.39	41.34
标准生成焓/($kJ\cdot mol^{-1}$)	-113.1	-141.8	-168.0	-180.7
比热容(25 ℃)/($J\cdot mol^{-1}\cdot ℃^{-1}$)	106.0	138.5	175.6	175.2
自燃点/℃	421	419	420	428

表 5-20　一些重要多硝基烷烃的性能

项　目	硝　仿	四硝基甲烷	1,1,1,3-四硝基丙烷	六硝基乙烷
代号	NF	TNM	TNP	HNE
分子式	CHN_3O_6	CN_4O_8	$C_3H_4N_4O_8$	$C_2N_6O_{12}$
相对分子质量	151.03	196.03	224.09	300.05
氧平衡/%	+37.07	+48.97	0	+42.66
结构式	$HC(NO_2)_3$	$C(NO_2)_4$	$(NO_2)_3CCH_2CH_2NO_2$	$(NO_2)_3CC(NO_2)_3$
外观	无色或淡黄色液体	无色液体	白色固体	无色结晶
密度/($g\cdot cm^{-3}$)	1.597(24 ℃)	1.636(10 ℃)	1.744 5	1.85
熔点/℃	~25	~14	50.5~50.7	~147
沸点/℃	48(2.3 kPa)	126		
溶解性	易溶于水和一般有机溶剂	不溶于水，溶于乙醇、乙醚、苯和甲苯	溶于甲醇和乙醇	不溶于水，难溶于乙醇，溶于丙酮、乙醚、苯、石油醚和氯
爆热/($MJ\cdot kg^{-1}$)	3.12	2.26		3.11
爆速/($km\cdot s^{-1}$)		6.36	8.30（密度 1.678 $g\cdot cm^{-3}$）	
爆容/($L\cdot kg^{-1}$)		685		672
做功能力	125%~137%（TNT 当量）			245 cm^3（铅𡎺扩孔值）
猛度			19.4 mm（铅柱压缩值）	
撞击感度		19 J(撞击功)	24%	
爆发点(5 s)/℃			223	175

2. 化学性质

伯和仲硝基烷具有酸性，可互变异构为酸式，与碱反应生成硝基烷的盐，后者对热和机械的作用都比较敏感。叔硝基烷中因不存在 α-氢原子，所以不发生上述互变异构，也不与碱反应。

硝基烷可被还原成羟胺、肟或胺，但还原反应不易停留于亚硝基化合物阶段。这与芳香族硝基化合物的还原是类似的。

伯和仲硝基烷与新生态的亚硝酸反应时，α-氢原子被亚硝基取代。但对于伯硝基烷，生成的硝基-亚硝基烷中还含有 α-氢原子，可进一步重排为硝肟酸，后者被中和后形成深红色的盐。而仲硝基烷则不能发生此重排，所以此反应用于区分及鉴别伯和仲硝基烷。对于仲硝基烷，生成的假硝肟溶于某些溶剂中时显蓝色，这可用于比色测定。显然，叔硝基烷不发生上述取代反应。结合硝基烷与碱及与亚硝酸的反应，可将三种硝基烷分开。见反应式(5.37)。

$$RCH_2NO_2+HNO_2 \xrightarrow{-H_2O} RCH\langle^{NO}_{NO_2} \longrightarrow \underset{\text{硝肟酸}}{R-\overset{}{\underset{NO_2}{\underset{|}{C}}}-NOH}$$

$$R_2CHNO_2+HNO_2 \longrightarrow \underset{\text{假硝肟}}{R_2C\langle^{NO}_{NO_2}} \tag{5.37}$$

硝基烷还能进行氧化(生成醛及酮)、硝化(生成硝基烷)、加成(如与醛加成的 Henry 反应,与 C ═C 加成的 Michael 反应)、缩合(如与醛及胺缩合的 Mannich 反应)、取代(如 α - 氢原子被卤素取代)等多种反应,其中有些均已用于硝基化合物炸药的合成(见本书第 3 章)。

二、制备

工业上制备硝基烷多采用气相硝化(制备碳原子小于 3 个的一硝基烷)及液相硝化(制备高级烷烃的一硝基化合物)法。其他可用于合成硝烷的方法还有:维克多 - 迈尔(Victor Mayer)反应(用硝基取代卤素),柯伯(Kolbe)反应(α - 卤代羧酸的碱金属盐与亚硝酸钠反应生成硝基羧酸盐,后者再失羧为硝基烷),Ter Meer 反应(偕卤代硝基烷的酸式盐与亚硝酸盐反应生成偕二硝基烷),Kaplan-Shechter 反应(氧化硝化法),氧化反应(氧化胺、肟及亚硝基化合物)等,这些均可见本书第 3 章。下文叙述一硝基甲烷的工业制法(气相硝化,也可用于制备硝基乙烷及硝基丙烷)、硝仿的实验室和工业制法及四硝基甲烷的实验室制法。

1. 一硝基甲烷的工业制法

工业上多采用气相硝化甲烷制备单一的硝基甲烷,其工艺流程见图 5 -9。

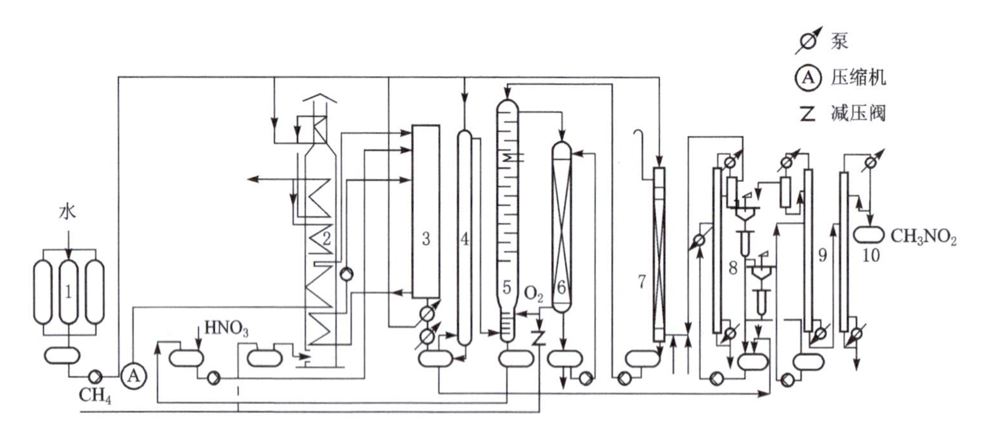

图 5 -9 甲烷气相硝化流程示意图

1—水处理器;2—预热炉;3—反应系统;4—吸收塔;5—氧化吸收塔;6—碱洗塔;7—废气处理塔;8—初馏塔;9—脱水塔;10—成品塔

甲烷与水蒸气或其他稀释介质,经预热后送至硝酸汽化器,与硝酸混合后的反应物进入反应器,反应器流出物经冷凝、吸收及回收氮的氧化物等过程,所得冷凝液与吸收液则再经化学处理、分馏、精制而得硝基甲烷。

甲烷硝化时,原料比为 $H_2O:CH_4:HNO_3=(3\sim10):(6\sim9):1$,停留时间为0.5~1.0 s,反应温度为400 ℃~460 ℃,反应压力为0.394~1.08 MPa。甲烷硝化的转化率,以硝酸计为98%,以甲烷计仅为6%~8%,收率分别为15%~18%和2%~4%。

2. 四硝基甲烷的实验室制法

制备四硝基甲烷有多种方法,实验室制备时,通常是在室温或更低的温度下,用发烟硝酸处理醋酸酐,反应完毕后将反应液倾入水中,就可分出油状的四硝基甲烷。见反应式(5.38)。

$$4(CH_3CO)_2O+4HNO_3\longrightarrow C(NO_2)_4+7CH_3COOH+CO_2 \tag{5.38}$$

操作程序如下:在反应瓶中加入所需量无水硝酸,冷却到10 ℃以下,在搅拌下缓慢加入醋酸酐(硝酸与醋酐的用量比为理论比),维持反应混合物温度不超过10 ℃。在加入适量醋酐后,反应趋于缓和,此时可略增快加入醋酐的速度。醋酐加完后,再搅拌30 min,让反应物自然升到室温。令反应瓶于冷水中静置7(30 ℃左右时)~10 d(15 ℃左右时)后,将反应物倒入为醋酐量6倍的水中。进行水蒸气蒸馏,从馏出液中分出四硝基甲烷(下层),先用稀碱洗,后用水洗,再用无水硫酸钠干燥。产品得率为57%~65%。产物绝对不能采用一般的蒸馏,否则会导致分解,并引起剧烈爆炸。四硝基甲烷不能与芳香族化合物(除非是极少量)接触,否则也可能发生剧烈爆炸。

如欲缩短反应时间,可令反应物在室温放置48 h,然后在3 h内缓慢加热到70 ℃,再在70 ℃保温1 h,然后倒入水中。按此法操作,产品得率为40%。

3. 三硝基甲烷(硝仿)的实验室制法

L·谢肖科夫(Shishkov)曾由水解三硝基乙腈首先制得了三硝基甲烷的铵盐,后来他又用乙炔和浓硝酸反应制得了硝仿,此法现仍用于制备硝仿。另外,硝仿也可由四硝基甲烷制得。

(1)乙炔硝化法。以硝酸汞为催化剂,用浓硝酸氧化-硝化乙炔可制得硝仿,此时生成的硝仿溶于硝酸中,称为硝仿-硝酸溶液或乙炔硝化液。采用二次恒沸蒸馏法,可直接从硝化液中,在减压下将硝仿蒸出。但以硝仿作为原料来合成或制备新炸药时,往往并不需要纯品硝仿,可直接使用硝仿-硝酸溶液,这就可免除蒸馏硝仿的工序,使工艺过程大为简化。下文叙述硝仿-硝酸溶液制备方法。

用硝酸催化氧化-硝化乙炔的反应原理见反应式(5.39)。

$$\begin{aligned}HC\equiv CH+2HNO_3 &\xrightarrow[-H_2O]{Hg(NO_3)_2}(O_2N)_2CHCHO\xrightarrow[-H_2O]{HNO_3}(O_2N)_3CCHO\\&\xrightarrow[-NO_2,-H_2O]{HNO_3}(O_2N)_3CCOOH\xrightarrow[-CO_2]{\text{脱羧}}(O_2N)_3CH\end{aligned} \tag{5.39}$$

副反应

$$HC\equiv CH+10HNO_3\longrightarrow 2CO_2+10NO_2+6H_2O$$

$$HC\equiv CH + 8HNO_3 \longrightarrow HOOC—COOH + 4H_2O + 8NO_2$$

实验室制备时所用设备见图 5－10。

制备硝仿时，将碳化钙（电石）置于乙炔发生器中，将发烟硝酸（98%）及硝酸汞－硝酸溶液（1 000 mL 发烟硝酸应加 30 mL 硝酸汞－硝酸溶液）加入反应瓶中。检查系统密封良好后，往乙炔发生器缓慢注水，生成的乙炔气经缓冲瓶、流量计和浓硫酸干燥瓶后，进入反应瓶中进行反应。反应过程中应控制系统压力（表压）为 2.67～3.33 kPa（以气体能平稳通入反应器为宜），反应温度 45 ℃～55 ℃。反应开始时升温较快，可采用冷水冷却，以免温度过高，影响产量和发生意外事故。通气时间一般为 6～7 h。反应完毕，冷却至室温后，将乙炔硝化液转入储瓶备用。

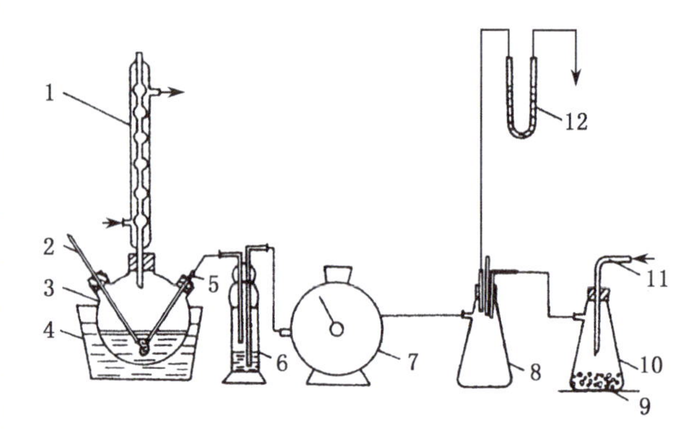

图 5－10　乙炔硝化液制备流程图

1—冷凝器；2—温度计；3—反应瓶；4—水浴；5—控制阀；6—干燥瓶；7—流量计；8—缓冲瓶；9—电石；10—乙炔发生器；11—加水管；12—压力计

按上述所制得的硝仿－硝酸溶液，密度（25 ℃）为 1.53 g/cm^3 左右，硝仿质量分数约为 12%，硝酸质量分数为 75% 左右，氮的氧化物质量分数为 4%～5%，另外，还含少量草酸和水。

硝酸汞－硝酸溶液（催化剂）的制备方法如下：在反应瓶中加入水与汞（m（水）/m（汞）＝4.3/1），在搅拌下，再加入为汞质量 7.5 倍的发烟硝酸，控制加酸温度在 40 ℃以下。待汞全溶后，再加入与上次同等量的发烟硝酸，即得硝酸汞－硝酸溶液。宜保存于棕色瓶中。

（2）四硝基甲烷法。此法是令四硝基甲烷与氢氧化钾反应生成硝仿盐，再酸化后者以制得硝仿，其反应原理见反应式（5.40）。

$$C(NO_2)_4 + 2KOH \longrightarrow KC(NO_2)_3 + KNO_3 + H_2O \xrightarrow{H^+} HC(NO_2)_3 + K^+ \tag{5.40}$$

副反应　$C(NO_2)_4 + 6KOH \longrightarrow 4KNO_2 + K_2CO_3 + 3H_2O$

制备时，在反应器中加入约为氢氧化钾量（质量，下同）5 倍的 95% 乙醇和为氢氧化钾量 2 倍的水，再在低于 30 ℃下加入所需量的氢氧化钾，搅拌并使其全部溶解后，在 20 ℃～25 ℃下滴加为氢氧化钾 2 倍量的四硝基甲烷。加完后，pH 控制在 7～8 为宜。若碱性过强，可适当补加四硝基甲烷；反之，如闻到四硝基甲烷的刺激性气味，则可补加适量浓氢氧化钾溶液。加完料后，继续搅拌 30 min。过滤，用乙醇洗涤两次，得黄色硝仿钾盐，晾干备用。

硝仿钾盐干燥时易爆燃,故不能加热干燥,也不能长期存放,只能现用现制。

在反应瓶中先加入为钾盐量 3 倍的 80% 硫酸,再在搅拌下逐勺加入新制得的钾盐,加料温度控制在 30 ℃以下。加完料后再搅拌 10 min,将反应液倒入分液漏斗,静置分层,上层清液即为硝仿,室温下为无色液体,熔点约 23 ℃。

4. 三硝基甲烷的工业制法

工业上由乙炔制造三硝基甲烷的工艺流程包括两部分:第一部分是以硝酸硝化乙炔和回收硝化过程中产生的硝烟,其流程见图 5 - 11;第二部分是将硝化液蒸馏,分成浓硝酸、稀硝酸和三硝基甲烷水溶液,其流程见图 5 - 12。

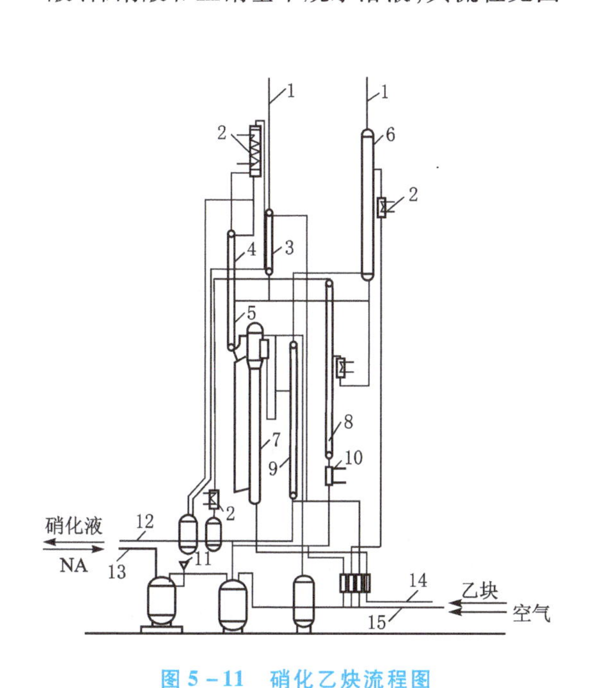

图 5 - 11　硝化乙炔流程图

1—废气;2—冷凝器;3—冷洗塔;4—N_2O_4 蒸馏塔;5—热洗和 N_2O_4 分离塔;6—N_2O_4 洗涤塔;7—硝化器;8—漂白塔;9—氮氧化物分离塔;10—水入口管;11—催化剂入口管;12—硝化液出口管;13—硝酸入口管;14—乙炔入口管;15—空气入口管

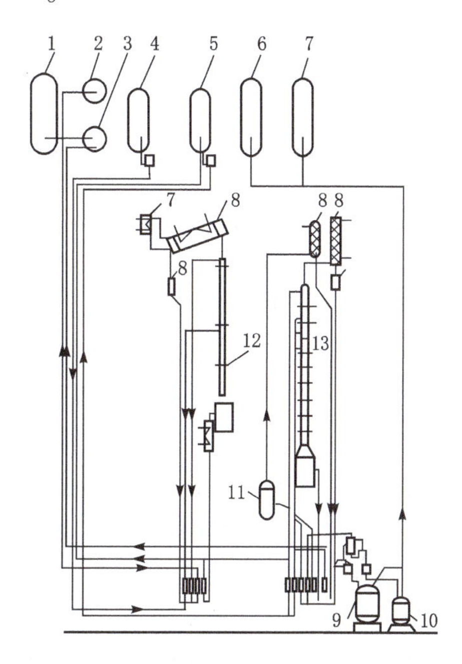

图 5 - 12　蒸馏分离三硝基甲烷流程图

1—稀硝酸储槽;2—浓硝酸储槽;3—蒸馏釜 11 蒸出的稀硝酸储槽;4—硝化液储槽;5—Ⅰ号蒸馏塔的残液储槽;6—Ⅱ号蒸馏塔蒸出的硝仿溶液储槽;7—冷却液储槽;8—冷却器;9—硝仿水溶液储槽;10—水硝仿溶液储槽;11—蒸馏釜;12—Ⅰ号蒸馏塔;13—Ⅱ号蒸馏塔

硝化乙炔时,含有催化剂的硝酸和乙炔在列管硝化器 7 中由下向上流动,到器顶已接近完成反应。反应液一部分流入侧管进行循环,一部分溢流至氧化氮分离塔 9 中,从 9 底部吹入空气,将溶解于反应液中的氧化氮吹出。脱过氧化氮的硝化液由 9 底部流出,送入蒸馏系统。由 9 顶部流出的空气和氧化氮的混合物进入 N_2O_4 洗涤塔 6,在此用冷却至 -15 ℃的硝酸吸收,经吸收后的废气排空。吸收了氧化氮的硝酸进入热洗塔

5中用以洗涤反应器中逸出的气体，用塔6来的含有催化剂的硝酸洗涤时，可进一步与逸出的乙炔反应，并吸收掉气体中夹带的三硝基甲烷和四硝基甲烷，同时将硝酸中吸收的氧化氮解吸。由热洗塔5底部流出的硝酸直接进入硝化器7。由热洗塔5顶部出来的气体进入 N_2O_4 蒸馏塔4，塔4顶部有冷凝器2，通过它将 N_2O_4 从废气中分离并冷凝成液体，送入储槽，再回收成浓硝酸。离开冷凝器的废气进入冷洗塔3，在塔3中用硝酸逆流洗涤，以除去其中的氧化氮，经过冷洗塔后的废气排空。冷洗塔流出的硝酸也进入热洗塔6，最后也作为原料酸的一部分进入硝化器7中。如果加入塔6和塔3的硝酸超过了反应需用量时，则塔6流出一部分硝酸进入漂白塔8中，经漂白后流回硝酸储槽。漂白出的氧化氮气体经冷凝后进入 N_2O_4 储槽中。

硝化液蒸馏时，首先将硝化液由储槽4送入Ⅰ号蒸馏塔12的中部，塔顶蒸出的是浓硝酸，塔底流出的是硝酸－水－硝仿的恒沸物。塔顶蒸出的硝酸蒸气冷凝后，一部分送入浓硝酸储槽2中，一部分作为回流酸再返回Ⅰ号蒸馏塔的顶部，以保证回收酸的浓度（Ⅰ号塔分为两部分，下部为提馏段，上部为精馏段）。Ⅰ号塔的三硝基甲烷的回收率平均为97.8%，最高可达99.9%。硝酸回收率平均为98.5%。Ⅰ号塔底流出的塔釜液进入储槽5中，然后再送入Ⅱ号蒸馏塔13中进行蒸馏，同时往Ⅱ号塔中连续地加水，使Ⅱ号塔馏出液中水含量在55%左右，以确保安全。水和三硝基甲烷有一定的互溶性，20 ℃时含三硝基甲烷45%～93%的混合物分为两相，一相是三硝基甲烷在水中的饱和溶液，另一相是水在三硝基甲烷中的饱和溶液。正常操作下，Ⅱ号塔的馏出液是单相，是三硝基甲烷在水中的饱和溶液。Ⅱ号塔底流出的残液是稀硝酸（其组成接近硝酸－水的恒沸混合物），将其送入蒸馏釜11中，在此蒸出稀硝酸，冷凝后送入稀硝酸储槽3和1中（其成分大致分为硝酸59.9%、三硝基甲烷0.02%，其余为水），再送至硝酸浓缩系统浓缩成浓硝酸，返回硝化系统。蒸馏釜11中剩下的就是催化剂、草酸和其他副产物。Ⅱ号蒸馏塔和蒸馏釜的三硝基甲烷回收率99.1%，硝酸回收率98.2%，最高可达98.8%。

如果硝化得率为76%，则总得率为76%×97.8%×99.1%＝73.8%（以乙炔计）。

另一种分离方法是先将硝化液稀释，然后蒸馏，分成稀硝酸和三硝基甲烷。

5.5.2 硝仿系炸药

一、性能

硝仿具有弱爆炸性，正氧平衡，但熔点很低，具有很强的酸性，腐蚀金属后生成硝仿盐，而干燥的硝仿盐对热和机械作用非常敏感，故三硝基甲烷不能用作单体炸药。但由于三硝基甲烷的化学性质很活泼，用它可以合成出一系列多硝基化合物，即硝仿系炸药。根据理论计算，以硝仿基为氧化基团与分子中的C—C、C—H、C—N等键组成的零氧平衡化合物，其单位质量的放热量，均较其他氧化基团的高，故在炸药分子中引入硝仿基可以显著提高炸药能量，并作为火箭推进剂的氧化剂组分。

硝仿系炸药的主要代表有双（2,2,2－三硝基乙基）－*N*－硝胺、*N*,*N*′－双（2,2,2－

三硝基乙基)乙二硝胺、双(2,2,2-三硝基乙醇)缩甲醛、4,4,4-三硝基丁酸-2′,2′,2′-三硝基乙酯及四(2,2,2-三硝基乙基)原碳酸酯等,这些硝仿系炸药的能量水平均较高,缺点是机械感度、热安定性和相容性尚难满足使用要求。

双(2,2,2-三硝基乙基)-*N*-硝胺具有正氧平衡和高的密度,可作为混合炸药的组分,以改善氧平衡,提高负氧炸药的能量,并作为推进剂中的供氧组分。它与 HMX 混合成零氧平衡的混合物,其圆筒试验比动能较 HMX 的高 12%。但它的机械感度大,热安定性及与其他材料的相容性较差。该炸药的原料来源丰富,成本较低,合成方法较简易,制备安全,有应用前景。

N,*N*′-双(2,2,2-三硝基乙基)乙二硝胺是零氧平衡的高能炸药,是硝仿系炸药中的佼佼者。该炸药耐强酸,对碱敏感,遇碱变黄并慢慢分解。它具有能量高,冲击波感度大,临界直径小等特点,但机械感度较高。可用于雷管和传爆药柱,也可用作主装药。

双(2,2,2-三硝基乙醇)缩甲醛是一种良好的活性增塑剂,在一些混合炸药中加入少量该组分,能大大改善其装药性能(如机械、爆炸性能)。其合成工艺较简单,原料来源丰富。

四(2,2,2-三硝基乙基)原碳酸酯相当安定,长期置于空气中不吸潮,也不分解。它不溶于水,对稀盐酸或稀硫酸稳定,易溶于像硝基甲烷和硝基乙烷这类硝基烷烃中,且其溶液是安全的,并具有强大的爆炸威力。该溶液的密度和爆速与硝化甘油的接近,能被六号雷管引爆,传爆稳定性也良好,临界直径小于 4 mm(玻璃管),撞击感度很低,5 kg 落锤、50 cm 落高不发生爆炸。这些溶液本身没有腐蚀性,挥发性也不大,故加工使用安全,且爆炸气体中有毒产物少,可用来代替硝化某油,或者直接用作液态矿用炸药。

上述几种硝仿系炸药的主要性能汇集于表 5-21。

二、合成

硝仿系炸药大多以硝仿(酸组分)与醛组分及胺组分进行 Mannich 反应,再硝化缩合反应产物制得。

1. *N*,*N*-双(2,2,2-三硝基乙基)-*N*-硝胺

令硝仿、甲醛及氨进行 Mannich 反应,生成双(2,2,2-三硝基乙基)胺,再用混酸硝化该胺制得。有两种可用的方法,一种是经由三硝基乙醇制得,另一种是直接采用乙炔硝化液制得。

(1) 三硝基乙醇法。其反应原理见反应式(5.41)。

$$HC(NO_2)_3 + CH_2O \longrightarrow (NO_2)_3CCH_2OH \xrightarrow{NH_3} HN\begin{matrix} \diagup CH_2C(NO_2)_3 \\ \diagdown CH_2C(NO_2)_3 \end{matrix}$$
$$\xrightarrow{HNO_3/H_2SO_4} O_2N{-}N\begin{matrix} \diagup CH_2C(NO_2)_3 \\ \diagdown CH_2C(NO_2)_3 \end{matrix} \tag{5.41}$$

1) 三硝基乙醇的合成。三硝基甲烷与甲醛反应即生成三硝基乙醇。此反应很容易进行,不需要催化剂。但三硝基乙醇在水中容易按反应式(5.42)解离。

表 5-21 某些硝仿系炸药的主要性能

项目	N-硝基-N-三硝基乙基甲胺	4,4,4-三硝基丁酸-2′,2′,2′-三硝基乙酯	双(2,2,2-三硝基乙醇)缩甲醛	四(2,2,2-三硝基乙基)原碳酸酯	N,N-双(2,2,2-三硝基乙基)-N-硝胺	N,N'(-双(2,2,2-三硝基乙基)乙二硝胺
分子式	$C_3H_5N_5O_8$	$C_6H_6N_6O_{14}$	$C_5H_6N_6O_{14}$	$C_9H_8N_6O_{28}$	$C_4H_4N_8O_{14}$	$C_6H_8N_{10}O_{16}$
相对分子质量	239.10	386.14	374.13	732.20	388.15	476.20
氧平衡/%	-3.35	-4.14	+4.28	+13.11	+16.49	0
结构式	$H_3C-N(NO_2)-CH_2-C(NO_2)_3$	$(NO_2)_3CCH_2CH_2C(=O)OCH_2C(NO_2)_3$	$CH_2(OCH_2C(NO_2)_3)_2$	$C(OCH_2C(NO_2)_3)_4$	$O_2N-N(CH_2C(NO_2)_3)_2$	$CH_2-N(NO_2)-CH_2C(NO_2)_3$ $CH_2-N(NO_2)-CH_2C(NO_2)_3$
外观	白色棒状结晶	白色结晶	白色结晶	白色结晶	白色针状结晶	白色针状结晶
密度/(g·cm^{-3})	1.80	1.81	1.78	1.79	1.97	1.87
熔点/℃	84.5~85.5	93.5~94.1	64.3~65.7	161~163	94.9~95.2	179.2~180.5
溶解性	溶于丙酮、乙醇、四氯化碳、苯、硝酸	溶于甲醇、氯仿、丙酮、硝基甲烷	溶于乙醚、丙酮、苯、二噁烷、乙酸乙酯、二氯乙烷、二氯甲烷	溶于二氯乙烷	溶于二氯乙烷	溶于二噁烷、丙酮、乙酸乙酯
爆速/(km·s^{-1})	8.73(密度 1.788 g·cm^{-3})	8.36(密度 1.774 g·cm^{-3})	7.13(密度 1.712 g·cm^{-3})	7.96(密度 1.678 g·cm^{-3})	8.59(密度 1.917 g·cm^{-3})	8.88(密度 1.83 g·cm^{-3})
撞击感度/%(10 kg,25 cm)	80	36	80	96	44	100
爆发点(5 s)/℃	200	239	236		197	229
热安定性	150 ℃的半分解期为46.5 min	150 ℃的半分解期为800 min	180 ℃的半分解期为50 min	165 ℃的半分解期为100 min	150 ℃的半分解期为23 min	150 ℃的半分解期为45 min

$$(NO_2)_3CCH_2OH + H_2O \rightleftharpoons C(NO_2)_3^- + CH_2(OH)_2 + H^+ \tag{5.42}$$

反应式(5.42)25 ℃时的平衡常数 $K = (7.8 \pm 0.16) \times 10^{-7}$ mol/L,故实验室制备三硝基乙醇宜在非水溶剂中进行。如果在水溶液中进行反应,则需用强酸将溶液酸化,使上述平衡左移,以提高产物得率。

合成三硝基乙醇时,在反应瓶中加入足够量溶剂无水四氯化碳,再加入三硝基甲烷和聚甲醛(甲醛过量 10%),令反应物在 60 ℃ ~65 ℃加热 3 h,然后再回流 30 min。将所得溶液浓缩至原体积的近 1/4,并放置于冷藏柜中冷却,固体三硝基乙醇即呈白色长针状晶体析出。过滤后,再将滤液浓缩又可得少量产品,总得率为 80%,产品熔点高于 72 ℃。

三硝基乙醇的撞击感度中等,曾在蒸馏时发生过爆炸。

2) 双(2,2,2 - 三硝基乙基) - *N* - 硝胺的合成。在反应瓶中,将 75% 三硝基乙醇水溶液(溶液 pH 为 1)冷却至 10 ℃以下,再将 18% 氨水逐渐滴加到三硝基乙醇中(二者均为理论量),加料时温度不超过 20 ℃,同时用硫酸调节反应液的酸度至 pH <2。加料完毕,令反应物料在20 ℃保温 3 h,然后过滤,水洗、干燥,得淡黄色粉末状产物——双(2,2,2 - 三硝基乙基)胺。

将硝硫混酸(含硝酸 15%、硫酸 81%、水 4%)冷却至 5 ℃,在搅拌下向混酸中加入双(2,2,2 - 三硝基乙基)胺(m(混酸)/m(胺) = 10/1),加料完毕后,升温至 25 ℃保温 30 min,然后再升温至 40 ℃保温 90 min,最后,降温至 5 ℃。过滤得白色结晶,洗至中性,得粗品。用二氯乙烷重结晶,得熔点为 94.5 ℃ ~95.5 ℃的目标产物。

(2) 乙炔硝化液法。其反应原理见反应式(5.43)。

$$6CH(NO_2)_3 + (CH_2)_6N_4 + HNO_3 \xrightarrow{-NH_4NO_3} 3(NO_2)_3CCH_2\overset{\overset{\displaystyle H}{|}}{N}CH_2C(NO_2)_3$$

$$\xrightarrow[-H_2O]{HNO_3/H_2NO_4} (NO_2)_3CCH_2\overset{\overset{\displaystyle NO_2}{|}}{N}CH_2C(NO_2)_3 \tag{5.43}$$

1) 胺的合成。在反应瓶中先加入一定量乙炔硝化液,在冷却及搅拌下,加入为硝化液 5 倍体积的水进行稀释,再在不超过 20 ℃下加入适量尿素(至溶液不冒气泡为止),以除去硝化液中的亚硝酸。最后在 20 ℃ ~25 ℃下加入 14% 的乌洛托品水溶液(应加乌洛托品量根据乙炔硝化液中硝仿含量决定,但应为理论量的 2.5 倍左右。如硝化液中硝仿含量为 13%,100 mL 硝化液应加乌洛托品 8 g 左右),不久即析出白色沉淀(有时稍带黄色),继续搅拌 15 min 后,即可过滤,用冷水(15 ℃以下)洗至中性,得双(2,2,2 - 三硝基乙基)胺,得率 75% 左右。

当稀释水量与乙炔硝化液的体积比小于 3 时,显著降低双(2,2,2 - 三硝基乙基)胺的得率,并有可能发生突冒黄烟和温度升高现象。

双(2,2,2 - 三硝基乙基)胺易分解爆炸,不宜久存。但在 20 ℃ ~25 ℃下存放一周,没有发生明显分解，只稍微变黄，这不影响硝化产品的得率。

双(2,2,2-三硝基乙基)胺可用四氯化碳精制，1 g胺的粗品需用8.5 mL溶剂。

2）硝胺的合成。在反应器中用等体积的95%硝酸与98%硫酸配成混酸，再将双(2,2,2-三硝基乙基)胺在20 ℃下逐渐加入混酸中（混酸用量为8 mL:1 g胺），加料完毕后，于40 ℃保温反应30 min，随后将反应物边搅拌边徐徐倾入大量碎冰水中，即沉淀出双(2,2,2-三硝基乙基)-*N*-硝胺粗品，硝化得率95%以上。用二氯甲烷精制粗品，精品得率可达90%以上，熔点高于95 ℃。

2. *N*,*N'*-双(2,2,2-三硝基乙基)乙二硝胺

此硝仿系炸药是以硝仿、甲醛和乙二胺通过Mannich反应并硝化制得，可见反应式(5.44)。

$$HCHO + HC(NO_2)_3 \longrightarrow HOCH_2C(NO_2)_3$$

$$\begin{matrix} CH_2NH_2 \\ | \\ CH_2NH_2 \end{matrix} + 2HOCH_2C(NO_2)_3 \longrightarrow \begin{matrix} H \\ | \\ CH_2NCH_2C(NO_2)_3 \\ | \\ CH_2NCH_2C(NO_2)_3 \\ | \\ H \end{matrix}$$

$$\xrightarrow{HNO_3/Ac_2O} \begin{matrix} NO_2 \\ | \\ CH_2NCH_2C(NO_2)_3 \\ | \\ CH_2NCH_2C(NO_2)_3 \\ | \\ NO_2 \end{matrix} \tag{5.44}$$

将85%乙二胺用5倍量(m/m)的水稀释，同时将三硝基乙醇溶于12倍量水中。在50 ℃下，向三硝基乙醇溶液中滴加乙二胺溶液（乙二胺过量约30%），反应30 min后，滤出缩合产物，用冷水洗涤两次，即得黄色粗制缩合产物，得率约84%，熔点高于102 ℃。将缩合产物溶于硝酸中（溶解温度应低于50 ℃），再将所得溶液倾入冰水中，滤出沉淀，用苯重结晶，得无色晶体，熔点高于107 ℃，此即*N*,*N'*-双(2,2,2-三硝基乙基)乙二胺精制品。在反应器中加入经蒸馏的发烟硝酸，冷至10 ℃以下，滴加为发烟硝酸1.25倍体积量的醋酸酐，再将所得混酸冷却至5 ℃，往其中加入上面制得的二胺（混酸用量为10 mL:1 g二胺），5~10 min加完，反应混合物最初是透明的，以后逐渐变成白色混浊液，放置两天以后，滤出产品，用冷水洗涤，干燥后粗品熔点高于147 ℃，得率约60%。用乙醇重结晶后，熔点可达170 ℃。此产品即为*N*,*N'*-双(2,2,2-三硝基乙基)乙二硝胺的精制品。

粗制缩合产物很不安定，置于空气中就会变质；放于密闭容器中几天后就有可能爆炸；夏季温度高时，会自燃。但精制后的缩合产品是稳定的。

缩合产物不能用硝硫混酸硝化，否则会发生激烈分解。直接将熔点为102 ℃的粗缩

合产物用 HNO_3-Ac_2O 硝化，也可得到熔点约为 170 ℃的硝化产品。

也可用乙炔硝化液和甲醛代替三硝基乙醇与乙二胺进行 Mannich 反应。此时由于乙炔硝化液中含有的氮氧化物是很有效的亚硝化剂，故生成的 Mannich 碱可迅速地被亚硝化而生成稳定的亚硝基化合物，后者再用硝硫混酸硝化，即得目标产物。见反应式(5.45)。

$$H_2NCH_2CH_2NH_2 + 2CH_2O \longrightarrow HOCH_2NHCH_2CH_2NHCH_2OH \xrightarrow[-H_2O]{HC(NO_2)_3 \cdot HNO_2}$$

$$(O_2N)_3CCH_2N(NO)—CH_2CH_2—N(NO)—CH_2C(NO_2)_3 \xrightarrow[-H_2O]{HNO_3/H_2SO_4}$$

$$(O_2N)_3CCH_2N(NO_2)—CH_2CH_2—N(NO_2)—CH_2C(NO_2)_3 \tag{5.45}$$

此法所得粗产品熔点可达 170 ℃ ~172 ℃。用乙酸乙酯重结晶，所得精品熔点可高于 182 ℃。

3. 四(2,2,2 - 三硝基乙基)原碳酸酯

以 $FeCl_3$ 为催化剂，令三硝基乙醇与四氯化碳作用，可生成四(2,2,2 - 三硝基乙基)原碳酸酯。见反应式(5.46)。

$$CCl_4 + 4HOCH_2C(NO_2)_3 \xrightarrow{FeCl_3} C[OCH_2C(NO_2)_3]_4 + 4HCl \tag{5.46}$$

在反应瓶中加入新蒸馏的四氯化碳，再加入干燥的三硝基乙醇和无水三氯化铁(三者用量比为 2.5 mL∶1 g∶0.1 g)，将反应混合物回流 24 h，冷却后除去多余的四氯化碳，将残余物在减压下干燥，然后将它分成小份加到足够量稀盐酸中，以溶解三氯化铁。将物料过滤，水洗，得褐色粗制品，以三硝基乙醇计得率为 89%。用氯仿重结晶后，即得无色晶体，熔点为 161 ℃ ~163 ℃(分解)。

4. 双(2,2,2 - 三硝基乙醇)缩甲醛

采用硝仿与甲醛在浓硫酸或发烟硫酸中反应合成。见反应式(5.47)。

$$HC(NO_2)_3 + CH_2O \longrightarrow (NO_2)_3CCH_2OH$$

$$2(NO_2)_3CCH_2OH + CH_2O \xrightarrow[25\ ℃]{浓硫酸或发烟硫酸} CH_2\begin{cases} O—CH_2—C(NO_2)_3 \\ O—CH_2—C(NO_2)_3 \end{cases} \tag{5.47}$$

在反应瓶中先加入硝仿，再在冷却和搅拌下，逐渐滴加入 37% 甲醛水溶液(甲醛水溶液∶硝仿 = 1.05 mL∶1 g)，加料温度不应超过 25 ℃。搅拌 15 min 后，再滴加发烟硫酸(硫酸∶硝仿 = 2.3 mL∶1 g)，在 30 ℃下搅拌 1 h。过滤除去废酸，用水洗涤滤饼至中性，得粗产品，得率约为 85%。用乙醇重结晶得精品，熔点 64.3 ℃ ~65.7 ℃。

5.5.3 硝仿肼

一、合成

硝仿肼(HNF) $[N_2H_5C(NO_2)_3]$ 是一种高能、环境友好的氧化剂，它是由肼(N_2H_4)和

硝仿或三硝基甲烷[$HC(NO_2)_3$]之间发生酸－碱反应然后沉淀制得，见反应方程式(5.48)。

$$N_2H_4 + HC(NO_2)_3 \longrightarrow N_2H_5C(NO_2)_3 \tag{5.48}$$

由于合成HNF是强放热反应，反应条件要求严格，温度应控制在5 ℃以下，以二氯乙烯为反应介质。HNF是黄－橙色针状单斜晶体，$[N_2H_5]^+$与邻近的$[C(NO_2)_3]^-$以氢键连接。HNF高温下溶于水，它也可以按离解方式处于平衡状态。

二、性能

HNF分子式为$CH_5N_5O_6$，相对分子质量为183.10，氧平衡+13.10%。

HNF晶体的粒径为5～10 μm，通过采用最近开发的HNF重结晶方法，可将产物粒径控制在200～300 μm。HNF的稳定性取决于其纯度，纯HNF的稳定性较高。

HNF的熔点范围为115 ℃～124 ℃，且取决于其纯度。由于复合推进剂的固化反应是在高温下进行，所以氧化剂的熔点是一个重要指标。需要指出的是，目前还没有测量HNF吸湿性的方法。

(1) 相容性 HNF与HTPB及异氰酸酯不相容。HTPB主链上的—C═C—不饱和双键是HNF/HTPB两种材料共用时不相容的原因，HTPB的—C═C—键易被HNF氧化，从而导致推进剂的力学性能恶化；HNF与异氰酸酯不相容是由于HNF的氢会向TDI、HMDI等的—NC═O基团上的氮转移。要解决这些问题，可以在将HNF加入推进剂配方中之前，将其进行涂覆，形成保护屏障涂层，这样HNF就不会与HTPB或异氰酸酯反应，而作为自由流动的粉末。但HNF与最近才报道的高能黏结剂——如GAP、聚(NiMMO)、聚(GlyN)和聚(BAMO)等——相容性良好。HNF与上述黏结剂联合使用，不仅增强了固体火箭推进剂的性能，而且由于其排放物中无氯而对环境友好。HNF/Al/GAP推进剂的摩擦感度和撞击感度是可以接受的，可与现役的其他推进剂媲美。

(2) 热稳定性 HNF在60 ℃、48 h的条件下进行真空安定性实验，释放气体量为2～10 cm^3/g。有研究人员认为，粗HNF释放出的大量气体可能是晶体中存在着溶剂和其他杂质所致。高纯度的HNF或重结晶的控制粒度的HNF在真空条件下释放气体量相对较小，仅为0.1～0.5 cm^3/g，使用某些稳定剂可能会进一步提高其稳定性。氧化剂的稳定性顺序是HNF < ADN < NC < CL－20 < RDX < HMX，即，HNF是最不稳定的氧化剂。尽管如此，以质量损失达到1%为判断标准，经稳定化处理的HNF能在25 ℃环境下稳定储存数年。

(3) 感度。不纯的HNF的撞击感度小于1 N·m，而同一批次的纯的或重结晶的HNF的撞击感度明显降低，大于或等于15 N·m。有报道HNF的摩擦感度达到25 N。然而，撞击感度和摩擦感度不仅取决于纯度，也取决于粒子粒径、晶体形状和杂质类型。不同研究人员报道的数据均不同，这是因为由不同研究团队合成的HNF在纯度、粒子粒径和形态方面存在差异。

(4) 毒性。HNF无毒、无腐蚀性，对皮肤和眼睛无刺激，只要不吸入就没有危险，只有在口服时，它是“有害的”。

（5）溶解性。HNF 溶于含或不含燃料的水中，被认为是太空应用领域的理想高性能绿色单组元推进剂。在 HNF 中加入燃料可进一步提高其性能，这是因为 HNF 分解后生成氧气，见反应式（5.49）：

$$4N_2H_5C(NO_2)_3 \longrightarrow 10H_2O + 4CO_2 + 10N_2 + 3O_2 \tag{5.49}$$

这些氧气使燃料的燃烧产生了更多的能源量，有益于提高推进剂能量。

三、ADN 与 HNF 的比较

ADN 和 HNF 是固体推进剂的两个主要高能氧化剂，它们能增强 AP 基推进剂的 I_{SP}，且对环境友好。

（1）合成 ADN 和 HNF 时都生成针形晶体。为了制备高固体装填量的推进剂，都期望合成低长宽比的球形颗粒。

（2）ADN 密度为 1.823 g/cm^3，HNF 密度为 1.846 ~ 1.869 g/cm^3。ADN 的熔融分解温度为 92.7 ℃，而因 HNF 在熔融时发生分解，因此不能测试 HNF 的熔融焓和起始放热温度。

（3）ADN 的点火温度为 167 ℃ ~ 174 ℃，而 HNF 的点火温度为 115 ℃ ~ 120 ℃。

（4）在 70 ℃时，HNF 比 ADN 的真空安定性好，但令人不解的是，ADN 在 60 ℃时的稳定性比 70 ℃和 80 ℃时的低，目前尚不能解释此问题。可能需要稳定剂来进一步提高 ADN 和 HNF 的热稳定性。

（5）ADN 极易吸湿，而 HNF 不吸湿。因此，在使用或测试之前，需要在 40 ℃下真空环境中对 ADN 进行干燥。然而，目前尚无衡量 HNF 吸湿性的方法，其吸湿点为 94%。

（6）以 16.7% 引爆概率为判断标准时，ADN 和 HNF 的撞击感度大致相同；然而，对 50% 概率，ADN 感度低于 HNF。与常规炸药 RDX 和 HMX 相比，ADN 和 HNF 更为敏感。此外，HNF 的摩擦感度大约是 ADN 摩擦感度的 10 倍。HNF 达不到联合国的摩擦感度标准，因此，在运输时需要采取特殊的预防措施。

四、应用

HNF 基推进剂在两个主要方面使其非常有吸引力：

（1）优异的能量水平，添加燃料后的 HNF 的 I_{SP} 高达 295 s，高于 ADN 基推进剂。

（2）无毒，对环境友好，具有良好的处理和操作性能。

HNF 和 HNF 基推进剂应用中的一个问题是燃速压力指数较高，未经催化的 HNF/Al/聚（NiMMO）基推进剂的压力指数约为 0.85，而常规火箭推进系统的压力指数值小于 0.6。为了降低这些推进剂的压力指数，可采用两种方法：① 用 AP 替换部分 HNF；② 使用燃速调节剂。以前发现许多催化剂与 HNF 不相容，但可喜的是，最近研制出的几种燃速调节剂与 HNF 的相容性良好。对于 HNF 基推进剂而言，有机黏结剂主要有三类：氮杂环丙烷类、环氧类和甘油磷酸酯类。环氧类黏结剂在改善力学性能及与 HNF 相容性之间效果最佳。此外，HNF 基固体推进剂用于军事上，可消除现役 AP/Al/HTPB 基推进剂的尾烟。对短程导弹(反坦克导弹、战地弹道导弹、地对空导弹)和火箭弹而言,这种尾烟是一个非常严重的战术缺陷。与此同时,为了大幅度增加导弹的射程,含铝推进剂配方的适量尾烟也是可以接受的。

欧洲于 1993 年建立了 HNF 生产工厂,以满足对优质 HNF 日益增长的需求。目前,试点工厂的最大产能为每年约 300 kg。最近有报道称,欧洲已开发出了一种以叠氮缩水甘油醚聚合物(GAP)为黏结剂的 HNF 基新型推进剂。

第6章 硝胺炸药

6.1 硝胺炸药通性

硝胺炸药是在第二次世界大战期间才崛起的一类炸药，其主要代表是黑索今和奥克托今，其他还有特屈儿、硝基胍、乙烯二硝胺、吉纳（二乙醇-*N*-硝胺二硝酸酯）等，它们均广泛用于弹药装药，或作为发射药和火箭推进剂的重要组分。20世纪后期，硝胺炸药已成为最引人注目的一类炸药，并且出现了很多新秀，包括近十多年来极为人青睐的高能量密度化合物，也多是笼形多环硝胺。

硝胺炸药的爆炸气态产物生成量较高（如黑索今为34 mol/kg，太安为32 mol/kg，梯恩梯为25 mol/kg），具有较高的做功能力和能量水平，但其感度高于硝基化合物炸药而低于硝酸酯炸药，不过其安全性仍能满足军用要求。

制造硝胺炸药的原料多为基本有机合成工业的大宗产品，故这类炸药的制造成本将随有机合成工业的发展和炸药制造工艺的进步而大幅度下降，其前景十分看好。

硝胺可视为胺分子中氨基氮上的硝基取代物，其通式为

$$\begin{matrix} R \diagdown \\ \qquad N - NO_2 \\ R' \diagup \end{matrix}$$

式中，R及R′为烃基、酰基或氢。

硝胺炸药一般是伯硝胺、仲硝胺和环硝胺（包括笼形多环硝胺）。环硝胺在硝胺炸药中占有重要地位，如黑索今和奥克托今都是环硝胺。

6.1.1 光谱性质

硝胺基团在225~240 nm有强烈的紫外吸收，伯硝胺的ε_{max}值约为7 000，仲硝胺的约为5 500。伯硝胺在1 515、1 282、1 124及758 cm^{-1}处有特征的红外吸收。还有文献报道伯硝胺的红外吸收波数为：

$NO_2\nu_{asym}$　　1 630~1 550 cm^{-1}

$NO_2\nu_{sym}$　　1 354~1 262 cm^{-1}

N—N　　1 000~948 cm^{-1}

在伯硝胺中，由于NH和NO_2之间形成氢键，NH的红外吸收频率由3 600~3 250 cm^{-1}迁移至3 253~3 240 cm^{-1}。氢键是在相邻的伯硝胺分子间或二硝胺相邻的

两个硝胺基团之间形成的。

6.1.2 酸碱性

胺中的 N—硝基具有吸电子作用，使氨基氮原子的碱性降低，仲硝基胺为中性，伯硝基胺甚至具有酸性，可与碱生成盐。

伯硝胺的酸性是其显著的化学特征，早期人们认为伯硝胺存在假酸式和酸式的互变异构平衡。见反应式(6.1)。

$$RNHNO_2 \rightleftharpoons RN{=}N(\rightarrow O)OH \tag{6.1}$$

伯硝胺的酸性弱于相应的羧酸，但其解离常数随温度明显变化。例如，甲基硝胺的解离常数，0 ℃时为 0.3×10^{-5}，25 ℃时为 0.72×10^{-5}，35 ℃时为 0.86×10^{-5}。

当温度升高时，将有利于反应式(6.1)的平衡向右进行，而异硝胺本身是不稳定的，在酸性介质中，它能分解为醇和氧化亚氮。见反应式(6.2)。

$$RN{=}N(\rightarrow O)OH \longrightarrow ROH+N_2O \tag{6.2}$$

6.1.3 与羰基化合物的加成反应

伯硝胺具有活泼氢原子，可与甲醛进行羰基加成反应，生成 *N*－羟甲基硝胺类化合物。见反应式(6.3)。

$$\begin{array}{l}CH_2-N(H)-NO_2\\ |\\ CH_2-N(H)-NO_2\end{array} + CH_2O \longrightarrow \begin{array}{l}CH_2-N(CH_2OH)-NO_2\\ |\\ CH_2-N(H)-NO_2\end{array} \tag{6.3}$$

羟甲基硝胺还可以进行酯化，并再进一步与醇、羧酸等反应而生成烷氧基或酰氧基化合物。见反应式(6.4)。

$$\begin{array}{l}CH_2-N(NO_2)-CH_2OH\\ |\\ CH_2-N(H)-NO_2\end{array} \xrightarrow{CH_2O} \begin{array}{l}CH_2-N(NO_2)-CH_2\\ |\qquad\qquad\qquad\quad \backslash O\\ CH_2-N(NO_2)-CH_2 /\end{array} \xrightarrow[-20\ ℃]{98\%\ HNO_3}$$

$$
\begin{array}{c}
\text{NO}_2 \\
| \\
\text{CH}_2-\text{N}-\text{CH}_2\text{ONO}_2 \\
| \\
\text{CH}_2-\text{N}-\text{CH}_2\text{ONO}_2 \\
| \\
\text{NO}_2
\end{array}
\begin{array}{l}
\xrightarrow{\text{AcOH}}
\begin{array}{c}
\text{NO}_2 \\
| \\
\text{CH}_2-\text{N}-\text{CH}_2\text{OAc} \\
| \\
\text{CH}_2-\text{N}-\text{CH}_2\text{OAc} \\
| \\
\text{NO}_2
\end{array} \\
\xrightarrow{\text{CH}_3\text{OH}}
\begin{array}{c}
\text{NO}_2 \\
| \\
\text{CH}_2-\text{N}-\text{CH}_2\text{OCH}_3 \\
| \\
\text{CH}_2-\text{N}-\text{CH}_2\text{OCH}_3 \\
| \\
\text{NO}_2
\end{array}
\end{array}
\tag{6.4}
$$

6.1.4 Mannich 反应

伯硝胺可以作为酸组分与醛及胺进行反应式(6.5)所示的 Mannich 反应。

$$
\text{RNHNO}_2 + \text{CH}_2\text{O} + \text{HN}\begin{array}{l}\diagup \text{R}' \\ \diagdown \text{R}''\end{array} \longrightarrow \text{R}-\underset{}{\overset{\text{NO}_2}{\overset{|}{\text{N}}}}-\text{CH}_2-\text{N}\begin{array}{l}\diagup \text{R}' \\ \diagdown \text{R}''\end{array}
\tag{6.5}
$$

二硝胺、甲醛以及伯胺可以通过 Mannich 反应缩合生成一系列环状缩合产物。见反应式(6.6)。

$$
(\text{CH}_2)_n\begin{array}{l}\diagup \text{NH}-\text{NO}_2 \\ \diagdown \text{NH}-\text{NO}_2\end{array} + \text{CH}_2\text{O} + \text{RNH}_2 \longrightarrow (\text{CH}_2)_n\begin{array}{l}\diagup \text{N}(\text{NO}_2)-\text{CH}_2 \diagdown \\ \diagdown \text{N}(\text{NO}_2)-\text{CH}_2 \diagup\end{array}\text{NR}
\tag{6.6}
$$

上述亚甲基二硝胺在加热到 70 ℃时水解。pH 为 2 ~ 7.8 时,分解甚快;pH 为 10 时,则较为稳定,但在强碱中分解又加快。另外,甲醛浓度对亚甲基二硝胺的分解速度也很有影响。

研究指出,在水溶液中,羟甲基硝胺存在反应式(6.7)所示平衡。

$$
\text{RNHNO}_2 + \text{CH}_2\text{O} \rightleftharpoons \text{O}_2\text{NNRCH}_2\text{OH}
\tag{6.7}
$$

在无机酸中,羟甲基硝胺具有较大的稳定性。

6.1.5 还原反应

伯硝胺易于还原,但不易得到还原的中间产物。见反应式(6.8)。

$$
\text{RNHNO}_2 \xrightarrow[\text{AcOH}]{\text{Zn}} \text{RNHNO} \longrightarrow \text{RN}=\text{NOH} \longrightarrow \text{ROH} + \text{N}_2
\tag{6.8}
$$

6.1.6 对酸碱的稳定性

无论是伯硝胺还是仲硝胺,都能在不同程度上被硫酸所分解。硫酸与伯硝胺反应释出硝酸,同时使之进一步分解为氮和碳的氧化物。伯硝胺在无机酸介质中极不稳定,它与2%的稀硫酸共热就能分解。只有较浓的硫酸才能使仲硝胺发生分解,且分解较缓慢。用40%或更浓的硫酸与仲硝胺在100 ℃下作用,仲硝胺仅有少量分解。浓硫酸与仲硝胺作用时,可以破坏硝胺的 N—N 键,释出 NO_2^+。由于浓硫酸对硝胺具有分解作用,所以制造硝胺化合物往往不用硝硫混酸硝化剂。但浓度很高(接近100%)的硫酸及无水硫酸混合硝化剂,对硝胺的分解作用甚弱,在一定条件下也可作为制备硝胺的硝化剂。

溶于浓硫酸的硝胺与二苯胺试剂,反应显蓝色,此显色反应广泛用于分析鉴定硝胺。

伯硝胺在碱中较为稳定,大多数伯硝胺在高温强碱溶液中才能分解,其分解产物是酮(或醛)和 N_2。见反应式(6.9)。

$$\begin{matrix} R \\ R' \end{matrix}\rangle CH-NHNO_2 \longrightarrow \begin{matrix} R \\ R' \end{matrix}\rangle C=O+N_2+H_2O \tag{6.9}$$

仲硝胺在碱中的稳定性较差,能被氢氧化钠水溶液分解产生胺、醛及亚硝酸盐。见反应式(6.10)。

$$RN\langle\begin{matrix} NO_2 \\ CH_2R' \end{matrix} \longrightarrow RN=CHR'+HNO_2 \xrightarrow{H_2O} RNH_2+R'CHO \tag{6.10}$$

6.2 黑 索 今

黑索今(RDX)是德文 Hexogen 的中译,RDX 是 Research Department Explosive(研究部炸药)的缩略语。RDX 的学名为1,3,5-三硝基-1,3,5-三氮杂环己烷或六氢-1,3,5-三硝基均三嗪,也称环三亚甲基三硝胺,分子式 $C_3H_6N_6O_6$,相对分子质量222.12,氧平衡-21.61%。结构式如下:

```
            H2
            C
          /   \
O2N—N         N—NO2
      |         |
     H2C       CH2
          \   /
            N
            |
           NO2
```

黑索今是当代最重要的炸药之一，它的爆炸能量高于其他现用单质炸药，仅次于奥克托今。在含能材料发展进程中，19 世纪末期的苦味酸、20 世纪初期的梯恩梯及 20 世纪中期的黑索今是三个具有里程碑意义的单质炸药。一直到现在，黑索今仍极为人所重视，在火炸药领域更是为弹药专家们刮目相看。

6.2.1 黑索今的性质

一、物理性质

黑索今是无色、无味、无臭的晶体，属斜方晶系。晶体密度为 1.82 g/cm^3，工业品的自由堆积密度为 0.8 ~0.9 g/cm^3，压药密度为 1.52 g/cm^3（35 MPa）、16.0 g/cm^3（70 MPa）、1.68 g/cm^3（140 MPa）及 1.70 g/cm^3（200 MPa）。

黑索今实际上不吸湿（25 ℃及饱和湿度时的吸湿量为 0.02%），室温下不挥发（不同温度下的蒸气压见表 6 -1），不溶于水及四氯化碳等，微溶于乙醇、乙醚、苯、甲苯、氯仿、二硫化碳和乙酸乙酯等，易溶于丙酮、二甲基甲酰胺、环己酮、环戊酮及浓硝酸。黑索今的溶解度见表6 -2 及表 6 -3。

表 6 -1 黑索今的蒸气压

温度/℃	110	121	131	138.5
蒸气压/Pa	54	140	340	530

表 6 -2 黑索今在有机溶剂中的溶解度 g·(100 g 溶液)$^{-1}$

溶剂	温度/℃						
	0	20	30	40	60	80	100
水		0.005		0.025（50 ℃）			0.28
醋酸（50%）			0.12		0.50	1.25	
醋酸（100%）			0.41		1.35	2.60	
醋酸酐		4.0	4.8	6.0	9.30		
丙酮	4.2	6.8	8.40	10.3	15.3（58 ℃）		
丁酮①			5.6（28 ℃）				14（95 ℃）
环己酮			12.7（25 ℃）				25（97 ℃）
环戊酮			11.5（28 ℃）				37（90 ℃）

续表

溶剂	温度/℃						
	0	20	30	40	60	80	100
乙腈			12.0	16.2	24.6	33.0	
乙醇	0.04	0.10		0.24	0.60	1.20	
异丙醇①		0.08					
异戊醇	0.02	0.026	0.04	0.06	0.21	0.50	1.33
甲醇	0.14	0.235	0.325	0.48	1.06		
苯		0.05	0.06	0.09	0.20	0.40	
甲苯	0.016	0.02	0.025	0.05	0.125	0.295	0.64
四氯化碳		0.001 3	0.002 2	0.003 4	0.007		
四氯乙烷①				0.09 (38 ℃)			
三氯乙烷		0.20	0.21	0.22	0.23 (52 ℃)		
氯仿		0.015					
氯代苯	0.20	0.33	0.44	0.56			
二甲基甲酰胺		25.5	27.3	29.1	33.3	37.7	42.6
乙醚		0.055	0.075				
β-乙氧乙基醋酸酯		1.48	1.55	1.9	3.4		
醋酸甲酯		2.95	3.30	4.10	6.05 (52 ℃)		
醋酸乙酯①		0.06	0.9 (28℃)				18 (94 ℃)
硝基苯①			1.5 (25 ℃)				25 (97 ℃)
硝基乙烷①			3.6 (28 ℃)				19 (93 ℃)
二甲基亚砜①		41		51	66	87	113
N-甲基吡咯烷酮①		40		47	58	72	84
丁内酯①		14			28	41	61
梯恩梯①②		4.4 (80 ℃)	5.0 (85 ℃)	5.55 (90 ℃)	6.2 (95 ℃)	7.0 (100 ℃)	7.9 (105 ℃)

① 溶解度为 $g\cdot(100\ g溶剂)^{-1}$。
② 4.16/95.84 的黑索今/梯恩梯混合物,形成低共熔物,其熔点为 79 ℃。

表 6－3　黑索今在硝酸中的溶解度　　$g \cdot (100\ g)^{-1}$

HNO_3 浓度/%	温度/℃		HNO_3 浓度/%	温度/℃	
	10	20		10	20
10	0.018	0.024	60	0.149	0.181
20	0.030	0.040	70	0.325	0.362
30	0.045	0.057	80		2.13
40	0.059	0.080	90		22.5(25 ℃)
50	0.086	0.108	100		30.0(23 ℃)

纯品黑索今熔点为 204 ℃～205 ℃，军品黑索今熔点随制造方法而异，直接硝解法产品的熔点为 202 ℃～204 ℃；醋酐法生产者因其中含有少量奥克托今，熔点在 192 ℃～193 ℃附近。

二、热化学性质

黑索今的比热容为 1.25 J/(g·K)，温度变化时可按 $c_p = [0.232 + 7.5 \times 10^{-7}(T - 273.16)] \times 4.184$[J/(g·K)]计算。黑索今的标准生成焓为 320 kJ/kg (70 kJ/mol)，熔化焓 160 kJ/kg (35 kJ/mol)，溶解于 22%～55% 硝酸中的溶解焓为 150 kJ/kg (33 kJ/mol)，燃烧焓 −9.6 MJ/kg(−2.1 MJ/mol)。

三、化学性质

1. 与酸的作用

浓硫酸能溶解黑索今并按反应式(6.11)或反应式(6.12)使其分解。但如硫酸中不含水，则黑索今分解缓慢。

$$(CH_2NNO_2)_3 + 2H_2SO_4 \longrightarrow 3HCHO + 2O_2S\begin{matrix} OH \\ ONO \end{matrix} + 2N_2 + H_2O \qquad (6.11)$$

$$\begin{matrix} -CH_2 \\ | \\ -N-NO_2 \\ \downarrow \\ N_2O+CH_2O \end{matrix} \xrightleftharpoons{H^+(H_2SO_4)} \begin{matrix} -CH_2 \\ | \\ -NH_2^+ \end{matrix} HSO_4^- + NO_2^+ \longrightarrow \begin{matrix} CH_2 \\ \| \\ NH_2^+ \\ \downarrow H_2O \\ CH_2O+NH_4^++HSO_4^- \end{matrix} HSO_4^- \qquad (6.12)$$

黑索今分解释出的硝酰离子可硝化芳香族化合物，如 95% 硫酸的黑索今溶液与乙酰苯胺作用，可生成对硝基乙酰苯胺，得率达 45%。

硫酸中的水能加速黑索今的分解，特别是当酸中含水量在 1%～15% 范围时，这种加速作用更为显著。

黑索今与稀硫酸共沸时，按反应式(6.13)水解。

$$(CH_2NNO_2)_3 + 6H_2O \longrightarrow 3HNO_3 + 3NH_3 + 3CH_2O \qquad (6.13)$$

低温时，黑索今溶于浓硝酸中而不分解，加水稀释溶液，黑索今又重新析出。冷或热的浓盐酸对黑索今的作用很小。

2. 与碱的作用

碱可使黑索今有不同程度的分解。黑索今和等量的 $Ca(OH)_2$ 在 60 ℃共热 4 h 后可被完全分解；与 0.1 mol/L 的 NaOH 水溶液在 60 ℃共热 5 h 有缓慢分解；而与 1 mol/L 的 NaOH 水溶液共热时则可快速分解。黑索今在碱性溶液中的分解产物有氮、氨、硝酸盐（或酯）、亚硝酸盐（或酯）、甲醛、乌洛托品和甲酸等有机酸。

3. 水解

黑索今在常压下煮洗不发生分解，但在高压下煮洗，如温度高于 150 ℃，则会水解生成甲醛、氨和硝酸。

4. 光降解

紫外光照射能促使黑索今降解，降解的主要中间产物是 1 – 亚硝基 – 3,5 – 二硝基 – 1,3,5 – 三氮杂环己烷。

5. 形成分子加合物

黑索今可与环丁砜、2,2,6,6 – 四甲基 – 4 – 哌啶酮 – 1 – 氧、2,6 – 二甲基氧化吡啶、四氢噻吩 – 1 – 氧、1,4 – 丁烷磺内酯及六甲基磷酰三胺形成分子加合物，但只有前两个化合物能有选择性地与黑索今形成分子加合物，后四个化合物与黑索今和奥克托今都能形成分子加合物。

四、热安定性

纯黑索今的热安定性很好，优于特屈儿和太安，在 50 ℃下长期储存不分解，65 ℃ ~ 85 ℃储存 1 年未变化，100 ℃ 加热 100 h 不爆炸。热失重及真空安定性放气量见表 6 – 4。黑索今在 132 ℃下加热时，热分解产物引起的 pH 变化见表 6 – 5。

表 6 – 4　黑索今的热安定性

项目	条件	数值
100 ℃热失重/%	第一个 48 h	0.03
	第二个 48 h	0
真空安定性试验（5 g 样品加热 40 h 释出气体量）/mL	100 ℃	0.7
	120 ℃	0.9
	150 ℃	2.5

表 6 – 5　黑索今在 132 ℃加热时分解产物引起的 pH 变化

加热时间/h	pH
0	6.53
2	5.81
5	5.73
8	5.68

黑索今与重金属（如铁或铜）氧化物混合时，形成的不稳定物质易受热分解，甚至在 100 ℃时就能因分解剧烈而导致着火。

五、爆炸性质

黑索今密度为 1.70 g/cm^3 时的爆热 6.32 MJ/kg（液态水），密度为 1.767 g/cm^3 时的爆速为 8.64 km/s（不同密度下的爆速可按 $D = 2.66 + 3.40\rho$ 计算），爆压为 33.8 GPa，密度

为 1.80 g/cm^3 时的爆温约 3 700 K，密度为 1.50 g/cm^3 时的全爆容为 890 L/kg，做功能力 475 cm^3（铅铸扩孔值），猛度 24.9 mm（铅柱压缩值），撞击感度 80%，摩擦感度 (76 ±8)%，爆发点 260 ℃(5 s)，起爆 0.4 g 黑索今所需最小起爆药量为 0.05 g 叠氮化铅，在 0.000 3 mF 下，使黑索今局部着火的最小电压为 15 kV。

六、毒性和生理作用

黑索今是具有一定毒性的物质，长期吸入微量黑索今粉尘，可慢性中毒，如头痛、消化障碍、尿频等，妇女可能发生闭经现象。大多数患者会贫血，红细胞、血红蛋白及网状红细胞的数目大为降低，淋巴球及单核球数目则增多。如短期由呼吸道或消化道吸入大量黑索今，则可急性中毒，如头痛、晕眩、恶心、干渴等，可延续几分钟至十几小时。

黑索今在空气中的允许浓度应低于 1.5 mg/m^3。

6.2.2　黑索今的用途

黑索今的机械感度和熔点均较高，纯黑索今只用于制造雷管、传爆药柱及导爆索，但由钝化黑索今（以钝感剂包覆的黑索今）及黑索今组成的混合炸药大量用于装填炮弹、导弹战斗部、鱼雷、水雷等。另外，黑索今是高性能硝胺发射药及高能固体推进剂的主要高能组分。

黑索今是 A、B、C 三大系列混合炸药（它们的详情见本书第 11 章）的基本组分。A 炸药用作炮弹及航弹的弹体装药。B 炸药是用途最广的熔铸炸药，也是常规兵器最重要的炸药装药，常用于装填杀伤弹、爆破弹、导弹战斗部、航弹、水中兵器等。C 炸药用于水下爆炸装药和某些火箭弹战斗部装药，也用作爆破药块。

除了 A、B、C 三大系列混合炸药外，还有其他很多黑索今混合炸药，包括一系列的高聚物黏结炸药，它们也都是用途广泛的军用炸药。

6.2.3　黑索今制造工艺

一、黑索今的制造方法

制造黑索今的方法很多，包括直接硝解法、K 法、E 法、醋酐法、W 法、R 盐氧化法等，但工业上最常采用的是直接硝解法和醋酐法，下面先对上述诸法予以简介，然后再详细论述直接硝解法和醋酐法。

1. 直接硝解法

用浓硝酸硝解乌洛托品制造黑索今的方法，是最早采用且现在仍在广泛使用的黑索今的重要生产工艺，也简称直接法、SH 法或硝酸法，其化学原理可用反应式(6.14)近似表示。

$$(CH_2)_6N_4 + 6HNO_3 \longrightarrow (CH_2NNO_2)_3 + 6H_2O + 3CO_2 + 2N_2 \qquad (6.14)$$

直接硝解法制造黑索今的起始原料只是空气、水和煤，几乎不用其他任何天然有机原料，见图 6-1。

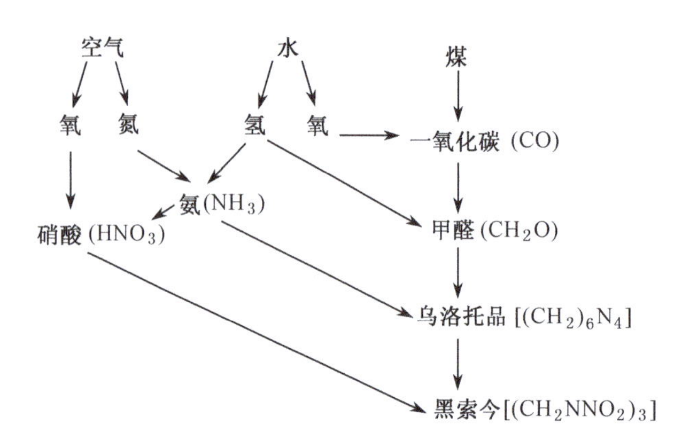

图 6-1　黑索今合成图解

直接硝解法采用立式硝化机、成熟机、结晶机及冷却机串联运行。浓硝酸与乌洛托品按质量比 11:1 连续加入硝化机,在 14 ℃ ~18 ℃反应,平均停留 20 ~40 min。硝解液溢流至成熟机,在 20 ℃左右停留 15 ~30 min 以使反应完全。成熟机内硝化液溢流至结晶机,加水稀释至硝酸浓度达 40% ~55%,温度升至约 75 ℃,以使硝化液中不安定副产物氧化分解,黑索今析晶。黑索今在废酸中的悬浮液溢流至冷却机,降温至约 30 ℃,随后过滤。结晶机反应激烈,放热量很大(每千克黑索今放出 8.0 MJ),需很好控制反应温度,且应采用足够的冷却面及有效的搅拌装置。直接法工艺简单,生产平稳、安全,原材料品种少,产品质量好,但得率低,原材料利用不理想,浓硝酸用量及废酸处理量大(每吨黑索今的废酸量约 15 t)。

2. K 法(硝酸 - 硝酸铵法)

直接硝解法中,乌洛托品的亚甲基利用率不可能超过 50%,乌洛托品中的氨基氮,也有 1/4 以上未能利用。如果补充一部分硝酸铵,则有可能生成更多的黑索今,从而提高甲醛和氨基氮的利用率。由此产生了反应式(6.15)所示的 K 法。

$$(CH_2)_6N_4 + 4HNO_3 + 2NH_4NO_3 \longrightarrow 2(CH_2NNO_2)_3 + 6H_2O \quad (6.15)$$

K 法采用乌洛托品、硝酸和硝酸铵三种原料,三者理论的物质的量之比是 1:4:2。按反应式计算,1 mol 的乌洛托品可以得 2 mol 黑索今,实际得率可达理论得率的60% ~70%。

K 法提高了甲醛利用率,但废酸处理量仍旧很大,而处理方法则由于其中含有大量硝酸铵而更加复杂。总体而言,此法的经济效益并不优于直接硝解法。

3. E 法(甲醛 - 硝酸铵法)

由 K 法的反应可知,甲醛与硝酸铵是可以缩合或通过其他反应途径生成黑索今一类的环硝胺的,故人们研究出了用甲醛和硝酸铵直接合成黑索今的方法,常称为 E 法。该法的反应可大概表示为反应式(6.16)。

$$3CH_2O + 3NH_4NO_3 + 6(CH_3CO)_2O \longrightarrow (CH_2NNO_2)_3 + 12CH_3COOH \quad (6.16)$$

尽管 E 法的甲醛利用率比直接法的高得多,且不用硝酸,但要用大量的醋酸酐,所以没有得到发展。后来人们发明了醋酐法(巴克曼法),醋酸酐用量减少很多,从而取代了此法。但巴克曼法并未完全继承 E 法的优点。

4. 醋酐法(巴克曼(Bachmann)法和KA法)

20世纪40年代初期,Bachmann将直接法和E法结合,发展成了Bachmann法,他将此法称为综合法,说明是综合了上面两种方法而产生的。其原理可用反应式(6.17)近似表示。

$$(CH_2)_6N_4 + 4HNO_3 + 2NH_4NO_3 + 6(CH_3CO)_2O \longrightarrow 2(CH_2NNO_2)_3 + 12CH_3COOH \tag{6.17}$$

同时,科弗内(Knöffler)将K法和E法结合,发展成了KA法,其反应可用式(6.18)表示。

$$(CH_2)_6N_4 + 2HNO_3 \longrightarrow (CH_2)_6N_4 \cdot 2HNO_3$$

$$(CH_2)_6N_4 \cdot 2HNO_3 + 2(NH_4NO_3 \cdot HNO_3) + 6(CH_3CO)_2O \longrightarrow$$

$$2(CH_2NNO_2)_3 + 12CH_3COOH \tag{6.18}$$

为简单起见,将上述两法称为醋酐法。

醋酐法制造黑索今有很多优点:第一,它按双分子计算的得率可以达到80%,在制造黑索今诸法中亚甲基利用率最高。第二,反应平稳,生产安全。第三,有效的废酸回收可较大幅度减少醋酐、醋酸等较贵原料的耗用。更有意义的是,由于对巴克曼反应的研究,导致了一种新的高能炸药奥克托今的研制,对炸药生产的进步产生了重大影响。

5. W法(取代六氢化均三嗪法)

此法的主要反应可用式(6.19)表示。

3NH₂SO₃K+3CH₂O ⟶ [环状结构:CH₂; KO₃S—N, N—SO₃K; H₂C, CH₂; N; SO₃K] —(HNO₃/SO₃)⟶ [环状结构:CH₂; O₂N—N, N—NO₂; H₂C, CH₂; N; NO₂] +3KHSO₄

(6.19)

由氨、三氧化硫和钾盐经过一系列反应得到氨基磺酸钾,后者再与甲醛缩合得到1,3,5-三磺酸钾六氢化均三嗪,即所谓的“白盐”,白盐再经硝解得到黑索今。此法的甲醛利用率可达80%。

另外,以酰基取代白盐中SO_3K所形成的六氢化-1,3,5-三酰基-1,3,5-均三嗪也可用于合成RDX。当酰基为乙酰基、丙酰基、正丁酰基、正己酰基及异丁酰基时,采用$HNO_3-P_2O_5$、HNO_3或$HNO_3-(F_3CCO)_2O$为硝解剂,均可得到得率不等的RDX,高者可达98%。

合成酰基取代的六氢化均三嗪,然后再用硝基取代酰基以制造黑索今,一直是人们感兴趣的课题。此法与Bachmann法相比,操作费用略高,但固定投资较低,可能是一个有希望的方法。

6. R盐氧化法

R盐即环三亚甲基三亚硝胺。将R盐上的N-亚硝基氧化成N-硝基,即得到黑索今。见反应式(6.20)。但N-亚硝基化合物的稳定性较差,在氧化时往往容易分解。

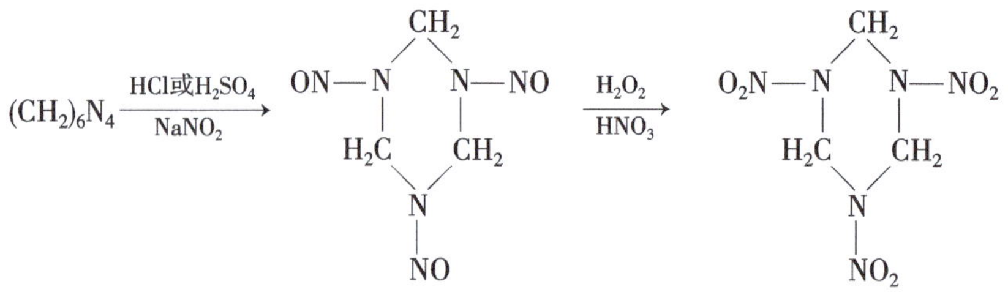

$$(CH_2)_6N_4 \xrightarrow[NaNO_2]{HCl或H_2SO_4} \text{(ON—N, N—NO, N—NO 环状三亚硝基化合物)} \xrightarrow[HNO_3]{H_2O_2} \text{(}O_2N—N, N—NO_2, N—NO_2\text{ 环状三硝基化合物)} \quad (6.20)$$

R 盐可由乌洛托品经亚硝解制得，它也是一种炸药，氧化它可得很纯的黑索今。但此法目前只用于制备小量纯黑索今，并没有工业化。

7. 直链硝胺合成法

乌洛托品硝解时，常生成一些直链硝胺，它们在一定条件下可以合环得到黑索今，且得率很高。研究发现，在 88% 的硫酸中，1－乙酰氧基－2,4,6－三硝基－2,4,6－三氮杂－8－硝酰氧基辛烷可按 73% ~86% 的得率合环得到黑索今。见反应式(6.21)。

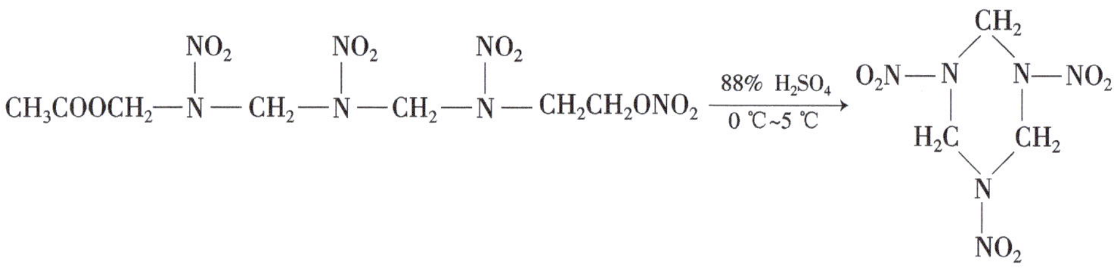

$$CH_3COOCH_2—N(NO_2)—CH_2—N(NO_2)—CH_2—N(NO_2)—CH_2CH_2ONO_2 \xrightarrow[0\ ℃\sim5\ ℃]{88\%\ H_2SO_4} \text{(黑索今)} \quad (6.21)$$

直链硝胺生成黑索今的机理不一定是合环，也有可能是先水解后降解成小分子，然后再生成六元环硝胺。

由直链硝胺合成黑索今还没有形成一种工业方法，但是它对黑索今制造工艺的改进很有意义。

二、直接硝解法制造黑索今

1. 乌洛托品在硝酸中的硝解反应

将乌洛托品加到硝酸中，可发生如式(6.22)所示的三种反应：

$$(CH_2)_6N_4 + 3HNO_3 \longrightarrow (CH_2NNO_2)_3 + 3CH_2O + NH_3$$

$$(CH_2)_6N_4 + 6H_2O \xrightarrow{酸} 6CH_2O + 4NH_3$$

$$(CH_2)_6N_4 + 2HNO_3 \longrightarrow (CH_2)_6N_4 \cdot 2HNO_3 \quad (6.22)$$

硝酸浓度在 70% 以下时，主要是乌洛托品的水解反应；硝酸浓度达到 80% ~85% 时，水解反应和成盐反应将同时发生；当硝酸浓度为 95% ~100% 时，主要为生成黑索今的反应。另外，上述三类反应发生的条件也与温度及介质量有关，低温时水解反应进行得很慢，低于 20 ℃时，70% 的硝酸也不会使乌洛托品明显水解，而主要是发生成盐反应。而且，只要有足够的用量，88% 的硝酸也能将乌洛托品硝解成黑索今，且得率甚高。

用大量高浓度硝酸对乌洛托品进行硝解时，真正的硝解试剂是硝酰阳离子或其溶剂化物，其可能的机理可用反应式(6.23)综述。

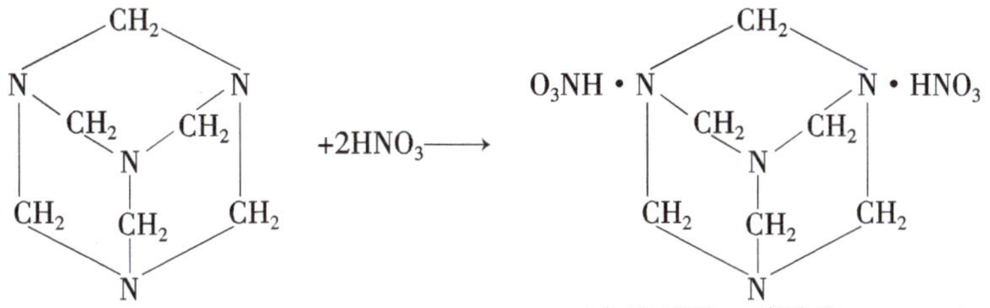

$$C_6H_{12}N_4 + 2HNO_3 \longrightarrow$$

（乌洛托品二硝酸盐，HADN）

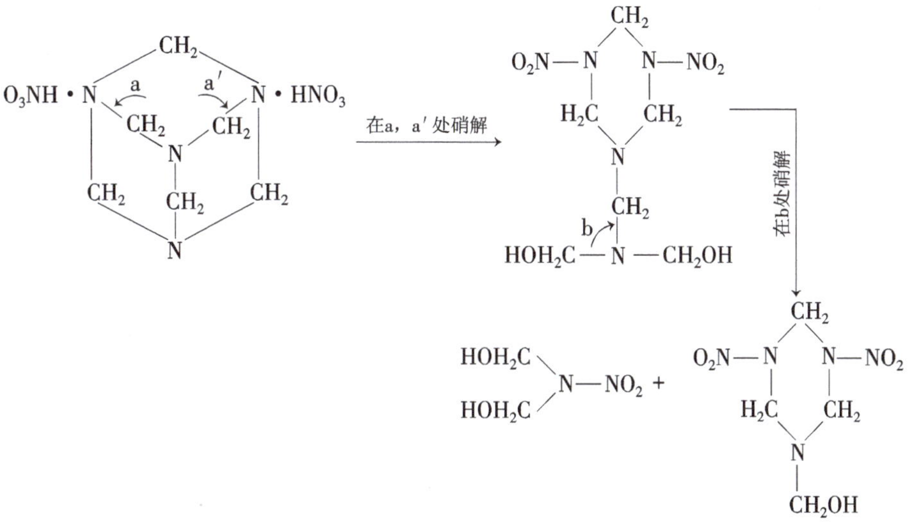

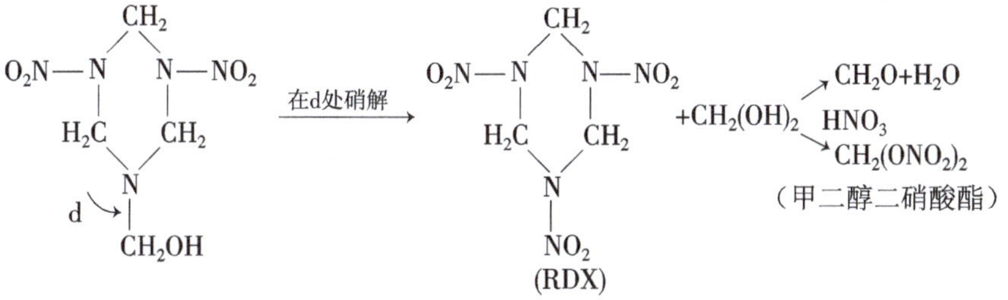

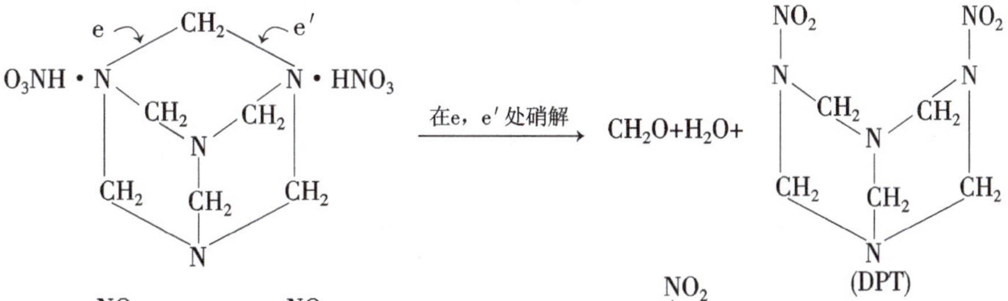

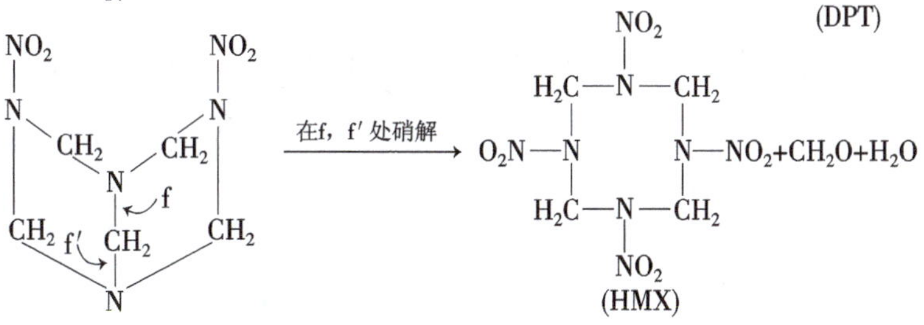

$O_3NH \cdot N$ … $N \cdot HNO_3$ (a, a′) $\xrightarrow{\text{在a，a′处硝解}}$ $O_2N—N$, $N—NO_2$, H_2C, CH_2, N, CH_2, (b) $HOH_2C—N—CH_2OH$

$\xrightarrow{\text{在b处硝解}}$ $(HOH_2C)_2N—NO_2$ + $O_2N—N$, $N—NO_2$, H_2C, CH_2, N, CH_2OH

$O_2N—N$, $N—NO_2$, H_2C, CH_2, N, (d) CH_2OH $\xrightarrow{\text{在d处硝解}}$ $O_2N—N$, $N—NO_2$, H_2C, CH_2, $N—NO_2$ (RDX) $+CH_2(OH)_2$ → CH_2O+H_2O; $\xrightarrow{HNO_3}$ $CH_2(ONO_2)_2$（甲二醇二硝酸酯）

$O_3NH \cdot N$ … $N \cdot HNO_3$ (e, e′) $\xrightarrow{\text{在e，e′处硝解}}$ CH_2O+H_2O+ (DPT)

(DPT) (f, f′) $\xrightarrow{\text{在f，f′处硝解}}$ $O_2N—N$, $H_2C—N(NO_2)—CH_2$, $N—NO_2$ $+CH_2O+H_2O$ (HMX)

$$\text{(bicyclic structure: N–}NO_2\text{, }CH_2\text{, N, }CH_2\text{; nitrolysis site g)} \xrightarrow{\text{在g处硝解}} \text{(ring: }O_2N-N\text{, }CH_2\text{, }N-NO_2\text{, }H_2C\text{, }CH_2\text{, N; site h)}-N(NO_2)-CH_2OH$$

$$\xrightarrow{\text{在h处硝解}} HOCH_2-\underset{}{N}(NO_2)-CH_2-N(NO_2)-CH_2-N(NO_2)-CH_2-N(NO_2)-CH_2OH \xrightarrow{-CH_2O}$$

$$H\!\left(N(NO_2)-CH_2\right)_4OH \xrightarrow{-N_2O} HOCH_2\!\left(N(NO_2)-CH_2\right)_3OH \xrightarrow{-CH_2O}$$

$$H\!\left(N(NO_2)-CH_2\right)_3OH \xrightarrow{-N_2O} HOCH_2\!\left(N(NO_2)-CH_2\right)_2OH \xrightarrow{-CH_2O} H\!\left(N(NO_2)-CH_2\right)_2OH$$

$$\xrightarrow{-N_2O} HOCH_2-N(NO_2)-CH_2OH \tag{6.23}$$

2. 直接硝解法制备黑索今的工艺

尽管乌洛托品在硝酸中的硝解反应是很复杂的，但直接硝解法制备黑索今的工艺过程却比较简单，它可以是间断的、半连续的或连续的。该工艺自20世纪30年代以来，虽然有所改进，但至今无本质变化。下面以连续法工艺（图6－2）为例讨论直接硝解法。

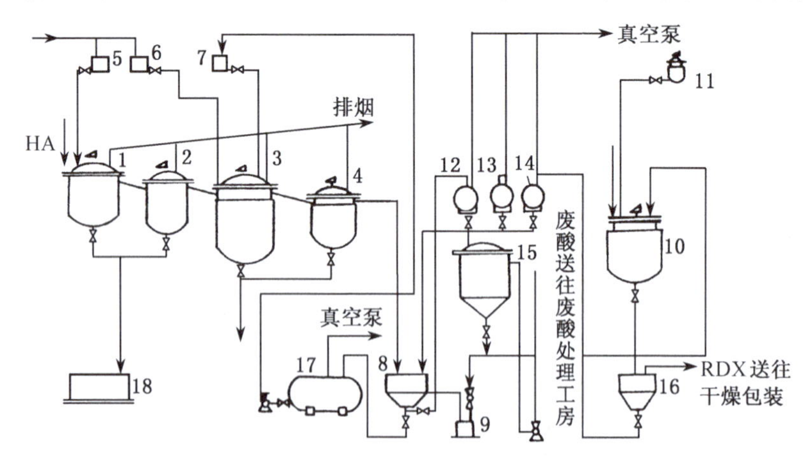

图6－2 直接硝解法（连续法）制造黑索今工艺流程图

1—硝化机；2—成熟机；3—结晶机；4—冷却机；5，6—硝酸高位槽；7—酸水高位槽；8—酸性过滤器；9—积聚槽；10—煮洗机；11—钝感剂熔化机；12—废酸接受槽；13—废水接受槽；14—钝化废水接受槽；15—废酸沉淀槽；16—中性过滤器；17—酸水接受槽；18—安全槽

(1) 硝化。乌洛托品在硝酸中的反应应是硝解,习惯上称为硝化。硝化是黑索今制造工艺的核心,它决定了黑索今的质量及得率。

硝酸硝解乌洛托品的反应进行很快,如用釜式连续反应器,一般一台主硝化机及一台成熟机已足以完成硝解,且硝解基本上是在主硝化机中进行,然后溢流到成熟机以完成反应。

硝酸和乌洛托品均以定速连续加入硝化机中,加料质量比是乌洛托:硝酸为1:(10.5~12),硝化物料温度应为10 ℃~20 ℃。硝酸硝解乌洛托品反应热很大(约2 300 kJ/kg),而反应温度又低于常温,所以一般要用冷冻盐水冷却。硝化液的硝酸质量分数一般不应低于72%,但如仅以硝酸和水计,硝酸质量分数仍在90%以上。硝化液在主硝化机内平均仅停留20~40 min,然后流入成熟机,在此使生成黑索今的反应趋于完全。成熟机物料温度与主硝化机的相同,硝化液中的硝酸质量分数稍低于主硝化机的。反应液在成熟机内的平均停留时间为15~30 min。成熟机的硝化液流入进行氧化结晶的结晶机。

乌洛托品和浓硝酸反应时如发生局部过热,有时可能引起着火,因此,反应时必须强烈搅拌,且勿使浓硝酸与乌洛托品在硝化液外接触。

在硝化工序,只要控制好加料料比、加料速度、反应温度及排烟负压,并保持机内搅拌正常,反应可以安全平稳地进行。为了应付偶然事故,在硝化机和成熟机下均设有安全水槽,当反应釜内物料温度超过规定值时,可自动将机内物料很快放入安全水槽中。

(2) 氧化结晶。早期的直接硝解法没有硝化液氧化结晶这一步骤,当乌洛托品硝化后,即将全部硝化液放入水中稀释析出黑索今。由于硝化液在短时间内被稀释,废酸中的不安定物质不可能完全分解,因此,这种废酸在储存中是不安定的。后来增加的氧化结晶处理,解决了废酸的安定性问题。

乌洛托品经硝化后,除了生成黑索今外,还生成许多非环硝胺(如三硝基二氨基二甲胺、三硝基三氨基三甲胺、二羟甲基硝胺等)、羟甲基硝酸酯化合物(如甲二醇二硝酸酯)以及一些小分子碎片(如甲醛)等物质,它们中很多都是不稳定的,在常温下即能缓慢分解,由于分解反应放热和自催化作用,会导致废酸突然爆发性分解,造成事故。实验证明,硝化液在室温下存放几小时即有明显分解现象,当温度升高时,分解反应急剧加快。

氧化结晶是将硝化液在适当高温下,用水或稀酸水稀释,以便在可控条件下将硝化液中的不安定物质以适当的速度分解,而避免大量副产物集中瞬时分解,这样就保证了废酸在储存和回收时的安全。

在成熟机中,黑索今基本是溶解在硝酸内的,如将硝化液稀释到硝酸浓度为50%,则黑索今在酸中的溶解度只有0.1%左右。而在此浓度的硝酸中,硝解生成的绝大部分不安定副产物在60 ℃以上都能够水解、氧化而生成二氧化碳及氧化氮等气体而被排走。

硝化液的氧化结晶过程是这样进行的:在硝化液流入结晶机的同时,向结晶机内加入定量的水或稀酸水,将硝化液稀释到硝酸浓度达50%左右。氧化结晶开始时,要小心地将硝化液和水混合(必要时要加温),以通过稀释升温,激发氧化反应,产生一定量的氧化氮。因为氧化氮的催化作用,可使氧化结晶正常地连续进行。如激发氧化失败,则应再次进行。结晶机内切忌大量积存未氧化的反应液。

氧化结晶时产生大量硝烟,必须吸收成稀硝酸。

黑索今在废酸中的悬浮液,溢流到冷却机降温至 30 ℃,再进入酸性过滤器过滤,并初步洗涤。

(3) 煮洗。初步水洗后的黑索今,在晶体表面和晶体间仍含有一定量的残酸和一些未分解的不溶于水的副产物(如三硝基二氨基二甲胺等),因此,要将黑索今煮洗。即将黑索今用水冲至积聚槽,然后用蒸气喷射输送至煮洗机。在输送过程中,黑索今粒度减小,同时兼具洗涤作用。

煮洗机内物料温度为 90 ℃ ~98 ℃,煮洗到产品酸值低于 0.05% 为合格。经煮洗的物料,降温后经湿筛送入中性过滤器过滤,并用冷水补充洗涤。过滤后的黑索今中水的质量分数最好不大于 10% 。

如经初步水洗和蒸气喷射后,产品酸度已经合格,也可不煮洗。

当对黑索今酸度要求更严格时,可采用加压(稍高于常压)煮洗,这样可使黑索今酸度达 0.02% 以下。

(4) 钝化。黑索今是机械感度较高的炸药,用于大量装药往往要经过钝化处理,即在颗粒表面包覆一层塑性薄膜,以降低其机械感度。一种常用的钝化剂组成是质量分数约 60% 的地蜡及约 40% 的硬脂酸,另加少量油溶性染料。地蜡是形成包覆薄膜的主体;硬脂酸充当乳化剂,同时又与地蜡一起构成药粒的蜡膜;染料使蜡膜着色,以鉴别钝化的均匀性,并便于区分钝感产品与未钝感产品。

钝化处理过程如下:首先将地蜡与硬脂酸加入熔化机内,待全部熔化后(温度 95 ℃ ~125 ℃),再加入油溶黄,搅拌均匀后即成为可用的钝感剂。钝化在煮洗机内进行,当黑索今煮洗合格后,向机内加入浓度 25% 的 NaOH 溶液,中和煮洗水中残酸。在 90 ℃ ~100 ℃下加入为黑索今 5.3% ~6.4% 的钝感剂,再加入相应量的 NaOH 溶液使硬脂酸皂化。通过皂化和搅拌,形成乳浊液,使黑索今充分悬浮其中,以利于钝感剂包覆。30 ~40 min 后,加入适量浓度为 50% 的硝酸,再搅拌 10 ~ 15 min,以破坏乳化状态,并使皂化生成的硬脂酸钠又恢复成硬脂酸。最后,降温至 50 ℃以下,出料过滤。

三、醋酐法制造黑索今

制造黑索今的醋酐法,即 KA 法或 Bachmann 法,是现在世界各国用得最多的一种方法,它在技术上已臻于成熟。其反应机理可参见本章第 6.3 节“奥克托今制造工艺”。和直接法比较,醋酐法要用较大量醋酐(包括冰醋酸),所以生产成本似乎较高。但在醋酐法中,醋酐很少参与构成新物质的消耗性反应,而主要是转化成醋酸,可回收利用。所以,只要工艺先进,醋酐法的生产总成本不一定比直接法的高;而就安全和环保而言,醋酐法可能优于直接法。

1. 硝解

醋酐法的硝解工艺有两种：一种是来源于德国的 KA 法，该法是先制备乌洛托品二硝酸盐（HADN），然后再在醋酐、硝酸铵、硝酸混合物中将它硝解为黑索今，通常称为两步法；另一种是来源于美国的巴克曼法，是由乌洛托品一步反应生成黑索今，通常称为一步法。下面分别介绍。

（1）两步法工艺。第一步是将乌洛托品和 30% 稀硝酸反应制造 HADN，乌洛托品和硝酸的用量比为 1:2（物质的量比），硝酸也可稍过量（如 1.5%）。反应在 5 ℃ ~8 ℃进行，是将两种原料同时加入反应器中，反应完成后溢流入离心机，离心驱酸。分离出的 HADN 含有 1% 左右的游离硝酸，于 40 ℃ ~45 ℃下干燥。第二步是将硝酸铵加至发烟硝酸中，配制成硝酸铵 - 硝酸溶液，即所谓“铵二硝酸盐”（$NH_4NO_3 \cdot 2HNO_3$）。同时，在另一反应器内加入醋酐，20 min 内升温到 45 ℃，再在此温度下先分两次加入一定量的“铵二硝酸盐”，然后分多次先后加入余下的铵二硝酸盐及相应量的 HADN，加料温度保持在 50 ℃。加料毕（约需 160 min），将物料温度升至 60 ℃，搅拌 20 min。随后，将反应混合物送入带过滤板的煮洗槽中，在此先令物料冷却至 20 ℃，压滤除酸，再将黑索今在 200 kPa 压力下水煮 2 h 进行安定处理。煮洗后产品用热风干燥，干燥开始温度 60 ℃，最后阶段为 100 ℃。

按上述工艺制得的黑索今，在德国称为 KA 盐，其中含有 1% ~2% 的奥克托今，黑索今得率为 75% ~80%。

该法主要原料投料比见表 6 -6。

表 6 -6　两步法主要原料比

原料	质量比	物质的量比
乌洛托品	1	1
硝酸	1.99	4.43
硝酸铵	1.37	2.40
醋酐	6.26	8.60

（2）一步法工艺。此法是直接硝解乌洛托品制备黑索今，其具体操作程序如下：将硝酸铵溶于发烟硝酸，配成 $NH_4NO_3 - HNO_3$ 溶液（硝酸铵质量分数为 54% ±10%），同时将乌洛托品溶于冰醋酸配成 HA - AcOH 溶液（乌洛托品质量分数为 32% ~37%），再将上述两溶液和醋酐三者同时以定速、定量加入反应器，物料原液温度保持在约 40 ℃，反应温度约为 65 ℃。反应完毕的反应液是含有黑索今、醋酸、少量硝酸及副产物的浆状物质，通过溢流进入热煮槽，在此用氨中和多余硝酸，再行过滤。所得滤液送往回收醋酸及醋酐，滤饼经洗涤得粗黑索今，熔点约 190 ℃，得率约 80%。

2. 精制和后处理

用醋酐法制得的粗黑索今必须精制，以提高黑索今的质量和得到具有一定晶粒形状和粒度分布的产品。粗黑索今含有一定数量的奥克托今和1，7－二乙酰氧基－2，4，6－三硝基－2，4，6－三氮杂庚烷（BSK）等直链硝胺副产物。如将直链硝胺在95 ℃左右热解除去，就可得到只含少量奥克托今的黑索今，称为RDX（B）（直接法生产的黑索今RDX（A））。RDX（B）再用溶剂重结晶法精制，所用溶剂有丙酮、硝基甲烷、丁酮、环己酮、醋酸甲酯、二甲基亚砜等，精制操作如下。

（1）实验室精制法。将50 g粗黑索今（酸度0.25%，均以AcOH计算，下文同）溶于500 mL热丙酮，直接通入水蒸气，蒸出全部丙酮，此时物料中含有约250 mL水。冷却后滤出产物，得48.9 g酸度为0.02%的黑索今。用丙酮精制还可用索氏抽取器抽取法。例如，将25 g黑索今（酸度0.12%）放入索氏抽取筒中，用含100 mL丙酮和100 mL水的黑索今饱和溶液进行回流抽取1 h，再用体积分数为50%的丙酮水溶液洗涤，得酸度为0.03%的产物21 g。

实验室还可用硝基甲烷精制黑索今（B）。将10 g粗产物溶于40 mL热硝基甲烷中，与50 mL水混合后在蒸气浴上共热3 h，然后再加入25 mL水，稍减压蒸馏混合物一定时间，最后再加入25 mL水，冷却、过滤，产物酸度达0.02%。

（2）工厂精制法。采用丁酮分步重结晶精制，即以丁酮/水混合物在其沸点和在常压下处理黑索今。由于丁酮与水的互溶性小，所以物料分成两液层，黑索今是在丁酮液层中重结晶，而水层则萃取酸和水解生成的水溶性杂质。精制时，可在水相中加入少量草酸钠，以防止醋酸铁污染产品。处理完毕后，可将丁酮蒸出供循环使用。冷却后将黑索今滤出，其含酸量为0.01%～0.02%，熔点不低于195 ℃。

二甲基亚砜（DMSO）也是精制黑索今最适宜的溶剂之一。DMSO对黑索今的溶解性极佳，且温度梯度很大，又能与水互溶，与水的沸点相差也很大。DMSO精制的黑索今，不仅外观透明漂亮，并且可得到不同粒度分布的产品。以DMSO精制黑索今时，是将粗制黑索今、回用溶液、水和DMSO的混合物送至蒸发蒸馏系统，令物料浓缩到DMSO的浓度为85%～90%，此时所有黑索今全部溶解。可用两种方法使黑索今析出：如需细结晶，则采用加水稀释析晶法；如需较粗结晶，则采用冷却析晶法。DMSO可以回收重复利用。DMSO精制法在美国已用于工业生产。

四、黑索今生产工艺改进

目前，黑索今同时采用直接法和醋酐法生产，但国外制造黑索今以醋酐法为发展方向。

1. 醋酐法

将间断生产工艺改为连续化、自动化生产工艺，并以此建立新生产线，扩大生产。具体改进项目有：用粗醋酐代替精醋酐，改进RDX和HMX分离工艺，采用新型蒸馏装置回收醋酐，采用在线自动检测技术等。

2. 直接法

直接法的突出问题是黑索今得率太低，原材料的利用率不到一半，因此，提高得率是此工艺的重要课题。据报道，美国试验在硝化液中加入亚甲基二硝胺，可使黑索今得率提高近一倍。

我国研究了先氧化后结晶生产黑索今的新工艺，已通过千克级试验鉴定。该工艺在硝解后的浓酸条件下进行平稳氧化，然后按 8 类粒度工艺要求加水稀释结晶，可直接得到酸度低于 0.02% 所要求粒度级配的黑索今。

3. 新合成法

直接法生产黑索今得率低，醋酐法生产的黑索今中含有多晶型的奥克托今，影响黑索今的感度，甚至导致 B 炸药膛炸。因此，人们研究了黑索今的新合成法，如令乙酰胺与甲醛反应生成环三亚甲基三乙酰胺，再用浓硝酸硝解后者成黑索今。但此法在经济上并不比醋酐法优越，尚在进一步研究中。

6.3 奥克托今

奥克托今（HMX）是西文 Octogen 一词的音译，HMX 是 High Melting Point Explosive（高熔点炸药）的缩略语。奥克托今学名为 1,3,5,7 - 四硝基 - 1,3,5,7 - 四氮杂环辛烷，也称环四亚甲基四硝胺，分子式 $C_4H_8N_8O_8$，相对分子质量 296.16，氧平衡 -21.61%。结构式如下：

```
              NO2
               |
        H2C — N — CH2
         |          |
NO2 — N            N — NO2
         |          |
        H2C — N — CH2
               |
              NO2
```

奥克托今是当前已使用的能量水平最高、综合性能最好的单质猛炸药。

6.3.1 奥克托今性质

一、物理性质

奥克托今为白色结晶，在室温至熔点这一温度区间内，存在有 α、β、γ 及 δ 四种晶型，它们在一定温度下可互相转化（α→δ，193 ℃ ~ 201 ℃；β→δ，167 ℃ ~ 183 ℃；γ→δ，175 ℃ ~ 182 ℃；α→β，116 ℃），且有不同的稳定温度范围，其物理常数也各异。β 型为稳定晶型，且密度最大，机械感度最低，一般所列性能参数均是指该型者，炸药工业上生产和使用的也是 β - HMX。

β - HMX 属单斜晶系，为六角短棒状宝石棱状结晶；α - HMX 属斜方晶系，为针状结晶;γ－HMX属单斜晶系,为三角形片状结晶;δ－HMX属六方晶系,为细针状结晶。它们的外观见图6－3。

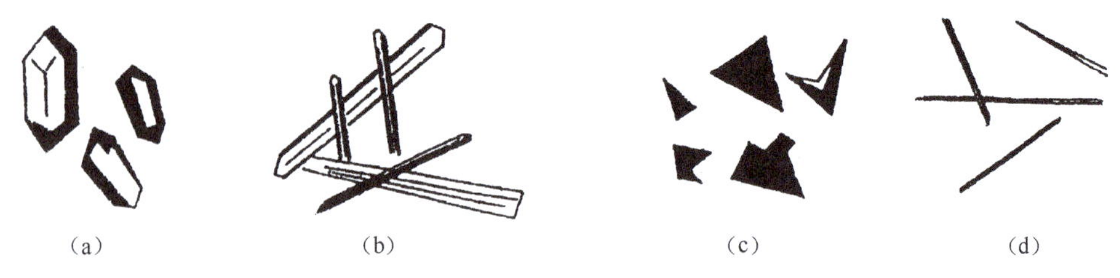

(a) (b) (c) (d)

图6－3 四种晶型奥克托今结晶外观图

(a) β-HMX; (b) α-HMX; (c) γ-HMX; (d) δ-HMX

纯奥克托今的熔点为280 ℃～281 ℃,军品应大于277 ℃(显微温升法)。

α－HMX所有碳原子也共平面,而所有的氨基氮则位于另一平面。β－HMX所有碳原子共平面,两个氨基氮原子在此平面之上,另两个氨基氮原子在此平面之下。γ－HMX所有碳原子和两个氨基氮原子处于同一平面,另两个氨基氮原子在此平面之上。这三种构型所占空间大小的顺序显然是β<α<γ。所以奥克托今的晶体密度随晶型而异,见表6－7。

表6－7 奥克托今晶体密度 $g \cdot cm^{-3}$

数据来源	α－HMX	β－HMX	γ－HMX	δ－HMX
W. Mcrone①	1.87	1.96	1.82	1.78
T. R. Gibbs②	1.84	1.91	1.76	1.80

① Analyst. Chem. ,1950,22:1225
② LAST Explosive Property Data. Califolnia: University of Califolnia Press, 1980:163

奥克托今不吸湿(30 ℃及95%相对湿度下的吸湿量为0),几乎不溶于水、二硫化碳、甲醇及异丙醇等,难溶于苯、氯仿、四氯化碳、二氯乙烷、二噁烷及醋酸等,略溶于乙腈、丙酮及环己酮(室温下溶解度约2%),易溶于二甲基亚砜、γ－丁内酯及二甲基甲酰胺,并能与后者生成1∶1(物质的量比)的分子络合物。奥克托今的溶解度见表6－8及表6－9。

表6－8 25℃下奥克托今在有机溶剂中溶解度

溶　剂	溶解度/[g·(100 g溶液)$^{-1}$]	溶　剂	溶解度/[g·(100 mL溶液)$^{-1}$]
二甲基甲酰胺	4.4	二甲基亚砜	57 g·(100 g溶剂)$^{-1}$
硝基苯	0.129	γ－丁内酯	21
醋酸	0.037 5	环戊酮	1.3
环己酮	2.11	丙酮	2.2
醋酸乙酯	0.02	乙腈	2.0 g·(100 g溶剂)$^{-1}$
溴乙烷	0.02	氯仿	0.003

续表

溶　剂	溶解度/[g·(100 g溶液)$^{-1}$]	溶　剂	溶解度/[g·(100 mL溶液)$^{-1}$]
甲基乙基酮	0.46	四氯化碳	0.002
硝基乙烷	0.172	二噁烷	0.144
硝基甲烷	0.778	六甲基磷酰胺	1.4 g·(100 g溶剂)$^{-1}$
磷酸三乙酯	1.75		

表6-9　奥克托今在几种有机溶剂中溶解度随温度的变化

温度/℃	溶解度/%			
	丙酮	乙酸丁酯	苯胺	一硝基甲苯
22	2.1		0.14	
27	2.65		0.35	
37	3.52			
44	4.0	0.38		0.89
56	4.13		0.49	1.23
60		0.57		
68			0.67	
78			0.89	
83			1.05	
90			1.19	
99			1.38	
104		0.77	1.61	1.6
122		0.88	2.09	1.98

奥克托今溶于某些溶剂，当再从这些溶剂析晶时，已不是纯奥克托今，而是奥克托今与溶剂形成的分子加合物。能与奥克托今形成加合物的溶剂称为加合物形成剂，简称为AFC。很多AFC含有氧原子，且其中不少含有羰基，也有个别含$=P\rightarrow O$基或$>S\rightarrow O$基团；AFC中还有许多是芳胺及其衍生物。最早发现的AFC是*N*,*N*-二甲基甲酰胺(DMF)，它能与奥克托今形成1∶1(物质的量比)具有较好的稳定性的加合物HMX·DMF。根据AFC的极性，可预测一系列含羰基AFC和奥克托今形成的加合物的稳定性，即*N*,*N*-二甲基甲酰胺>*N*,*N*-二甲基乙酰胺>*N*-甲基-α-吡咯烷酮>4-羟基丁酸内酯>环戊酮。

现在已发现了近50个能与奥克托今形成加合物的AFC。加合物中，物质的量比大多数是1∶1(只有与苯胺衍生物形成的例外)，但有约1/5的加合物是不稳定的，它们在室温下经3~48 d会自行解离(去溶剂化)。

加合物的稳定与 AFC 的结构密切相关。如苯胺能形成稳定加合物，N - 甲基苯胺形成的加合物稳定性就较差，而 N,N - 二甲基苯胺的加合物就更不稳定。同样，邻甲苯酚可形成稳定加合物，间甲苯酚就只能形成不稳定加合物，而对甲苯酚则根本不能形成加合物。

AFC 与奥克托今形成分子加合物的机理是比较复杂的，可能涉及奥克托今分子中硝胺基的氧与 AFC 中的羟基或氮基氢原子形成氢键。根据 X 射线衍射及红外光谱的研究，很多加合物可能形成了夹层化合物。根据 N,N - 二甲基甲酰胺和奥克托今加合物的解离能估计，HMX · DMF 中的结合力是范德华力。

二、热化学性质

四种晶型奥克托今在 298 K 时的定压比热容 c_p 及 c_p 与温度(K)的关系见表 6 - 10。

表 6 - 10　四种晶型奥克托今的定压比热容(常温)及定压比热容与温度的关系

晶　　型	$c_p/(\mathrm{J \cdot g^{-1} \cdot K^{-1}})$	c_p 与温度的关系
α	1.038	$c_p = 0.414\,9 + 2.093\,4 \times 10^{-3} T(\mathrm{K})$
β	1.015	$c_p = 0.391\,5 + 2.093\,4 \times 10^{-3} T(\mathrm{K})$
γ	1.109	$c_p = 0.485\,3 + 2.093\,4 \times 10^{-3} T(\mathrm{K})$
δ	1.311	$c_p = 0.687\,5 + 2.093\,4 \times 10^{-3} T(\mathrm{K})$

奥克托今的标准生成焓为 250 kJ/kg(75 kJ/mol)，由 DSC 法测得的晶变焓为：(25.0 ± 0.7) kJ/kg(α→δ)，(33.1 ± 0.5) kJ/kg(β→δ)，(9.4 ± 0.3) kJ/kg(γ→δ)及(8.0 ± 0.3) kJ/kg。奥克托今的燃烧焓为 - 9.44 ~ - 9.88 MJ/kg(- 2.79 ~ - 2.92 MJ/mol)。

三、化学性质

奥克托今是化学性质比较稳定的硝胺炸药，对酸、碱的耐受能力比黑索今的强。在酸性水溶液中(如 2% 的硝酸或硫酸)煮沸 6 h 也不发生可以可觉察的分解，在 70% 硝酸中于 75 ℃加热 1 h 的损失量不大于 1%。浓硫酸可以使奥克托今分解，但其分解速度较黑索今的低。奥克托今在硫酸中酸性水解时，硫酸从奥克托今中释出硝酰离子，同时产生环四亚甲基四胺的硫酸盐，后者可进一步水解为甲醛及铵的硫酸盐(见反应式(6.24))。在硫酸作用下，奥克托今也可开环分解，并放出甲醛和氧化亚氮(见反应式(6.25))。

$$
\begin{aligned}
&-CH_2-\overset{|}{N}-NO_2 \rightleftharpoons -CH_2-\overset{|}{N}H_2 + HSO_4^- + NO_2^+ \\
&\qquad\qquad\qquad\qquad \downarrow \\
&\qquad\qquad\qquad H_2C{=}NH_2^+HSO_4^- \xrightarrow{H_2O} CH_2O + NH_4^+ + HSO_4^-
\end{aligned}
\tag{6.24}
$$

$$
-CH_2-\overset{|}{N}-NO_2 \longrightarrow N_2O + CH_2O \tag{6.25}
$$

浓硫酸与奥克托今反应可释出稍多于理论量1/3的硝酸，而与黑索今作用则可释出稍多于理论量2/3的硝酸，这说明奥克托今更趋向于自身分解产生N_2O的反应。

奥克托今较易进行碱性水解，在1%碱溶液中长时间煮沸可完全分解。黑索今和奥克托今的水解活化能分别为58.6 kJ/mol及104.6 kJ/mol，这说明奥克托今的碱性水解速度远低于黑索今，有可能利用水解速度的差别来进行黑索今、奥克托今混合物的组分分析。

奥克托今也可与二苯胺硫酸溶液反应产生显色反应，但其反应灵敏度比硝酸酯、黑索今和一般硝胺化合物的低，不过仍可用于鉴别奥克托今，但须经5 min或更长时间才能显色。用二苯基联苯胺代替二苯胺，会取得更好效果。

在奥克托今中加入过量二甲基甲酰胺，溶解后蒸发其多余量，并与盐酸共热生成氯化二甲铵，再依次加入硫酸钙、氢氧化铵、二硫化碳和苯，苯液中的二甲基二硫代氨基甲酸铜显棕色。

氯化亚铬可以使奥克托今的硝基还原，该反应可用于奥克托今的定量分析。

四、热安定性

奥克托今的热安定性比黑索今的高，真空热安定性试验100 ℃、120 ℃及150 ℃加热40 h释出气体量分别为0.37 mL/(5 g)、0.45 mL/(5 g)及0.62 mL/(5 g)。100 ℃下第一个48 h失重0.05%，不同温度下的热失重曲线见图6-4。由该图计算得到的奥克托今热分解的表观活化能为210 $kJ \cdot mol^{-1}$，指前因子为$1.6\times10^{19} s^{-1}$。

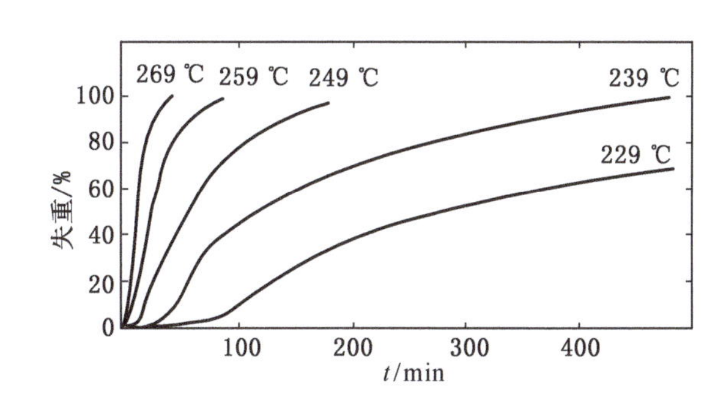

图6-4　奥克托今的热分解失重曲线

奥克托今的热分解通常包括诱导期、升华期、一级固相反应期和高放热液相反应期。100 ℃~200 ℃时，主要是β-HMX的分解，产物有HC≡N及NO_2；随着温度升高，CH_2O和N_2O的释出量增加，此时是δ-HMX的分解。因为当温度保持在200 ℃时，β-HMX转变成为较不稳定的δ型。所以，在密闭容器中于200 ℃下加热β-HMX，30 min即有可能产生自爆。

固态奥克托今热分解时有可能首先是C—N键的断裂而不是N—N键断裂。见反应式(6.26)。

$$
\begin{array}{ccccc}
 & & NO_2 & & \\
 & & | & & \\
 & H_2C & -N- & CH_2 & \\
 & | & & | & \\
O_2N- & N & & N & -NO_2 \\
 & | & & | & \\
 & H_2C & -N- & CH_2 & \\
 & & | & & \\
 & & NO_2 & &
\end{array}
\longrightarrow 2H_2C-\underset{\underset{NO_2}{|}}{N}-CH_2-N-NO_2 \tag{6.26}
$$

随后再逐步脱除 NO_2，并继续分解。

奥克托今液相热分解时，有可能是首先脱去 NO_2，再经过一系列的再分解生成 $CH_2(OH)NHCHO$、CH_2O、N_2O 等。见反应式(6.27)。

$$
\begin{array}{ccccc}
 & & NO_2 & & \\
 & & | & & \\
 & H_2C & -N- & CH_2 & \\
 & | & & | & \\
O_2N- & N & & N & -NO_2 \\
 & | & & | & \\
 & H_2C & -N- & CH_2 & \\
 & & | & & \\
 & & NO_2 & &
\end{array}
\longrightarrow
\begin{array}{ccccc}
 & & NO_2 & & \\
 & & | & & \\
 & H_2C & -N- & CH_2 & \\
 & | & & | & \\
O_2N- & N & & N & - \\
 & | & & | & \\
 & H_2C & -N- & CH_2 & \\
 & & | & & \\
 & & NO_2 & &
\end{array}
+ NO_2 \tag{6.27}
$$

五、爆炸性质

奥克托今密度为 1.80 g/cm^3 时爆热 6.19 MJ/kg(液态水)，密度为 1.88 g/cm^3 时的爆速 9.01 km/s，密度为 1.90 g/cm^3 时爆压 39.3 GPa，密度为 1.763 g/cm^3 时爆温约 3 800 K，全爆容 927 L/kg，做功能力 486 cm^3(铅𡐓扩孔值)或 150%(TNT 当量，弹道臼炮法)，猛度 25 mm(铅柱压缩值)，撞击感度 100%(四种晶型相对钝感性为：α 60，β 325，γ 45，δ 75)，摩擦感度 100%，爆发点约 300 ℃(5 s)，不同延滞期爆发点见表 6－11，爆燃点 287 ℃，最小起爆药量 0.30 g(叠氮化铅)。

表 6－11　奥克托今不同延滞期的爆发点

延滞期/s	1.7	1.9	2.2	3.3	4.2	5.3	10.0	12.3
爆发点/℃	350	342	333	314	308	300	280	275

奥克托今溶剂加合物的撞击感度比单一奥克托今的要低得多，而与蜂蜡钝感奥克托今的相近。这可见表 6－12。

表 6－12　奥克托今溶剂加合物的撞击感度

HMX 或加合物①	2.5 kg 落锤 50% 爆炸率的特性落高 h_{50}/cm	
	垫砂纸	不垫砂纸
HMX	27	37
HMX · DMF	136	127

续表

HMX 或加合物[①]	2.5 kg 落锤 50% 爆炸率的特性落高 h_{50}/cm	
	垫砂纸	不垫砂纸
HMX · DMA	137	371
HMX · BL	208	309
HMX · NMP	311	320 cm 22 次中爆炸 3 次
HMX · CP	264	320 cm 下无爆炸

① DMF—二甲基甲酰胺；DMA—二甲基乙酰胺；BL—γ－丁内酯；NMP—N－甲基－2－吡咯烷酮；CP—环戊酮。

六、毒性和生理作用

由于奥克托今的溶解度比黑索今的小，较难被人或其他哺乳动物吸收，故毒性一般比黑索今的低。奥克托今对大鼠的口服 LD_{50} 大于 5 000 mg/kg，这说明奥克托今仅微毒。对小鼠高喂药量的临床观察，发现有“动作增强”，对声音刺激敏感性增加及痉挛等症状，同时血红素轻微下降，白血细胞和淋巴细胞增加，糖、丙氨酸转氨酶和碱性活性磷酸酯下降。对大鼠和小鼠喂药(500 mg/(kg · d)，4 d)检查，绝大部分奥克托今从尿、粪及呼吸气(以 CO_2 形式)排出，体内存留量仅 0.7%，这说明奥克托今能较快从摄入的生物体内排出或代谢。

长期大量接触奥克托今仍有中毒可能，且由于环硝胺经紫外线照射可能光解形成亚硝胺，其潜在毒性不应忽视。

美国国家工业卫生会议规定空气中奥克托今的最大容许量为 1.5 mg/m^3。

6.3.2　奥克托今的用途

奥克托今的密度、爆速、爆压和热安定性均优于黑索今，以其为基的混合炸药用于导弹、核武器和反坦克弹的战斗部装药，或作为耐热炸药用于深井射孔弹，也用作高性能固体推进剂和枪炮发射药的组分。目前成本较高，限制了它在军事上的广泛应用。

6.3.3　奥克托今制造工艺

奥克托今的合成有两类主要方法。一是硝解(或酰解硝解)乌洛托品，令碳氮键解离，生成六元或八元氮杂环的氮硝基化合物。以乌洛托品合成奥克托今很方便，长期以来，人们对这一方法进行了充分的研究，现在工业上生产奥克托今用的就是这种方法，即醋酐法或 Bachmann 法。二是用小分子硝胺或酰胺与甲醛缩合成四氮杂八元环化合物或其前体四氮杂双环壬烷。这种方法自 20 世纪 60 年代末 70 年代初期已进行了研究，现仍为人注目。

一、乌洛托品在醋酐－硝酸中的硝解

通过醋酐法制备奥克托今，与制备黑索今相同，可用反应式(6.28)近似表示。

$$(CH_2)_6N_4 + 4HNO_3 + 2NH_4NO_3 + 6(CH_3CO)_2O \longrightarrow \frac{3}{2}(CH_2NNO_2)_4 \, [或\, 2(CH_2NNO_2)_3] + 12CH_3COOH$$

或

$$2[C_6H_{12}N_4 \cdot 2CH_3COOH] + 4[NH_4NO_3 \cdot 2HNO_3] + 12(CH_3CO)_2O \longrightarrow 28CH_3COOH + 3(CH_2NNO_2)_4 \, [或\, 4(CH_2NNO_2)_3] \quad (6.28)$$

醋酐法总是制得奥克托今与黑索今的混合物,但如控制反应条件,可得到含适量黑索今的奥克托今,或含少量奥克托今的黑索今。

乌洛托品在醋酐－硝酸中的硝解与在过量浓硝酸中硝解大不相同,前者尤为复杂,尚未完全为人明了。从现有的实验结果分析,醋酐法的主要特点如下:

(1) 反应的第一阶段是生成乌洛托品硝酸盐,且主要是一硝酸盐,但也可能存在少量二硝酸盐。

(2) 反应的第二阶段是乌洛托品硝酸盐的硝解,主要中间产物是二硝基五亚甲基四胺(DPT),DPT 可转变为奥克托今,也可转变为黑索今。

(3) 以醋酐法硝解乌洛托品时,可从几种不同途径得到黑索今,而奥克托今只能来自 DPT 的一部分,因此,通过醋酐法制取奥克托今比制取黑索今要困难得多,而且由于乌洛托品在反应中消耗于很多方面,所以奥克托今的得率不很高。

(4) 过程中有两对竞争反应影响着奥克托今的得率,其一是生成环硝胺或链硝胺;其二是生成八元环或六元环。

乌洛托品一硝酸盐及二硝酸盐转变为奥克托今的反应机理可用反应式(6.29)和反应式(6.30)大概表示。

二、醋酐法制造奥克托今工艺

醋酐法是以醋酐、硝酸为硝解剂,在有硝酸铵参与下,硝解乌洛托品是制造奥克托今的一种方法。

该法是分两步完成的,即先由乌洛托品制得 DPT,再由 DPT 制得奥克托今。早期,这两步是分开进行的,即先用醋酐和硝酸硝解乌洛托品制得 DPT,将 DPT 分出,再用醋酸酐、硝酸、硝酸铵硝解 DPT 以制得奥克托今。这种方法得率比较低,按 1 mol 乌洛托品得 1 mol 奥克托今计算,得率只有 28% 左右。后来,在反应中不分出 DPT,而是一次制备出奥克托今,则得率最高,可以达 70%(间断作业)或 60%(连续作业)。这种“一步法”成为以后工业生产普遍采用的方法。再后,在反应中加入少量聚甲醛作为“稳定剂”,环硝胺的得率又可提高 10% 左右。如在反应中再加入三氟化硼,奥克托今得率可达 72% ~82%。例如,日本采用聚甲醛作稳定剂,三氟化硼醋酸络盐作催化剂,奥克托今的得率为 70%。

现在工业上采用的典型方法是一步两段法,分为间断法和连续法两种,但间断法得率稍高,且组织生产时比较灵活机动;而连续法则较适合于大规模的稳定性生产。下面叙述的是连续法工艺。

1. 硝解

硝解物料为三种液料,即乌洛托品醋酸溶液(HA－AcOH 液)(乌洛托品溶于冰醋酸配成)、硝酸铵硝酸溶液(AN - NA)(硝酸铵溶解于 98% 以上的发烟硝酸配成)及醋酸酐(Ac_2O)。第一段反应主要是生成 DPT,反应时加入全部的 HA - AcOH 液、部分 AN - NA 液(总量的 35% ~40%)和部分醋酐(总量的 40% ~45%)。第二段的反应产物是奥克托今,加入的物料是余下的 AN - NA 液和醋酐。

(6.29)

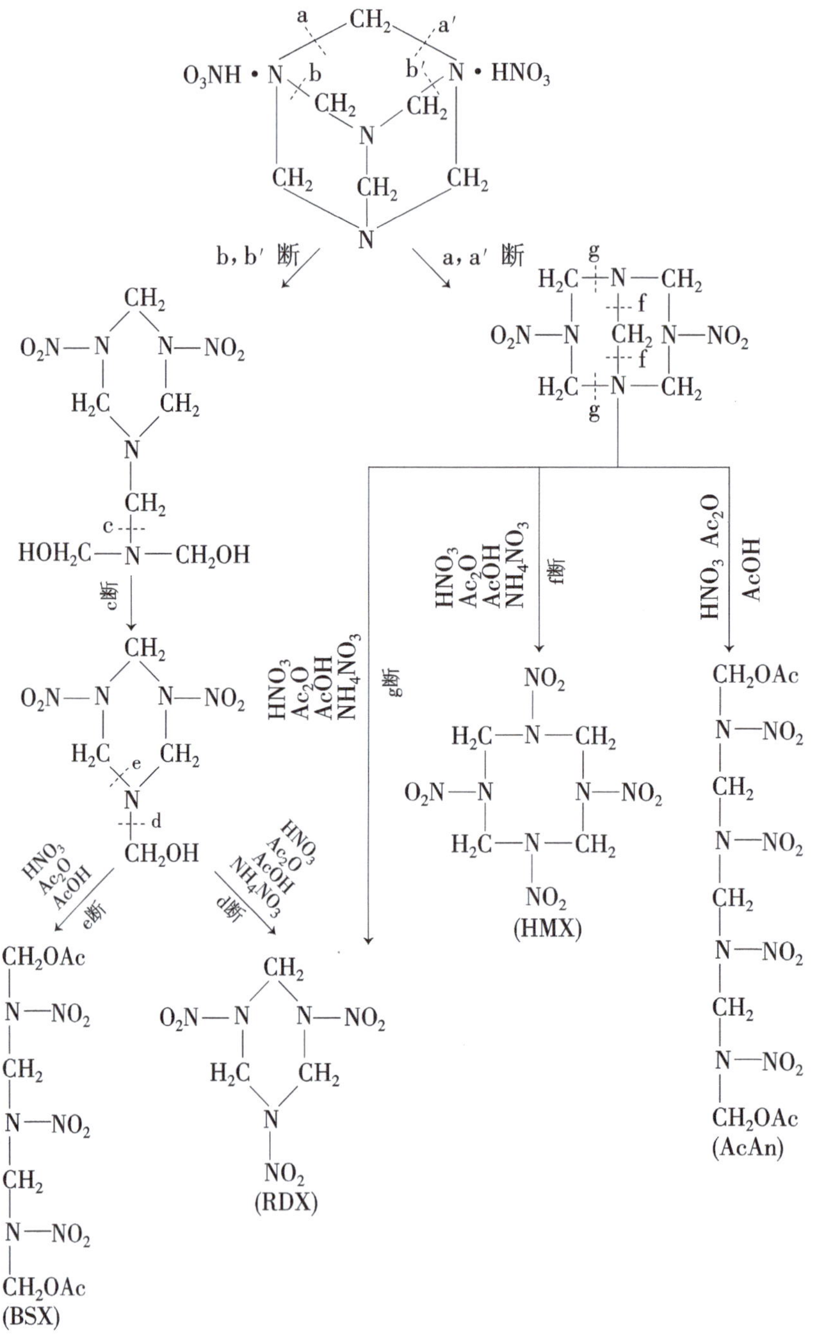

(6.30)

硝解投料比一般是：HA∶HNO_3∶NH_4NO_3∶Ac_2O∶AcOH = 1∶(5 ~ 5.5)∶(3.7 ~ 4.5)∶(11 ~ 12)∶(16 ~ 23)（物质的量比）。HA - AcOH 溶液中，HA 质量分数为 10% ~ 30%；

AN - NA 溶液中，NH_4NO_3 与 HNO_3 的质量比为(0.9～1.0)∶1.0。

连续一步两段法硝解的工艺流程见图 6－5。

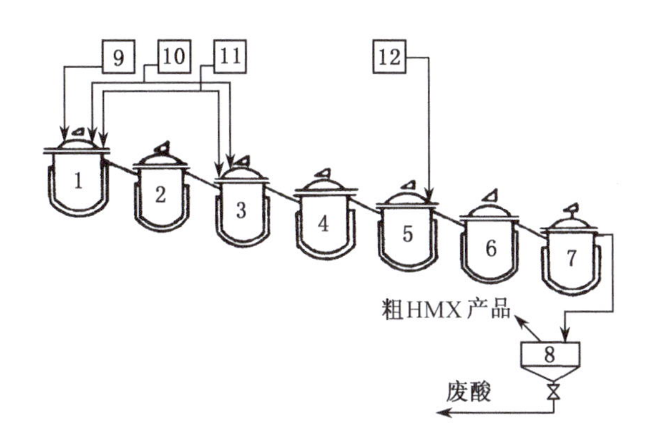

图 6－5　连续一步两段法硝解工艺流程图

1——段硝化机；2——段成熟机；3—二段硝化机；4—二段成熟机；5，6—热解机；7—冷却机；8—过滤器；9—HA-AcOH 高位槽；10—NH_4NO_3-HNO_3 高位槽；11—Ac_2O 高位槽；12—水高位槽

如图 6－5 所示，投料前，在 1、2、3、4 号机内加入冰醋酸底液及冰醋酸量 4% 左右的醋酸酐，使其覆盖下层搅拌浆液。硝解时，往一段硝化机加入上述三种液料，溢流至一段成熟机，再溢流至二段硝化机。在二段硝化机补加 AN－NA 溶液和 Ac_2O，进一步硝解后溢流入二段成熟机，再依次进入 5、6 号热解机，在 5 号机内加水升温至 100 ℃～110 ℃以热解副产物。热解后的反应物溢流入冷却机冷却至 40 ℃以下，然后过滤、洗涤，得粗奥克托今，熔点为 265 ℃～270 ℃。

2. 精制

精制可得到纯度较高，具有不同粒度和粒度分布的 β－HMX。

(1) 提纯。粗奥克托今中的直链硝胺在热解时已基本被除去，余下的杂质主要是黑索今(约 10%)，提纯就是分离或除去这些黑索今“杂质”，可采用两种方法：其一是将黑索今破坏，此法只有当黑索今含量较小时才宜采用；其二是将黑索今分离，回收利用。下面介绍后一方法。

1) 二甲基亚砜(DMSO)分离法。DMSO 是分离奥克托今和黑索今的比较适合的溶剂。将奥克托今与黑索今混合物于 70 ℃～90 ℃溶于 2～4 倍量的 DMSO 中，再加水稀释，使溶液达到浊点，再在搅拌下迅速冷却到室温，此时析出较纯的 β－奥克托今晶体。将滤液加热，再缓慢加水达浊点，可沉淀出第二批、第三批奥克托今。第一批奥克托今的黑索今含量小于 5%，以后各批中黑索今含量逐渐增高。

2) 二甲基甲酰胺(DMF)络合分离法。DMF 与奥克托今易于形成物质的量比为 1∶1 的加合物，后者与水、丙酮、甲醇等共热后能分解出奥克托今。例如，将含奥克托今 75% 的奥克托今与黑索今的混合物 20 g 溶于 30～40 mL DMF 中，加热使其完全溶解，然后冷却至室温，将 DMF · HMX 络合物滤出，黑索今则留在 DMF 母液中。用少量 DMF 冲洗滤饼，然后将其与 35 mL 水共沸，趁热过滤，可得到纯度 99% 以上的奥克托今。滤液中的黑索今可加水稀释析出。这种分离操作简单易行，分离效率高，产物纯度及流散性好，溶剂可回收使用。

3）环戊酮络合分离法。环戊酮也能与奥克托今形成加合物，且可用于分离奥克托今中的黑索今。将水与环戊酮混合，得到水 - 环戊酮共沸混合物（约含 20% 的水），再将粗奥克托今加入此混合液中，在 90 ℃ ~100 ℃加热溶解，将溶液快速（不超过 30 min）冷却到室温，此时黑索今析出，而环戊酮 - 奥克托今加合物则留在溶液中。快速滤出黑索今，滤液再放置约 1 h，即析出由加合物中解离出的奥克托今。将奥克托今滤出后，含有少量的黑索今和奥克托今的环戊酮 - 水共沸物可以循环使用。由于环戊酮与奥克托今形成的加合物稳定性不好，此法不易操作，且所得奥克托今纯度不高。

4）废酸结晶分离法。黑索今与奥克托今的混合物在大量废酸中结晶时，两者形成大小不同的晶体，可用机械方法将两者分开。此法主要用于黑索今含量比奥克托今含量大的混合物。例如，醋酐法制得的黑索今往往含有一定量的奥克托今，就可采用此分离法回收奥克托今。该法的操作如下：将粗黑索今连同原废酸加入至 3 倍量的另外的废酸中，加热到 100 ℃，保温25 ~60 min，再逐步冷却到 80 ℃、60 ℃、30 ℃，冷却到每一段后仍需保温一定时间。通过这样的逐段冷却，使黑索今晶体长大，而奥克托今则仍保持较细的晶粒，即增大黑索今和奥克托今的粒径差，然后再用机械方法将两者分开。

（2）转晶。转晶是将 α - 或 γ - HMX 转变为 β - HMX，因为 β - 晶型最能满足应用要求。

1）丙酮或含丙酮的混合溶剂转晶。可在丙酮中重结晶，以将 α - HMX 转变成 β - HMX，并能在转晶时加入晶种以控制晶粒的粒度。下面是这类转晶的一个实例。将 227 kgα - HMX 在 55 ℃下溶解于 6 269 kg 68% 的丙酮 - 水溶液中，冷却到 25 ℃，加入 11.3 kg β - HMX 晶种（98% 通过 325 号筛）和 6 056 kg 水。将混合物加热（最高到 99 ℃）15 min 以除去丙酮，再冷却到 30 ℃ ~40 ℃，即得 β - HMX。产品熔点 280 ℃，94.3% 通过 325 号筛，转晶得率为99.3%。

用丙酮转晶时，粗产物中的胶状杂质可附着在晶体表面，这使奥克托今晶体外观发暗。如果改用丙酮 - 乙酸乙酯二元混合物，或丙酮 - 乙酸乙酯 - 水三元混合物作为转晶溶剂，可避免此问题。因为这类胶状杂质在这两种混合溶剂中处于悬浮状态，可虹吸除掉。三元混合溶剂中丙酮、乙酸乙酯和水三者的体积比大致为 4∶3∶3，用量为奥克托今的 5 ~10 倍。

2）硝酸转晶。α - HMX 可在 70% 或 98% 的硝酸中，于 70 ℃ ~80 ℃下转晶。转晶的硝酸用量，70% 硝酸是奥克托今的 10 ~20 倍，98% 硝酸为其 5 ~8 倍。硝酸转晶产物含酸量可以控制在 0.02% 以下，并可得到不同粒度分布的 β - HMX，但转晶得率较低，为 76%。

3）二甲基亚砜转晶。二甲基亚砜既可使α－HMX转变为β－HMX，又能控制产品的粒度。二甲基亚砜对奥克托今的溶解度比丙酮等其他溶剂大得多，从其中重结晶出来的奥克托今外观很好。转晶时，将粗奥克托今与回收的二甲基亚砜混合成浆状物，再加入适量新二甲基亚砜，经蒸发除水后即得奥克托今二甲基亚砜溶液，该溶液可采取两种方法析出β－HMX晶体，其一是有控制地冷却结晶，其二是加水析出，均可得到不同粒度分布的β－HMX。

4）废酸转晶。将一份未经稀释的硝解液（其中含奥克托今5%～6%）加入为其5～6倍量的废酸（含AcOH 80%～82%）中，加温到100 ℃，在此温度下搅拌几分钟后，将物料冷却到30 ℃～50 ℃，再加入一份未稀释的硝解液和适量水，以保持总酸度在78%～82%。重复上述升温和冷却过程3～5次，最后一次应在98 ℃～100 ℃保持30 min，以使副产物全部热解。每次加热后，物料中溶解性较好的α－HMX优先溶于废酸，再冷却时，β－HMX则结晶析出，且作为晶种留在物料中。如此反复溶解－结晶，最后析出的基本上是β－HMX，其晶体粗短，且粒径增大（平均直径约为15 μm），故易于过滤。此外，由于所用废酸量大，如产物只含少量黑索今，则黑索今可溶于大量废酸而被分离。

我国用1份α－HMX粗品加入9份78%废醋酸，升温溶解，氧化剩余的副产物后，缓慢降温析出晶核，保温一定时间后，再行降温至45 ℃，经过滤、洗涤、干燥，可得到酸度低于0.02%的β－HMX。滤液在搅拌下冷却，得到含少量HMX的RDX副产物。精制后的废酸浓度变化很小，可循环利用一部分或送浓缩工序处理。

三、制造奥克托今的其他方法

从奥克托今被发现及将其用作炸药以来，醋酐法一直是各国沿用的生产方法，但该法原材料耗量大（乌洛托品中亚甲基的利用率不超过40%），生产较难控制，粗品还需提纯及转晶，故奥克托今的生产成本一直居高不下。因此，人们还研究了多种合成奥克托今的其他方法。

1. 硝基脲法（尿素法）

DPT是制造奥克托今的中间体，降低DPT的成本，也是改进奥克托今工艺的一个方面。我国于20世纪70年代中期首先研究出的硝基脲合成DPT的方法，使上述愿望得以实现。DPT用硝酸铵的浓硝酸溶液硝解即可得HMX。硝基脲法制备奥克托今的反应如下：

（1）工业尿素经硝硫混酸硝化得到硝基脲，得率在80%以上。

（2）硝基脲在水中加热降解重组而得硝酰胺。

（3）硝酰胺与甲醛（福尔马林）及氨（氨水）缩合得到DPT，得率70%以上（以硝基脲计）。

（4）DPT用溶有硝酸铵的浓硝酸硝解，即得到奥克托今，得率按DPT计，达45%左右。

上述四步反应见反应式（6.31）～反应式（6.34）。

$$H_2N\overset{\overset{\displaystyle O}{\|}}{C}NH_2 \xrightarrow[H_2SO_4]{HNO_3} H_2N\overset{\overset{\displaystyle O}{\|}}{C}NHNO_2 \tag{6.31}$$

$$H_2N\overset{\overset{\displaystyle O}{\|}}{C}NHNO_2 \xrightarrow[\triangle]{H_2O} NH_2NO_2+HOCN \tag{6.32}$$

$$NH_2NO_2+2CH_2O \longrightarrow O_2NN(CH_2OH)_2 \xrightarrow[NH_3]{CH_2O} O_2N-N(CH_2-N-CH_2)_2(CH_2)N-NO_2 \tag{6.33}$$

$$O_2N-N(CH_2-N-CH_2)_2(CH_2)N-NO_2 \xrightarrow{NH_4NO_3-HNO_3} O_2N-N\langle(CH_2N(NO_2)CH_2)_2\rangle N-NO_2 \tag{6.34}$$

硝基脲法在20世纪80年代已进行了试生产，证明在实际生产上是可行的，但有些工艺问题仍待解决和改进。

2. DADN 法

DADN 即1,5－二乙酰基－3,7－二硝基－1,3,5,7－四氮杂环辛烷或1,5－二乙酰基八氢化－3,7－二硝基－1,3,5,7－四吖辛因。DADN 经硝解可制得奥克托今，而 DADN 则可由 DAPT(二乙酰基五亚甲基四胺)合成，总反应见反应式(6.35)。

$$(CH_2)_6N_4 \underset{}{\overset{AcONH_4/H_2O,-CH_2O}{\rightleftharpoons}} HN\langle\ \rangle NH \xrightarrow[-AcOH]{Ac_2O} \underset{DAPT}{Ac-N\langle\ \rangle N-Ac} \xrightarrow[HNO_3]{H_2SO_4}$$

$$\underset{DADN}{Ac-N(CH_2N(NO_2)CH_2)_2N-Ac} \xrightarrow{PPA/HNO_3} O_2N-N(CH_2N(NO_2)CH_2)_2N-NO_2 \tag{6.35}$$

有六种硝解剂可将 DADN 硝解为奥克托今，它们是：① TFAA(三氟醋酐)/HNO_3；

② TFAA/HNO_3,溶剂为硝基甲烷;③ PPA(多磷酸)/HNO_3;④ P_2O_5/HNO_3;⑤ SO_3/HNO_3;⑥ N_2O_5/HNO_3。

其中比较好的是③、④、⑥三种。例如,用 98% HNO_3 7.5 g 及 88% PPA 16.5 g 在 60 ℃ ~70 ℃硝解 1 g DADN,反应时间 60 min,得率为 99%,纯度接近 100%。用 98% HNO_3 25 g 及 P_2O_5 8.4 g 在 50 ℃硝解 1 g DADN,反应时间 50 min,得率为 99%,纯度接近 100%。1 g DADN 在 1.33 g N_2O_5 和 6.16 g 硝酸中于 50 ℃硝解 60 min,粗品得率 87%(纯度 94%),纯品得率 82%。DADN 法在美国曾进行过千克级试验。该法虽然醋酐用量比醋酐法的低,但工艺复杂得多。

3. 制备 HMX/RDX(70/30)混合物的新醋酐法

传统的醋酐法制奥克托今有两大特点:一是醋酐、醋酸用量太大;二是乌洛托品利用率低。新醋酐法对这两个问题有很大改进。

此法的产物是 70% 奥克托今和 30% 黑索今的混合物,亚甲基利用率在 50% 以上,而醋酐和醋酸的用量降低到原醋酐法相应用量的 2/3 ~1/2。此法的具体操作如下:将乌洛托品与硝酸铵混合物溶于足够量的冰醋酸中(为促进溶解,可升温到 70 ℃左右,溶解后再降温到反应温度),再在约 45 ℃下往其中滴加硝酸铵的硝酸溶液和醋酸酐。加料毕,在此温度继续搅拌 60 min,再升温到 70 ℃ ~75 ℃搅拌 45 min。反应毕,加热水稀释,冷却、过滤,滤饼用 70% 硝酸处理以分解副产物,即得到 HMX/RDX(70/30)的混合物。

可从这种混合物中分离出纯奥克托今,也可不分离,用于炸药装药。由于结晶颗粒的自然级配,此混合物具有良好的压药性能。

新醋酐法的投料比为:HA: HNO_3: NH_4NO_3: Ac_2O: AcOH =1:4.46:3.34:7.45:2.21(物质的量之比)。

4. TAT 法

TAT 是 1,3,5,7 - 四乙酰基 - 1,3,5,7 - 四氮杂环辛烷或 1,3,5,7 - 四乙酰基八氢化 - 1,3,5,7 - 四吖辛因,将其硝解就可得到奥克托今,见反应式(6.36),而 TAT 则由 DAPT 制得。

DAPT $\xrightarrow{AcCl}$ (N-CH_2Cl, N,N,N-Ac 四氮杂环辛烷) $\xrightarrow{NaAc}$ (N-CH_2OAc, N,N,N-Ac 四氮杂环辛烷) (6.36)

$\xrightarrow{Ac_2O}$ DAT (四 Ac) $\xrightarrow{HNO_3/P_2O_5}$ (四 NO_2)

以 TAT 制备奥克托今时，将 TAT 在 5 ℃下加入发烟硝酸与 P_2O_5 的混合物中，再升温至 70 ℃反应 15 min，然后冷却，用冰水稀释反应物即得。产品为 α - HMX，熔点 273 ℃，纯度为 97%，得率 80%。如以四丙酰基四氮杂环辛烷代替 TAT，制得的奥克托今纯度接近 100%，得率可达 94%。

TAT 法尚在改进中，它能否代替醋酐法用于制备奥克托今，要视其改进后的经济效益而定。

5. DANNO 法

DANNO 即 1,5 - 二乙酰基 -3 - 硝基 -7 - 亚硝基 -1,3,5,7 - 四氮杂环辛烷或 1,5 - 二乙酰基八氢化 -3 - 硝基 -7 - 亚硝基 -1,3,5,7 - 四吖辛因，将其硝解（经过 DADN）即得奥克托今。而 DANNO 也是由 DAPT 制得的，总反应见反应式(6.37)。

$$\text{DAPT} \xrightarrow[HNO_3]{N_2O_4} \text{DANNO} \xrightarrow{HNO_3} \text{DADN} \xrightarrow{PPA/HNO_3} \text{HMX} \quad (6.37)$$

DANNO 的硝解过程如下：将 1 份 DANNO 加入 2.5 份发烟硝酸中，在 10 ℃下反应 15 min，即以 95% 的得率生成 DADN。此中间体不需分离，继续往反应物中加入 9.3 份多磷酸，在 55 ℃下反应 60 min；再加入 2.5 份发烟硝酸，于 55 ℃反应 30 min；最后将反应物升温至 60 ℃ ~65 ℃反应 30 ~60 min。所得奥克托今纯度仅 86% ~92%，得率 66%。此法经济效益不如 DADN 法。

四、奥克托今生产工艺改进

奥克托今生产工艺改进以提高得率、降低成本为中心。几十年来，国际上的奥克托今生产一直采用醋酐法，此法原材料消耗量大，产品得率仅为 58%，生产成本高达黑索今的 5 ~6 倍，影响了它在常规武器中的广泛使用。因此，改进醋酐法生产工艺，研究新的合成途径，提高得率，降低成本，是奥克托今生产中的紧迫问题。

为了探讨经济有效的合成途径，各国自 20 世纪 70 年代以来，一方面积极研究奥克托今的新合成途径（如 DADN 法已完成中试），另一方面努力改进现行的醋酐法，以期建立成本低、污染少、安全性好的连续生产工艺。

1. 醋酐法生产工艺改进

（1）粗醋酐代替精醋酐。醋酐法使用98% ~99%的精醋酐，如改用90%的粗醋酐时，对HMX的得率和纯度均无影响，但这节省了粗醋酐的精馏工序，虽然增加了废酸处理量，但总的经济效益提高。

（2）减少醋酐用量。试验证明，醋酐用量减少25%，奥克托今得率提高10.9%；减少46%，奥克托今得率提高8.7%。不过，这导致奥克托今颗粒减小，过滤时间延长，适当提高成熟温度，可增大奥克托今粒度。

（3）减少硝酸铵用量。硝酸铵在乌洛托品硝解中提供生成奥克托今的氨基氮。试验证明，减少硝酸铵用量30%甚至40%不影响奥克托今产率。

（4）取消第一段成熟期。取消第一段成熟期，可使奥克托今得率提高6%，这可能是减少了不安定的中间产物1,5-桥亚甲基-3,7-二硝基-1,3,5,7-四氮杂辛烷（DPT）的分解所致。

（5）补加乌洛托品。在第一段加料完后，补加为投料量13%的乌洛托品，可使奥克托今的得率明显提高。其原因可能是提高了硝酸的利用率，促进了中间产物生成了奥克托今；而如不补加乌洛托品，则这部分硝酸就可能使中间产物转化为副产物。

（6）废酸循环利用。废酸的主要成分是醋酸，用醋酸铵中和其中的硝酸后，可循环使用，这可节省原料醋酸和醋酐，减少废酸处理量。

以上措施（在美国已大部分用于生产装置或中型试验装置）实施后，可减少醋酐用量46%和硝酸铵用量40%，而奥克托今得率则由58%提高到66%（按乌洛托品消耗定额计）；生产成本降低30%。

2. 新合成法

奥克托今新合成法主要分两大类：一是小分子合成（尚未工业化），二是以乌洛托品为基的新法合成，它又可分为两种，即DADN法和TAT法（其原理分别见反应式（6.35）及式（6.36）），与醋酐法相比，此两法醋酐用量显著降低，产率较高（DADN法中间试验已达63%），污染物减少，产品纯度高（实验室达99%），但后处理较复杂，物料腐蚀性较大。

（1）DADN法。DADN法可采用惰性载体新工艺，即使用一种合适的稀释剂，与反应物构成惰性载体工艺系统，而这种稀释剂既不与反应物反应，又能在反应后回收和循环使用。此工艺有以下特点：爆炸危险物分散在惰性载体中，不会传播爆轰；黏稠流体分散在惰性载体中，物料黏度降低，便于泵送和混合；有高度腐蚀的流体分散在惰性载体中，使其腐蚀性有所降低；反应过程中产生的热量分散在载体中，因而使物系的温度易于控制。

DADN法制奥克托今分三步进行，合适的载体是庚烷和氟碳化合物。该工艺目前处于千克级的中间试验阶段，前两步已比较成熟，但第三步难度较大。其核心问题有二：一是选择强有力的硝解剂；二是解决设备材质问题。如第三步的硝解剂问题能得到合理解决，DADN法很可能用于大规模的工业生产。

(2) 印度三步法合成奥克托今。第一步是在醋酐和醋酸溶液中,以三氟化硼为催化剂,用硝酸铵－硝酸混合物将乌洛托品硝解成 DPT;第二步是用过量的硝酸和醋酐进一步处理 DPT 和反应混合物;第三步是用硝酸铵－硝酸混合物和醋酐将第二步所得产物转化为奥克托今。

此法工艺简单,成本低,产率较高(粗品得率和纯度分别为 90% 和 85%,精制品得率为 76%),工艺安全,产品为稳定晶型,原材料耗量少(硝酸铵和醋酸的用量分别比醋酐法低 45% 和 20%),料比合理(接近硝酸铵与乌洛托品的最佳化物质的量比 2:1),反应温度((45 ±3)℃)易控制。

(3) 波兰三步法合成奥克托今。第一步是乌洛托品与醋酐和醋酸铵反应;第二步是第一步产物与硝酸和硫酸反应;第三步是第二步产物与硝酸和五氧化二磷反应。奥克托今粗品得率在 90% 以上。

6.4 其他硝胺炸药

6.4.1 硝基胍

硝基胍(NQ)的结构式有两种(见下):(Ⅰ)式为硝胺,(Ⅱ)式为硝亚胺,一般认为在固体状态下是硝亚胺结构,而在溶液中则存在着两种互变异构体之间的平衡。硝基胍分子式 $CH_4N_4O_2$,相对分子质量 104.07,氧平衡 －30.75%。

$$H_2N-\overset{\overset{\large NH}{\|}}{C}-NHNO_2 \qquad\qquad \begin{array}{c} NH_2 \\ | \\ C{=}NNO_2 \\ | \\ NH_2 \end{array}$$

(Ⅰ)　　　　(Ⅱ)

一、性质

硝基胍是白色结晶,有 α 及 β 两种晶型,α 型是常用的。用硫酸作用于硝酸胍,在水中结晶得 α 型,它是一种长的针状晶体。硝化硫酸胍和硫酸铵的混合物得 β 型,它是一种薄而长的片状晶体。这两种晶型在水中的溶解度不同。硝基胍不吸湿,室温下不挥发,微溶于水,溶于热水、碱液、硫酸及硝酸。在一般有机溶剂中溶解度不大,微溶于甲醇、乙醇、丙酮、乙酸乙酯、苯、甲苯、氯仿、四氯化碳及二硫化碳,溶于吡啶、二甲基亚砜和二甲基甲酰胺。密度 1.715 g/cm^3,熔点 232 ℃(分解),爆发点 275 ℃(5 s),密度 1.58 g/cm^3 时爆热 3.40 MJ/kg(气态水),密度 1.55 g/cm^3 时爆速 7.65 km/s,爆温约 2 400 K,全爆容 900 L/kg,做功能力 305 cm^3(铅铸扩孔值)或 104%(TNT 当量),猛度 23.7 mm(铅柱压缩值)。硝基胍的机械感度极低,撞击感度及摩擦感度均为 0%。100 ℃下第一个 48 h 失重 0.11%。硝基胍由于存在分子内氢键而具有下述分子结构:

$$\begin{array}{c} NH_2 \\ | \\ C{=}N \\ HN \diagup \quad \diagdown N{=}O \\ \diagdown H \cdots O \diagup \end{array}$$

在硫酸水溶液中加热,硝基胍分解成为硝酰胺和氨基氰,继之又水解放出氧化亚氮、二氧化碳、氨等气体。见反应式(6.38)。

$$H_2N-\underset{\underset{NH}{\parallel}}{C}-NHNO_2 \xrightarrow{H_2SO_4} \underset{\underset{N_2O+H_2O}{\downarrow}}{H_2NNO_2}+\underset{\underset{2NH_3+CO_2}{\downarrow 2H_2O}}{NH_2CH} \tag{6.38}$$

在浓硫酸的作用下,硝基胍可以释出 NO_2^+(见反应式(6.39)),有一定的硝化能力。

$$H_2N-\underset{\underset{NH}{\parallel}}{C}-NHNO_2+H_2SO_4 \longrightarrow H_2N-\underset{\underset{NH}{\parallel}}{C}-NH_2 \cdot HSO_4^-+NO_2^+ \tag{6.39}$$

硝基胍在沸腾的水中是比较稳定的,但长时期煮沸也会按反应式(6.40)少量分解。

$$H_2N-\underset{\underset{NH}{\parallel}}{C}-NHNO_2 \longrightarrow NH_3\uparrow+NCNHNO_2 \tag{6.40}$$

还原硝基胍可得到亚硝基胍,进一步还原得到氨基胍。见反应式(6.41)。

$$H_2N-\underset{\underset{NH}{\parallel}}{C}-NHNO_2 \longrightarrow H_2N-\underset{\underset{NH}{\parallel}}{C}-NHNO \longrightarrow H_2N-\underset{\underset{NH}{\parallel}}{C}-NHNH_2 \tag{6.41}$$

二、制备(硝酸胍法)

用浓硫酸处理硝酸胍即可制得硝基胍。见反应式(6.42)。

$$HN{=}C\begin{cases} NH_2 \\ NH_2 \cdot HNO_3 \end{cases} \xrightarrow{H_2SO_4} HN{=}C\begin{cases} NH_2 \\ NHNO_2 \end{cases} +H_2O \tag{6.42}$$

硝酸胍法的工艺流程见图 6－6。

将浓硫酸加入反应器,冷却至 5 ℃,慢慢加入计算量的硝酸胍,加料温度 5 ℃ ~ 20 ℃。硝酸胍加完后,再在 10 ℃ ~20 ℃反应 0.5 h。将反应物加入稀释锅,以硝酸胍 10 倍量的冰水稀释,搅拌 30 min 并冷却到 10 ℃以下过滤,得粗硝基胍,得率达 80% 以上。

也可用浓硝酸处理硝酸胍以制备硝基胍。

粗硝基胍是针状结晶,假密度一般小于0.3 g/cm^3,且颗粒黏结,无法装药,须进一

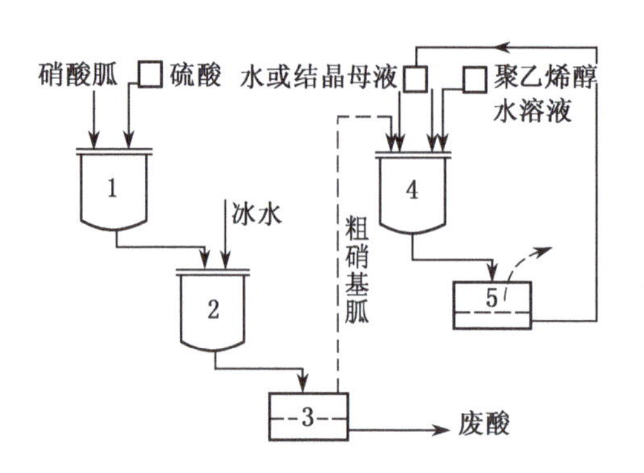

图 6-6 硝基胍制造工艺流程图

1—反应锅;2—稀释锅;3,5—过滤器;4—溶解结晶锅

步处理,以提高假密度和改善流散性。用聚乙烯醇水溶液将硝基胍重结晶,可得宝石状颗粒型结晶,假密度提高到 0.8～1.0 g/cm³,达到使用要求。其方法是将针状硝基胍 1 份和水 13 份放入溶解结晶器,升温至 80 ℃,加入约为硝基胍量 1:100～1:200 的 0.005% 的聚乙烯醇水溶液,待硝基胍完全溶解,加氨水调节 pH 到 8 后即可,降温结晶(以约 10 ℃/h 速度降温),当温度降低至 50 ℃时可加快降温速度。室温过滤,得率可达 90%。

三、用途

1906 年,硝基胍即被用作发射药组分。第一次世界大战及第二次世界大战中,以硝基胍为主要组分的混合炸药,用于多种弹体装药。由于硝基胍爆温低,它与硝化甘油及硝化棉组成的三基火药,称为冷火药,对炮膛烧蚀小,可延长炮管使用寿命。20 世纪 80 年代提出低易损性弹药后,钝感的硝基胍越来越为人所青睐,德国研制了以硝基胍为主的低感熔铸炸药,美国也研制了硝基胍与乙二硝胺、硝酸铵等组成的钝感混合炸药。此外,硝基胍反应能力较强,是有机合成和炸药合成的重要中间体。

6.4.2 乙二硝胺

乙二硝胺又名 N,N'-二硝基乙二胺(EDNA),分子式 $C_2H_6N_4O_4$,相对分子质量 150.10,氧平衡 -31.98%。结构式如下:

$$\begin{array}{l}CH_2—NH—NO_2\\ |\\ CH_2—NH—NO_2\end{array}$$

一、性质

乙二硝胺是白色斜方晶体,在常温及潮湿空气中的吸湿量是 0.01%,不挥发,溶于二噁烷、硝基苯、硝酸、乙醇、沸水,微溶于冷水,不溶于乙醚。晶体密度 1.71 g/cm³,纯品熔点 177.3 ℃,爆发点 189 ℃(5 s,分解),爆热 5.34 MJ/kg,爆速 7.75 km/s(密度1.62 g/cm³),爆容 908 L/kg,做功能力 354 cm³(铅垆扩孔值)或 137%(TNT 当量),猛度为 28 mm(铅柱压缩值)。乙二硝胺的机械感度相当低,撞击感度 8%,摩擦感度 0%。100 ℃第一个 48 h 失重 0.2%,第二个 48 h 失重 0.3%,100 h 内不爆炸。

乙二硝胺是二价酸,可以和一系列金属或铵离子形成中性盐,如钠盐、钾盐、铵盐、铁盐、铜盐、铅盐和银盐等。这类金属盐,尤其是铅盐、银盐等重金属盐,对撞击十分敏感。

在潮湿状况下,乙二硝胺对铜、黄铜、镉、镍、锌等有强烈腐蚀作用,对铝有轻微腐蚀,不腐蚀不锈钢。

在热稀硫酸作用下，乙二硝胺分解生成 N_2O、CH_3CHO 和乙二醇。见反应式(6.43)。

$$2\begin{array}{l}CH_2-NHNO_2\\ |\\ CH_2-NHNO_2\end{array}\xrightarrow{-2N_2O}2\begin{array}{l}CH_2OH\\ |\\ CH_2-NHNO_2\end{array}\xrightarrow{-2N_2O}\begin{array}{l}CH_2OH\\ |\\ CH_2OH\end{array}+\begin{array}{l}CHO\\ |\\ CH_3\end{array}+H_2O \qquad (6.43)$$

二、制备

由于伯硝胺在酸中易分解，所以不能直接硝化乙二胺以制备乙二硝胺，一般都是先将胺酰化保护，然后硝化，最后水解得到硝胺。例如，可用碳酸铵或碳酸乙酯或尿素酰化乙二胺以生成亚乙基脲，再将亚乙基脲硝化成 N,N' - 二硝基亚乙基脲，最后水解脱去羰基得到乙二硝胺。见反应式(6.44)。

$$\begin{array}{l}CH_2NH_2\\ |\\ CH_2NH_2\end{array}+(NH_4)_2CO_3\left(\begin{array}{l}C_2H_5O\\ \quad\quad C=O,\\ C_2H_5O\end{array}\begin{array}{l}H_2N\\ \quad\quad C=O\\ H_2N\end{array}\right)\longrightarrow\begin{array}{l}CH_2NH\\ |\quad\quad\quad C=O\\ CH_2NH\end{array}$$

$$\xrightarrow{HNO_3/H_2SO_4}\begin{array}{l}\quad NO_2\\ \quad |\\ CH_2N\\ |\quad\quad\quad C=O\\ CH_2N\\ \quad |\\ \quad NO_2\end{array}\xrightarrow[\triangle]{H_2O}\begin{array}{l}CH_2NHNO_2\\ |\\ CH_2NHNO_2\end{array}+CO_2\uparrow \qquad (6.44)$$

以碳酸铵或脲为酰化剂的工艺过程如下。

1. 制备亚乙基脲

将乙二胺和碳酸铵(质量比约 1:2)于高压釜中加热至 275 ℃，保温 15 min，冷却后得亚乙基脲，熔点 129 ℃ ~131 ℃，得率 86% ~89%。

将等物质的量的乙二胺(实际使用的为 68% 乙二胺水溶液)与脲于反应器内加热回流 4 h，开始温度是 110 ℃，由于水分不断挥发，最后温度达 240 ℃ ~250 ℃。此法制得的亚乙基脲熔点为 127 ℃ ~131 ℃，得率高于 98%。

2. 硝化及水解

将亚乙基脲在 0 ℃ ~5 ℃下缓慢加入 10 倍量的硝硫混酸(硫酸 74%，硝酸 15%，水 11%)中，加料后继续反应 20 min，然后放入冰水中稀释，过滤，水洗至中性，得二硝基亚乙基脲，得率 90%。

将二硝基亚乙基脲加入 6 倍量 90 ℃ ~95 ℃的水中，煮沸水解，待气体逸尽后，继续加热 10 min，趁热过滤，冷却滤液，即析出乙二硝胺，得率 95% ~98%。

三、用途

乙二硝胺的爆炸威力接近太安，而其机械感度又较低，具有炸药的某些特点。它可与一些较廉价的氧化剂如高氯酸铵盐(钾盐、钠盐)制得能量水平很高的一系列混合炸药，也可与梯恩梯组成熔铸炸药,用于填装火箭弹、手榴弹、枪榴弹及其他炮弹。55/45 乙二硝胺/梯恩梯的熔铸体密度 1.62 g/cm^3,爆速 7.34 km/s。

6.4.3 二乙醇硝胺二硝酸酯

它是一种两端带硝酰氧基的硝胺,以其简称吉纳(DINA)闻名,分子式 $C_4H_8N_4O_8$,相对分子质量 240.14,氧平衡 -26.67%。结构式如下:

$$O_2NO—CH_2CH_2—\underset{}{\overset{NO_2}{\overset{|}{N}}}—CH_2CH_2—ONO_2$$

一、性质

吉纳在常温下为白色或淡黄色晶体,纯品熔点 52 ℃,工业品熔点为 49 ℃ ~51 ℃。晶体密度 1.488 g/cm^3。标准生成焓 -1 316 kJ/kg,爆容 493 L/kg,爆热5.43 MJ/kg(液态水)或 5.00 MJ/kg(气态水),爆速 7.58 km/s(密度1.47 g/cm^3),铅坊扩孔值为苦味酸的 146%,爆发点 235 ℃(5 s)。

纯吉纳具有一定的安定性,72 ℃阿贝尔试验在 30 min 以上,但其安定性比特屈儿等常用炸药差得多。制备吉纳时产生的某些杂质(如二乙醇亚硝胺二硝酸酯)恶化其安定性。

酸、碱均能分解吉纳,如浓硫酸或 10% 的碱液均可使其分解,但碱液分解吉纳的速度甚慢。

吉纳的硝酰氧基可以被叠氮基取代,而生成 1,5 - 二叠氮基 -3 - 硝基氮杂戊烷(见反应式(6.45)),此叠氮化合物可用于推进剂组分,可以降低火焰温度而不降低燃速。

$$O_2N—N\begin{cases}CH_2CH_2ONO_2\\CH_2CH_2ONO_2\end{cases} + 2NaN_3 \xrightarrow[\text{溶剂}]{DMSO} O_2N—N\begin{cases}CH_2CH_2N_3\\CH_2CH_2N_3\end{cases} \quad (6.45)$$

二、制备

硝化二乙醇胺可制得吉纳,此硝化包括了醇酯化和 N - 硝化,酯化较易进行,但硝化时氨基易被氧化,故硝化得率不高。采用氯化物(如氯化氢、氯化锌)为催化剂,可以提高吉纳的得率,这是由于氯化物在酸中被氧化成了正氯离子,而胺可与氯正离子生成氯化胺,后者易于与硝酸作用生成硝基胺。采用氯化物为催化剂时,由二乙醇胺制备吉纳的得率可达 90%。

吉纳的制备分两步进行,第一步是酯化,第二步是 N - 硝化。见反应式(6.46)。

$$HN\begin{cases}CH_2CH_2OH\\CH_2CH_2OH\end{cases} \xrightarrow[Ac_2O]{HNO_3} HN\begin{cases}CH_2CH_2ONO_2\\CH_2CH_2ONO_2\end{cases} \xrightarrow[Ac_2O]{HNO_3} O_2N—N\begin{cases}CH_2CH_2ONO_2\\CH_2CH_2ONO_2\end{cases} \quad (6.46)$$

制备吉纳时,可将硝酸和二乙醇胺盐酸盐同时加入醋酐(其中先加入了少量硝酸)

中,加完料后,在 40 ℃下保温 10 min 以完成硝化。物料冷却后,用水稀释到醋酸浓度达 30%,再经过滤、洗涤、安定处理和干燥而得到产物。也可先配成 $HNO_3 - Ac_2O$ 混合液,再加入二乙醇胺盐酸盐进行硝化。还可先将二乙醇胺在 10 ℃ ~15 ℃下与硝酸反应得到二乙醇胺二硝酸酯的硝酸盐,再将后者加入含催化剂的醋酸酐中硝化得到吉纳。反应物料用量比(物质的量比)约为:二乙醇胺:硝酸:醋酸酐:盐酸 =1:3.2:(3.4 ~3.5):(0.02 ~0.05)。

上步所得的粗制吉纳应再经热水预洗、碱煮、酸煮、碱洗、水洗等过程,产物的安定性才能达到使用要求。为了不破坏产物,碱煮和酸煮的碱度和酸度都不宜过高,以保持碱煮 pH 8 ~9,酸煮 pH 4 ~5。

三、应用

吉纳是一种出现较晚的猛炸药,可作为硝化棉的不挥发胶化剂,代替硝化甘油制造无烟药,也可作为炮弹传爆管的装药或作为某些混合炸药的活性增塑剂。另外,硝化棉、硝基胍和吉纳可以制成一种不吸湿的、无焰的推进剂。吉纳安定性不够好,机械感度较高,熔点低,不宜单独用作炸药装药。

6.4.4 特屈儿

特屈儿(CE)学名 2,4,6 - 三硝基 - *N* - 硝基 - *N* - 甲基苯胺或 2,4,6 - 三硝基苯甲硝胺,其分子中同时含有氮硝基及碳硝基,现将其归入硝胺炸药中。特屈儿的分子式 $C_7H_5N_5O_8$,相对分子质量 287.15,氧平衡 -47.36%。结构式如下:

一、性质

特屈儿为无色结晶,光照时迅速变黄,工业品均呈淡黄色。吸湿性 0.04%(30 ℃,相对湿度 90%),室温下不挥发,几乎不溶于水,难溶于四氯化碳及二硫化碳,微溶于乙醚、乙醇及氯仿,溶于苯、甲苯、二甲苯及二氯乙烷,易溶于丙酮及乙酸乙酯。密度 1.74 g/cm^3,熔点 129.5 ℃(分解)。标准生成焓 118 kJ/kg(34 kJ/mol),熔化焓 93 kJ/kg(27 kJ/mol),30 ℃时比热容约 0.90 J/(g·K)。爆发点 257 ℃(5 s,燃烧),密度 1.69 g/cm^3 时爆热 4.87 MJ/kg(气态水),密度 1.71 g/cm^3 时爆速 7.85 km/s,爆压 24.3 GPa,密度 1.63 g/cm^3 时爆温约 3 100 K,密度 1.55 g/cm^3 时全爆容 740 L/kg,撞击感度 48%,摩擦感度 12%,做功能力 410 cm^3(铅壔扩孔值)或 130%(TNT 当量),猛度 19 ~20 mm(铅柱压缩值)或 120%(TNT 当量),100 ℃第一个 48 h 失重 0.1%。

特屈儿与碱的水溶液作用生成极敏感的苦味酸盐，但稀的无机酸（即使在高温下）不易与特屈儿反应，不过浓硫酸可使特屈儿脱除 N－硝基并释放出硝酸。在高温下，特屈儿可与溶于苯中的苯胺反应生成 2，4，6－三硝基二苯胺和硝基甲胺。特屈儿也可与一些稠环化合物形成分子加合物。硫化钠能使特屈儿完全分解而丧失爆炸性能。特屈儿毒性较大，需特别加以注意。它能引发皮炎，使全身和眼珠发黄。呼吸特屈儿粉尘，可导致上呼吸道发炎，甚至脓肿。

二、制备

令 *N*，*N*－二甲基苯胺先与硫酸成盐然后硝化，或令二硝基氯苯与甲胺反应，均可制得特屈儿。分别见反应式（6.47）及反应式（6.48）。

$$C_6H_5N(CH_3)_2 \xrightarrow{H_2SO_4} C_6H_5N(CH_3)_2 \cdot H_2SO_4 \xrightarrow{HNO_3} 2,4,6\text{-}(NO_2)_3C_6H_2N(CH_3)NO_2 \tag{6.47}$$

$$1\text{-}Cl\text{-}2,4\text{-}(NO_2)_2C_6H_3 \xrightarrow[-NaCl]{CH_3NH_2/NaOH} 2,4\text{-}(NO_2)_2C_6H_3NHCH_3 \xrightarrow{HNO_3} 2,4,6\text{-}(NO_2)_3C_6H_2N(CH_3)NO_2 \tag{6.48}$$

6.4.5 1，3，3，5，7，7－六硝基－1，5－二氮杂环辛烷

1，3，3，5，7，7－六硝基－1，5－二氮杂环辛烷（HCO 或 7507）同时含有碳硝基及氮硝基，分子式 $C_6H_8N_8O_{12}$，相对分子质量 384.18，氧平衡－16.66%。结构式如下：

$$\text{环}[-CH_2-N(NO_2)-CH_2-C(NO_2)_2-CH_2-N(NO_2)-CH_2-C(NO_2)_2-]$$

此炸药为白色结晶，晶体密度 1.875 g/cm^3，熔点 250 ℃（分解），溶于丙酮、甲酸、乙酸乙酯、冰醋酸，不溶于水。密度 1.84 g/cm^{3}时爆速为 8.80 km/s，密度1.78 g/cm^3 时爆压为 33.6 GPa，密度 1.78 g/cm^{3}时爆热为 5.85 MJ/kg，爆发点 300 ℃（5 s），撞击感度及

摩擦感度均为 100%，100 ℃下第一个 48 h 失重 0.012% ~0.02%。

以乙炔硝化液、尿素、乌洛托品、甲醛、氨、浓硝酸经多步反应制得，见反应式(6.49)。

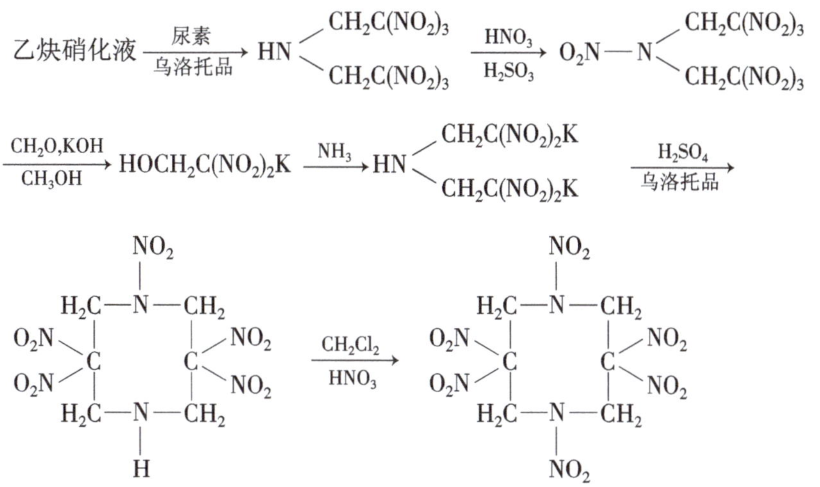

$$\text{乙炔硝化液} \xrightarrow[\text{乌洛托品}]{\text{尿素}} HN(CH_2C(NO_2)_3)_2 \xrightarrow[H_2SO_3]{HNO_3} O_2N{-}N(CH_2C(NO_2)_3)_2$$

$$\xrightarrow[CH_3OH]{CH_2O,KOH} HOCH_2C(NO_2)_2K \xrightarrow{NH_3} HN(CH_2C(NO_2)_2K)_2 \xrightarrow[\text{乌洛托品}]{H_2SO_4}$$

$$\text{(1-H-3-NO}_2\text{-5,5,7,7-四硝基-1,3-二氮杂环辛烷)} \xrightarrow[HNO_3]{CH_2Cl_2} \text{(1,3-二硝基-5,5,7,7-四硝基-1,3-二氮杂环辛烷)} \quad (6.49)$$

6.4.6　1,3,5,5 - 四硝基六氢嘧啶

1,3,5,5 - 四硝基六氢嘧啶(DNNC)(结构式见下)除了可作弹头、炮弹及炸弹用炸药外，还可用作推进剂及烟火药的氧化剂。此炸药是于 1982 年首先合成的，性能如下：m. p. 151 ℃ ~154 ℃，密度约 1.82 g/cm^3，VOD 为 8730 m/s，p_{C-J}约 34 GPa。美国研究者认为，它是一个极佳的氧化剂，其氧平衡(OB)约 +6%，撞击感度很低，有可能用为炸药、烟火剂及火箭推进剂中的氧化剂。DNNC 具有六元杂环分子结构，它兼具二硝基烷烃及环状硝胺 RDX 的化学结构的特点。DNNC 的杂化分子结构，使它的撞击感度低于 RDX，而类似于 TNT。DNNC 是一个具有内在热稳定性及钝感的高能氧化剂，在炸药及推进剂中，它有可能作为候选的六元环状硝胺 RDX 的替代物。

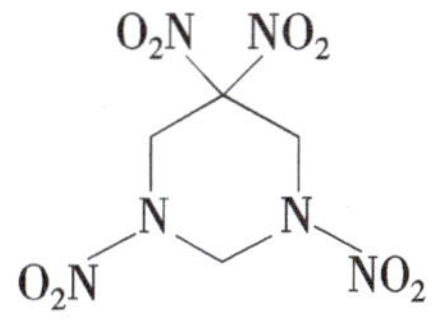

(结构式：六氢嘧啶环，5 位碳上连两个 NO_2，1、3 位 N 上各连一个 NO_2)

6.4.7　含偕二硝基的叠氮硝胺

为了在叠氮化合物中引入更多的含能基团，而又保持其化学安定性，近年人们通过对硝仿系硝胺进行结构改性，往其中引入一个叠氮甲基，以代替三硝基甲基中的一个硝基，合成了一些带偕二硝基的叠氮硝胺，它们具有密度大(可达 1.7 ~1.8 g/cm^3)、氮含量高(最高可达 40%)、氧平衡较好(可为 -20% ~ -30%)、标准摩尔生成焓高(可达 500 kJ/mol)及热安定性较好(热分解温度可接近或高于 200 ℃)等特点，且由于分子中同时含有 C - 硝基、N - 硝基及叠氮基，可提供较多的能量，故可望作为高能量密度材料的含能添加剂。下文举出这类叠氮硝胺的 3 个代表。它们是 N - 硝基 - N - 叠氮甲基偕二硝基乙基甲胺(Ⅰ)、N,N - 二(叠氮甲基偕二硝基乙基)硝胺(Ⅱ)及 N,N' - 二(叠氮甲基偕二硝基乙基)乙二硝胺(Ⅲ)。

一、主要性能

见表 6－13。

表 6－13　三个叠氮硝胺的主要性能和热动力学性质[①]

化合物	Ⅰ	Ⅱ	Ⅲ
结构式	$CH_3N(NO_2)CH_2C(NO_2)_2CH_2N_3$	$O_2NN(CH_2C(NO_2)_2CH_2N_3)_2$	$(CH_2N(NO_2)CH_2C(NO_2)_2CH_2N_3)_2$
分子式	$C_4H_7N_7O_6$	$C_6H_8N_{12}O_{10}$	$C_8H_{12}N_{14}O_{12}$
相对分子质量	249.17	408.24	496.32
氧平衡/%	－35.32	－23.52	－32.20
氮质量分数/%	39.36	41.18	39.52
熔点[②]/℃	无色液体	105.5	137.4
密度[③]/$(g\cdot cm^{-3})$		1.835	
$\Delta_f H^{\ominus}/(kJ\cdot mol^{-1})$	220.2[④]	495.2[④]　533.4[⑤]	483.6[④]
表观活化能/$(kJ\cdot mol^{-1})$	148.31	125.08	225.61
指数前因子/s^{-1}	5.50×10^{15}	7.14×10^{13}	7.15×10^{24}
反应速率常数(100 ℃)/s^{-1}	9.53×10^{-8}	2.21×10^{-4}	1.96×10^{-7}
热分解放热峰温[⑥]/℃	216.5	196.3	203.5

① 热动力学性质由 Kissinger 法和 Ozawa 法计得。
② 由显微熔点测定仪测定。
③ 由悬浮法测定。
④ 计算值。
⑤ 测定值。
⑥ DTA 法，升温速度 10 ℃/min。

二、合成路线

分别见反应式(6.50)～反应式(6.52)。

1. N－硝基－N－叠氮甲基偕二硝基乙基甲胺(Ⅰ)

$$CH_3N(NO_2)CH_2C(NO_2)_3 \xrightarrow[(2)\ HCHO/H_3^+O]{(1)\ KI/CH_3OH} CH_3N(NO_2)CH_2C(NO_2)_2CH_2OH \xrightarrow[Py/ClCH_2CH_2Cl]{(CF_3SO_2)_2O}$$
$$CH_3N(NO_2)CH_2C(NO_2)_2CH_2OTf \xrightarrow[DMSO/H_2O]{NaN_3} CH_3N(NO_2)CH_2C(NO_2)_2CH_2N_3 \quad (6.50)$$

(Py为吡啶，Tf为CF_3SO_2—)

2. N,N－二(叠氮甲基偕二硝基乙基)硝胺(Ⅱ)

$$KC(NO_2)_2CH_2OH \xrightarrow[(2)\ HNO_3/H_2SO_4]{(1)\ NH_3} O_2N-N\begin{matrix}CH_2C(NO_2)_2H \\ CH_2C(NO_2)_2H\end{matrix} \xrightarrow[H_3^+O]{HCHO}$$

$$O_2N-N\begin{matrix}CH_2C(NO_2)_2CH_2OH \\ CH_2C(NO_2)_2CH_2OH\end{matrix} \xrightarrow[Py/ClCH_2CH_2Cl]{(CF_3SO_2)_2O} O_2N-N\begin{matrix}CH_2C(NO_2)_2CH_2OTf \\ CH_2C(NO_2)_2CH_2OTf\end{matrix}$$

$$\xrightarrow[DMSO/H_2O]{NaN_3} O_2N-N\begin{matrix}CH_2C(NO_2)_2CH_2N_3 \\ CH_2C(NO_2)_2CH_2N_3\end{matrix} \tag{6.51}$$

3. N,N'－二(叠氮甲基偕二硝基乙基)乙二硝胺(Ⅲ)

$$KC(NO_2)_2CH_2OH \xrightarrow[(2)\ HNO_3/H_2SO_4]{(1)\ (CH_2NH_2)_2} \begin{matrix}CH_2-N(NO_2)-CH_2C(NO_2)_2H \\ | \\ CH_2-N(NO_2)-CH_2C(NO_2)_2H\end{matrix} \xrightarrow[H_3^+O]{HCHO}$$

$$\begin{matrix}CH_2-N(NO_2)-CH_2C(NO_2)_2CH_2OH \\ | \\ CH_2-N(NO_2)-CH_2C(NO_2)_2CH_2OH\end{matrix} \xrightarrow[Py/ClCH_2CH_2Cl]{(CF_3SO_2)_2O} \begin{matrix}CH_2-N(NO_2)-CH_2C(NO_2)_2CH_2OTf \\ | \\ CH_2-N(NO_2)-CH_2C(NO_2)_2CH_2OTf\end{matrix}$$

$$\xrightarrow[DMSO/H_2O]{NaN_3} \begin{matrix}CH_2-N(NO_2)-CH_2C(NO_2)_2CH_2N_3 \\ | \\ CH_2-N(NO_2)-CH_2C(NO_2)_2CH_2N_3\end{matrix} \tag{6.52}$$

三、合成工艺

下面叙述的是合成上述三个叠氮硝胺的叠氮化反应操作程序。

(1) *N*－硝基－*N*－叠氮甲基偕二硝基乙基甲胺或 1－叠氮基－2,2,4－三硝基－4－氮杂戊烷。将 0.2 g(0.56 mmol)1－三氟甲基磺酰氧基－2,2,4－三硝基－4－氮杂戊烷与 0.20 g (3.10 mmol)叠氮化钠在 10 mL 体积分数为 80% 的二甲基亚砜水溶液中于常温下反应 12 h。然后将反应物倾入水中,用氯仿萃取,萃取液经水洗和干燥后,蒸出溶剂,所得粗产物再经硅胶柱层析后得到纯品(无色液体)0.12 g,得率 85.7%。

(2) *N*,*N*－二(叠氮甲基偕二硝基乙基)硝胺或 1,7－二叠氮基－2,2,4,6,6－五硝基－4－氮杂庚烷。制备方法同(1)。将 0.30 g(0.48 mmol)1,7－二(三氟甲基磺酰氧基)－2,2,4,6,6－五硝基－4－氮杂庚烷与 0.30 g(4.61 mmol)叠氮化钠反应,得到粗产品,经氯仿重结晶得白色晶体0.16 g,得率81.7%。

(3) *N*,*N′*-二(叠氮甲基偕二硝基乙基)乙二硝胺或1,10-二叠氮基-2,2,4,7,9,9-六硝基-4,7-二氮杂癸烷。实验操作同(1)。将0.40 g(0.56 mmol)1,10-二(三氟甲基磺酰氧基)-2,2,4,7,9,9-六硝基-4,7-二氮杂癸烷与0.40 g(6.15 mmol)叠氮化钠反应,得到粗品,经丙酮/氯仿重结晶得白色晶体0.24 g,得率86.3%。

第 7 章　硝酸酯炸药

硝酸酯也称 O－硝基化合物，是一类诞生很早的炸药。1833 年即已制得的硝化淀粉，是近代有机爆炸物的先驱。1845 年制得的硝化棉及 1859 年进入实际应用的硝化甘油，在火炸药发展史上更是具有突出的地位，且至今仍是不可缺少的火药组分。1891 年合成的太安，是一个多功能炸药，用途广泛，但现在已很少用作军用炸药。硝酸酯除了作为猛炸药外，更是发射药及推进剂的基本原料。与芳香族硝基化合物炸药和硝胺炸药相比，硝酸酯炸药的热安定性及水解安定性均较差，机械感度也较高，氧平衡较佳，燃烧及爆炸性能良好。有重要实际使用价值的硝酸酯炸药是太安、硝化甘油及其同系物和硝化棉，还有一些用作含能增塑剂的硝酸酯也日益为人所重视。

7.1　太　　安

太安（PETN）的化学名称是季戊四醇四硝酸酯，系统命名为 2，2－（双硝酰氧基甲基）－1，3－丙二醇二硝酸酯。太安分子式为 $C_5H_8N_4O_{12}$，相对分子质量为 316.15，氧平衡 －10.12%，结构式如下：

$$\begin{matrix} O_2NOH_2C & & CH_2ONO_2 \\ & C & \\ O_2NOH_2C & & CH_2ONO_2 \end{matrix}$$

7.1.1　太安的性质

一、物理性质

太安为白色结晶，有两种晶型，即Ⅰ（α）型和Ⅱ（β）型（PETN Ⅰ及 PETN Ⅱ）。前者为正方晶系，后者为斜方晶系。最常见的稳定晶型是 PETN Ⅰ。130 ℃时，PETN Ⅰ转变为 PETN Ⅱ。随结晶溶剂不同，重结晶析出的太安可为针状、斜方或立方晶体，但通常易形成针状结晶。如在乙酸乙酯中重结晶，则可生成立方晶体。

太安的结晶密度（Ⅰ型）为 1.778 g/cm^3，最大压药密度可达 1.74 g/cm^3（压药压力 280 MPa）。

太安几乎不溶于水，在 100 g 水中，在 50 ℃及 100 ℃时能溶解的太安量分别仅为 0.01 g 及 0.035 g。太安在乙醇、乙醚、苯等中的溶解度也不大，但易溶于丙酮、乙酸乙酯、二甲基甲酰胺中。太安在丙酮－水混合液中的溶解度见表 7－1，在各种溶剂中的溶解度见表 7－2，23 ℃～25 ℃时在硝酸中的溶解度见图 7－1。

表 7-1 太安在丙酮-水混合液中溶解度 g·(100 g溶液)$^{-1}$

溶解度	丙酮浓度/%				
	55	70	80	90	92
	温度/℃				
1	41				
2	52				
2.5		24.5			
4	62				
5		41.5	22		
10		54.5	38.5	15	10
15		62	48	24.5	20.5
17.5		65			
20			54	34.5	29
25			59	41.5	34
30			63	46.5	40.5
35				51.5	45
40				55	50
45				58.5	54
50				61.5	57.5
55					60.5
60					62.5

表 7-2 太安在各种有机溶剂中的溶解度 g·(100 g溶液)$^{-1}$

溶剂	温度/℃											
	0	10	20	30	40	50	60	70	80	90	100	113
乙醇	0.070	0.085	0.115	0.275	0.415	0.705	1.205	2.225	3.715 (78.5 ℃)			
乙醚	0.200	0.225	0.250	0.340	0.450							
丙酮	14.37	16.43	20.26	24.95	36.16		42.68 (62 ℃)					
苯		0.150	0.300	0.450	1.60	2.010	3.350	5.400	7.900 (80.2 ℃)			
甲苯	0.150	0.170	0.230	0.430	0.620	1.100	2.490	3.290		9.120		30.96

续表

溶剂	温度/℃										
	0	10	20	30	40	50	60	70	80	90	100	113
乙酸甲酯			13	17	22	31						
氯苯			0.35	2.8	6.1	9.2	12.2					
三氯乙烷			0.18	0.27	0.40	0.58						
四氯化碳			0.096	0.108	0.118	0.121						
二氯乙烷		0.9		1.5		2.6						
甲醇			0.46		1.15		2.6					
β－乙氧基乙酸乙酯			1.5	4.1	7.6	11.2	14.2					
二甲基甲酰胺					40		50				70	
吡啶			5.436 (19 ℃)			8.561						

太安也溶于液态或熔融芳香族硝基化合物及硝酸酯中，并形成低共熔物，各种太安低共熔物的组成及熔点见表 7－3。

与其他硝酸酯不同，太安不能与纤维素硝酸酯形成胶体溶液。

纯太安熔点 142.9 ℃，不吸湿，不挥发，100 ℃下蒸气压为 0.12 Pa，由蒸气压外推所得沸点为 200 ℃（常压）或 180 ℃（69 kPa），导热系数为 0.25 W/(m・K)，20 ℃～90 ℃范围内的线膨胀系数为 $1.1\times10^{-6}K^{-1}$（$1.60\ g\cdot cm^{-3}$时）。

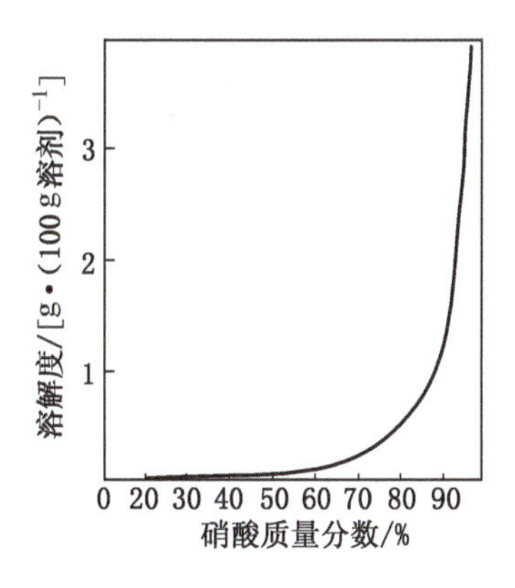

图 7－1 23 ℃～25 ℃时太安在硝酸中的溶解度

表 7－3 太安低共熔物的组成及熔点

低共熔物组成（质量比）	熔点/℃
太安/间二硝基苯(20/80)	82.4
太安/2,4－二硝基甲苯(10/90)	67.3
太安/α－三硝基甲苯(13/87)	76.1
太安/特屈儿(30/70)	111.3
太安/硝化甘露醇(20/80)	101.3

续表

低共熔物组成(质量比)	熔点/℃
太安/二乙基二苯基脲(12/80)	68.0
太安/硝化甘油(1.5/98.5)	12.3(凝固点)
太安/三硝基间二甲苯/间二硝基苯(16/8.5/75.5)	79.8
太安/1,8-二硝苯萘/间二硝基苯(12.5/16.5/71)	69

二、热化学性质

太安在室温下比热容为1.09 J/(g·K),标准生成焓为-550 kJ/mol(定容),熔化焓约50 kJ/mol,燃烧焓为-8.2 MJ/kg,单晶升华焓约120 kJ/mol。

三、化学性质

1. 水解

水解是酯化的逆反应。太安在碱性或中性介质中,可通过取代反应而水解为季戊四醇及硝酸,也可通过消去反应而生成烯烃和硝酸(盐)或醛类和亚硝酸(盐)。见反应式(7.1)。

$$RCH_2CH_2ONO_2 + OH^- \longrightarrow RCH_2CH_2OH + NO_3^- \text{(取代)}$$
$$RCH_2CH_2ONO_2 + OH^- \longrightarrow RCH_2CH_2O^- + HNO_3 \text{(取代)}$$
$$RCH_2CH_2ONO_2 + OH^- \longrightarrow RCH{=}CH_2 + NO_3^- + H_2O \text{(消去)}$$
$$RCH_2CH_2ONO_2 + OH^- \longrightarrow RCH_2CHO + NO_2^- + H_2O \text{(消去)} \quad (7.1)$$

在酸性介质中,太安则可按单分子或双分子反应水解。见反应式(7.2)。

单分子反应

$$RONO_2 \xrightleftharpoons{H^+} RONO_2^+H \longrightarrow R^+ + HNO_3$$
$$R^+ + H_2O \longrightarrow ROH + H^+$$

双分子反应

$$RONO_2 \xrightleftharpoons{H^+} RONO_2^+H \xrightarrow{H_2O} ROH + HNO_3 \quad (7.2)$$

由于太安分子中的四个CH_2ONO_2均匀地分布于中心碳原子的周围而使它具有对称结构,故其化学安定性比其他硝酸酯较优,并被认为是现有的最稳定和反应活性最低的硝酸酯炸药。太安在纯水或稀硝酸中水解时,如温度低于100 ℃且加热时间不很长,太安只部分分解,产物为季戊四醇二硝酸酯和三硝酸酯。但太安在一定温度的稀碱水溶液中能完全水解生成季戊四醇。

2. 酯交换

酯交换指与醇、酸与其他酯作用而生成新酯的反应。例如太安中的ONO_2能被SO_3基团取代而生成硫酸酯。见反应式(7.3)。

$$RONO_2 + H_2SO_4 \rightleftharpoons ROSO_3H + HNO_3 \quad (7.3)$$

3. 还原

太安能被很多还原剂(H_2、$LiAlH_4$、$FeSO_4$、$FeCl_2$ 等)还原为醇及其他产物(NH_3 及 NO 等),其中有些反应是定量测定太安氮含量的基础。见反应式(7.4)。

$$RONO_2 + 4H_2 \longrightarrow ROH + NH_3 + 2H_2O$$
$$RONO_2 + 3Fe^{2+} + 3H^+ \longrightarrow RH + NO + 3Fe^{3+} + H_2O \quad (7.4)$$

太安与硫化钠在 50 ℃共热时,不易被分解;而在同样条件下,大多数硝酸酯则遭破坏。太安不与费林试剂作用,也不与芳香族硝基化合物生成加成物。

四、热安定性

太安的热安定性甚佳,精制后的产品在常温下放置时是安全的。太安在 80 ℃下可耐热数小时而无可觉察的分解;超过熔点(141 ℃)时,分解速度明显增加,并放出氮氧化物;175 ℃时,分解冒出黄烟;190 ℃时,激烈分解;202 ℃ ~ 205 ℃时,发生猛烈爆炸。

对太安进行真空热安定性试验,100 ℃ 48 h 时的放气量为 0.2 ~0.5 mL/g。将太安在不同温度下加热时(氮气氛),其失重量见图 7-2。

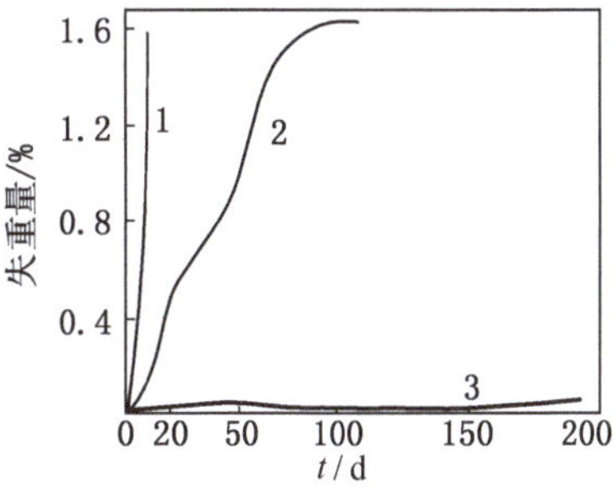

图 7-2　太安在不同温度下的失重量

1—383 K;2—373 K;3—353 K

五、爆炸性质

太安装药的爆速可达 8.6 km/s(装药密度 1.77 g/cm³时)。不同装药密度ρ_1(g/cm³)的太安爆速可用式 $D = 3.19 + 3.7(\rho_1 - 0.37)$(km/s)计算。

装药密度 1.76 g/cm³ 时,太安的爆压可达 34 GPa。太安的爆压可根据威尔金(Wilkin)状态方程或 BKW 状态方程计算,此类计算值与实测值十分相符。

对装药密度为 1.74 g/cm³的约束装药及未约束装药,以量热弹测得的太安爆热(水为液态)分别为 6.238 MJ/kg 及 6.28 MJ/kg,这与根据爆轰产物组成计得的爆热相当接近。以光谱法测得的爆温,单晶太安为 4 200 K,密度 1.67 g/cm³ 的太安聚集体为(3 400 ±400)K,但这些测定值不十分准确。

太安的做功能力,用弹道摆法测得的为梯恩梯的 145%,用铅壔法测得的铅壔扩孔值为 500 cm³,为梯恩梯的 173%或硝化甘油的 93%。

装药密度为 1.5 g/cm³时,太安的猛度为梯恩梯的 129%。药量 25 g 的太安铅柱压缩值为 14 ~16 mm。太安爆容为 758 L/kg。

太安是一种有效的水下炸药,其水下冲击波能量为喷托莱特的 1.15 倍。密度为 1.6 g/cm³及 0.7 g/cm³的太安,水下冲击波能量与爆热之比,分别为 0.77 及 0.47。就撞击感度而言,太安也许是现有固体炸药中最敏感的猛炸药。以 1.96 J/cm²的撞击能作用于太安时,爆炸概率为 50%(特屈儿所需能量为 9.3 J/cm²)。10 kg 落锤及 25 cm 落高时,太安的爆炸概率为 100%。12 型仪测得的特性落高 h_{50} 为 12 cm,12B 型仪测得的为

37 cm。将太安作为弹药的主装药时,必须先行钝感。

太安的摩擦感度为92%,5 s 延滞期爆发点为222 ℃~228 ℃。

对于单晶太安(均相系统),11.2 GPa的冲击可使其在0.3 μs内产生爆轰,压制太安药的冲击波引爆过程,当其压药密度甚高(如达晶体密度的90%或更高)时,与单晶太安近似。

采用铝、金、铜、铂制成的桥丝,以充电至2 kV的1 μF电容器使桥丝发火,即可引爆太安。

六、毒性和生理作用

太安对人体的作用,与其他硝酸酯类似,但其毒性较硝化甘油的低。由于太安在常温下的蒸气压极低,在水中溶解度也极小,故不致因吸入太安蒸气而中毒。吸入少量太安粉尘,也不致危及人体安全。

长期以来,太安被广泛用作血管舒张药,只有少数病例在长期使用后出现皮肤过敏反应。太安在人体及其他动物体内的新陈代谢结果,曾为很多学者所研究,但发现太安对生物体的唯一剧烈作用是血管扩张及其后遗症。

7.1.2 太安的用途

太安是目前为止最安定的硝酸酯炸药,也是最猛烈的炸药之一,其做功能力和猛度均略大于黑索今,特别是在水中爆炸时,其释放的能量很高。

自从黑索今在很多军用方面取代了太安以后,太安的用途曾仅限于制造雷管、导爆索及传爆药,但后来出现了多种含太安的特种炸药,如薄片炸药(用于金属成型、包覆及硬化)、低密度炸药、泡沫炸药、低爆压炸药、可模塑炸药、挠性炸药、浆状炸药、浇铸复合炸药等。此外,太安还用于以火花引爆的无起爆药雷管。由于感度上的原因,现在太安已很少作为军用炸药。

太安除单独使用外,还与梯恩梯、特屈儿、二硝基甲苯、硝酸铵及铝粉等制成各种混合炸药,其中最重要的是太安与梯恩梯的混合物——喷托莱特。

7.1.3 太安的制造工艺

一、太安的制造方法

制造太安的主要化学反应是反应式(7.5)所示的硝酸与季戊四醇的酯化反应。

$$HOCH_2-\underset{\underset{CH_2OH}{|}}{\overset{\overset{CH_2OH}{|}}{C}}-CH_2OH+4HNO_3 \longrightarrow O_2NOCH_2-\underset{\underset{CH_2ONO_2}{|}}{\overset{\overset{CH_2ONO_2}{|}}{C}}-CH_2ONO_2+4H_2O \tag{7.5}$$

由季戊四醇制备太安有下述四种方法。

(1) 硝酸-硫酸法。先将季戊四醇与硝酸反应,然后加入硫酸使太安析出。

（2）硝硫混酸法。用硝硫混酸硝化季戊四醇。

（3）硫酸 – 硝酸法。先将季戊四醇溶于硫酸，再加入浓硝酸制得太安。

（4）硝酸法。用浓硝酸直接硝化季戊四醇以制备太安。

现在工业上生产太安采用硝酸法，本书将对其进行重点介绍，其他方法简述如下。

1. 硝酸 – 硫酸法

将季戊四醇缓慢加至发烟硝酸中，于 25 ℃ ~30 ℃下反应。反应终了时，部分硝化物即从废酸中析出，此时往反应物中加入浓硫酸并冷却，产物即全部析出。静置 1 h 后，过滤，先用 50% 稀硫酸，后用水，最后再用稀碱液洗涤产物以驱除残酸。将所得粗太安溶于少量热丙酮，加少量碳酸铵，趁热过滤，滤液倾入 2 倍量的 90% 乙醇，即析出针状纯太安晶体。此法粗制得率 85% ~90%，精制得率 90%。产品最终得率只有 76% ~80%。

2. 硝硫混酸法

用硝硫混酸硝化醇以制取硝酸酯的方法本来是一种通用的方法，但用硝硫混酸硝化季戊四醇时，与用发烟硝酸硝化的反应机理可能不同，制得的太安不易纯感，安定性不好，所以对太安很少采用。

3. 硫酸 – 硝酸法

此法分两段制备太安，第一段将季戊四醇溶于硫酸以生成季戊四醇硫酸酯，第二段令此硫酸酯在 55 ℃ ~60 ℃与浓硝酸进行酯交换反应以生成太安。其反应见反应式(7.6)，工艺流程图见图 7 –3。

$$C(CH_2OH)_4 + xH_2SO_4 \rightleftharpoons C(CH_2OH)_{4-x}(CH_2OSO_3H)_x \xrightarrow[x-2,3,4]{4HNO_3} C(CH_2ONO_2)_4 \tag{7.6}$$

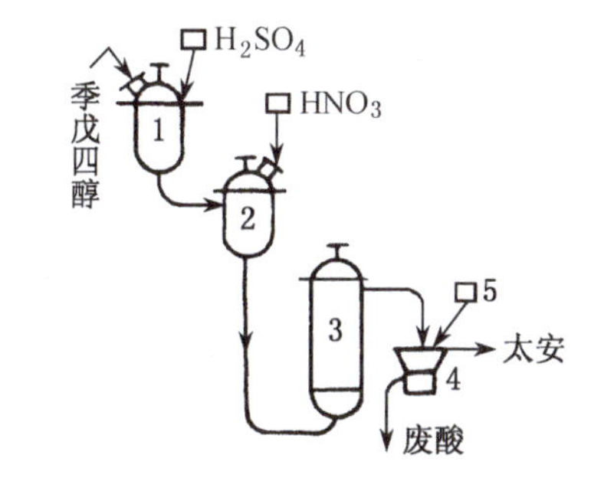

图 7 –3　硫酸 – 硝酸法制备太安流程图

1—硫酸溶解机；2—预混机；3—主反应器；4—过滤器；5—水槽

硫酸 – 硝酸法制备太安易于生成安定性不佳的季戊四醇硝硫酸混合酯，给太安的精制带来困难。

4. 硝酸法

此法工艺简便、成熟，产品得率及质量均佳，目前为工业上广泛采用，详细情况见下文。

二、硝酸法（直接硝化法）制造太安

1. 季戊四醇的硝化

(1)工艺流程。直接硝化法制造太安有间断工艺和连续工艺两种，现在多采用连续法。图 7 –4 及图 7 –5 所示为连续硝化法生产太安的两种工艺流程图，二者大同小异。

采用流程(Ⅰ)时，首先往 1 号硝化机中加入一定量的 98% ~99% 的浓硝酸，再加入 1/5 硝酸量的季戊四醇，加料时间约 40 min，加料温度为 15 ℃ ~20 ℃。随后开始连续硝

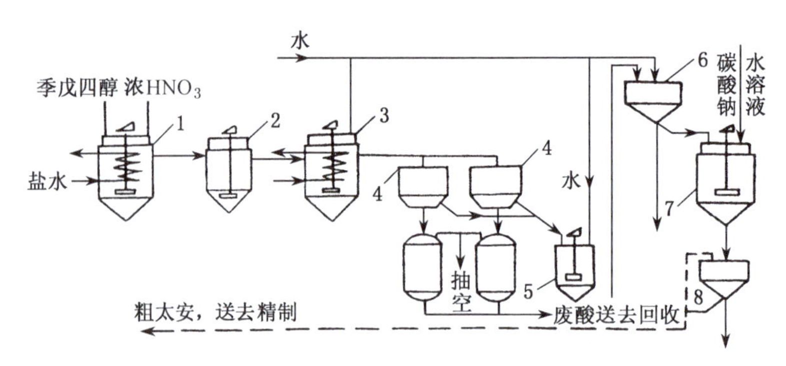

图 7-4　硝酸法连续硝化季戊四醇工艺流程图（Ⅰ）

1—1 号硝化器；2—2 号硝化器；3—稀释器；4—过滤器；5—洗涤器；6，8—过滤器；7—中和槽

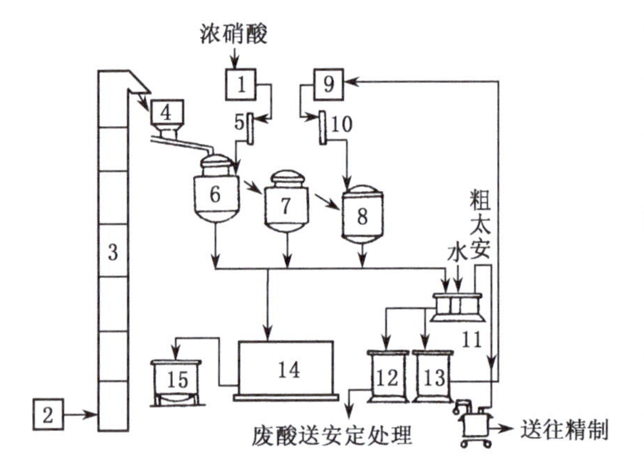

图 7-5　硝酸法连续硝化季戊四醇工艺流程图（Ⅱ）

1—浓硝酸高位槽；2—季戊四醇储桶；3—提升机；4—加料器；5—浓硝酸流量计；6—硝化机；7—成熟机；8—稀释机；9—酸水高位槽；10—酸水流量计；12—废酸接收槽；13—酸水接收槽；14—安全槽；11，15—过滤器

化，即按比例往 1 号硝化机连续加入浓硝酸及季戊四醇，而硝化液则溢流至 2 号硝化机，并在此被冷却至 10 ℃。此时硝化液的硝酸浓度为 80%，其中悬浮有太安晶体。此硝化液继续流入稀释器，并加水使硝酸浓度降至约 30%，温度保持在 15 ℃ ~ 20 ℃。过滤所得含酸太安，先用水洗，再送入中和槽，用 60 ℃的碳酸钠溶液[8 ~ 15 g/(100 mL)]洗涤，洗涤合格后，过滤（滤液呈碱性）。碱洗后的太安，用连续结晶法精制。

采用流程（Ⅱ）时，按比例往硝化机同时连续加入浓硝酸和季戊四醇，形成的硝化液流入成熟机硝化完全后，再流入稀释机，在此将硝化液硝酸浓度稀释至 48% ~56%，然后流入过滤器，经洗涤除酸后送去精制。

（2）硝化工艺条件的选定。

1）硝酸浓度。硝酸浓度应高于 80%，硝化反应才能完全，且硝酸浓度越高，越有利于提高硝化得率和产品质量。硝酸浓度为 60% ~80% 时，可导致剧烈的氧化分解反应；硝酸浓度低于 60% 时，不能生成太安。所以工业生产上采用浓度为 98% 以上的硝酸，且控制废酸中硝酸浓度为80% ~82%。

2）硝酸与季戊四醇用量比。对浓度 95% ~98% 的硝酸，用量比大于 5 时，产品得率与质量均良好；降至 4.2 时，硝化反应仍稳定，但产品得率与熔点显著降低；如低于 4，太安得率将小于 90%，产品显淡绿色。故生产中采用的投料比不低于 4.2，一般为 4.5 ~6，最常用者为 5。

3）硝化温度。提高硝化温度可使硝化速度加快，但亦加速氧化和水解副反应而使太安得率降低。在 10 ℃ ~20 ℃间硝化时，产品得率和质量均较佳；而在 0 ℃左右硝化时，产品得率最高，质量也较好，但此时需要采用较强的冷却。当季戊四醇的熔点达 250 ℃，硝酸浓度高于 97%，投料比为 6 时，如硝化温度为 18 ℃ ~20 ℃，太安得率为 97%，粗制太安熔点在 137 ℃以上。所以工业生产上一般选定硝化温度为 10 ℃ ~20 ℃，危险温度为 28 ℃，安全排料温度为 25 ℃。

4）硝酸中的氮氧化物。氮氧化物不仅加剧硝化时的氧化副反应，还会增加硝化的危险性。此外，氮氧化物也可硝化季戊四醇，生成硝酸及亚硝酸的混合酯，而严重影响太安成品的质量。因此，必须控制硝酸中氮氧化物的质量分数低于 0.3%。

5）季戊四醇中二季戊四醇含量。二季戊四醇在硝酸作用下生成二季戊四醇六硝酸酯，它影响太安的热安定性及爆炸性能，也降低太安的得率及熔点。但季戊四醇中如含有少量2% ~3%二季戊四醇，则可改善太安晶体的粒度及流散性，且对爆炸性能影响无几，故工业上生产的太安允许含 5%以下的二季戊四醇六硝酸酯，而所用原料季戊四醇的熔点控制在 240 ℃以上即可。

综上所述，生产太安的最佳工艺条件是：季戊四醇的熔点大于 240 ℃；硝酸浓度大于 98%，氮氧化物质量分数不超过 0.3%；硝酸与季戊四醇用量比为 5∶1；硝化机内硝酸浓度为 82% ~85%；硝化温度为 10 ℃ ~20 ℃。在此条件下，硝化得率可达 97%，粗太安熔点为 137 ℃ ~140 ℃。

2. 太安的精制

精制是为了除去太安中的残酸和杂质，提高太安纯度，并使结晶均匀和具有良好的流散性而便于装药。

太安精制有间断结晶工艺和连续结晶工艺两种，现在多采用连续法，其流程见图 7-6。精制时，往溶解机连续加入粗太安及浓度为 99% 的丙酮，于 55 ℃左右将太安溶解，并往溶解机中用空气或氮气带入氨气进行中和。所形成的中性太安丙酮溶液由溶解机流入三个串联的结晶机，同时，往机中加入稀丙酮和水，使丙酮浓度降到 30% ~50%，

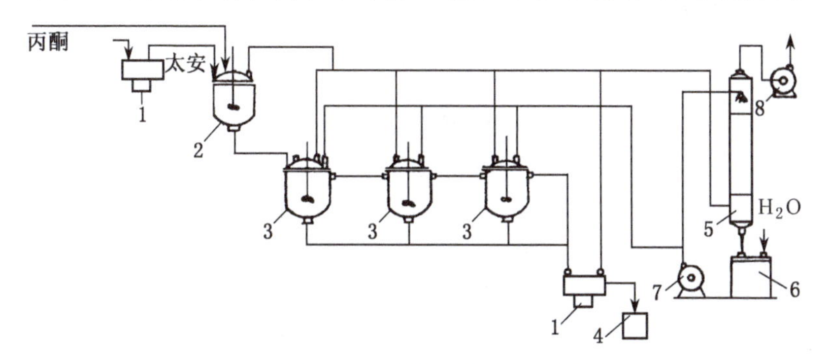

图 7-6　连续精制太安流程图

1—过滤器；2—溶解机；3—结晶机；4—太安包装桶；5—丙酮气体吸收塔；6—稀丙酮槽；7—稀丙酮泵；8—排风机

并缓慢降温使太安析出。第一结晶机的温度为 68 ℃左右，加入总水量的 40% ~50%；第二结晶机的温度为 58 ℃左右，也加入总水量的 40% ~50%；第三结晶机的温度为 32 ℃左右，加入总水量的 10% ~20%。精制后的太安则由最后一台结晶机送入过滤器，过滤出的太安用清水冲洗三次(水药比为(1 ~1.5):1)，抽干后，再送去干燥或钝感处理，或装入衬有塑料袋的桶中并加水作为成品运输。过滤出的母液可回收并循环使用。精制产品水质量分数应在 15% 以下，不含游离酸，熔点不低于 139 ℃，粒度应通过 5# ~10#水筛。

溶解机和结晶机所排出的丙酮蒸气，经冷凝后回收丙酮，冷凝器尾气则与过滤器排出的丙酮蒸气一同送往吸收塔，用水吸收成稀丙酮，再回收供循环使用。

3. 太安的钝化

太安的钝化是在钝感机中间断进行的。钝化剂用量为钝化太安的 4.5% ~6.0%，并应先加入熔蜡机中熔化。钝化时，按药水比为 1:(5 ~9)往钝感机内加水，将水温升至 75 ℃以上，加入粗制太安，再升温至 93 ℃ ~95 ℃，然后按皂片:钝化太安 =(0.2 ~0.3):100(质量比)加入皂片。这时钝感机内形成乳状液，太安得以充分悬浮在水中。将熔化好的钝感剂加入钝感机，钝感剂便高度分散在太安晶体表面上形成均匀的包覆层。钝感机的温度应控制在 93 ℃ ~95 ℃，并保持 20 ~60 min，然后令钝化物料缓慢降温至 40 ℃以下。将钝化好的太安水洗，抽干，使其水质量分数降至 12% 以下，再装袋，送往干燥。

如钝化太安的钝感剂含量低于或高于规定值，应往钝感机中补加钝感剂或补加精制太安。

7.2 硝化甘油

硝化甘油(NG)可用于制造猛炸药和火药。由于其机械感度过高，以它为基的炸药都是用在工程爆破上。但硝化甘油一直是发射药和推进剂不可缺少的重要组分。

硝化甘油是甘油的三硝酸酯，学名为 1,2,3 - 丙三醇三硝酸酯，分子式为 $C_3H_5N_3O_9$，相对分子质量 227.10，氧平衡 +3.52%。其化学结构式如下。

$$\begin{array}{l} CH_2ONO_2 \\ | \\ CHONO_2 \\ | \\ CH_2ONO_2 \end{array}$$

7.2.1 硝化甘油的性质

一、物理性质

纯品为无色油状液体，工业品略带黄色，味甜并稍带辛辣，实际上不吸湿。15 ℃及 25 ℃时的密度分别为 1.60 g/cm^3 及 1.59 g/cm^3。凝固时，体积缩小 10/121，固体硝化甘油的密度为1.735 g/cm^3。硝化甘油的折光率n_D^{15}为1.474,20 ℃、50 ℃及80 ℃的蒸气压分别为0.033 Pa、0.96 Pa及13.0 Pa,6.7 kPa下的沸点为180 ℃。

硝化甘油由液态转变为固态时,可形成两种晶型(Ⅰ和Ⅱ),Ⅰ为不稳定晶型,属斜方晶系;Ⅱ为稳定晶型,属三斜晶系。晶体只能由不稳定型转变为稳定型(Ⅰ→Ⅱ),而不能反转变,即所谓单向转变同素异构现象。两种晶型的凝固点和熔点为:

	凝固点/℃	熔点/℃
不稳定型(Ⅰ)	2.1	2.8
稳定型(Ⅱ)	13.2	13.5

形成过冷液体是硝化甘油的一个特点。少量硝化甘油即使长时间冷却也不易结晶;当用强冷却剂(温度达-60 ℃)冷却时,硝化甘油可凝固成玻璃状固体,而加温到其凝固点以下时,又恢复成黏稠液体。但大量硝化甘油比较容易结晶。

硝化甘油易溶于很多有机溶剂,且本身又能溶解许多有机物质。它能与下述有机物以任何比例互溶:甲醇、丙酮、乙醚、乙酸乙酯、乙酸戊酯、冰乙酸、苯、甲苯、二甲苯、酚、吡啶、氯仿、氯乙烯、溴乙烯、二氯乙烯、四氯乙烷、甲基硝酸酯、乙基硝酸酯、硝化乙二醇、二硝化甘油、1,3-丙二醇二硝酸酯、二硝基氯醇、乙酰基二硝基甘油、四硝基二甘油、硝基苯、硝基甲苯、液态二硝基甲苯。

但有些氯代烃对硝化甘油的溶解则有限,如100份三氯乙烯只能溶解20份硝化甘油,100 mL四氯化碳只能溶解2 mL硝化甘油。

硝化甘油在水、硫酸、硝酸、硝硫混酸及乙醇中的溶解度见表7-4及表7-5。

表7-4　硝化甘油在水、硫酸及硝酸中的溶解度

溶　剂	温度/℃	溶解度/[g·(100 g溶剂)$^{-1}$]
水	15	0.16
	20	0.18
	50	0.25
98%硫酸	20	26
70%~80%硫酸	20	7.5
发烟硝酸	25	以任何比例互溶
浓硝酸(68%)	20	8
硝硫混酸组成/% HNO_3 H_2SO_4 H_2O		
24　50　26	20	13.5①
13　75　12	20	2.5①
38　20　42	20	1.6①

① 溶解度单位为g·(100 g溶液)$^{-1}$。

表 7-5　硝化甘油在乙醇中的溶解度

温度/℃	乙醇体积分数/%	溶解度/[g·(100 mL 溶剂)$^{-1}$]
0	100	30.0
20	100	43.0
20	96	31.6
20	50	1.8
20	25	0.7
50	96	任意比例互溶

硝化甘油溶于浓硫酸时，可脱除一定的硝酰氧基而生成低级硝酸酯（一硝酸酯、二硝酸酯），甚至转变为硝硫混合酯或硫酸酯。溶解在硝酸中的硝化甘油是极不稳定的，短时间内会因氧化而发生急剧分解。当硝硫混酸中 $m(H_2O):m(HNO_3)=1:1$，而硫酸质量分数为 60% 以下时，硝化甘油在其中易于发生不可控制的反应而造成危险。

冷的浓盐酸不能溶解硝化甘油，加热时能使硝化甘油分解而产生亚硝酰氯。

在冷的氢氧化钠、氢氧化钾、氢氧化铵等的水溶液中，硝化甘油几乎是不溶的，但加热后会逐渐溶解，并伴随皂化。

丙醇、异丙醇、戊醇等对硝化甘油的溶解特性与乙醇的类似。

硝化甘油能溶解某些有机物而形成胶化物质（如溶解一定量的硝基甲苯、胶棉制成胶质炸药）或形成低共熔物，表 7-6 列有含硝化甘油的低熔共熔物组成和凝固点。

表 7-6　硝化甘油低熔共熔物的组成及凝固点

第二组分	稳定晶型硝化甘油		不稳定晶型硝化甘油	
	硝化甘油质量分数/%	凝固点/℃	硝化甘油质量分数/%	凝固点/℃
硝基苯	45.5	-15.2	57.5	-22.9
间二硝基苯	82.5	5.0	88.0	-5.4
2,4-二硝基甲苯	72.7	6.1	89.0	-4.1
梯恩梯	82.9	6.3	90.0	-4.0
特屈儿	90.0	9.8	94.0	-0.6
黑索今	99.5	12.3	99.7	1.2
硝化乙二醇	20	-30	40	-40
太安	98.5	12.3	98.9	1.3

硝化甘油也可溶解某些无机酸。根据废酸中的硝酸含量,硝化甘油能溶解的硝酸质量分数为6% ~9%;而溶解的硫酸却仅约0.3%左右。

二、热化学性质

硝化甘油的比热容为1.49 J/(g·K)(液体)或1.32 J/(g·K)(稳定晶型),标准生成焓为 -1.633 MJ/kg(-0.371 MJ/mol),100 ℃下的蒸发焓约为380 kJ/kg,相变焓为 -21.8 kJ/kg(液相→不稳定晶型)或 -139.0 kJ/kg(液相→稳定晶型)或 -117.2 kJ/kg(不稳定晶型→稳定晶型),燃烧焓 -6.77 MJ/kg。

三、化学性质

1. 与酸碱的作用

硝化甘油在浓硫酸中可进行酯交换反应生成混合酯及硫酸酯。见反应式(7.7)。

$$C_3H_5(ONO_2)_3 + H_2SO_4 \rightleftharpoons C_3H_5(ONO_2)_2(OSO_3H) + HNO_3$$

$$C_3H_5(ONO_2)_2(OSO_3H) + H_2SO_4 \rightleftharpoons C_3H_5(ONO_2)(OSO_3H)_2 + HNO_3$$

$$C_3H_5(ONO_2)(OSO_3H)_2 + H_2SO_4 \rightleftharpoons C_3H_5(OSO_3H)_3 + HNO_3 \tag{7.7}$$

氢碘酸可以分解硝化甘油为甘油和氧化氮。

硝化甘油在氢氧化钾或氢氧化钠水或酒精溶液中加热时被破坏,发生水解、氧化还原和其他化学反应,生成有机酸盐、无机硝酸盐、亚硝酸盐,还有草酸和氨等。

硝化甘油在碱的水溶液中一般不能生成皂化产物甘油;但在苯硫醇存在下,氢氧化钠可皂化硝化甘油为甘油,而苯硫醇则转化成二苯硫醚。

2. 还原性

在锡和盐酸作用下,硝化甘油可被还原为氨并释出甘油。在氯化亚铁和盐酸作用下,也可被还原并生成一氧化氮。见反应式(7.8)。

$$C_3H_5(ONO_2)_3 + 5FeCl_2 + 5HCl \longrightarrow CH_3COOH + HCOOH + 5FeCl_3 + 2H_2O + 3NO \tag{7.8}$$

四、热安定性

硝化甘油本身在常温下相当安定,存放几十年仍保持良好的性能,仍能作为炸药使用。硝化甘油的不安定性,主要是其中含有的杂质(特别是酸、水)所引起的。因为硝化甘油的高温热分解是自催化性质,少量水分和氮氧化物能促使分解加速,特别是水分的影响更大。不含水的硝化甘油在100 ℃加热40 h才开始有自催化分解现象,当水质量分数为0.01%时,自催化分解诱导时间缩短到30 h;水质量分数为1.5%时,诱导时间就缩短到2 h。工业硝化甘油82.1 ℃的碘化钾试验变色时间为10 min,100 ℃下加热6 h放出的气体量为11 mL/g。110 ℃加热2.0 g硝化甘油,经1 h、2 h及3 h后,其水萃取液的pH分别为3.05、2.77及2.57。硝化甘油在135 ℃下被加热时,分解明显,165 ℃ ~180 ℃时分解猛烈,可导致发火爆炸。

硝化甘油的热分解主要包括反应式(7.9) ~式(7.11)所述三个基本反应。

$$R-\underset{H}{\overset{H}{C}}-O\boxed{H+O}\longrightarrow R-C\begin{matrix}H\\O\end{matrix}+H_2O \qquad (7.9)$$

$$R-\underset{H}{\overset{H}{C}}-O\boxed{NO_2+O}\longrightarrow R-C\begin{matrix}H\\O\end{matrix}+HNO_3 \qquad (7.10)$$

$$R-\underset{H}{\overset{H}{C}}-ONO_2+NO^++H_2O\rightleftharpoons R-\underset{H}{\overset{H}{C}}-ONO+H_2NO_3^+ \qquad (7.11)$$

在常温下的酸性介质中,反应式(7.9)是主要的;当温度较高时,$O-NO_2$ 键易断裂,此时反应式(7.10)是主要的;当系统中存在亚硝酰离子时,则存在反应式(7.11)所示的平衡。此时如硝酸量增加,反应向左进行,硝化甘油的安定性提高;如亚硝酸量增加,则反应向右进行,硝化甘油安定性下降。因为反应式(7.11)右方的亚硝酸酯在酸中是很不稳定的,它会以很快的速度被氧化分解。见反应式(7.12)。

$$R-\underset{H}{\overset{H}{C}}-O\boxed{NO+O}\rightleftharpoons R-C\begin{matrix}H\\O\end{matrix}+HNO_2 \qquad (7.12)$$

硝化甘油的废酸对硝化甘油的安定性有很大影响。当废酸中水与硫酸的物质的量比小于1时,硝化甘油不易局部水解;当此值大于1时,羟基可取代硝化甘油中的部分硝酰氧而生成二硝化甘油。见反应式(7.13)。

$$C_3H_5(ONO_2)_3+H_2O\rightleftharpoons C_3H_5(ONO_2)_2OH+HNO_3 \qquad (7.13)$$

在酸性介质中,由于二硝化甘油带有羟基,易于按反应式(7.9)氧化分解。

在废酸这一酸介质中,硝酸酯首先进行水解。见反应式(7.14)。

$$RONO_2+H^+\rightleftharpoons RONO_2H^+$$

$$RONO_2H^+\rightleftharpoons ROH+NO_2{}^+$$

$$NO_2{}^+\ 2H_2O\rightleftharpoons HNO_3+H_3O^+ \qquad (7.14)$$

水解产生的醇可被硝酸氧化,同时生成亚硝酸。见反应式(7.15)。

$$RCH_2OH+HNO_3\longrightarrow RCHO+H_2O+HNO_2 \qquad (7.15)$$

亚硝酸一旦产生,就会引起下述一系列急剧分解反应,生成醛、羧酸、二氧化碳和氮氧化物等产物。见反应式(7.16)。

$$HNO_2+HNO_3\rightleftharpoons N_2O_4+H_2O$$

$$N_2O_4 \rightleftharpoons 2\dot{N}O_2$$

$$RCH_2OH + \dot{N}O_2 \longrightarrow R - \dot{C}HOH + HNO_2$$

$$R{-}\dot{C}HOH + HNO_3 \longrightarrow RCHO + H_2O + \dot{N}O_2$$

$$RCHO \xrightarrow[HNO_2]{H^+} RCOOH \xrightarrow[HNO_2]{H^+} H_2O + CO_2 + N_2O \tag{7.16}$$

由上述急剧反应释放出的大量气体和反应热，最终可能导致爆炸。抑制的方法是加入脲以中和亚硝酸，或增加废酸中的硫酸浓度，使亚硝酸转化成亚硝酰硫酸。还可通过增大废酸中的硝酸浓度来提高废酸中硝酸酯的安定性，因为这可在一定程度上抑制水解反应。

在 150 ℃ ~ 250 ℃，硝化甘油分解的表观活化能为 60 ~ 200 kJ/mol，指前因子约为 $10^{20}s^{-1}$。

五、爆炸性能

硝化甘油的爆速随其物理状态及起爆强度不同而有很大波动。在弱起爆能力下，液态硝化甘油爆速为 1.0 ~ 2.0 km/s。大直径固态硝化甘油装药用强起爆力起爆时，爆速可达9.0 km/s。装于直径 3.2 cm 钢管内密度为 1.60 g/cm^3 的液态硝化甘油，爆速为 7.70 km/s。硝化甘油的爆热为 6.77 MJ/kg（液态水）或 6.31 MJ/kg（气态水），爆容为 715 L/kg，做功能力为 520 cm^3（铅铸扩孔值）或 140%（梯恩梯当量值），猛度13.0 mm（铜柱压缩值），摩擦感度 100%，爆发点 220 ℃（5 s）。硝化甘油的撞击感度极高，对液态硝化甘油，2 kg 落锤、10 次试验中至少有一次爆炸的最小落高为 15 cm。值得指出的是，硝化甘油的机械感度与其物理状态密切相关，液态下其值远高于固态的，而稳定型晶体又稍高于不稳定型晶体。表 7 - 7 中列有不同状态硝化甘油的撞击感度。

表 7 - 7　硝化甘油的撞击感度

硝化甘油的状态	撞击能/($kg \cdot m \cdot cm^{-2}$)	
	10% 爆炸	50% 爆炸
液态	0.08	0.11
稳定晶型	0.51	0.65
不稳定晶型	0.63	0.78

必须注意，液态与固态硝化甘油混合物的撞击感度比单纯液态的高，冻结硝化甘油开始熔化时（即半冻状态）的撞击感度更高，这可能是坚硬的晶体在十分敏感的液态硝化甘油中互相摩擦所致。

六、生理和毒性作用

硝化甘油的效应在于扩张血管和降低血压。对硝化甘油作用的敏感程度，在很大程度上因人而异。硝化甘油中毒的主要症状为严重头痛。对硝化甘油的适应性在工作几天后就可以形成。硝化甘油并不产生慢性中毒症状。当偶然硝化甘油中毒时,观察到的症状有头疼、呕吐、皮肤发青、视觉错乱、四肢浮肿及瘫痪等,很少报道有致命的中毒。

7.2.2 硝化甘油的用途

硝化甘油是粉状硝化甘油炸药、爆胶及胶质炸药的重要组分,这几类炸药仍用于工程爆破或采矿爆破中。为了防止炸药在低温结冻,往往在硝化甘油中加入硝化乙二醇、硝化二乙二醇、四硝化二甘油或某些硝基芳烃,以降低硝化甘油凝固点,制成耐冻硝化甘油炸药。

硝化甘油主要用于火药领域。它与硝化纤维素制成双基发射药,与硝化纤维素和硝基胍制成三基火药,更是各类近、中、远程导弹用固体推进剂不可缺少的组分。

7.2.3 硝化甘油的制造工艺

目前工业上采用硝硫混酸将甘油酯化以制得硝化甘油。见反应式(7.17)。

$$C_3H_5(OH)_3 + 3HNO_3 \longrightarrow C_3H_5(ONO_2)_3 + 3H_2O \tag{7.17}$$

一、制造方法概述

100 多年来,硝化甘油的制造方法有很多变迁和发展,但制造的基本物理化学过程仍然一样,包括以下几个步骤。

① 混酸配制。它与制造一般炸药所用的硝硫混酸的配制方法相同。② 硝化。硝硫混酸与甘油反应生成甘油的三硝酸酯。③ 分离。甘油的硝化是在强烈搅拌下进行的,反应完成后的物料是硝化甘油分散在硝化废酸中的非均相乳浊液,分离操作是将相对纯的硝化甘油相从废酸相中分离出来。④ 洗涤。分离出的硝化甘油是含酸的(约百分之几,大部分为硝酸,也含少量硫酸),必须用水洗,通常还辅以碱洗,以除去残酸。⑤ 除水。此步骤是将洗涤后的硝化甘油与洗涤废水分离,以尽可能降低成品中水含量而利于提高产品的安定性。⑥ 回收废水中的硝化甘油。硝化甘油洗涤水中含约 2% 的硝化甘油,在废水排除过程中有可能沉积积累,造成事故,所以必须将废水中的硝化甘油分离除去后才能排放。⑦ 后分离。由分离工序分离出来的废酸,还可继续进行缓慢的硝化,并生成少量硝化甘油;同时,废酸经过冷却、静置,被废酸带出的硝化甘油又会析出。将这些从废酸中析出的硝化甘油分离回收,称为后分离。此步骤对废酸处理的安全以及提高硝化甘油得率都是必要的(间断法制造硝化甘油时,从后分离回收的硝化甘油可达总量的 2% 左右)。

硝化甘油制造工艺的发展,可以分为下面几个阶段,即:① 间断法,以纳唐 - 汤姆生(Nathan-Themson)法为代表;② 连续法,以施密德(Sehmid)法和拜亚兹(Biazzi)法为代表;③ 尼尔逊-布仑伯格(Nilssen-Brunnberg)喷射硝化法;④ 海克力斯(Hercules)管道硝化法。下面介绍喷射硝化及管道硝化法。

二、Nilssen-Brunnberg 喷射硝化法

1950 年,Nilssen 和 Brunnberg 发展了一种连续制造硝化甘油的方法,即所谓 N. A. B

喷射硝化法。此法采用一个流体喷射器作为硝化器，加压混酸，使其从喷射器管口进入，高速通过喷嘴，产生的减压将甘油吸入，混酸与甘油在喷射器内呈湍流混合，进行硝化。喷射硝化法制备硝化甘油的流程见图 7－7。

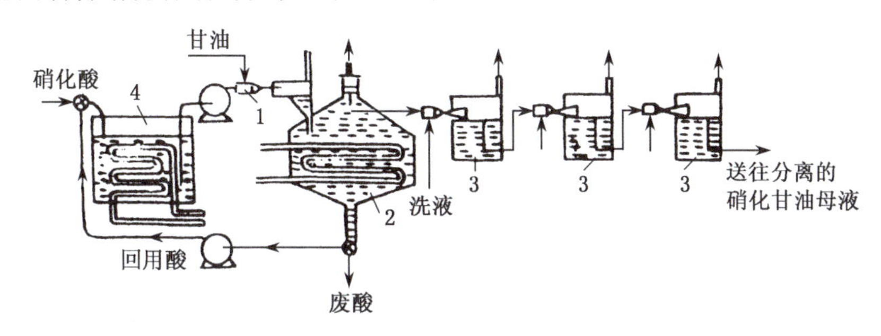

图 7－7 喷射法制造硝化甘油工艺流程图

1—喷射器；2—冷却分离器；3—洗涤装置；4—硝化酸混合及冷却设备

喷射硝化法除了硝化用喷射器外，其他装置视具体情况而有所不同。如加压硝化酸可以用泵，也可用压缩空气；还可将喷射硝化器流出的硝化液先行冷却，再用高速离心机进行油相和酸相的分离等。

喷射硝化最重要的工艺参数是硝化温度，它一般为 45 ℃ ~50 ℃，即比其他制造硝化甘油的工艺的硝化温度高得多。因硝化液在喷射器中停留的时间十分短暂，高温有利于反应快速完成。硝化液从喷射器流出后立即冷却到 15 ℃，再送往分离器分离。新混酸与回用废酸混合成的硝化酸，其硝酸质量分数为 13% ~16%，硫酸质量分数为 73% ~76%，水质量分数为 10% ~12%。硝化酸和甘油在喷射器中有确定的料比，料比变化可以立刻导致硝化器内混合温度的变化，这可反映操作是否正常。

以喷射硝化法生产硝化甘油的原材料用量（以 1 t 硝化甘油计）及产品得率为：硝化酸 5 000 kg/h，甘油 440 kg/h；得率 93% ~94%。

三、Hercules 管道硝化法

此法采用管道反应器进行甘油的硝化，其工艺流程简示于图 7－8。

硝化时，硝化酸经泵送入酸冷却器，再进入 T 形管；甘油也用泵从与酸相对的方向送入 T 形管。硝化酸和甘油一进入 T 形管，即开始反应，再由 T 形管流经管道硝化器以完成硝化，然后经冷却器送去分离以及后处理。此硝化系统装有一快开旁路阀门，当发生紧急事故时，甘油进入 T 形管的通路立即关闭，同时打开旁路，使甘油返回甘油槽。

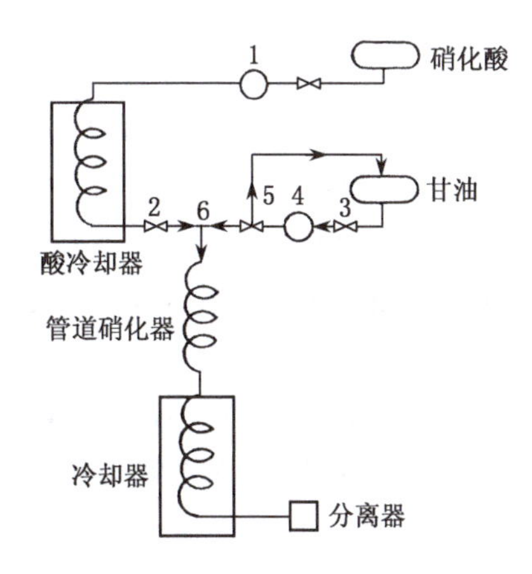

图 7－8 Hercules 管道硝化流程图

1—硝化酸泵；2，3，5—活门；4—甘油泵；6—T 形混合管管道硝化法所用硝化酸各组成的质量分数是：HNO_3 18% ~ 40%，H_2SO_4 45% ~ 70%，H_2O 11% ~ 17%，硝化酸与甘油的料比为 10 ~ 12。管道硝化法的硝化管道不进行冷却，硝化温度通过混酸预冷和调节甘油与硝化酸配比来控制。

7.3 其他硝酸酯炸药

7.3.1 硝化乙二醇

硝化乙二醇（EGDN，GDN）的学名是乙二醇二硝酸酯，结构式为 $O_2NOCH_2CH_2ONO_2$，分子式 $C_2H_4N_2O_6$，相对分子质量 152.01，氧平衡 0.0%。

硝化乙二醇为无色或淡黄色油状液体，黏度 4.2 mPa·s(20 ℃)，折射率 n_D^{25}1.445 2，熔点 -20 ℃，密度 1.481 7 g/cm^3(25 ℃)。基本上不吸湿，微溶于水，20 ℃及 50 ℃在水中的溶解度分别为 0.62 g/(100 mL)及 0.92 g/(100 mL)，但它在有机溶剂中的溶解性与硝化甘油相似。20 ℃及 80 ℃下的蒸气压分别为 5 Pa 和 180 Pa，沸点 198 ℃或 125 ℃(6.6 kPa)或 70 ℃(0.25 kPa)。标准生成焓 -1.60 MJ/kg，燃烧焓 -7.40 MJ/kg。75 ℃下加热 11 d 未发现分解。爆速可达 7.30 km/s(密度1.49 g/cm^3)，爆热为6.80 MJ/kg，爆容 740 L/kg，做功能力 620 cm^3(铅垮扩孔值)，爆发点 260 ℃(5 s)，撞击感度低于硝化甘油。

硝化乙二醇由乙二醇用硝硫混酸硝化制得，所用的设备和制造工艺与硝化甘油的相同。工业上也硝化 50/50 甘油/乙二醇的混合物，其硝化产物适用于难耐代那迈特。

硝化乙二醇对硝化棉的胶化能力高于硝化甘油的，在室温下很快与硝化棉形成胶体。已大量与硝化甘油用于制造难耐代那迈特。其因挥发性大，不宜用于火药。

7.3.2 硝化二乙二醇

硝化二乙二醇（DNDG，DEGDN，DGDN，DEGN）学名是一缩二乙二醇二硝酸酯，也称二乙二醇二硝酸酯。结构式为 $ON_2OCH_2CH_2OCH_2CH_2ONO_2$，分子式 $C_4H_8N_2O_7$，相对分子质量 196.12，氧平衡 -40.79%。

DNDG 为无色或淡黄色油状液体，黏度 8.1 mPa·s(20 ℃)，折射率 n_D^{20}1.451 7，密度 1.385 g/cm^3(25 ℃)，熔点 2 ℃(稳定型)及 -10.9 ℃(不稳定型)，不溶于乙醚、乙醇及丙酮，微溶于水(25 ℃及 50 ℃下的溶解度分别为 0.40 g/(100 mL)及0.46 g/(100 mL))，20 ℃及 60 ℃下的蒸气压分别为 0.48 Pa 及 17.3 Pa，沸点 160 ℃(分解)。标准生成焓 -2.21 MJ/kg，燃烧焓 -11.69 MJ/kg。100 ℃第一个 48 h 失重4.0%。爆热约 4.8 MJ/kg，爆速可达 6.80 km/s(密度 1.380 g/cm^3)，做功能力 410 cm^3(铅垮扩孔值)，爆容约 1 000 L/kg，爆发点 240 ℃(5 s)。

将二乙二醇用硝硫混酸（50% HNO_3、45% H_2SO_4 及 5% H_2O）硝化制得，工艺过程与硝化甘油生产相似。用作发射药和推进剂组分。

7.3.3 硝化三乙二醇

硝化三乙二醇（TEGDN）的学名是二缩三乙二醇二硝酸酯，又称三甘醇二硝酸酯，俗称太根。结构式为 $O_2NOCH_2CH_2OCH_2CH_2OCH_2CH_2ONO_2$，分子式 $C_6H_{12}N_2O_8$，相对分子质量 240.18，氧平衡 -66.62%。

硝化三乙二醇为淡黄色油状液体，黏度 13.2 mPa·s（20 ℃），折射率 n_D^{20}1.454 0，密度1.355 g/cm^3（20 ℃），熔点 -19 ℃，凝固点 -40 ℃。溶于乙醚、乙醇及丙酮，微溶于水，25 ℃下的蒸气压小于 0.14 Pa。标准生成焓 -2.53 MJ/kg，燃烧焓 -14.4 MJ/kg。爆热约 3.20 MJ/kg，爆容 850 L/kg，做功能力 320 cm^3（铅𫷷扩孔值），爆发点 223 ℃（5 s）。

以硝硫混酸硝化二缩三乙二醇制得。用作双基发射药和固体推进剂组分，特别适用于低热值双基药。

7.3.4 1,2,4 - 丁三醇三硝酸酯

1,2,4 - 丁三醇三硝酸酯（BTTN）的分子式 $C_4H_7N_3O_9$，相对分子质量 241.13，氧平衡 -16.58%。结构式如下：

```
          ONO2
           |
CH2CH2CHCH2
 |          |
ONO2       ONO2
```

1,2,4 - 丁三醇三硝酸酯为淡黄色液体，黏度 59 mPa·s（25 ℃），折射率 n_D^{20}1.473 8，密度 1.520 g/cm^3（25 ℃），熔点 -27 ℃，凝固点 -40 ℃，溶于乙醚、乙醇及丙酮，微溶于水，38 ℃及 95% 相对湿度下 24 h 的吸湿量为 0.14%。标准生成焓 -1.69 MJ/kg，燃烧焓 -9.08 MJ/kg。爆热 5.94 MJ/kg，爆容 840 L/kg，爆发点 230 ℃（5 s），最小起爆药量 0.20 g（叠氮化铅）。

用硝硫混酸硝化 1,2,4 - 丁三醇制得。用作硝化纤维素的含能增塑剂，特别适用于热带地区用双基药。丁三醇三硝酸酯作增塑剂对于防止推进剂发生脆变非常有效，由它增塑的推进剂比其他硝酸酯增塑的推进剂具有更好的低温力学性能，在低温下仍具有较大的延伸率，在低温储存后延伸率下降较少，且能经受高低温循环试验的考验。由丁三醇三硝酸酯与二乙二醇二硝酸酯或与三乙二醇二硝酸酯组成的推进剂的低温力学性能较由三羟甲基乙烷三硝酸酯与二乙二醇二硝酸酯增塑的推进剂要好得多。所以，从推进剂能量和低温力学性能考虑，硝酸酯聚醚增塑的推进剂（NEPE）常采用 50/50 的硝化甘油/丁三醇三硝酸酯混合增塑剂。

7.3.5 三羟甲基乙烷三硝酸酯

三羟甲基乙烷三硝酸酯(TMETN),学名为2-羟甲基-2-甲基-1,3-丙二醇三硝酸酯,又称甲基异丁三醇三硝酸酯或异戊三醇三硝酸酯,俗称硝化戊甘油。结构式为$CH_3C(CH_2ONO_2)_3$,分子式$C_5H_9N_3O_9$,相对分子质量255.17,氧平衡-34.49%。

TMETN为微黄色透明油状黏稠液体,折射率n_D^{25}1.475 2,熔点-3 ℃(稳定型)及-17 ℃(不稳定型),凝固点-15 ℃以下,密度1.470 g/cm³(25 ℃),沸点182 ℃(分解)。微溶于水,能溶于乙醚、丙酮、氯乙烯等,与多种硝酸酯混溶。标准生成焓为-408 kJ/mol,燃烧焓约-10 MJ/kg。100 ℃第一个48 h失重2.5%。爆热5.27 MJ/kg,爆发点235 ℃(5 s)。

由异戊三醇用硝硫混酸酯化制得,用作火药的含能增塑剂。

7.3.6 硝基异丁基甘油三硝酸酯

硝基异丁基甘油三硝酸酯(NIBTN),学名为2-羟甲基-2-硝基-1,3-丙二醇三硝酸酯,又称三羟甲基硝基甲烷三硝酸酯或硝基异丁三醇三硝酸酯,也称NIB-甘油三硝酸酯。分子式$C_4H_6N_4O_{11}$,相对分子质量286.11,氧平衡0%。结构式如下:

$$
\begin{array}{c}
\qquad CH_2ONO_2 \\
\qquad | \\
O_2N - C - CH_2ONO_2 \\
\qquad | \\
\qquad CH_2ONO_2
\end{array}
$$

NIBTN为淡黄色油状液体,密度1.610 g/cm³(25 ℃),凝固点-31 ℃。不溶于水、二硫化碳和石油醚,溶于甲醇、乙醇、醋酸、丙酮、乙醚、苯、三氯甲烷等。标准生成焓-226 kJ/mol。72 ℃碘化钾试验的变色时间为20 min。爆速7.86 km/s(密度1.60 g/cm³),爆热7.00 MJ/kg,猛度12.3 mm(铜柱压缩值),爆发点257 ℃(5 s)。

由硝基异丁基甘油与硫酸反应生成硫酸酯,后者再用硝酸处理制得NIBTN。用于代替硝化甘油制造胶质炸药和发射药。

7.3.7 硝化棉

硝化棉(NC)也称硝化纤维素,学名为纤维素硝酸酯,实际上是不同酯化程度(不同氮含量)的纤维素硝酸酯的混合物,可分为弱棉(氮质量分数11.20%~12.20%)、仲棉(皮罗棉)(氮质量分数12.50%~12.70%)、强棉(氮质量分数13.10%~13.50%)、混棉(氮质量分数12.60%~13.25%,是强棉与仲棉的混合物)及高氮硝化纤维素(氮质量分数13.75%~14.14%)等多种,其分子式可表示为$[C_6H_{10-x}O_5(NO_2)_x]_n$或$[C_6H_7O_2(ONO_2)_x(OH)_{3-x}]_n$,结构式如下:

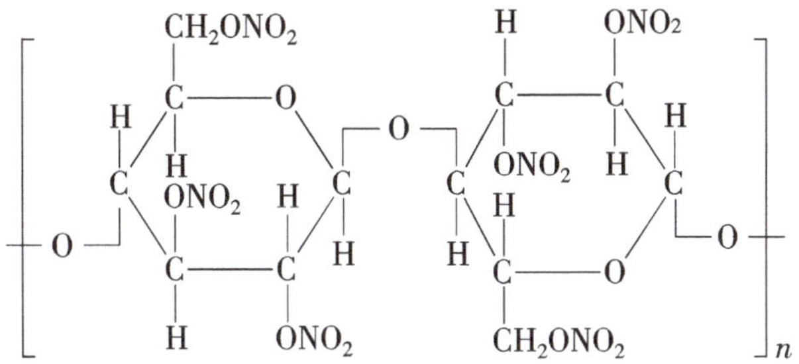

上述 NC 分子式中的 x 为酯化度，n 为聚合度，相对分子质量（以一个纤维素结构单元计）可根据含氮量由下式计算：162.1＋（氮质量分数(%)/14.4）×135。由此式算得的三种硝化棉的相对分子质量分别为$(280.23)_n$（仲棉，氮质量分数 12.6%）、$(288.20)_n$（强棉，氮质量分数13.45%）及$(294.66)_n$（高氮棉，氮质量分数 14.14%）。三者相应的氧平衡分别为 −35%、−29%及 −24%。

硝化棉的很多性质都与其氮质量分数有关，下面介绍的是氮含量为 13.45%的强棉的一些性能指标。其为白色粉末，熔点时分解，密度 1.66 g/cm^3。不溶于水、乙醚及乙醇，稍溶于乙醚/乙醇（2/1）混合溶剂，溶于丙酮。标准生成焓为 −2.45 MJ/kg，燃烧焓 −9.68 MJ/kg。100 ℃ 第一个 48 h 失重 0.3%，120 ℃ 48 h 放气量为 11 cm^3/g（真空安定性试验）。爆速 6.30 km/s（密度 1.30 g/cm^3），爆热 4.0 MJ/kg，爆容 880 L/kg，做功能力 420 cm^3（铅垆扩孔值）或 125%（弹道臼炮法的梯恩梯当量），爆发点 230 ℃（5 s），起爆感度0.10 g（叠氮化铅）。用硝硫混酸酯化短棉绒制得。

硝化棉主要用于火药，在炸药中的用途是次要的。含氮量 12.4% ~13.5%的硝化棉用于推进剂和炸药，氮质量分数 11.8% ~12.3%的硝化棉用于胶质炸药（60 ℃下于 5 min 内能被硝化甘油完全胶化）。

NC 和 NG 奠定了现代发射药及推进剂的基础。含氮 12.1% ~12.3%的 NC，溶于醚/醇（2/1）混合溶剂，它能用于溶剂型推进剂（发射药），也能用于非溶剂型推进剂（火箭推进剂）。对溶剂型推进剂，NC 的黏度应高。含氮 12.95% ~13.25%的 NC 也称枪棉，它在醚/醇系统中溶解度较低，主要用于发射药，即溶剂型推进剂，枪棉也曾有一定量用于鱼雷装药、潜艇水雷装药和爆破装药，但这些用途现已基本上被 TNT 取代。含氮量为 12.5% ~12.7%的 NC 称为皮罗棉，皮罗棉也用于发射药。

NC（干态时）的安全性及钝感性与其含氮量成反比，即氮含量越高，越不稳定，也越敏感；相反，氮含量较低，则相当安定，对撞击和摩擦的感度也低。当氮含量高于 12.8%后，NC 的安全性和钝感性迅速下降。

随着当代聚合物化学的发展，人们已进行过很多努力来合成硝基的聚合物以替代 NC，下面讨论的聚乙烯醇硝酸酯（PVN）即为一例。

7.3.8　硝化淀粉

硝化淀粉是一种聚糖的硝酸酯，分子式可表示为$[C_6H_7O_2(ONO_2)_3]_n$，结构单元的相对分子质量为297.15，氧平衡 -24.23%。

硝化淀粉的很多性质与硝化纤维素的类似，它为白色或淡黄色粉末，密度1.6 g/cm^3，能吸收1%～2%的水分。硝化淀粉不溶于水及乙醇，但它的溶解度比硝化纤维素的高，氮质量分数为10.0%～11.5%的产品可完全溶于醇－醚溶剂及丙酮，氮含量高于或低于上述范围者则不能完全溶解。爆速4.97 km/s(密度1.1 g/cm^3)，做功能力356 cm^3(铅�斗扩孔值)，撞击感度高于梯恩梯，低于干燥的硝化纤维素，爆燃点183 ℃。用发烟硝酸、硝硫混酸或硝酸－磷酸混合物酯化淀粉制得。

硝化淀粉的安定处理可参照硝化纤维素的方法进行，但安定处理不易。曾用作炮弹和手榴弹装药及爆破装药，也可代替梯恩梯用作浆状炸药的敏化剂。

7.3.9 失水木糖醇三硝酸酯

失水木糖醇三硝酸酯的分子式为 $C_5H_7N_3O_{10}$，相对分子质量为269.12，氧平衡 -20.80%。结构式如下：

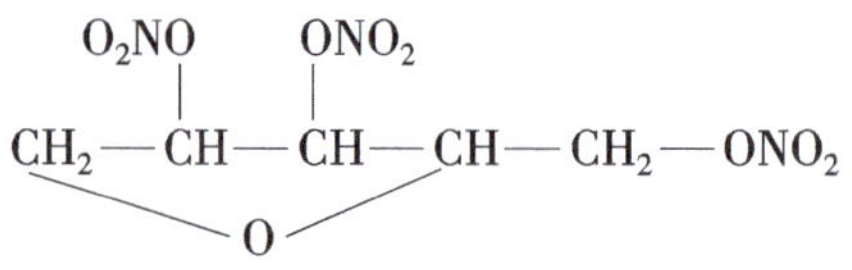

```
O2NO     ONO2
 |        |
CH2 — CH — CH — CH — CH2 — ONO2
  \_____________/
         O
```

此三硝酸酯为淡黄色透明黏稠液体，密度1.575 g/cm^3(20 ℃)，熔点 -16 ℃，基本不吸湿。不溶于水，溶于丙酮、乙醚、氯仿。100 ℃ 48 h失重5.57%。爆速7.48 km/s，爆热5.15 MJ/kg，做功能力420 cm^3(铅�斗扩孔值)，撞击感度75%(10 kg，25 cm)，摩擦感度38%(92°，3.45 MPa)。将失水木糖醇用硝硫混酸在35 ℃以下硝化制得。

可用于胶质炸药、炮药、箭药中代替硝化甘油，胶化能力稍次于硝化甘油。

7.3.10 硝化甘露糖醇

硝化甘露糖醇又名甘露糖醇六硝酸酯，分子式为 $C_6H_8N_6O_{18}$，相对分子质量为452.18，氧平衡7.07%。结构式如下：

```
ONO2               ONO2 ONO2 ONO2
 |                  |    |    |
H2C — CH — CH — CH — CH — CH2
      |    |
    ONO2 ONO2
```

本品为无色针状结晶，熔点112 ℃～113 ℃，密度1.73 g/cm^3，吸湿性0.17%(30 ℃，相对湿度90%)。不溶于水，稍溶于冷乙醇和乙醚，易溶于热乙醇，可与多种硝基芳烃形成低共熔物。标准生成焓约 -1.43 MJ/kg，燃烧焓约 -6.36 MJ/kg。75 ℃ 48 h失重0.4%。爆速8.26 km/s(密度1.70 g/cm^3，药柱直径1.27 cm，压装)，爆热5.95 MJ/kg，爆容694 L/kg，做功能力510 cm^3(铅�斗扩孔值)，爆发点185 ℃(5 s)，起爆感度0.06 g(叠氮化铅)。

将甘露糖醇缓慢地加到为其 5 倍量 0 ℃以下的硝酸(密度 1.51 g/cm^3)中,再在 0 ℃左右加入为甘露糖醇 5 倍量的硫酸(密度 1.84 g/cm^3)。滤出沉淀,用水及稀碳酸氢钠溶液洗涤,粗制品在热乙醇中重结晶精制。用作工业雷管装药。

7.3.11　硝化聚乙烯醇

硝化聚乙烯醇(PVN)即聚乙烯醇硝酸酯,分子式为$(C_2H_3NO_3)_n$,结构单元相对分子质量为 89.05,聚合物平均相对分子质量为 2×10^5,氧平衡 -44.92%。结构式如下:

$$\left[\!-CH_2-\underset{\displaystyle ONO_2}{\underset{|}{CH}}-\right]_n$$

PVN 为淡黄色粉末,是热塑性高聚物,软化点 30 ℃ ~50 ℃,密度 1.60 g/cm^3,吸湿性0.62%(30 ℃,相对湿度 90%)。溶于乙酸乙酯、乙酸丁酯、丁酮、甲基异丁基酮、硝基苯和液态硝酸酯。标准生成焓 -1.25 MJ/kg,燃烧焓约 -12.39 MJ/kg。100 ℃第一个 48 h 失重 1.9%,120 ℃16 h 放气量 11 cm^3/g(真空安定性试验)。爆速 7.0 km/s(密度1.50 g/cm^3,铸装),爆热 4.94 MJ/kg,爆容 840 L/kg,做功能力 330 cm^3(铅𡏅扩孔值)爆发点 265 ℃(5 s)。用发烟硝酸、硝硫混酸或硝酸 - 醋酐混合物酯化聚乙烯醇制得。

人们最初曾认为 PVN 可用于替代 NC(至少替代一部分),所以很多研究者都曾探索过 PVN 的前景。但后来的研究证明,如以 PVN 代替推进剂中的 NC,推进剂的"爆热"和燃速可基本不变,但拉伸强度降低,伸长率和压力指数(n)增加。因此,PVN 不是一个可接受的 NC 的替代物。

7.3.12　环糊精硝酸酯

有人曾以环糊精硝酸酯替代 NC 做过一些工作,他们制得了环糊精硝酸酯的混合物及环糊精硝酸酯与含能有机硝酸酯增塑剂的复合物,这些复合物用于替代推进剂中 NC 的优点是推进剂的热安定性更好,撞击感度更低,而含能量又不至降低,遗憾的是,干燥的环糊精硝酸酯对静电(ESD)敏感。

采用制造 NC 的常规工艺即可将环糊精硝化,而其硝化程度则可通过改变硝化条件实现。可与环糊精硝酸酯复配的含能有机硝酸酯增塑剂包括 1,1,1 - 三羟甲基乙烷三硝酸酯(TMETN)、1,2,4 - 丁三醇三硝酸酯(BTTN)、三乙二醇二硝酸酯(TEGDN)、NG、1,2 - 丙二醇二硝酸酯(PGDN)、季戊四醇三硝酸酯(PETRIN)、二乙二醇二硝酸酯(DEGDN)及上述各硝酸酯的混合物,但较适用的是 TMETN、BTTN、DEGDN、NG 及它们的混合物,而最适用的则是 TMETN。此外,加入足够量的增塑剂可使粉状的环糊精硝酸酯转变为橡胶状的复合物,后者的静电感度可降至与所用增塑剂不相上下,而撞击感度则仍与环糊精硝酸酯相差无几。不过,文献中还没有见报道以此聚合物硝酸酯取代 NC 的研究现状。

第8章　高能量密度化合物

高能量密度化合物(HEDC)中的炸药通常是指体积能量密度高于奥克托今10%以上的含能化合物,它们是高能量密度材料(HEDM)的主要含能组分。HEDM一般是由氧化剂、可燃剂、黏结剂及其他添加剂构成的复合系统,它的应用可显著提高弹药的能量指标,降低弹药的使用危险性和易损性,增强使用可靠性,延长使用寿命,并减弱目标特征。

目前兵器威力亟待提高,如能在推进系统和常规及尖端兵器弹头中使用以HEDC为基的火炸药,可在一定程度上有助于这一问题的解决,而HEDM的进一步发展,则有可能使战术及战略导弹用推进剂、低易损性发射药、破坏潜艇的水下炸药、高穿透能力的锥形装药、钝感核武器装药等逐步实现最佳化。

8.1　高能量密度化合物研究进展

人们认为,作为炸药的HEDC,密度一般应大于1.9 g/cm^3,爆速一般应大于9.2 km/s,爆压一般应大于40 GPa。1941年G·F·赖特(Wright)和W·E·巴克曼(Bachmann)所发现的奥克托今(HMX),至今仍是炸药家族中的骄子。它密度达1.9 g/cm^3,爆速达9 km/s(密度1.877 g/cm^3时),爆压达39.0 GPa。就综合性能而论,HMX在军用炸药中一直独占鳌头。第二次世界大战后,各国炸药科学家年复一年地苦心探索,期望能合成出性能全面超过HMX的高能量密度炸药(HEDE)。在1987年以前,这种努力没有获得令人满意的结果。尽管各国曾合成出若干个密度大于或接近2.0 g/cm^3、爆速高于9 km/s的HEDC,但均由于其他性能不能满足使用要求而未获得实际应用。例如六硝基苯,密度为2.01 g/cm^3,爆速为9.3 km/s(密度1.957 g/cm^3时),爆压近40 GPa,但安定性很差;又如四硝基甘脲,密度为2.01 g/cm^3,爆速约9.3 km/s(密度1.95 g/cm^3时),但水解安定性限制了它的应用。此外,我国还曾制得了密度为2.03 g/cm^3的化合物4,10－二硝基－4,10－二氮杂－2,6,8,12－四氧杂异伍尔兹烷,但其能量水平略低。其他还有2,5,7,9－四硝基－2,5,7,9－四氮杂双环[4.3.0]壬酮－8(密度1.99 g/cm^3)、2,4,6,8,10,12－六硝基－2,4,6,8,10,12－六氮杂三环[7.3.$0^{3,7}$]十二烷二酮－3,9(密度达2.0 g/cm^3)、3,3′－二硝基－4,4′－氧化偶氮呋咱(密度达2.02 g/cm^3)等,也几乎可列入HEDC的范畴,但它们的综合性能尚不能完全与HMX媲美。

近年来,大量含能化合物的结构研究为HEDC的合成提供了很多基本数据和有价值的信息,人们有可能设计出所需性能的含能化合物的分子结构,其中有些可望合成。现在，人们已经认识到，提高炸药爆速和爆压的有效途径之一是提高其密度，而多环笼形分子的密度远远高于组成它的单环化合物，例如，立方烷的密度为 1.28 g/cm^3，而环丁烷的密度仅0.70 g/cm^3。因此，为了制得 HEDC，必须采用缩合多环笼形化合物，且其结构应尽可能对称。另外，目前两个能量最高的炸药是单环硝胺类的 RDX 及 HMX，其组成通式为 CH_2NNO_2，如果能合成通式为 CH_2NNO_2、NNO_2/C 之比为 1 或接近 1 的多环笼形硝胺，则有可能获得密度接近或大于 2.0 g/cm^3的炸药。

20 世纪 80 年代初，合成化学家曾经提出过一种 HEDC——八硝基立方烷，预计其密度可达 2.0～2.1 g/cm^3，爆速可达 9.5 km/s。现已合成出此 HEDC，但其实测密度仅约 1.98 g/cm^3，目前正在寻找密度更高的八硝基立方烷晶型。此外，在 20 世纪 80 年代早期及中期，化学家还合成出一些其他笼形硝基化合物，如 4，4，8，8，11，11 - 六硝基五环十一烷、6，6，10，10 - 四硝基五环十烷及多硝基金刚烷等，但它们的能量及密度均不优于 HMX。而后，美国提出了三个拟合成的 HEDC，它们都是笼形硝胺，即六硝基六氮杂金刚烷（HNHAA）、六硝基六氮杂伍兹环（HNHAW）及六硝基六氮杂异伍兹环（HNIW）（三者的结构式见下）。它们的密度、爆速及爆压（计算值）均高于 HMX（表 8 - 1）。

表 8 - 1　三个高能量密度炸药的性能

性　　能	HNHAA	HNHAW	HNIW
密度/($g\cdot cm^{-3}$)	2.1	2.1	2.1
爆速/($km\cdot s^{-1}$)	9.40	9.50	9.40
爆压/GPa	42.0	43.3	42.0

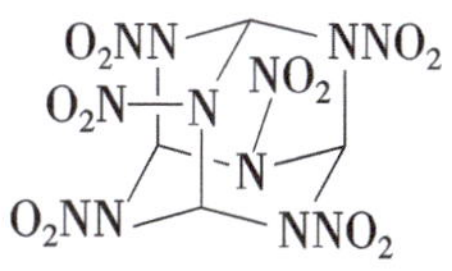

HNHAA 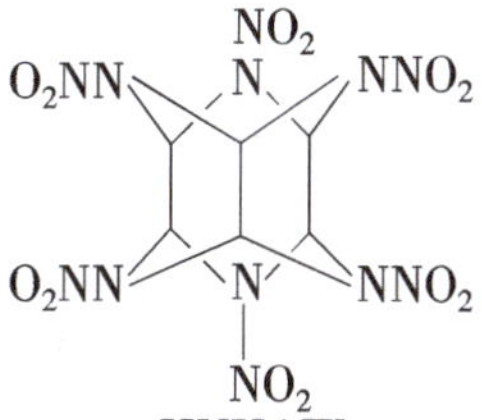　　HNHAW 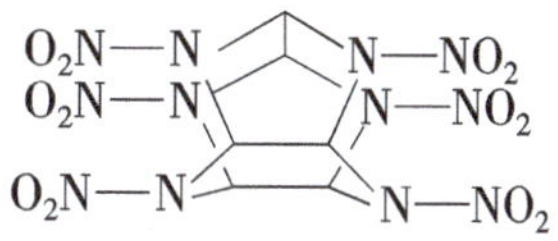　　HNIW

1987 年，美国首先合成出了 HNIW，这被誉为炸药合成史上的一个突破。根据实测，HNIW 的性能在很多方面优于 HMX，如密度比 HMX 的高 8%，爆速高 6%，爆压高 8%，能量密度高 10% 以上。

可以认为，HEDC 仍处于蓬勃发展的初期阶段，其中最引人注目和最有可能实用的是 HNIW。另一个是 1，3，3 - 三硝基氮杂环丁烷（TNAZ），虽然其能量和密度水平与 HMX 的不相上下，但由于其独特的性能，特别是低的熔点，也是当今国际上受人青睐的一种 HEDC。还有一种已用于 HEDM 的新型氧化剂是二硝酰胺铵（ADN），它被人认为是下一代低特征信号推进剂的候选氧化剂之一。还有其他一些能量密度与 HMX 的相仿，而综合性能优异的炸药,也正受到人们特别的重视。此外,很多可作为 HEDM 添加剂的化合物,也是当今 HEDC 领域研究热点,并已取得成效。

8.2 六硝基六氮杂异伍兹烷

8.2.1 六硝基六氮杂异伍兹烷的性能

HNIW 是一个由两个五元环及一个六元环组成的笼形硝胺,六个桥氮原子上各带有一个硝基,它的学名是 2,4,6,8,10,12 - 六硝基 - 2,4,6,8,10,12 - 六氮杂四环[5.5.0.0.^{5,9}0^{3,11}]十二烷,其分子式为 $C_6H_6N_{12}O_{12}$,相对分子质量为 438.28,元素组成为 C 16.44%、H 1.36%、N 38.35%,氧平衡— 10.95%(HMX 为 -21.60%)。HNIW 是白色结晶,易溶于丙酮、乙酸乙酯,不溶于脂肪烃、氯代烃及水。HNIW 是多晶型物,常温常压下已发现有四种晶型(α、β、γ 及 ε),其中 ε - 晶型的结晶密度可达 2.04 ~ 2.05 g/cm^3,爆速可达 9.5 ~ 9.6 km/s,爆压可达 42 ~ 43 GPa,标准生成焓约 900 kJ/kg(HMX 的为 250 kJ/kg)。以圆筒实验测得的能量输出,ε - HNIW 比 HMX 的可高约 14%。由 DSC 法(升温速度 10 ℃/min,氮气氛)测得的 HNIW 的热分解峰温为 244 ℃ ~250 ℃。HNIW 的撞击感度及摩擦感度与粒度及颗粒外形有关,初步可认为与 HMX 的相仿,静电火花感度似与太安(PETN)或 HMX 的不相上下。

HNIW 的主要性能参数列于表 8 -2,晶体学参数见表 8 -3。ε - HNIW 的晶体结构见图 8 -1。

表 8 -2 HNIW 的性能

性能	ε - HNIW	β - HNIW	α - HNIW	γ - HNIW	β - HMX
分子式	$C_6H_6N_{12}O_{12}$				$C_4H_8N_8O_8$
相对分子质量	438.28				296.18
元素组成/%	C,16.44; H,1.36; N,38.35				C,16.22; H,2.72; N,37.84
氧平衡/%	-10.95				-21.60
外观	白色晶体				白色结晶
密度/(g·cm^{-3})	2.035	1.983	1.952(含 1/2H_2O)	1.918	1.910
标准生成焓/(kJ·kg^{-1})	860		980		+250
比热容/(J·g^{-1}·K^{-1})	1.372(20 ℃)				1.016(25 ℃)
DSC 起始分解温度①/℃	210	210	210	210	~265
DSC 最大分解峰温度①/℃	249	246	253	249	~280

续表

性　　能	ε-HNIW　β-HNIW　α-HNIW　γ-HNIW	β-HMX
TGA 起始分解峰温度①/℃	~200	
TGA 质量损失 1% 温度①/℃	206	
真空热安定性②/($cm^3 \cdot g^{-1}$)	0.1~0.2	≤0.1
分解活化能③/($kJ \cdot mol^{-1}$)	~200	~180
lg A③/s^{-1}	~20	~11
燃烧焓/($MJ \cdot kg^{-1}$)	−8.21（ε-HNIW）　−8.33（β-HNIW）	−9.34
爆热④/($MJ \cdot kg^{-1}$)	6.23	6.19
爆速/($km \cdot s^{-1}$)	9.5(计算值)	9.0(ρ=1.88 $g \cdot cm^{-3}$)
爆压/GPa	43(计算值)	39
爆发点(5 s)/℃	283.9	327
撞击感度⑤(h_{50})/cm	15~20	24
摩擦感度⑥/%	100	100
静电火花感度⑦/J	0.68	0.57

① 升温速度 10 ℃/min,氮气氛。
② 22 h,120 ℃,101 kPa,氮气氛。放出气体量与 HNIW 粒度有关。
③ 为 DSC 法测定。
④ 按 Ornellas 法测定,药量 25 g,药柱直径 1.27 cm,水为液态。
⑤ 用 12 型仪测定,锤重 2.5 kg,药量 25 mg。感度值与药粒径及外形有关。
⑥ 90°,3.92 MPa。
⑦ 为 50% 发火的能量,未说明测定条件。

表 8-3　HNIW 的晶体学参数

参　　数	ε-HNIW	β-HNIW	α-HNIW(含 1/2H_2O)	γ-HNIW
分子式	$C_6H_6N_{12}O_{12}$	$C_6H_6N_{12}O_{12}$	$C_6H_7N_{12}O_{12.5}$	$C_6H_6N_{12}O_{12}$
晶系	单斜	正交	正交	单斜
空间群	$P2_1/n$	$Pca2_1$	Pbca	$P2_1/nm$
晶胞参数	a=0.884 8(2) nm	a=0.967 0(2) nm	a=0.952 97(2) nm	a=1.321 36(11) nm
	b=1.256 7(3) nm	b=1.161 6(2) nm	b=1.323 79(13) nm	b=0.816 14(6) nm
	c=1.338 7(3) nm	c=1.303 2(3) nm	c=2.364 0(3) nm	c=1.489 8(4) nm
	β=106.90(3)^0			β=109.168(4)^0
晶胞体积/nm^3	1.424 2(0)	1.463 8(5)	2.982 3(5)	1.517 5(4)

续表

参　　数	ε－HNIW	β－HNIW	α－HNIW(含 1/2H_2O)	γ－HNIW
晶胞内分子数(Z)	4	4	8	4
相对分子质量	438.23	438.23	447.24	438.23
计算密度/($g \cdot cm^{-3}$)	2.035	1.989	1.970	1.918

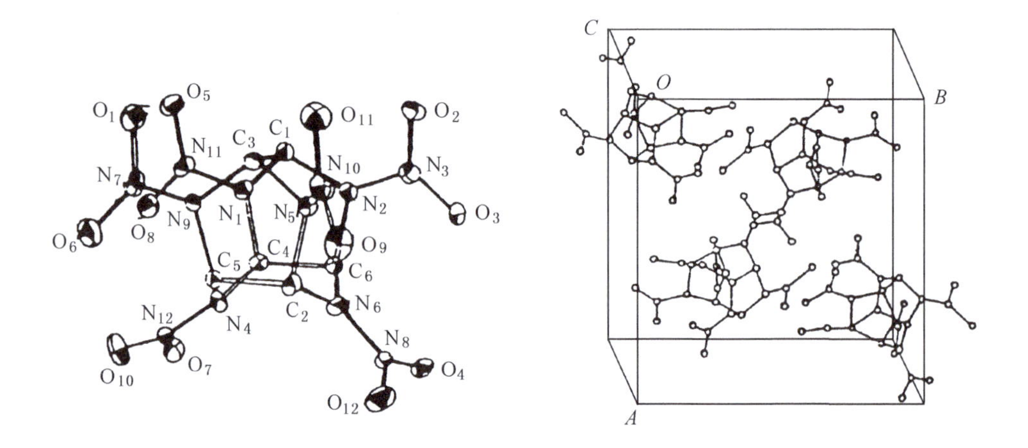

图 8－1　ε－HNIW 的晶体结构

8.2.2　六硝基六氮杂异伍兹烷的合成

一、合成路线

笼形硝胺的合成有两种途径:一种是先合成具有所需结构的笼形胺或其衍生物,再用适当的方法将胺转化为相应的硝胺;另一种方法是令直链或单环硝胺缩合以得到相应的笼形硝胺。后一种方法用于较复杂的结构(如 HNIW)时,往往不能得到预想的目标物,有很大的局限性。因此,HNIW 采用前一种方法按三步路线合成,即首先进行 N－取代的六氮杂异伍兹烷笼形前体的合成,其次是该前体上取代基的转化,也称硝解基质的合成或前体上取代基的转换,最后是取代基转换产物(硝解基质)的硝解,即 HNIW 的合成。

1. 笼状前体的合成

用于合成 HNIW 的笼形前体,可通过醛胺缩合反应合成。例如,苄胺或取代苄胺与乙二醛缩合极易形成与 HNIW 结构相近的笼形环,即六苄基六氮杂异伍兹烷(HBIW)(见反应式(8.1))。曾试图用其他胺与乙二醛缩合为可直接用于硝解以合成 HNIW 的笼形胺,但未获成功。

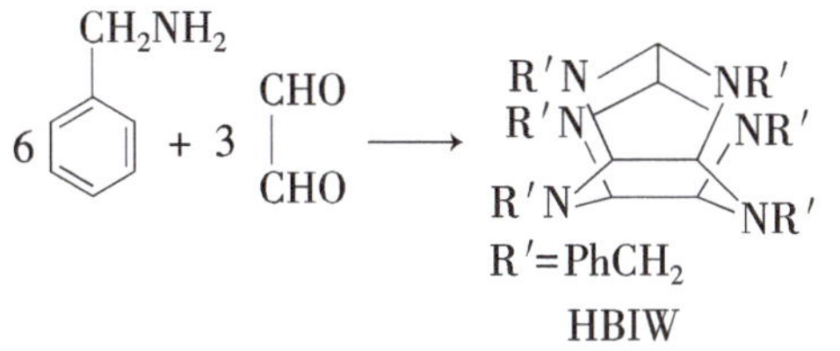

CH_2NH_2

6（苯环） + 3 CHO|CHO ⟶ R′N NR′ R′N NR′ R′N NR′　（8.1）

$R'=PhCH_2$

HBIW

合成 HBIW 的详细反应历程见本书第 3 章第 3.2 节。

2. HBIW 的脱苄

用于合成 HNIW 的笼形前体是 HBIW，它在酸性条件下很不稳定，同时苄基具有很强的硝化竞争力，因而 HBIW 不能直接用于硝解制备 HNIW。由 HBIW 合成 HNIW 时，必须先令 HBIW 脱苄，即将苄基部分或全部转化为在硝解条件下能保证笼形结构稳定且易被硝基取代的基团。

可用于使 HBIW 脱苄的反应很多，如氢解、氯甲酸酯取代、亚硝解、氧化等。其中的氢解及亚硝解均可在常温常压下进行，且得率高。但氯甲酸酯取代要求的温度很低，且反应时间长，目前仅限于实验室合成。HBIW 脱苄的可选路线是催化氢解和亚硝解，特别是前者，现已工业化，后者也已达中试生产规模。

（1）催化氢解脱苄反应。HBIW 上有六个苄基，其中两个五元环上的四个苄基与六元环上的两个苄基所处的化学环境不同，脱除的难易程度有异，五元环上四个苄基的脱除比六元环上两个苄基的脱除要容易得多，所需脱苄的介质和条件也不能一样，所以，HBIW 的催化氢解脱苄常分两步进行。第一步是将五元环上的四个苄基转变为乙酰基，生成四乙酰基二苄基六氮杂异伍兹烷（TADBIW），第二步是脱除六元环上的两个苄基，生成的产物则根据苄基所转换的基团，可以是四乙酰基二乙基六氮杂异伍兹烷（TADEIW，苄基为乙基取代）、四乙酰基二甲酰基六氮杂异伍兹烷（TADFIW，苄基为甲酰基取代）、四乙酰基六氮杂异伍兹烷（TAIW，苄基为氢取代）、六乙酰基六氮杂异伍兹烷（HAIW，苄基为乙酰基取代）（见反应式（8.2））。上述这些一步氢解产物及二步氢解产物都可作为硝解基质转化为 HNIW，但以 TADBIW 为硝解基质时，是先经过亚硝解脱苄生成四乙酰基二亚硝基六氮杂异伍兹烷，后者再氧化硝解为 HNIW。

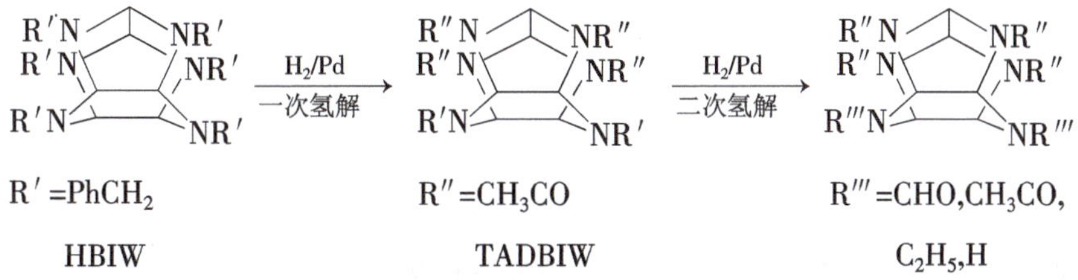

HBIW $\xrightarrow[\text{一次氢解}]{H_2/Pd}$ TADBIW $\xrightarrow[\text{二次氢解}]{H_2/Pd}$ 产物　（8.2）

$R'=PhCH_2$（HBIW）；$R''=CH_3CO$（TADBIW）；$R'''=CHO, CH_3CO, C_2H_5, H$

（2）脱苄机理。催化氢解脱苄通常具有很强的选择性，一般能在温和的反应条件下进行。由 HBIW 转变为 TADBIW 涉及 HBIW 上 N－苄基的催化氢解脱苄，有关此反应机理的研究尚不多。HBIW 在乙酸酐中氢解脱苄可能的机理如下：首先是 $R_2N—CH_2Ph$ 通过苄基被吸附于催化剂表面上(因为 N 系与笼形分子相连,空间障碍大,所以通过 N 与钯催化剂吸附的可能性较小),当 C—N 键断裂后,苄基与钯形成一苄基络合物,后者再与催化剂吸附的 H_2 反应,形成甲苯和 R_2NH,R_2NH 立即被乙酸酐酰化为 R_2NCOCH_3。见反应式(8.3)。

$$>N-CH_2-C_6H_5 \xrightarrow{H_2/Pd} >N-H + CH_3-C_6H_5 \xrightarrow{(CH_3CO)_2O} >N-COCH_3 \quad (8.3)$$

酸能加速 HBIW 的脱苄,因为酸能使 HBIW 上的 N 质子化,消除了胺对脱苄的阻碍作用。见反应式(8.4)。

$$>N-CH_2-C_6H_5 \xrightarrow{HA} >N^{+}(CH_2-C_6H_5)\ A^{-} \quad (8.4)$$

实际上,H_2SO_4、HCl 或 HBr 均可用作脱苄的促进剂(HI 不能),其中尤以 HBr 为佳。对于酸酐中的 HBIW 催化氢解脱苄,因为 HBIW 笼形母体在酸中易分解,如果在反应开始时直接加入 HBr,HBIW 会因酸度太大而分解。有鉴于此,为加速 HBIW 的脱苄,只能在反应过程中缓慢加入少量的 HBr,以使反应系统保持一定的酸度(既不破坏其母体结构,又能加速反应)。在反应系统中加入溴化物时,其作用与加入 HBr 相同(但加入溴化物的操作较方便)。因为在催化氢解条件下,某些溴化物(如溴苯、乙酰溴、溴苄等)在溶剂中可脱卤化氢而逐渐生成少量的 HBr,使反应系统保持一定的酸度而加速 HBIW 的脱苄。当脱苄介质为乙酸酐时,HBr 还可与乙酸酐反应生成乙酰溴。

此外,在 HBIW 的催化氢解过程中,应防止生成可使催化剂中毒的 N-苄基乙酰胺,它是由于 HBIW 被催化分解为游离苄胺,后者再被乙酐酰化而成的(见反应式(8.5))。为了避免它的生成,应在氢气通入时才加入乙酐,这样可提高氢解产物 TADBIW 的得率,并使得率稳定。

$$\text{HBIW}\ (R'=PhCH_2) \xrightarrow{\text{催化分解}} C_6H_5CH_2NH_2 \xrightarrow{(CH_3CO)_2O} C_6H_5CH_2NHCOCH_3 \quad (8.5)$$

3. 脱苄产物的硝解

HBIW 上的部分或全部苄基经转化后,六氮杂异伍兹烷骨架的稳定性大大增加,可以耐受较苛刻的反应条件,通过硝解可将脱苄产物转变为 HNIW。

上述的第一步氢解脱苄产物 TADBIW 及第二步氢解脱苄产物 TAIW、HAIW、TADFIW、TADEIW 均可被硝解为 HNIW(见反应式(8.6)及式(8.7)),且硝解剂价廉,反应平稳，反应条件易于实现，HNIW 得率达 85% ~95%，纯度达 98% ~99%。所得 HNIW 为 α - 或 γ - 晶型，很易转变为密度最高的 ε - 晶型。

TADBIW $\xrightarrow{NO^+BF_4^-\text{或}N_2O_4}$ (Ac)₄(NO)₂IW $\xrightarrow{NO_2^+BF_4^-\text{或}HNO_3}$ (Ac)₄(NO₂)₂IW $\xrightarrow{NO_2^+BF_4^-}$ HNIW

(8.6)

R''' 取代物 $\xrightarrow{\text{硝解}}$ HNIW　　(8.7)

R''' =CHO, CH_3CO, C_2H_5, H

(1) 叔乙酰胺的硝解历程。由脱苄产物合成 HNIW 是叔乙酰胺的硝解(以 TADBIW 为硝解基质时，还包括亚硝解及亚硝胺的硝解)，此硝解历程一般认为有两种可能：一是 NO_2^+ 与叔胺氮原子形成硝鎓正离子复合物，而后极化了的羰基在亲核试剂(如 OH^-、NO_3^- 等)的作用下，脱离氮原子生成 N—NO_2 化合物。见反应式(8.8)。

$$>N-COCH_3 \xrightarrow{NO_2^+} >N^+(NO_2)-C^{\delta+}(=O^{\delta-})CH_3 \xrightarrow{Nu^-} >NNO_2 + CH_3CONu \quad (8.8)$$

另一种认为是硝酸与叔氮原子形成硝酸盐，后者再在脱水剂(如 H_2SO_4)等的作用下脱水形成硝胺。见反应式(8.9)。

$$>N-COCH_3 \xrightarrow{HNO_3} >N(\cdots O_2N-OH)-C(=O)CH_3 \xrightarrow{\text{脱水剂}} >NNO_2 + CH_3COOH \quad (8.9)$$

在叔乙酰胺的硝解中，特别是在含有多个乙酰基的环状或笼形化合物的硝解中，在其中几个乙酰基被硝基取代后，余下的一个或两个乙酰基在通常条件下难于被硝基取代，此时必须采用较苛刻的反应条件才能成功。这可能是由于硝基进入环状或笼形结构中后，硝基的强拉电子作用空间位阻的改变，使比较对称的电子云分布被打破，从而使酰基与环上氮原子的结合更加紧密。

(2) 亚硝解脱苄 - 硝解历程。由 TADBIW 制备 HNIW 时，还涉及六元环上两个苄基的亚硝解脱苄及亚硝胺的硝解，它们的可能历程如下。

亚硝解脱苄反应机理可能有两种情况：一种是 NO^+ 作用于叔胺的氮原子形成季铵盐型的复合物，然后是该复合物脱去 NOH 形成亚胺，再后是亚胺与水作用生成仲胺和苯甲醛，最后是仲胺与 NO^+ 作用生成亚硝胺。见反应式(8.10)。

$$>N-CH_2C_6H_5 \xrightarrow{NO^+} >\overset{+}{N}(NO)-CH_2C_6H_5 \xrightarrow{-NOH} >\overset{+}{N}=CHC_6H_5 \xrightarrow[-C_6H_5CHO]{+H_2O} >NH \xrightarrow{NO^+} >NNO \tag{8.10}$$

另一种情况是与 N_2O_4 作用生成亚硝胺和苯甲醛。见反应式(8.11)。

$$>N-CH(H)C_6H_5 \xrightarrow[-HNO_2]{N_2O_4} >N^+(\bar{O}NO)=CHC_6H_5 \longrightarrow >NNO+C_6H_6CHO \tag{8.11}$$

不论是哪种情况，亚硝解脱苄的产物都是亚硝胺和苯甲醛，生成的亚硝胺再经硝解得到 HNIW。

二、合成工艺

目前各国大都采用上述的三步法合成 HNIW。

1. HBIW 的合成工艺

HBIW 最初是由 A. T. Nielsen 以乙腈 - 水恒沸液为溶剂，以甲酸(反应系统 pH 为 9.5)为催化剂，由苄胺与乙二醛在 10 ℃ ~25 ℃缩合生成的，粗产品经丙酮精制后可用于转化为合成 HNIW 的多种硝解基质。后来，人们基本上采用 Nielsen 工艺制备 HBIW，不过在溶剂和催化剂上有所改变，如采用 95% 乙醇为溶剂，但产品质量及得率均低于以乙腈 - 水恒沸液为溶剂者，不适于工业化。人们曾尝试了以多种无机酸(如高氯酸、盐酸、硝酸等)为催化剂来代替甲酸，其中以高氯酸的效果最佳，所得结果列于表 8 -4。

表 8 -4 不同催化剂对 HBIW 得率的影响(乙腈 - 水恒沸液为溶剂)

酸催化剂	反应液的 pH	得率/%
H_2SO_4		50
$HClO_4$	3 ~7	68 ~71
HCOOH	5	61 ~63
HCl	5	60 ~66
HNO_3	5	65 ~67

美国 Thiokol 公司在中试生产 HBIW 时，曾采用过多种溶剂，但除了乙腈 - 水恒沸液外，

其他溶剂均有产品得率低、反应时间长、产品纯度差等缺点，故该公司认为均不宜采用。关于乙腈的毒性问题，该公司认为使用防护装置可以解决。研究发现，若采用乙腈－水恒沸液为溶剂，还有利于溶剂的回收再利用，使溶剂耗量和废水处理量减小，因而可降低HNIW成本。同时，为了提高HBIW的纯度和得率，减少或消除聚合副产物，合成HBIW的反应温度宜低，加料时间宜稍长。据称，这样制得的HBIW不需精制，只需在丙酮或甲醇中简单地研磨后即可用于下步的脱苄反应。

在实验室合成HBIW的操作程序如下。

合成HBIW的溶剂，已采用过的有乙腈、95%乙醇及甲醇。

(1) 乙腈法。

1) 缩合。

在2 000 mL三口瓶中，加入乙腈1 100 mL，蒸馏水100 mL，苄胺118.0 g(1.10 mol)，甲酸(88%)5.8 g(含甲酸0.11 mol)。搅拌20 min后，用滴液漏斗往瓶中加72.5 g 40%乙二醛水溶液(含乙二醛0.5 mol)。滴加乙二醛过程中，以自来水冷却反应瓶，滴加速度应控制，使反应液温度不超过25 ℃。乙二醛滴入1/3左右时，即出现白色固体，并逐渐增多。一般可于1.5 h内加完。滴液漏斗以15 mL水洗涤，洗涤水也加入反应瓶中。加料毕，将反应物料继续搅拌15 min。然后令其在室温下(不超过30 ℃)停留20 h，但每隔数小时，应搅拌10 min左右。最后过滤反应物，并用150 mL冷乙腈分两次洗涤滤饼，晾干，得稍带淡黄色的粗品HBIW 93～95 g(多次结果)，得率79%～80.5%。粗品熔点为149 ℃～151 ℃。

2) 精制。

在1 000 mL烧瓶中，加入50 g上步合成所得的粗HBIW及600 mL丙酮母液(即上批精制HBIW所得丙酮母液，可重复使用多次)，将瓶置于55 ℃～62 ℃的水浴中，搅拌。约40 min后，HBIW全部溶解。冷却至室温，再静置24 h。过滤，滤饼用25 mL乙腈洗涤，晾干，得白色针状结晶43～44 g(多次结果)，精制得率86%～88%。精品熔点为155 ℃～156 ℃。

(2) 95%乙醇法。

1) 缩合。

操作程序与乙腈法的相同，差别仅在于：① 反应溶液中不需要加水；② 反应物用冰－水浴冷却，并控制加料温度不超过10 ℃～15 ℃，所以加料时间稍长；③ 也可将40%乙二醛水溶液先用95%乙醇稀释，然后往反应瓶中滴加此稀释液，这样可减缓反应的释热速度；④ 乙二醛加毕，反应物在室温下(不超过30 ℃)停留2～3 d；⑤ 粗HBIW用95%乙醇而不是用乙腈洗涤。95%乙醇法所得HBIW一般为淡黄色粉末，熔点148 ℃～151 ℃，得率一般为60%左右(最高一次为63.2%)。

2) 精制。

与乙腈法完全相同，所得精制HBIW用冷丙酮洗涤，精制得率一般为70%～80%(最高一次为83.2%)。精品熔点154 ℃ ~156 ℃。

(3) 甲醇法。在反应器中加入112 g(1.045 mol)苯胺、750 mL甲醇、40 mL水及5.5 g(0.105 mol)88%甲酸,往形成的混合液中,于20 ℃及8 h内,滴加72.5 g(0.50 mol)40%乙二醛,令反应物在25 ℃下静置11 d(绝大部分产物在5 d内已沉淀析出)。过滤,用冷甲醇洗涤滤饼,得粗HBIW,得率64%,熔点150 ℃ ~152 ℃。粗HBIW用乙腈(或丙酮)重结晶精制后,熔点升至153 ℃ ~157 ℃。精制得率90%。总得率可达57%左右。

(4) 乙腈法与95%乙醇法及甲醇法的比较。乙腈法的精HBIW的总得率可稳定在68% ~70%,波动范围小,重现性好。95%乙醇法和甲醇法的相应值为50%左右,波动范围较大。即乙腈法的得率可为乙醇法或甲醇法的1.4倍左右,所以前者的原材料(苄胺及乙二醛)耗量较后两者可大幅度降低。当然,乙腈的价格高于95%乙醇或甲醇,但溶剂是可以回收并循环使用的,所以这方面增加的生产成本远比节省原材料降低的生产成本少。在所有合成HNIW的原材料中,除了催化剂外,苄胺是最昂贵的,所以,在脱苄氢解催化剂回收问题解决后,提高HBIW的收率,降低苄胺的消耗,将是降低HNIW价格最有效和必须考虑的途径之一。

乙腈法所得粗HBIW质量优于95%乙醇法及甲醇法的,颜色较白,带结晶光泽,所以精制得率高,精品HBIW质量有保证。

乙腈法对反应条件(特别是加料温度)可能不如95%乙醇法或甲醇法苛刻,可采用的温度范围也许比较宽,而不至于明显影响产品质量及得率,聚合副反应较少。

以乙腈为溶剂时,醛胺缩合生成HBIW的速率比以乙醇或甲醇为溶剂者要快。按资料报道,在乙腈中,92%的二亚胺Ⅱ(见反应式(3.27))可于30 min内转化为HBIW,17 h内反应可全部完成。所以乙腈法的反应液,在滴加完乙二醛后,只需放置20 h,即可过滤出HBIW,而95%乙醇法或甲醇法的反应液一般需放置2 ~3 d。

对乙腈法,人们最关心的是乙腈的毒性。经查各国有关的化学品安全手册,按美国规定的数据,乙腈的LD_{50}、LC_{50}、TLV - TWA值(于8 h/d内反复接触对几乎全部工人都不至于产生不良效应的浓度阈值)约高于或相近于冰乙酸、乙酸酐、二甲基甲酰胺及氯仿的相应值。

在有关文献中,乙腈均被定为中等毒性化学品。因此,只要做到设备密封,通风良好,操作人员佩戴个人防护用品和遵守技术安全规则,并随时加强对工作地点的乙腈浓度的检测,使用乙腈是不致发生人员中毒问题的。

2. HBIW的脱苄工艺

目前工业上采用的HBIW的脱苄工艺主要是催化氢解法,下文即叙述该工艺的简况。

(1) 工艺Ⅰ。第一次氢解是采用二甲基甲酰胺(DMF)与醋酐组成的混合溶剂(醋酸酐也是反应物),同时加入溴化物,用钯催化剂(每千克HBIW用钯量为1.5 mg)使HBIW氢解脱苄生成TADBIW(氢气压力为0.35 ~0.42 MPa),最高得率可达80%。氢解所生成的 TADBIW 不溶于所用溶剂，与催化剂共同析出，过滤后可直接在甲酸中第二次氢解（不需再加催化剂），可按 75% ~80% 的得率制得 TADFIW。

将 HBIW 氢解为 TADBIW 及 TADBIW 氢解为 TADFIW 的反应条件汇总于表 8－5。钯催化剂类型和用量对由 HBIW 制备 TADBIW 得率的影响见表 8－6。

表 8－5　氢解脱苄条件

反　　应	HBIW→TADBIW	TADBIW→TADFIW
催化剂类型	E101NE/W①	
催化剂用量②/($mg \cdot g^{-1}$)	1.5 ~5	0
溶剂及用量/($g \cdot g^{-1}$)	DMF　3	0
脱苄试剂及用量/($g \cdot g^{-1}$)	醋酐 1.6	甲酸 2.6
溴化物及用量/($g \cdot g^{-1}$)	溴苯 0.028	0
氢气压力/MPa	0.35 ~0.42	0.35 ~0.42
反应温度(℃)及时间(h)	20 ~50,24	20 ~30,20
产品得率/%	74 ~82	78
实际吸氢量/($m^3 \cdot kg^{-1}$)	0.155	0.089
理论吸氢量/($m^3 \cdot kg^{-1}$)	0.126	0.087

① $Pd(OH)_2/C$，含水约 50%。使用前用 DMF 洗涤以除水。

② 以 Pd 计。

表 8－6　催化剂对 TADBIW 得率的影响

催化剂类型①	催化剂中 Pd 的质量分数/%	催化剂用量②/($g \cdot g^{-1}$)	得率/%
E101 NE/W	10	0.05	90
E101 NE/W	5	0.05	88
E101 NO/W	5	0.05	89
E101 O/W	5	0.10	84
E101 R/D	5	0.10	91
E107 NE/W	10	0.10	88
E107 NE/W	5	0.10	86
E117 XN/W	10	0.05	80
E196 R/W	5	0.05	89

① 催化剂类型中的 E 表示 Pd，N 和 O 表示 Pd 主要为氧化态，R 表示 Pd 主要为金属态，W 表示催化剂含水，D 表示为干催化剂。

② 催化剂量是指包括载体及湿含量在内的总量。

表 8-6 的实验结果是由下述反应得到的：HBIW 量 50 g，DMF 量 125 mL，醋酐量 75 mL，溴苯 1 mL，反应时间 24 h，温度 20 ℃ ~50 ℃。

还有人采用过下述氢解 HBIW 制备 TADBIW 的工艺。该工艺以溴苯为添加剂，在乙酐中氢解 HBIW（H_2 压力 0.35 MPa），采用 Pearlman 催化剂。粗产品熔点 315 ℃ ~325 ℃。用乙腈精制可得到纯品，熔点 322 ℃ ~323 ℃。

将 TADBIW 再进行一次氢解，可以进一步脱除 TADBIW 六元环上的两个苄基，制得 TADFIW、TADEIW、TAIW 或 HAIW。第二次氢解仍然是采用 $Pd(OH)_2/C$ 催化剂，其工艺与 HBIW 第一次氢解相仿，但催化剂用量一般应为一次氢解用量的 3~4 倍（TADFIW 除外），且反应较难掌握。所用的氢解介质（也是反应物）则随第二次氢解产物而异，TADFIW 为甲酸，TADEIW 为醋酸与醋酐的混合物，TAIW 为醋酸，HAIW 为醋酸及乙酰氯。

（2）工艺Ⅱ。第一次氢解是在乙酐中，以 Pd/C 或 $Pd(OH)_2/C$ 为催化剂令 HBIW 转变成 TADBIW。反应温度为 20 ℃ ~45 ℃，反应时间为 8 h，氢气压力为 0.7~1.0 MPa，每毫摩尔 HBIW 所用催化剂为 360~720 mg。产品熔点为 290 ℃ ~317 ℃，其组成中 80% 以上为 TADBIW。第一次氢解制得的 TADBIW 再在乙酸酐/乙酸混合溶剂中进行第二次氢解，当每毫摩尔 TADBIW 所用催化剂为 360 mg，氢气压力为 0.7 MPa，反应温度为 45 ℃，反应时间为 17 h 时，可得到熔点为 225 ℃ ~259 ℃，纯度为 91% 以上的 TADEIW，得率可达 90% 以上。

3. 脱苄产物的制备方法

（1）TADBIW。

1）实验室常压法。

首先将 HBIW 加入反应器中，再依次分别加入 DMF、溴化物及含 $Pd(OH)_2$ 的催化剂。加料完后，通入氮气置换反应器中的空气，反复多次，直至基本赶尽反应器中的空气为止。最后迅速向反应器加入乙酸酐。密封反应系统，通入氢气，搅拌，开始反应，随时观察反应情况并记录吸氢量。前 2 h 反应温度不宜太高，以 20 ℃ ~50 ℃ 为宜。反应 2 h 后，将温度升到（50±5）℃，继续反应 6~10 h。反应完毕，关闭氢气源，通入氮气，用氮气排去反应系统中的氢气。打开反应系统，过滤产物，用乙醇及丙酮洗涤、干燥。这样得到的产物含有催化剂，用乙酸将其溶解，滤出催化剂，减压蒸馏滤液，得淡黄色固体。用少量丙酮洗涤，得白色固体，此为纯度 98% 以上的 TADBIW。

2）工业加压法。

在 400 L 不锈钢高压反应器中，加入 122 kg 二甲基甲酰胺（DMF）、70 kg 乙酸酐、43.2 kg（61 mol）HBIW、0.781 kg 溴苯及 4.63 kg $Pd(OH)_2/C$ 催化剂（含水 55.3%，干催化剂量为 2.07 kg，其中含钯 10%）。用氮气冲洗反应器四次。在冲洗过程中，反应器内物料温度由 21.3 ℃ 升至 25.2 ℃。令反应器内氢气压力达 0.35 MPa，搅拌物料，在 30 min 内令物料温度升至 51.4 ℃。此时需往反应器夹套通入冷水，以导走反应放出的热量而保持适当的反应温度。在此 30 min 内反应吸氢量达约 140 mol(由供氢槽的压力降测知)。在随后的1.5 h内,反应又吸氢 120 mol。且在此期间内,物料温度下降至 43.1 ℃。当物料温度降至 35 ℃以下时,停止往夹套通冷水。继续搅拌反应物 21 h,反应再吸氢 40 mol。这样,反应的总吸氢量达 300 mol,而理论吸氢量应为 250 mol。反应毕,用氮气冲洗反应器三次,再将反应物放出过滤,滤饼用约 130 L 乙醇洗涤,所得产品为显灰白色的含催化剂及少量 DMF 的略湿的 TADBIW。如上法共进行三次制备,总共得产品 85.7 kg(得率 82% ~85%)。

(2) TADFIW。

1) 实验室常压法。

将 30.0 g(58.2 mmol)TADBIW(此 TADBIW 是由 HBIW 氢解制得,其中所含的已用过的催化剂不必分离除去)、90 mL 88% 的甲酸加入反应瓶中,先在室温下用氮气冲洗反应瓶数分钟,也可先将反应瓶抽空,再充入氮气,再抽空。如此重复 3 ~4 次,可更好地除去反应瓶中所含氧。检验瓶中氧含量很低后,通入常压氢气氢解,最初 3 h 内的温度不超过 30 ℃,随后升温至 36 ℃ ~40 ℃,继续氢解 8 h。当系统不再吸氢时,停止反应。再用氮气冲洗反应瓶数分钟后,将反应物过滤以除去催化剂。在 60 ℃以下减压浓缩滤液,得淡黄色黏稠物,冷却,加入 25 mL 无水乙醇,沉淀出固体,过滤,用 10 mL 丙酮洗涤,得 TADFIW,得率 73%。可直接用于硝解制备 HNIW。

2) 工业加压法。

在 400 L 不锈钢高压釜中,加入由工业加压法制得的 85 kg (约 150 mol)TADBIW 与已用催化剂的混合物,200 kg 甲酸。用氮气冲洗反应器五次,然后通入氢气氢解,在前 4 h,大约吸氢 110 mol,物料温度由 16.1 ℃升至 25.8 ℃。在随后的 16 h 内,又吸氢 220 mol,物料温度由 25.8 ℃升至 30.4 ℃。反应毕,用氮气冲洗反应器三次。过滤反应物,分离出催化剂,而产物则溶于滤液中。用 200 L 水洗涤催化剂,并将此洗涤水与上述滤液合并。采用薄膜蒸发器减压浓缩(压力 2.6 kPa,温度 50 ℃)滤液,得产品。用 40 L 水和 20 L 乙醇洗涤反应器及蒸发器,洗涤液加入产品中。减压干燥(压力低于 2.0 kPa,温度 50 ℃)产品,得 57 kg TADFIW,含水 0.46%、DMF 1.1%、甲酸 9.28%,按 TADBIW 计算,TADFIW 的得率为 86%。

(3) TAIW。

将所得 3.67 g TADBIW、1.6 g $Pd(OAc)^2$ 和 150 mL 醋酸置于帕尔反应器中,先用氮气冲洗反应器,然后令反应器内氢气压力增至 0.35 MPa,反应 15 h。将反应物过滤,浓缩滤液,析出固体,后者再用 100 mL 乙酸乙酯洗涤,即得 TAIW。

(4) HAIW。

1) 甲酸法。

a. 由 TADBIW 合成 TAIW · 2HCOOH。将 10.0 g TADBIW 加入 200 mL 甲酸中,形成浆状物。在搅拌下,往此浆状物中加入 10.0 g Pd/C(含钯 5%),在室温下反应 18 h。过

滤反应物以除去催化剂，滤液在低压下浓缩，得 8.78 g TAIW · 2HCOOH。

b. 由TAIW · 2HCOOH合成 HAIW。往 500 mg TAIW · 2HCOOH中加入2.4 mL NaOH水溶液（浓度 1 mol/L），减压蒸馏，所得剩余物溶于 20 mL 醋酸，再加入5 mL吡啶，将所得溶液加热至 60 ℃，反应 18 h。减压蒸除挥发物，剩余物溶于 10 mL 乙酸乙酯，过滤溶液，浓缩滤液，得粗 HAIW，用硅胶 plug 提纯所得固体产物（以丙酮为提洗液），得 HAIW。

2）乙酸法。

将 20 g TADBIW 及 1 g $Pd(OH)_2/C$ 催化剂（含钯 20%）加入反应器中的 100 mL 乙酸中，将反应器抽空，充氮，再抽空。如此重复 3 ~ 4 次。将反应瓶与常压氢气源相连，激烈搅拌物料，在 20 ℃ ~ 40 ℃下氢解 7 h。断开氢气源，再用氮气将反应瓶中氢气置换出去。过滤分离出催化剂，将乙酸溶液重新置于反应瓶中，于 20 ℃下加入 20 mL 乙酰氯，再升温至 48 ℃ ~ 55 ℃，反应 20 ~ 30 min，减压蒸除溶剂，往剩余物中加入 40 mL 无水乙醇，过滤，得 HAIW，熔点 284 ℃ ~ 292 ℃，得率 82%，可直接用于硝解制备 HNIW。

（5）TADEIW（实验室常压法）。

将 80 mL 乙酸酐及 15 mL 水加入氢解器中，搅拌使之成为均相后加入 2.0 g TADBIW 及 0.7 g 25% $Pd(OH)_2/C$。氢解操作及后处理程序同 TADBIW（实验室常压法）的合成。反应先在 5 ℃ ~ 10 ℃下进行 5 ~ 6 h，再在室温下反应 24 h。得 1.3 g TADEIW，得率 85%。熔点 274 ℃ ~ 276 ℃。

4. HNIW 的合成工艺

上文已指出，有几种脱苄产物均可硝解为 HNIW。例如，硝解 TADBIW 制备 HNIW 时，可分两步进行，也可采用一锅法一步完成。两步法是先将 TADBIW 硝解为四乙酰基二亚硝基六氮杂异伍兹烷，再将后者硝解为 HNIW。

由 HBIW 的第二次氢解产物 TADFIW、TADEIW、TAIW 或 HAIW 硝解合成 HNIW 时，比由 TADBIW 合成简单，一般是在反应瓶中先加入过量的硝解剂，再在室温下往硝解剂中分批加入硝解前体，加完后逐步升至硝解温度，并保持一定时间，HNIW 即从硝解液中逐渐析出。将物料冷却至室温，过滤即得产品。

（1）由 TADBIW 合成 HNIW。

1）Nielsen 的一步法。在反应瓶中，加入 15.49 g（0.03 mol）TADBIW、1.08 g（0.06 mol）H_2O 及 300 mL 环丁砜，再在 25 ℃以下 30 min 内，加入 14.02 g(0.12 mol)或 10.5 g(0.09 mol)$BF_4^- NO^+$。将物料在 25 ℃及 55 ℃ ~ 60 ℃下各搅拌 1 h，得到清亮的橙黄色溶液。将物料冷却至 25 ℃后快速加入 47.8 g(0.3 mol) $BF_4^- NO_2^+$，在 25 ℃和 55 ℃ ~ 60 ℃下各搅拌 2 h 后冷却至 10 ℃，再缓慢加入 4.5 L H_2O，加水时温度不高于 25 ℃，时间为 3 ~ 18 h。过滤，水洗，得 12.78 g（得率 97%）HNIW（含小于 1% 的结晶水），纯度大于 99%。将所得 HNIW 溶于 40 mL 乙酸乙酯并用短硅胶柱过滤，再将溶液倾入 500 mL CH_3Cl 中，得 11.9 g（精制得率 93%，总得率 90%）不含水的纯 β－HNIW。

2）瑞典和英国的两步法。瑞典和英国研发的用两步法由 TADBIW 制备 HNIW 时，第

一步可在醋酸中用 N_2O_4 将 TADBIW 亚硝解为四乙酰基二亚硝基六氮杂异伍兹烷（TADNIW），并将此亚硝基化合物分离，再用混酸将其硝化为 HNIW。就最后产品的纯度而言，两步法优于一步法。

a. 由 TADBIW 合成 TADNIW。往由 400 ~ 450 mL 醋酸、240 mL N_2O_4 及 20 mL 水组成的混合液中，在激烈搅拌下加入 400 g TADBIW，加料时间为 20 min，加料温度为 20 ℃ ~ 25 ℃。加完 TADBIW 后，令反应物在此温度下继续反应，用薄层色谱（TLC）跟踪反应，当 TLC 板上比移值（R_f）为 0.5 的点的含量估计达 90% 时，停止反应。此时产物主要为 TADNIW，但也含有少量三乙酰基三亚硝基六氮杂异伍兹烷（TATNIW，R_f = 0.61），后者也可在第二步反应中转化为 HNIW。反应完成后，将反应混合物中剩余的 N_2O_4 除去后，再往其中加入 3 L 乙醇，并激烈搅拌，以使生成物沉淀。过滤，滤饼用 3 × 300 mL 乙醇洗涤，以除去其中含有的痕量苯甲醛。将滤饼在 50 ℃下干燥 24 h，得 250 g 微黄色粉末，为 TADNIW，无须进一步纯制即可用于下一步的硝解。

曾按下述程序进行过小型的亚硝化。将 5.16 g TADBIW 溶于 50 mL 醋酸中，再往其中加入 3.8 mL N_2O_4，搅拌物料 24 h 后，再加入 4.0 mL N_2O_4。当 TLC 分析表示反应完成后，减压蒸出反应中的醋酸，再按上述方法分离出产物 TADNIW。

b. 由 TADNIW 合成 HNIW。将 500 g TADNIW 溶于 6 L 浓度为 99% 的硝酸中，再在 5 min 内，向形成的溶液中加入 750 mL 浓度为 96% 的硫酸。将所形成的反应混合物加热至 75 ℃ ~ 80 ℃，并在此温度下反应 2 h。然后在激烈搅拌下将所得产物倾入 30 kg 冰水中，并保持稀释液温度不高于 35 ℃。将沉淀出的产物过滤，水洗滤饼至洗水呈中性，再在 40 ℃下干燥至恒重。所得 HNIW 为 α - 晶型（含水合水），纯度为 99.0%（HPLC 法测定），得率 93%。

如将反应时间由 2 h 改为 20 min（反应温度仍为 75 ℃ ~ 80 ℃），即将反应物倾入冰水中，则测定出的产物为 HNIW、五硝基一乙酰基六氮杂异伍兹烷（PNMAIW）及 TNDAIW 三者的混合物。

3）瑞典和英国的一步法。由 TADBIW 以一步法合成 HNIW 时，不分离亚硝基中间产物。操作程序如下。

将 57 g TADBIW 加入由 240 mL N_2O_4 和 9.6 mL 水组成的液体中，加料时间为 10 min，加料温度为 0 ℃。加料毕，搅拌物料 1 h，且维持物料温度为 0 ℃。随后令物料升温至 20 ℃ ~ 25 ℃，静置 20 h 后，再冷却至低于 5 ℃。搅拌物料，在 1.5 ~ 2 h 加入 90% 硝酸 960 mL，加料温度不高于 5 ℃。加完硝酸后，在 10 min 内加入 98% 硫酸 240 mL。加硫酸时，不必外部冷却，而使物料温度升至 35 ℃。将所形成的反应溶液缓慢加热至 80 ℃，此时有 N_2O_4 及 HNO_3 蒸出，形成的冷凝液（可循环使用）可达 240 mL（0 ℃时），分成两层，上层（130 mL）含质量分数为 94.5% 的 N_2O_4 及 5.5% 的 HNO_3，下层（110 mL）含质量分数为 56.5% 的 N_2O_4 和 43.5% 的 HNO_3。令反应物在 80 ℃下反应 2 ~ 2.5 h，然后冷却，再将其倾入 4 kg 冰水中，过滤出固体，用水洗涤后减压干燥，得产品 47 g。

4）改进的一步法。上述英国及瑞典的以一步法或两步法由 TADBIW 制备 HNIW 的方法，操作繁复；亚硝解试剂不便处理，且耗量大，亚硝解时间过长，不便于工业化生产。现在制备方法已得到了完全的改进，关键在于采用了一种新型的复合亚硝解试剂。此试剂价廉，易处理，用量低，亚硝解效率高，使亚硝解在 20 ℃ ~25 ℃下于 2 ~3 h 内完成，且亚硝解极其平稳，完全改变了亚硝解工艺的面貌。另外，亚硝解完成后，产物不需分离，直接往反应物中加入硝解剂（硝硫混酸），升温至85 ℃ ~90 ℃，反应3 h，即得 γ - HNIW，纯度达 98% ~99%（HPLC 法测定），总得率达 90% 左右。

这也是一步法，或称一锅法。由 TADBIW 制备 HNIW，由于 TADBIW 仅由 HBIW 进行一次氢解即可得到，而其他制备 HNIW 的硝解前体（包括 TADFIW、TAIW、HAIW、TADEIW）均需由 TADBIW 再氢解一次，即要由 HBIW 进行两次氢解才能得到，但 HBIW 的第二次氢解远比第一次氢解困难，昂贵的催化剂用量也更多，且第二次氢解又要采用另外的溶剂，所以以改进后的一步法由 TADBIW 制备 HNIW 是目前最经济简便的工艺之一。目前，法国及瑞典均采用 TADBIW 制备 HNIW，法国的装置已达中试规模。

5）水解硝化法。最近，又有人研究成功以单一硝酸将 TADBIW 进行水解硝化，以一步法（一锅法）制得了 HNIW，工艺简单，产品纯度（98% ~99%）及得率均极佳。为由 TADBIW 制备 HNIW 开辟了另一种切实可行的新工艺。

（2）由 TADFIW 制备 HNIW。

1）硝酸法。用浓度98%以上的硝酸在115 ℃下可将 TADFIW 硝解为 γ - HNIW。具体操作如下：在装有冷凝器、干燥管、温度计以及搅拌器的三口圆底烧瓶中加入 15 mL 98% HNO_3，在搅拌下分批加入 5.0 g TADFIW，加料速度以维持反应物温度为 20 ℃ ~25 ℃为宜。TADFIW 可溶于 HNO_3 中，形成清亮溶液。将烧瓶内物料加热至 115 ℃，此时外部加热油浴的温度相应为 125 ℃。反应一定时间后，反应液中开始析出白色固体。随着反应的进行，白色固体增多。总反应时间需 4.5 h。反应毕，令反应混合物冷至室温，再将其倾入碎冰中，过滤出白色固体，用净水洗涤三次，干燥，得流散性粉末。FTIR 证明为 γ - HNIW，得率 90% ~99%。

上述以 HNO_3 硝解 TADFIW 制备 HNIW 的工艺，硝酸用量、硝酸浓度、反应温度及反应时间对 γ - HNIW 得率的影响见表 8 -7。

表 8 -7 硝解工艺条件对产物纯度的影响

TADFIW 量/g	HNO_3 量/mL	HNO_3 质量分数/%	反应温度/℃	反应时间/h	产物中 HNIW 质量分数/%
0.3	1	98	80	4	30
0.3	1	98	115	4	98
1.0	1.5	98	115	4	80①

续表

TADFIW 量/g	HNO_3 量/mL	HNO_3 质量分数/%	反应温度/℃	反应时间/h	产物中 HNIW 质量分数/%
1.0	2.0	98	115	4	80①
1.0	3.0	98	115	4	98
0.3	3.0	98	115	12～15	98
0.3	1.0	95	115	4	95～97
0.3	3.0②	98	70	10～15	无 HNIW 生成
0.3	3.0②	98	75	10～15	60
0.3	3.0②	98	80	10～15	80
0.3	3.0②	98	100	10～15	95
0.3	3.0②	98	115	10～15	99

① 副产物中含一氧及二氧杂异伍兹烷，说明部分 HNIW 为水所水解。

② 另加有 1.3 g 磺酸树脂。

2）硝硫混酸法。在反应瓶中加入 20 mL 98% 硝酸，冷却至 10 ℃以下，往其中逐份加入5.0 g TADFIW，加料时间约 10 min，保持加料温度不超过 20 ℃。随后再于 30 min 内及不高于 30 ℃下加入 20 mL 98% 硫酸。加毕，将物料温度缓慢升至 75 ℃，反应 2 h；再升温至 90 ℃，反应 3 h。冷却，过滤，洗涤，干燥，得 γ－HNIW。得率 82%，纯度 97%。

（3）由 TAIW 制备 HNIW。

1）硝硫混酸法（连续法）。美国专利 USP,6391,130B1（2002 年）报道了一种将 TAIW 以连续法硝解为 HNIW 的方法，该法采用由发烟硝酸与浓硫酸配成的硝硫混酸为硝化剂，硝酸与硫酸体积比为（6∶4）～（8∶2），混酸与被硝化前体的质量比为（7∶1）～（8∶1），硝解温度为 85 ℃，硝解时间不大于 20 min，产物得率可达 99%。图 8－2 是连续法合成 HNIW 的设备流程图，具体操作过程如下。

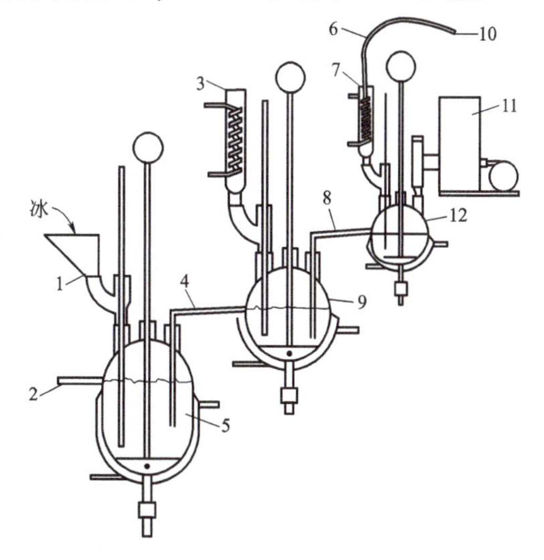

图 8－2　连续法合成 HNIW 的设备流程图

1,4,6,8—导管；2—接过滤器；3,7—冷凝器；5,12—冷却器；9—反应器；10—混酸入口；11—螺旋加料器

TAIW 通过一螺旋加料器 11 加入第一个冷却器 12 中，被冷却至 0 ℃～20 ℃。硝解用混酸也通过导管 6 加入冷却器 12 中，且导管 6 内装有一冷凝器 7。

在 2 ~ 3 min 内，TAIW 溶于混酸中，形成溶液。此溶液再从冷却器 12 中通过导管 8 溢流至反应器 9 中，反应器 9 上装有冷凝器 3。物料在反应器 9 内的温度维持在 85 ℃，并在此停留约 10 min 以硝解为 HNIW。反应器 9 中的物料（含有 HNIW 的混酸）通过导管 4 进入第二冷却器 5，在此被冷却至 0 ℃ ~20 ℃。通过导管 1 往第二冷却器 5 中加入冰，其量与由 9 进入 5 中的物料量相等（体积比）。由第二冷却器中流出的物料送往过滤，以得到 HNIW。

硝解 TAIW 为 HNIW 时，如硝解温度为 95 ℃，则混酸组成及硝解时间与 TAIW 变为 HNIW 的转化率（硝解率）的关系示于表 8 - 8。该表中的硝解率是如下得到的：每隔 5 min，由反应器中取约 80 mg 试样，溶于 CD_3COCD_3 中，测定此氘代丙酮液的^{1}HNMR 谱。HNIW 的^{1}HNMR 谱显示两个峰，其化学位移分别为 8.23 ppm 和 8.36 ppm，两者的积分比为 1∶2。根据 HNIW 图谱上较小峰的峰面积与最大杂质峰（该峰的化学位移为 7 ~ 9 ppm）的峰面积比，即可确定 TAIW 的硝解率。

由表 8 - 8 可知，混酸中发烟硝酸∶浓硫酸 = 7∶3（体积比）时，TAIW 的硝解率在 10 min 内即达 100%。而当此比值为 9∶1 时，TAIW 的硝解率在 40 min 内才达到 98%。当此比值为 5∶5 时，TAIW 的硝解率为 71%（10 min）、89%（15 min）、92%（20 min）及 98%（30 min）。

表 8 - 8 混酸成分及反应时间与 TAIW 硝解率的关系

H_2SO_4/mL	HNO_3/mL	硝解时间/min	硝解率/%
1	9	20	72
1	9	25	91
1	9	30	91
1	9	35	97
1	9	40	98
2	8	15	92
2	8	20	100
2	8	25	100
2	8	30	100
2	8	35	100
2	8	40	100
3	7	10	100
3	7	15	100
3	7	20	100
3	7	25	100
3	7	30	100
3	7	35	100

① 1 ppm = 10^{-6}。

续表

H_2SO_4/mL	HNO_3/mL	硝解时间/min	硝解率/%
3	7	40	100
4	6	10	91
4	6	15	88
4	6	20	100
4	6	25	100
4	6	30	100
4	6	35	100
4	6	40	100
4	6	5	91
5	5	10	71
5	5	15	89
5	5	20	92
5	5	30	98

2）硝酸法。在反应器中加 98% 硝酸，再在 15 ℃ ~30 ℃ 下逐份加入 TAIW。硝酸用量为 TAIW 的 15 倍（以质量计）。待 TAIW 全部溶于硝酸后，将反应液缓慢升温至 85 ℃ ~90 ℃，继续反应 18 ~20 h。反应毕，将反应物冷却至 10 ℃左右，再倾入适量冰水中稀释。过滤出固体，水洗至中性，在减压下 80 ℃左右干燥至恒重，得 γ - HNIW，得率 93% ~94%。

表 8 -9 ~ 表 8 -11 分别汇集了反应温度及时间、硝酸用量及硝酸浓度对 HNIW 得率及纯度的影响。

表 8 -9　反应温度及时间对 HNIW 得率及纯度的影响
（每克 TAIW 的硝酸用量为 10 mL，硝酸浓度为 98%）

No	*T*/℃	*t*/h	反应完全程度①	得率/%
1	83	>25.0	不完全	—
2	85	20.5	完全	93.5
3	87	20.0	完全	94.3
4	90	19.3	完全	94.4
5	93	18.5	完全	94.4
6	95	18.0	完全	93.4
7	97	18.0	完全	93.3

① 用 TLC 检测，反应完全时只有 HNIW 一个斑点，纯度大于 99%（HPLC 归一化），反应不完全则显示两个或两个以上斑点，分别为 PNMAIW（五硝基一乙酰基六氮杂异伍兹烷）和 TNDAIW（四硝基二乙酰基六氮杂异伍兹烷）。

温度可以加快反应速度，缩短反应时间。低于 83 ℃时，TAIW 反应不完全；高于 85 ℃时，反应才能完全。但温度过高可导致硝酸分解加剧，不易控制。故硝化温度以 85 ℃ ~ 90 ℃为宜。

表 8-10　硝酸用量对 HNIW 纯度及得率的影响（硝酸浓度为 98%，反应温度为 90 ℃，时间为 19.5 h）

No	HNO_3/mL	TAIW/g	得率%
1	30	5.0	反应不完全
2	40	5.0	94.5
3	50	5.0	94.4
4	60	5.0	94.3
5	100	10.0	94.8
6	120	10.0	94.8
7	240	20.0	95.4

表 8-11　硝酸浓度对 HNIW 得率及纯度的影响

No	HNO_3/%	HNO_3/mL	TAIW/g	t/h	得率/%
1	98	40	5.0	18.5	94.5
2	98	100	10.0	18.5	94.8
3	98	200	20.0	18.2	95.4
4	95	40	5.0	18.0	94.6
5	95	200	20.0	18.3	95.4
6	95	480	40.0	18.3	96.0
7	90	40	5.0	19.0	94.4
8	85	40	5.0	>25.0	反应不完全

采用 98% 的硝酸硝解 20 h 时，如每克 TAIW 的硝酸用量小于 6 mL，产物 HNIW 含少量 PNMAIW；只有当每克 TAIW 的硝酸用量达 8 mL 时，才能得到纯度达 98% 以上的 γ-HNIW，且得率能达 94% ~95% 。即使硝酸用量再行增加，对 HNIW 的得率均无改善。

对浓度 85% 的硝酸，即使将硝解时间延长至 25 h，产物的纯度亦达不到要求。但浓度 90% ~95% 的硝酸，均适宜作为 TAIW 的硝解剂，只要每克 TAIW 的硝酸用量达到 8 mL，反应温度达 90 ℃，硝解 20 h 后均可得到高得率（94% 以上）、高纯度（98% 以上）的 HNIW。

3）硝硫混酸法。10 g TAIW 溶于 100 mL 硝硫混酸中，将反应液迅速加热至回流温度 85 ℃，用 HNMR 图谱跟踪反应，当反应完成后，将反应物冷至室温，再小心地倾入两倍体积的冰水中。过滤出固体，用水洗至中性，干燥即得纯度达 98% ~99% 的 HNIW（HPLC

法测定)，得率可达 90% ~94%。

4) 由 TADEIW 制备 HNIW。在反应瓶中加入 20 mL 复合氧化 - 硝解剂，冷却至 10 ℃以下，往其中逐份加入 5.0 g TADEIW，加料时间约 10 min，保持加料温度不超过 20 ℃。加毕，将物料温度缓慢升至 75%，反应 2 h；再升高至 90 ℃，反应 3 h。冷却，过滤，洗涤，干燥，得γ - HNIW。得率 99%，纯度 99%。

5) 由 HAIW 制备 HNIW。以硝硫混酸硝解法制备，其操作程序与由 TAIW 合成 HNIW 的方法完全一致。

5. HNIW 的转晶工艺

前已述及，HNIW 在常温常压下存在四种晶型，而通常硝解制得的是α - HNIW 或 γ - HNIW或 α - HNIW 与 γ - HNIW 的混合物，但实用的是 ε - HNIW，所以 HNIW 的制备还包括一个转晶过程，即将硝解所得的 HNIW 转晶为 ε - HNIW。这种转晶过程一般是采用溶剂重结晶工艺来实现的。即将硝解所得的 HNIW 溶于一种溶剂(这种溶剂可称为良溶剂)中，再往所得溶液中加入一种对 HNIW 不溶、但可与溶解 HNIW 的溶剂互溶的另一种溶剂(这种溶剂可称为不良溶剂)及少量 ε - HNIW 晶种(也可将 HNIW 溶液加入不良溶剂中)，使 HNIW 重新结晶析出以完成转晶。可用于溶解 HNIW 的溶剂常为相对分子质量低的极性溶剂酯、酮、环醚等，如乙酸乙酯、乙酸甲酯、乙酸异丙酯、乙酸丁酯、四氢呋喃、甲基乙基酮等，但最常用的是乙酸乙酯。适宜的良溶剂应易溶 HNIW(溶解度最好大于 20%)，挥发性较低，且易与水形成较低沸点(<90 ℃)恒沸物，但不与不良溶剂形成恒沸物，以便于蒸馏分离。不良溶剂常为非极性溶剂，对 HNIW 的溶解度应小于1%，沸点宜与良溶剂相差 20 ℃以上。良溶剂与不良溶剂之比一般为(1∶3) ~(1∶5)(体积比)。此比例与转晶得率(析出的 ε - HNIW 量)密切相关。比例越小，即不良溶剂用量越多，得率越高(图 8 - 3)。不良溶剂的密度宜小于 1 g·cm^{-3}，以利于分离。可用的有石油醚、芳香烃(苯、甲苯、二甲苯)、低碳烷烃(己烷、庚烷、2,2,2 - 三甲基戊烷、辛烷)、脂环烷(环己烷)、氯代烃(氯仿、1,2 - 二氯乙烷、溴苯)、乙醚、矿物油、硝酸酯(聚缩水甘油硝酸酯、三乙二醇二硝酸酯)及某些甲酸酯(甲酸苯酯、甲酸苄酯)等。有时，同时采用不良溶剂及辅助不良溶剂对转晶更为有利，特别适宜的辅助不良溶剂是石蜡油。

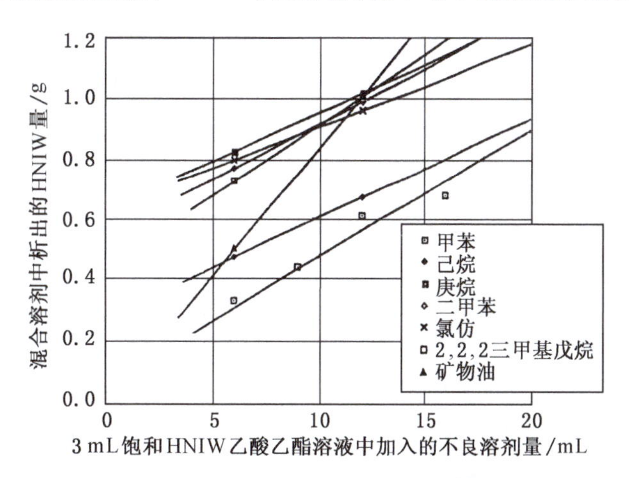

图 8 - 3 不良溶剂用量与 ε - HNIW 析晶量的关系

在实验室对 HNIW 转晶时，通常是在一定温度下将 HNIW 溶于约两倍量(质量比)的乙酸乙酯中，再在搅拌下往形成的溶液中滴加为良溶剂量 3～5 倍（体积比）的不良溶剂，令 ε－HNIW 结晶析出。例如，将 50 g 干的 γ－HNIW 在室温下溶于 110 g 乙酸乙酯中，再在搅拌下往所形成的溶液中滴加庚烷，加料速度可为 10～30 $mL \cdot min^{-1}$，搅拌速度以不使溶液表面被扰动为宜。加入 75 mL 庚烷后，溶液开始显混浊；加入 200 mL 后，溶液完全变混浊。在溶液开始显混浊时，应加少量 ε－HNIW 作为晶种。继续往溶液中滴加庚烷，溶液中结晶析出的 HNIW 也逐渐增多。加完庚烷后，再继续搅拌物料一定时间，以使转晶完全。整个转晶过程都是在室温下进行的，不必加热，也不必冷却。以这种方法转晶时，转晶得率主要取决于不良溶剂的加入量及不良溶剂对 HNIW 的溶解度，当不良溶剂为溶剂量的 4～5 倍（体积），且不良溶剂几乎不溶 HNIW 时，得率可达 95% 左右。转晶后的混合溶剂（良溶剂与不良溶剂的混合物）可蒸馏分离，回收再用。用这种方法转晶时，析出的 ε－HNIW 常易黏附于玻璃容器壁上。

8.2.3 六硝基六氮杂异伍兹烷的应用

1. 在炸药中的应用

HNIW 已正在被研究用于多种高能混合炸药中，下面列举几个实例。

（1）以 Estane 或 EVA 为黏结剂的 PBX。美国劳伦斯利物莫尔实验室（LLNL）曾参照以 HMX 为基的 PBX（LX－14），但以 HNIW 代替奥克托今（HMX），制备了四种以 Estane（聚氨基甲酸乙酯）或 EVA（乙烯－醋酸乙烯共聚物）为黏结剂的 PBX，并测定了它们的能量水平及安全性能，还求得了其 JWL 状态方程参数。四种 PBX 的组成示于表 8－12，表中的 RX－39－AA 采用的是 β－HNIW，其他几种 PBX 采用的都是 ε－HNIW（HNIW 的纯度为 96%）。RX－39－AB与 LX－19 的组成是一样的，不过两者所用 ε－HNIW 的粒度不同，前者的 ε－HNIW 的平均粒径为 120 μm，后者小于等于 160 μm，且其中有 25% 已磨细至 6 μm，以使 PBX 能压至较高的密度（即使之尽可能接近理论密度）。

表 8－12　几种以 ε－HNIW 及 β－HNIW 为基的 PBX 的组成

炸药代号	炸药组成
RX－39－AA	95.5% β－HNIW＋4.5% Estane5703－P
RX－39－AB	95.8% ε－HNIW＋4.2% Estane5703－P
LX－19（RX－39－AC）	95.8% ε－HNIW＋4.2% Estane5703－P
PBXC－19	95% ε－HNIW＋5% EVA

（2）以 GAP 或 HTPB 为黏结剂的 PBX。H. R. Bircher 等曾以 GAP（聚叠氮缩水甘油醚）及 HTPB（端羟基聚丁二烯）为黏结剂，制得了几种以 HNIW 为基的 PBX，并测定了它们的某些爆炸性能和相容性。为供比较，还同时测定了以 HMX 为基的同样配方的同类性能。

PBX所用HHIW为ε-型,90%的粒径小于134 μm,50%小于35 μm,10%小于6 μm,所用HMX为C级,90%粒径小于1 340 μm,50%小于400 μm,10%小于90 μm。

此类PBX可采用一种新的加工工艺,即所谓"Isogen Pressing"工艺制造,这种工艺仍可利用常规的压机,所得PBX的固体含能组分的含量高,机械性能优良。

表8-13所列的是以GAP或HTPB为黏结剂、以HNIW或HMX为基的PBX药柱的密度,药柱直径约20 mm,药柱长15 mm。以ε-HNIW代替HMX,药柱密度可增高约7%,无论以GAP为黏结剂还是以HTPB为黏结剂都是如此。这与ε-HNIW及HMX的密度差是一致的,因为所有药柱的密度都能压至理论最大密度的97%~98%。

表8-13 PBX的组成及密度

PBX组成(质量分数)/%	装药直径/mm	装药长/mm	密度/($g\cdot cm^{-3}$)	(实测密度:TMD)/%
HNIW/GAP(98/2)	21.3	15.48	1.964	97.4
HNIW/HTPB(98/2)	21.3	15.60	1.943	97.4
HMX/GAP(98/2)	21.3	15.03	1.831	97.2
HMX/HTPB(98/2)	21.3	15.03	1.812	97.3
HMX/GAP(96/4)	21.3	15.03	1.822	97.6
HMX/HTPB(96/4)	21.3	35.04	1.789	98.1

(3)以HNIW为基的其他高能混合炸药。美国LLNL还研制了一种以HNIW为基的注塑炸药,代号为RX-49-AE,它含78.6%的ε-HNIW(其纯度和粒径与制造LX-19者相同)、9.77%的FEFO及9.77%的FM-1(一种混合的硝基缩甲醛),其撞击感度的特性落高为38~48 cm(以12型仪测定,落锤为2.5 kg,药量35 mg。在同样条件下,ε-HNIW为12~16 cm),120 ℃ 22 h的气态产物生成量为1.69 cm^3/g(常压氦气氛中)。RX-49-AE的组分混合后注塑,固化后的产品的肖氏硬度约为20。

美国匹克汀尼兵工厂与聚硫橡胶公司推进部合作研制的以HNIW为基的压装炸药PAX-12,在降低感度和易损性方面取得了进展,PAX-12比LX-14包装小,预测该配方在未来战争中有重要用途。

美国海军水面武器中心印第安分部研制了一种用HNIW造型粉生产的不敏感压装炸药PBXW-16,用Hytemp 4454/DOS(癸二酸二辛酯)作黏结剂,有机硅化合物WS-280作增塑剂,还含有少量石墨润滑剂。小型感度试验表明,PBXW-16的感度和PBXN-9、PBXW-11(Q)的相当,但小型烤燃试验比LX-14和LX-19的反应较弱。

美国Alliant Techsystems有限公司开发的浇铸成型的含HNIW和硅氧烷的炸药,可作C-4炸药替代物,该配方由质量分数为70%~90% HNIW、1%~10%仲硝胺和10%~20%硅氧烷组成,在室温下呈糊状。这种炸药的加工性能和成型能力较C-4炸药的好。

日本 Asahi 化学公司研制的含 HNIW 的高威力低易损性炸药,用硝酸纤维素羧甲基醚作黏结剂,该炸药具有高能、高热稳定性、耐冲击及低易损性等特点。该公司还研制了含有 HNIW、端羟基硝基增塑剂和聚合物黏结剂的炸药配方,黏结剂为 3,3 – 双(叠氮甲基)氧杂环丁烷(BAMO)或 3 – 硝酰氧甲基-3-甲基氧杂环丁烷(NIMO)的聚合物,增塑剂为双(二硝基丙醇)甲缩醛和乙缩醛的混合物。

2. 在推进剂中的应用

将 HNIW 用作固体推进剂的含能组分,在能量方面肯定可优于现用的含能组分 HMX 及 RDX,推进剂的比冲和燃速可有较大幅度提高,燃烧性能也可能有所改善(但燃气的相对分子质量较大),从而有可能制得高性能、低特征信号及对环境少污染的新型推进剂,正为各国竞相研究。

目前,法国 SNPE 研制了一种交联改性双基推进剂,它含 HNIW(60%)、黏结剂 GAP、增塑剂 TMETN/BTTN 和弹道改良剂(4%),具有高燃速、低压力指数和低温度系数的特点。

德国化学工艺研究所(ICT)研制的高燃速少烟推进剂含有 20% AP、42% HNIW、35% GAPA(含叠氮端基 GAP)和增塑剂 BTTN/TMETN 及 3% 添加剂。它的加工性能好,化学稳定性高,力学性能优良,其机械感度虽略高,不过仍在高燃速复合推进剂允许范围之内。这类推进剂的综合性能基本能满足新一代超高速导弹、具有高加速能力的超高速拦截导弹和高速动能弹的应用要求,应用前景良好。

日本 Asahi 化学公司研制的含 HNIW 的推进剂,HNIW/AP 含量之比为 5 ~ 15,还含有金属铝粉,黏结剂采用 BAMO – NIMO 预聚体(20% ~ 30%),该配方具有高的能量和高的密度。

8.3 笼形多硝基烷烃

可作为高能量密度化合物的笼形多硝基烷烃,目前主要是多硝基立方烷和多硝基金刚烷。

8.3.1 多硝基立方烷

多硝基立方烷的母体立方烷不仅密度高(1.29 g/cm^3),而且标准生成焓高(540 kJ/mol)。尽管其分子内存在很高的张力,但它仍具有足够的安定性。因此,在 HNIW 尚未出现的 20 世纪 80 年代初期,多硝基立方烷曾一度是人们孜孜以求的 HDEC 之一。

只有含 4 个以上硝基的立方烷,其密度和爆速才能接近奥克托今(HMX)(但标准生成焓高于 HMX)。根据计算,八硝基立方烷(ONC)的分子式为 $C_8N_8O_{16}$,相对分子质量为 464.13,氧平衡为 0。结构式如下。

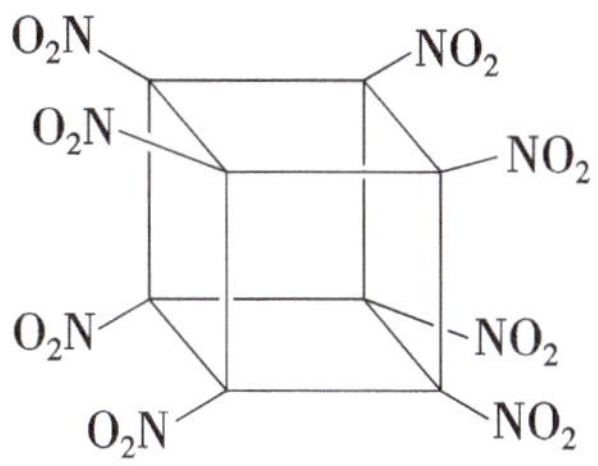

一、性能

密度为1.9~2.2 g/cm^3，标准生成焓为340~600 kJ/mol。ONC是稳定的白色固体，微溶于己烷，易溶于极性有机溶剂，从某些溶剂中结晶，常含有一分子结晶水，目前只得到一种无水的晶型，属单斜晶系。ONC在200 ℃以上分解，用锤击打不爆轰，样品密封在玻璃管中14个月不变化，长期储存的安定性未知。ONC的计算爆速为9.8 km/s，爆压为46.7 GPa。除标准生成焓外，其他有关能量的参数均略优于HNIW。美国芝加哥大学的Eaton教授，历经多年锲而不舍的艰苦探索，于1999年合成出了ONC，但由单晶X射线衍射数据得出的密度仅1.979 g/cm^3，相当于最初估计的下限值。但根据现有的多硝基立方烷的结晶结构数据，最新和相当准确的计算表明，ONC的密度应有可能达到2.135 g/cm^3，这说明有可能存在与现有ONC结晶结构不同但密度更高的结晶，寻找这种结构结晶的工作正进行中。

据Kamlet-Jacobs议程预测，ONC的能量水平可比HMX高15%~30%，比HNIW(CL-20)高6%。而HMX是目前最猛烈的军用炸药，CL-20是近年发现的一种更猛烈炸药。另外，ONC的撞击感受可能低于CL-20。

二、合成

芳香族化合物及其他不饱和系统的硝化，是以硝基取代氢，这是经典的亲电取代反应。但这类反应对立方烷系统是不适用的，因为立方烷不存在任何不饱和碳，更为普遍的情况是，不饱和系统上的硝基是直接引入的，而不是经官能团转换引入的。在合成ONC的过程中，合成过四硝基立方烷[TNC，它为极稳定、高结晶度的固体，熔点为270 ℃(分解)]、五硝基立方烷[PNC，具有互为邻位硝基的第一个多硝基立方烷]、六硝基立方烷(HNC)及七硝基立方烷(HpNC)。

PNC及HNC均为高密度的稳定结晶物。将HpNC溶于发烟硝酸，再用硫酸稀释，可形成美丽的无色结晶。根据单晶X射线分析，HpNC的计算密度为2.028 g/cm^3(21 ℃)。对于C、H、O、N炸药而言，HpNC的密度是相当高的。HpNC可发生氧化偶联反应，形成十四硝基联立方烷，其密度为1.336 g/cm^3(高于立方烷的1.29 g/cm^3)。最初，人们认为ONC是不可能合成出来的，也是不可能保存的。ONC是一个C—硝基炸药，与TNT一样，ONC上的硝基与碳相连，因此，ONC具有适当的撞击稳定性。

ONC的合成极其复杂，首先以立方烷羧酸或一硝基立方烷为原料，经多步合成1,3,

5,7－四硝基立方烷(TNC),见反应式(8.12)。对于含4个以上硝基的多硝基立方烷,不能用与合成四硝基立方烷类似的方法制得,即不能将含4个以上氯羰基的立方烷转变为相应的含四个以上硝基的多硝基立方烷。而是在固体四氢呋喃(THF)与N_2O_4的熔融界面,于－105 ℃下,硝化四硝基立方烷的阴离子(例如四硝基立方烷的钠盐),制得1,2,3,5,7－五硝基立方烷,它是第一个含相邻硝基的多硝基立方烷。与此类似,界面硝化五硝基立方烷的盐,可得到1,2,3,4,5,7－六硝基立方烷。采用合适的实验方法,很易形成六硝基立方烷的阴离子,后者能被转变为七硝基立方烷(见反应式(8.13))。

COOH $\xrightarrow[h\nu]{(COCl)_2}$ ClOC, COCl, ClOC, COCl $\rightarrow\rightarrow$ O_2N, NO_2, O_2N, NO_2 (8.12)

O_2N, H, H, NO_2, H, NO_2, O_2N, H $\xrightarrow[N_2O_4]{NaN(TMS)_2}$ { O_2N, H, NO_2, H, NO_2, H, O_2N, NO_2; O_2N, H, NO_2, O_2N, NO_2, H, O_2N, NO_2; O_2N, H, NO_2, O_2N, NO_2, O_2N, O_2N, NO_2 } (8.13)

尽管七硝基立方烷阴离子能与一些亲电试剂反应,但令七硝基立方烷盐与$NO_2^+BF_4^-$、CH_3COONO_2、CH_3ONO_2、$CF_3CH_2ONO_2$或$CF_3SO_2ONO_2$反应时,均不生成ONC,因为这类亲电试剂通常不能硝化非共振离域的阴离子。尽管N_2O_4和NO_2Cl的确能硝化某些硝基立方烷阴离子,但它们中的任何一个与七硝基立方烷盐反应时也不生成ONC。ONC可如下合成:在七硝基立方烷锂盐(由七硝基立方烷与$LiN(Si(CH_3)_3)_2$反应制得)的二氯甲烷溶液中,于－78 ℃下加入过量的NOCl,随后再在－78 ℃下将反应液臭氧化,直至溶液变蓝。再处理反应液即得ONC(见反应式(8.14)),得率为45%～55%。臭氧化前的反应中间体可能是一亚硝基七硝基立方烷,但它不稳定,很难分出。

$$\xrightarrow[\text{2. NOCl}\quad\text{3. } O_3]{\text{1. LiN(TMS)}_2} \tag{8.14}$$

按上述方法合成的 ONC,显然还很难谈及其在 HEDM 中的应用问题,不过有专家认为,ONC 可由二硝基乙炔经齐聚环化一步合成(见反应式(8.15))。根据计算,此环化齐聚化的反应热为 -60 kJ/mol,活化吉布斯自由能为 -42 kJ/mol。所以从热力学及动力学的观点而言,此环化齐聚化反应是有可能的。

$$O_2N—C\equiv C—NO_2 \longrightarrow \text{过渡态} \longrightarrow \longrightarrow \tag{8.15}$$

8.3.2　多硝基金刚烷

多硝基金刚烷也是一类有发展前景的 HEDC,它的合成一般是往金刚烷中引入合适的官能团,再将后者转变为硝基。

目前已经合成出了六硝基金刚烷(见反应式(8.16))。用于合成的起始原料是 4 - 亚甲基金刚 -2,6 - 二酮(2)。先将化合物(2)上的羰基转变为亚乙基缩酮以将其保护,而外向环亚甲基则用臭氧化为酮,这样即制得中间体 2,2,6,6 - 双(亚乙二氧基)金刚 - 4 - 酮(4)。化合物(4)在乙醇中与盐酸羟胺回流,即得相应的金刚肟(5),化合物(5)用 98% 硝酸处理(在二氯乙烷中回流),所得反应混合物的核磁图谱表明,化合物(5)中的亚乙基缩酮仍然存在,故再将其在二氯乙烷中用浓硫酸处理以使其脱缩酮。所得产物经色谱柱纯化后证实为 4,4 - 二硝基金刚 -2,6 - 二酮(6),得率 37%。化合物(6)在甲醇中与羟胺盐酸盐回流,生成金刚二肟(7),后者与 98% 硝酸在二氯甲烷中回流(与处理化合物(5)的方法相同),产物是 2,2,4,4,6,6 - 六硝基金刚烷(1)与 4,4,6,6 - 四硝基金刚 - 2 - 酮(8)的混合物(二者比为 2:3),总得率约 55%,同时,还回收了少量未反应的化合物(6)。

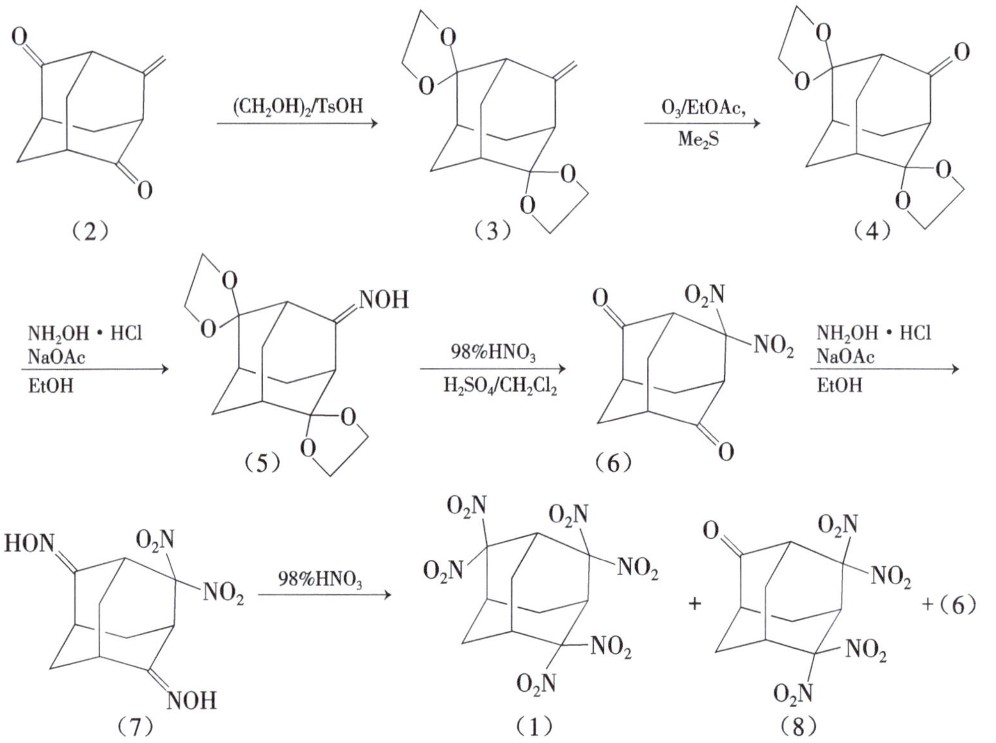

(2) $\xrightarrow{(CH_2OH)_2/TsOH}$ (3) $\xrightarrow[Me_2S]{O_3/EtOAc,}$ (4)

$\xrightarrow[EtOH]{NH_2OH \cdot HCl,\ NaOAc}$ (5) $\xrightarrow[H_2SO_4/CH_2Cl_2]{98\%HNO_3}$ (6) $\xrightarrow[EtOH]{NH_2OH \cdot HCl,\ NaOAc}$

(7) $\xrightarrow{98\%HNO_3}$ (1) + (8) + (6)

(8.16)

8.4 1,3,3 - 三硝基氮杂环丁烷

1,3,3 - 三硝基氮杂环丁烷(TNAZ)是一个四元环硝胺,为高张力小环化合物,内能高,含有一个偕二硝基和一个硝胺基。TNAZ 的分子式为 $C_3H_4N_4O_6$,相对分子质量为 192.10,氧平衡 -16.66%。结构式如下。

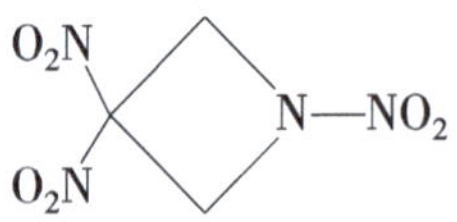

TNAZ 的能量水平比 HMX 的还略低,但它的一些独特性能(低熔点、较低感度、较佳热稳定性)和用途,使它备受人们关注,并被人们视为一个极有应用前景的高能量密度化合物 HEDC。

就 TNAZ 本身的能量水平而言,似乎不应归于 HEDC,但它能代替 TNT 用于熔铸混合炸药中,而使后者的能量上一个台阶,所以本书将其视为 HEDC。

8.4.1　性能

TNAZ 为白色结晶，密度 1.84 g/cm^3，熔点 101 ℃ ~103 ℃，标准生成焓 -60 kJ/mol，易溶于丙酮、乙酸乙酯、二甲基甲酰胺及乙腈，微溶于乙醇、冰醋酸、二氯甲烷、氯仿及四氯化碳，不溶于水、乙醚及甲苯。TNAZ 从熔融态（液相）到固态，体积收缩率较大，并形成收缩孔（孔隙率 10% ~12%）。105 ℃及 120 ℃下，液态 TNAZ 的密度分别为 1.554 及 1.522 g/cm^3。TNAZ 具有很高的蒸气压，容易升华，且挥发和升华速度很快，在 75 ℃、85 ℃及 105 ℃下的升华速度分别为 0.134、0.276 及 1.88%/min，全部升华所需时间分别为 750、400 及 50 min。

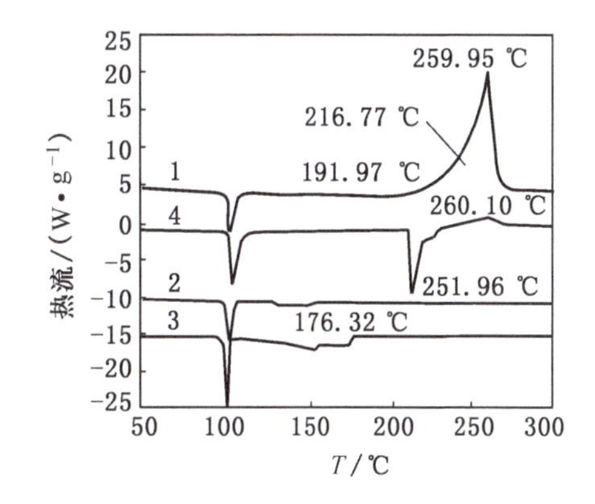

图 8-4　不同条件下 TNAZ 的 DSC 曲线

1—0.5 mg 密封样品；2—2 mg 未密封样品；3—2 mg 敞开式样品；4—2 mg 密封样品（加热速度 10 ℃·min^{-1}，样品质量 0.5 ~3 mg，氮气氛，常压）

TNAZ 的热稳定性优于黑索今（RDX），但逊于 HMX，它的热分解放热峰温约 250 ℃（DSC 法，升温速度 10 ℃/min，氮气氛），图 8-4 是 TNAZ 在不同条件下的 DSC 图，图中 DSC 图的差异都是由 TNAZ 升华和挥发造成的。

TNAZ 撞击感度的特性落高 h_{50} 为 28 ~29 cm（5 kg 落锤），爆炸概率为 44%（10 kg 落锤，25 cm 落高，药量 50 mg），摩擦感度 42%（3.92 MPa，90°，20 mg 药量）。TNAZ 的爆热约 5 600 kJ/kg，爆容 700 L/kg，爆速 8.83 km/s（密度1.83 g/cm^3），爆压 37 GPa。

8.4.2　合成

自 1984 年 TNAZ 首次合成以来，报道过的合成路线超过了 16 种，但真正能应用于工业制备的只有硝基甲烷法及氯代环氧丙烷法。

1. *硝基甲烷法*

先令甲醛和硝基甲烷在氢氧化钠催化下反应生成三羟甲基硝基甲烷，再令它与叔丁胺和另 1 mol 甲醛反应制得化合物（1）。然后将（1）加入至含等物质的量的 HCl 的甲醇溶液中脱掉一分子甲醛并开环，得到化合物（2），后者继续与二异丙基偶氮二羧酸酯（DIAD）和三苯基膦（Ph_3P）在 2-丁酮中闭环生成 1-叔丁基-3-羟甲基-3-硝基氮杂环丁烷（3）。用氢氧化钠中和化合物（3）的溶液，除去一分子甲醛制得 1-叔丁基-3-硝基氮杂环丁烷，将此氮杂环丁烷衍生物用亚硝酸钠、铁氰化钾和过硫酸钠氧化硝化可得 1-叔丁基-3,3-二硝基氮杂环丁烷，它与硝酸成盐为 1-叔丁基-3,3-二硝基氮杂环丁烷硝酸盐（4）。将化合物（4）与硝酸铵在醋酐中于常温下硝解，即得到 TNAZ。整个反应过程见式（8.17）。此法得率已提高至 50%（按 CH_3NO_2 计），产品纯度甚佳。由于 TNAZ 容易升华，通常把它合成为硝酸盐，便于储存。将1－叔丁基－3,3－二硝基氮杂环丁烷与氯甲酸甲酯反应，再用氢氧化钠水解及用硝酸处理，就得到 3,3－二硝基氮杂环丁烷硝酸盐(见反应式(8.18))。

$$CH_3NO_2+3CH_2O \xrightarrow{NaOH} (O_2N)C(CH_2OH)(CH_2OH)(HOH_2C) \xrightarrow[t\text{-}BuNH_2]{CH_2O} \underset{(1)}{\text{5-}O_2N\text{-5-}CH_2OH\text{-3-}t\text{-Bu-1,3-oxazinane}} \xrightarrow[MeOH]{HCl}$$

$$\text{5-}O_2N\text{-5-}CH_2OH\text{-3-}(t\text{-Bu}\cdot HCl)\text{-1,3-oxazinane} \xrightarrow[\triangle]{-CH_2O} \underset{(2)}{(O_2N)C(CH_2OH)_2(H_2C\text{-}NH\text{-}t\text{-Bu}\cdot HCl)} \xrightarrow{DIAD,Ph_3P} \underset{(3)}{\text{3-}O_2N\text{-3-}CH_2OH\text{-1-}(t\text{-Bu}\cdot HCl)\text{azetidine}}$$

$$\xrightarrow[K_3[Fe(CN)_6],\ Na_2S_2O_8]{NaNO_2,\ NaOH} \text{3,3-}(O_2N)(NO_2)\text{-1-}t\text{-Bu-azetidine} \xrightarrow{HNO_3} \underset{(4)}{\text{3,3-}(O_2N)(NO_2)\text{-1-}(t\text{-Bu}\cdot HNO_3)\text{azetidine}} \xrightarrow[Ac_2O_2]{NH_4NO_3} \underset{TNAZ}{\text{3,3-}(O_2N)(NO_2)\text{-1-}NO_2\text{-azetidine}} \tag{8.17}$$

$$\text{3,3-}(O_2N)(NO_2)\text{-1-}t\text{-Bu-azetidine} \xrightarrow{MeOCOCl} \text{3,3-}(O_2N)(NO_2)\text{-azetidine-N-C(=O)-OMe} \xrightarrow{NaOH} \text{3,3-}(O_2N)(NO_2)\text{-azetidine-N-C(=O)-ONa} \xrightarrow[-CO_2]{HNO_3} \text{3,3-}(O_2N)(NO_2)\text{-azetidine-N(H)}\cdot HNO_3 \tag{8.18}$$

2. 氯代环氧丙烷法

TNAZ 也可从叔丁胺和环氧氯丙烷出发，通过 1－叔丁基－3－羟基氮杂环丁烷盐酸盐及1－叔丁基－3,3－二硝基氮杂环丁烷三氟醋酸盐中间体合成，见反应式(8.19)。

$$H_3C\text{—}C(CH_3)(CH_3)\text{—}NH_2 + CH_2CHCH_2Cl\ (\text{O bridge}) \longrightarrow \text{3-OH-1-}(CH_3)_3C\text{-azetidine}\cdot HCl \xrightarrow[K_3[Fe(CN)_6],\ Na_2S_2O_8,\ CF_3COOH]{CH_3S(=O)(=O)Cl,\ NaNO_2} \text{3-}NO_2\text{-3-}NO_2\text{-1-}(CH_3)_3C\text{-azetidine}\cdot CF_3COOH$$

$$\xrightarrow{(CF_3CO)_2O,HNO_3} \text{3-}NO_2\text{-3-}NO_2\text{-1-}O_2N\text{-azetidine} \tag{8.19}$$

8.4.3　用途

1. 熔铸装药

TNAZ 具有较低的熔点和较低的感度,在液相时具有良好的稳定性,还能与其他炸药形成低共熔混合物,所以 TNAZ 既可单独熔铸成型,也可与其他炸药混合熔铸成型。在武器上的应用前景十分广阔,是 TNT(三硝基甲苯)理想的替代炸药。爆热弹测定结果表明,TNAZ 的能量输出为 HMX 的 96%,为 TNT 的 150%。以 TNAZ 代替 B 炸药中的 TNT,炸药的爆压和爆速可提高 30% ~40%。

表 8 - 14 是 TNAZ 与 HMX 或 RDX 组成的熔铸炸药的主要性能。

表 8 - 14　TNAZ 与 HMX 或 RDX 组成的熔铸炸药的主要性能

No	1	2	3
组成	RDX/TNT(60/40)	RDX/TNAZ(60/40)	HMX/TNAZ(60/40)
密度/($g \cdot cm^{-3}$)	1.72	1.78	1.85
放出气体体积①/($cm^3 \cdot g^{-1}$)	0.13	0.10	0.04
特性落高/cm	71.8(5)②	55.7(5)	52.1(5)
摩擦感度/N	360	100	100
第一吸热峰初温/℃	78	94	95
第二吸热峰初温/℃	188	183	178
放热峰初温/℃			190
计算爆速/($km \cdot s^{-1}$)	8.000	8.730	8.970
实测爆速/($km \cdot s^{-1}$)	7.890(ρ 为 1.720 $g \cdot cm^{-3}$)	8.720(ρ 为 1.780 $g \cdot cm^{-3}$)	8.980(ρ 为 1.851 $g \cdot cm^{-3}$)

① 110 ℃,20 h 真空安定性试验。
② 括号内数字为落锤质量(kg)。

TNAZ 作为熔铸炸药除了成本高以外,还有液相蒸气压高、容易升华和固化时体积收缩率较大、易形成孔隙等缺点。在熔融的 TNAZ 中加入一定量的 *N* - 甲基 - 4 - 硝基苯胺,可以降低 TNAZ 过高的蒸气压和减小装药孔隙率。用结构相似的 DNDAZ 与 TNAZ 形成二元低共熔物也可以降低蒸气压,减缓升华和降低熔点。

TNAZ 的感度高于 TNT,但含 TNAZ 的 ARX - 4007 的感度水平类似于喷托利特。ARX - 4007作为一种金属加速炸药,其 VOD 为 8 660 m/s,p_{C-J}为 33.0 GPa。ARX - 4007 与 B 炸药(RDX/TNT,60/40)相比,黏度相当,但前者能量高 11%。目前发现 TNAZ 的主要缺点是生产成本高,略有挥发性,如能通过改进合成工艺,降低 TNAZ 的成本,并改善挥发性,TNAZ 有可能在采用 TNT 的所有配方工艺中得到应用,即代替 TNT。

2. 压装炸药

压装 TNAZ 药柱的密度可高于 99% 的理论最大密度,在较高温度压装时,能形成高质量的可机械切削的药柱。例如,美国以 TNAZ 为基的配方(代号 PAX - 16)的感度比 LX - 14 的低,射流质量分布优于 LX - 14,8 倍口径炸高时的破甲性能有相当大的提高,对新战斗部的设计有很大的潜力和吸引力。

又如,一种组成为 98 TNAZ/1 聚丙烯酸酯/1 癸二酸二辛酯的 PBX,密度为 1.78 g/cm^{3}时的理论爆速可达 8.7 km/s,实测爆速可达 8.3 km/s(21 mm×21 mm 药柱)。

在低易损性炸药 XM-39,TNAZ 提供的能量比 RDX 的高 10%。在 XM - 39 中,能量比较如下:RDX 为 1 069 J/g,HMX 为 1 063 J/g,TNAZ 为 1 160 J/g。基于上述,可以认为,在现有军用含能材料配方中,就低感、耐热及高能而言,无论作为炸药或混合炸药或推进剂的候选组分,TNAZ 都是吸引人的。

8.5 二硝酰胺铵

二硝酰胺铵(ADN)是一种高能新型氧化剂,用其取代固体推进剂中的高氯酸铵(AP)或者硝酸铵(AN),能大幅度地提高推进剂的能量,降低特征信号和减少环境污染,所以被认为是下一代低特征信号推进剂的候选氧化剂之一。ADN 为白色离子物质,由阳离子 NH_4^+ 和阴离子 $N(NO_2)_2^-$ 组成,分子式为 $NH_4N(NO_2)_2$,相对分子质量 124.1,标准生成焓 -150 kJ/mol(AP 为 -296 kJ/mol,AN 为 -365 kJ/mol),氧平衡为 +25.81%(AP 为 +27.23%,AN 为 +20.00%)。早在 20 世纪 70 年代,苏联即已深入进行了 ADN 合成及性能的研究,目前俄罗斯已将其用于推进剂中。我国也已有几个单位合成出了 ADN 及其他二硝酰胺盐类。

8.5.1 性能

1. 一般性能

作为一个含能分子,燃烧时单位质量生成的气体量应尽可能高,因而应有尽可能高的 H/C比。ADN 显然符合这一要求,它不含碳,且氮含量极高。

ADN 是一个高密度、不含氯的氧化剂。它为白色结晶,熔点为 90 ℃ ~92 ℃,密度 1.81 g/cm^3(几乎与 RDX 的相同)。从密度、标准生成焓及氧平衡这三个对推进剂能量最有贡献的因素综合考虑,可以认为 ADN 优于 AP 及 AN。

尚未报道 ADN 具有多晶型,但令 ADN 自然晶析时,形成针状结晶,应采用合理的结晶工艺,避免生成针状 ADN 晶体。

2. 安全性能

ADN 的摩擦感度及静电火花感度均与 AP 的不相上下,撞击感度虽高于 AP,但仍略低于RDX。如果与另一含能氧化剂硝仿肼(HNF)相比,则可以认为ADN仍是一个感度比较低的化合物(表8-15)。

表8-15 ADN的安全性能(与其他几种含能氧化剂的比较)

安全性能 \ 化合物	ADN	AP	HNF	RDX	HMX
撞击感度(BAM仪)/J	3.7①	13.7	1.6	3.5	4.2
摩擦感度(BAM仪)/N	11%~30%,353②	30%,353	29	193	113
静电火花感度/mJ	≥726	≥726	≥726	180~726	225~726

① ADN撞击感度的特性落高h_{50}为24 cm(2 kg落锤,药量30 mg)。

② ADN的摩擦感度的爆炸概率为14%(2.4 MPa,66°,药量20 mg)。

3. 热安定性

ADN在常温下较稳定,加热时易分解,起始分解温度约为120 ℃。ADN熔化后,即开始缓慢分解,熔融ADN在100 ℃下经24 h即有4%的质量损失。另外,ADN在光照和潮湿的环境下存放几个星期就会变质。同时,ADN自身产生的酸性物质可催化ADN的热分解反应。在ADN中加入碱性物质则可提高ADN的安定性,例如,乌洛托品可使ADN的热分解速率下降,热分解的起始温度提高,使达到10%质量损失的时间延长。200 ℃时,ADN完全分解。

4. 热分解

ADN的主要热分解步骤见反应式(8.20)。

$$NH_4N(NO_2)_2 \longrightarrow NH_3 + NH(NO_2)_2$$
$$HN(NO_2)_2 \longrightarrow HNO_3 + N_2O$$
$$HN(NO_2)_2 \longrightarrow NO_2 + NO + N_2 + H_2O$$
$$NH_3 + HNO_3 \longrightarrow NH_4NO_3$$
$$NH_4NO_3 \longrightarrow N_2O + H_2O$$
$$NH_3 + NO_2 \longrightarrow NO + H_2O + N_2 \tag{8.20}$$

反应式(8.20)表明,ADN热分解时,最初的产物是NH_3和二硝酰胺($HN(NO_2)_2$),但后者又可立即继续分解为N_2O和HNO_3,而HNO_3又与NH_3反应生成NH_4NO_3。在更高温度下,NH_4NO_3则可分解为N_2O和H_2O。同时,$HN(NO_2)_2$也可分解为N_2O、NO、N_2及H_2O等,而NO_2又可与NH_3进一步反应。此外,ADN的热分解还有除反应式(8.20)以外的少量副反应。

5. 相容性

ADN与NC、RDX、DNPA、C_2、HTPB、NG、BTTN及AP的相容性均较好,当它们与

HNIW 混合时，第一分解峰温虽有所降低，但起始分解温度都高于 130 ℃，所以当 ADN 与上述组分共同使用时，不会引起安全问题。

表 8-16 汇集了 ADN 的一些物理性能、热性能和爆炸性能的数据。

表 8-16 ADN 的一些物理性能、热性能和爆炸性能

性能	特性数据
熔点/℃	92.0
密度/($g \cdot cm^{-3}$)	1.80~1.84
分解温度/℃	127.0
发火温度/℃	142.0
生成焓/($kJ \cdot mol^{-1}$)	-150.6
摩擦感度/N	72.0
撞击感度/Nm	5.0
静电放电/J	0.45
真空安定性[80 ℃ ×40 h,$cm^3 \cdot (5\ g)^{-1}$]	0.73

8.5.2 合成

ADN 的合成方法有多种，各有优缺点。原料来源丰富、工艺简便、成本低廉的 ADN 合成路线，仍是含能材料合成研究工作者极感兴趣的课题之一。

1. 硝基脲法

以尿素合成 ADN 或二硝酰胺钾(KDN)(见反应式(8.21))。此法原材料价廉，合成步骤较少；但产品收率低(20%~45%)，二次硝化采用价昂的 $NO_2^+BF_4^-$ 为硝化剂，且反应要求在低温、无水下进行。只有改进硝化剂(如改用 N_2O_5)和提高产品得率，硝基脲法才有发展前景。

$$H_2NCONH_2 \longrightarrow H_2NCONH_2 \cdot HNO_3 \longrightarrow H_2NCONHNO_2 \longrightarrow$$
$$H_2NCON(NO_2)_2 \longrightarrow ADN(KDN) \qquad (8.21)$$

2. 氨基磺酸盐法

以氨基磺酸盐($NO_2^+BF_4^-$ 或 HNO_3/H_2SO_4 或 N_2O_5 为硝化剂)合成 ADN(见反应式(8.22))。其优点是原料易得，反应步骤少，反应条件较温和，且产品得率较高；缺点是分离 ADN 中副产品的操作比较复杂。已采用的分离技术有活性炭吸附法(将硝化液吸附在活性炭上，用水洗涤三次，除去副产品，再用有机溶剂洗脱 ADN，最后除去有机溶剂制得 ADN 粗品)及有机溶剂提取法(将硝化液蒸干，所得固体干燥后用有机溶剂处理，过滤

除去副产物，蒸干滤液中的溶剂制得 ADN 粗品）。

此法制得的粗品熔点为 80 ℃ ~88 ℃，重结晶后精品的熔点为 90 ℃ ~93 ℃。

$$\underset{X=Na,\ K,\ NH_4\text{等}}{NH_2SO_3X} \xrightarrow{\text{硝化}} \begin{cases} \xrightarrow{\text{氨化}} ADN \\ \xrightarrow{KOH} KDN \end{cases} \quad (8.22)$$

3. 氨基甲酸酯法

此法原料来源广泛，成本低廉，工艺简便。合成 *N* - 硝基氨基甲酸乙酯铵盐的得率可高达 90%，但第二次硝化较难掌握，需采用 $NO_2^+BF_4^-$ 或 N_2O_5 为硝化剂，产品得率较低（40% ~60%），ADN 粗品熔点为 75 ℃ ~80 ℃。用 HNO_3/H_2SO_4 为硝化剂进行二次硝化的研究正进行中。此法的反应过程见式(8.23)。

$$NH_2COOEt \xrightarrow{HNO_3/H_2SO_4} O_2NHNCOOEt \xrightarrow{NH_3}$$
$$NH_4 \cdot N(NO_2)COOEt \xrightarrow{NO_2^+BF_4^-\text{或}N_2O_5} ADN \quad (8.23)$$

4. 氨基丙腈法

1995 年，我国自行设计了氨基丙腈法用于合成 ADN，见反应式(8.24)。

$$PrOC(=O)NHCH_2CH_2CN \xrightarrow{HNO_3,NH_3} NH_4N(NO_2)CH_2CH_2CN \xrightarrow{NO_2^+BF_4^-,CH_3OH}$$
$$(O_2N)_2NCH_2CH_2CN \xrightarrow[Et_2O]{NH_3} (O_2N)_2NNH_4 \quad (8.24)$$

8.5.3 应用

ADN 可用作推进剂的优良氧化剂，以其代替 AP，可提高比冲，改善二次烟特征信号。例如，一种组成为 ADN/H_2O/甘油(61/26/13)的单元推进剂的理论比冲为 246.9 s，而组成为 GAP/RDX/ADN 的无烟推进剂，最高比冲可达 268.4 s。

8.6 多环及单环硝胺

8.6.1 2,5,7,9 - 四硝基 -2,5,7,9 - 四氮杂双环[4.3.0]壬酮 -8

此化合物俗称 K -56，分子式 $C_5H_6N_8O_9$，相对分子质量 322.18，氧平衡 -19.86%，晶体密度 1.99 g/cm³。它可用 1,4 - 二甲酰基 -2,3 - 二羟基哌嗪与脲为原料，按反应式(8.25)合成。

(8.25)

反应的第一步是在盐酸中，令1,4-二甲酰基-2,3-二羟基哌嗪(由乙二胺、甲酸甲酯及乙二醛合成)与脲缩合为2,5,7,9-四氮杂双环[4.3.0]壬酮-8的二盐酸盐(化合物(1))，得率95%。第二步是将化合物(1)硝化为K-56(4)。可用的硝化剂有100% HNO_3、HNO_3/Ac_2O、HNO_3/N_2O_5和$NO_2^+BF_4^-$等。硝化时，根据条件不同，产物中有二硝基、三硝基及四硝基衍生物。用$NO_2^+BF_4^-$在硝基甲烷中于不超过室温下硝化化合物(1)时(反应中的路线a)，只能生成哌嗪环上氮硝化的产物(2)，即使增加$NO_2^+BF_4^-$的用量和提高温度也是如此。如用乙腈代替硝基甲烷，则根本得不到硝化产物。用HNO_3/Ac_2O在不超过室温或用100% HNO_3在60 ℃下硝化化合物(1)，得到三硝基衍生物(3)及K-56的混合物(反应中的路线b)，但K-56为主要成分。用水稀释废酸，则可分离出纯的三硝基衍生物(3)。用$NO_2^+BF_4^-$在乙腈中硝化化合物(2)(反应中的路线c)，也得到化合物(3)与K-56的混合物，且主要产物也是K-56，但得率不高于30%。在乙腈中用$NO_2^+BF_4^-$硝化(3)与K-56的混合物，可制得纯K-56，且得率几乎达理论得率。而如用HNO_3/N_2O_5硝化化合物(2)(反应中的路线d)，虽也可得到纯的K-56，但得率仅63%。用HNO_3/N_2O_5在室温下，或用HNO_3/Ac_2O在60 ℃下硝化化合物(1)(反应中的路线e)，可一步得到K-56，得率78%~82%。不同条件下制备K-56的实验结果见表8-17。

表 8-17　不同条件下制备 K-56 的结果

原　　料	硝化剂	硝化产物	得率/%
化合物(1)	$NO_2^+BF_4^-/CH_3NO_2$	化合物(2)	86
化合物(1)	HNO_3/Ac_2O(20 ℃)	化合物(3)/K-56	53
化合物(1)	100% HNO_3(60 ℃)	化合物(3)/K-56	40
化合物(2)	$NO_2^+BF_4^-/CH_3CN$	化合物(3)/K-56	25
化合物(2)	HNO_3/N_2O_5(20 ℃)	K-56	63
化合物(3)/K-56	$NO_2^+BF_4^-/CH_3CN$	K-56	接近理论得率
化合物(1)	HNO_3/Ac_2O(60 ℃)	K-56	78
化合物(1)	HNO_3/N_2O_5(20 ℃)	K-56	82

8.6.2　2,4,6,8,10,12-六硝基-2,4,6,8,10,12-六氮杂三环[7.3.0.0^{3,7}]十二烷二酮-3,9

此高能炸药的分子式为 $C_6H_4N_{12}O_{14}$，相对分子质量 468.21，氧平衡 0%。

它有两种晶型，A 型为无色透明或白色闪光棒状结晶，B 型为无色透明或白色闪光菱形结晶。结晶密度为 2.07 g/cm^3(A 型)和 1.99 g/cm^3(B 型)，熔点为 208 ℃(升华分解)(A 型)和 196 ℃(升华分解)(B 型)。易溶于酮类、酯类(如乙酸乙酯)、环醚类(如四氢呋喃、1,4-二氧六环)、乙腈、硝基甲烷。最大分解放热峰温是 228 ℃(DTA 法)；100 ℃ 48 h 失重0.1%，96 h 失重 0.51%；100 ℃ 48 h 放气量为 0.52 mL/g(布氏计法)。密度 1.950～1.960 g/cm^{3}时爆速为 9.30 km/s，密度 1.887 g/cm^{3}时爆热为 6.3 MJ/kg，爆发点 249 ℃(5 s)，撞击感度(10 kg，25 cm)100%，摩擦感度(3.92 MPa，90°)100%，威力 152%(TNT 当量)，猛度 132%(TNT 当量)。此炸药可按反应式(8.26)合成。

CHO
HO—N—OH
HO—N—OH
CHO
(Ⅰ)
+ H_2N / H_2N >C=O
浓盐酸中通入干燥氯化氢或浓盐酸
→ O=C< (N-H)(N-H) 三环 (N-H)(N-H) >C=O · 2HCl · H_2O

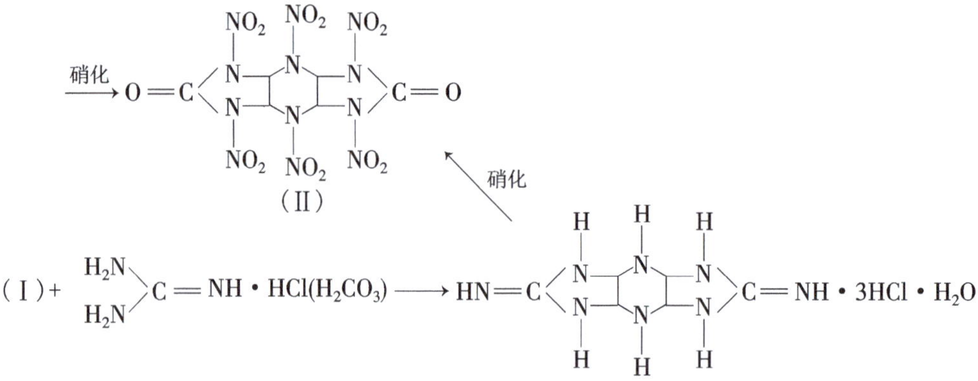

$$\xrightarrow{\text{硝化}} \text{(II)}$$

(Ⅰ)+ $H_2N(H_2N)C=NH \cdot HCl(H_2CO_3) \longrightarrow HN=C\ldots C=NH \cdot 3HCl \cdot H_2O$ $\xrightarrow{\text{硝化}}$ (Ⅱ)

(8.26)

8.6.3 2,4,7,9,11,14-六硝基-2,4,7,9,11,14-六氮杂三环[8.4.0.0^{3,8}]十四烷-5,6,12,13-并双氧化呋咱

此化合物也称六硝基六氮杂三环十四烷并双氧化呋咱,简称 HHTTD。分子式为 $C_8H_4N_{16}O_{16}$,相对分子质量 580.22,氧平衡 -5.52%。HHTTD 熔点约 165 ℃,溶于酯、醚、酮,不溶于水。热分解放热峰温 182 ℃(DTA 法)。HHTTD 与六硝基六氮杂三环十二烷二酮相比,两者均含六个硝基,但前者比后者多两个氧化呋咱基,所以前者的爆轰性能,特别是爆速可能与后者的相当(即达 9.2 km/s)或略高。HHTTD 有 α、β、γ 三种晶型,其中 β 晶型结晶密度大,相应爆速高。

HHTTD 的合成是在酸催化下,令 1,4-二甲酰基-2,3,5,6-四羟基哌嗪和 3,4-二氨基呋咱缩合为六氮杂三环十四烷并双呋咱二盐酸盐一水化物(HTTD),再将后者硝化即得(见反应式(8.27))。

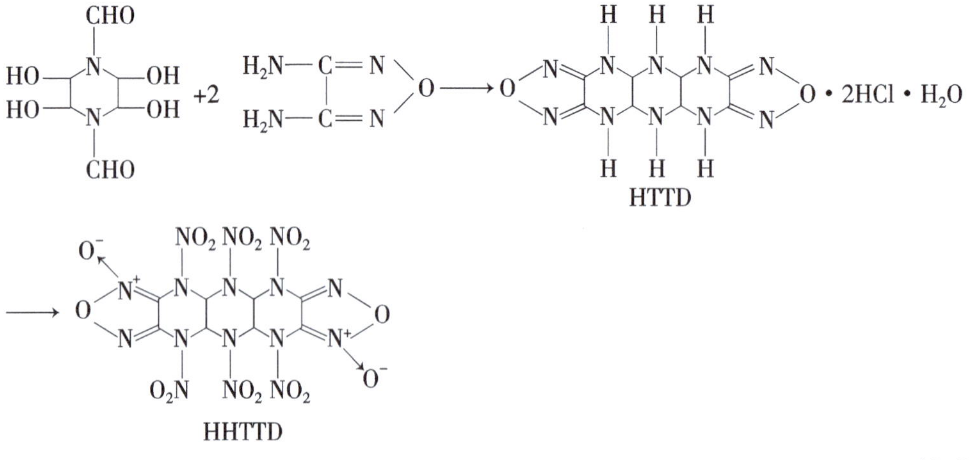

$$\text{CHO-哌嗪(OH)}_4\text{-CHO} + 2\,\text{3,4-二氨基呋咱} \longrightarrow \text{HTTD} \cdot 2HCl \cdot H_2O \longrightarrow \text{HHTTD}$$

HTTD

HHTTD

(8.27)

具体操作程序如下。在反应瓶中加入 1.0 g(0.01 mol)1,4-二甲酰基-2,3,5,6-四羟基哌嗪、2.0 g(0.02 mol)3,4-二氨基呋咱和 40 mL 37% 盐酸,在室温下搅拌反应

6 h 后再放置一段时间，过滤，依次用冷浓盐酸及丙酮洗涤，真空干燥，得浅蓝色固体（HTTD）2.5 g，得率 68%，熔点 125 ℃（分解）。

在搅拌下将 1.0 g 上述所得的 HTTD 加入装有 20 mL 100% HNO_3 的反应瓶中，在 -15 ℃ ~0 ℃反应 20 min 后滴加 97% 醋酐 12 mL，反应一段时间后析出白色固体，继续在此温度下反应 6 h，过滤抽干，用氯仿、蒸馏水依次洗涤，再用石油醚纯化，得 0.2 g 产品（HHTTD），得率 11%，熔点约 165 ℃。

8.6.4　2,4,6,8 - 四硝基 -2,4,6,8 - 四氮杂双环[3.3.0]辛二酮 -3,7

此化合物亦称四硝基甘脲，分子式 $C_4H_2N_8O_{10}$，相对分子质量 322.14，氧平衡 +4.97%。

四硝基甘脲为无色结晶，晶体密度 2.01 g/cm^3，熔点约 230 ℃（爆炸），高温下不挥发，不吸湿，但可水解，水解稳定性较差。溶于浓硝酸和极性有机溶剂，不溶于非极性溶剂及含氯溶剂。热安定性欠佳。密度 1.95 g/cm^3 时爆速为 9.20 km/s，爆容 650 L/kg，爆发点 233 ℃（5 s），撞击感度 100%。无实用价值。

四硝基甘脲可按下反应式(8.28)制得。

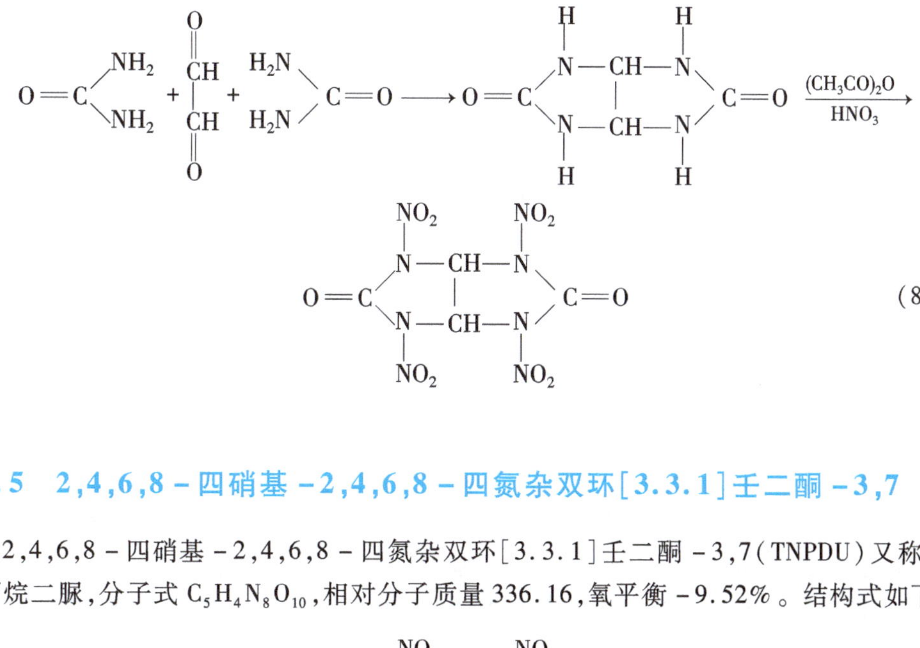

```
                 O                              H           H
                 ‖                              |           |
      NH2        CH    H2N                    N — CH — N
O=C         +    |  +        C=O  ——→  O=C          |          C=O   (CH3CO)2O / HNO3 ——→
      NH2        CH    H2N                    N — CH — N
                 ‖                              |           |
                 O                              H           H

            NO2         NO2
             |           |
             N — CH — N
      O=C          |          C=O                                   (8.28)
             N — CH — N
             |           |
            NO2         NO2
```

8.6.5　2,4,6,8 - 四硝基 -2,4,6,8 - 四氮杂双环[3.3.1]壬二酮 -3,7

2,4,6,8 - 四硝基 -2,4,6,8 - 四氮杂双环[3.3.1]壬二酮 -3,7（TNPDU）又称四硝基丙烷二脲，分子式 $C_5H_4N_8O_{10}$，相对分子质量 336.16，氧平衡 -9.52%。结构式如下：

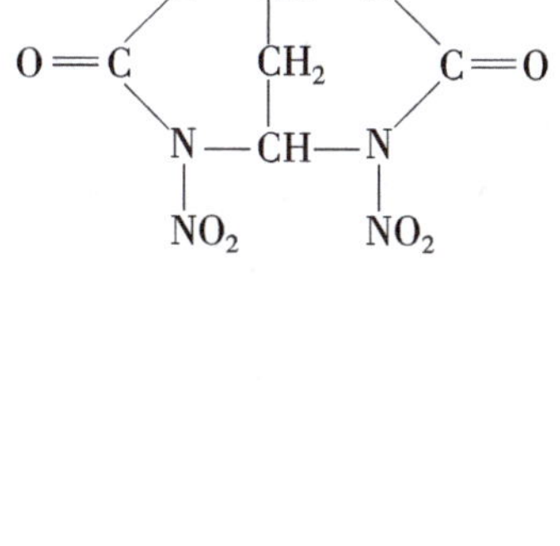

```
            NO2         NO2
             |           |
             N — CH — N
      O=C          |          C=O
                  CH2
             N — CH — N
             |           |
            NO2         NO2
```

此炸药为白色柱状结晶，晶体密度 1.95 g/cm^3，熔点约 250 ℃，溶于丙酮、乙醇及热硝基甲烷，不溶于水。热分解放热峰温 200 ℃（DTA 法），50 ℃ 48 h 失重 0.026%，相对湿度 90% 时，40 ℃ 72 h 失重 0.01%。密度 1.930 g/cm^{3}时的爆速为 9.03 km/s，爆发点 270 ℃（5 s），撞击感度 100%。

四硝基丙烷二脲可按反应式(8.29)合成。

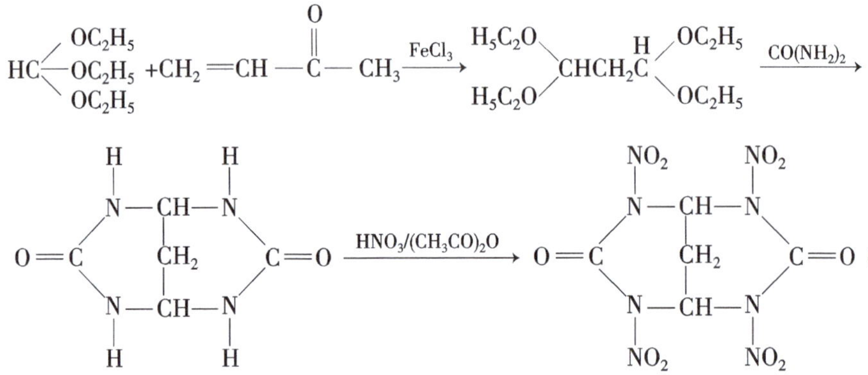

$$HC(OC_2H_5)_3 + CH_2{=}CH{-}\overset{O}{\overset{\|}{C}}{-}CH_3 \xrightarrow{FeCl_3} (H_5C_2O)_2CHCH_2CH(OC_2H_5)_2 \xrightarrow{CO(NH_2)_2}$$

$$\text{(双环脲：}O{=}C(NH)_2CH{-}CH_2{-}CH(NH)_2C{=}O\text{)} \xrightarrow{HNO_3/(CH_3CO)_2O} \text{(四硝基：}O{=}C(N{-}NO_2)_2CH{-}CH_2{-}CH(N{-}NO_2)_2C{=}O\text{)} \quad (8.29)$$

TNPDU 的爆炸性能优于四硝基甘脲，具有各种潜在用途。TNPDU 对撞击及摩擦敏感，但耐热。用石蜡包覆 TNPDU，可大大降低其撞击及摩擦感度。

8.6.6 1,3,5-三硝基-1,3,5-三氮杂环己酮-2

1,3,5-三硝基-1,3,5-三氮杂环己酮-2(662)的分子式为 $C_3H_4N_6O_7$，分子相对质量236.12，氧平衡 -6.78%。结构式如下：

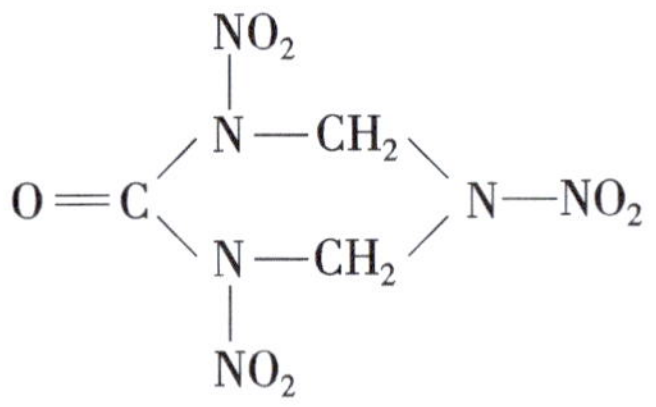

$$O{=}C\langle N(NO_2){-}CH_2,\ N(NO_2){-}CH_2\rangle N{-}NO_2$$

662 为白色结晶，晶体密度 1.94 g/cm^3，熔点约 184 ℃，不吸湿，高温下不挥发，溶于丙酮、浓硝酸、乙腈、硝基苯等，不溶于水、乙醇、苯、醚、二氯甲烷、氯仿等。100 ℃ 24 h 失重0.04%，120 h 失重 0.24%。相对湿度 95% ~ 100%，40 ℃、50 ℃及 60 ℃下存放 24 h 的失重分别为 0.004%、0.026% 及 0.091%，可水解。662 的爆速 9.18 km/s（密度 1.895 g/cm^3），爆压 35 GPa，爆热 5.4 MJ/kg（密度 1.743 g/cm^3），爆容730 L/kg（密度 1.743 g/cm^3），威力 130%（梯恩梯当量，威力摆法），猛度 134%（梯恩梯当量，猛度摆法），撞击感度 96%，摩擦感度 80%。

按反应式(8.30)可合成 662 与黑索今的混合物，再用浓硝酸或丙酮精制，即可得 662。

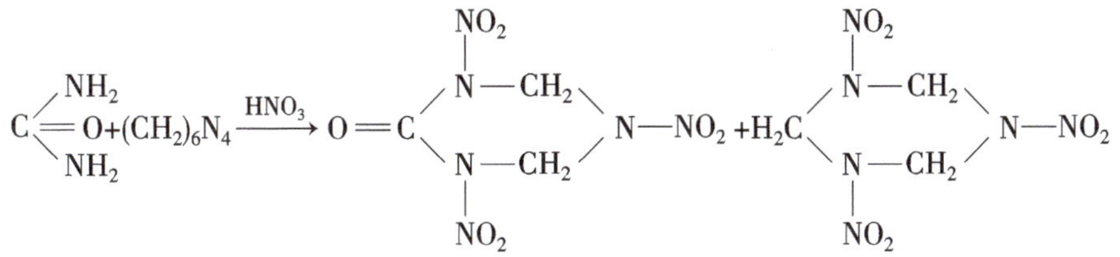

(8.30)

8.7 呋咱及氧化呋咱系化合物

对设计含 C、H、O、N 的 HEDC，呋咱环是一个非常有效的结构单元。呋咱环本身是一个爆炸性基团，具有很高的标准生成焓。如将其他爆炸性基因引入呋咱环和氧化呋咱环中，还可进一步提高其密度及能量。此外，呋咱系及氧化呋咱系化合物中还有很多是低感度的 HEDC。近 20 年来，俄罗斯科学院 N·D·泽林斯基有机化学研究所的学者合成了大批含有硝基呋咱、氧化呋咱的化合物，有的已在炸药和推进剂中应用，其中有不少能量超过 HMX，特别令人刮目相看。

8.7.1 *N*,*N'*,*N''* - 三(2 - 硝基苯并二氧化呋咱)三聚氰胺

N,*N'*,*N''* - 三(2 - 硝基苯并二氧化呋咱)三聚氰胺(TBM)的分子式 $C_{21}H_3N_{21}O_{18}$，相对分子质量 837.44，氧平衡 -48.72%。结构式如下：

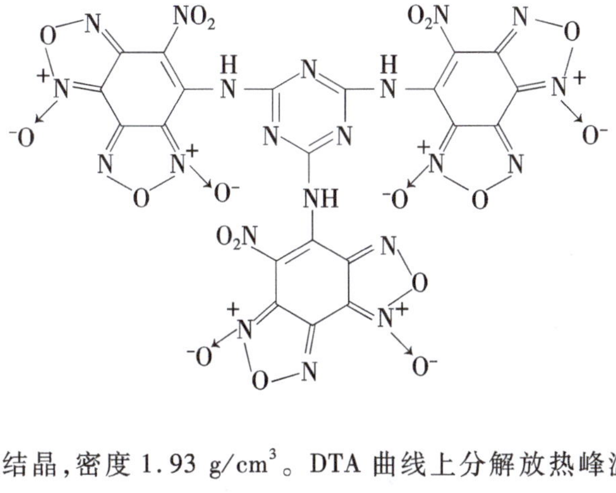

一、性能

TBM 为淡黄色结晶，密度 1.93 g/cm^3。DTA 曲线上分解放热峰温为 316 ℃，100 ℃下加热 48 h 不失重。最大爆速 8.7 km/s(氮当量公式计算)，撞击感度 44%。

二、制造

以三聚氰氯及 3,5 - 二氯苯胺为原料，经缩合、硝化、叠氮以及脱氮四步制得。见反应式(8.31)。

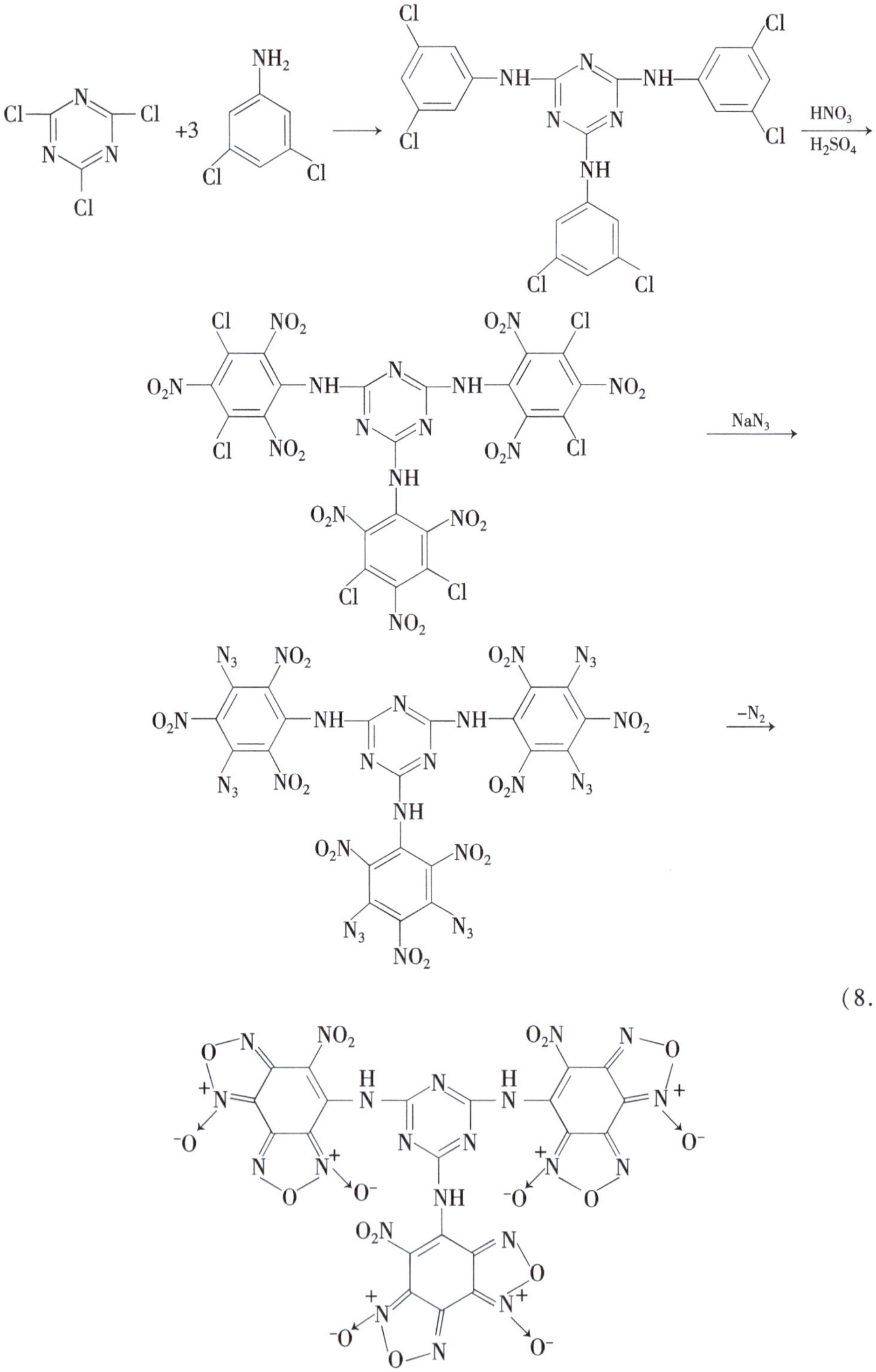

(8.31)

1. 缩合反应

在反应瓶中加入 260 份氯苯及 11 份三聚氰氯,再缓慢加入 30 份 3,5 - 二氯苯胺。将物料升温到 130 ℃,反应 16 h。冷却后,加入 130 份石油醚。过滤,先用苯,再用 2% 的盐酸,最后用水洗涤。用二甲基甲酰胺重结晶,得白色产物。得率 86%,熔点 284 ℃(DSC 法)。

2. 硝化反应

在反应瓶中加入 120 份含 SO_3 30% 的发烟硫酸,再缓慢加入 10 份上述缩合产物,并在 85 ℃下搅拌 1.5 h。在低于 65 ℃下,加入 140 份 100% 硝酸,在 100 ℃继续反应 10 h。冷却,将物料倾入 1 500 份冰水中。过滤,水洗,用丙酮 - 甲醇混合液重结晶,得产物。得率 88%,分解点约 300 ℃(DTA 法)。

3. 叠氮化反应

在反应瓶中加入 150 份二甲基甲酰胺,搅拌下加入 3 份硝化产物。另将 0.4 份叠氮化钠溶于 25 份水中,再将所得水溶液加入反应瓶中,并在 25 ℃下搅拌 3 h。加水稀释,有黄色固体析出。过滤,水洗,得产物。得率 78%,分解点 230 ℃(DTA 法)。

4. 脱氮反应

在反应瓶中加入 100 份脱氮溶剂,搅拌下加入 2.3 份上述叠氮化产物。回流 1 h,至无气泡放出。冷至室温,将反应液倾入冷水中。静置,有黄色固体析出。过滤,充分水洗,重结晶,得产物。得率 78%,分解点 317 ℃(DTA 法)。

8.7.2 *N*,*N'* - 双(2,4 - 二硝基苯并氧化呋咱) - 1,3,5 - 三硝基 - 2,6 - 二氨基苯

此化合物的密度为 1.92 g/cm^3(高于 PYX 及 2,4,6 - 三(苦胺基) - 1,3,5 - 三嗪),VOD 为 8 570 m/s,100 ℃ ×48 h 无失重。同时,此化合物的生产成本可能较低,因为所用原材料价廉。它可按反应式(8.32)合成。

H_2N NH_2 +2 Cl O_2N NO_2 Cl NO_2 ⟶

NO_2 O_2N H O_2N N N NO_2 $\xrightarrow{发烟HNO_3}$ H Cl NO_2 O_2N Cl

NO_2 NO_2 H O_2N O_2N N N NO_2 $\xrightarrow{NaN_3}$ H Cl NO_2 O_2N NO_2 O_2N Cl

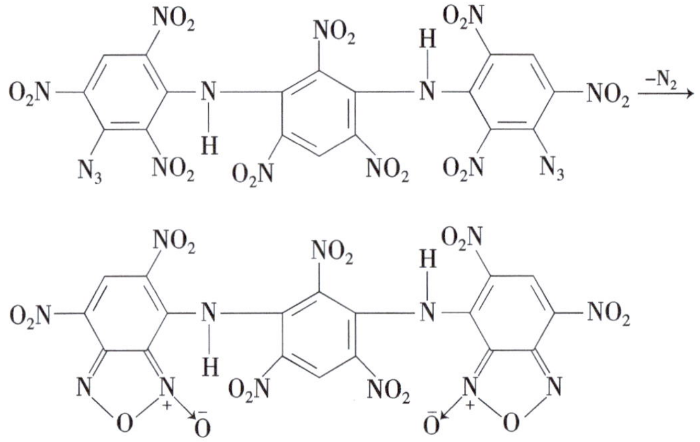

(8.32)

8.7.3 *N*,*N*′-双(2-硝基苯并二氧化呋咱)-3,5-二硝基-2,6-二氨基吡啶

此化合物的密度为 1.91 g/cm^3,VOD 为 8 630 m/s(计算值),熔点约 231 ℃。合成此炸药的得率也甚高,就密度及爆速而论,此炸药优于 PYX。此化合物可按反应式(8.33)合成。

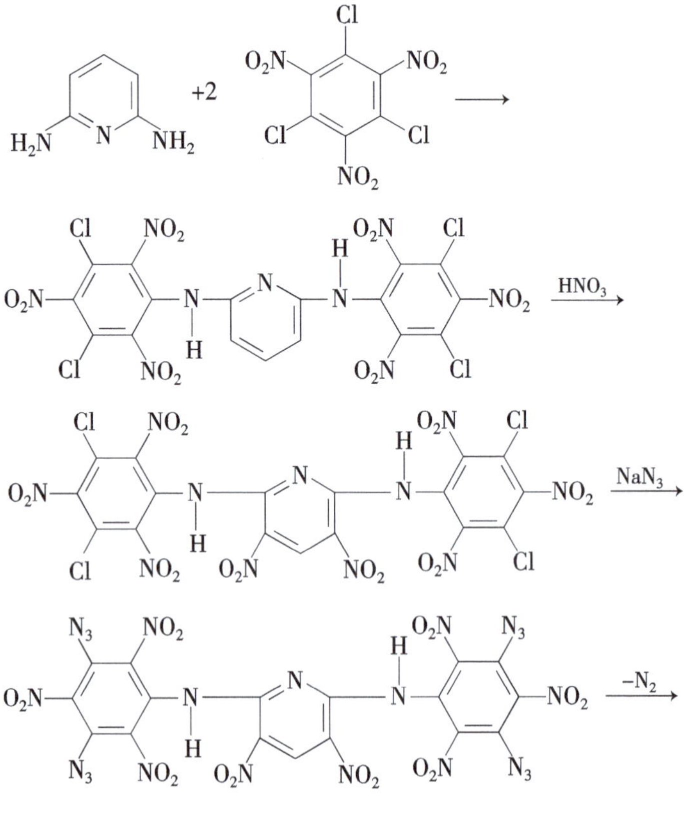

(8.33)

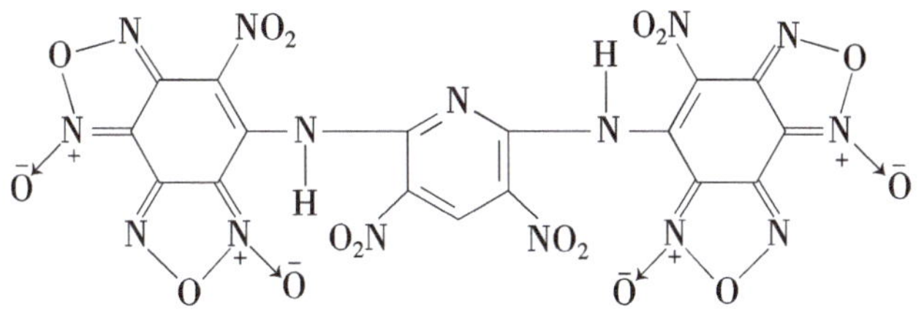

8.7.4 3,3′-二硝基-4,4′-氧化偶氮呋咱

此化合物简称DNOAF,分子式为$C_4N_8O_7$,相对分子质量272.12,氧平衡-5.88%。标准生成焓670 kJ/mol,熔点约120 ℃,热分解放热峰温170 ℃,撞击感度的特性落高(5 kg落锤)7 cm。计算爆速为9.41 km/s,爆压41 GPa。以DNOAF取代NEPE中的HMX,与以HNIW取代HMX对推进剂的能量贡献相近。

DNOAF可用二氨基呋咱为原料,先合成二氨基氧化偶氮呋咱或二氨基偶氮呋咱,再将后者氧化制得,也可由二氨基呋咱一步合成,但一步法得率很低,见反应式(8.34)。

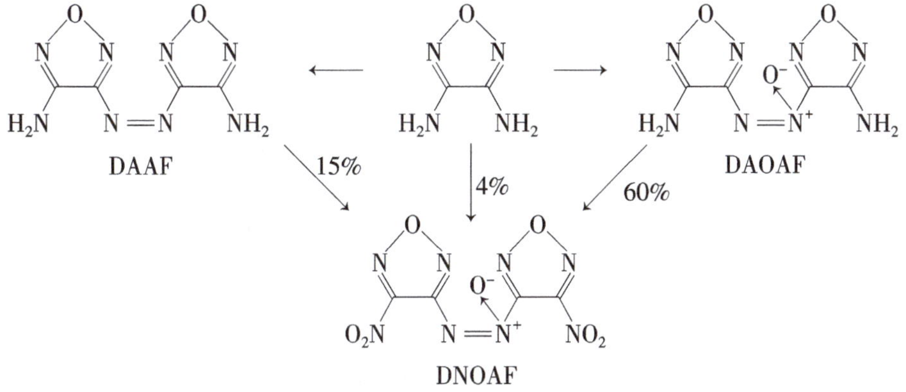

DAAF 15% 4% 60% DAOAF

DNOAF

(8.34)

8.7.5 双(硝基呋咱基)氧化呋咱

此化合物简称DNTF,其能量优于HMX而接近HNIW,是一个新型的高能量密度化合物。

它为白色结晶,密度1.937 g/cm^3,熔点110 ℃,溶于丙酮和醋酸,不溶于水,理论爆速9.25 km/s,实测爆速8.93 km/s(ρ为1.860 g/cm^3),撞击感度94%(10 kg,25 cm),摩擦感度12%(3.92 MPa,92°),100 ℃ 48 h气态产物生成量0.42 mL/(5 g),爆热5.79 MJ/kg,做功能力168%(TNT当量)。DNTF可与TNT形成低共熔物,最低共熔点为60 ℃。DNTF的特点是能量水平较高,熔点低,热稳定性较好,感度适中,合成工艺简单,成本较低。

DNTF可用于熔铸炸药,例如,一种组成为DNTF/TNT/HMX(32/8/60)的熔铸炸药,其理论密度为1.90 g/cm^3,理论爆速为9.08 km/s(实测爆速为8.82 km/s(ρ为

1.86 g/cm^3)),计算爆压39.2 GPa,做功能力159%(TNT当量),撞击感度的特性落高 h_{50} 为56 cm(落锤2 kg),摩擦感度62%(3.92 MPa,90°)。是一种综合性能良好的高能炸药。

将DNTF用于推进剂时,无卤,无烟,安全性好,对能量的贡献与HNIW相当。且由于DNTF的熔点低,对推进剂的其他组分具润滑作用,可提高装药质量,也对提高燃速有利。

DNTF还可在爆炸网络、聚能炸药及高威力弹丸中获得应用。

8.7.6 1,4-二硝基呋咱[3,4b]哌嗪

此化合物可由哌嗪二肟脱水为哌嗪呋咱然后硝化制得。见反应式(8.35)。

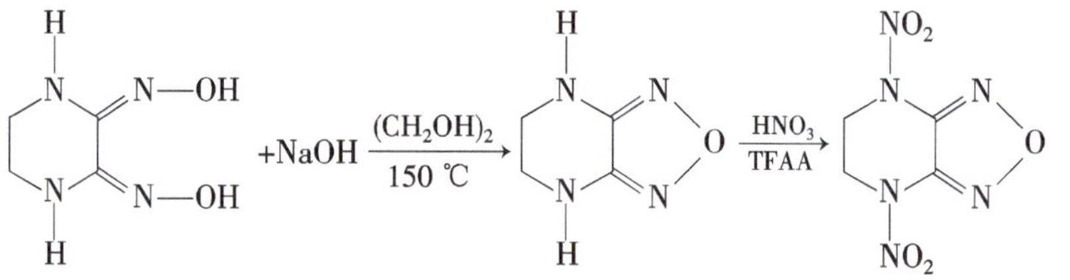

$$+NaOH \xrightarrow[150\ ^\circ\mathrm{C}]{(CH_2OH)_2} \quad \xrightarrow[TFAA]{HNO_3} \qquad (8.35)$$

1,4-二硝基呋咱[3,4b]哌嗪的密度、爆速、爆压及比冲均与RDX的相似,且撞击感度低(12.5 kg落锤,162 cm),故极宜用于推进剂。

另外,二呋咱哌嗪是一个稳定化合物,但它能与一系列亲电试剂(如苦基氯、乙酸酐、甲基碘、乙烯酮)反应。二硝基二呋咱哌嗪(结构式见下),可在乙腈中令二呋咱哌嗪与氧化氮反应制得。

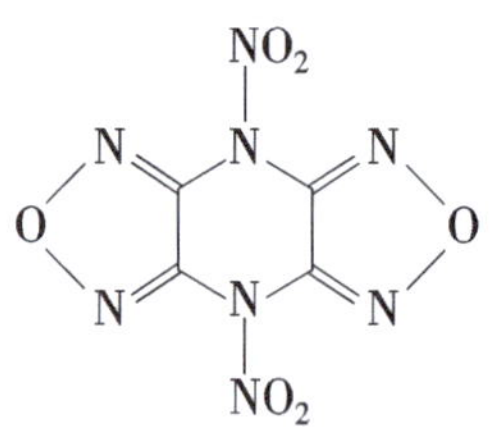

此炸药的预估性能为:ρ 为2.00 g/cm^3,VOD为9 700 m/s,p_{C-J}为45 GPa,I_{SP}为266 s(HMX为263 s)。

8.7.7 4,4′-二硝基-3,3′-偶氮氧化呋咱

此化合物是由4-氨基-3-叠氮羰基氧化呋咱经多步官能团转换合成,结构式如下。它的单晶密度为2.00 g/cm^3,实验测得压装试样爆速约10 000 m/s(用外推法求得)。此化合物具如此高的密度是由于分子堆积形式及堆积效率而导致的。但是,与CL-20及ONC相比,此化合物的分解温度较低(127 ℃~128 ℃),且撞击感度高。

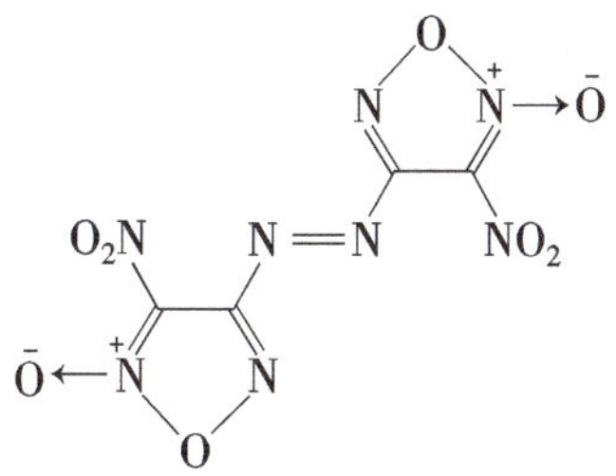

8.7.8　4,4′-二硝基-3,3′-二呋咱

4,4′-二硝基-3,3′-二呋咱(DNBF)的结构式见下,其熔点为 85 ℃,热稳定性(DTA) 254 ℃,撞击感度 12 cm(h_{50} 2.5 kg),结晶密度 1.92 g/cm^3(计算值),VOD 为 8 800 m/s,p_{C-J} 为 35.6 GPa。它的低熔点及预估的高性能使它成为一个很吸引人的熔铸炸药,但它对撞击很敏感,在合成、处理、运输及储存时需要采取严格的安全措施。

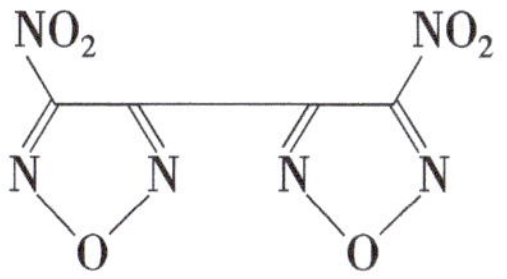

8.8　低感高能量密度化合物

通用炸药,如 TNT、RDX 及 HMX,被认为是对所有武器都适用的,但由于它们装填的弹药在受到撞击或冲击引发而在船舶、飞行器及火车上发生的一系列事故,使得它们对人们的吸引力日有降低。所以,合成同时具备高性能及低感度的新炸药,目前已成为全球的研究热点。

近年来,人们合成了几种有应用前景的低感高能量密度化合物,它们的能量密度虽略逊于 HMX,但其低的感度很为人所青睐,所以在此予以简要叙述。

8.8.1　1,1-二氨基-2,2-二硝基乙烯

此化合物俗称 FOX-7,也简称 DADNE。分子式 $C_2H_4N_4O_4$,相对分子质量 148.08,氧平衡 -21.61%。结构式如下。

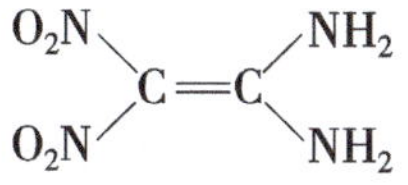

$$(O_2N)_2C{=}C(NH_2)_2$$

一、性能

DADNE 分子内和分子间含较多氢键,故感度甚低,而能量水平则与 RDX 的相近。

FOX-7 在一般有机溶剂及水中难溶解,但易溶于极性质子溶剂,如二甲基甲酰胺

(DMF)、二甲基亚砜(DMSO)及 N - 甲基吡咯二酮(NMP)。FOX - 7 通常从含酸水中重结晶,也可从 DMF 或 NMP 中重结晶。

FOX - 7 是一个新的有价值的含能材料,密度为 1.885 g/cm^3,OB 与 HMX 的相同,能量水平为 HMX 的 85%。测定了 FOX - 7 与一系列材料的相容性,如黏结剂 HTPB、GAP、HMDI(异氰酸酯),含能增塑剂 K - 10、丁基 - NENA 及 TNT 等。试验结果指出,FOX - 7 与上述材料的相容性极佳,这说明 FOX - 7 可用于以 TNT 为基的熔铸 PBX。FOX - 7的撞击感度、摩擦感度、静电火花感度、冲击感度和热感度如下。

- 撞击感度(h_{50}):重结晶的 FOX - 7 为 126 ~ 159 cm,RDX 为 38 cm(BAM 设备,落锤 2 kg)。
- 摩擦感度:纯 FOX - 7 的大于 350 N (RDX 的为 120 N)(Julius Peters 设备测定)。
- 静电火花感度:4.5 J 时引燃,0.45 J 时不引燃(FOX - 7 与 RDX 两者相同)。
- 冲击感度:对冲击刺激感度低(NOL 小型隔板试验)。
- 热感度:引燃温度为 215 ℃ (RDX 为 220 ℃),Wood 合金法测定。FOX - 7 及 RDX 的真空安定性试验表明,两者的热稳定性均佳。

但应指出,FOX - 7 的上述感度均受纯度、晶型及粒度的影响。计算得出的 FOX - 7 及 RDX 的 VOD 分别为 9 000 m/s 及 8 940 m/s,这说明,FOX - 7 的爆速略优于 RDX,而通常是以 RDX 作为一个基准炸药,来与其他炸药比较的。所以,在高性能钝感炸药配方中,FOX - 7是一个有价值的可应用组分。FOX - 7 也能提高推进剂的燃速,因而用它作为高性能推进剂组分也是有意义的。

另有文献载有如表 8 - 18 所示的 DADNE 的性能。

表 8 - 18 DADNE 的性能

性　能	DADNE
外观	橙黄色晶体
晶体密度/(g · cm^{-3})	1.885
熔点①/℃	238(分解)
标准生成焓 $\Delta_f H^\ominus$/(kJ · mol^{-1})	-133.8
撞击感度②/cm	126
摩擦感度③/N	>350
小型隔板试验/mm	6.22
计算爆速/(km · s^{-1})	8.869
计算爆压/GPa	33.96

① 112 ℃时,DADNE 发生晶型转变。
② 2 kg 落锤的特性落高,BAM 仪测定。
③ Julius-Petri 仪测定。

二、合成

DADNE的合成由N. V. Latypov等首次发表于1998年。用氨水处理2-(二硝基亚甲基)-4,5-咪唑烷二酮(DNMIMO)可得DADNE(见反应式(8.36)),而DNMIMO则常用两种方法合成,一种是将2-甲基咪唑用硝硫混酸处理生成不稳定的2-(二硝基亚甲基)-4,4-二硝基-5-咪唑烷酮,后者在室温下即可分解为DNMIMO(见反应式(8.37))。另一种方法是令盐酸乙脒与草酸二乙酯反应生成2-甲基-4,5-咪唑烷二酮与2-甲基-2-甲氧基-4,5-咪唑烷二酮的混合物,再将此混合物或单一的2-甲基-4,5-咪唑烷二酮用硝硫混酸硝化即得DNMIMO(见反应式(8.38))。

$$\text{DNMIMO} \xrightarrow{NH_4OH} (H_2N)_2C{=}C(NO_2)_2 \qquad (8.36)$$

$$\text{2-甲基咪唑}\ (-CH_3) \xrightarrow[H_2SO_4]{HNO_3} \text{2-(二硝基亚甲基)-4,4-二硝基-5-咪唑烷酮} \xrightarrow{-NO_x} \text{DNMIMO} \qquad (8.37)$$

$$H_3C{-}C(NH_2){=}NH_2^+Cl^- + EtO{-}CO{-}CO{-}OEt \xrightarrow[2.\ \text{干燥}HCl]{1.\ Na,MeOH} \text{2-甲氧基-2-甲基-4,5-咪唑烷二酮 (OMe, } CH_3) + \text{2-甲基-4,5-咪唑烷二酮 } (CH_3) \xrightarrow[H_2SO_4]{HNO_3} \text{DNMIMO} \qquad (8.38)$$

还可用α-甲基嘧啶-4,6-二酮为原料合成FOX-7。

近年来,我国的炸药合成研究工作者对DADNE的合成进行了卓有成效的改进,如以甲醇代替氨水用于处理DNMIMO。瑞典正中试制备DNDNE。

三、应用

DADNE具有很多潜在用途,一是取代RDX用于不敏感弹药(在其他成分不变的情况下,将RDX换成FOX-7,能使大多数弹药具有不敏感弹药的质量得以保证);二是作为NTO的替代物;三是用作LOVA发射药的燃速改良剂;四是制备取代B炸药的FOX-7基PBX炸药。FOX-7基PBX炸药可采用铸装工艺装药,能量性能与B炸药的相同,但感度低于B炸药。

8.8.2 2,6-二氨基-3,5-二硝基吡嗪-1-氧化物

此化合物俗称 LLM-105,其密度是 1.913 g/cm^3,能量比 TATB 的高 15%,是 HMX 的 85%。LLM-105 在较宽的温度范围内具有较高的热稳定性。温度高于 300 ℃时开始分解,在 343 ℃、350 ℃时放热分解。它对冲击、火花和摩擦都不敏感,其撞击感度的特性落高(2 kg 落锤)为 117 cm,TATB 的为 177 cm,RDX 和 HMX 的为 30~32 cm。LLM-105 被公认为是一种热稳定性好且具有一定能量水平的不敏感炸药。

美国劳伦斯·利弗莫尔实验室(LLNL)于 1993 年首次合成了 LLM-105,随后德国和英国也合成了该化合物。德国的合成分四步进行(见反应式(8.39))。第一步是 2,6-二氯吡嗪在甲醇钠(过量 75%)/甲醇中回流得到淡黄色固体 2-氯-6-甲氧基吡嗪,产率 89%。第二步是用 20% 发烟硫酸和 100% 硝酸混合物硝化 2-氯-6-甲氧基吡嗪,得到 2-氯-6-甲氧基-3,5-二硝基吡嗪黄色固体,产率 59%。第三步是在丙酮中将第二步反应产物用氨水处理,得到橙黄色固体 2,6-二氨基-3,5-二硝基吡嗪(ANPZ),产率 85%。第四步用三氟乙酸和过氧化氢(60%)氧化 ANPZ,经过滤洗涤得到黄色粉末状 LLM-105,产率 92%。四步反应总产率 41%,产品纯度 93%,含有少量 ANPZ。

2001 年,美国 LLNL 在试验室合成了 2 kg LLM-105,下一步计划使用 2,6-二甲氧基-3,5-二硝基吡嗪做中间体在室温下合成 LLM-105。

LLM-105 用于不敏感 PBX 中,如组成为 97.5 LLM-105/2.5 Viton A 的 RX-55-AE,其能量可超过超细 TATB 的相应配方。

Cl Cl N N
CH_3ONa/CH_3OH
CH_3O Cl N N
HNO_3/H_2SO_4
CH_3O Cl N N O_2N NO_2
NH_4OH/CH_3COCH_3
H_2N NH_2 N N O_2N NO_2
F_3CCO_2H/H_2O_2
O^- H_2N N^+ NH_2 N O_2N NO_2

(8.39)

8.8.3 *N*-脒基脲二硝酰胺盐

这是一种新型的有机二硝酰胺盐,与 ADN 相比,它的特点是基本不吸湿,安定性好,感度低,氮含量高。此二硝酰胺盐俗称 FOX-12,简称 GUDN。分子式 $C_2H_7N_7O_5$,相对分子质量 209.12,氧平衡 -19.13%。结构式如下。

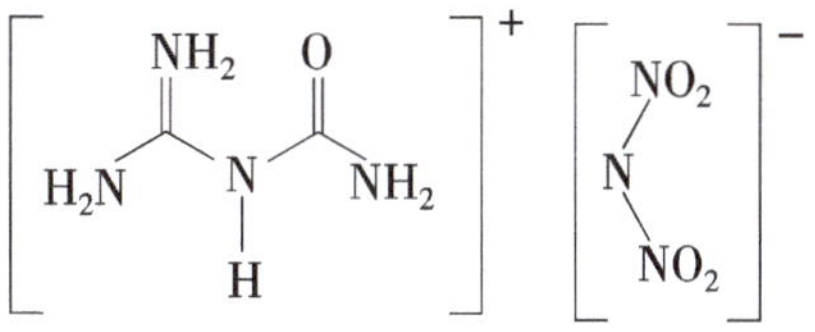

$$\left[\begin{array}{c} H_2N-C(=NH_2)-NH-C(=O)-NH_2 \end{array}\right]^+ \left[N(NO_2)_2 \right]^-$$

一、性能

FOX－12 为浅黄色固体，结晶密度为 1.755 g/cm^3，熔点 214 ℃（分解）。溶于热水，不溶于冷水。热分解放热峰温（DSC 法）213 ℃～214 ℃（10 ℃·min^{-1}），撞击感度的特性落高 h_{50} 大于 177 cm（2 kg，30 mg），摩擦感度 0%（66°，2.45 MPa，20 mg），燃烧热 1.48 MJ/mol（7.10 MJ/kg）；标准生成焓 －355.3 kJ/mol。FOX－12 在 213 ℃～238 ℃迅速分解，失重 82%～84%。与 RDX 相比，FOX－12 的撞击感度及摩擦感度均较低。

FOX－12 基本不吸湿，在温度 30 ℃、相对湿度 75% 的空气中放置一周，增重不超过 0.06%，而 ADN 在放置 6 h 后已吸湿成水溶液，见表 8－19。

表 8－19　ADN 和 FOX－12 的吸湿性

化合物	吸湿率/%						
	0.5 h	1 h	1.5 h	6 h	48 h	72 h	一周
ADN	1.055	2.013	3.451	形成水溶液	—	—	—
FOX－12	—	—	—	—	0.06	0.06	0.06

FOX－12 与 RDX、HMX、NG＋NC、NG＋BTTN 及 AP 相容性较好，尽管混合系统的分解温度较单一组分有所下降，但是起始分解温度仍大于 190 ℃。所以将 FOX－12 与 RDX、HMX、NG＋NC、NG＋BTTN 以及 AP 共同使用时，估计不会因化学安定性而引起安全问题。

二、合成

有机二硝酰胺盐的合成可通过相关的有机化合物与二硝酰胺铵（DNA）直接中和制备；也可采用现有的二硝酰胺盐（Ag^+、NH_4^+、Ba^{2+} 等）与相关有机化合物通过复分解反应制备。反应式（8.40）所示的合成 FOX－12 的方法是令双氰胺水解制备硫酸脒基脲，再令后者与 ADN 反应生成 FOX－12。

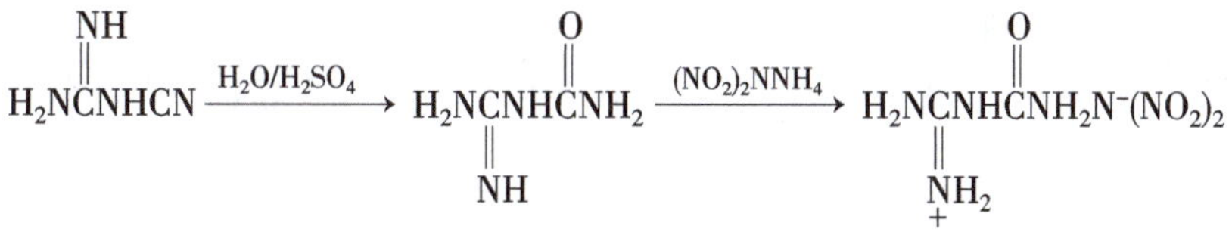

$$H_2NC(=NH)NHCN \xrightarrow{H_2O/H_2SO_4} H_2NC(=NH)NHC(=O)NH_2 \xrightarrow{(NO_2)_2NNH_4} H_2NC(=\overset{+}{N}H_2)NHC(=O)NH_2N^-(NO_2)_2 \quad (8.40)$$

三、应用

FOX－12 的性能说明，它是很有前景的钝感炸药，且有可能在弹头装药中取代 RDX。另外，它在 LOVA 及低特征信号推进剂中也具有潜在的应用前景。已有报道称，FOX－12 为基的推进剂很抗成型装药的攻击。FOX－12 也可用于燃气发生器中。

8.8.4 3－硝基－1,2,4－三唑－5－酮

3－硝基－1,2,4－三唑－5－酮（NTO）的分子式 $C_2H_2N_4O_3$，相对分子质量 130.08，氧平衡为 －24.60%。结构式如下。

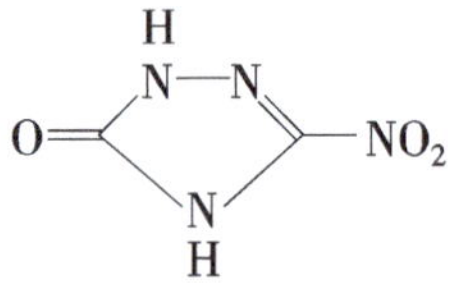

H
N—N
O= ⟨ ⟩ —NO_2
N
H

一、性能

NTO 为白色结晶，晶体密度 1.93 g/cm^3，熔点 278 ℃，标准生成焓约 －60 kJ/mol。DTA 曲线最大分解放热峰温高于 235 ℃（10 ℃/min）。最大爆速 8.70 km/s，最大爆压约 35.0 GPa，直径 4.13 cm、密度 1.78 g/cm^3 的装药的实测爆压为 27.8 GPa，2.5 kg 落锤的特性落高 h_{50} 为 280 cm。

NTO 存在两种晶型：α 型和 β 型。现已确定，α 型是稳定晶型，且 NTO 主要为 α 型；β－NTO 只在甲醇或乙醇/二氯甲烷重结晶产品中发现过。

二、合成

由氨基脲盐酸盐与甲酸反应合成 1,2,4－三唑－5－酮－5，再用 70% 硝酸或发烟硝酸硝化后者即可得 NTO。见反应式(8.41)。

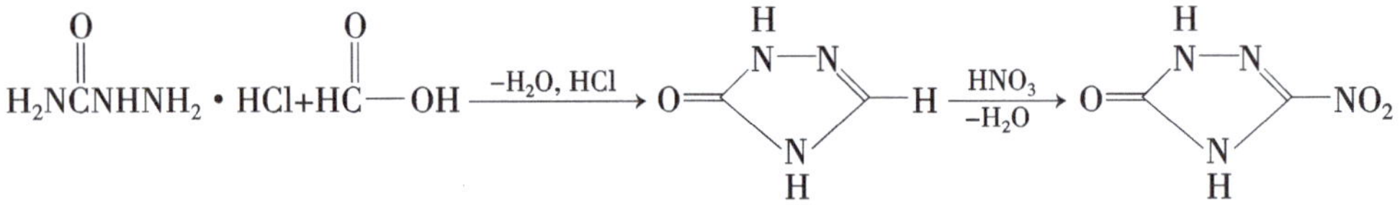

$$H_2NC(=O)NHNH_2 \cdot HCl + HC(=O)—OH \xrightarrow{-H_2O,\ HCl} \text{1,2,4-三唑-5-酮} \xrightarrow[-H_2O]{HNO_3} \text{NTO} \quad (8.41)$$

1. 1,2,4－三唑－5－酮的制备

在反应瓶中加入 155 mL 85% 的甲酸，将其加热至 70 ℃～75 ℃，然后加入 112 g 盐酸氨基脲。加完料后，在 85 ℃～92 ℃ 反应 6～8 h，此时固体逐渐溶解并有氯化氢气体放出。反应结束后，减压，蒸出 340 mL 水和多余的甲酸，再冷却至室温，得粗品，得率 80%。粗品可以用水精制，精品熔点 234 ℃（DSC 法）。

2. NTO 的制备

（1）发烟硝酸硝化。在 0 ℃～5 ℃ 下，将 100 g 三唑酮加到 450 mL 发烟硝酸中，在

此温度下搅拌 2 h 后，升至室温，再搅拌 3 h，然后将硝化液缓慢倒入 400 mL 冰水中。产物经过滤、水洗、烘干，得粗品，得率约 80%。粗品经水精制后，产品熔点 236 ℃(DSC)法。

(2) 70% 硝酸硝化法。将三唑酮加入为其 5 ~ 7 倍量(质量比)的 70% 的硝酸中，将物料加热至 50 ℃ ~60 ℃，此时放出大量红橙色气体，待反应完成后，将物料冷却至室温，NTO 析出，粗产品得率约 80%。

三、应用

NTO 的 VOD 和 p_{C-J} 与 RDX 的相当，它的感度远低于 RDX 及 HMX，又比 TNT 及 RDX 更稳定，但它的火焰感度略高于 TNT。NTO 或 NTO/RDX(HMX)混合物已用于制备不敏感弹药(IM)。将以 TATB 为基的 PBX 及以 NTO 为基的 PBX 相比，两者的感度相同，但后者的 VOD 略高于前者。由 NTO 制得的 PBX，其粒径可远大于含 TATB 的 PBX，前者可达 300 ~ 500 μm，而后者是 9 ~ 30 μm，因而前者可用压装生产工艺，也可用铸装工艺生产。

NTO 的金属盐(K、Cu 及 Pb 盐)的合成及结构说明，它们具有特殊的结构，在某些领域(包括火箭推进剂的弹道改性)可能获得应用。以 DSC 研究这类盐热行为所得的结果表明：① NTO的分解只有一步；② NTO 的 K 盐及 Cu 盐分三步分解，即脱水、开环及形成金属氧化物；③ NTO 的 Pb 盐的分解只两步，因为它不含结晶水。NTO 的某些碱土金属盐的结构和热分解机理已为人所报道，它们的分解机理相似。

作为新一代的 IHE，NTO 在美国及其他一些国家，在军用及民用方面仍然受到重视。美国海军已将 NTO 作为低感组分代替 RDX 用于装填炮弹，美国 Morton 公司也已将 NTO 作为主要组分用于自动空气袋系统代替叠氮化钠。

8.8.5　四硝基四氮杂十氢化萘

四硝基四氮杂十氢化萘(TNAD)，学名为反式 - 1,4,5,8 - 四硝基 - 1,4,5,8 - 四氮杂十氢化萘，分子式 $C_6H_{10}N_8O_8$，相对分子质量 322.22，氧平衡 -44.69%。结构式如下。

TNAD 为白色结晶，晶体密度 1.80 g/cm^3，熔点 232 ℃ ~234 ℃，易溶于二甲基亚砜、二甲基甲酰胺，微溶于丙酮、硝基甲烷、乙腈及二氧六环，不溶于戊烷及环己烷。TNAD 的标准生成焓 73.3 kJ/mol，爆压 31.0 GPa，爆速 8.4 km/s(计算值)，撞击感度(2.5 kg 落锤的特性落高 h_{50})350 cm。TNAD 由于某些性能(如撞击感度、热安定性)比奥克托今和黑索今的较佳，在20世纪80年代引起了人们的兴趣。

由乙二胺与乙二醛缩合成TNAD的母体四氮杂十氢化萘（TADA），再经亚硝化及硝化可合成TNAD。见反应式(8.42)。

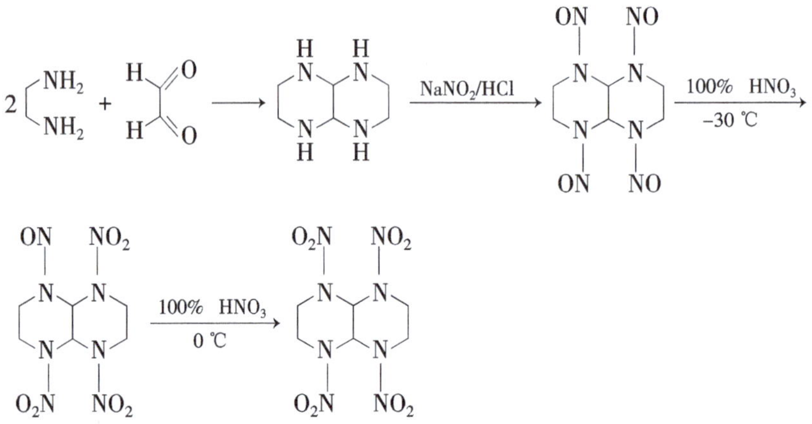

2 NH_2 NH_2 + H O H O ⟶ H H N N N N H H $\xrightarrow{NaNO_2/HCl}$ ON NO N N N N ON NO $\xrightarrow[-30\ ℃]{100\%\ HNO_3}$

ON NO_2 N N N N O_2N NO_2 $\xrightarrow[0\ ℃]{100\%\ HNO_3}$ O_2N NO_2 N N N N O_2N NO_2

(8.42)

将TADA乙酰化及硝化或将TADA直接硝化，也可合成TNAD。

8.8.6 3－苦胺基－1,2,4－三唑

3－苦胺基－1,2,4－三唑（PAT）的分子式 $C_8H_5N_7O_6$，相对分子质量295.19，氧平衡－67.75%。结构式如下。

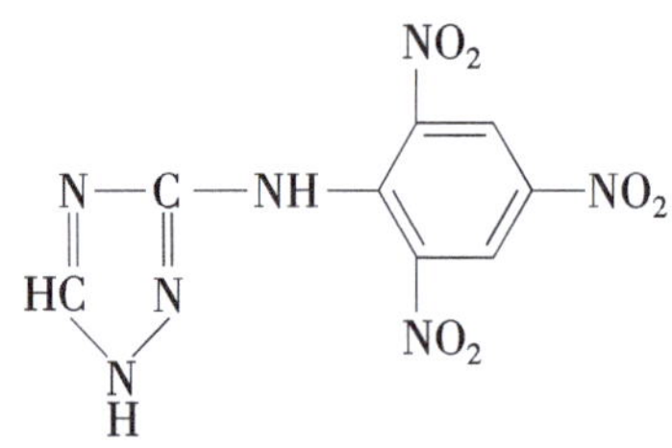

NO_2 N—C—NH— —NO_2 HC N N H NO_2

一、性能

PAT为淡黄色至黄色针状结晶（用50%硝酸重结晶产品），熔点309 ℃～310 ℃，晶体密度1.936 g/cm^3，标准生成焓约400 kJ/mol。300 ℃以下不分解，DTA曲线上最大分解放热峰温为324 ℃。最大爆速7.85 km/s，最大爆压约30.7 GPa，2.5 kg落锤的特性落高 h_{50} 大于320 cm。PAT的钝感性可与TATB的比肩，能量水平也与TATB的相当，曾被认为将来有可能代替TATB。

二、合成

由氨基胍碳酸盐与甲酸反应制得氨基胍甲酸盐，再环化为3－氨基－1,2,4－三唑，后者与三硝基氯苯进行亲核取代，即可制得PAT，也可用特屈儿代替三硝基氯苯。见反应式(8.43)。

$$NH_2C(=NH)NHNH_2 \cdot H_2CO_3 + HCOOH \xrightarrow[-H_2O]{-CO_2} NH_2C(=NH)NHNH_2 \cdot HCOOH \xrightarrow[-2H_2O]{120\ ℃}$$

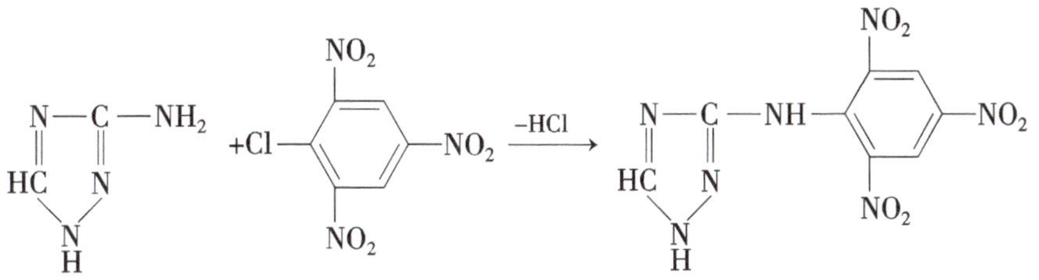

$$\text{3-氨基-1,2,4-三唑} + Cl\text{-}C_6H_2(NO_2)_3 \xrightarrow{-HCl} \text{3-苦胺基-1,2,4-三唑}$$

(8.43)

1. 3 - 氨基 - 1,2,4 - 三唑的制备

在反应瓶中加入30份研成细粉的氨基胍碳酸盐和10.5份98%～100%甲酸，小心地加热起泡的混合物（宜防止局部过热），直到气体停止放出和物料全部溶解。将形成的氨基胍甲酸盐溶液在120 ℃保温5 h，冷却，加入95%乙醇。加热使产物溶解，趁热过滤。将乙醇溶液蒸干，得无色的3 - 氨基 - 1,2,4 - 三唑结晶，熔点为152 ℃～156 ℃，得率95%～97%。所得粗品可用乙醇重结晶。

2. 3 - 苦胺基 - 1,2,4 - 三唑的制备

在反应瓶中加入10份3 - 氨基 - 1,2,4 - 三唑和12份三硝基氯苯，令物料溶于120份二甲基甲酰胺中。在100 ℃加热5 h后，将物料倾入1 000份冰水中，滤出沉淀，用水洗涤，得3 - 苦胺基 - 1,2,4 - 三唑。产品得率约95%，熔点310 ℃（DSC曲线上熔化峰温）。

制备3 - 苦胺基 - 1,2,4 - 三唑时，也可用特屈儿代替三硝基氯苯。此时是将特屈儿、氨基三唑及碳酸钠（三者的质量比为1∶0.3∶0.38）溶解在适量甲醇中，令该溶液回流2.5 h，冷却后滤出产物。滤液倒入冰水中，加入数滴浓盐酸，放置过夜，又可析出少量产物。将两份产物合并，用水和丙酮洗涤。粗产物的得率为85%。用50%的硝酸精制可得黄色针状晶体，熔点309 ℃～310 ℃（分解）。

8.8.7 氨基硝基三唑

在分子中同时引入—NH_2及—NO_2，特别是彼此处于邻位时，可形成分子间及分子内氢键，从而使分子稳定，并提高其结晶密度。对于提高密度，母体环为杂环时与为相应的芳香碳环是类似的，而且在很多情况下，杂环对正的生成热贡献更大。基于此，人们设计和合成了5 - 氨基 - 3 - 硝基 - 三唑（ANTA，结构式见下）。合成ANTA的路线有三条，最好的一条是首先令3,5 - 二氨基三唑重氮化，再用肼将重氮化产物还原。

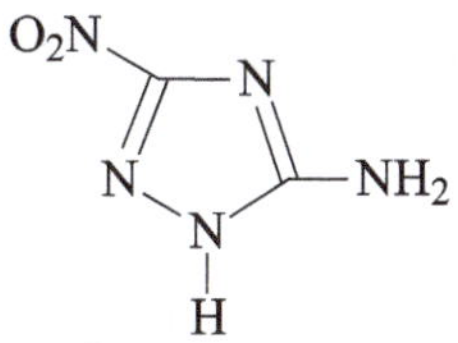

(ANTA 结构式：O_2N、N、N、N、NH_2、H)

小型试验的结果指出,ANTA 极钝感,它的撞击感度很低,用高度为 180 cm 的撞击感度仪不能测出。TNTA 的所有各类感度都很低,但与 TATB 相比,能量较低,不过某些能量指标的计算值与 TATB 的相近。

8.8.8 5－硝基－4,6－双(5－氨基－3－硝基－三唑)嘧啶

此化合物的合成方法见反应式(8.44)。

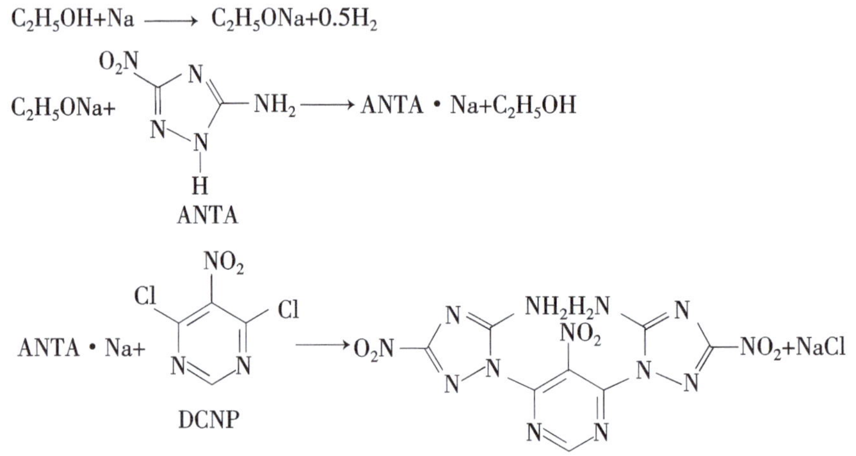

$$C_2H_5OH+Na \longrightarrow C_2H_5ONa+0.5H_2$$

C_2H_5ONa+ (O_2N, N, N, N, H, NH_2) $\longrightarrow$ ANTA · $Na+C_2H_5OH$

ANTA

(8.44)

ANTA · Na+ (NO_2, Cl, Cl, N, N) $\longrightarrow$ O_2N (N, N, N, NH_2H_2N, NO_2, N, N, N, N, N) NO_2+NaCl

DCNP

此炸药的性能如下:计算密度(X－射线衍射法)约 1.865 g · cm^{-3},撞击感度(h_{50},5 kg 落锤)约 70 cm,对摩擦钝感,分解温度(DSC)约 350 ℃,VOD 约 8 200 m · s^{-1}。这些数据说明,此炸药的威力较高,而撞击感度与 TATB 的同级。

8.8.9 7－氨基－4,6－二硝基苯并氧化呋咱

此化合物的结构式如下。

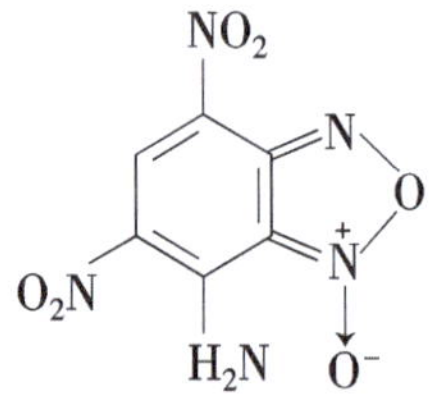

NO_2 N O $\overset{+}{N}$ O_2N H_2N O^-

它是较早的 IHE 之一,撞击感度相当于 TNT,计算 VOD 略低于 TATB。它的密度相当高,制备容易,其性能如下:密度为 1.902 g/cm^3,熔点约 270 ℃(分解),计算 VOD 约 7 910 m/s,计算 p_{C-J} 约 28 GPa,撞击感度 h_{50} 约 53 cm(TNT 为 54 cm),标准生成焓约 +36.79 kcal/mol。往 4,6－二硝基苯并氧化呋咱引入氨基,对提高所有物理及爆炸性能均有明显效果,即熔点及计算 VOD 大幅度增高,而撞击感度显著降低。

8.8.10 二硝基甘脲

若干年前,法国科学家即已提出过二硝基甘脲(DINGU)可作为钝感炸药,但后来由

于它性能欠佳(VOD 为 7 850 m/s,密度 1.99 g/cm^3)而逐渐为人所忽视。DINGU 易于制造(硝化乙二醛与脲的缩合产物),价格低廉,故很有吸引力。Coburn 及其同事根据他们的研究将 DINGU 归属于 IHE。中国以 G_{505} 为黏结剂制备了 DINGU、TNT 和 RDX 的 PBX,并测定了这些 PBX 的 VOD、撞击及射流感度。以 DINGU 为基的 PBX 具有高的爆炸能量、良好的物理 - 化学稳定性、能与以 TATB 为基的 PBX 相媲美的低易损性。DINGU 的制造方法简单,原材料便宜。比较以 TATB 为基的 PBX 与以 DINGU 为基的 PBX,后者的价格肯定低得多。

8.9　高氮高能材料

对未来的国防及空间应用,高氮高能材料(HNC - HEM)将成为先进 HEM 领域的一个研究热点。HEM 的能量是源于分子中相邻的氮原子在燃烧或爆炸时释放出的氮气,这种转换伴随着放出大量的能,因为 N—N 键能及 N ═N 键能与 N ≡ N 键能相比,差别很大,前两者分别为 160 kJ/mol 及 418 kJ/mol,而后者为 945 kJ/mol。由于HNC - HEM 的化学结构,它们可生成大量的氮气,故也可作为洁净气体发生器的材料。

HNC - HEM 领域的研究始于偶氮四唑及四嗪类化合物。某些富氮化合物,如二氨基偶氮双四嗪(DAAT)、3,6 - 二肼基 - 1,2,4,5 - 四嗪(DHT)、偶氮四唑盐等均已见诸文献报道。它们的结构如下。

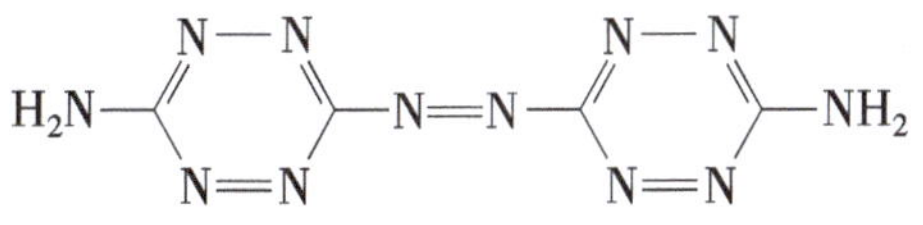

DAAT

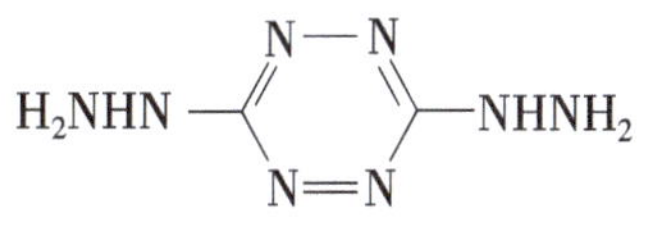

DHT

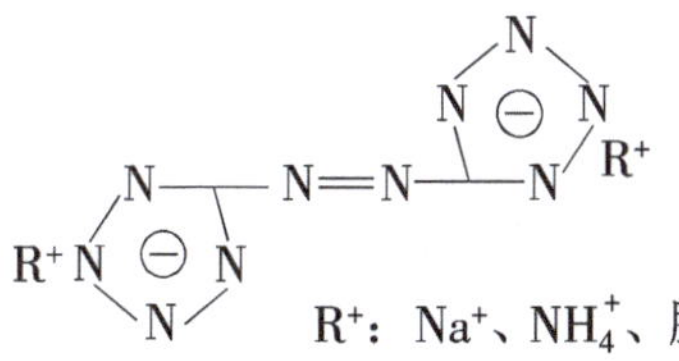

R^+: Na^+、NH_4^+、胍基、三氨基胍基

偶氮唑盐

DAAT 具有高的正生成焓(+1 032 kJ/mol),被认为是一种可用于火箭推进剂及 IHE 的 HEM。而 DHT 则可在特殊应用的烟火药中作为生态友好的无烟组分。至于四唑盐(如三氨基胍盐),生成焓为 +560 kJ/mol,感度适中。这类盐可与 DAAT 媲美。

美国曾制备了三种独特的 HNC - HEM,它们是:偶氮四唑铵(AAT)、偶氮四唑胍(GAT)及偶氮四唑三氨基胍(TAGAT)。上述化合物的结构如下。

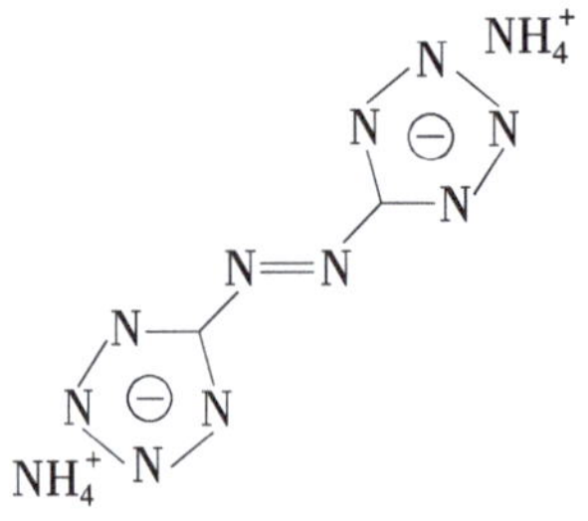

AAT

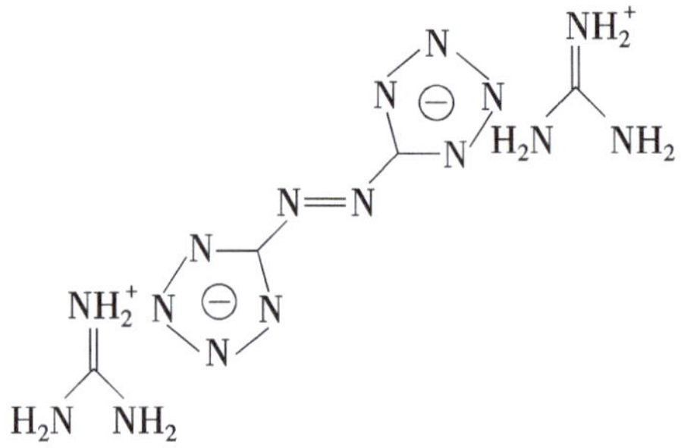

GAT

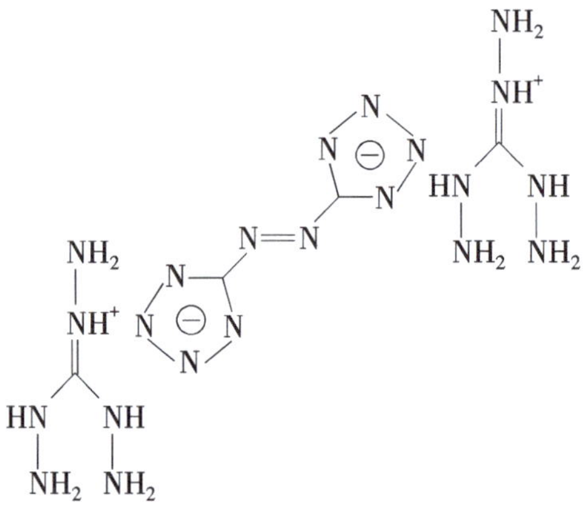

TAGAT

AAT、GAT 及 TAGAT 的性能见表 8 - 20。这些化合物独特的性能使它们可用作气体发生器、低信号推进剂及烟火药的组分。GAT 及 TAGAT 似乎适用于推进剂。基于这些化合物的复合推进剂的性能，它们可用于代替 HMX。同时，这类复合推进剂的燃烧产物为无色，反应性低，且不易生成可见的气体。另外，已研究过用 GAT 取代用于安全设备的叠氮化钠，而不致引起与叠氮化钠有关的问题（如毒性及生成 NaOH）。

表 8 - 20　AAT、TAGAT 及 GAT 的一些性能

性能	AAT	TAGAT	GAT
密度/($g \cdot cm^{-3}$)	1.53	1.602	1.538
生成焓/($kcal \cdot mol^{-1}$)	+106.1	+257.0	+98.0
火花感度/J	0.18	—	—
撞击感度（12 型）（HMX 为 25 cm）/cm	21.4	25.0	>320.0
真空安定性（100 ℃ ×48 h）/($mL \cdot g^{-1}$)	0.54	0.25	0.21
摩擦感度（BAM 仪）/kg	4.4	8.4	36 以下不敏感

续表

性能	AAT	TAGAT	GAT
DTA 放热峰/℃	190	195	240
计算爆速/(m · s^{-1})	7 600	9 050	7 100
计算爆压/GPa	18.7	29.2	15.5

美国仍在继续研发各种用途的 HNC－HEM。据报道,他们最近制备了几种硝基胍基取代的四嗪类化合物,如 3,6－双(硝基胍基)－1,2,4,5－四嗪和双(三氨基胍硝基胍)四嗪,两者的结构如下。

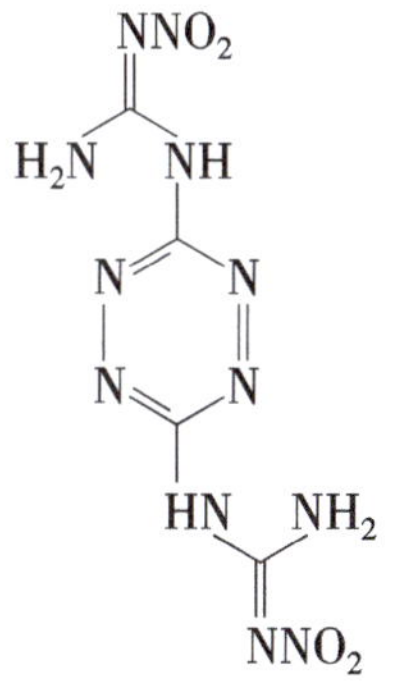

NNO_2
H_2N NH
N N
N N
HN NH_2
NNO_2

3, 6-双(硝基胍基)-1, 2, 4, 5-四嗪

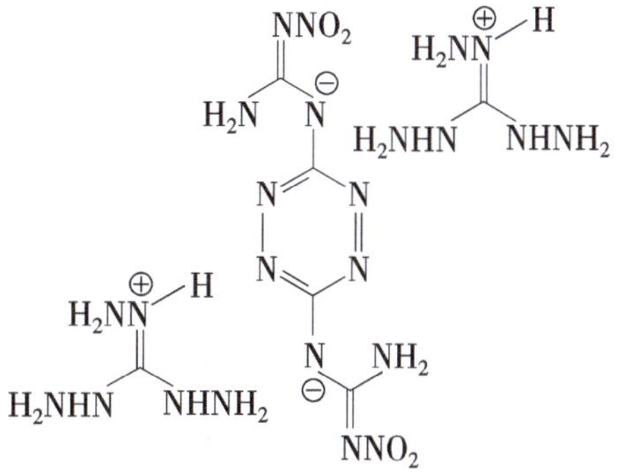

NNO_2 $H_2N\overset{\oplus}{N}$—H
H_2N $\overset{\ominus}{N}$ H_2NHN $NHNH_2$
N N
N N
$H_2N\overset{\oplus}{N}$—H
N NH_2
H_2NHN $NHNH_2$ $\ominus$
NNO_2

双(三氨基胍硝基胍)四嗪

第9章 含能黏结剂及含能增塑剂

含能黏结剂及含能增塑剂是现代含能材料中不可或缺的组分，采用先进的含能黏结剂及含能增塑剂被认为是改善固体推进剂、发射剂、混合炸药能量水平及其他实用技术性能的有效而切实可行的措施之一。自20世纪70年代以来，含能黏结剂及含能增塑剂的研发即为全球所关注，新品种不断出现，有的已获应用，且卓有成效。故本书特辟专章论述。

9.1 黏 结 剂

固体推进剂的能量主要取决于聚合型黏结剂中添加的固含量，而力学结构完整性则主要由黏结剂的本质决定。由于复合推进剂的比冲（I_{SP}）较高，能实现更远的射程或更大的有效载荷，因此大多数先进导弹都使用复合推进剂。沥青（天然沥青或某些原油蒸馏的最终产品）是首个用于制备火箭用复合推进剂的黏结剂，但这类推进剂的温度范围很窄，且其 I_{SP} 低。此外，在复合推进剂发展的早期阶段，聚乙烯、聚酯、聚异丁烯、聚氯乙烯、聚丙烯腈、聚硫等聚合物均曾被用作推进剂的黏结剂，不过现在只具历史意义，因为采用这些黏结剂的复合推进剂的 I_{SP} 低，且力学性能差。用于现代复合推进剂的黏结剂是端羟聚丁二烯（HTPB）黏结剂和含能黏结剂。

适于用作复合火箭推进剂黏结剂的聚合物应具备如下重要特性：

（1）黏结剂应与推进剂其他组分相容，这些组分包括氧化剂、金属粉末、增塑剂、键合剂、安定剂和弹道改良剂等。

（2）黏结剂中聚合物主链应有较高的C/H比。

（3）数均相对分子质量（$\overline{M}_n$）和重均相对分子质量（$\overline{M}_w$）应为2 000～3 500。另外，为了赋予推进剂更好的和可再现的力学性能，相对分子质量分布范围应尽可能窄。

（4）黏结剂黏度不能太高，这样可提高固体填料（氧化剂和金属燃料）含量，从而提高推进剂比冲。

（5）为了确保火箭推进剂药柱在飞行过程中保持结构完整性，当黏结剂中固体含量为85%～90%时，药柱仍应具备足够高的拉伸强度、伸长率和杨氏模量等。

（6）储存过程中，推进剂的“后固化”程度应尽可能低，这样推进剂在储存过程中就不会发生大的变化。

（7）黏结剂最好能在室温固化，这样可缩短推进剂制备时间，节约能源，提高生产效益/成本。

（8）黏结剂的玻璃化温度要低，储存寿命要长。

聚(丁二烯－丙烯酸)，即 PBAA，是最早作为黏结剂应用的聚丁二烯类预聚物，分子中的官能团 $-\overset{O}{\overset{\|}{C}}-OH$ 随机分布在主链上，而羧基的不均匀间距使 PBAA 基复合推进剂的力学性能较差。通过在 PBAA 分子上接枝引入丙烯腈(AN)基团，可提高复合推进剂性能，由此方法制备的三元共聚物——聚(丁二烯－丙烯酸－丙烯腈)(PBAN)的性能再现性较好，广泛用作高能固体推进剂的黏结剂。然而，为了获得更好的低温力学性能，提高能量水平，可选用端羧聚丁二烯(CTPB)替代 PBAN。世界各国用于空间和军事的复合固体推进剂都是 PBAN 基、CTPB 基或 HTPB 基的。HTPB 是新的黏结剂，其固体装填量可高达 91%，力学性能保持在可接受的范围。目前，HTPB 和含能黏结剂被视为复合推进剂的高效黏结剂。

9.2　含能黏结剂

高能聚合物，即分子中含有高能基团(氟(F)、硝基($-NO_2$)、硝酰氧基($-ONO_2$)或叠氮基($-N_3$))的聚合物，可作为推进剂的含能黏结剂。有两种可能的方法合成高能聚合物：硝化单体的聚合；在惰性聚合物中引入高能基团。前一种方法已用于合成高能聚氧代环丁烷衍生物，如 PBAMO、PNiMMO 和 PGlyN，后一种方法已用于合成 GAP 和 NHTPB。

含能黏结剂的一个优点是，达到相同性能时，含能黏结剂的含量可低于传统非含能黏结剂，这有利于降低由外部刺激(如，火、撞击、冲击波等)导致的装药易损性，提升弹药的安全性。

现代含能黏结剂和增塑剂一般含$-NO_2$、$-ONO_2$，特别是有很多含$-N_3$。这是因为有机叠氮化合物作为含能黏结剂和增塑剂具有如下特点：

（1）能量水平高，每摩尔叠氮基($-N_3$)可提供约 356 kJ 的正标准生成焓，对材料能量有较大的贡献。例如，对以高氯酸铵(AP)、RDX 及 Al 为基的推进剂，以聚叠氮缩水甘油醚(GAP)、聚 3－甲基－3－叠氮甲基氧丁环(AMMO)及聚 3,3－二(叠氮甲基)氧丁环(BAMO)替代端羟聚丁二烯(HTPB)作为黏结剂时，以最小自由能法计算出的标准理论比冲及比冲密度可分别提高 38～57 N·s/kg 和 110～250 N·s/dm^3。

（2）叠氮基是良好且丰富的氮气源，燃烧产物相对分子质量低，较少产生烟雾，故很适用于低特征信号推进剂。

（3）相当一部分有机叠氮化合物的撞击感度和摩擦感度还比较低，且大多数有机叠氮化合物的热安定性能满足使用要求，可达到双(2－氟－2,2－二硝基乙醇)缩甲醛(FEFO)的水平。

（4）原料来源广泛，制造工艺简单，价格可为用户承受。

（5）大多数有机叠氮化合物可用叠氮离子亲核取代基质中的离去基团制得，且通过引入叠氮基对已有含能化合物进行结构修饰，可合成出一系列有特色的新型叠氮含能化合物。

常见含能黏结剂是 GAP、NHTPB、PNiMMO 及 PGlyN，它们的性能见表 9－1 及表 9－2。

表 9－1 含能聚合型黏结剂的某些物理化学性能

聚合物	$\overline{M}_n$（由 GPC 测定）	密度/($g \cdot cm^{-3}$)	黏度/p(30 ℃)	T_g/℃
GAP	500～5 000	1.30	50	－40
NHTPB	约 2 500	1.20	120	－58
PNiMMO	2 000～15 000	1.26	1 350	－25
PGlyN	1 000～3 000	1.42	163	－35

表 9－2 含能黏结剂的某些热性能和爆炸性能

黏结剂	热感度		真空安定性(100 ℃×40 h)/($cm^3 \cdot g^{-1}$)	撞击感度	摩擦感度	特性
	T_i/℃	T_m/℃				
GAP	120	212	≥3.0(200 h)	很不敏感	很不敏感	用作黏结剂和增塑剂，固化过程中释气性问题严重
NHTPB	156	209	0.50		很不敏感	与当前使用的所有含能增塑剂互溶，如 NG、DEGDN、TEGDN、MTN、K－10 和 BDNPA/F 等
PNiMMO	170	229	0.54	很不敏感	很不敏感	与相似的增塑剂互溶。与 GAP 相似，根据相对分子质量确定是用作黏结剂还是增塑剂
PGlyN	145	222	0.65	其撞击感度和摩擦感度太低，以至于将其划分为第 1 类炸药		端基改性，用 H_2SO_4 水解和 K_2CO_3 处理后的材料符合要求。与 GAP 和 PNiMMO 类似，根据相对分子质量确定是用作黏结剂还是增塑剂

注：T_i 为起始分解温度；T_m 为最大放热峰温。

目前制备 NHTPB、PNiMMO 和 PGlyN 大都使用二氯甲烷等对环境不友好的溶剂，所以人们正在开发使用液态或超临界二氧化碳作为溶剂制备上述含能黏结剂。在温度 > 31.1 ℃和压力 > 7.4 MPa 时，二氧化碳表现出超临界流体行为，具有高溶解度和气体的高扩散性，这为特定反应或分离提供了可能。同时，这种工艺由于反应条件温和，而适于合成新型材料。人们采用液态 CO_2 反应介质，以 N_2O_5 作为硝化剂在聚合物上引入—NO_2 和—ONO_2 的方法，已制得性能类似或优于采用其他方法得到的产物。各种醇、甲硅烷基醚和甲硅烷胺的硝化，也可使用 N_2O_5/CO_2 反应介质。各种含能环氧丁烷和环氧丙烷的阳离子开环聚合也可以在液态超临界 CO_2 介质中进行，反应生成的含能预聚物用作复合推进剂和炸药的黏结剂。初步结果表明，使用液体/超临界 CO_2 可以代替卤代烃制造含能材料。

9.3　聚叠氮缩水甘油醚

此聚合物是人们研究得最为充分的含能黏结剂之一，低聚物则可作为含能增塑剂。它简称为 GAP。线性 GAP（LGAP）二元醇结构式可表示为：

$$HO \!-\!\!\left(CH_2\underset{\displaystyle \overset{|}{CH_2N_3}}{CH}O \right)_{\!n}\!\!-\! H$$

9.3.1　性能

1972 年，有人用 NaN_3 与聚环氧氯丙烷（PECH）在 DMF 中反应首次合成了 GAP。随后，人们对 GAP 作为含能增塑剂和含能黏结剂进行了积极研发。与其他用作复合推进剂和 PBX 黏结剂的聚合物相比，GAP 的密度高，生成焓为正值，能使 NG 脱敏，很适用于双基和复合改性双基推进剂。相对分子质量低（$\overline{M}_n$ 为 400 ~ 500）的 GAP 用作推进剂的增塑剂，相对分子质量大（$\overline{M}_n$ 为 2 500 ~ 3 000）的 GAP 用作黏结剂，以提高 I_{SP}。目前，已经公开发表了大量与 GAP 有关的文献，对 GAP 的合成、表征、热行为、爆炸性能及其用作推进剂的增塑剂和黏结剂进行了探讨。用带有高速摄像机的落锤感度仪进行感度测试，当约 5.5 kg 的落锤从 130 cm 高度撞击 GAP 时，GAP 非常不敏感（不爆炸），即使 GAP 添加了添加剂或存在气泡，也表现得十分钝感。GAP 的性能表明，在不久的将来，它可能会开创含能材料领域的一个新时代。有理由相信，GAP 将是最具吸引力的炸药、PBX 和推进剂配方的黏结剂。目前法国 SNPE 已经建立了一个试验工厂来制造 GAP，以满足欧洲国家的需要。由于 GAP 制造相对简单、合成成本低，且纯品具有优异的黏结性能，是目前最可能获得应用的含能黏结剂。

一般的 GAP 二元醇黏结剂为淡黄色至琥珀色流体，氮含量约 42%，标准生成焓约 +1 200 kJ/kg，密度 1.30 g/cm³ 左右，凝固点低于 -45 ℃，玻璃化温度（T_g）低于 -35 ℃，平均相对分子质量为 2 000 左右，黏度为 5 Pa·s。LGAP 的撞击感度（4 kg 落锤，50 cm

落高)及摩擦感度(80 ℃,2.45 MPa)均为0%(爆炸概率)。LGAP的热安定性良好,在220 ℃前检测不出质量损失(TGA,加热速度10 ℃/min,125 ℃真空安定性试验的放气量为0.001 mL/[g·(48 h)]。

9.3.2 合成

一、GAP-二醇

由环氧氯丙烷(ECH)出发,通过反应式(9.1)可制得GAP-二醇。

$$\underset{\text{ECH}}{\underset{\diagdown O \diagup}{CH_2—CH}—CH_2—Cl} \xrightarrow{\text{催化剂}} \underset{\text{PECH-二醇}}{HO\left[CH_2\underset{\underset{CH_2Cl}{|}}{C}HO\right]_nH} \xrightarrow{\text{有机溶剂中的}NaN_3} \underset{\text{GAP-二醇}}{HO\left[CH_2\underset{\underset{CH_2N_3}{|}}{C}HO\right]_nH} \tag{9.1}$$

目前商业上有ECH的聚合物(PECH)出售,由它直接叠氮化即可得到GAP-二醇。实验室合成的操作程序如下。

在三口反应瓶中加入600 mL二甲基甲酰胺、100 g(1.0 mol)PECH和130 g(2.0 mol)叠氮化钠,开动搅拌,加热至100 ℃,搅拌反应72 h,冷却反应物并用500 mL二氯乙烷进行稀释,然后用水洗涤反应混合物以除去叠氮化钠和二甲基甲酰胺,再用硫酸镁干燥二氯甲烷溶液,以除去水分,最后于40 ℃~60 ℃下减压脱去溶剂,得黏稠状琥珀色液体GAP,产量78 g,得率72.9%。产品摩尔质量为2 500 g/mol,密度为1.30 g/cm^3。

GAP-二醇的官能度约为2,为了达到预期的推进剂力学性能,必须通过加入三醇或与三异氰酸酯交联生成预聚物来提高力学性能。在液态GAP与异氰酸酯的固化过程中,与湿气反应生成二氧化碳,生成的二氧化碳仍然被留在已交联的黏结剂网络空隙中,这降低了材料的力学性能和其他性能。据报道,一些有机化合物,如二月桂酸二丁基锡(DBTDL)和三苯基铋(TPB),可抑制二氧化碳的生成,并能加快固化过程。

二、GAP-三醇

环氧氯丙烷(ECH)与甘油(作为引发剂)进行聚合反应,可生成PECH-三醇,继续与NaN_3反应可生成GAP-三醇,合成路线见反应式(9.2)。

$$\underset{\text{ECH}}{\underset{\diagdown O \diagup}{CH_2—CH}—CH_2—Cl} + \underset{\text{丙三醇}}{\underset{OH}{\underset{|}{CH_2}}—\underset{OH}{\underset{|}{CH}}—\underset{OH}{\underset{|}{CH_2}}} \longrightarrow$$

$$HO\left[\underset{\underset{CH_2Cl}{|}}{C}HCH_2O\right]_n OCH_2\underset{\underset{O\left[CH_2\underset{\underset{CH_2Cl}{|}}{C}HO\right]_nH}{|}}{C}HCH_2O\left[CH_2\underset{\underset{CH_2Cl}{|}}{C}HO\right]_nH \xrightarrow[DMF]{NaN_3}$$

PECH-二醇

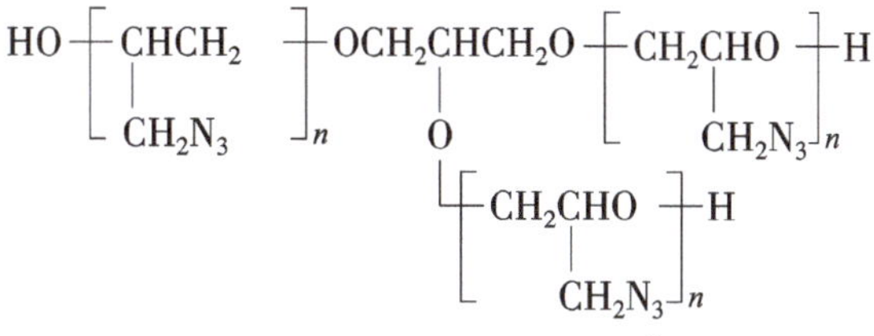

$$HO\!-\!\!\left[\begin{array}{l}CHCH_2\\ |\\ CH_2N_3\end{array}\right]_n\!\!-\!OCH_2\underset{\displaystyle \underset{\displaystyle \left[\begin{array}{l}CH_2CHO\\ \quad |\\ \quad CH_2N_3\end{array}\right]_n H}{|}}{\underset{O}{\underset{|}{C}}}HCH_2O\!-\!\!\left[\begin{array}{l}CH_2CHO\\ \quad |\\ \quad CH_2N_3\end{array}\right]_n\!\!-\!H \tag{9.2}$$

GAP-三醇

三、BGAP(支链 GAP)

LGAP 聚合物承载链的质量分数低,这有利于提高黏结剂的能量。然而,LGAP 在低温下又硬又脆,这是由于其主链上的较硬的—N_3 共轭降低了聚合物的韧性。

BGAP 是在长 GAP 主链上接枝较短的 GAP 链而成。在含有抑制剂的极性有机溶液中,将高相对分子质量(约 10^6)固态 PECH 与 NaN_3 在碱性降解催化剂的作用下同步完成降解和叠氮化,仅用一步就可制得支化端羟基 GAP。AN 和 BGAP 基火箭推进剂可以浇铸,其突出特点是生烟量低、易损性低、力学完整性好。

BGAP 官能度高达 6 ~ 11,T_g 为 -500 ℃ ~ -60 ℃,且价格较低。这有利于改善推进剂及塑料黏结炸药的流变性及力学性能,是发展 GAP 黏结剂的一个新方向。

合成 BGAP 的反应见式(9.3)。

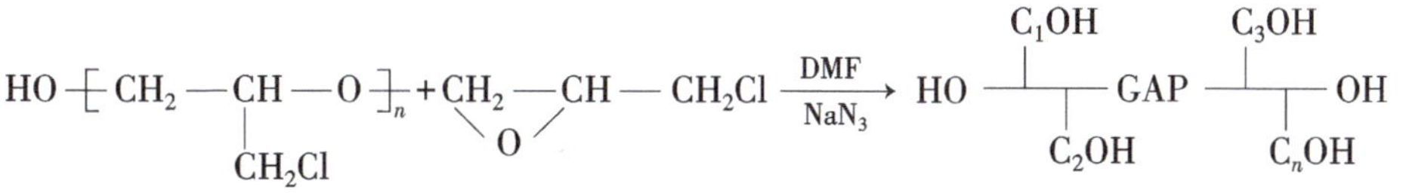

$$HO\!-\!\!\left[CH_2\!-\!\underset{\displaystyle CH_2Cl}{\underset{|}{CH}}\!-\!O\right]_n\!+CH_2\!-\!\underset{\diagdown O \diagup}{}\!CH\!-\!CH_2Cl \xrightarrow[NaN_3]{DMF} HO\!-\!\underset{C_2OH}{\overset{C_1OH}{+}}\!-\!GAP\!-\!\underset{C_nOH}{\overset{C_3OH}{+}}\!-\!OH \tag{9.3}$$

实验室制备 BGAP 的具体操作如下:在反应瓶中加入 300 mL DMF 及 50 g PECH(平均相对分子质量为 8×10^5 ~ 3×10^6),将物料浸泡一定时间后于 100 ℃溶解。随后加入适量 ECH 及 EG,降温至 65 ℃,分批加入干燥的 NaN_3,并严格控制加料量和速度。加料过快会造成 PECH 断链。另外,反应温度不宜超过 80 ℃。加完料且物料不再放热后,升温至 100 ℃反应 15 h 至物料呈淡黄色。滤出反应物料中的 DMF - GAP 胶液,减压蒸馏回收大部分 DMF,胶液转入分液漏斗中,并加入适量二氯甲烷(MC),用温水及 10% 甲醇(或丙酮)水溶液洗涤物料 4 ~5 次(必要时加入破乳剂),下层 MC - GAP 胶液用无水硫酸镁、硅胶柱干燥后经真空浓缩即得琥珀色 BGAP。

9.3.3　应用

GAP 广泛用作高性能推进剂的黏结剂,用以提高推进剂的能量水平及其他性能。表 9 -3 汇集有一些含 GAP 推进剂的配方及其某些性能。

表 9 -3　含 GAP 推进剂的配方及其某些性能

配方及性能	1	2	3	4
配方/%				
GAP	4.95	26.73	26.72	9.18
异氰酸酯	1.30	4.68	4.68	2.09

续表

配方及性能	1	2	3	4
TMETN	18.70	0.00	0.00	0.00
BTTN	0.00	0.00	0.00	22.63
增塑剂/黏结剂	3.00			
NC				0.20
二丁基甘油二月桂酸酯	0.005	0.005	0.005	0.005
辛酸			0.05	
RDX(A)	44.91	27.43	27.43	39.54
RDX(E)	29.94	41.15	41.15	26.36
RDX 总量	74.80	68.60	68.60	65.90
NCO/OH	1.50	1.00	1.00	1.30
性能				
邵式硬度	12.00		70.00	48.00
比冲/s	258		234	256
玻璃化温度/℃	-58		-40	-65
燃速/($cm \cdot s^{-1}$)	11.4		9.9	11.9

9.4 聚(3,3-双(叠氮甲基)氧丁环)

此聚合物的简称为 PBAMO,结构式为

$$H\!\left(O-CH_2-\underset{CH_2N_3}{\overset{CH_2N_3}{\underset{|}{\overset{|}{C}}}}-CH_2\right)_n OH$$

一般的 PBAMO 平均相对分子质量为 2 000 左右,官能度大于 2,标准生成焓为 +420 kJ/kg,密度 1.3 g/cm^3,熔点为 76 ℃ ~80 ℃,玻璃化温度为 -28 ℃,最大放热峰温(DSC 法,加热速度 20 ℃/min)为 250 ℃。

PBAMO 的合成是在二甲基甲酰胺中,令 3,3-二(氯甲基)氧丁环(BCMO)与叠氮化钠在 80 ℃下反应 2 h,即可制得 BAMO。以 1,4-丁二醇为引发剂,三氟化硼为催化剂,可使 BAMO 聚合生成均聚物(见反应式(9.4))。也可令 BCMO 的聚合物与叠氮化钠反应制备 BAMO 均聚物(见反应式(9.5))。BCMO 的聚合物是市售商品,但它在叠氮化时会发生降解。

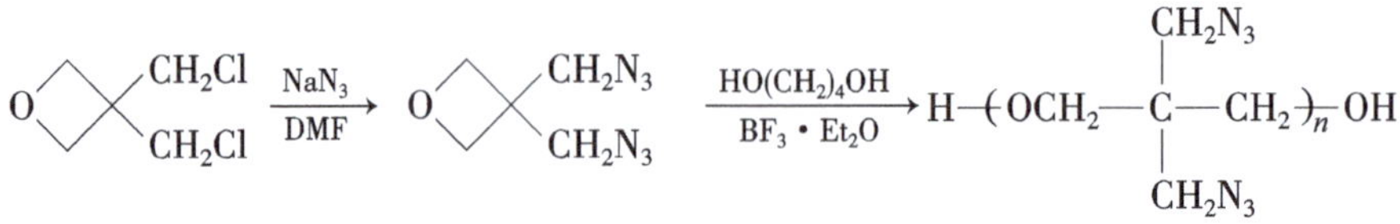

$$\text{BCMO}\ (O\langle\rangle(CH_2Cl)_2) \xrightarrow[DMF]{NaN_3} \text{BAMO}\ (O\langle\rangle(CH_2N_3)_2) \xrightarrow[BF_3 \cdot Et_2O]{HO(CH_2)_4OH} H\!\left(OCH_2-\underset{CH_2N_3}{\overset{CH_2N_3}{\underset{|}{\overset{|}{C}}}}-CH_2\right)_n OH \quad (9.4)$$

$$-\!\!\left(OCH_2-\underset{\underset{CH_2Cl}{|}}{\overset{\overset{CH_2Cl}{|}}{C}}-CH_2\right)_n \xrightarrow[DMF, 90\ ^\circ C]{NaN_3} H\!\!\left(OCH_2-\underset{\underset{CH_2N_3}{|}}{\overset{\overset{CH_2N_3}{|}}{C}}-CH_2\right)_n OH \tag{9.5}$$

如果以季成四醇为起始原料，PBAMO 的合成路线见反应式(9.6)。

$$HOH_2C-\underset{\underset{CH_2OH}{|}}{\overset{\overset{CH_2OH}{|}}{C}}-CH_2OH \xrightarrow[吡啶]{SOCl_2} 混合氯化物 \xrightarrow{真空蒸馏} HOH_2C-\underset{\underset{CH_2Cl}{|}}{\overset{\overset{CH_2OH}{|}}{C}}-CH_2Cl \xrightarrow{NaOH}$$

$$H\left[O-CH_2-\underset{\underset{CH_2N_3}{|}}{\overset{\overset{CH_2N_3}{|}}{C}}-CH_2\right]_n OH \xleftarrow[BF_3]{TMP} O\square\!\!\!\times\begin{matrix}CH_2N_3\\CH_2N_3\end{matrix} \xleftarrow[\text{相转移催化剂(PTC)}]{H_2O/NaN_3} O\square\!\!\!\times\begin{matrix}CH_2Cl\\CH_2Cl\end{matrix}$$

(9.6)

BAMO 中的叠氮基团对称，可作为热塑性弹性体的重复硬段单元。然而，PBAMO 分子中含有的强极性、大体积的叠氮甲基，使其主链承载原子数大为减少，且分子链上的叠氮甲基极大地阻碍了链旋转，使主链柔软性恶化，力学性能降低。虽然叠氮甲基使侧链运动自由度增大，有利于降低玻璃化温度，但这不足以克服主链柔软性差的影响。另外，PBAMO 为固体，且结晶性能不佳，所以不能直接用作黏结剂。但 BAMO 的一些共聚物则可能是含能热塑性弹性体而可作为优良的黏结剂用于推进剂中。

9.5　聚(3－甲基－3－叠氮甲基氧丁环)

此聚合物的简称为 PAMMO，结构式为

$$H\!\!\left(O-CH_2-\underset{\underset{CH_2N_3}{|}}{\overset{\overset{CH_3}{|}}{C}}-CH_2\right)_n OH$$

与 PBAMO 类似，PAMMO 的合成过程是用叠氮化钠在高温下对 3－氯甲基－3－甲基环氧丁烷在 DMF 介质中进行叠氮化反应，生成 AMMO，再在三氟化硼引发剂的作用下，AMMO 很容易聚合成液态的可固化预聚物(见反应式(9.7))。

$$O\square\!\!\!\times\begin{matrix}CH_3\\CH_2Cl\end{matrix} \xrightarrow[DMF]{NaN_3} O\square\!\!\!\times\begin{matrix}CH_3\\CH_2N_3\end{matrix} \xrightarrow[HO(CH_2)_4OH]{BF_3,\ 乙醚} H\!\!\left(O-CH_2-\underset{\underset{CH_2N_3}{|}}{\overset{\overset{CH_3}{|}}{C}}-CH_2\right)_n OH \tag{9.7}$$

PBAMO 在室温下为固体，且改变相对分子质量对降低熔点作用不大，但 PAMMO 在室温下为黏稠液体，撞击感度低，热稳定性优于 GAP、PBAMO 及 PAZOX（3－甲基氧丁环），且其机械性能和低温力学性能也比 GAP 的好，所以作为含能黏结剂无疑更有吸引力。

9.6 BAMO 的共聚物

9.6.1 概论

现在，可回收和对环境友好已成为对含能材料的一个重要要求。但现有的一些黏结剂采用异氰酸酯固化，其过程不可逆，不环保，释放气体，且适用期有限。为了克服这些缺点，全球范围内都在研究使用含能热塑性弹性体（ETPE）作为黏结剂，而主要努力方向是将硬段（A）和软段（B）进行复配，即将能分别提供硬段和软段的两种单体共聚制备共聚物。研究表明，理想的系统是一个纯 ABA 嵌段共聚物，其中 A 链段具有合适的熔融温度而使共聚物易于加工，B 链段具有低 T_g 以满足应用要求。这些聚合物不用异氰酸酯固化，易于加工处理，只要对材料进行熔融就可简单回收再利用。然而，链段长度是弹性体实现所需热性能和力学性能的关键，因此，在聚合反应中要谨慎控制链段长度。

BAMO 的一系列共聚物，如 BAMO/AMMO、BAMO/THF（四氢呋喃）、BAMO/BNMO（双（3－硝酰氧甲基）氧丁环）、BAMO/NiMMO、BAMO/AZOX、BAMO/BEMO（3，3－双（乙氧甲基）氧丁环）等共聚物均已为人报道，其中有些是有应用前景的 ETPE 型黏结剂。

9.6.2 合成

一、BAMO/THF 共聚物

用 BAMO 与 THF 阳离子开环共聚而引入柔性链是解决其力学性能欠佳的有效手段。BAMO/THF 共聚物可由反应式（9.8）或式（9.9）合成。

$$\text{BCMO} + \text{THF} \xrightarrow[BF_3 \cdot Et_2O,-5\ ℃]{HO(CH_2)_4OH} H\!\left(\!OCH_2-\underset{CH_2Cl}{\overset{CH_2Cl}{C}}-CH_2O(CH_2)_4\!\right)_{\!n}\!OH \xrightarrow[DMF,90\ ℃]{NaN_3} H\!\left(\!OCH_2-\underset{CH_2N_3}{\overset{CH_2N_3}{C}}-CH_2O(CH_2)_4\!\right)_{\!n}\!OH \tag{9.8}$$

$$\text{BCMO} \xrightarrow[DMF]{NaN_3} \text{BAMO} \xrightarrow[\text{THF},\ BF_3 \cdot Et_2O]{HO(CH_2)_4OH} H\!\left(\!OCH_2-\underset{CH_2N_3}{\overset{CH_2N_3}{C}}-CH_2\,(CH_2)_4\!\right)_{\!n}\!OH \tag{9.9}$$

用上法制得的 50/50 的 BAMO/THF 共聚物是一个 BAMO 封端的二官能度端羟预聚物，相对分子质量为 2 000 ~ 4 000，常温下为油状液体，黏度较低，最大放热峰温(DSC，加热速度 10 ℃/min)为 250 ℃，玻璃化温度低于 -60 ℃。共聚物中 BAMO 含量越高，共聚物的黏度越大。

二、BAMO/AMMO 共聚物

此共聚物可按反应式(9.10)合成。

$$\text{AMMO}\xrightarrow[\text{丁二醇}]{BF_3,\text{乙醚}} H\left[O-CH_2-\underset{CH_2N_3}{\overset{CH_3}{C}}-CH_2\right]_n OH\ (\text{PAMMO}) \xrightarrow{\text{BAMO}} H\left[O-CH_2-\underset{CH_2N_3}{\overset{CH_2N_3}{C}}-CH_2\right]_m\left[O-CH_2-\underset{CH_2N_3}{\overset{CH_3}{C}}-CH_2\right]_n\left[O-CH_2-\underset{CH_2N_3}{\overset{CH_2N_3}{C}}-CH_2\right]_m OH \tag{9.10}$$

9.6.3　应用

BAMO/THF 共聚物是可用的黏结剂，BAMO 链段提供能量，THF 链段提供了良好的加工性能和力学性能。一种配方是：BAMO/THF 共聚物 9.90，异氰酸酯 1.75，BTTN 22.29，NC 0.20，二丁基甘油二月桂酸酯 0.003，辛酸 0.030，RDX(A 级)26.53，RDX(E 级)39.80。增塑剂与黏结剂之比为 2.0，NCO/OH 为 0.95。然而，这类共聚物基推进剂性能不佳，且热塑性消失。但 BAMO/AMMO(80/20)共聚物制备的 ETPE 黏结剂用于未来火药和炸药极具吸引力。还有报道称，采用 BAMO/AMMO 共聚物 ETPE 为黏结剂，当推进剂中固体(AP 和 Al)装填量为 80%，可直接浇铸到酚醛容器中，无须衬层或绝热层。18 kg 测试发动机的点火结果显示，其弹道性能完全可以接受。在此之前，还有人报道了 BAMO/AMMO 共聚物和 CL-20 基的发射药。此外，BAMO 与 BEMO(3,3-双(乙氧甲基)氧丁环)的嵌段共聚物也是一种 ETPE，使用温度 -30 ℃ ~75 ℃，模量介于皮革和橡胶之间，可在 80 ℃ ~110 ℃加工处理。此共聚物熔融时，黏度较低，其中两种嵌段具有可混溶性，故很适于用作高性能、低易损性推进剂的黏结剂。同样，物质的量之比为 7:3 的 BAMO/NiMMO 的共聚物在感度、力学性能和热分解方面具有独特的特点，是钝感弹药所用炸药和火药的一个有前景的 ETPE 黏结剂。

9.7　聚(3-硝酰氧甲基-3-甲基氧丁环)

此聚合物虽为一含能黏结剂，但其低聚物则可作为含能增塑剂。简称为 PNiMMO，结

构式为

$$H\left[O-CH_2-\underset{CH_2ONO_2}{\overset{CH_3}{C}}-CH_2\right]_n OH$$

NiMMO 是用 N_2O_5 硝化 3-羟甲基-3-甲基氧丁环(HyMMO)制得的。为了放大化生产,常规的 NiMMO 合成方式是在二氯甲烷溶液通入流动的硝化系统直接聚合。这种方法产率高、纯度高。将生成的 NiMMO 单体进行阳离子聚合,生成淡黄色黏稠液体 PNiMMO。NiMMO 的阳离子聚合采用 BF_3 和二醇组成的引发体系,聚合取决于许多因素,如反应温度、引发体系、反应时间、单体添加速度等,这些因素对产物的相对分子质量、多分散性、黏度、羟基官能度及环的种类等都有影响。因为引发剂是丁二醇,因此,标准的 PNiMMO 是双官能度的。但是,可以通过使用三醇制备较高官能度的产物,用作高黏度黏结剂。PNiMMO 可用异氰酸酯固化。此外,通过改变单体进料速度和二醇/Lewis 酸引发体系的比例,可以改变产物的相对分子质量。特别是,通过使用过量的二醇和强酸引发体系,反应按不同的反应机理进行,所得产物相对分子质量低而结构更规整。产物也可以用硝基封端,从而制得 NiMMO 的非端羟基低聚物,这可用作高效增塑剂。该预聚物 T_g 为 -25℃,且热稳定性比较合理(起始分解温度为 170℃)。将 PNiMMO 作为推进剂和炸药黏结剂及增塑剂的前景正测试评估中。该黏结剂不仅能提高配方的总能量,还能降低配方的易损性。已经开发出了基于 PNiMMO/HMX/NTO/增塑剂(K-10)的塑料黏结炸药(PBX)——CPX 413,其能量超过 B 炸药(RDX/TNT 60/40),并通过了 UN 系列-7 测试,归为极不敏感的混合炸药类。CPX413 具体配方为:45% NTO、35% HMX、10% PNiMMO、10% K-10。CPX413 的实测密度为 1.70 g/cm^3,VOD 约 8 150 m/s,而 RDX/TNT(60/40)的密度为 1.66 g/cm^3,VOD 约 7 840 m/s。

PNiMMO 已被用于多个领域,包括炸药、发射药和推进剂。对 PNiMMO 用作发射药和推进剂黏结剂,得出的结论是,PNiMMO 有可能配制成推力为 1 300 J·g^{-1}而仍具有低的破甲弹攻击反应的推进剂。PNiMMO/AP 基复合推进剂的发动机小规模点火实验结果表明,即使不使用燃速调节剂(虽然允许使用),发动机的燃速和 I_{SP} 都较高;与标准 HTPB/AP/DOS 复合推进剂相比,PNiMMO/AP 基复合推进剂的压力指数和生烟量均较低。

9.8 聚(缩水甘油醚硝酸酯)

此聚合硝酸酯为含能黏结剂,其低聚物则可作为含能增塑型。简称为 PGlyN,结构式为:

$$H\left[O-CH_2-\underset{CH_2ONO_2}{CH}\right]_n OH$$

PGlyN 的合成与 NiMMO 的类似，是用 N_2O_5 对缩水甘油醚的—OH 进行选择性硝化制得，产品得率和纯度都很高。如同环氧丁烷合成 NiMMO 一样，GlyN 的制备是在流动反应器中，将 N_2O_5 加入二氯甲烷溶液中。且 GlyN 在聚合前不需纯化。但 GlyN 的聚合比 NiMMO 困难，聚合机理也不同于 NiMMO，而是利用 HBF_4 强酸诱导活性单体机理（AMM）来控制聚合反应。PGlyN 是一种淡黄色液体，T_g 为 -35℃，可与二异氰酸酯交联生成类橡胶材料。PGlyN 赋予推进剂和炸药配方以高密度、高能量和低易损性的特点。

采用激活单体机理，可合成出 GlyN 和 NiMMO 的低相对分子质量的 α,ω - 羟基遥爪低聚物（聚合度小于 10），N_2O_5 为 α，ω - 低聚物提供了端硝基。这类低聚物能量较高，能与 PNiMMO 和 PGlyN 等新型含能黏结剂完全相容，是十分有前景的推进剂和炸药用含能增塑剂。

未固化的 PGlyN 预聚物具有良好的化学稳定性和令人满意的储存寿命。但是，异氰酸酯固化的聚氨酯橡胶的老化性能并不理想，不像 NiMMO 橡胶具有良好的老化性能。长期老化试验表明，固化橡胶在 12 个月内发生降解和液化。即使通过添加 1% 的 2 - NDPA、*p* - NMA 和碳酸钙等稳定剂或排除氧气，也无法阻止其降解。据认为，PGlyN 橡胶的降解与有关链断裂的活化能低有关，而与正常的硝酸酯降解无关。此外，PGlyN 预聚物不稳定是其固有问题，并不取决于所使用的异氰酸酯。而 PNiMMO 不可能发生这种链断裂，因为 PNiMMO 没有不稳定的氢原子可供转移。

将 PGlyN 的 GlyN 端基转变为氯醇进行改性，可以克服上述问题。改性 PGlyN 消除了聚 PGlyN 的储存寿命问题；但改性 PGlyN 仍然表现出一定程度的释放气体行为。另一种 PGlyN 端基改性的方法是，令初级—OH 与 H_2SO_4 水解发生闭环作用形成环氧化物。但这种改性材料也表现出轻微的释放气体行为。还有人提出用碳酸钾溶液处理改性 PGlyN 端基，这似乎是消除 PGlyN 不稳定性从而改善其储存寿命的最有效方法。据报道，英国正用标准方法生产 PNiMMO 和 PGlyN，并用于炸药、枪炮发射药和火箭推进剂。

对于合成 PGlyN，六氟锑酸盐/二溴二甲苯引发体系比传统的四氟硼酸/二醇体系具有更高的引发效率、更优的稳定性和可控制性，由此体系合成的材料的力学性能远远优于现在市售的材料。

有一类高性能的固体推进剂，它适用于航空发动机、气体生成器和大型运载火箭，其两种配方为：PGlyN、硝酸铵、少量铝和/或硼；PGlyN、硝酸铵、铝或镁。这类固体推进剂的燃烧产物中基本没有 HCl 或氯离子，因而属于环境友好型推进剂。

另据报道，由 PGlyN、高氯酸铵、铍/氢化铍组成的高性能固体推进剂，固体装填量低，已用于太空运载火箭。

9.9　硝化端羟聚丁二烯

此含能黏结剂由端羟聚丁二烯（HTPB）硝化制得，简称 NHTPB，结构式为：

$$HO \left[CH_2 - CH = CH - CH_2 \right]_m \left[CH_2 - \underset{ONO_2}{\underset{|}{CH}} - \overset{ONO_2}{\overset{|}{CH}} - CH_2 \right]_{n-m} OH$$

多年前,人们就发现了硝化 HTPB 的应用前景。早期的合成路线是先将 HTPB 进行环氧化处理,以“原位”过氧乙酸作为环氧化试剂,使一定量的双键转化为环氧基团。再令环氧基团与 N_2O_5 在二氯甲烷中反应,可转换成硝酰氧基而制得 NHTPB。其合成路线见反应式(9.11)。

$$\begin{gathered} HO \left[CH_2 - CH = CH - CH_2 \right]_n OH \\ \big\downarrow CH_3COOOH/CH_2Cl_2 \\ HO \left[CH_2 - CH = CH - CH_2 \right]_m \left[CH_2 - \underbrace{CH - CH}_{O} - CH_2 \right]_{n-m} OH \\ \big\downarrow N_2O_5/CH_2Cl_2 \\ HO \left[CH_2 - CH = CH - CH_2 \right]_m \left[CH_2 - \underset{ONO_2}{\underset{|}{CH}} - \overset{ONO_2}{\overset{|}{CH}} - CH_2 \right]_{n-m} OH \end{gathered} \tag{9.11}$$

NHTPB 作为含能黏结剂,兼具 HTPB 的优异弹性和—ONO_2 的高能特性,在推进剂、炸药和烟火药配方中具有广阔的应用前景。

NHTPB 是一种液态聚合物,其黏度随双键转变成二硝酰氧基的比例而异。

用作黏结剂的 NHTPB,其双键转化为硝酰氧基团的最佳比例为 10%;此时,它的黏度较低,既易于加工,又允许加入较多的固体填料。适用 NHTPB 的固化剂有脂肪族或芳香族二异氰酸酯。NHTPB 的 T_g 略高于 HTPB(T_g 约 -63 ℃),与 HTPB 不同的是,NHTPB 易于与增塑剂混合,热稳定性亦在可接受的范围。NHTPB 可用 N_2O_5 硝化廉价的预聚物来合成。放大生产和评估实验表明,NHTPB 适于用作黏结剂。

与 PNiMMO 或 PGLyN 相比,NHTPB 生产成本较低,但性能也较差。

9.10 硝化环糊精

以不同的硝化途径硝化下述化合物可生成硝化环糊精 PCDN:

(1) γ-环糊精聚合物与 1-氯-2,3-环氧丙烷的交联产物;

(2) γ-环糊精聚合物与 4,4′-亚甲基双(苯基异氰酸酯)的交联产物;

(3) 含 γ-环糊精侧基的线性聚合物;

(4) α-环糊精与 1-氯-2,3-环氧丙烷交联形成的线性产物;

聚合物(1)、(3)和(4)可用硝酸硝化,产物氮含量分别为 11.6%、19.9% 和 9.55%。

聚合物(2)不能用硝酸硝化,可用液态 CO_2 中的 N_2O_5 硝化。采用 PCDN 对 RDX 微胶囊化可使 RDX 的冲击波感度急剧下降。硝化聚合物(1)是最有应用前景的不敏感含能黏结剂。

9.11　含氟黏结剂

含氟黏结剂也属于含能黏结剂,最常用的有偏二氟乙烯和一氯三氟乙烯的共聚物(Kel-F 800)及偏二氟乙烯和六氟丙烯的共聚物(Viton-A),它们的结构式如下:

$$\left[\left(\underset{F}{\overset{Cl}{C}} - CF_2 \right)_3 CH_2 - CF_2 \right]_n$$

Kel-F 800

$$\left[\left(CF_2 - CH_2 \right) \left(\underset{CF_3}{CF} - CF_2 \right) \right]_n$$

Vtion-A

此外,还有另一种含能黏结剂,是由含硝基或氟二硝基甲基的羧酸二醇类聚酯与异氰酸酯或羧基交联反应制得。美国还开发了性能优于 Viton - A 的全氟弹性体,被认为是理想的航空航天用材料。还有一种全新的多元醇中间体——氟化多元醇。典型的端羟基全氟聚醚结构式如下:

$$HO-CH_2-CF_2 {\left[OC_2F_4 \right]}_p {\left[O-CF_2 \right]}_q OCF_2-CH_2OH$$

上述含氟多元醇的平均相对分子质量为 2 000 ± 400,官能度约 2.0。这些氟化多元醇成本很高,但具有独特的耐化学性能和其他特殊性能。

9.12　增塑剂概论

一般的增塑剂是高沸点的液态有机酯。其酯可赋予材料油性,可改善火药和炸药配方的韧性和低温性能。此外,增塑剂能将黏结剂聚合物链段的极性基团分开,改善聚合物的结构和韧性。同时,增塑剂还能提高配方的加工性能和固体含量,使配方具有更佳的性能。

9.12.1　增塑剂分类

增塑剂一般分为惰性/非含能、含能两类。非含能增塑剂调节材料的拉伸强度、伸长率、刚性和软化点,但降低了系统能量。用于火箭推进剂的非含能增塑剂是甘油醋酸酯(TA)、邻苯二甲酸二乙酯(DEP)、壬二酸二辛酯(DON)、己二酸二辛酯(DOA)等。

含能增塑剂除了提高系统的整体能量和自发火特性外,还能改善系统的韧性和弹性。含能增塑剂除了含碳—碳长链外,还含有硝基、氟硝基、氟氨基、叠氮基等官能团。

非含能增塑剂和含能增塑剂可以是非反应性的或是反应性的。非反应性增塑剂添加到聚合物中后,不与聚合物发生化学反应,只是因其存在于聚合物链之间而能调节聚合物的性能，如 DEP、邻苯二甲酸二丁酯（DBP）、邻苯二甲酸二辛酯（DOP）、TA 等。该类增塑剂的最大缺点是容易从药柱中渗出。反应性增塑剂通过与聚合物进行化学反应而提高聚合物韧性和低温性能。主要的反应性增塑剂有酚醛环氧增塑剂、单环氧长链化合物。反应性增塑剂（增韧剂）最主要的特点是没有或很少渗出或迁移倾向。

增塑剂的效率取决于其达到预期效果的能力。达到预期效果所用增塑剂越多，其增塑效率越低。增塑剂的添加量一般为 3% ~5%。当然，宜用最少量的增塑剂达到最好的增塑效果。

9.12.2 对增塑剂的要求

对增塑剂的一些主要要求是：

（1）与黏结剂相容，挥发性低，难迁移。

（2）黏度不应太高。根据 Leilich 规则，高黏度增塑剂的增塑效果逊于低黏度增塑剂。

（3）无毒或低毒，与皮肤接触不致过敏，不刺激眼睛，无神经毒性。

（4）无强烈气味和色泽。

（5）耐光，耐洗涤，易溶于溶剂。

（6）能与聚合物互混互溶，生成均质体。

（7）不显著影响聚合物的力学性能。此外，不诱导增塑聚合物的收缩或早期僵硬。

9.12.3 增塑剂的功能

（1）降低液态聚合物的黏度，降低热塑性聚合物的熔融黏度，改善聚合物的可加工性，增加炸药、添加剂或氧化剂在聚合物中的装填量。

（2）降低材料的弹性模量和拉伸强度，提高伸长率，改善低温特性，降低聚合物或树脂的 T_g，从而有利于在较低温度加工处理聚合物或树脂。一些脂肪族二元羧酸酯——二（2－乙基己基）己二酸酯、癸二酸酯，壬二酸酯等在这方面最有效。

（3）有时，增塑剂还具有阻燃特性。如磷酸三辛酯（TOP）、磷酸三甲苯酯（TCP）、氯化石蜡烃等，都是许多聚合物的阻燃剂。

（4）使炸药或火药的加工处理更安全。

9.12.4 增塑剂品种

表 9－4 列有炸药或火药常用的一些惰性增塑剂。

表 9－4 用于炸药和火药的惰性/非含能增塑剂

增塑剂	应　用
三乙酸甘油酯（TA） 邻苯二甲酸二乙酯（DEP）	双基和复合改性双基推进剂的增塑剂

续表

增塑剂	应　用
壬二酸二辛酯(商品名 - Emolein)(DON) 己二酸二辛酯(DOA)	火药和 PBX 的增塑剂
壬酸异癸酯(IDN)	改善低温性能增塑剂
三(2 - 乙基己基)磷酸酯(TOP) 磷酸三丁酯(TBP) 磷酸三乙酯(TEP)	双基火箭推进剂的阻燃增塑剂
二(2 - 乙基己基)癸二酸酯(DOD)	改善炸药配方低温性能的增塑剂
酚醛环氧树脂增韧剂	改善复合火箭推进剂低温和高温性能的增塑剂
环氧大豆油或亚麻籽油	酚醛环氧树脂的增塑剂
甲硅烷二茂铁聚丁二烯基增塑剂	提高热塑性弹性体推进剂燃速的增塑剂
乙酰柠檬酸三乙酯(ATEC)	NC 和 CAB 基推进剂的优选增塑剂,赋予发射药低易损性,并已用于 XM - 39 LOVA 发射药

文献上已报道过的用于改善 PBX 及推进剂和发射药性能的含能增塑剂有 NG、EGDN、DEGDN、TEGDN、BTTN、MTN/TMETN、K - 10、BDNBF、BDNPA、Bu - NENA、叠氮增塑剂(低相对分子质量 GAP)、低相对分子质量 PNiMMO 和 PGlyN 等。

表 9 - 5 列有火炸药用的一些含能增塑剂。

表 9 - 5　用于炸药和火药的含能增塑剂

增塑剂	应　用
双(2,2 - 二硝基丙醇)缩甲醛(BDNPF) 缩水甘油叠氮聚合物(GAP)($\overline{M}_n$ 为 400 ~ 500)	炸药和火药的含能增塑剂
双(2,3 - 二叠氮基丙醇)己二酸	复合推进剂的含能增塑剂
1,2,4 - 丁三醇三硝酸酯(BTTN)	含能增塑剂/协同含能增塑剂
三羟甲基乙烷三硝酸酯(TMETN)	高黏度 NC 的含能增塑剂或协同增塑剂,也是环糊精硝酸酯聚合物的最优增塑剂
叠氮甲基双(氟二硝基乙基)胺	提高能量并减少烟雾的含能增塑剂

续表

增塑剂	应　　用
硝酰氧乙基硝胺(NENA) 硝化甘油(NG) 乙二醇二硝酸酯(EGDN) 二乙二醇二硝酸酯(DEGDN) 三乙二醇二硝酸酯(TEGDN) 硝基异丁三醇三硝酸酯(NIBTN) 2,2-二硝基丙二醇二硝酸酯(DNPDN) 三硝基乙基硝酸酯(TNEN) 2,2-二硝基-1,3-双硝酰氧基丙烷(NPN)	DB 和 CMDB 推进剂的含能增塑剂
2-甲基-2-硝基-1-叠氮丙烷	炸药和火药的潜在增塑剂
2-硝基-1,3-二叠氮丙烷衍生物	炸药和火药配方的潜在增塑剂
双(2-叠氮乙基)已二酸酯(BAEA)	火药和炸药中 DEP/TA 的潜在替代物
2-聚硝基烷基-5-全氟烷基-1,3,4-噁二唑	炸药配方的增塑剂
2,2-双(叠氮甲基)-1,3-丙二醇二硝酸酯(PDADN)	新型含能叠氮增塑剂
3,3-双(二氟氨基)-1,5-二硝基戊烷	CAB 基高能配方及 NC 增塑剂
双(二硝基丙醇)缩甲/乙醛(BDNPF/A)	新型低感含能增塑剂,适用于复合和多基炸药和火药配方
1,5-二叠氮基-3-硝基-3-氮杂戊烷(DANPE)	三基发射药的潜在含能增塑剂

9.13 叠氮化合物

文献报道了大量的含有叠氮官能团的化合物,它们可能是潜在的含能增塑剂。

低相对分子质量 GAP 增塑剂的合成,与高相对分子质量 GAP 黏结剂的合成是类似的,即在催化剂存在下,将环氧氯丙环(ECH)单体中的氯用叠氮基先取代再聚合制得。与三羟甲基乙基三硝酸酯(TMETN)、丁三醇三硝酸酯(BTTN)等硝酸酯类似,GAP 增塑剂与 GAP 聚合物互混互溶,其中的羟基可与火药配方中的异氰酸酯固化剂发生反应,导致其失去增塑功能。因此,有人开发了一种端二叠氮基的缩水甘油醚增塑剂(无端羟基),它为淡黄色液体,相对分子质量低,T_g 低,稳定性优异。该无羟基 GAP 增塑剂可用作 PBX、发射药和火箭推进剂的含能增塑剂。

最近有文献合成并表征了一族含叠氮乙酸酯官能团的含能增塑剂,其中主要的 4 个是乙二醇双(叠氮乙酸酯)(EGBAA)、二乙二醇双(叠氮乙酸酯)(DEGBAA)、三羟甲基硝基甲烷三(叠氮乙酸酯)[TMNTAA]和季戊四醇四(叠氮乙酸酯)(PETAA)。新型增塑剂 EGBAA 与 PNiMMO 混合时(增塑剂含量 50%),可制得一种 T_g 约 66.7 ℃、稳定性良好的橡胶产品。

用二(2-氯乙基)己二酸酯(BCEA)和叠氮化钠在乙醇中反应合成了二(2-叠氮乙基)己二酸酯(BAEA),并对其溶解度、密度、折射率、撞击感度、热行为进行了表征。试验结果表明,BAEA 可以代替推进剂配方中的部分非含能增塑剂(如 TA、DEP、DOP 等),并显著提高推进剂配方的 I_{SP}。

9.13.1 叠氮硝胺——1,5-二叠氮基-3-硝基-3-氮杂戊烷

一、性能及合成

1,5-二叠氮基-3-硝基-3-氮杂戊烷(DANPE 或 DIANP)可用于液态单组分推进剂中代替肼和水合肼,以改善推进剂的化学安定性和降低毒性。将 DANPE 用作固体推进剂和发射药的增塑剂,可降低燃气平均相对分子质量和火焰温度,但不会降低燃速,且其热稳定性和撞击感度也可满足使用要求。DANPE 为无色液体,冰点 3.5 ℃ ~4.2 ℃,标准生成焓 540 kJ/mol,燃烧热 16.3 MJ/kg,最大放热峰温为 227 ℃(DSC,加热速度 10 ℃/min),75 ℃真空热安定性试验放气量为 0.44 mL/[g·(24 h)],撞击感度 80%。

1,5-二氯-3-硝基-3-氮杂戊烷(DCNPE)与叠氮化钠在二甲基甲酰胺中反应可制备 DANPE,见反应式(9.12)。

$$ClCH_2CH_2\underset{}{\overset{NO_2}{\overset{|}{N}}}CH_2CH_2Cl + 2NaN_3 \xrightarrow{DMF} N_3CH_2CH_2\overset{NO_2}{\overset{|}{N}}CH_2CH_2N_3 + 2NaCl \tag{9.12}$$

用 1,5-二硝酰氧基-3-硝基-3-氮杂戊烷(DNNPE)代替 DCNPE 也可制得 DANPE。见反应式(9.13)。

$$O_2NOCH_2CH_2\overset{NO_2}{\overset{|}{N}}CH_2CH_2ONO_2 + 2NaN_3 \xrightarrow{DMF} N_3CH_2CH_2\overset{NO_2}{\overset{|}{N}}CH_2CH_2N_3 + 2NaNO_3 \tag{9.13}$$

在实验中用 DNNPE 合成 DANPE 的具体操作如下:将 7.2 g DNNPE 与 7.8 g NaN_3(物质的量比 1:2)加至 25 mL DMF 中,令反应混合物在 80 ℃ ~90 ℃下加热 12 h,冷却后倾入冷水中,所得粗产品再溶于二氯乙烷中并用活性炭处理,得 4.0 g 无色液体,得率 67%。

二、应用

DANPE 已用于塑料黏结炸药和高能低烧蚀三基发射药。DANPE 与硝化纤维素(NC)及黑索今(RDX)的相容性示于表 9-6,一些含 DANPE 发射药的配方及其某些性能见表 9-7。60/40 NC/DANPE 的火药力比 NC 的提高约 15%。

表 9－6　DANPE 与 NC 及 RDX 的相容性

组　分	T_m/℃	ΔT_m/℃	E_a①/(kJ·mol^{-1})	ΔE_a/(kJ·mol^{-1})	$\lvert\Delta E_a/E_a\rvert$/%	相容性
NC	196.00		142.6			
DANPE	233.50		115.3			
NC + DANPE	192.75	3.25	129.5	13.1	9.2	三级
NC	196.00		142.6			
RDX	230.50		181.9			
NC + RDX	203.25	－7.25	170.4	－27.8	19.5	一级
RDX	230.50		181.9			
DANPE	233.50		115.3			
RDX + DANPE	232.75	－2.25	139.5	42.4	23.3	二级

① E_a 值按 Ozewa 方法计算。

表 9－7　一些含 DANPE 发射药的配方及其某些性能

项　　目	1	2	3	4	5	6	7
配方/%							
NC(含氮 12.6%)		40				60	60
NG							
RDX	50						20
MeNENA①			50			20	
EtNENA②				70			
TAGN③					50		
DANPE	50	60	50	30	50	20	20
性能							
等容火焰温度/K	3 442	2 853	2 983	2 523	2 665	2 971	3 162
火药力/(10^4 kg·cm·kg^{-1})	1.47	1.24	1.37	1.20	1.28		
燃气平均相对分子质量	19.9	19.5	18.5	17.8	17.7	23.49	24.9

① 甲基硝酰氧乙基硝胺。
② 乙基硝酰氧乙基硝胺。
③ 三氨基胍硝酸盐。

DANPE 的一个同系物 1,3－二叠氮基－2－硝基－2－氮杂丙烷(DANP)也是性能良好的增塑剂,其用途与 DANPE 的相似。例如,以 DANP 取代发射药配方中的 NG,火药力可提高 17%（表 9－8）。

表 9－8　含 DANP 发射药的配方及性能

项　　目	1	2	3
配方/%			
NC（含氮 12.6%）	100.0	60.0	60.0
NG		40.0	
DANP			40.0
性能			
等容火焰温度/K	3 103	3 875	3 875
火药力/(10^4 kg · cm · kg^{-1})	1.06	1.21	1.41
燃气平均相对分子质量	24.76	27.15	23.28

9.13.2　叠氮硝酸酯——二叠氮基新戊二醇二硝酸酯

二叠氮基新戊二醇二硝酸酯（PDADN）也称 2,2-双（叠氮甲基）-1,3-丙二酸二硝酸酯，分子内同时含有 ONO_2 及 N_3 两种含能基团，可作为推进剂及塑料黏结炸药的优良增塑剂。

PDADN 为白色蜡状固体，纯品熔点 39.6 ℃ ~39.7 ℃，n_D^{39} 1.508 2，熔化后在 20 ℃时完全凝固。PDADN 的起始分解温度为 190 ℃，最大放热峰温为 204 ℃（DSC 法，升温速度10 ℃/min）。撞击感度为 100%，摩擦感度为 80%。

PDADN 可用 3,3－二（氯甲基）氧丁环（BCMO）为原料，经叠氮化、开环－酯化及二酯化三步合成。见反应式(9.14)。

$$\begin{array}{c}H_2C-C\begin{smallmatrix}CH_2Cl\\CH_2Cl\end{smallmatrix}\\ |\quad\ \ |\\ O-CH_2\end{array}\xrightarrow[DMF]{NaN_3}\begin{array}{c}H_2C-C\begin{smallmatrix}CH_2N_3\\CH_2N_3\end{smallmatrix}\\ |\quad\ \ |\\ O-CH_2\end{array}\xrightarrow{HNO_3}HOH_2C-\underset{CH_2N_3}{\overset{CH_2N_3}{\underset{|}{\overset{|}{C}}}}-CH_2ONO_2 \tag{9.14}$$

$$\xrightarrow{HNO_3/Ac_2O}O_2NOH_2C-\underset{CH_2N_3}{\overset{CH_2N_3}{\underset{|}{\overset{|}{C}}}}-CH_2ONO_2$$

在实验室中合成 PDADN 的具体操作如下：将 BCMO 61.5 g 溶于 200 mL DMF，在常温下往其中加入 56.3 gNaN_3，升温至 90 ℃ ~100 ℃反应 2 h，过滤。滤液用水洗去 DMF · NaN_3 及 NaCl 后，用二氯乙烷萃取出产物 BAMO，为淡黄色液体。

将 51 g BAMO 溶于 60 mL 二氯乙烷中，在常温下往其中加入 43 mL 70% 的硝酸，在 22 ℃ ~30 ℃下反应 69 h，然后依次用水、$NaHCO_3$ 稀溶液洗涤反应物，分出下层淡黄色液体，再用水洗至中性，减压蒸出二氯甲烷，得化合物二叠氮一硝酸酯，为黏稠油状液体。

在0 ℃ ~5 ℃下，往30 mL醋酐与170 mL二氯乙烷混合物中加入10 mL发烟硝酸，再往其中滴加42 g二叠氮一硝酸酯溶于50 mL二氯乙烷的溶液。加完料后，继续反应5 min，再升温至20 ℃ ~30 ℃反应10 min。反应物用水稀释，将有机相分离后洗至中性，再用无水 $MgSO_4$ 干燥和 Al_2O_3 色谱柱提纯，最后在减压下浓缩，得PDADN。

9.14 硝酰氧乙基硝胺

硝酰氧乙基硝胺(NENA)增塑剂，是最近发现的一类新型含能增塑剂，适于用作高能炸药的高效增塑剂，尤其是在NC基配方中。NENA同时具备硝酸酯和硝胺的功能，其结构式一般为：$RN(NO_2)CH_2CH_2ONO_2$，其中R为甲基、乙基、丙基、异丙基、丁基和戊基。

NENA最早于1940年即已合成出来，但直到最近才引起广泛关注，它具有如下特性。

- 原料可以市购并且价廉。
- 合成简单，易于放大生产。
- 能有效增塑NC和其他纤维素黏结剂。
- 生成低相对分子质量可燃气体。
- 与常规硝酸酯相比，撞击感度较低。

NENA在任何设定的火焰温度下，能比其他常规含能组分提供更高的推力。制备烷基NENA的一般方法是将烷基乙醇胺硝化(见反应式(9.15))：

$$RNHCH_2CH_2OH \xrightarrow{90\%\ HNO_3} R\text{—}\underset{\displaystyle NO_2}{\underset{|}{N}}\cdot CH_2CH_2ONO_2+H_2O \tag{9.15}$$

双硝酰氧乙基硝胺(DINA)是NENA族的另一个重要成员。早在1942年，它就实现了放大生产，并用于海军的无焰发射药(Albanite)。

NENA具有优良的热稳定性，容易增塑NC和其他黏结剂，生成的可燃产物相对分子质量低，撞击感度尚可。其中，丁基-NENA配方的低温性能优于其他增塑剂。NENA用作发射药和火箭推进剂的增塑剂，燃烧温度低，燃烧产物相对分子质量低，燃速高，火药力高或 I_{sp} 高。

文献报道的数据表明，用Bu-NENA替代NC/NG+DEP/AP/Al/RDX基CMDB推进剂中的DEP，推进剂燃速增加18%~20%(压力为70 kg/cm^2 时)，热值和伸长率也显著增加，且推进剂热稳定性和感度可与DEP基CMDB推进剂媲美。Bu-NENA也是低易损性(LOVA)发射药配方的主要组分。另外，双基、三基和复合三基发射药中加入Bu-NENA后，力学性能得以改善，能量显著提高，感度降低。

NENA的相对分子质量低，易挥发，并易从黏结剂中迁移，所以NENA基火药无法满足规定的最低10年的使用寿命要求。因此，在其实际应用之前，应解决这个问题。

9.15　多硝基脂肪族化合物

20 世纪 40 年代末,美国即开始了多硝基脂肪族增塑剂的研究。由于其具有较高的密度和含氧量,已将其用作炸药和火药的含能增塑剂。他们研究出的最有用的产品是双(2,2 - 二硝基丙醇)缩乙醛(BDNPA)和双(2,2 - 二硝基丙醇)缩甲醛(BDNPF),其结构式如下。随后,人们发现,等量缩乙醛和缩甲醛的混合物可用作硝基增塑剂,且增塑效果优于单一化合物。硝基增塑剂具有良好的热稳定性和化学稳定性,危害等级低,加工处理方便,与火药配方中其他组分相容等。缩甲醛增塑剂呈固态,而缩乙醛增塑剂为液态。50/50 缩甲醛/缩乙醛的共晶混合物的熔点低于缩甲醛,能赋予炸药和火药配方更好的低温性能。

$$\begin{array}{l} O-CH_2-C(NO_2)_2CH_3 \\ | \\ CH_2 \\ | \\ O-CH_2-C(NO_2)_2CH_3 \end{array}$$

BDNPF

$$\begin{array}{rl} & O-CH_2-C(NO_2)_2CH_3 \\ & | \\ CH_3- & CH \\ & | \\ & O-CH_2-C(NO_2)_2CH_3 \end{array}$$

BDNPA

上述硝基化合物是 NC 的优良增塑剂,可与 NG 混合并降低 NG 感度,是 NG 安全加工处理和运输的有效脱敏剂。另外,它们能改善 PBX 或火药配方的性能。与 DEP、TA 和 DOP 等常规非含能增塑剂相比,BDNPA/F 的热值远高。

首次合成 BDNPF/A 的路线是:以硝酸银为催化剂,将硝基乙烷硝化成 2,2 - 二硝基丙醇(DNPOH),然后再与乙醛/甲醛反应。该工艺路线经济性差,后来进行了改进,增加了一步,即先将硝基乙烷选择性氯化,生成 1 - 氯硝基乙烷。采用此工艺商业化生产 BDNPA/F 已多年,该工艺经济性好,高效,可重复。遗憾的是,该工艺中使用了几种非环保原料。聚硫橡胶公司(Thiokol Corporation)开发的 BDNPA/F 合成工艺也是基于氧化硝化,但选用了水和无氯化学品为溶剂,且此工艺制备的产品,无须进一步纯化就能符合所有性能要求,目前已大规模生产。

此类增塑剂已用于含 AP 和 RDX/HMX 的 CMDB 推进剂,且研究了其对推进剂弹道性能的影响。数据表明,采用硝基增塑剂(1∶1 的 BDNPF/BDNPA 混合物)替代 AP 和硝胺基 CMDB 推进剂中的 DEP,推进剂配方的燃速和 I_{SP} 显著提高,热分解行为改善。

此外,2,4 - 二硝基乙基苯和 2,4,6 - 三硝基乙基苯的混合物(2∶1),被称为 Rowanite 8001,俗称为 K - 10 增塑剂,是一个透明的黄色/浅橙色液体,英国危险品分类为 6.1(有毒物质),由皇家军火公司生产。它可用作 PBX 和一些火药配方的含能硝基增塑剂。

9.16 硝 酸 酯

众所周知,NG 是一种高性能的硝酸酯,它被认为是工业炸药的第一个含能增塑剂。

可用作含能增塑剂的硝酸酯还有:乙二醇二硝酸酯(EGDN 或硝化乙二醇)、二乙二醇二硝酸酯(DEGDN)、三乙二醇二硝酸酯(TEGDN)、三羟甲基乙烷三硝酸酯(TMETN)、1,2,4 - 丁三醇三硝酸酯(BTTN)和 1,2 - 丙二醇二硝酸酯(PDDN)。研发这些含能硝酸酯的主要目的是探索其作为 NG 的添加剂,以降低 NG 的冰点,降低 NG 的撞击和摩擦感度,从而使 NG 的制造、加工处理、运输和储存更安全。目前,英国、美国和法国正在研究用 TEGDN(化学性质稳定,撞击感度比 NG 的低)和 BTTN(密度比 NG 的低,但稳定性更高)替代火药配方中的 NG。另外,PDDN 作为含能单组元推进剂已在鱼雷中得到应用。

9.17 低聚物增塑剂

迁移是增塑剂与黏结剂用于炸药和火药配方所遇到的主要问题之一。为了避免此问题,最有效的方法是设计与聚合物基体类似的增塑剂。据此,低聚 3 - 硝酰氧甲基 - 3 - 甲基环氧丁烷(NiMMO)和缩水甘油醚硝酸酯(GlyN)已开发出并作为含能增塑剂,能分别与聚(NiMMO)和聚(GlyN)等含能黏结剂共用。

英国科学家使氧杂环丁烷与环氧乙烷进行阳离子聚合,制备了可用作潜在增塑剂的低聚物,但应仔细控制低聚物的相对分子质量和官能度。通过活性单体(AM)聚合技术可达此目的。以 HBF_4 和 1,4 - 丁二醇为引发体系,利用 AM 反应机理制得了所期望的相对分子质量和相对分子质量分布的低聚物。为了使这些低聚物作为有效增塑剂,可将端羟基硝化。硝化极易进行,在 -10 ℃时用 N_2O_5 硝化 30 min,母体低聚物即转变为端硝基低聚物。另外,NiMMO 低聚物用过量的 N_2O_5 硝化转变为 TMETN 时,可能含有未反应的 NiMMO 单体。虽然最终产品是混合物,仍被认为是有效的含能增塑剂。

据报道,英国和美国正对一些聚(缩水甘油醚硝酸酯)低聚物和硝化聚(缩水甘油醚硝酸酯)低聚物用作含能增塑剂进行研究。这类增塑剂与传统的硝酸酯类增塑剂(如 TEGDN、TMETN、BTTN 等)相比,具有很多优势——与黏结剂优异的混溶性,低挥发性,低 T_g(-40 ℃),低迁移性和优异的爆炸性能。

第 10 章　军用混合炸药

混合炸药是由两种或两种以上物质组成的能发生爆炸变化的混合物,也称爆炸混合物。由单质炸药和添加剂或由氧化剂、可燃剂和添加剂按适当比例混制而成。常用的单质炸药是硝基化物、硝胺及硝酸酯三类,氧化剂是硝酸盐、氯酸盐、高氯酸盐、单质氧、富氧硝基化合物等,可燃剂是木粉、金属粉、炭、碳氢化合物等,添加剂有黏结剂、增塑剂、钝感剂、防潮剂、交联剂、乳化剂、发泡剂、表面活性剂、抗静电剂等。采用混合炸药可以增加炸药品种,扩大炸药原料来源及应用范围,且通过配方设计可实现炸药各项性能的合理平衡,制得具有较佳综合性能且能适应各种使用要求和成型工艺的炸药。绝大多数实际应用的炸药都是混合炸药,品种极多,有多种分类方法。按用途可分为军用及工业(民用)两大类,但有些混合炸药可军民兼用。

军用混合炸药是指用于军事目的的混合炸药,主要用于装填各种常规弹药,少量用于装填核弹药。其特点是能量水平高,安定性和相容性好,感度适中,生产、运输、储存、使用安全,且装药性能和其他物理 - 机械性能良好。此外,低易损性也是 20 世纪 70 年代以来对军用炸药提出的要求。

第一次世界大战期间,在军事上主要采用以梯恩梯为基的混合炸药;第二次世界大战期间,以黑索今为基的混合炸药得到了广泛的使用;20 世纪 50 年代后,以奥克托今为基的混合炸药的发展,促进了武器系统性能的提高;20 世纪 70 年代,又出现了低易损性炸药、耐热炸药及分子间炸药。在设计军用混合炸药时,应着重考虑其爆炸性能、安全性、感度、机械强度及加工成型性能。

10.1　军用混合炸药的分类

军用混合炸药常根据用途、物理状态、性状、性能、装药方法及组分特点进行分类。本书按混合炸药的组分特点将其分类如下。

1. 以梯恩梯为载体的熔铸炸药

这类炸药以熔融状态进行铸装成型,其主要组成为单质炸药(有时也加有少量添加剂),但必须以梯恩梯作为载体,或以梯恩梯与其他炸药形成的低共熔物作为载体,以便于熔铸。梯黑炸药、奥克托儿、特屈托儿等均属此类。

2. 高聚物黏结炸药

这类炸药以粉状高能炸药为主体,加入黏结剂、增塑剂、钝感剂或其他添加剂制成。品种繁多,包括造型粉压装炸药、热固性炸药、塑性炸药、挠性炸药及低密度炸药等。

3. 浇铸固化炸药

是将液态高聚物(预聚物)或可聚合单体与炸药混合,再加入固化剂及其他添加剂,在常温下浇铸固化的一类炸药。它具有铸件强度高,与弹性体结合力强,尺寸稳定,便于加工等优点。通常也将其划为高聚物黏结炸药。

4. 含金属粉的混合炸药

这类混合炸药中加入了高热值的金属粉可燃剂(Al、Mg、Al - Mg 等),提高了混合炸药的爆热,做功能力较大,又称高威力混合炸药。军用混合炸药中通常所说的高威力混合炸药常是含铝炸药。

5. 燃料 - 空气炸药

这类炸药是以固体或液体燃料与空气按一定比例组成的爆炸混合物,因燃料抛散后在目标上空形成云雾,所以引爆后杀伤破坏效应较普通混合炸药的高。常用的燃料有环氧乙烷、环氧丙烷、甲烷及铝粉等。

6. 低易损性炸药

低易损性炸药是对外部作用不敏感、安全性高的炸药。它对撞击、摩擦的感度低,不易烤燃,不易殉爆,也不易由燃烧转爆轰,在生产、运输、储存,特别是作战条件下都较安全。这类混合炸药已受到各国军方的高度重视,正处于发展阶段。

10.2 对军用混合炸药的要求

军用混合炸药不仅要求具有优良的爆炸性能,还要具有较低的机械感度,良好的安全性和储存稳定性。现有军用混合炸药的爆热为 3.0 ~ 9.0 MJ/kg,爆速 2.0 ~ 9.5 km/s,爆压 10 ~ 40 GPa,爆温 3 000 ~ 5 000 K。用梯恩梯当量表示的猛度为 90% ~ 170%,做功能力为 90% ~ 200%。随着现代武器的发展,对军用混合炸药的性能要求越来越严格,而且需要的品种在不断增多。

军用混合炸药应以满足武器对炸药的战术技术指标要求为前提,但同时也要综合考虑其他性能。在现代武器用炸药的设计中,特别要将安全性放在重要地位,降低炸药易损性,提高炸药在现代战争环境下的生存能力。

不同武器的不同弹种,对炸药的性能要求是不同的。例如,水下弹药要求炸药具有尽可能大的做功能力,希望装填高爆热、大爆容的炸药;反坦克破甲弹装药则应具有尽可能高的爆速或爆压;反坦克碎甲弹用炸药,除要求高爆速和高爆压外,还要求有较低的撞击感度;杀伤弹,希望装药具有较大的动能输出,以提高杀伤效果。

从使用角度而言,对军用混合炸药的基本性能要求包括能量、密度、安全性、安定性、相容性、力学性能、储存性能等。

能量是炸药完成爆炸作用的源泉。军用混合炸药的能量参数主要是做功能力、猛度和对金属的加速作用。做功能力取决于爆热和爆容等;猛度取决于爆速和爆压;对金属的加速作用则取决于炸药的动能输出。

密度与混合炸药的爆轰性能、力学性能及其他一些性能有密切关系。例如，在一定范围内，爆速随密度的一次方、爆压随密度的二次方增加。

安全性是保证混合炸药正常研究、生产、运输、装药、加工、使用及储存的重要指标。感度是炸药安全性能的度量，它在很大程度上决定了炸药能否可靠使用及其应用范围。

现代战争使用的弹丸和运载工具的适行速度越来越高，在强大气动力热作用下，要使装药能保持原有性质，则要求炸药具有优良的热安定性及相容性。安定性与相容性是密切相关的，相容性差的混合炸药，其安定性必然不佳。

军用混合炸药必须具有一定的抗压强度、抗拉强度、抗剪强度、尺寸稳定性和机械加工性能，以保证药柱具有良好的机械强度和环境适应能力。

军用混合炸药除要尽量满足上述战术技术要求外，还要考虑配方的工艺性、经济性及对环境的友好性。一般情况下，很难获得十分理想的炸药配方，因为各项指标之间存在着矛盾，如能量与安全之间，全面使用性能与经济性之间，产品质量与工艺性之间等。因此，只能在确保主要性能的前提下，对其他性能综合平衡和调节。

10.3　混合炸药爆炸反应特点

凝聚炸药的爆轰反应根据炸药的化学组成和物理结构不同，有可能是整体反应机理、表面反应机理或混合反应机理。现代应用的绝大多数军用混合炸药是猛炸药的混合物、主体炸药与少量添加剂的混合物、氧化剂与可燃剂及其他添加剂的混合物等，这些都是非均质炸药。它们的爆轰反应属于非理想炸药爆轰，常按表面反应机理、混合反应机理或同时按这两种反应机理进行。

按表面反应机理爆轰的炸药，热点形成后高速化学反应首先沿颗粒表面进行，然后向深部迅速扩展，反应的引发和扩展速度受药粒表面积的控制。

按混合反应机理爆轰的炸药，由于某些组分难于以固态直接进行化学反应，因此，一般都是易分解组分首先分解生成气体，生成的气体再渗透或扩散到尚未反应的组分颗粒表面引起反应，或者各组分以各自不同的速度单独进行分解，然后分解产物通过扩散相互接触，再继续反应至反应结束。这种反应受各组分粒度、混合均匀性和装药密度等多种因素影响。装药密度大和各组分间空隙小，不利于产物扩散混合；组分粒度大和混合不均匀，则不利于各组分及分解产物之间的接触。这些都会导致混合炸药的爆轰反应速度降低，甚至中途熄爆。

爆轰反应是一种在高温高压下进行的特殊化学反应，其反应速度除与传质因素有关外，还受到动力学因素（温度、压力）的影响。总的反应速度究竟是受传质因素控制还是受动力学因素控制，则随炸药性质及装药情况而定。通常，在爆轰的高温高压下，高能凝聚炸药的化学反应在 $10^{-6}\sim10^{-8}$ s 内完成。单质炸药反应较快，混合炸药则反应变慢。

例如，HMX 的爆轰可在 0.1 μs 内完成，而含 3% ~5% Viton 的 HMX 的反应时间多于 0.1 μs，由 HMX、高氯酸盐、铝粉等组成的混合炸药则要多于 100 μs，一般的浆状炸药则要长达 100 ms。反应时间增加，意味着反应区增长，爆轰波在传播过程中容易受到径向稀疏波的影响，使能量损失增加，支持爆轰波传播的能量和爆速降低，甚至中途熄爆。为了弥补这一损失，只能加大装药直径或采用强度较大的装药外壳以减少径向稀疏波带来的能量损失。因此，许多混合炸药由于爆速受装药直径和约束条件的制约，装药的临界直径与极限直径都较大。对军用混合炸药而言，爆轰反应一般在 100 ~200 μs 内完成，可根据具体战术技术要求，通过装药外部条件的设计，充分匹配炸药的爆炸反应时间，提高炸药利用率。

综上所述，不同组成的混合炸药，其爆轰机理和爆轰时间不同，因而有不同的爆炸作用效果，适用于不同的战术用途，这在研制和使用混合炸药时应特别注意。

10.4 军用混合炸药重要性能参数的计算

10.4.1 原子组成

计算混合炸药的原子组成需要知道其相对分子质量，但由于无法计算混合炸药的相对分子质量，所以为了简化运算，通常规定为 100。工程上为了便于计算爆热、爆容等，也有按 1 000 计算的。

假设混合炸药的原子组成为 C_a，H_b，N_c，O_d，Cl_e，F_f，P_g，Al_h，…，则可按式(10 -1)算出相应的混合炸药中各元素的原子数。

$$n = \sum \left(\frac{w_i n_i}{M_{ri}}\right) \tag{10-1}$$

式中 n——混合炸药分子式中各元素的原子数(即 $a,b,c,\cdots$)；

w_i——混合炸药中 i 组分的质量分数；

n_i——混合炸药中 i 组分的分子式中某元素的原子数；

M_{ri}——混合炸药中 i 组分的相对分子质量。

例如，根据 PBX -9404 炸药的组成(94HMX/3NC/3CEF(三(2 -氯乙基)磷酸酯))及各组分的有关参数，可按式(10 -1)算出它的各元素的原子数(表 10 -1)，进而写出它的原子组成式为 $C_{1.40}H_{2.74}N_{2.57}O_{2.69}Cl_{0.032}P_{0.011}$(按相对分子质量为 100 计)。

表 10 -1 PBX -9404 的原子组成

炸药组分	分子式	M_{ri}	w_i	n					
				C	H	N	O	Cl	P
HMX	$C_4H_8N_8O_8$	296.2	94	1.270	2.541	2.541	2.541		

续表

炸药组分	分子式	M_{ri}	w_i	n					
				C	H	N	O	Cl	P
NC(含 N13.35%)	$C_6H_7N_{2.5}O_{10}$	274.1	3	0.066	0.076	0.027	0.110		
CEF	$C_6H_{12}O_4PCl_3$	285.5	3	0.063	0.126		0.042	0.032	0.011
Σ			100	1.399	2.743	2.568	2.693	0.032	0.011

又如，按式(10-1)计算的某含铝炸药(38RDX/2 蜡/3.5TNT/31.5NH_4ClO_4/25Al)的原子组成见表 10-2。

表 10-2 某含铝炸药的原子组成

炸药组分	分子式	M_{ri}	w_i	n					
				C	H	N	O	Cl	Al
RDX	$C_3H_6N_6O_6$	222	380	5.130	10.260	10.260	10.260		
TNT	$C_7H_5N_3O_6$	227.1	35	1.078	0.770	0.462	0.924		
蜡	$C_{45}H_{92}$	632	20	1.422	2.907				
高氯酸铵	NH_4ClO_4	117.5	315		10.720	2.680	10.720	2.680	
铝	Al	27	250						9.260
Σ			1 000	7.630	24.657	13.402	21.904	2.680	9.260

该含铝混合炸药的原子组成式为：$C_{7.63}H_{24.66}N_{13.40}O_{21.90}Cl_{2.68}Al_{9.26}$(按相对分子质量为 1 000 计)。

10.4.2 密度

一、理论密度

混合炸药的理论密度 ρ_t(亦称最大密度 ρ_{max})的计算式为式(10-2)。

$$\rho_t = \frac{\sum m_i}{\sum V_i} = \frac{\sum (\rho_{i,t} V_i)}{\sum (m_i/\rho_{i,t})} \qquad (10-2)$$

式中 m_i——混合炸药 i 组分的质量；

V_i——混合炸药 i 组分的体积；

$\rho_{i,t}$——混合炸药 i 组分的理论密度。

二、装药密度

成型装药的密度称为装药密度 ρ_0，其计算式为式(10-3)。

$$\rho_0 = \frac{\sum m_i}{\sum V_i}(1 - w_a) = \rho_t(1 - w_a) = \frac{\sum m_i}{V} \qquad (10-3)$$

式中 w_a——空隙的体积分数；

V——实测总体积；

其他符号同式(10－2)。

三、空隙度

空隙体积分数的计算式为式(10－4)。

$$w_a = \left(1 - \frac{\rho_0}{\rho_t}\right) \times 100\% \tag{10-4}$$

例如，C－3 炸药的组成为 RDX/CE/TNT/DNT/MNT/NC＝77/3/4/10/5/1，当装药密度为 1.58 g/cm^3 时，其空隙体积分数和理论密度可如下计算。

分别查出各组分的理论密度(g/cm^3)为 $\rho_{t,RDX}=1.816$，$\rho_{t,CE}=1.730$，$\rho_{t,TNT}=1.654$，$\rho_{t,DNT}=1.521$，$\rho_{t,MNT}=1.160$(间位)及 $\rho_{t,NC}=1.580$(含 N 质量分数为 12%)，则由式(10－2)及式(10－4)可分别计算

$$\rho_t = \frac{\sum m_i}{\sum V_i} = 1.722\ \text{g/cm}^3$$

$$w_a = \left(1 - \frac{\rho_0}{\rho_t}\right) \times 100\% = 8.2\%$$

10.4.3 压药比压与装药密度

装药密度与比压的关系式为式(10－5)。

$$\frac{p}{\rho_0} = a + bp \tag{10-5}$$

式中 p——压装时的成型比压，MPa；

ρ_0——装药密度，g/cm^3；

a,b——与散粒体炸药理化性质和压药条件有关的系数。

式(10－5)的压力适用范围为 10～700 MPa，a,b 可由 $\frac{p}{\rho_0}-p$ 直线的截距与斜率求得，也可利用某炸药的压力－密度实测数据经最小二乘法求得。常用压装炸药的 a,b 值见表 10－3。

表 10－3 常用压装炸药的 a、b 值[①]

炸药	a/(MPa·cm^3·g^{-1})	b/(cm^3·g^{-1})	r
TNT(渗油性 4 分)	3.385 5	0.613 0	0.999 9
特屈儿	4.073 6	0.568 4	0.999 8
8701 炸药	3.105 3	0.567 3	0.999 9
8321 炸药	4.216 7	0.565 7	0.999 9
A－Ⅸ－Ⅱ炸药	3.666 6	0.544 6	0.999 9

续表

炸药	$a/(\mathrm{MPa}\cdot\mathrm{cm}^3\cdot\mathrm{g}^{-1})$	$b/(\mathrm{cm}^3\cdot\mathrm{g}^{-1})$	r
8702 炸药	5.712 4	0.522 7	0.999 9
7153 炸药	3.876 6	0.534 1	0.999 8
① 表中 a,b 值均由常温下压制圆形药柱得出。			

例如,8701 炸药在比压为 200 MPa 时的装药密度及装药密度欲达到 1.707 1 g/cm³时所需比压可如下计算。

由表 10－3 查得 $a=3.105\ 3$ 及 $b=0.567\ 3$,代入式(10－5)后得出比压 200 MPa 时的装药密度为

$$\rho_0=\frac{p}{3.105\ 3+0.567\ 3p}=1.715\ 8\ \mathrm{g/cm^3}$$

装药密度为 1.707 1 g/cm³时,所需比压为

$$p=\frac{a\rho_0}{1-b\rho_0}=\frac{3.105\ 3\times1.707\ 1}{1-0.567\ 3\times1.707\ 1}=168(\mathrm{MPa})$$

10.4.4　氧平衡

对组成为 $C_aH_bN_cO_d$ 的混合炸药,氧平衡的计算与单质炸药的相同。对组成为 $C_aH_bN_cO_dCl_eF_fAl_g$ 的混合炸药,计算氧平衡的通式为

$$OB=\frac{800(\sum N_{Oi}A_{vi}-\sum N_{Ri}A_{vi})}{M_r}\times100\% \qquad (10-6)$$

式中　OB——氧平衡;

$N_{Oi}A_{vi}$——炸药组成中被还原的原子数与其化合价之积;

$N_{Ri}A_{vi}$——炸药组成中被氧化的原子数与其化合价之积;

M_r——炸药的相对分子质量。

通常按式(10－6)计算氧平衡时,将 O、F、Cl 视为被还原的原子,而 C、H、Si、B 及金属视为被氧化的原子。若碳生成 CO_2,按四价计算;生成 CO,按二价计算。

例如,PBX－9501 混合炸药的原子组成为 $C_{1.47}H_{2.86}N_{2.60}O_{2.69}$,按生成 CO_2 计算,其氧平衡为

$$OB(CO_2)=\frac{800\times(2.69\times2-1.47\times4-2.86)}{100}\times100\%=-26.88\%$$

按生成 CO 计算,其氧平衡为

$$OB(CO)=\frac{800\times(2.69\times2-1.47\times2-2.86)}{100}\times100\%=-3.36\%$$

又如,含铝炸药 38RDX/2 蜡/3.5TNT/31.5NH_4ClO_4/25Al 的原子组成为 $C_{0.76}H_{2.47}$

$N_{1.34}O_{2.19}Cl_{0.27}Al_{0.93}$，按生成 CO_2 计算的氧平衡为

$$OB(CO_2)=\frac{800\times[(2.19\times2+0.27)-(0.76\times4+2.47+0.93\times3)]}{100}\times100\%$$

$$=-29.21\%$$

按生成 CO 计算的氧平衡为

$$OB(CO)=-16.98\%$$

10.4.5 标准生成焓

混合炸药的标准生成焓（$\Delta_f H^{\ominus}$），可按其组成的 $\Delta_{fi} H^{\ominus}$ 及质量分数求得，见式（10－7）。

$$\Delta_f H^{\ominus}=\sum \Delta_{fi} H^{\ominus} w_i \tag{10-7}$$

式中 $\Delta_f H^{\ominus}$——混合炸药的标准生成焓，kJ/kg；

$\Delta_{fi} H^{\ominus}$——混合炸药中组分 i 的标准生成焓，kJ/kg；

w_i——混合炸药中组分 i 的质量分数。

单质炸药或添加剂的 $\Delta_f H^{\ominus}$ 的计算见本书第 2 章第 2.3 节，一些起爆药、猛炸药及氧化剂的 $\Delta_f H^{\ominus}$ 见表 2－10。为使用方便，表 10－4 列出了混合炸药常用添加剂的 $\Delta_{fi} H^{\ominus}$。

表 10－4 混合炸药常用添加剂的 $\Delta_{fi} H^{\ominus}$

化合物	M	$\Delta_{fi} H^{\ominus}$	
		kJ · mol^{-1}	kJ · kg^{-1}
2,4－DNT	182.1	－68.20	－374.52
NC（N 13.4%）	286.3	－836.80	－2 922.81
NC（N 12.2%）	272.4	－903.74	－3 317.70
EDNA	150.1	－103.37	－688.69
Estane 5702F		－397.48	
BDNPA/BDNPF		－194.05	
DOP	390.4	－1 122.2	－2 874.36
$Ba(NO_3)_2$	261.4	－996.75	－3 813.12
PS	104.2	79.08	758.90
Kel－F3700	116.5	－673.62	－5 782.2
CEF	285.4	－1 255.2	－4 397.38
Viton A	187.1	－1 392.02	－7 439.2
PE	28.1	53.97	1 920.77
聚丁二烯	54.1	38.49	711.51
PMMA	100.1	－425.09	－4 246.70
石蜡	254.5	－558.56	－2 194.74
地蜡	380.7	－496.58	－1 304.39
MNT	137.1	－145.35	－1 060.2

注：表中缩写的全称（化学名称）见本书末缩略语表。

例如，PBX－9404 混合炸药的组成为 94HMX/3NC/3CEF，各组分的标准生成焓分别为 253.27 kJ/kg（HMX）、－3 317.70 kJ/kg（含 12.2% N 的 NC）及－4 397.38 kJ/kg(CEF)，所以该混合炸药的标准生成焓为

$$\Delta_f H^{\ominus} = 253.27 \times 0.94 - 3\ 317.70 \times 0.03 - 4\ 397.38 \times 0.03 = 6.62(\text{kJ/kg})$$

10.4.6　比热容及导热系数

混合炸药的比热容及导热系数也可以采用加和法计算，分别见式(10－8)及式(10－9)。

$$c = \frac{\sum m_i c_i}{\sum m_i} = \sum w_i c_i \tag{10-8}$$

$$\lambda = \frac{\sum m_i \lambda_i}{\sum m_i} = \sum w_i \lambda_i \tag{10-9}$$

式中　c——混合炸药的比热容，J/(g·℃)；

c_i——混合炸药中 i 组分的比热容，J/(g·℃)；

m_i——混合炸药中 i 组分的质量；

λ——混合炸药的导热系数，W/(m·K)；

λ_i——混合炸药中 i 组分的导热系数，W/(m·K)；

w_i——混合炸药中 i 组分的质量分数。

例如，组成为 90HMX/10Viton 的 LX－07 混合炸药的比热容及导热系数可如下求得：

$c(\text{HMX}) = 1.038$ J/(g·℃)；　　$\lambda(\text{HMX}) = 0.502$ W/(m·K)

$c(\text{Viton}) = 1.464$ J/(g·℃)；　　$\lambda(\text{Viton}) = 0.226$ W/(m·K)

$c = 1.081$ J/(g·℃)；

$\lambda = 0.475$ W/(m·K)

10.4.7　爆轰参数

炸药爆轰参数的计算方法很多，国内外利用状态方程和计算机技术可以从理论上比较准确地预测炸药的爆轰参数。迄今已可利用 BKW、VLM、JCZ－3 及 KHT 等状态方程的 STREICH BKW 编码、RUBY 编码、FORTRAN BKW 编码及 TIGER 编码等计算炸药爆轰参数，但工作繁复。对于炸药应用及弹药设计工作者而言，常采用一些可满足工程要求的经验及半经验公式。

一、爆速

1. Kamlet 公式

Kamlet 公式及采用此公式计算单质炸药爆速的经验方法见本书第 2 章，但用它计算混合炸药的爆速时，由于炸药组分不是单一的，各元素不是存在于同一分子中，所以首先

应计算出混合炸药的原子组成(见本节“10.4.1 原子组成”),再由 Kamlet 公式计算其爆速。另外,也可由混合炸药各组分的 φ(φ 的意义见本书第 2 章)值,按式(10-10)计算出混合炸药的 φ 值,再代入 Kamlet 公式计算爆速。

$$\varphi_m = \sum \varphi_i w_i \tag{10-10}$$

式中 φ_m——混合炸药的特性值;

φ_i——混合炸药中组分 i 的特性值;

w_i——混合炸药中组分 i 的质量分数。

在计算 φ_m 值时,混合炸药中的非爆炸组分及金属粉均做惰性组分处理,但液体混合炸药中的溶剂与其他组分互溶,则应视为活性组分,而其 φ 值的计算可与单质炸药的相同。表10-5 汇集了常用单质炸药的 φ_i 值。

表 10-5 常用单质炸药的 φ_i 值

炸药	φ_i	炸药	φ_i
TNT	4.838	NC(12.6% N)	6.370
RDX	6.784	TACOT	4.770
HMX	6.772	MNT	2.740
PETN	6.805	AP	3.426
NG	6.840	FEFO	5.976
特屈儿	5.615	D 炸药	4.993
DATB	5.030	NM	6.769
TATB	4.975	TNM	4.007
HNS	4.882	DINA	6.561
DNT	4.220	HNB	6.385
NQ	5.589	EDNA	6.473

采用 φ_m 值法,可如下计算密度为 1.60 g/cm^3 的 C-3 炸药的爆速。C-3 炸药组成为 RDX/CE/TNT/DNT/MNT/NC=77/3/4/10/5/1,由表 10-5 查得 C-3 中各组分的 φ_i 值,再由式(10-10)计算 C-3 的 φ_m 值为6.208,于是 C-3 炸药的爆速(D)应为

$$\begin{aligned} D &= 1.01\varphi_m^{1/2}(1+1.30\rho_0) \\ &= 1.01\times 6.208^{1/2}\times(1+1.30\times 1.60) \\ &= 7.751(\text{km/s})(\text{实测值为 } 7.625\ \text{km/s}) \end{aligned}$$

2. Urizar 公式

上述由 Kamlet 公式计算混合炸药的爆速时,炸药中的非爆炸组分(如 PBX 中的高聚物黏结剂)是作为惰性成分处理的,但实际上,有些非爆炸组分对爆速还是有一定贡献

的，以它的特征速度参与爆轰波的传播。美国的 Urizar 博士提出了经验公式(10－11)，用于计算混合炸药的爆速，式(10－11)称为 Urizar 公式。

$$D = \sum (D_i V_i) \tag{10-11}$$

式中　D——无限直径时混合炸药的爆速，km/s；

D_i——混合炸药中组分 i 的特征速度，km/s；

V_i——混合炸药中组分 i 的体积分数。

用 Urizar 公式计算密度大于 1.0 g/cm^3 的混合炸药的爆速时，结果的精度较好。但宜指出，应用 Urizar 公式时，混合炸药中的空隙(空气)也应视为一种组分。

表 10－6 汇集了常用单质炸药及混合炸药组分的 ρ_t 及 D_i 值。

表 10－6　常用单质炸药及混合炸药组分的 D_i 值

化合物	ρ_t[①]/(g·cm^{-3})	D_i/(km·s^{-1})	化合物	ρ_t[①]/(g·cm^{-3})	D_i/(km·s^{-1})
TNT	1.65	6.970	DNT	1.52	6.180
RDX	1.82	8.800	HNS	1.74	7.280
HMX	1.91	9.150	TATB	1.94	8.000
PETN	1.77	8.280	DATB	1.84	7.520
特屈儿	1.73	7.776	NQ	1.72	8.740
FEFO(大于 35%)	1.61	7.500	TACOT	1.85	7.511
Adiprene L	1.15	5.690	Exon－454$\left(\frac{PVC}{PVA}=\frac{85}{15}\right)$	1.35	4.900
AFNOL	1.48	6.350	FEFO(低于 35%)	1.60	7.200
蜂蜡	0.96	5.460	亚硝基氟橡胶	1.92	6.090
石蜡	0.90	6.500	硬脂酸	0.87	6.500
BDNPF	1.55	6.500	卤蜡 1014	1.78	4.220
BDNPF/BDNPA≈1/1	1.39	6.310	Kel－F 蜡		5.620
TEF	1.45	5.150	Kel－F 弹性体	1.85	5.380
PDNPA	1.47	6.100	Kel－F800/827	2.00	5.830
EDNP	1.28	6.300	Kel－F800	2.02	5.500
Estane5740－XZ	1.20	5.520	氯丁橡胶	1.23	5.020
Exon－400XR－61	1.70	5.470	NC	1.50	6.700
丁腈橡胶	0.97	5.390	硅橡胶 160		5.720
PE	0.93	5.500	硅橡胶 180	1.05	5.100
PS	1.05	5.280	Teflon	2.15	5.330
VitonA	1.82	5.390	SaranF－242		5.550
空气或空隙		1.500	LiF	2.64	6.070
Al	2.70	6.850	Mg	1.74	7.200
$Ba(NO_3)_2$	3.24	3.800	Mg－Al 合金(61.5/38.5)	2.02	6.900
$KClO_4$	2.52	5.470	NH_4ClO_4	1.95	6.250
$LiClO_4$	2.43	6.320	SiO_2	2.20	4.000

① ρ_t 为理论最大密度。

采用 Urizar 公式，可如下计算密度为 1.87 g/cm^3 的 LX－11 混合炸药的爆速。LX－11 的组成为 HMX/Viton＝80/20，根据 LX－11 的密度及其中各组分的含量和理论最大密度，计算得到 LX－11 中 HMX、Viton 及空隙三者的 V_i 值分别为 0.783 3、0.205 5 及 0.011 2，再由表(10－6)查得此三者的 D_i 值，则由式(10－11)可计得 LX－11 的爆速为

$$D = \sum(D_iV_i) = (9.15\times0.7833)+(5.39\times0.2055)+(1.50\times0.0112) = 8.292(\mathrm{km/s})$$

3. $\omega-\Gamma$ 公式

此式是由我国学者吴雄提出的经验式，它既适用于计算混合炸药，也适用于计算单质炸药的爆速，且计算结果与实测值相当吻合。$\omega-\Gamma$ 的表达式见式(10－12)。

$$D = 33.1Q^{1/2} + 243.2\omega\rho_0 \tag{10-12}$$

Q 及 ω 可分别按式(10－13)及式(10－14)计算。

$$Q = \sum Q_iw_i \tag{10-13}$$

$$\omega = \sum \omega_iw_i \tag{10-14}$$

式中 D——混合炸药爆速，m/s；

Q——混合炸药的爆热或特征热值，kJ/kg；

ω——混合炸药的位能因子；

ρ_0——混合炸药装药密度，g/cm^3；

Q_i——混合炸药中组分 i 的特征热值，kJ/kg；

ω_i——混合炸药中组分 i 的位能因子；

w_i——混合炸药中组分 i 的质量分数。

各化合物的 Q_i 及 ω_i 均由经验公式计算，表 10－7 汇集了常用单质炸药及混合炸药组分的 Q_i 及 ω_i 值。

表 10－7 常用单质炸药及混合炸药组分的 Q_i 值及 ω_i 值

化合物	$Q_i/(\mathrm{kJ\cdot kg^{-1}})$	ω_i	化合物	$Q_i/(\mathrm{kJ\cdot kg^{-1}})$	ω_i
TNT	4 296	12.05	TNM	单质 1 284 混合 6 665	12.29 12.29
RDX	5 790	14.23	NH_4NO_3	单质 1 485 混合 3 318	13.18 14.80
HMX	5 769	14.23	BTNEN	单质 5 427 混合 6 862	13.19
EDNA	4 853	14.53	HN	单质 3 728 混合 4 498	16.87 17.00

续表

化合物	$Q_i/(kJ \cdot kg^{-1})$	ω_i	化合物	$Q_i/(kJ \cdot kg^{-1})$	ω_i
PA	4 602	12.63	肼	2 971	24.00
TATB	3 658	12.78	Al	15 522	-1.00
DATB	4 384	12.64	石墨	0	3.83
特屈儿	5 242	12.78	DOP	-239	15.20
PETN	6 192	13.80	PVAC	-1 519	14.00
D 炸药	3 700	13.00	硬脂酸	-2 519	17.79
DINA	5 439	14.30	尼龙 6/66	-1 318	16.20
TNB	5 297	12.29	蜡	-2 983	18.60
R-盐	4 803	14.37	PMMA	-1 724	14.64
TNA	4 259	12.47	油类	-1 674	18.50
BTNEU	6 191	13.65	PIB	-2 983	18.50
DNPN	5 293	13.90	PS	1 155	16.93
NG	6 226	13.57	Vtion A	3 347	9.00
NQ	2 661	15.42	Kel-F	2 092	8.00
NM	5 054	14.72	聚乙烯醇硝酸酯	5 230	13.72
NC	4 076	13.40	CEF	-1 883	14.00
$TNTA_2B$	6 502	13.30	聚丁烯醇缩丁醛	-695	15.35
BTF	6 581	12.94	Estane	1 536	13.90
FEFO	6 067	12.60	Exon	2 929	10.00

LX-17 的组成为 TATB/Kel-F=92.5/7.5，由表 10-7 查得 TATB 及 Kel-F 的 Q_i 及 ω_i 值，采用 $\omega-\Gamma$ 公式可如下计算密度为 1.90 g/cm^3的 LX-17 混合炸药的爆速。

$$Q = 3\ 540\ kJ/kg$$

$$\omega = 12.42$$

$$D = 33.1 \times 3\ 540^{1/2} + 243.2 \times 12.42 \times 1.90$$

$$= 7.708(km \cdot s^{-1})$$

用上述三个公式计算混合炸药的爆速，以 Kamlet 公式所得结果误差稍大，其他两式结果均与实测值吻合甚佳。三式均可满足工程设计需要。

二、爆压

1. Kamlet 公式

见本书第 2 章。

2. $\omega-\Gamma$ 公式

用此经验公式计算爆压的方程见式(10－15)。

$$p=\frac{\rho_0 D^2}{\Gamma+1} \tag{10-15}$$

式中 p——爆压,GPa;

ρ_0——装药密度,g/cm^3;

Γ——绝热指数;

D——爆速,$km \cdot s^{-1}$。

Γ 可按式(10－16)及式(10－17)计算。

$$\Gamma=\gamma+\Gamma_0(1-e^{-0.546\rho_0}) \tag{10-16}$$

$$\Gamma_0=\sum n_i/\sum\left(\frac{n_i}{\Gamma_{0i}}\right)=\sum\frac{w_i}{M_i}/\sum\frac{w_i}{\Gamma_{0i}M_i} \tag{10-17}$$

式中 γ——爆轰产物定压热容(c_p)与定容热容(c_V)之比,即 c_p/c_V;

ρ_0——混合炸药装药密度,g/cm^3;

n_i——混合炸药中组分 i 的物质的量,mol/[100 g(kg)];

Γ_{0i}——组分 i 的绝热指数。

w_i——组分 i 的质量分数;

M_i——混合炸药中组分 i 的摩尔质量,g/mol。

常用单质炸药及混合炸药组分的 Γ_{0i} 值见表 10－8。

表 10－8 常用单质炸药及混合炸药组分的 Γ_{0i} 值

化合物	Γ_{0i}	化合物	Γ_{0i}	化合物	Γ_{0i}
TNT	2.856	DNPN	2.750	FEFO	2.300
RDX	2.650	NG	2.480	硬脂酸	3.300
HMX	2.650	NQ	2.800	PVAC	2.780
EDNA	2.469	NM	2.310	尼龙 6/66	3.260
PA	2.961	NC	2.520	蜡	3.450
TATB	2.836	HNsB(BTF)	2.410	PMMA	2.920
DATB	2.875	TNM	3.430	油类	3.450
特屈儿	2.890	NH_4NO_3	2.750	PIB	3.450
PETN	2.480	BTNEN	2.900	PS	3.450
D 炸药	2.750		2.700	Vtion A	2.600
DINA	2.480	HN	2.710	Kel－F	2.500
TNB	2.980	肼	3.800	聚乙烯醇硝酸酯	2.520
R－盐	2.748	Al	4.000	CEF	2.800
TNA	2.920	石墨	4.000	Exon	2.400
BTNEU	2.698	DOP	3.220	Estane	2.990

由式(10－16)可知，当 $\rho_0 \to 0$ 时，$\Gamma = \gamma = c_p/c_V = 1.25$；当 $\rho_0 \to \infty$ 时，$\Gamma = \gamma + \Gamma_0$。

采用 $\omega - \Gamma$ 公式，可如下计得密度为 1.767 g/cm³ 及爆速为 8.522 km/s 的混合炸药 PBX－9011 的爆压。PBX－9011 的组成为 HMX/Estane＝90/10，由表 10－8 查得此两组分的 Γ_{0i} 值分别为 2.65 及 2.99，又知此两组分的摩尔质量分别为 296.2 g/mol 及 100 g/mol，于是按式(10－17)计算 PBX－9011 的 Γ_0 为 2.73，按式(10－6)计算它的 $\Gamma = 2.94$。于是

$$p = \frac{1.767 \times 8.522^2}{1 + 2.94} = 32.57(\text{GPa})$$

三、爆热

1. 盖斯(Hess)定律

根据 Hess 定律，可按式(10－18)计算混合炸药的定压爆热 Q_p(kJ·kg⁻¹)。

$$-Q_p = \sum n_{pi}\Delta_{f(pi)}H^{\ominus} - \sum n_{mi}\Delta_{f(mi)}H^{\ominus} \qquad (10-18)$$

式中　n_{pi}——炸药爆轰产物中产物 i 的量，mol/kg；

$\Delta_{f(pi)}H^{\ominus}$——爆轰产物中产物 i 的标准生成焓，kJ/mol；

n_{mi}——混合炸药中组分 i 的量，mol/kg；

$\Delta_{f(mi)}H^{\ominus}$——混合炸药中组分 i 的标准生成焓，kJ/mol。

一些单质炸药及混合炸药组分的标准生成焓见表 2－10 及表 10－4，某些爆轰产物的标准生成焓见表 10－9。

由定压爆热 Q_p 换算成定容爆热 Q_V 见式(2－43)。

表 10－9　某些爆炸产物的标准生成焓

化合物	$\Delta_f H^{\ominus}$(kJ·mol⁻¹)	化合物	$\Delta_f H^{\ominus}$(kJ·mol⁻¹)
CO(g)	－110.6	CH_4(g)	－74.9
CO_2(g)	－393.8	NH_3(g)	－186.2
H_2O (g)	－242.0	SO_2(g)	－333.9
H_2O (l)	－286.1	NaCl (s)	－414.1
NO (g)	90.3	KCl (s)	－435.9
NO_2(g)	33.2	$MgCl_2$(s)	－641.1
HCl (g)	－92.4	Na_2O (s)	－422.1
HF (g)	－271.1	K_2O (s)	－364.6
H_2S (g)	－14.0	Na_2CO_3(s)	－1 130.9
Al_2O_3(s)	－1 675.3	K_2CO_3(s)	－1 146.1
Al_2O_3(g)	－396.0	$CaCO_3$(s)	－788.7
AlO (g)	87.1	$MgCO_3$(s)	－1 116.3
C (g)	716.7	$BaCO_3$(s)	－1 218.8
C (s)	0	$PbCO_3$(s)	－670.0
O_2(g)	0	Fe_2O_3(s)	－828.8
Al (g)	323.9	Al (s)	0
AlCl (g)	－48.5	$AlCl_3$(g)	－587.5

2. 经验计算

混合炸药根据氧平衡可分为两类，一类属正氧平衡或零氧平衡，这类炸药一般由正氧炸药或由氧化剂与负氧炸药或可燃物混合而成，它们的爆热可按最大放热原则进行计算。另一类属负氧平衡，这类炸药通常由负氧炸药与添加剂组成，它们的爆热计算方法如下。

（1）假定混合炸药中每一组分均有一特征热值 Q_{ti}，如该组分为爆炸性物质，则 Q_{ti}为该物质在理论密度时的爆热值；如该组分为各种添加剂，则 Q_{ti}表示该添加剂对爆轰过程能量的贡献或影响。

（2）混合炸药理论密度时的爆热 Q_t（MJ/kg）可由组分的特征热值 Q_{ti}（MJ/kg）及其质量分数 w_i 按式（10－19）求得。

$$Q_t = \sum w_i Q_{ti} \tag{10-19}$$

（3）混合炸药的爆热与其密度（ρ）有关，见式（10－20）。

$$Q_p = Q_t - B(\rho_t - \rho_0) \tag{10-20}$$

式中 Q_p——密度为 ρ_0 时混合炸药的爆热，MJ/kg；

B——混合炸药爆热的密度修正系数，MJ·cm^3/(kg·g)；

ρ_t——混合炸药的理论密度，g/cm^3。

（4）混合炸药爆热的密度修正系数与组分特征热值的密度修正系数 B_i[MJ·cm^3/(kg·g)]之间存在式（10－21）所示关系。

$$B = \sum w_i B_i \tag{10-21}$$

常用单质炸药及混合炸药添加剂的 Q_{ti}及 B_i 值见表 10－10，ρ_t 见表 10－6。

表 10－10 常用单质炸药及混合炸药添加剂的 Q_{ti}及 B_i 值

化合物	Q_{ti}/(MJ·kg^{-1})	B_i/[(MJ·kg^{-1})·(g·cm^{-3})$^{-1}$]	化合物	Q_{ti}/(MJ·kg^{-1})	B_i/[(MJ·kg^{-1})·(g·cm^{-3})$^{-1}$]
TNT	4.552	1.339	DNT	3.661	1.339
特屈儿	5.000	1.130	地蜡、石蜡	0	2.092
RDX	5.983	0.711	硬脂酸	−0.837	1.883
HMX	6.038	0.711	氟橡胶 F_{2641}	3.138	1.339
PETN	6.171	0.293	Viton A	3.138	1.339
HNS	5.221	1.318	CEF	−0.908	1.912
TATB	3.119	1.297	石墨	−1.255	2.092
DATB	4.100	1.255	Al	11.924	2.092
NM	5.146	0.920	聚氨酯	0.837	1.674
NC	4.058	0.628	尼龙	0.837	1.674

续表

化合物	Q_{ti}/(MJ·kg^{-1})	B_i/[(MJ·kg^{-1})·(g·cm^{-3})$^{-1}$]	化合物	Q_{ti}/(MJ·kg^{-1})	B_i/[(MJ·kg^{-1})·(g·cm^{-3})$^{-1}$]
FEFO	5.356	0.314	PIB	-1.255	2.092
			PMMA	-0.837	1.883
			PVAC	0	1.883
			PVB	0	1.883
			PS	0	2.092
			DOP	-4.718	2.092

当混合炸药的组成已知时，根据式(10-19)～式(10-21)可计算任意密度时混合炸药的爆热。

按上法计算所得混合炸药的爆热与实验值的误差一般不大于4%，而实验测定爆热的允许偏差为3%。此法当然也可用于计算单质炸药的爆热。

四、爆容及爆温

见本书第 2 章。

10.5 熔铸炸药

熔铸炸药指能以熔融态进行铸装的混合炸药，它们能适应各种形状药室的装药，综合性能较好。熔铸炸药的组分至少应有一个是易熔炸药，炸药的蒸气应无毒或毒性较低，且在稍高于易熔炸药熔点下能保持较长时间而无明显分解。此类炸药通常含有下述组分：① 易熔炸药；② 在易熔炸药熔点下仍为固态或大部分是固态的炸药或其他组分，用以提高爆炸能量；③ 钝感剂，用以降低机械感度；④ 附加剂，用以改善流动性、均匀性及化学安定性等。大多数熔铸炸药是梯恩梯与其他猛炸药(或硝酸铵)的混合物，最典型的代表是梯恩梯与黑索今的混合物，中国简称黑梯炸药，美、英等国则称为B炸药和赛克洛托儿(cyclotol)，俄罗斯称之为TГ炸药。其他熔铸炸药还有：梯恩梯与硝酸铵的混合物(阿马托，amatol)，梯恩梯与奥克托今组成的奥梯炸药(奥克托儿，octol)，梯恩梯与特屈儿组成的特梯炸药(特屈托儿，tetrytol)，梯恩梯与太安组成的太梯炸药(膨托莱特，pentolite)，梯恩梯与黑喜儿的混合物，梯恩梯、黑索今与太安组成的三元混合物，梯恩梯与二硝基甲苯或二硝基萘或三硝基二甲苯组成的熔铸炸药，三硝基苯甲醚与黑索今的混合物等。还有一系列以苦味酸为基的熔铸炸药，但由于其对弹体腐蚀而会产生敏感的苦味酸盐类。熔铸炸药通常以带有加热夹套和搅拌器的设备制造，并冷却至具有适当的流动性，再将其注入弹体，或制成片状。熔铸炸药广泛应用于装填榴弹、破甲弹、航弹、地雷及导弹战斗部。

熔铸炸药是当前应用最广泛的一类军用混合炸药，约占军用混合炸药的90%以上。这类炸药的威力主要决定于其中高能炸药的含量，因此，各国都在研究如何提高熔铸炸药中高能炸药的含量。熔铸炸药综合性能较好，能满足长期储存的要求，但装药在高温时渗油，装药质量较难控制，机械强度较差。为了提高装填这类炸药的弹药在战场上的生存能力及生产、运输、储存、使用的安全性，人们正致力于降低易损性和提高安全性的研究（如研制改性B炸药），具体的技术途径是：① 采用合理的颗粒级配以提高固相高能炸药的含量；② 选用新的高能炸药（如二硝基甘脲、硝基胍等以降低易损性）；③ 加入性能良好的添加剂（如磷酸钙、硝化棉、醋酸纤维素、邻硝基甲苯、对硝基甲苯、六硝基芪等）以改善可能出现的内孔、底隙、裂纹等疵病；④ 采用包覆技术以提高装药的安全性；⑤ 采用压力铸装等新工艺以克服普通铸装工艺给药柱带来的疵病。

10.5.1 黑梯炸药

由黑索今和梯恩梯组成的熔铸混合炸药，分为B炸药和赛克洛托儿两种类型，B炸药又有B、B-2、B-3、B-4及改性B炸药数种，它们的组成如下：B为59.5/39.5/1的黑索今/梯恩梯/钝感剂，B-3为60/40的黑索今/梯恩梯，B-4为60/39.5/0.5的黑索今/梯恩梯/硅酸钙。赛克洛托儿根据黑索今与梯恩梯的配比有25/75、29/71、50/50、65/35、70/30、75/25、77/23、80/20等品种。黑梯炸药既保持了黑索今高能量的特点，又保持有梯恩梯可用蒸气熔化浇铸的良好成型性，是常规武器最重要的炸药装药。其缺点是药柱脆性大，易缩孔、裂纹和渗油，同时产生不可逆膨胀。黑梯炸药的爆炸能量随黑索今含量的增大而提高，但此时梯恩梯-黑索今悬浮体的黏度也急剧上升。黑索今含量高于80%时，悬浮体丧失流动性，用常规方法难以浇铸成型。黑索今含量低于70%的B炸药，同时具有较好的浇铸成型性和爆炸性能（表10-5）。黑索今的颗粒形状、粒径及粒度分布对B炸药的黏度有明显的影响，加入表面活性剂（如硬脂酸、卤蜡、山梨糖醇三油酸酯）、弹塑性材料、六硝基芪、一硝基甲苯、硅酸钙和二硝基甘脲等可改善体系黏度，增高药柱的机械强度，降低脆性，防止裂纹和改善不可逆膨胀。黑梯炸药的熔铸装药过程是将梯恩梯熔化后再加入黑索今融混，然后将其注入弹体冷凝成药柱。黑梯炸药用于装填杀伤弹、爆破弹、破甲弹、地雷、导弹战斗部、航空炸弹和水中兵器。

10.5.2 阿马托

由硝酸铵和梯恩梯组成的军用铵梯炸药，有90/10、80/20、40/60和20/80（硝酸铵与梯恩梯的质量百分比）等品种，根据组分配比，它可以压装、螺旋装或铸装。阿马托制造和成型工艺简便，原料丰富，成本低廉，安全性好，但易吸湿结块，抗水性差。80/20阿马托的性能见表10-11。阿马托可用于装填迫击炮弹、航空炸弹、手榴弹，也可用于制造高威力含铝炸药；但它主要是用于战时代用炸药。阿马托也是一种广泛应用的民用混合炸药。

10.5.3 奥梯炸药

由奥克托今与梯恩梯组成的熔铸混合炸药,也称为奥克托儿,其主要品种组成为奥克托今/梯恩梯 60/40、70/30、75/25、78/22、80/20。奥梯炸药的密度、能量水平和热安定性均优于黑梯炸药(表 10-11)。为改善某些性能,奥梯炸药中还可加入钝感剂和其他添加剂;为提高爆炸能量,还可加入铝粉,形成奥梯铝炸药,如 HTA-3,其组成为奥克托今/梯恩梯/铝 49/29/22。奥梯炸药以熔化梯恩梯为载体,再混入奥克托今制得。此类炸药用于装填破甲弹、导弹战斗部及核武器战斗部。奥克托今价格远比黑索今的高,故奥梯炸药的应用不如黑梯炸药的广泛。

10.5.4 太梯炸药

由太安和梯恩梯组成的熔铸混合炸药,也称为膨托莱特,其主要品种组成为太安/梯恩梯 70/30、50/50 及 10/90 等。太梯炸药爆轰感度与机械感度均较高,热安定性逊于黑索今,结晶密度也比黑索今的低,且易渗油,故综合性能不如黑梯炸药。50/50 太梯炸药的爆炸能量与特屈儿相近(表 10-11)。87/13 的太安/梯恩梯形成低共熔物,共熔点为 76 ℃。太梯炸药用淤浆法和共沉淀法生产,曾广泛用于装填破甲弹,但目前已不用于装填弹药。

10.5.5 特梯炸药

由特屈儿和梯恩梯组成的熔铸混合炸药,也称为特屈托儿,主要品种的组成为特屈儿/梯恩梯 80/20、75/25、70/30、65/35。特梯炸药结晶细密,机械感度不高,但热安定性比特屈儿的差,易渗油。此类炸药能量高于梯恩梯,75/25 特梯炸药的铸装密度可达 1.59 g/cm^3,爆发点(5 s)310 ℃,爆速 7.38 km/s(密度 1.59 g/cm^3),做功能力 122%(TNT 当量),猛度 118%(TNT 当量),5 g 试样 120 ℃下 40 h 放出的气体量为 11 cm^3(真空安定性试验)。40/60的特屈儿/梯恩梯形成低共熔物,其熔点 68.8 ℃。第二次世界大战期间,特梯炸药曾用于装填杀伤弹、爆破弹和用作传爆药。但由于特屈儿毒性大而逐渐被淘汰。某些熔铸混合炸药的组成及性能见表 10-11。

表 10-11 某些熔铸混合炸药的组成及性能

项 目	B 炸药	塞克洛托儿	奥克托儿	膨托莱特	阿马托
组成/%					
梯恩梯	39.5	25	25	50	20
黑索今	59.5	75			
奥克托今			75		
太安				50	

续表

项　　目	B 炸药	塞克洛托儿	奥克托儿	膨托莱特	阿马托
硝酸铵					80
钝感剂	1				
性能					
密度/$(g \cdot cm^{-3})$	1.74	1.77	1.81	1.71	
爆速(密度)/$(km \cdot s^{-1})(g \cdot cm^{-3})$	7.90 (1.69)	8.17 (1.71)	8.38 (1.80)	7.52 (1.64)	5.2 (1.60)
爆热/$(MJ \cdot kg^{-1})$	5.18	5.12		5.10	4.10
爆压(密度)/GPa$(g \cdot cm^{-3})$	25.9 (1.72)	31.3 (1.74)	34.3 (1.84)	28.0 (1.68)	
爆容/$(L \cdot kg^{-1})$		865	830	815	860
相对能量输出(以 TNT 为 100%)/%					
铅_扩孔值	130			120	125
弹道臼炮	135	140		135	130
沙试法	120	120		125	80
爆发点(5 s)/℃	250	270	350	220	280
抗压强度					
破裂应力/MPa	12.1	11.6	10.3	14.5	11.0
破裂压缩率/%	0.24	0.12	0.20		
弹性模量/kPa	8.1	20.9	9.3		
破裂功/$(J \cdot cm^{-3})$	0.02	0.11	0.01		
抗张强度					
断裂应力/MPa	0.65	1.55	1.00		
断裂伸长率/%	0.01	0.11	0.01		
弹性模量/kPa	10.9		10.8		
断裂功/$(J \cdot cm^{-3})$	0.03	0.01	0.05		
剪切强度					
破裂应力/MPa	5.2	4.3	5.3		4.8
线膨胀系数/$(10^{-5} ℃^{-1})$	7.8	6.8	7.0		6
导热系数/$(W \cdot m^{-1} \cdot K^{-1})$	0.5				0.5
比热容/$(J \cdot g^{-1} \cdot K^{-1})$	1.3				0.8

10.5.6　1,3,3－三硝基氮杂环丁烷熔铸炸药

1,3,3－三硝基氮杂环丁烷(TNAZ)的能量水平高于 RDX,熔点仅 101 ℃,熔态时热安定性好,可作为熔铸炸药,单独使用或作为混合炸药组分均可。以 TNAZ 代替 B 炸药中

的 TNT,所得熔铸炸药的爆速和爆压可比 B 炸药提高 30% ~40%。HMX/TNAZ(60/40)熔铸炸药的爆速可达 9.0 km/s,密度达 1.85 g/cm^3。

TNAZ 与 HMX 或 RDX 组成的熔铸炸药的性能见本书第 8 章第 8.4 节表 8 - 14。

10.5.7　钝感熔铸炸药

美国的 Picatinny 兵工厂与美国 ATK Thiokol 公司等合作,正在研制 PAX 系列炸药(不含 TNT)及 IM 熔铸炸药。他们宣称可以完全不用 TNT,而用二硝基苯甲醚(DNAN)代替 TNT 制得 IM。DNAN 在室温下为黄色结晶物,熔点为 94.5 ℃。PAX - 35 比 B 炸药钝感,但能量与 B 炸药(TNT 基熔铸炸药)的差不多。美国正在研制的还有压装及浇铸固化的钝感 PBX,其中一个重要的例子是 PAX - 3。美国 BAE Holstan 陆军弹药厂(HAAP)还研发了 PAX - 34,其组分如下:

- DNAN(替代 TNT);
- NTO(比 RDX 钝感,但能量低于 RDX);
- TATB(能量低于 RDX,但感度比 RDX 的低得多);
- HMX。

PAX - 34 已被选为 B 炸药的替代物,因为前者满足 IM 的要求且能用常规熔铸设备制造。

10.6　高聚物黏结炸药

高聚物黏结炸药(PBX)是以高聚物为黏结剂的混合炸药,也称塑料黏结炸药。以粉状高能单质炸药为主体,加入黏结剂、增塑剂及钝感剂等组成。对早期的 PBX,常用的单质炸药是硝胺(黑索今和奥克托今)、硝酸酯(太安)、芳香族硝基化合物(六硝基芪、三氨基三硝基苯)及硝仿系炸药等;对近期的 PBX,使用的单质炸药还有 NTO、CL - 20 等,并更多地使用 TATB。黏结剂有天然高聚物和合成高聚物,如聚酯、醇醛缩合物、聚酰胺、含氟高聚物、聚氨酯、聚异丁烯、有机硅高聚物、端羧和端羟聚丁二烯、天然橡胶等;增塑剂有硝酸酯、低熔点芳香族硝基化合物、脂肪族硝基化合物、酯类、烃类、醇类等;钝感剂有蜡类、酯类、烃类、脂肪酸类及无机钝感剂等。PBX 具有较高的能量密度,较低的机械感度,良好的安定性、力学性能和成型性能,处理安全可靠,并能按使用要求制成具有特种功能的炸药。PBX 种类繁杂,按装药工艺可分为压装、铸装、塑态捣装等;按物理状态可分为造型粉、塑性炸药、浇铸高聚物黏结炸药、挠性炸药、泡沫炸药等。PBX 可采用溶液混合 - 蒸馏法、沉淀法、糊状物过筛法、破乳法、溶液蒸发法、化学聚合法制造。PBX 在军事上用于反坦克导弹、水雷、鱼雷、航空炸弹和核战斗部起爆装置,工业上用于石油射孔弹、爆炸成型等。

10.6.1 造型粉压装炸药

造型粉是以黏结剂和钝感剂均匀包覆炸药(多为黑索今及奥克托今)颗粒形成的光滑、坚实的球状物。造型粉所用黏结剂大多是高聚物,如聚丙烯酸酯、聚乙烯醇、聚醚、聚酰胺、聚氨酯、有机硅及含氟高分子化合物等,钝感剂一般为蜡类和胶体石黑。造型粉与原炸药相比,成型性能较佳,机械感度、静电感度和火焰感度降低,流散性增高,压装药柱的密度、强度、机械性能和爆炸性能均有所改善。如能采用具有一定能量的活性黏结剂,则造型粉的能量水平还可提高。造型粉品种极多,不下数百种。其自 20 世纪 50 年代问世以来,发展很快。目前,造型粉压装炸药已成为应用最广泛的混合炸药之一,并用来装填多种弹药,其中最主要的是压制成硬质药柱装填破甲弹战斗部。如美国早期研制的 PBX - 9250(质量分数为 92% 的黑索今、6% 的聚苯乙烯及 2% 的邻苯二甲酸二辛酯),后来的 PBX - 9404(质量分数为 94% 的奥克托今、3% 的硝化棉及 3% 的三(β - 氯乙基)磷酸酯)、PBX - 9501(质量分数为 95% 的奥克托今、2.5% 的聚氨酯弹性体及 2.5% 的双(2,2 - 二硝基丙基)缩甲醛)及 LX - 64 和 07(含奥克托今及氟橡胶),德国以聚酯或卤化聚乙烯为黏结剂的造型粉,日本以聚酯或聚硫橡胶包覆奥克托今为造型粉等。部分造型粉压装炸药的组成及性能示于表 10 - 12。近年来,美国还研制了以 HNIW(CL - 20)为主体炸药的造型粉压装炸药(见本书第 8 章)。

表 10 - 12 部分造型粉压装炸药的组成与性能

炸药代号	组成/%	密度 /($g \cdot cm^{-3}$)	爆速 /($km \cdot s^{-1}$)	爆压/GPa
PBX - 9007	90RDX/9.1PS/0.5DOP/0.4 松香	1.64	8.09	26.5(ρ_0 = 1.60)
PBX - 9010	90RDX/10Kel - F3700	1.78	8.37	32.8(ρ_0 = 1.783)
PBX - 9407	94RDX/6 Exon 461①	1.60	7.91	28.7(ρ_0 = 1.60)
PBX - 9404	94HMX/3NC/3TEF	1.84	8.80	37.5
PBX - 9501	95HMX/2.5Estane/1.5BDNPA/1BDNPF	1.84	8.83	28.0(ρ_0 = 1.66)
PBX - 9502	95TATB/5Kel - F800	1.90	7.71	27.8(ρ_0 = 1.895)
PBX - 9503	15HMX/80TATB/5Kel - F800	1.90	7.72	28.0(ρ_0 = 1.895)
LX - 10 - 1	94.5HMX/5.5VitonA	1.87	8.85	37.5(ρ_0 = 1.860)
LX - 14	95.5HMX/4.5Estane 5702F	1.833	8.84	37.0
LX - 15	95HNS/5Kel - F800	1.584	6.84	23.0(ρ_0 = 1.75)
LX - 16	96PETN/4Exon 461	1.60	7.95	26.1
LX - 17	92.5TATB/7.5Kel - F800	1.908	7.63	25.9(ρ_0 = 1.90)
JOB - 9003	87HMX/7TATB/4.2 黏结剂/1.8 钝感剂	1.849	8.71	35.2

续表

炸药代号	组成/%	密度 /(g·cm⁻³)	爆速 /(km·s⁻¹)	爆压/GPa
JO-9185	95HMX/4 黏结剂/1.0 钝感剂	1.856	8.84	36.4
JO-9159	95HMX/4.3 黏结剂/0.7 钝感剂	1.860	8.86	36.8
JH-9106	97.5RDX/2 黏结剂/0.5 钝感剂	1.740	8.85	32.1

① Exon 为氯乙烯树脂(均聚物或共聚物)。

10.6.2　以 TATB、NTO 及 CL-20(HNIW)为基的高聚物黏结炸药

一、以 TATB 为基的配方

已研究过以 TATB 为基的 PBX 所用的多种黏结剂,如 Goodrich 公司的聚氨酯(Estane 5703)、杜邦(Du Pont)公司的偏二氟乙烯与全氟丙烯的共聚物(Viton-A)和聚四氟乙烯(PTFE,Teflon)、Chemlok 公司的硅树脂、3M 公司的三氟氯乙烯和偏二氟乙烯的共聚物(Kel-F800)等。如综合考虑热稳定性及能量水平,则 TATB/Kel-F 800(90/10)是其中的佼佼者。同样,含 TATB 和 HMX 及 Kel-F 800 三者的 PBX 也有供应,但此 PBX 的感度随其中 HMX 含量的增加而明显增高,即使在 HMX 含量低时也是如此。显然,对此 PBX,必须在安全性和 VOD 间综合考虑权衡,见表 10-13。而且,感度和热试验数据(表 10-14)也表明,只含 TATB 的 PBX 是最钝感的。

表 10-13　某些以 TATB/HMX 为基的 PBX 的性能

PBX	TATB 含量 /%	HMX 含量 /%	Kel-F800 含量 /%	密度 /(g·cm⁻³)	VOD /(m·s⁻¹)	撞击感度(h_{50})/ cm(11 kg 落锤)
PBX 9502	95.0	0	5.0	1.895	7 706	—
X-0344	71.25	23.75	5.0	1.894	8 046	—
PBX 9501	0	95.0	5.0	1.832		—
—	0	90.0	10.0	1.869	—	<30
—	20.0	70.0	10.0	1.873	—	-60
—	40.0	50.0	10.0	1.878	—	>1 920

表 10-14　含不同黏结剂的以 TATB 基 PBX 的性能

性能 \ 配方	TATB/PU (95/5)	TATB/Viton/硅树脂 (95/2.5/2.5)	TATB/Kel-F800 (90/10)
撞击感度(5 kg,200 cm)	无反应	无反应	无反应
摩擦感度	无反应	无反应	无反应
DTA/℃	340	330	330
VOD/(m·s⁻¹)	7 500	7 970	7 534

对于某些应用而言，上述 PBX 具有相当高的热稳定性，也具有足够的能量，且对装药的体积也没有严格的限制，大型的火箭弹头、大型的炸弹等均可装填。

某些聚合物，如 Estane 5702 - F1 和 Kel - F800 被认为是 TATB 的良好黏结剂，但 Estane 的分解对 TATB/Estane 的长储稳定性有不确定的影响。聚合物 Estane - 5702 可发生水解降解，由于酯键的水解生成低相对分子质量的链段而使 PBX 的本质黏度下降。另外，储存时，Estane 的热降解也是一个问题。Estane 的降解机理可能涉及异氰酸酯与相邻链段羟基的反应及低分子初期生成链段从长的重复单元上的裂解。对长期使用的弹药而言，TATB/Kel - F800 及 TATB/Viton 配方似乎是稳定的和具有吸引力的。

基于 TATB 的几个配方，已被报道作为主装药炸药。PBX - 9502（95% TATB 及 5% Kel - F800）是一个低爆炸性和低冲击感度的主装药炸药配方；RX - 26 - AF（49.3% HMX，46.6% TATB 及 4.1% Estane）也属于这类炸药，但冲击感度较高；而 PBX - 9503（80% TATB，15% HMX 及 5% Kel - F800）则是用于代替 PBX - 9502 的一种传爆药配方，它是美国海军面武器中心研制的一种低爆炸性但有足够冲击感度的炸药，该炸药用于抗烤燃传爆器中。下述传爆药（BX）也已有人研发过。它们都具有足够的冲击感度。

BX1：60% TATB、35% 硝胺和 5% Kel - F800（硝胺为 95% RDX 与 5% HMX 的混合物）

BX2：60% TATB、35% 硝胺和 5% PTFE（硝胺为 95% RDX 与 5% HMX 的混合物）

BX3：60% TATB、35% 硝胺和 5% Kel - F800（硝胺为 90% RDX 与 10% HMX 的混合物）

BX4：60% TATB、35% 硝胺和 5% PTFE（硝胺为 90% RDX 与 10% HMX 的混合物）

BX4 的制造过程比 BX3 更方便，且 BX4 的爆压及其引发猛炸药的能力在上述四种配方中是最强的，因此，BX4 被认为是最有前景的传爆器炸药。BX4 的另一个优点是，加入铝粉可成为爆破炸药，所以它的改性配方也可作为爆破主装药而获得应用。

二、NTO 为基的配方

与常规猛炸药相比，NTO 和 TATB 的感度均较低，但能量水平不高。NTO 的 VOD 为 8 150 m/s，密度为 1.91 g/cm^3，TATB 此两项指标则分别为 8 000 m/s 和 1.94 g/cm^3。不过，NTO 易制得大粒径药（300 ~ 500 μm），而 TATB 的粒径是 3 ~ 9 μm。

尽管 NTO 早在 1905 年即已首次制得，但直到 20 世纪 80 年代，人们才对其爆炸性能进行了研究，并有了较深入的了解。NTO 是一个低易损性的高能炸药，且稳定性好，适用于多种装药工艺，如熔铸、压装 PBX 及铸装固化 PBX 等。现在，有很多国家（法国、美国、英国、挪威、南非、瑞典等）均已研发了极多的含 NTO 的配方，它们中的大多数配方与硝胺（RDX、HMX）基炸药和 TNT/硝胺基炸药相比，易损性明显降低。

NTO/TNT 配方比 RDX/TNT 及 B 炸药的易损性均低。NTO 也可制造压装 PBX(采用热塑性黏结剂)及铸装 PBX(采用热固性黏结剂),这两类 PBX 都可用于 IM。NTO 的计算爆炸性能接近 RDX,但钝感性接近 TATB。对需要低感的配方,可用 NTO 代替 RDX;对需要较高能量但感度又不能增高太多的配方,可用 NTO 代替 TATB。已研究过 NTO 与多种黏结剂(FPC - 461、Viton - A、Kel - F800、Estane - 5702、Kraton G)配方(95/5)的相容性,尚未发现 NTO 与黏结剂的不相容性证据。

NTO 基的某些 PBX,如 X - 0483(95% NTO、5% FPC - 461)和 X - 0489(50% NTO,50% TNT),已应用于一些特殊场所。据法国 SNPE 报道,B - 2214(72% NTO、12% HMX 及惰性黏结剂)已用于代替法国 PBX ORA86(含 86% HMX),用于法国导弹弹头。就对子弹穿击、冲击波引燃、聚能装药射流及被动爆轰的感度而言,B - 2214 低于 B 炸药(Hexol 60/40)或 ORA86。采用 NTO,也可制得对被动爆轰感度为 1.6 级的 PBX。另一个 NTO 基炸药 X - 0489(50% NTO 及 50% TNT)由铸装制得,用 X 射线检测,它的收缩及气泡很小,其性能如下:密度 1.720 g/cm^3,爆压 24 GPa,VOD 7 225 m/s,此三者的计算值分别为 1.720 g/cm^3、24.6 GPa 及 7 560 m/s。

美国空军的 TNT 和 NTO 的配方 AFX - 644(也称 TNTO Ⅳ)已用于低易损性通用(GP)炸弹。AFX - 644 是熔铸炸药,它以 NTO 钝感,以 TNT 为含能黏结剂,以铝粉提高能量。TNT、NTO、蜡和铝粉四者的混合比为 30:40:10:20。此配方符合美国极钝感爆炸物(EIDS)的国家标准,在快速烤燃、慢速烤燃、子弹穿击等大型试验中均满足要求。但此配方在大型爆轰试验中所得结果则仍有不够令人满意之处。AFX - 644 的 MK - 82 压力场所试验指出,其能量参数近似于梯恩梯装填的弹药。AFX - 644 的改进配方可降低渗出,改善工艺参数,提高被动爆轰的生存率。AFX - 644 的改进配方为 AFX - 644 Mod 0(极钝感但低能量)和 AFX - 645。AFX - 645 比 AFX - 644 的工艺性能好,且能量比 AFX - 644 Mod 1 有所提高。对安全储存、处理及操作环境中的可靠性和危害性而言,AFX - 645 在钝感性、能量及起爆性三方面的平衡较佳。美国空军还研发了 AFX - 757 炸药,它用于装填空对地导弹(JASSM),在某些弹药中代替梯恩梯。Lockheed Martin 也采用 AFX - 757 装填弹头,因为此炸药爆破能量较高,且钝感。法国 LU211 155 mm HE 炮弹(LU 211 - M)装填 9 kg XF13 153,后者是熔铸炸药,含 TNT 30%、铝粉 20%、蜡 10%、NTO 40%,VOD 约 6 880 m/s。另外,CPX - 413(聚 NiMMO/HMX/NTO/K - 10 增塑剂)的能量与 B 炸药的相当,但能通过美国 Series - 7 试验,而被列为 EIDS。目前,CPX - 413 尚未优化,但值得进一步研究。

一些基于 HMX、HMX/NTO 及 HMX/TATB(含黏结剂)的炸药配方及性能,如密度、VOD、IAD、引发感度、点燃温度及其他爆炸性能,均已为人测定过,并示于表 10 - 15 及表 10 - 16。数据说明,随配方中 NTO 及 TATB 含量的增加,炸药的感度、IAD 及引发感度均明显下降,但含 NTO 的配方能量水平较高。

表 10－15　含 92.5% HMX 或(HMX＋TATB)或(HMX＋NTO)及 7% Kel－F 和 0.5%石墨的炸药的某些性能

配方及性能	HMX(参比)	HMX/TATB	HMX/NTO
配方质量/%			
HMX	92.5	37.0	37.0
TATB	—	55.5	—
NTO	—	—	55.5
性能			
密度/($g \cdot cm^{-3}$)	1.89	1.90	1.89
VOD/($m \cdot s^{-1}$)	8 690	8 100	8 360
摩擦感度(FSC)/N	210	10%时为 353	326
撞击感度(ISC)/J	3.6	12.5	8.8

表 10－16　含 80.6% HMX 或 HMX/NTO 或 HMX/TATB 的某些性能

配方及性能	1(参比)	2	3
配方质量/%			
黏结剂	19.4	19.4	19.4
HMX	80.6	21.9	21.9
NTO	0	0	58.7
TATB	0	58.7	0
性能			
密度/($g \cdot cm^{-3}$)	1.621	1.624	1.620
VOD/($m \cdot s^{-1}$)			
直径 30 mm	8 000	N. D.	N. D.
直径 50 mm	8 050	7 270	D. S.
IAD	160	130	110
引爆感度	BRISKA	BRISKA＋8 g 塑胶炸药	BRISKA＋20 g 塑胶炸药
自燃温度(逐步加热)/℃	240	240	240

注：N. D.：无爆炸；D. S.：爆炸终止。BRISKA：0.8 g PETN 当量的雷管。

三、CL－20 为基的配方

某些以 CL－20 为基的炸药配方具有诱人的计算爆炸性能，这些性能及两种常用的以 HMX 为基的炸药的爆炸性能均列于表 10－17。

表 10-17 以 CL-20 为基与 HMX 为基的混合炸药的性能比较

配方	密度(99% TMD) /(g·cm^{-3})	VOD /(m·s^{-1})	ERL 撞击感度 /cm	BAM 摩擦感度 /N	ESD 感度 /J
PAThX-1(CL-20 为基)	1.944	9 370	35.4	211.9	>8
PAThX-2(CL-20 为基)	1.923	9 220	32.5	211.9	>8
PAThX-3(CL-20 为基)	1.958	9 500	24.6	无测试数据	>8
PAX-21(HMX 为基)	1.773	8 420	—	—	—
LX-14(HMX 为基)	1.835	8 800	30~38	235.4	>8

表 10-17 的数据说明,以 CL-20 为基的配方比 HMX 同系物的爆炸能量提高。用于制造 RDX/HMX 混合炸药的典型工艺(混铸、熔铸、模压)都可用于以 CL-20 为基的混合炸药,但以 CL-20 为基的配方的引爆能力和爆轰能力均较高,且它们的感度和安全特性也与 LX-14(HMX/Estane)的不相上下。但某些研究结果指出,含 CL-20 配方的机械感度及冲击感度比类似以 RDX 和 HMX 为基的配方要高。不过,如要实际采用以 CL-20 为基的 HEM,还需进行详细的研究,并进一步优化以 CL-20 为基的配方的 VOD,解决它们的易损性问题。

LX-19 是 LX-14(HMX/Estane)的同系物,LX-19 含 95.8% 的 CL-20 和 4.2% 的 Estane,最近有人报道了 LX-19,他们在广泛研究了不同构型弹头装药(漏斗状衬里装药、半球形衬里装药、EFP 装药、破甲弹头)后得出结论,CL-20 的撞击感度类似于 PETN,而 CL-20 基混合炸药的撞击感度则与 HMX 基配方差不多。还有,LX-19 是最猛烈的炸药之一,它的能量水平高于 Octol、LX-14 及 A6。就能量水平而言,CL-20 被视为下一代的高能材料(HEM),且有希望成为用于炸药、推进剂和烟火药的很多新含能材料的组分。

CL-20 已在推进剂和炸药两大应用领域为人评估,文献中已报道过很多 CL-20 基的 PBX。就 VOD 而言,CL-20 基配方比 HMX 基配方可高 12% ~15%。

有人以 85% ~90% 的 CL-20 代替现在广泛应用的 LX-14 中的 HMX,制得了新的 PBX,他们还将 CL-20 基 PBX 用于 EFP(成型装药)。

10.6.3 其他钝感高聚物黏结炸药

自美国军方采用钝感弹药(IM)政策后,弹药安全性受到各国日益增长的关注。IM 政策规定,至 1995 年,所有服役的弹药在受到撞击及热刺激时,至多只能是燃烧。这无疑是一个很严格的要求,因为一些偶然的刺激是很难避免的。对大多数弹药,如果不降低能量水平,似乎在规定时间内不可能实现上述目标,而降低弹药能量又不是人们所能接受的。不过,在美国、英国及很多其他发达国家,仍在继续进行弹药降感研究,所以在不久的将来,所有服役弹药可能会达到上述要求。

对弹药钝感的国际上的要求，早在 1984 年即由北大西洋公约组织（NATO）提出，即“服役弹药和炸药的安全性和适用性”。而在 1980 年，在美国即已建立了一个钝感弹药信息中心（NIMIC）。在随后数年，由于很多生产钝感弹药的工艺已趋成熟，所以弹药的钝感问题愈加显得重要和可行。2004 年 12 月 NIMIC 更名为弹药安全信息分析中心（MSIAC）。

一些机构，如法国的 Giat、南非的 Denel 及美国陆军的 Picatinny 兵工厂仍在继续研发熔铸 TNT 为基的 IM。对于大炮弹药（不包括导弹所需的高能弹头），这种 IM 是可应用的，且成本低廉（无论是压装 PBX 还是浇铸固化的 PBX）。

一、ROWANEX PBX

英国皇家兵工局与英国国防研究所合作研发了一个新系列的 PBX，名为 ROWANEX（英国兵工厂 Waltham Abbey 新炸药），用作 IM。这个研发几乎是根据 NATO 当局的指示进行的。研究结果表明，ROWANEX 1001 应归属于钝感 PBX，该药是真空浇铸固化炸药，以 HMX 为基，总固含量为 88%（质量）或 77.8%（体积），含 12% 聚氨酯黏结剂（由 HTPB、IPDI 及 DOA 衍生而成，可改善工艺稳定性），还含有抗氧剂及二丁基锡二月桂酸酯催化剂。ROWANEX 1001 配方及性能示于表 10－18，表中还列出了 Octol（75/25）、B 炸药（60/40）和 TNT 的性能，以供比较。ROWANEX 1001 的低易损性及性能表明，它可用于聚能装药、破甲弹的主装药。经全面评估及验证后（很快可以完成），此 PBX 即可供应用户。

表 10－18　某些炸药配方及性能[①]

性　能	炸　药			
	ROWANEX 1001	Octol（75/25）	B 炸药（60/40）	TNT
固含量（质量）/%	88.0	75.0	60.0	—
固含量（体积）/%	77.8	70.9	57.9	—
最大理论密度/（$g \cdot cm^{-3}$）	1.68	1.81	1.74	1.65
VOD/（$m \cdot s^{-1}$）	8 320（8 240[②]）	8 460	8 042	7 000
爆压/GPa	29.4	32.2	28.1	20.3
Gurney 速度/（$m \cdot s^{-1}$）	2 749	2 820	2 712	2 391
爆热/（$kJ \cdot g^{-1}$）	5.4	6.09	5.9	5.41
爆容/（$cm^3 \cdot g^{-1}$）	800	710	681	567

① 除注明者外，均为理论值。

② 试验值。

二、法国的 PBX

法国设计了各种用途的 PBX，下述几种均为 EIDS。

- 可用于通用炸弹的 B2214；

- 可用于穿甲弹的 B2214、B2211；
- 可用于矿山和油井的 B2211、B2245；
- 可用于导弹弹头的 B2248、B2237；
- 可用于成型装药的 B3021。

表 10－19 列有上述 PBX 的某些性能和它们相应的 UN 试验系列－7。

表 10－19　某些 EIDS 的性能及它们相应的 UN 试验系列－7

PBX	B2211	B2214	B2237	B2245	B2248	B3021
组分	HTPB/RDX AP/Al	HTPB/HMX NTO	HTPB/HMX AP/Al	HTPB/RDX NTO/AP/Al	HTPB/HMX NTO	含能黏结剂/HMX/NTO
密度/($g \cdot cm^{-3}$)	1.803	1.63	1.71	1.81	1.685	1.765
VOD/($m \cdot s^{-1}$)	5 500	7 495	7 330	5 150	8 050	8 100
隔板试验 7a	—	—	—	—	—	—
隔板试验 7b	—	—	—	—	—	—
易碎性试验 7c,d	—	—	—	—	—	—
子弹撞击试验 7d	—	—	—	—	—	—
外部火试验 7e	—	—	—	—	—	—
慢速烤燃(SCO)	—	—	—	—	—	—
试验 7f	—	—	—	—	—	—
是否 EIDS	是	是	是	是	是	是
注:—为符合可接受的标准。						

10.6.4　塑性炸药

由单质猛炸药(多为黑索今、奥克托今及太安)及增塑剂和黏结剂组成,所用黏结剂是油类和高聚物(使用最广泛的是聚异丁烯),增塑剂是酯类(应用最多的是癸二酸二辛酯)、润滑油和马达油。塑性炸药呈面团状,在－50 ℃～70 ℃具有塑性和柔软性,易捏成所需形状,也能装填复杂弹形的弹体,且机械感度较低,使用较安全,爆炸性能良好,便于携带和伪装,故适用范围很广。美国的 C 炸药、中国的塑黑炸药和塑奥炸药均属于军用塑性炸药。

C 炸药常用的猛炸药是黑索今、奥克托今及太安,增塑剂有癸二酸二辛酯、马达油、硝基化合物或硝酸酯类活性增塑剂,黏结剂有聚异丁烯、聚氯酯和聚硅酮。以黑索今为基的 C 炸药有 C、C－2、C－3、C－4 等几种,它们的组成如下:C 是 88.3/11.7 的黑索今/油类(外加 0.6% 卵磷脂),C－2 是 78.7/5.0/12.0/2.7/0.6/1.0 的黑索今/梯恩梯/二硝基甲苯/一硝基甲苯/硝化棉/溶剂,C－3 是 77/3/4/10/5/1 的黑索今/特屈儿/梯恩梯/二硝基甲苯/一硝基甲苯/硝化棉,C－4是91/2.1/5.3/1.6的黑索今/聚异丁烯/癸二酸二辛酯/美国10号马达油。C炸药的密度1.50～1.60 g/cm³,最低变脆温度可至－50 ℃,最高渗油温度77 ℃,热安定性可满足使用要求,爆炸性能优良。C炸药主要用于反坦克破甲弹、漂雷及爆破工程。部分塑性炸药的组成及性能见表10－20。

表10－20 部分塑性炸药的组成与性能

炸药代号	组成(质量分数)/%	密度/(g·cm^{-3})	爆速/(km·s^{-1})	爆压/GPa	特　性
C炸药	RDX 88.3 非爆炸性增塑剂11.7	1.49	7.26	20.7 (ρ_0＝1.49)	0 ℃以下显脆性,0 ℃～40 ℃可塑,40 ℃以上渗油
C－2	RDX 78.7 TNT 5.0 DNT 12.0 MNT 2.7 NC 0.6 溶剂 1.0	1.57	7.66	23.5 (ρ_0＝1.57)	－30 ℃～40 ℃有塑性,52 ℃发硬
C－3	RDX 77.0 特屈儿 3.0 TNT 4.0 DNT 10.0 MNT 5.0 NC 1.0	1.60	7.63	24.7 (ρ_0＝1.60)	－29 ℃～0 ℃发硬,0 ℃～48 ℃塑性,40 ℃～77 ℃渗油
C－4	RDX 91.0 非爆炸性增塑剂9.0	1.59	8.04	25.7 (ρ_0＝1.59)	－57 ℃～77 ℃均有良好塑性
Astrolite (A－1－5型)	硝酸肼 57.0 肼 10.0 铝粉 33.0 增稠剂 3.0(外加)	1.60	7.50		稠度可调,由液体状态可变成油灰状塑态和橡胶状弹性体
Astrolite P	Astrolite A(液) 85.0 胶体二氧化硅 10.0 增稠剂 5.0				可黏附于任何干燥表面,具有强黏实性和黏附性
SH－1	RDX 92.0 PVAC[①] 1.6 黏结剂 2.7 增塑剂 3.7	1.65	8.47	26.2 (ρ_0＝1.64)	－10 ℃～60 ℃有塑性,不变硬,不渗油

续表

炸药代号	组成(质量分数)/%	密度 /(g·cm^{-3})	爆速 /(km·s^{-1})	爆压/GPa	特　性
S-6-1	662② 91.5 PIB③ 1.8 增塑剂 4.0 油类 2.7	1.65	8.47	26.1 (ρ_0=1.65)	-50 ℃ ~50 ℃均有塑性
SH-4	RDX 91.5 PIB 2.1 增塑剂 4.8 油类 1.6	1.66	8.20	26.7 (ρ_0=1.66)	-40 ℃ ~50 ℃不变硬,不渗油,保持良好塑性
PETN-硝基醇塑性炸药	PETN 66.0 NC 4.0 二硝基仲丁醇 30.0	1.68	7.00	20.9 (ρ_0=1.68)	-15 ℃时稍有变硬,易起爆
RDX-硅油塑性炸药	RDX 91.0 硅油 8.0 12-羟基硬脂酸锌 1.0	1.60	7.73	24.6 (ρ_0=1.60)	-40 ℃仍有塑性
PETN-RDX-NC-NG塑性炸药	PETN 15.18 RDX 30.36 NC 12.14 NG 39.62 DEP④ 2.00 稳定剂 0.7	1.68	8.00	28.6 (ρ_0=1.68)	易于装药,可直接装入弹体

① PVAC 为聚乙烯乙酸酯。
② 662 为 1,3,5-三硝基-1,3,5-三氮杂环己酮-2。
③ PIB 为聚异丁烯。
④ DEP 为邻苯二甲酸二乙酯。

10.6.5　浇铸高聚物黏结炸药

亦称高强度炸药或热固性炸药,是以热固性高聚物黏结的混合炸药,由主炸药(多为黑索今、奥克托今及太安)、黏结剂、固化剂(或交联剂)、催化剂、引发剂等组成。常用的黏结剂是不饱和聚酯、聚氨酯、环氧树脂、丙烯酸酯、聚硅酮、端羧或端羟聚丁二烯等,其他附加剂则根据黏结剂和工艺要求选用。此类炸药适于浇铸大型药柱,采用浇铸或压缩浇铸后加热固化成型。其机械强度远高于一般熔铸混合炸药，且具有优异的高、低温性能。此类炸药装填于弹体后，与弹壁结合牢固，不与弹壳分离，因而可提高弹药的发射安全性。美国的 PBXN－101（质量分数为 82% 奥克托今及 18% 不饱和聚酯）及 PBXN－102（质量分数为 59% 奥克托今、23% 铝粉及 18% 不饱和聚酯）即是这类炸药的代表，两者的性能为：密度 1.66～1.69 g/cm^3 及 1.78～1.80 g/cm^3，爆速 7.98 km/s（密度 1.69 g/cm^3）及 7.5 km/s（密度1.80 g/cm^3），真空安定性（120 ℃）0.17 cm^3/[g·(48 h)] 及 0.41～0.50 cm^3/[g·(48 h)]，撞击感度（12 型仪，2.5 kg 落锤）h_{50} 为 48 cm 及 28 cm。浇铸高聚物黏结炸药用于导弹战斗部、大口径爆破弹和核战斗部的起爆装置。部分浇铸高聚物黏结炸药的组成及性能见表 10－21。

表 10－21　部分浇铸高聚物黏结炸药的组成与性能

炸药代号	组成（质量分数）/%	密度 /(g·cm^{-3})	爆速 /(km·s^{-1})	特　性
PBXN－102	HMX 59.0 铝粉 23.0 不饱和聚酯 18.0	1.800	7.51	1 g 试样，120 ℃ 48 h 放出气体 0.5 cm^3
LX－08	PETN 63.7 硅酮树脂 34.3 胶体二氧化硅 2.0	1.420	6.56	压缩固化成型，装药密度可达理论密度的 99%
PBXN－101	HMX 82.0 不饱和聚酯 18.0	1.690	7.98	1 g 试样，120 ℃ 48 h 放出气体 0.17 cm^3
RGH－1	RDX 82.0 黏结剂 18.0 增塑剂（外加） 0.3 苯乙烯（外加） 3.0	1.647	7.99	100 ℃ 48 h 放出气体体积为 0.185 mL·g^{-1}
RDX－不饱和聚酯－苯乙烯树脂	RDX 88.2 不饱和聚酯－苯乙烯树脂 11.8	1.687	7.91	抗压强度达 48.5 MPa
HMX－含氟黏结剂	HMX 67.67 含氟黏结剂 30.92 胶体二氧化硅 1.41	1.790	8.15	含活性黏结剂，能量损失少
PETN－硝基聚氨酯	PETN 30.0 硝基聚氨酯 70.0	1.345	4.00	可制低爆压炸药，安定性较好

美国还研制了一个新的钝感浇铸固化 PBX,称为 PBXIH－135,研制的目的在于满足美国海军钝感弹药的要求。与 PBXN－10 系比较,PBXIH－135 具有较高的爆破能量,更优的低易损性,更佳的被穿透时的生存能力。对于对付坚硬的和深埋的结构,需要能产生热压的炸药,PBXIH－135 即属于这类炸药,它不仅能提供有效的爆破和热效应,而对运输和储存过程中的意外爆轰极其钝感。

10.6.6　挠性炸药

挠性炸药也称橡皮炸药,主要由单质猛炸药(如黑索今、奥克托今、太安、三氨基三硝基苯、六硝基芪、塔柯特)及高弹态高聚物(天然橡胶、合成橡胶、合成树脂及热塑性弹性体)组成,有些配方还加有增塑剂(酯类、缩醛类)及其他助剂(如硫化剂、防老剂、软化剂等)。这类炸药具有一定的弹性、韧性和挠性,良好的高、低温力学性能和爆炸性能,可以弯曲和折叠,易于加工成索、板、片、带、管和棒等多种形状。此类炸药自 1960 年研制成功以来,目前已发展至数百个品种。某些典型的配方如下:黑索今 72%,羧酸酯或磷酸酯 28%;黑索今 95%,聚四氟乙烯 5%;奥克托今 68%,硝化淀粉 14%,三羟甲基乙烷三硝酸酯 18%,二苯胺 0.7%(外加);太安 80%,硅橡胶 20%;塔柯特 90%,聚四氟乙烯 10% 等。挠性炸药主要用于制造导爆索、爆炸加工、地质勘探、深井采油等,耐热挠性炸药已用于一些宇航设备的特殊爆炸装置上。

10.7　含铝炸药(高威力混合炸药)

含铝炸药是由炸药与铝粉组成的混合炸药,也称铝化炸药。主要成分为猛炸药及铝粉,有的也含少量其他添加剂(钝感剂和黏结剂等)。铝粉能与爆炸产物(二氧化碳、水)产生二次反应生成三氧化二铝,放出大量的热,使爆热和做功能力大幅度提高,爆炸作用时间延长,爆炸作用范围扩大,破片温度提高,并有利于水中气泡的扩张和增压。但铝粉使炸药的爆速、爆压和猛度降低,机械感度增高,所以炸药中铝粉含量以 10%～35% 为宜。此类炸药种类繁多,可分为铸装及压装两大类,前者的典型品种有 80/20 梯恩梯/铝粉混合物(梯铝)、67/22/11 梯恩梯/硝酸铵/铝粉混合物(阿莫纳儿)、60/24/16 梯恩梯/黑索今/铝粉混合物(梯黑铝)、64/24/11/1 梯恩梯/黑索今/铝粉/卤蜡混合物(梯黑铝钝－5)等;后者的典型代表有 80/20 钝化黑索今/铝粉混合物(钝黑铝)、51/9/40 奥克托今/氟橡胶/铝粉混合物、69/29/2 黑索今/铝粉/乙基纤维素混合物等。含铝炸药的最大特点是爆热和做功能力大。通常采用制造混合炸药的干混法、湿混法和悬浮法等工艺,将含铝炸药制成适于压装的粉粒状,或适于浇铸的悬浮液或淤浆状,最后以固态使用。用于水雷、鱼雷、深水炸弹、对空武器、反坦克穿甲弹和爆破弹,也可在地面爆破、土石爆破及地质勘探中使用。某些含铝炸药的配方及性能列于表 10－22。

表 10-22　某些含铝炸药的配方及性能

项　目	HBX-1	HBX-3	H-6	特里托纳儿(Tritonal)	米诺儿(Minol-2)	HTA-4
组成(质量分数)/%						
梯恩梯	38	29	30	80	40	
黑索今	40	31	45			
硝酸铵					40	
铝粉	17	35	20	20	20	
蜡	4.2	4.2	4.2			
卵磷脂	0.1	0.1	0.1			
硝化棉	0.7	0.7	0.7			
氯化钙	0.5(外加)	0.5(外加)	0.5(外加)			
性　能						
铸装密度/($g\cdot cm^{-3}$)	1.70	1.86	1.75	1.77	1.65	2.00
爆速(密度)/($km\cdot s^{-1}$)($g\cdot cm^{-3}$)	7.22 (1.75)	6.92 (1.86)	7.19 (1.71)	6.70 (1.72)	6.20 (1.77)	7.64 (2.00)
爆热/($MJ\cdot kg^{-1}$)	3.80	3.71	3.86			
爆容/($L\cdot kg^{-1}$)	758	491	723			
爆压(密度)/GPa($g\cdot cm^{-3}$)			23.7 (1.73)	18.9 (1.77)		
爆发点(5 s)/℃			275	470	260	370
真空安定性(100 ℃)/[$cm^3\cdot g^{-1}\cdot (40\ h)^{-1}$]	<1	<1	<1	<1	<1	<1
相对能量输出(TNT 为 100)/%						
铅垮法						165
弹道臼炮法	135	110	135	130	145	
沙试法	100		105	95	95	
抗压强度						
破裂应力/MPa		28.9	24.8	14.5		23.4
破裂压缩率/%		0.35	0.35	0.30		0.30
弹性模量/kPa		14.5	11.0	7.9		
破裂功/($J\cdot cm^{-3}$)		0.07	0.06	0.02		0.04
抗张强度						
断裂应力/MPa		2.8	2.6	1.7		2.1
断裂伸长率/%		0.02	0.20	0.03		0.02
弹性模量/kPa		14.5	12.4	10.7		12.4

续表

项　目	HBX-1	HBX-3	H-6	特里托纳儿(Tritonal)	米诺儿(Minol-2)	HTA-4
断裂功/($J\cdot cm^{-3}$)		0.25	0.25	0.33		0.16
剪切强度						
破裂应力/MPa		7.58	5.86	5.00		7.92
线膨胀系数/($10^{-5}℃^{-1}$)	4.4	5.4	5.7	8.7		7.2
导热系数/($W\cdot m^{-1}\cdot K^{-1}$)	0.41	0.71	0.46	0.46		0.69
比热容/($J\cdot g^{-1}\cdot K^{-1}$)	1.05	1.05	1.13	1.00		1.34

10.8 钝化炸药

钝化炸药是由单质炸药和钝感剂组成的低感度炸药。常用的钝感剂有蜡、硬脂酸、胶体石墨和高聚物等。与未钝感的单质炸药相比,钝化炸药的撞击和摩擦感度明显下降,成型性能改善,而对爆炸能量影响较小。一些高感度的炸药常制成钝化炸药,以保证安全。如黑索今的撞击感度为 80%,摩擦感度为 76%,而用 5% 蜡钝感的黑索今,则两值分别降为 32% 及 28%。军用钝化炸药有钝化 B 炸药、钝化黑索今、钝化奥克托今、钝化太安等,其中应用十分广泛的是钝化黑索今,如美国的 A 炸药,它有 A、A-2、A-3、A-4、A-5 数种,其组成上的区别在于钝感剂的种类和用量不同,如 A 是蜂蜡钝感的黑索今,A-3 及 A-4 均为石蜡钝感的黑索今,但 A-3 的石蜡质量分数为 9% ±0.7%,A-4 的石蜡质量分数为 3.0% ±0.5%。俄罗斯的 A-Ⅸ-1 及中国钝化黑索今的组成类似于 A 炸药,A-Ⅸ-1 含 95.3% ~95% 的黑索今及 5% ~6.5% 的钝感剂(蜡/硬脂酸/苏丹红 60/38/2),中国钝化黑索今含 5% ~6% 的钝感剂(蜡类)及少量染色剂。A 炸药的装药密度可达 1.56 ~1.67 g/cm^3,爆速 8.1 ~8.3 km/s,爆压 27.0 GPa。机械感度显著低于黑索今,便于压制成型,并具有良好的爆炸性能。一般采用水悬浮-熔融包覆法,即将钝感剂均匀包覆于炸药颗粒表面制得。钝化炸药多用于装填对空武器、水中兵器和破甲弹,也用作传爆药和制造含铝炸药。

10.9 燃料-空气炸药

燃料-空气炸药(FAE)是由固态、液态、气态或混合态燃料(可燃剂)与空气(氧化剂)组成的爆炸性混合物。所用燃料的点火能量应低,与空气相混合时易达到爆炸浓度,可爆炸的浓度范围宽,热值高。目前主要采用液态燃料,它们有环氧乙烷、环氧丙烷、硝基甲烷、硝酸丙酯、硝酸肼、二甲肼等;固体燃料有固体可燃剂及固态单体炸药;气态燃料有甲烷、丙烷、乙烯、乙炔,但常压缩成液态使用。FAE 可充分利用大气中的氧,大大提高了单位质量装药的能量。如环氧乙烷－氧爆轰时所放出的能量比等质量的梯恩梯高 4 ~ 5 倍。使用 FAE 时,将燃料装入弹中,送至目标上空引爆,燃料被抛散至空气中形成汽化云雾,经二次点火使云雾发生区域爆轰,产生高温(2 500 ℃左右)火球和超压爆轰波,同时在炸药作用范围内形成一缺氧区(空气中氧含量减少 8% ~12%),可使较大面积内的设施及建筑物遭受破坏,人员伤亡。因 FAE 是分布爆炸,故杀伤和破坏面积大,具有笼罩性,能摧毁一般弹药不易摧毁的目标,且可产生一定的窒息作用,为常规兵器开创了既减轻重量又提高爆炸威力的途径。FAE 用于装填集束炸弹、航空炸弹、反舰导弹、水中兵器、火箭弹和扫雷武器。

FAE 具有战术核武器的性能,但没有残存的核辐射危害。一些不完全密闭的建筑物,如仓库、碉堡等,也会为 FAE 所破坏,因为燃料－空气混合物易于流动,可进入建筑物的孔隙中,而当 FAE 爆轰时,能加大对建筑物承重构件的破坏。FAE 的爆破也可用于清理矿山,准备和清理直升机着陆所需场地。

当代需要的炸药,不仅能量应超过常用的硝胺(RDX、HMX),同时还应能安全处理,与武器构筑材料相容,对撞击、摩擦及冲击不敏感。FAE 能满足上述要求,它们对毁损软目标(如轻型车辆、坦克、战壕、仓库、反坦克雷等)非常有效。FAE 用的燃料主要取决于实战要求。一般而言,燃料必须在空气中有宽的爆炸极限,爆轰感度高,且具有足够的毁伤力及良好的储存安定性。EO 在美国最初用于 FAE 武器,后来为 PO 所代替,以克服与储存有关的问题。含 20% 硝酸正丙酯的庚烷能与空气形成可爆轰的混合物,且爆炸浓度宽。与 PO 比较,可覆盖更大的破坏范围。上述混合物具有更大的燃烧热和更高的爆破效果。硝酸正丙酯与庚烷的混合物被认为是未来 FAE 弹药的燃料之一。

目前,正积极从事第三代 FAE 的研究,它的重大变革是将二次爆轰改为一次爆轰,从而简化了武器结构,降低了成本,提高了武器性能。

第三代 FAE 武器系统的关键是起爆问题,它不仅决定云雾能否爆轰,而且对爆轰性能也起着一定作用。研究第三代 FAE 武器实际上就是解决直接起爆问题,目前正在研究的直接起爆方法有化学催化法、光化学起爆法等。表 10－23 是美国装备和研制的 FAE 武器概况。

表 10－23　美国装备和研究的 FAE 武器的概况

型　号	燃　料	弹装药量/kg	运载方式
CBU－55B	环氧乙烷	32.5	直升机
CBU－72	环氧丙烷	33	A－4、A－7 高速飞机
BLU－95	环氧丙烷	136	制导滑翔炸弹
MADFAE(12 枚子弹组成)	环氧丙烷	54	直升机
SLUFAE	环氧丙烷	40	火箭弹
CATFAE	环氧丙烷	63	火箭弹

美国曾在越南用 FAE 清理密林中的树叶、破坏隧道和在密林地区为直升机准备着陆场所。在 20 世纪 80 年代的苏 – 阿(富汗)战争中,俄罗斯人第一次使用 FAE。美国在中东进行的“沙漠风暴”演习中,也使用了 FAE。

10.10　低易损性炸药

低易损性炸药是对外部作用不敏感、安全性高的炸药。它们对撞击、摩擦的感度低,不易烤燃,不易殉爆,也不易由燃烧转爆轰,在生产、运输、储存,特别是作战条件下都较安全。低易损性炸药目前正处于研究发展阶段,目标是制造能量不低于 B 炸药或高聚物黏结炸药 PBX – 9404,但安全性分别高于此两类炸药的低易损性炸药。采用不敏感的单质炸药、往分子中引入不同官能团提高原有单质炸药的安全水平、采用分子间炸药和某些可降低炸药感度的弹性高聚物黏结剂等方法,均有助于降低炸药的易损性。三氨基三硝基苯、二氨基三硝基苯、六硝基芪等均为安全钝感单质炸药,可作为主体炸药配制低易损性炸药。三种典型低易损性炸药的组成及性能见表 10 – 24。还有些低易损性炸药可见本章“10.6 高聚物黏结炸药”一节。

表 10 – 24　三种典型低易损性炸药的组成及性能

项　　目	LX – 17	PBX – 9502	PBX – 9503
组成(质量分数)/%			
三氨基三硝基苯	92.5	95	80
奥克托今			15
三氟氯乙烯与偏二氟乙烯共聚物	7.5	5	5
性能			
颜色	黄	黄	黄
理论最大密度/($g \cdot cm^{-3}$)	1.944	1.942	1.936
装药密度/($g \cdot cm^{-3}$)	1.89 ~ 1.94	1.90	1.88
计算爆热(气态水)/($MJ \cdot kg^{-1}$)	4.27	4.39	4.64
爆速(密度)/($km \cdot s^{-1}$)($g \cdot cm^{-3}$)	7.63	7.71	7.72
	(1.908)	(1.90)	(1.90)
撞击感度 h_{50}(12 型仪,2.5 kg 落锤)/cm	>177	>320	174(12B 型仪)
真空安定性(120 ℃)/[$cm^3 \cdot g^{-1} \cdot (48\ h)^{-1}$]	≤0.02		
导热系数/($W \cdot m^{-1} \cdot K^{-1}$)	0.798	0.552	

鉴于多年来战场内外弹药意外爆炸事故的教训,自 20 世纪 70 年代后,很多国家为提高武器系统在战场上的生存能力和改善弹药储存、运输及勤务处理的安全性能,开始研究和发展低易损性炸药,已研制和应用的这类炸药有很多种,包括塑料黏结炸药、挤注炸药、

分子间炸药等。

10.10.1 浇注－固化成型的低易损性塑料黏结炸药

20 世纪 70 年代后，发展了一种以浇注－固化成型的低易损性塑料黏结炸药，它们所含的黏结剂使炸药具有类似橡胶的特性，可承受较强的冲击或撞击。燃烧时，这类黏结剂受热易分解放出气体形成内压，最后使弹壳破裂，炸药便处于非密闭状态下，因而能稳定燃烧，而不易转化为爆轰。

10.10.2 以低易损性单质炸药为基的混合炸药

可用于制造低易损性炸药的单质炸药有三氨基三硝基苯（TATB）、二氨基三硝基苯（DATB）、硝基胍（NQ）及二硝基甘脲（DINGU）等，它们的撞击感度及使用温度极限见表 10－25。

表 10－25 三种不敏感单质炸药的主要性能

炸药	晶体密度 /$(g \cdot cm^{-3})$	冲击波感度① /塑料片数	撞击感度② /cm	使用温度极限 /℃	爆速 /$(km \cdot s^{-1})$
DATB	1.84	132	>320	217	7.72
TATB	1.94	59	>320	288	7.76
NQ	1.64	93	>320	232	8.59

① 主发药柱与被发药柱之间放入数个 0.254 mm 的塑料片，被发药柱 50% 爆炸概率时的塑料片数。
② 2.5 kg 落锤下落在一小型试样上，使之 50% 爆炸的落高。

TATB 是一种安全炸药，但少量 TATB 不能使 HMX 钝感，只有二者含量相近的一些配方才能保证安全，能量又比较适当。美国曾把发展具有 HMX 能量和 TATB 感度的混合炸药作为 20 世纪 80 年代高能钝感炸药的发展方向之一。

NQ 的安全性能不亚于 TATB，能量比 TATB 的高，且价格低廉，有希望成为 TATB 的代用品。国外已进行过 HMX＋NQ＋黏结剂类混合炸药的配方及性能研究。但 NQ 不易装填，必须改善装药工艺。

DINGU 的感度接近于 TATB，它燃烧很快，但不转为爆轰；能量较高，接近 RDX，且价格低廉。因此，它也可用作 TATB 的代用品。目前在研究的配方有 DINGU＋TNT，DINGU＋HMX＋黏结剂及 DINGU＋TNT＋RDX＋黏结剂或阻燃剂等。

10.10.3 阻燃炸药

亦称耐火炸药，是近年来美国与日本率先研制的低易损性炸药。在主体炸药中加入合适的阻燃剂或其他火焰抑制剂，可使炸药耐燃或耐突然分解，阻止热起爆。美国采用了 19 种黏结剂和多种阻燃剂及火焰抑制剂研制了 48 种耐火炸药，它们降低了热丝试验和烤燃试验的发火率,热事故中较安全。

10.10.4　其他类型低易损性炸药

① 以硝酸镁、TNT 及硝酸铵组成的低共熔物,可制得具有 B 炸药能量水平的低易损性炸药;② 军民两用的一系列浆状炸药,能量可与 B 炸药的相当,安全性优于 B 炸药。

以上几种类型的低易损性炸药,有的已定型使用,效果良好;有的还在研制阶段。

10.11　分子间炸药

分子间炸药是由超细的氧化剂组分和可燃剂组分均匀混合而成的炸药,其爆轰反应在可燃剂与氧化剂两种颗粒(或两相)间进行。与单质炸药(单质炸药的氧化基团与可燃基团含于同一分子内)相比,反应速度较低,反应区较宽。可形成低共熔物分子间炸药或共晶的固体分子间炸药,也可形成液 - 液或液 - 气混合的分子间炸药。乳化炸药、燃料 - 空气炸药、乙二胺二硝酸盐 - 硝酸铵 - 硝酸钾(EAK)系统均属分子间炸药。可根据需要设计接近零氧平衡的配方,以在能量水平、安全性及成本三方面实现满意的平衡,使混合炸药具有较佳的综合性能。

分子间炸药原材料价格低廉,来源丰富,使用、储存安全,极不敏感,又容易制造。若能设法控制分子间炸药爆轰时的最初反应区内和紧随其后的反应速度,就可充分发挥和利用分子间炸药的能量,这种能量利用特别适于杀伤弹、空心装药和核武器装药。

目前研制较多的是以乙二胺二硝酸盐 - 硝酸铵 - 硝酸钾为基本组分的分子间炸药,它遭受意外点火时很难转变为爆轰。还有许多铵盐能与硝酸铵形成低共熔混合物,往此类低共熔物中再加入其他成分,可制出很多二元、三元和四元的分子间炸药,如加入 HMX、RDX、NQ 及 Al 等组分,可制出适应各种战斗部能量和性能要求的分子间炸药。美国研制的这类炸药已用于航弹、炮弹、地雷及鱼雷的装药。一些分子间炸药的组成及性能示于表 10 - 26。

表 10 - 26　一些分子间炸药组成及性能

组　　成	密度/($g \cdot cm^{-3}$)	熔点/℃	爆速/($m \cdot s^{-1}$)	撞击感度/cm
10EDD(乙二胺二硝酸盐)/32AN/(2 ~ 0)PN(硝酸钾)/10RDX/40Al/(6 ~ 8)SN(硝酸钠)	1.86(压装) 1.70(铸装)	105	7 600	—
50EDD/50AN	1.62	100	5 990	—
46EDD/46AN/8PN	1.607	—	5 280	—
29.5EDD/48AN/22.5ENT(5 - 硝基四唑乙二胺)	1.619	—	—	98.6① 175②

续表

组　成	密度/(g·cm^{-3})	熔点/℃	爆速/(m·s^{-1})	撞击感度/cm
48AN/52ADNT (3,5-二硝基-1,2,4-三唑胺)	1.64	—	7 890	65① 65②
38.8EDD/42.6AN/7.6 PN/11.0ADNT	1.61	—	7 420	74① 76②
39.2AN/43.2ADNT/17.6Al	1.74	—	7 800	71① 157②
23.2AN/36.9ADNT/39.9NQ	1.65	—	8 160	312① >320②

① 12 型仪测定,2.5 kg 落锤。
② 12B 型仪测定,2.5 kg 落锤。

10.12 液体炸药

液体炸药是在规定环境温度下呈液态的炸药,可分为单质及混合两大类。单质的有硝化甘油、硝化乙二醇、硝化二乙二醇、1,2,4-丁三醇三硝酸酯等,三硝基甲烷和四硝基甲烷也可认为是较弱的液态单质炸药(二者的凝固点分别为 25 ℃及 14 ℃)。液态硝酸酯类的机械感度都很高,如其中含有空气泡时尤甚,故不能单独使用。常用硝化棉将其胶化成凝胶体,这可使落锤试验中引起爆炸所需最小撞击能提高近 10 倍。液体混合炸药是接近零氧平衡的液态氧化剂及可燃剂(或可溶性固体)的混合物。可用的氧化剂有发烟硝酸、硝酸酯、四氧化二氮、过氧化氢、四硝基甲烷等,可燃剂有苯、甲苯、汽油、肼、碳硼烷、硝基苯、二硝基氯苯、硝基甲烷等。由 75% 四硝基甲烷与 25% 硝基苯组成的液态混合炸药,爆速 7.51 km·s(密度 1.47 g/cm^3,20 mm 玻璃管),爆热 7.04 MJ/kg,做功能力 154%(TNT 当量),猛度 163%(TNT 当量),撞击感度 8%~16%,能用 8 号雷管起爆。尽管许多液态混合炸药的爆炸能量很高,临界直径小,装填工艺简单,但感度大,安定性差,只宜在使用现场即时混合,同时某些组分具有严重的腐蚀性,很难处理,故使用受到限制。液体炸药可直接注入弹体、塑料筒和炮眼内,用于扫雷、开道、挖掘掩体和战壕,也可用于装填航弹及反坦克地雷。一些国家正在研制能量大、使用温度范围广(±50 ℃)、安定性好的液态混合炸药。

10.13　军用混合炸药的发展趋势

10.13.1　大力发展硝胺混合炸药

第二次世界大战后，炸药装药不断更新换代，在需要高能的武器战斗部中，逐渐用以黑索今为基的炸药代替以梯恩梯为基的炸药，而且越来越多地采用以奥克托今为基的炸药。例如，20 世纪 80 年代以来，美国改陶、陶Ⅱ反坦克导弹和蝮蛇反坦克火箭筒等战斗部采用了 LX－14 塑料黏结炸药，奥克托今质量分数为 95%，爆速 8.84 km/s（密度 1.833 g/cm^3），爆压 37 GPa。挪威开始生产和销售的奥克塔斯梯Ⅷ新炸药，含奥克托今高达 96%，爆速8.63 km/s（密度 1.81 g/cm^3）。但是奥克托今的成本高，为黑索今的 10 倍以上，限制了它的广泛应用。人们正在采取各种途径，降低奥克托今的成本，以实现奥克托今的广泛应用。

10.13.2　积极研制不敏感炸药

武器的发展，特别是战术核武器和机载及舰载常规武器的发展，不仅要求炸药具有较高的能量，而且还要求炸药相当钝感。由于发生过多次爆炸事故，人们越来越认识到安全问题的重要性。因此，研制既高能又钝感的炸药是 20 世纪 80 年代以来武器的要求，也是炸药领域崭新的革命性发展。不敏感炸药不仅可提高武器系统的安全可靠性和生存能力，而且会对今后武器的发展产生深远的影响。以三氨基三硝基苯（TATB）为基的混合炸药是用于尖端武器和常规武器较好的不敏感炸药，美国已将其用于航弹，还准备用于坦克炮弹、榴弹、反坦克导弹及鱼雷中。美国海军还将在舰－舰武器上换装不敏感炸药，法国和英国也将在新设计的核战斗部和常规武器的导弹战斗部，采用不敏感炸药。其他国家也都在研制与发展不敏感炸药。

10.13.3　加速非理想炸药应用研究

非理想炸药的研究是提高炸药能量利用率和安全性的重要途径，具有深远的理论意义和现实意义。由于非理想炸药的大部分能量不在 C－J 面上释放出来，所以按理想炸药爆轰理论设计的武器就不能充分发挥和利用这类炸药的能量。如果能提出适合非理想炸药的新理论，并设法控制和改变非理想炸药释放能量的速率，就可充分利用非理想炸药的能量，从而会大幅度提高武器的威力。特别是在现代武器必须使用钝感高能炸药的情况下，对非理想炸药的应用研究尤为重要。

10.13.4　加强装药技术研究，不断改进装药结构

从炸药装药的角度来看，武器的威力不仅与炸药的配方有关，而且与装药结构密切相

关。如美国改陶反坦克导弹战斗部在装药中加了一块能改变爆轰波传播方向的隔板并采取了其他一些措施后,其威力比陶Ⅰ提高了33%。又如陶Ⅱ战斗部的结构与改陶的基本相同,但将直径由127 mm改为150 mm,威力比改陶又提高17.5%。当前,国外正在研究与发展一些新的战斗部装药结构,例如串联空心装药、自锻破片装药、多锥空心装药、斜置空心装药等,这些新的装药结构预期未来都有可能得到应用。武器的不断发展给装药设计提出了新的要求,研制新的装药结构就成了装药设计的新课题。

第 11 章　民用混合炸药

民用混合炸药是指用于工农业目的的混合炸药，也称工业炸药，广泛用于矿山开采、土建工程、农田基本建设、地质勘探、油田钻探、爆炸加工等众多领域，是国民经济中不可缺少的能源。民用混合炸药按组成可分为硝化甘油炸药、铵梯炸药、膨化硝铵炸药、铵油炸药、浆状炸药、水胶炸药、乳化炸药（包括粉状乳化炸药）、液氧炸药等类；按用途可分为岩石炸药、煤矿安全炸药、露天炸药、地震勘探炸药、水下爆破炸药等类。工业混合炸药应具有足够的能量水平，令人满意的安全性、实用性和经济性。

民用混合炸药具有与军用混合炸药不同的特点，主要是：

（1）不同使用目的的民用混合炸药应具有不同的爆炸性能。例如，用于爆破坚硬岩石和金属开采的炸药应具有高威力、高爆速、高猛度；用于采煤爆破作业的炸药则要求较低的猛度，以免爆破后煤块太碎，还要求较低的爆温和不产生引爆瓦斯的炽热产物；对用于城市废旧建筑物爆破拆除的炸药，其爆速及威力均不宜过高，以防止爆炸碎片的飞散，而影响周围建筑和行人的安全等。

（2）足够低的机械感度（危险感度）和适当的爆轰感度（实用感度），以便于安全地生产、储存和运输，但又能采用适当的起爆手段可靠地爆轰，且能良好传爆。

（3）物理化学性能应能满足不同使用场所的要求。例如，用于潮湿地区的炸药应不吸湿、不结块；用于水下爆破的炸药应具有抗水性；用于矿井下及坑道内的炸药爆炸时应不致引爆瓦斯，爆炸生成物中的有毒气体含量应低于国家卫生标准。此外，民用混合炸药应具有一定的储存期，在储存期各项性能不恶化。

（4）制造工艺应安全便捷，原材料来源广泛，价格低廉。

11.1　粉状铵梯炸药

粉状铵梯炸药为以硝酸铵（氧化剂）为主要成分，并含有可燃剂、敏化剂及其他附加剂（防潮剂、表面活性剂和消焰剂等）的粉状混合炸药，也称硝铵炸药。常用的可燃剂是木粉、沥青和石蜡，敏化剂（也是可燃剂）是梯恩梯，高威力铵梯炸药则还含有黑索今或铝粉。铵梯炸药能量较大，爆轰感度较高，有的既可民用，也可军用。它们的最大缺点是吸湿结块和抗水性差，对环境污染严重，且有毒。按抗水性可分为抗水及不抗水两类；按用途可分为岩石型、露天型及煤矿安全型三种。粉状铵梯炸药通常含质量分数为 70% ~ 90% 的硝酸铵，5% ~15% 的敏化剂，4% ~8% 的可燃剂（主要是木粉）。煤矿安全型炸药则含有 10% ~20% 的消焰剂。含 67% 硝酸铵、10% 梯恩梯、3% 木粉及 10% 食盐的 3 号煤矿铵梯炸药的爆速 2.8 km/s,爆容740 L/kg,爆热 3.06 MJ/kg,猛度 12 mm(铅柱压缩值),做功能力 250 cm^3(铅𪯌扩孔值)。粉状铵梯炸药一般采用一段混合法(高温重砣法)或二段混合法(低温轻砣法)以轮碾机生产。此类炸药大量用于各种民用爆破,仍是中国目前最主要的工业炸药之一,由于它含有对人体毒害和对环境污染的梯恩梯,其产量逐年减少,2003 年的产量只占当年工业炸药总产量的 47%,且今后有可能逐步为其他无梯工业炸药(如乳化炸药等)所取代。

11.1.1 岩石粉状铵梯炸药

是适于爆破中硬岩石的粉状铵梯炸药,俗称岩石炸药。根据不同使用场合的要求,岩石铵梯炸药有抗水型和不抗水型两类,我国主要品种的组成和性能见表 11-1。高威力粉状铵梯炸药(含黑索今或铝粉)也经常在岩石爆破业中使用。

岩石炸药只允许在无瓦斯、无矿尘爆炸危险的场合使用。对这种炸药爆炸后生成的有毒气体量有一定的要求,规定不应超过 100 L/kg(以 CO 计)。

目前,我国使用最多的岩石炸药是 2 号岩石铵梯炸药,它具有较强的爆炸能力,有毒气体量少,爆破单位岩石所需炸药量适中等优点。

表 11-1 部分岩石铵梯炸药的组成和性能

组成和性能	1 号岩石铵梯炸药	2 号岩石铵梯炸药	2 号抗水岩石铵梯炸药	3 号抗水岩石铵梯炸药	4 号抗水岩石铵梯炸药	新 2 号岩石铵梯炸药
组成(质量分数)/%						
硝酸铵	82±1.5	85±1.5	84±1.5	86±1.5	81.2±1.5	88±1.5
梯恩梯	14±1.0	11±1.0	11±1.0	7±1.0	18±1.0	7±1.0
木粉	4±0.5	4±0.5	4.2±0.5	6±0.5		3±0.5
沥青			0.4±0.1	0.5±0.1	0.4±0.1	
石蜡			0.4±0.1	0.5±0.1	0.4±0.1	
复合油相						2.0±0.2
性能						
氧平衡/%	0.52	3.4	0.37	0.71	4.3	
水质量分数/%	≤0.3	≤0.3	≤0.3	≤0.3	≤0.3	≤0.3
密度/($g \cdot cm^{-3}$)	0.95~1.1	0.95~1.1	0.95~1.1	0.95~1.1	0.85~0.95	0.95~1.05
猛度/mm	≥13	≥12	≥12	≥10	≥14	≥12
做功能力/cm^3	≥350	≥320	≥320	≥280	≥360	≥320
殉爆距离/cm	≥6	≥5	≥5	≥4	≥8	≥3
殉爆距离/cm①			≥3	≥2	≥4	≥3
爆速/($km \cdot s^{-1}$)	≥3.40	≥3.20	≥3.15			3.00~3.20
爆容/($L \cdot kg^{-1}$)	912	924	921	931	902	

续表

组成和性能	1 号岩石铵梯炸药	2 号岩石铵梯炸药	2 号抗水岩石铵梯炸药	3 号抗水岩石铵梯炸药	4 号抗水岩石铵梯炸药	新 2 号岩石铵梯炸药
爆热/(MJ·kg^{-1})	4.07	3.69	4.02	3.88	4.22	
爆温/℃	2 700	2 514	2 654	2 560	2 788	
爆压/GPa		3.25	3.52			
① 浸水后的殉爆距离。						

11.1.2　露天粉状铵梯炸药

是适合在露天爆破作业中使用的粉状铵梯炸药，俗称露天炸药。这类炸药主要作为露天矿松动大爆破用药，使用量很大，故应价格较低。表 11－2 所示为我国常用露天铵梯炸药的组成和性能。

表 11－2　几种露天铵梯炸药的组成和性能

组成和性能	1 号露天铵梯炸药	2 号露天铵梯炸药	3 号露天铵梯炸药	4 号露天铵梯炸药	2 号抗水露天铵梯炸药
组成(质量分数)/%					
硝酸铵	82 ±1.5	86 ±2.0	88 ±2.0	91 ±2.0	86 ±2.0
梯恩梯	10 ±1.0	5 ±1.0	3 ±0.5	3 ±0.5	5 ±1.0
木粉	8 ±1.0	9 ±1.0	9 ±1.0	6 ±1.0	8.2 ±1.0
沥青					0.4 ±0.1
石蜡					0.4 ±0.1
性能					
密度/(g·cm^{-3})	0.85～1.10	0.85～1.10	0.85～1.10	0.85～1.10	0.85～1.10
殉爆距离/cm	>4	>3	>3	>3	>3
做功能力/cm^3	>300	>280	>250	>300	>280
猛度/mm	>11	>9	>7	>9	>9

由表 11－2 可见，露天铵梯炸药的组成特点是梯恩梯含量少。但目前露天爆破作业中应用最多的是铵油炸药和铵松蜡炸药，铵梯炸药常只用作传爆药。

11.1.3　煤矿安全粉状铵梯炸药

是能在有可燃气体或粉尘爆炸等危险场合安全地使用的粉状铵梯炸药，俗称安全炸药，也叫许用炸药。

煤矿安全粉状铵梯炸药的基本成分有硝酸铵、梯恩梯、木粉和消焰剂，有时还需加入少量其他物质。它具有简单、便宜、安全和威力较大的特点，仍是我国目前应用最多的煤矿炸药之一。在煤矿用炸药中，无梯型煤矿膨化硝铵炸药及乳化炸药正迅速发展，它们具有更高的安全性和使用效果,应用前景广阔。我国典型煤矿安全粉状铵梯炸药的组成和性能见表11-3及表11-4。

表11-3 非抗水型煤矿安全粉状铵梯炸药的组成和性能

组成和性能	1号煤矿铵梯炸药	2号煤矿铵梯炸药	3号煤矿铵梯炸药
组成(质量分数)/%			
硝酸铵	68±1.5	71±1.5	67±1.5
梯恩梯	15±0.5	10±0.5	10±0.5
木粉	2±0.5	4±0.5	3±0.5
消焰剂	15±1.0	15±1.0	20±1.0
性能			
密度/($g\cdot cm^{-3}$)	0.95~1.10	0.95~1.10	0.95~1.10
爆速/($km\cdot s^{-1}$)		≥2.60	≥2.60
做功能力/cm^3	≥290	≥250	≥240
猛度/mm	≥12	≥10	≥10
殉爆距离/cm	≥6	≥5	≥4
有效期①/月	4	4	4
有效期内殉爆距离/cm	≥4	≥3	≥2
有效期内水分含量/%	≤0.5	≤0.5	≤0.5

① 有效期自制造完成之日起计算。

表11-4 抗水型煤矿安全粉状铵梯炸药的组成和性能

组成和性能	1号煤矿铵梯炸药	2号煤矿铵梯炸药	3号煤矿铵梯炸药
组成(质量分数)/%			
硝酸铵	68.5±1.5	72±1.5	67±1.5
梯恩梯	15±0.5	10±0.5	10±0.5
木粉	1.0±0.5	2.2±0.5	2.2±0.5
消焰剂	15±1.0	15±1.0	20±1.0
沥青、石蜡(1:1)		0.8	0.8
性能			
密度/($g\cdot cm^{-3}$)	0.95~1.10	0.95~1.10	0.95~1.10
爆速/($km\cdot s^{-1}$)		≥2.60	≥2.60
做功能力/cm^3	≥290	≥250	≥240
猛度/mm	≥12	≥10	≥10
殉爆距离(浸水前)/cm	≥6	≥4	≥4
殉爆距离(浸水后)/cm	≥4	≥3	≥2
有效期①/月	4	4	4
有效期内殉爆距离/cm	≥3	≥2	≥2
有效期内水质量分数/%	≤0.5	≤0.5	≤0.5

① 有效期自制造完成之日起计算。

11.2　膨化硝铵炸药

膨化硝铵炸药由膨化硝酸铵、复合燃料油和木粉组成。膨化硝酸铵是一种改性硝酸铵，为片状结构，多微孔(孔径为 10^{-5} ~ 10^{-2}mm)，这类微孔能形成热点，故具有较高的感度。膨化硝铵炸药是一种高威力、低成本、易制备、不结块的新型无梯粉状硝铵工业炸药。现已形成一系列产品，按用途有岩石型、煤矿许用型、露天型和震源药柱型；按性能有普通型、抗水型、高威力型、低爆速型和安全型等。这些产品已在我国获得广泛应用，取得了可观的经济效益和社会效益。

膨化硝铵炸药的优点为：① 不采用单质炸药敏化剂，消除了梯恩梯的毒性和污染，提高了生产安全性；② 产品成本大幅度降低；③ 具有优良的爆炸性能和物理性能，应用效果好；④ 生产过程简化，生产效率提高。

膨化硝铵炸药的不足之处是抗水性较差和密度较低。

11.2.1　膨化硝铵炸药的生产工艺

包括硝酸铵的膨化、各组分的预处理和混合、装药和包装三大部分，其工艺流程见图 11 - 1。

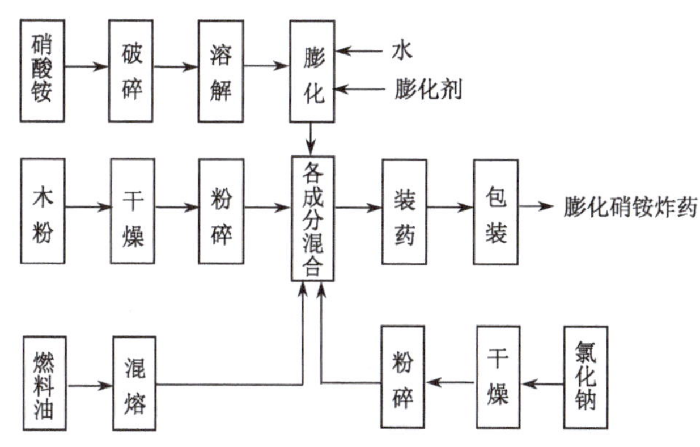

图 11 - 1　膨化硝铵炸药生产工艺流程图

硝酸铵的膨化是硝酸铵溶液在膨化剂作用下于减压下的快速结晶过程，该过程是将硝酸铵溶液(含膨化剂)送入膨化结晶机内完成的，其较佳工艺条件如下：硝酸铵溶液温度 120 ℃ ~140 ℃，硝酸铵溶液浓度 88% ~93%，膨化剂用量 0.10% ~0.15%，膨化真空度 0.086 ~0.096 MPa，膨化时间(指硝酸铵溶液进入膨化机，经过减压膨化后的泄压时间) 10 ~15 min，压力形成时间(指硝酸铵溶液进入膨化机后，达到规定膨化压力所需时间)≤ 5 min。硝酸铵溶液的膨化过程极快，于 70 ~90 s 内即可完成，溶液中 90% 以上的水分在此时间内汽化并排出，形成含适当微孔的膨化硝酸铵。

各组分的混合涉及固 - 固和固 - 液两种类型的混合，为保证各组分混合均匀，必须采用混合效率良好的设备,可供选用的有轮碾机、锥形螺旋混药机及螺旋片式连续混药机等。混合时,先将膨化硝酸铵与木粉混合,再往其中加入油相材料,混合温度为 50 ℃ ~65 ℃,混合时间只需 15 ~25 min。

11.2.2 膨化硝铵炸药的组成及性能

表 11 -5 为几种主要膨化硝铵炸药的组成及性能,表 11 -6 为膨化硝铵炸药与其他几种工业炸药性能的比较。

表 11 -5 几种主要膨化硝铵炸药的组成及性能

项目	岩石膨化硝铵炸药	煤矿许用膨化硝铵炸药		震源药柱膨化硝铵炸药		
		2 号	3 号	高密度	中密度	低密度
配方/%						
硝酸铵	92 ±2.0	86 ±2.0	83 ±2.0	77.5 ±2.5	86.0 ±0.5	87.5 ±2.5
木粉	4 ±1.0	3.5 ±0.5	3.5 ±0.5	1.5 ±0.5	2.5 ±0.5	4.0 ±0.5
燃料油	4 ±1.0	3.5 ±0.5	3.5 ±0.5	1.5 ±0.5	1.5 ±0.5	4.0 ±0.5
氯化钠		7 ±1.0	10 ±1.0			
梯恩梯				20.5 ±1.5	11.5 ±1.5	4.5 ±1.5
物理性能						
装药密度/($g \cdot cm^{-3}$)	0.85 ~1.00	0.88 ~1.00	0.88 ~1.00	≥1.10	≥1.0	≥0.85
水质量分数/%	≤0.3	≤0.3	≤0.3	≤0.3	≤0.3	≤0.3
储存期/月	≥6	≥6	≥6	≥24	≥12	≥12
爆炸性能						
爆速/($km \cdot s^{-1}$)	3.30 ~3.70		≥5.00	≥4.50	≥4.00	
猛度/mm	13 ~16					
殉爆距离/cm	5 ~10					
做功能力/cm^3	330 ~360					
爆热/($kJ \cdot kg^{-1}$)	3 803	3 062	2 288	4 176	4 132	3 915
爆温/K	2 757	2 486	2 207			
爆压/GPa	4.954					

表 11 -6 几种常用工业炸药的主要性能对比

项目	膨化硝铵炸药	粉状铵梯炸药	乳化炸药	多孔铵油炸药
爆速/($km \cdot s^{-1}$)	3.20 ~3.50	3.00 ~3.40	3.30 ~4.90	3.00 ~3.20
做功能力/cm^3	330 ~360	320 ~340	270 ~300	290 ~310
猛度/mm	13.5 ~16	12 ~15	12 ~17	4 ~5
殉爆距离/cm	4 ~8	6 ~12	5 ~9	0
临界直径/mm	12 ~15	20 ~22	15 ~20	50 ~70
撞击感度/%	0 ~4	20	8 ~12	0
摩擦感度/%	0 ~4	20 ~24	8 ~20	0
密度/($g \cdot cm^{-3}$)	0.80 ~1.00	0.95 ~1.10	0.90 ~1.20	0.78 ~0.88
抗水性	良	中	优	差

续表

项 目	膨化硝铵炸药	粉状铵梯炸药	乳化炸药	多孔铵油炸药
结块性	小	大		小
吸湿性	低	高	低	低
储存期/月	≥6	≥6	≥6	≤5

11.2.3 膨化硝铵炸药的提高和发展

膨化硝铵炸药的优点已如上述,但仍需在下述诸方面改进和提高。

1. 提高装药密度

膨化硝铵炸药的密度一般为 0.85 ~ 1.00 g/cm^3,高密度产品可达 1.10 g/cm^{3}左右,这有待提高,以改善炮孔利用率和爆破效果。改进膨化剂、优化膨化过程及提高装药压力,均有助于增大装药密度。

2. 改善流散性

由于膨化硝酸铵的晶粒缺陷及晶粒表面膨化剂的影响,增大了膨化硝铵炸药颗粒间的黏附,使其流散性下降。为了提高装药效率,改善药粒的流散性是必要的。掺入少量球形粒子、采用高熔点的油相材料和适当提高晶体密度,对改善流散性是有帮助的。

3. 降低吸湿性和提高抗水性

尽管膨化硝酸铵颗粒的表面包覆层能有效降低硝酸铵的吸湿性,但由于硝酸铵膨化后比表面积增加和颗粒中存在断裂面,故其吸湿性仍较明显。同时,膨化硝酸铵颗粒中的孔隙和空洞,使膨化硝铵炸药的抗水性较差。在降低吸湿性和改善抗水性方面,膨化硝铵炸药均有待改进。降低吸湿性有效途径之一是采用复合膨化剂,提高包覆效果。而在膨化硝铵炸药中加入适量乳化炸药或乳胶基质,改善药卷包装材料及其质量,则可望提高炸药的抗水性。

4. 产品进一步系列化和生产现代化

如前所述,膨化硝铵炸药已形成了多种型号产品,但为了满足不同用途和不同用户的需求,产品系列化仍有很大发展空间。

膨化硝铵炸药的原材料和工艺特点赋予了它进行自动连续化生产的条件,我国有的生产企业已初步实现了半连续化生产,宜在此基础上进一步实现全连续、全自动化生产工艺。

为使膨化硝铵炸药在我国更好和更快地发展,我国有关研究人员和生产厂商已在上述几方面做了很多工作,并均已取得了有价值的成果。

11.3 铵 油 炸 药

铵油炸药(ANFO)是由硝酸铵和燃料油及其他附加剂(固体可燃物、表面活性剂等)组成的混合炸药,通常以零氧平衡原则确定各组分配比。所用硝酸铵有多孔粒状、结晶状及粒状三种;燃料油有柴油、机油和矿物油等,以轻柴油最为适宜;固体可燃物有梯恩梯及木粉。根据用途分为煤矿型、岩石型及露天型三类，或根据硝酸铵种类分为粉状及多孔粒状两类。铵油炸药原料来源丰富，制造工艺简单，成本低廉，生产、使用安全，被称为“简单炸药”或“廉价炸药”，曾在矿山爆破中大量使用。其缺点是起爆感度低（需用传爆药引爆），不抗水，易产生静电，爆炸能量低于铵梯炸药。含94%硝酸铵及6%柴油的铵油炸药，爆速2.0～3.0 km/s，爆热3.7～5.2 MJ/kg，爆温2 180 ℃～2 680 ℃，爆容约970 L/kg，猛度5～8 mm（铅柱压缩值），做功能力310～330 cm^3（铅𪭢扩孔值），5 kg落锤不发生爆炸的最大落高大于50 cm。这类炸药可在炮孔中或布袋中配制，或在固定设备中混制。适用于露天矿、无沼气和无煤尘爆炸危险的矿井和硐室爆破。

中国生产的铵松蜡炸药（含硝酸铵、松香、木粉及石蜡，有的品种还加有少量柴油）和铵沥蜡炸药（以沥青代替铵松蜡炸药中的松香）也属于铵油炸药。

采用多孔粒状硝酸铵是现代铵油炸药的新颖和独特之处，这类硝酸铵是一种内部充满空穴的高孔隙率的粒子，这种孔隙不但保证了硝酸铵对燃料油的吸附，而且增加了体系的起爆感度和爆轰感度，从而形成了具有独特物理性能和爆炸性能的新型工业炸药。我国生产的几种铵油炸药的组成及性能示于表11－7。

表11－7 我国几种铵油炸药的组成和性能

组成和性能	2号煤矿铵油炸药	岩石铵油炸药	露天铵油炸药①		铵铝油炸药	普通铵油炸药②
组成(质量分数)/%						
硝酸铵	78.2	92	91	89.7	83	94
木粉	3.4	4	6	8.3	1.8	
柴油	3.4	4	3	2	2.7	6
石蜡					2.5	
铝(镁)粉					10	
食盐	15					
性能						
殉爆距离/cm	3	5	4		10	
猛度/mm	11.0	12.0	10		16.0	29.5③
做功能力/cm^3	234					
爆速/($km \cdot s^{-1}$)	3.30	3.20	3.20		3.50	3.60④

① 粒状硝酸铵。

② 多孔粒状硝酸铵。

③ 用5 g 2号岩石炸药作为中继药包，炸药装在ϕ40 mm的钢管中测得的铅柱压缩值。

④ 导爆索法，在ϕ40 mm钢管中测定。

为了克服铵油炸药抗水性差和爆炸能力低的缺点，人们提出了一种新型结构的铵油炸药——重铵油炸药。其根据是：常用的铵油炸药密度偏低，颗粒间存在一些间隙，如果在此空隙中填入活性乳胶体，则不但可使炸药的密度提高，体积威力增大，而且可使抗水性明显改善。表 11－8 所示为几种重铵油炸药的组成及主要性能参数。

表 11－8　重铵油炸药的组成及主要性能

组成（质量分数）/%		性　能			
铵油炸药	乳胶体	密度/($g \cdot cm^{-3}$)	爆速/($km \cdot s^{-1}$)	相对铵油炸药威力	防水性能
95	5	0.95～1.00	3.00～4.00	1.04	差
90	10	1.00～1.05	3.00～4.00	1.10	可
80	20	1.15～1.20	3.00～4.00	1.12	良
70	30	1.25～1.30	3.00～4.00	1.16	优

11.4　浆状炸药

浆状炸药是由氧化剂水溶液、可燃剂（非敏化型可燃剂）、敏化剂（敏化型可燃剂）、胶凝剂和其他添加剂组成的混合炸药，是一种含水炸药。其中的固体组分均匀分散于胶化了的可溶性组分水溶液中，外观为可流动的水包油型胶浆体。所用氧化剂主要是硝酸盐；可燃剂有柴油、煤粉、硫黄、木粉、硬沥青等；敏化剂有猛炸药（主要是梯恩梯）、金属粉（使用最多的是铝粉）、非金属粉、气泡等；胶凝剂包括胶结剂及交联剂，前者有植物胶（如田菁胶）、改性纤维素和合成高聚物（如聚丙烯酰胺），后者有硼砂、重铬酸钾；其他添加剂有尿素（安定剂和增塑剂）、表面活性剂、抗冻剂、交联延滞剂等。这类炸药可分为浆状炸药及浆状爆破剂，前者以炸药敏化，后者以金属粉或气泡敏化。我国生产的以田菁胶为胶结剂的浆状炸药通常含硝酸铵 50%～70%、硝酸钠 9%～14%、水 6%～16%、梯恩梯 5%～20%、胶结剂 0.5%～1.5%、交联剂0.5%～1.0%、表面活性剂 0.7%～1.0%、尿素 1%～5%、其他 1%～6%，有的品种还加有 2%～4% 的柴油或 1%～5% 的铝粉。浆状炸药的最大特点是含水和胶化，其优点如下：① 抗水，可在水下使用；② 感度低，使用安全；③ 密度高，体积威力大；④ 输送便利，易于机械化操作；⑤ 炮烟少，爆炸产物中有毒气体含量低。缺点是生产技术要求较严，储存稳定性较差，且不适于低温操作。浆状炸药的性能取决于配方、制造工艺及爆破时的外界条件（外壳、药卷直径等），一般爆速 4.0～6.0 km/s，爆热 2.5～5.0 MJ/kg，爆压 7.5～12.0 GPa。浆状炸药常用于岩石爆破、涌水炮眼爆破、路障构筑爆破和沟渠开掘等，可在炸药制造厂制造或爆破现场以混装车加工，可采用热法、冷法或半冷法工艺。

浆状炸药初期产品的特征是以爆炸物作为敏化剂，同时胶凝技术也较原始，仅用少量古尔胶胶结。中期产品是以铝粉取代梯恩梯作为可燃剂与敏化剂，同时胶凝技术有了很大发展，即不仅用古尔胶胶结，而且使用硼砂、重铬酸钾使之交联成体型网状结构，增强了体系的稳定性。近期产品是以非金属粉末和脂肪胺的硝酸盐、醇类硝酸酯或乳化油等作为敏化剂，通常还辅以气泡敏化，产品具有较高的起爆感度。

与此同时，浆状炸药的生产和使用方式也在不断进步。开始为固定工厂生产的、间断的人工操作，后来改进为机械化、连续操作，并已发展到某些产品实现了在使用现场混制、立即散装（裸药）装填，且能根据现场地质条件与技术要求随时调整炸药的组成和性能，以充分发挥炸药的作用，提高爆破效率。

表 11－9 中列举了我国生产的一些浆状炸药的组成和性能。

表 11－9　几种国产浆状炸药的组成与性能

组成与性质	4 号	5 号	槐 1 号	N10 号	铝 10 号	铝镁浆状炸药	白云聚 1 号
组成（质量分数）/%							
硝酸铵	60	70～71	64～68	56	57	56	61
硝酸钠			10	10	10		10
水	18	13～17	14～15	12	13	15～17	5
梯恩梯	17.5	5.0		10		黏米粉 3.5	10
尿素	3.0			3.0	3.0	3.0	5
硫黄			4	2.0	2.0	2.0	5
亚硝酸钠		0.5～1.0	0.3～0.5	0.2	0.1	1.0	0.1
其他	白芨 2.0	白芨 2.4～2.6	槐豆胶 0.6	田菁胶 0.8	田菁胶 0.8	白芨 3.0	聚丙烯酰胺 3.5
		表面活性剂 1	十二烷基苯磺酸钠 2.5	表面活性剂 3	表面活性剂 3	表面活性剂 3	磷酸（85%）0.09
		柴油 3～4	柴油 3.5	柴油 2.0	铝粉 10	铝镁合金粉 10	焦没食子酸 0.02
		硼砂 1.4	混合交联剂 0.13～0.22	混合交联剂 1	交联剂 1.1	硼砂 2	重铬酸钾 0.1
性能							
密度/（$g\cdot cm^{-3}$）	1.4～1.55	1.15～1.24	1.05～1.20	1.2～1.3	1.2～1.3	1.2～1.3	1.1～1.3
爆速/（$km\cdot s^{-1}$）	4.40～5.60	4.50～5.60	3.44～4.10	4.80	4.46	4.00～6.00	4.80～4.90
氧平衡/%	－5.44	－2.22～5.64	0.121	－4.87	0.37	－6.79	≈0

11.5　水胶炸药

水胶炸药与浆状炸药同属于含水炸药，两者的组成（主要敏化剂除外）、成胶机制、形态、性能优缺点及制造工艺都是一样或基本相同的，差别在于水胶炸药的主要敏化剂不是炸药、金属粉等固态物质，而是水溶性的有机胺盐或有机醇胺盐，所以西方各国的水胶炸药也称为浆状炸药。由于水溶性敏化剂在水胶炸药中呈溶液状态,能与氧化剂均匀而紧密地结合,因而有利于爆轰的激发和传播,所以水胶炸药的爆轰感度比一般浆状炸药的高。水胶炸药采用的敏化剂为甲胺硝酸盐(也称硝酸甲胺),通常使用浓度为 80% 左右的水溶液,以其制得的水胶炸药柔性较好,且可通过改变硝酸甲胺溶液的浓度和用量来改变炸药的爆速和感度,以适应不同的使用要求。美国杜邦公司生产的 Tovex 系列水胶炸药含硝酸铵 30% ~60%、硝酸钠 8% ~15%、硝酸甲胺 20% ~36%、水 7% ~13%、古尔胶 1.0%、其他添加剂 2.8% ~4.6%,有的品种还含有 3% ~5% 的铝粉。Tovex 水胶炸药的密度 1.10 ~1.25 g/cm^3,爆速 4.0 ~5.0 km/s(与炸药组成、药卷直径及外界约束条件有关),爆热 3.1 ~5.3 MJ/kg。中国生产的 SHJ 系列水胶炸药的密度 0.95 ~1.25 g/cm^3,爆速 2.5 ~3.5 km/s,猛度(铅柱压缩值)10 ~15 mm,做功能力(铅块扩孔值)220 ~340 cm^3,殉爆距离 2 ~8 cm。目前水胶炸药主要用于岩石爆破和地质勘探。表 11 -10 所示为中国生产的一些水胶炸药的型号与性能。

表 11 -10　中国某些水胶炸药的型号与性能

型号 性能	SHJ - K1	SHJ - K2	SHJ - L1	SHJ - L2	SHJ - M102	SHJ - M202	SHJ - M302
密度/(g·cm^{-3})	1.05 ~1.25	1.05 ~1.25	1.05 ~1.25	1.05 ~1.25	1.05 ~1.25	0.95 ~1.25	0.95 ~1.25
殉爆距离/cm	8	8	5	3	5	3	2
爆速/(km·s^{-1})	3.50	3.20	3.20	3.20	3.00	2.60	2.50
浸水试验	正常起爆						
猛度/mm	15	14	12	12	12	10	10
做功能力/cm^3	340	300	270	270	280	230	220
有效储存期/月	6 ~9	6	6	6	6	6	6
适用范围	坑道中坚硬岩石爆破	坑道中硬岩石爆破	中硬岩石露天爆破	露天松动爆破	低沼气矿井	高沼气矿井	“双突”矿井

11.6　乳化炸药

乳化炸药是氧化剂的微小液滴均匀悬浮在由可燃剂、表面活性剂和气泡(或玻璃微球)组成的油状介质中形成的乳胶状混合炸药,也属于含水炸药。这类炸药的氧化剂水溶液构成分散相,非水溶液的油构成连续相,是油包水型乳胶体。所用氧化剂有硝酸盐(常用硝酸铵)和高氯酸盐,可燃剂有油、蜡、高聚物、铝粉、硫粉和煤粉,表面活性剂有司盘 -80(Span -80)、失水木糖醇单油酸酯(M -20)和十二烷基磺酸钠,密度调节剂(兼敏化剂)有空心玻璃球和膨胀珍珠岩等。乳化炸药的生产工艺简便,原料来源广泛,组成中不含爆炸性物质,低毒,对环境污染小。产品的机械感度、热感度低,但爆轰感度较高(药卷直径 20 mm 时可稳定爆轰),且有较强的抗水性,猛度和做功能力也可按需要调节。可以认为,乳化炸药集中了铵油炸药、浆状炸药和水胶炸药的优点,在一定程度上消除了这三类炸药的不足之处,是工业混合炸药中的新秀。乳化炸药自问世以来,发展很快,品种日益增多。中国生产的 EL 系列乳化炸药含硝酸铵 52% ~72%、硝酸钠 8.0% ~16.0%、水 8.0% ~12.0%、尿素 1.0% ~3.0%、乳化剂 0.5% ~1.5%、稳定剂 0.1% ~0.5%、油 0.5% ~2.0%、蜡 1.0% ~3.5%、密度调节剂 0.1% ~0.3%,有的品种还含有硫黄(0.5% ~5%)及铝粉(0.5% ~8%)。乳化炸药的爆速一般可达5.0 km/s,做功能力为 2 号岩石铵梯炸药的 140%。按照用途,乳化炸药可分为岩石型、露天型和煤矿型三种,广泛用于矿山、铁道、水利建设、水下爆破、地质勘探、油井压裂等爆破作业中。

中国生产的部分乳化炸药的组成及性能分别示于表 11 -11 及表 11 -12。

表 11 -11 中国部分乳化炸药的组成

组成(质量分数)/%	南岭化工厂	北京矿冶院		长沙矿山院		阜新十二厂(煤矿型)	马鞍山矿院(MD -1 煤矿型)	长沙矿冶院	
		EL102	EL105	RJ -13	RJ -52			AE -HLC(岩石型)	AE -HLC(煤矿型)
硝酸铵	65 ~75	56.5 ~73.5	42.7 ~58.5	58.0 ~61.3	64 ~67.3	55 ~65	60 ~70	70 ~83	62 ~82
硝酸钠	10 ~12	10 ~15	8 ~12	10.0	12.0	10 ~15	10 ~20	0 ~10	5 ~10
硝酸甲胺			15 ~25	12 ~25					
尿素		1.0 ~2.5	1.0 ~2.5	3	3				
水	10 ~12	8 ~12	8 ~10	10 ~13	14	8 ~13	9 ~14	8 ~11	8 ~11
乳化剂	1.2 ~1.8	0.5 ~1.5	0.5 ~1.5	1.0	1.0 ~1.5	0.8 ~1.2	1 ~2.5	1.5 ~2.5	1.5 ~2.5
促进剂或稳定剂	0.3 ~0.8	0.1 ~0.3	0.1 ~0.3	0.5 ~1.0	0.3 ~0.5	0.8 ~1.2	1 ~2.5		
油		1 ~2	0.5 ~1.0	1.0	1.25	3 ~5	0.5 ~2		
蜡	3 ~4	2 ~3	2.5 ~3.5	3.0	3.75		2 ~4	4 ~5	4 ~5
铝粉		1 ~3	0.5 ~1.0			1 ~5	0 ~1		
消焰剂						5 ~10	适量		1 ~9

表 11 -12 中国部分乳化炸药的性能

性能	南岭化工厂	北京矿冶院(EL)	长沙矿山院(RJ)	阜新十二厂(煤矿型)	马鞍山矿院(MD -1 煤矿型)	长沙矿冶院	
						AE -HLC(岩石型)	AE -HLC(煤矿型)
密度/($g \cdot cm^{-3}$)	1.0 ~1.3	1.05 ~1.35	1.0 ~1.30	1.0 ~1.20	1.0 ~1.25	0.95 ~1.35	0.95 ~1.30
爆速/($km \cdot s^{-1}$)	4.00 ~5.30	4.00 ~4.70	4.50 ~5.40	4.70 ~5.80	4.50 ~5.10	4.0 ~5.6	3.5 ~5.3
殉爆距离/cm	7 ~10	11 ~15	7 ~8	5 ~10	7 ~8	>5	>4
临界直径/mm	15 ~20	18 ~20	13	12 ~16	20	12 ~16	15 ~18
猛度/mm	15 ~18	15 ~17	6 ~18	18 ~20	16 ~12	16 ~23	12 ~20
储存期/月	6	5	3	3	3	12 ~24	6 ~12

11.7　粉状乳化炸药

乳胶基质经喷雾干燥后形成的类似粉末状的工业炸药称为粉状乳化炸药。粉状乳化炸药结合了胶质乳化炸药与粉状炸药的性能优点，通过将氧化剂水相和可燃剂油相充分乳化，制得了准分子状的油包水型乳胶基质，再使后者雾化脱水，形成水含量低于 3% 的粉体。与乳化炸药相比，粉状乳化炸药除了仍具有乳化炸药高爆速、高猛度的优点外，由于其水含量低，故做功能力高于乳化炸药，但抗水性低于乳化炸药。另外，由于粉状乳化炸药中的氧化剂与可燃剂仍然能紧密接触，故无须引入敏化气泡，也具有较高的爆轰感度。

11.7.1　粉状乳化炸药的生产工艺

分成乳胶基质生产和粉体生产两部分，其生产工艺流程见图 11－2。

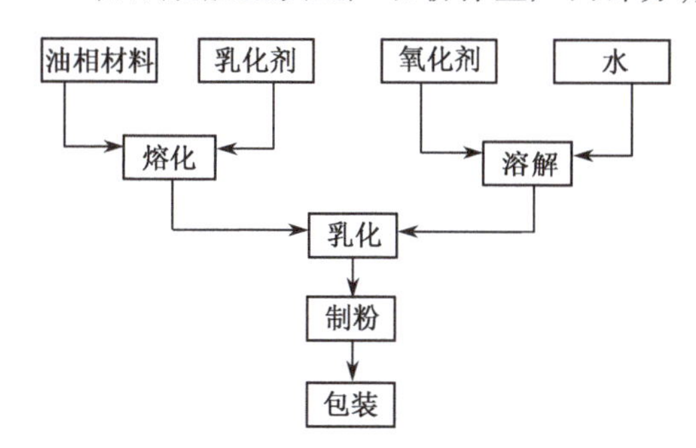

图 11－2　粉状乳化炸药生产工艺流程图

制备乳胶基质的氧化剂主要是硝酸铵，质量分数为 84% ～88%，可燃剂主要是复合蜡，乳化剂一般为高分子化合物。基质中的水质量分数为6% ～9%。水分过少不利于形成质量良好的乳胶基质，过多则不利于形成粉体。

制备粉体采用雾化冷却工艺，雾化可用气流式喷嘴。乳胶基质经喷嘴喷出后，在雾化塔内迅速分散和冷却，形成由极薄油膜包覆的氧化剂细结晶，后者再经分离得到粉体。制备粉体时，应选取多种工艺条件的优化组合。

11.7.2　粉状乳化炸药的性能

粉状乳化炸药的爆炸性能、储存性能和抗水性能分别见表 11－13、表 11－14 和表 11－15。

表 11－13　粉状乳化炸药与其他工业炸药爆炸性能比较

炸药品种	殉爆距离/cm	爆速/($km \cdot s^{-1}$)	猛度/mm	做功能力/cm^3
粉状乳化炸药	10 ~ 14	3.80 ~ 4.50	16 ~ 18	320 ~ 350
乳化炸药	≥5	≥4.00	≥15	≥280
2 号岩石铵梯炸药	≥5	≥3.00	≥13	≥320

表 11-14 粉状乳化炸药的储存性

储存时间/月	2	4	6	8
爆速/($km \cdot s^{-1}$)	4.43	4.40	4.40	4.40
殉爆距离/cm	10	10	8	7

表 11-15 粉状乳化炸药与其他工业炸药在水中的溶解性 %

种类	时间/h					
	24	48	72	96	120	144
EL 乳化炸药	0.5	0.9	1.1	1.3	1.4	1.5
粉状乳化炸药	2.2	2.4	2.5	2.7	2.8	4.0
2 号岩石铵梯炸药	68.0	85.0	90.0			
2 号抗水岩石铵梯炸药	1.5	1.8	2.0	2.8	3.0	3.6

表 11-15 的数据是通过称量一定长度的药卷,将其两端切开后浸入定量水中,定时测量样品中硝酸铵的溶解百分率得到的。

11.7.3 粉状乳化炸药的提高与发展

对粉状乳化炸药的发展,应着重解决下述两个问题。

(1) 提高药卷装药密度,增加粉状乳化炸药的体积威力。

粉状乳化炸药的制粉过程是乳胶基质的失水干燥过程。要使油包水型乳胶基质脱除水分,唯一的途径是乳胶基质破乳后的水分逸出。从制粉塔出来的粉状乳化炸药只含有≤3% 的水分,可以采用螺杆式装药机进行装药。改进制粉工艺和/或装药方式,提高药卷装药密度,增加体积威力,是粉状乳化炸药今后发展的主要方向之一。

(2) 降低生产成本。

粉状乳化炸药是从乳胶基质脱水制粉后得到的,其原材料成本高于乳化炸药,也是现有无梯工业炸药中原材料成本较高的炸药之一。另外,粉状乳化炸药的制粉过程动力消耗大,设备投资大,而生产效率一般。因此,必须减少生产过程的能源消耗,提高生产效率,以达到降低生产成本的目的。

11.8 被筒炸药及离子交换炸药

被筒炸药及离子交换炸药都是安全性较高的煤矿安全炸药。被筒炸药是以煤矿铵梯炸药为药芯、外包消焰剂被筒制成的安全等级比药芯高的煤矿炸药。离子交换炸药是能在爆轰区迅速进行离子交换反应的炸药,由于交换反应产物能有效地降低爆温和抑制沼气燃烧,故安全性高,适于在超级瓦斯矿井中使用。

11.8.1　被筒炸药

被筒炸药在使用时，炸药（芯药）首先爆炸，随之被筒被炸碎，在高温高压作用下“雾化”，包围爆炸“点”，隔绝其与危险气尘的直接接触，因而达到“消焰”的目的。

根据被筒有无爆炸性，可以分为活性被筒和惰性被筒两类。活性被筒用消焰剂和爆炸性物质混合制成，被筒自身具有爆炸性。惰性被筒用非爆炸性材料制成，有刚性被筒、半刚性被筒、软性被筒和液体被筒等。对于被筒材料，刚性被筒为石膏、黏土、水泥、黏结剂、消焰剂等；半刚性被筒为浸有抑制剂的纤维物质；软性被筒为涂有抑制剂和黏结物的纸卷；液体被筒为消焰剂水溶液或水。

目前我国生产和使用的被筒炸药的组成及规格见表 11－16。

表 11－16　我国安全被筒炸药规格

药芯规格		芯药组成[①]（质量分数）/%				被筒规格/mm		被筒中消焰剂质量/g
药径/mm	药量/g	硝酸铵	梯恩梯	木粉	消焰剂	长度	直径	
32 38	150 200	71 ±1.5	10 ±0.5	4 ±0.5	15 ±1.0	164 219	42 ±0.5 42 ±0.5	70 ±4 94 ±4

① 相当于 2 号煤矿铵梯炸药。

11.8.2　离子交换炸药

离子交换炸药主要由敏化剂、硝酸钠或硝酸钾及等当量的氯化铵组成。在爆炸反应过程中，组分间进行离子交换反应，生成气态硝酸铵和氯化钠或氯化钾。故离子交换炸药具有多步反应性、高分散性和反应选择性的特点，使安全性得以提高。

（1）多步反应性。在离子交换炸药中，最初的反应只能形成硝酸铵，后者再进一步分解，因而整个爆炸反应延缓，爆炸强度降低，引起可燃气尘爆炸或爆燃的可能性减少。

（2）高分散性。离子交换反应形成的氯化钠（钾）以分子形式均匀分散在爆炸点周围，能有效降温和抑制可燃气体燃烧。

（3）反应选择性。固态的硝酸钠或硝酸钾与氯化铵一般不进行化学反应，只有在爆炸形成的高温高压条件下才能相互作用，其反应程度取决于爆炸强度。

在离子交换炸药中，除了敏化剂外，都是惰性成分，故敏化剂大多选用感度和威力都较高的硝酸酯类炸药，或应用较多量的敏化剂。国外一些离子交换炸药的配方和性能见表 11－17。

表 11-17 国外离子交换型煤矿安全炸药

组成和性能	英国		苏联	西德	比利时		捷克	日本
	Dynagex	Carifrax	Y3-6	Energit A	Camboxte	Salblite	Galmonat-5	EqS
组成(质量分数)/%								
硝酸酯	11	8.7	14.2	12	12	9.5	10	9.0
硝酸铵	37	9.9						12.4
硝酸钠	15.1	46.8	46.3		49		52.5	44.4
硝酸钾			55.5			55		
草酸铵	25				6.5	5		
氯化铵	5.6	27.9	29.0	29.0	31	28	34	28
木粉			2.5					
淀粉								5.0
硅藻土	3		7					
其他	3.3	6.7	1.0	3.5	1.5	2.5	3.5	1.2
性能								
密度/$(g \cdot cm^{-3})$	1.39	1.10	1.1~1.25	1.20	1.10	1.10	1.25	
爆速/$(km \cdot s^{-1})$	2.30	1.45~1.50	1.90~2.00	1.50~1.90	1.80	1.50	1.70~1.90	1.80
做功能力/cm^3	140	140	130~170	110~120	130	93	120~130	
殉爆距离/cm		5~8	5~10	4~6	3~5	2	2~6	

还有一类与离子交换炸药不同的选择性炸药，其组成与一般的安全炸药相同，但采用不同的颗粒匹配。例如，采用不同比例粗粒硝酸铵和细晶或粉状硝酸铵制成的安全炸药就是一种选择性炸药。对这种炸药，在强约束条件下，所有硝酸铵可全部反应，得到较好的爆炸结果；而在不利条件下，粗粒硝酸铵只能部分分解，或缓慢分解，这就提高了安全性，达到了选择爆轰的目的。

11.9 氯酸盐及高氯酸盐炸药

氯酸盐及高氯酸盐炸药指由氯酸盐或高氯酸盐（常用铵盐和钾盐）与可燃剂（木粉、燃油、硅粉及芳香族硝基化合物）组成的混合炸药，有的还含有硝酸盐。氯酸盐炸药的机械感度大，已在很多国家中禁用。高氯酸盐炸药的危险性虽稍低，做功能力也比氯酸盐炸药的高 10%~15%，但价格过高，易爆燃。高氯酸盐炸药目前只在少数国家使用，但高氯酸盐与铝粉组成的混合炸药仍获军用。氯酸盐炸药有 79/15/1/5 的氯酸钾/二硝基甲苯/硝基萘/蓖麻油混合物，90/10 的氯酸钾/煤油混合物等；高氯酸盐炸药有（81~86）/（6~13）/（2~6）/（1~4）的高氯酸铵/硅粉/木粉/重油混合物，（30~40）/（35~45）/（15~20）/（3~6）的高氯酸钾/硝酸铵/硝基化合物/木粉混合物等。高氯酸盐炸药爆速 3.7~

$4.8\ km \cdot s^{-1}$,爆温 3 000 ℃ ~4 300 ℃,爆容 650 ~900 $L \cdot kg^{-1}$。这类炸药曾用于手榴弹、炮弹、航空炸弹、地雷、爆破药包及矿山开采,但现已极少采用,基本上被其他混合炸药所取代。

11.10　其他工业混合炸药

11.10.1　黏性粒状炸药

由多孔粒状硝酸铵、柴油和黏稠爆炸剂(一种以水为溶解液的可流动黏稠剂)组成的工业混合炸药,是中国于 1985 年研制成功的,以解决用空压装药机向炮孔吹入粒状铵梯炸药时返药量多造成的浪费和环境污染问题。黏性粒状炸药既具有一定的流散性,又具有一定的黏结性,同时爆炸性能良好,成本较低,目前已在中国地下矿山中使用。黏性粒状炸药采用以流化造粒法生产的多孔粒状硝酸铵(孔容值 0.11 ~0.13 cm^3/g,堆积密度 0.85 ~0.87 g/cm^3)为氧化剂,所用黏稠爆炸剂由黏结剂(聚丙烯酰胺)、水、粉状梯恩梯及粉碎硝酸铵四者组成。中国生产的地矿 -1 号黏性粒状炸药的配方为:多孔粒状硝酸铵 70% ~80%、黏结剂 2% ~4%、粉碎硝酸铵 15% ~20%、粉状梯恩梯 5% ~8%。其主要性能如下:装药密度 1.0 g/cm^3,爆速 3.6 ~3.8 km/s,猛度(铅柱压缩值)16 ~18 mm,撞击感度 4% ~8%,爆炸时有毒气体生成量 23 ~25 L/kg。

11.10.2　太乳炸药

这是由钝化太安与适量黏结剂(胶乳)组成的挠性炸药。具体配方为:钝化太安 75% ±1%,胶乳(干量)20% ±0.5%,四氧化三铅 5% ±0.25%。还可加入少量其他成分,如发泡剂、石墨等。太乳炸药的密度 0.85 ~0.95 g/cm^3,爆速 3.2 ~4.0 km/s,用 8# 雷管可 100% 起爆,浸水量达 3.5% 后,仍能良好起爆和传爆。除适用于架空电力线(包括导线和地线)接头的连接外,还适用于其他多种电线和电缆线、网的连接,也是各种金属焊接和金属爆炸加工的优良能源。

11.10.3　代那迈特

代那迈特这一爆破炸药是 1867 年由诺贝尔制得的。最初的代那迈特是 75% NG 和 25% 硅藻土的混合物,后者是一多孔的吸附粉末,它使代那迈特干燥,感度大大降低。这种代那迈特运输及储存均相对安全,故也称为诺贝尔安全炸药。代那迈特为蜡纸包装的药筒,直径2.5 cm,长 20 cm,每筒重 224 g。其他 NG 基的炸药也采用类似于代那迈特的包装,这种装药筒可直接装于炮孔中,而无须打开。

1875 年,诺贝尔发明了胶质代那迈特,后者是将火棉胶型 NC 溶于 NG 中制得的。胶质代那迈特比代那迈特威力更大,且安全。后来,NH_4NO_3 也用于代那迈特中,这使代那迈特更安全和更价廉。

第12章 起 爆 药

12.1 起爆药的特性

虽然起爆药与猛炸药具有某些相似的性质,但起爆药也具有一些独特的特点,如爆燃快速转爆轰;高能量输出;对外界初始冲能敏感;球形化结晶颗粒的流散性等。

12.1.1 爆燃快速转爆轰

起爆药的爆炸变化,可分成相互联系而又相互区别的两个过程,即燃烧和爆炸。起爆药受某种初始冲能引爆时的变化过程,可用爆炸变化速度表征。爆炸变化速度的增长或称爆炸变化的加速度,可在一定时间后使起爆药的爆速达到最大值,即达到稳定的爆炸速度。起爆药与猛炸药的爆炸变化加速度过程有显著的差别:在一定条件下,起爆药由起始爆燃转变到爆轰,即达到 C-J 条件的爆轰,所需时间或药柱长度,较猛炸药短很多。大多数起爆药的燃烧阶段是极短的,通常初始点火时,燃烧即近于爆燃,并迅速转成爆轰(图 12-1)。

上述特点是起爆药与猛炸药之间的主要区别。影响爆燃转爆轰的因素很多,如药剂的性质及其物理状态、装药条件、外界起爆能力、药柱直径以及壳体的种类等。起爆药本身就具备比猛炸药易于使爆燃迅速转爆轰的条件,如起爆药对外界初始冲能的感度大,所需起始冲能小,爆炸后在单位时间内放出能量多,由于密度大而使能量逐层传播较快等。

各种起爆药由爆燃迅速转为爆轰的情况也各不相同,叠氮化铅的爆燃转爆轰较其他起爆药更快,以灼热金属丝引燃叠氮化铅时,其爆燃时间小于 10^{-7} s(图 12-2)。

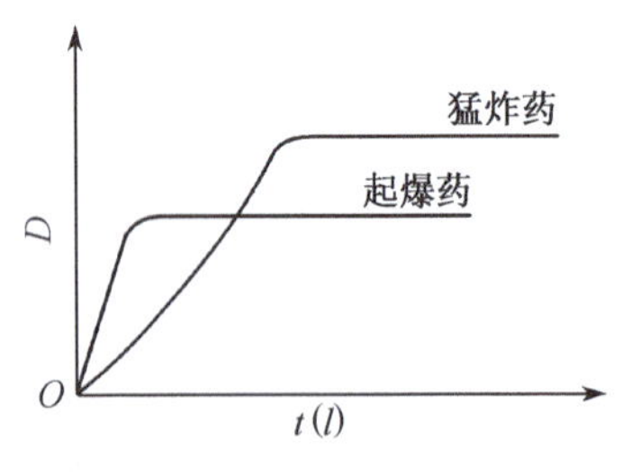

图 12-1 起爆药与猛炸药的爆炸变化加速度曲线

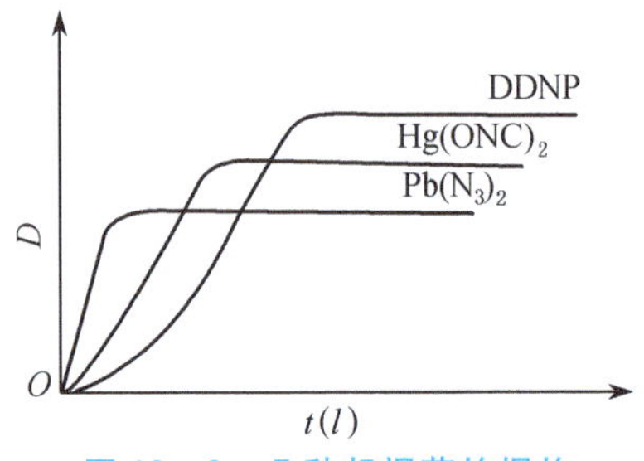

图 12-2 几种起爆药的爆炸变化加速度曲线

12.1.2　起爆能力

起爆药的起爆能力是指起爆药爆轰后能引爆猛炸药达到稳定爆轰的能力。起爆药的起爆能力越强，炸药达到稳定爆轰所需爆速增长期越短，消耗在增长爆速的药量越少，因而可以更好地发挥炸药的爆炸效能。影响起爆药起爆能力的主要因素有：① 爆炸加速度越大，起爆能力越大。例如，叠氮化铅的爆炸变化加速度大于其他常用起爆药，所以它的起爆能力也大。② 起爆药的猛度越大，起爆能力越大。这是因为，起爆药起爆猛炸药，是起爆药爆炸产生的爆轰波向猛炸药冲击的结果，而爆轰波的强弱与起爆药猛度大小有关。③ 在一定条件下，起爆药的结晶密度和表观密度大，起爆能力也大。另外，起爆药的爆速、爆温、起爆药所装填的外壳、起爆药的颗粒形态等对起爆能力也有一定影响。

用来衡量起爆药起爆能力最简单的指标是极限起爆药量，即指能起爆猛炸药的最小起爆药量，通常以引爆 0.5 g 猛炸药装药达到稳定爆轰所需最小起爆药量为极限起爆药量。常用起爆药的起爆能力见表 12 - 1。

表 12 - 1　起爆药的极限起爆药量

起爆药	极限起爆药量/g			
	特屈儿	梯恩梯	太安	黑索今
雷汞	0.29	0.36	0.17	0.19
雷银	0.02	0.095		
叠氮化汞	0.045	0.145		
叠氮化银	0.02	0.07	0.005	0.025
叠氮化铅	0.025	0.09	0.01 ~ 0.02	0.05
二硝基重氮酚	0.075	0.163	0.08 ~ 0.1	0.16
三叠氮三聚氰	0.06	0.13		0.10
三硝基间苯二酚铅	1 g 药量仍不能起爆猛炸药			
四氮烯	1 g 药量仍不能起爆猛炸药			

除上述极限起爆药量外，表征起爆能力的试验方法还有凹痕试验、铅墝试验、弯钉试验等。其中凹痕试验已被列为标准方法。

12.1.3　起爆药的敏感性与钝感化

起爆药较敏感，用较小的初始冲能，如火焰、撞击、摩擦、针刺或电能等即能引起爆轰。不同起爆药对外界作用的敏感程度有很大不同。引爆所需初始冲能越小，起爆药越敏感。起爆药在外界作用下，发生爆炸的难易程度称为起爆药的感度。

除了机械（如撞击、针刺、摩擦等）、热（如加热、火焰）、电（如电热桥丝、放电火花等）

等形式的初始冲能外，激光、辐射、射频、静电等也能激发起爆药的爆炸变化。与这些初始冲能相对应，起爆药有各种不同的感度，如撞击感度、针刺感度、摩擦感度、热感度、火焰感度、静电感度和激光感度等。

起爆药对不同形式的初始冲能具有一定的选择性。例如，叠氮化铅比三硝基间苯二酚铅对机械作用敏感，而对热作用则钝感。可根据不同火工品的战术技术要求，选择不同的起爆药。

起爆药的感度是由许多因素决定的，包括起爆药的结构和性质、起爆药的物理状态和约束条件等。

一、起爆药分子结构与感度的关系

起爆药被外界初始冲能引发爆炸的本质是原子间键的断裂。分子中所含基团的稳定性对起爆药感度有着决定性的影响。单质起爆药分子中都含有各种不稳定的基团，这些基团的性质、所在位置和数量决定了起爆药的感度。感度是结构不稳定性的一种标志，或者是起爆药分子结构活性的外在表现。分子活性高者，容易受外界作用而激发，因而感度高；活性低者则不易被激发，感度就小。—C≡C—（乙炔基团）、N—N 结合（重氮、叠氮、不饱和四氮或四唑等基团）、—O—N≡C（雷酸基团）等都是活性基团，而—OH、>C—O、$-\overset{\displaystyle O}{\overset{\|}{C}}-OR$ 等则是负电性基团，但负电性基团能加强活性基团的活性，使感度增高。但分子中的正电性基团则属于非活性基团，它们使起爆药感度降低。一般情况下，当起爆药分子中含有相同的活性基团时，其重金属离子的活性大于碱金属离子，故重金属（Pb、Hg、Cd）的叠氮化物较碱金属（Na、K 等）叠氮化物要敏感得多。

在同类起爆药中，含不同金属离子的晶体，其晶格能与感度密切有关。由于晶格能决定了相应离子间的静电引力，故晶格能越大，感度越低。例如，不同金属叠氮化物的撞击感度有明显的差异（表 12－2）。

表 12－2　几种叠氮化物的撞击感度

叠氮化物	落锤质量/g	锤面直径/mm	感度上限	
			落高/mm	爆炸概率/%
$Pb(N_3)_2$	1.52	1.55	225	100
$Cd(N_3)_2$	1.52	1.55	195	100
$Ca(N_3)_2$	1.52	1.40	119	100
$Ba(N_3)_2$	1.52	1.35	65	100

二、起爆药晶体结构与感度的关系

起爆药接受外界初始冲能引发爆炸反应的机理，一般公认的是热点学说。此学说从能量转换、累积和传导解释热起爆机理，以及热起爆机理与感度的关系。但是，它并未涉及反应的微观层次。实际上，起爆药（炸药）的感度与其晶体的微观结晶密切相关。例如，如果结晶内部可供发生反应的空位小，则热点引起的化学反应主要发生在晶体表面或界面，此时反应放出的热量除一部分转化为某些分子的动能外，另一部分可很快传递至周围介质，因而有可能使起爆药的化学反应限于慢速分解。但如果结晶内部能提供可供进行化学反应的足够的空位，则反应会优先发生于结晶内部适宜的空位（附近），此时反应放出的能量就会传递给周围的晶格，因而有可能导致反应连锁进行，最后引起晶体崩裂或爆炸。这就是说，起爆药的感度会随结晶内部可供反应进行的空位浓度的增加而增高。

三、影响起爆药感度的物理因素

起爆药的物理因素主要指起爆药的结晶形态、颗粒度及粒度分布、表面状况等。

绝大多数起爆药都是在溶液中通过相变过程生成的晶体，故其形状因子与结晶过程的热力学和动力学有关。在一定条件下，各种起爆药都有其本身的结晶习性。例如，α-型叠氮化铅常呈短柱形，β-型叠氮化铅呈针状，斯蒂酚酸铅呈六角形棱柱状，二硝基重氮酚可以随结晶条件不同而呈针状、片状和球形聚晶等。常见的针状、片状晶体往往比柱状或球状晶体敏感。因此，在起爆药的研制和生产过程中，人们常希望得到球形化晶体，以制得感度较低的起爆药。

起爆药的颗粒度对感度也有很大影响，一般是粒度小者感度高，这是因为细粒度的起爆药比表面积大，接受能量多，形成活化中心的数目多，容易引起爆炸反应。但也有人持相反的观点。从溶液中析出的起爆药晶体不可能是单一粒度的，而是存在一定的粒度分布。均匀的粒度分布有利于降低起爆药的感度。

起爆药的表面状况与其感度密切相关。多棱尖角且不光滑的晶体表面，形态不规整的晶体外形，是造成起爆药感度增高的原因。为了改善起爆药晶体的结晶习性，控制晶体外形和粒度分布，在起爆药制备过程中，常加入晶形控制剂和某些添加剂，以获得表面光滑的球形晶体，降低起爆药的感度。不过，通常的添加剂有两类，一类是增感剂，另一类是钝感剂。

四、起爆药的钝感化

起爆药的钝感化就是通过化学和物理包覆的方法，将钝感剂（主要是晶形控制剂等）包覆在敏感起爆药的晶体表面，以控制和改善起爆药的感度，提高起爆药能承受的激发能阈值。起爆药的钝感化，主要是降低其机械感度和静电感度。根据机械作用的起爆机理和热点学说，降低起爆药的机械感度，就是要降低机械作用下热点的生成和热点的传播。因此，凡是能阻止热点生成和传播、吸热以及缓冲颗粒摩擦等措施，都是起爆药钝感化的重要途径。20世纪80年代后期，Bowens等人提出的吸热-填充钝感理论和Linder提出的绝缘钝感理论，对起爆药的钝感化很有参考价值。钝感剂不仅具有吸热作用，而且具有“绝缘层”的作用，可阻止热量在晶粒间传播。当起爆药晶粒被钝感剂包覆后，必须通过钝感剂层传热，才能使起爆药升至起始反应的温度。因此，热导率小的材料可能具有较强的钝感作用。实际上，常采用以下措施降感。

(1) 采用晶形改性剂或晶形控制剂改善起爆药的晶体形态,消除尖棱部位,使其成为晶形规整、表面光滑、晶粒均匀的球形化晶体。

(2) 用导热率小的钝感剂包覆起爆药晶粒,制成具有一定厚度钝感包覆层的球形晶体。这既有吸热填充的作用,又有利于缓冲药剂颗粒间的摩擦,降低热点生成的概率。

12.1.4 起爆药球形化颗粒的流散性

起爆药的流散性是指其颗粒流动、分散和装填的能力。显然,流散性与晶体形态、颗粒大小、粒度分布等因素有关。在一般情况下,表面光滑、颗粒均匀、近似球形的晶体比细长针状、枝杈状不规则的晶体流散性好。流散性好的起爆药易于计量组模或群模装药,特别是对装填小型火工品更有其重要意义。

起爆药的颗粒形状是流散性的定性指标,颗粒组成和粒度分布是其定量指标,而表观密度或松装密度则是其宏观表现,也是起爆药颗粒的相对特性,因为此密度会因颗粒组成、粒度分布及粒子形态不同而变动。因此,改善起爆药的这些指标一直是起爆药改性的重要研究内容。结晶动力学、晶形控制理论和技术、晶形控制剂及球形化技术,已成为促进起爆药发展的具有特殊意义的关键技术。

12.2 对起爆药的基本要求

适于军用和民用的起爆药,应满足如下基本要求。

(1) 有足够的起爆能力,以缩小火工品的体积,促进火工品的小型化,提高火工品在生产使用、运输等过程的安全性。

(2) 有适当的感度,既易于被较小的、简易的初始冲能所引爆,又能保证安全。

(3) 有优异的安定性,受热、光、水分和空气中二氧化碳等外界环境因素的作用以及在装压过程中与金属壳体等接触后,不致改变其原有的物理化学性质和爆炸性能。起爆药的安定性和相容性,对于起爆药的制造、储存、使用等均具有十分重要的意义。

(4) 具有良好的流散性和压药性。因为起爆药均压装于管壳中使用,压装前要用容量法计量,而由于管壳中装填的药量不大,所以微小的装药误差,都会影响火工品作用的可靠性。因此,为保证压装药安全和性能可靠,起爆药应具有良好的流散性和压药性。

此外,起爆药原材料应广泛易得,生产工艺应简便易行,操作应安全可靠,“三废”应尽可能少或易于治理。

12.3 起爆药的分类

起爆药依其组分可分为单质起爆药和混合起爆药两大类。由于近代武器弹药的发展,各类起爆药又具有独立的系列。

12.3.1　单质起爆药

单质起爆药是指单一成分的起爆药，其分子中含有特征爆炸基团或敏感的含能基团。根据爆炸基团类别及化学结构，单质起爆药有如下几种。

（1）叠氮化合物。如叠氮化铅（$Pb(N_3)_2$）、三叠氮三聚氰（$C_3N_3(N_3)_3$）、三硝基三叠氮苯（$C_6(NO_2)_3(N_3)_3$）等。

（2）重氮化合物。如二硝基重氮酚，即 DDNP（$C_6H_2(NO_2)_2ON_2$）。

（3）长链或环状多氮化合物。代表性的化合物有四氮烯及硝基四唑。

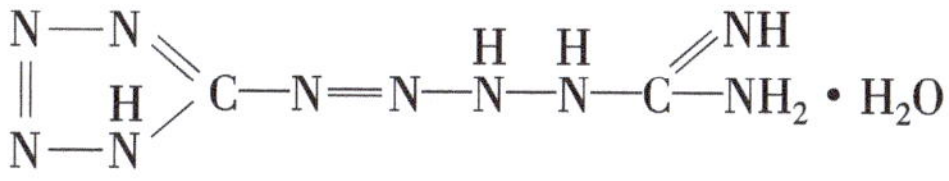

$$\begin{array}{l} N{-}N \\ \| \quad\ \ H \\ N{-}N \end{array}\!\!>\!C{-}N{=}N{-}\overset{H}{N}{-}\overset{H}{N}{-}C\!\begin{array}{l} {=}NH \\ {-}NH_2 \end{array}\cdot H_2O$$

四氮烯

$$\begin{array}{l} N{-}N \\ \| \\ N{-}\underset{\displaystyle H}{\underset{|}{N}} \end{array}\!\!>\!C{-}NO_2$$

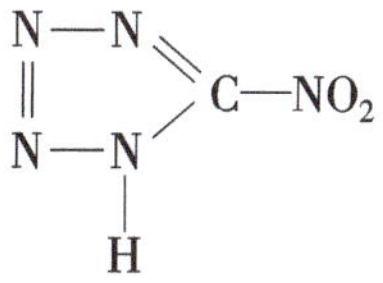

硝基四唑

（4）雷酸的重金属盐。如雷汞（$Hg(ONC)_2$）、雷银（$AgONC$）等。

（5）硝基酚类的重金属盐。如苦味酸铅（$(C_6H_2(NO_2)_3O)_2Pb$）、三硝基间苯二酚铅（$C_6H(NO_2)_3O_2Pb\cdot H_2O$）等。

（6）乙炔的金属衍生物。如乙炔银（Ag_2C_2）、乙炔铜（Cu_2C_2）等。

（7）有机过氧化物。如过氧化丙酮$\left(\begin{array}{c} CH_3 \\ CH_3 \end{array}\!\!>\!C\!\begin{array}{c} <O{-}O> \\ <O{-}O> \end{array}\!C\!<\!\!\begin{array}{c} CH_3 \\ CH_3 \end{array}\right)$、六亚甲基二胺过氧化物$\left(N\!\begin{array}{l} {-}CH_2{-}O{-}O{-}CH_2{-} \\ {-}CH_2{-}O{-}O{-}CH_2{-} \\ {-}CH_2{-}O{-}O{-}CH_2{-} \end{array}\!N\right)$等。

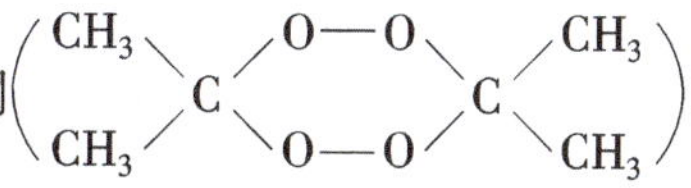

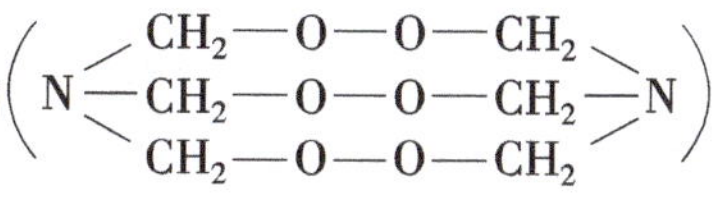

（8）重金属氯酸盐或过氯酸盐及它们与肼或氨络合的配位化合物，如 $MClO_3$、$MClO_4$、$Ni(ClO_3)_2\cdot N_2H_4$、$Cu(ClO_4)_2\cdot 4NH_3$ 等。

12.3.2　混合起爆药

混合起爆药是由几种成分通过干混、湿混、共沉淀、包覆等方法而制成的一大类起爆药，有的是由两种以上单质起爆药或单质起爆药与非爆炸性物质组成，有的则全由非爆炸性物质组成，可分为如下类型。

（1）组成中含有一种或几种单质起爆药的混合起爆药。通常都用作击发药、针刺药、拉火药等。

（2）由非爆炸性物质组成的混合起爆药。通常是由还原剂、氧化剂和其他添加剂组成的引燃药、点火药、延期药等。

近代发展了一种共沉淀起爆药,它们是由两种或两种以上的单质起爆药,通过共沉淀或络合的方法制成的,其特点是具有原单质起爆药的综合性能。

还有一类配位化合物起爆药,它是一种含有配离子的化合物,例如高能钴配位化合物,它的通式为[$Co(NH_3)_5XY$](ClO_4)$_n$(X 和 Y 表示配位体,n 的数值取决于 X 和 Y 的电荷数),其中最具实用价值的是高氯酸五氨[2 -(5 - 氰基四唑)]络钴(Ⅲ),简写为 CP,称为"钝感起爆药"。在未加约束的粉末状态下,它像猛炸药一样对机械撞击钝感,用明火、火花不能点燃;但压入管壳内时,能用桥丝、火焰起爆,并能迅速转为爆轰。它可作为雷管的单一装药或作为传爆输出装药等。

共沉淀起爆药和配位化合物类起爆药是近十几年发展起来的新型起爆药,它们中有的已经投入生产,有的仍在研究阶段。它们在安全、高能和钝感等方面有着某些特殊的功能,能够满足多种不同的使用要求。

12.4 叠氮化铅

12.4.1 主要性能

叠氮化铅(简称氮化铅,LA)的分子式为 $Pb(N_3)_2$,相对分子质量 291.26。LA 爆轰成长期短,能迅速转变为爆轰,因而起爆能力大(比雷汞大几倍)。LA 还具有良好的耐压性能及良好的安全性(50 ℃下可储存数年),水分含量增加时,其起爆力也无显著降低。和目前常用的其他几种起爆药相比,LA 是性能最优良的一种起爆药,但也存在一定的缺点,如火焰感度和针刺感度较低,在空气中,特别是在潮湿的空气中,LA 晶体表面会生成对火焰不敏感的碱性碳酸盐薄层。为了改善 LA 的火焰感度,在装配火焰雷管时,常用对火焰敏感的三硝基间苯二酚铅压装在 LA 的表面,用以点燃氮化铅,同时还可以避免空气中水分和 CO_2 对 LA 的作用。另外,LA 受日光照射后容易发生分解,生产过程中容易生成有自爆危险的针状晶体等。

在含水汽及二氧化碳的环境中,LA 不稳定,会释出叠氮酸。LA 与铜及其合金不相容,因为由 LA 释出的叠氮酸可与铜反应生成危险的叠氮化铜。从稳定性、价格及供应而言,LA 优于 MF,所以,LA 广泛用于军用及民用的火工品中。LA 最关键的缺点是不易被点燃,但点燃后由燃烧很快转变为爆轰。相当少量的 LA 即可引爆其他炸药的爆轰。所以,LA 适用于雷管,而不适用于火帽。LA 是比 MF 高效的起爆药。

LA 是白色结晶体,可以形成四种晶型(α -、β -、γ - 及 δ -),其中 α - 型是常见的短柱状晶体,属斜方晶系,是稳定晶型;β - 型是常见的针状晶体,属单斜晶系,它在干燥状态下是稳定晶型,但在晶体成长的母液中是不安定的,有自爆危险。在胶状物质(如晶形控制剂)存在下,通常可抑制 β - LA 的生成。在 160 ℃的水中,β - 型可转化成 α - 型。γ - 型属单斜晶系,当 pH = 3.5 ~ 7.0 时,可以从纯的反应物中制得 γ - 型 LA。γ - 型没有

α－型和 β－型那样稳定。δ－型属三斜晶系，当 pH＝3.5～5.0 时，由纯反应物可制得 δ－型，它也属于不稳定晶型。目前尚没有成熟的工艺可生产出单一的 γ－和 δ－晶型 LA。由于上述四种晶型在表观上有明显差别，故可在显微镜下进行识别。工业上生产的是 α－LA。

LA 吸湿性为 0.8%（糊精）或 0.03%（非糊精）（30 ℃，相对湿度 90%），室温下不挥发，不溶于冷水、乙醇、乙醚及氨水，稍溶于沸水，溶于浓度为 4 mol/L 的醋酸钠水溶液，易溶于乙胺。晶体密度 4.83 g/cm^3（糊精），表观密度 1.5 g/cm^3（糊精），爆发点 340 ℃（5 s，糊精），爆燃点 320 ℃～360 ℃，爆热 1.54 MJ/kg，爆压 9.3 GPa，密度3.8 g/cm^3 时爆速4.5 km/s，爆容 308 L/kg，做功能力 110 cm^3（铅块扩孔值），撞击功 2.5～4 J（纯品）或3～6.5 J（糊精），撞击感度（400 g 落锤）上限 24 cm，下限10.5 cm，摩擦感度 76%，火焰感度8 cm（全发火最大高度），起爆 1 g 梯恩梯或黑索今所需量分别为 0.25 及 0.05 g（糊精），100 ℃ 48 h 失重 0.34%（糊精）。

短柱状晶体的糊精 LA 或环形聚晶的羧甲基纤维素 LA 用于装填雷管和底火，但 LA 不能单独用作针刺雷管和火焰雷管装药。

12.4.2　品种

将 LA 用于工业雷管中后，在 LA 的制造及使用中发生过剧烈的意外爆炸事故，所以 LA 的使用曾一度中断，直到能生产出较钝感的 LA（改性 LA），LA 的应用才又打开局面。现已有多种方法能制备较钝感的 LA，它们主要是通过改进 LA 的合成工艺实现的。改性 LA 有 RD1343[羧甲基纤维素（CMC）共沉淀 LA]、RD1352（糊精 LA，DLA）、军用 LA（SLA）、碱性 LA（BLA）等。用户可根据需要，采用上述各种 LA。

一、羧甲基纤维素 LA

羧甲基纤维素 LA（羧－LA，CLA）是在糊精 LA 和聚乙烯醇 LA 基础上发展起来的另一 LA 品种，它具有良好的流散性，起爆力比糊精 LA 的大，它的结晶颗粒近似球形，无粉末和结晶碎片生成，可在常温下制备，且制备过程中不污染环境。美国军标将 CLA 称为 RD－1333，后来英国又研制出 CLA RD－1343，纯度可达 97.5%，假密度达 1.6 g/cm^3。由于 RD－1343 的流散性好和颗粒均匀，更适于自动化装药。20 世纪 80 年代中期，瑞士在 RD－1333 和 RD－1343 的基础上，研制出含 98.0% LA 和 1.4% 羧甲基纤维素铅的 Tylose LA 品种。

二、糊精 LA

为了改进石蜡钝化 LA，在氮化钠与硝酸铅反应时加入糊精，以控制 LA 的晶形和颗粒。在适当条件下，这可以获得尺寸均匀的短柱形、圆形或椭圆形结晶，称为糊精 LA（DLA）。DLA 的流散性较石蜡钝化 LA 的好，便于装药，不需再造粒处理，因而生产较为安全。DLA 的起爆能力及其他爆炸性能虽较纯 LA 的有所降低，但比石蜡钝化 LA 的则要高很多。这种 LA 因含有糊精杂质，在用于小型雷管时，薄层的 LA 不足以达到稳定爆轰。

三、军用 LA

军用 LA(SLA)是在碳酸钠和醋酸存在下,由醋酸铅和叠氮化钠分解制得的。在此工艺中,LA 晶体围绕碳酸铅晶核生长,因而不致形成敏感的大针形结晶。所以这样制得的 LA 比纯 LA 钝感。但 SLA 对摩擦仍然敏感,有时也引发事故,但在缺少更合适替代物的情况下,SLA 仍在使用。

四、聚乙烯醇 LA

为了克服 DLA 的上述缺点,美国用聚乙烯醇溶液代替糊精溶液于 1947 年制得了聚乙烯醇 LA。聚乙烯醇水溶液的黏度较糊精溶液的大,加入少量即可很好地控制 LA 的晶形和颗粒。在适当条件下,可制得纯度较 DLA 的高、形状规则、颗粒均匀、流散性良好的 LA 晶体。这种 LA 结晶为片状或柱状,单个晶体大而近于方形,其撞击感度和摩擦感度低于 DLA。在雷管装药中,对黑索今的极限药量为 0.030 g(DLA 为 0.090 g),吸湿性较小,储存安定性也较好。

聚乙烯醇 LA 虽有上述一些优点,但在制备过程中容易生成较大的片状结晶,这种锐利的片晶处理时容易破碎,并可能引起意外发火,同时它的静电感度比较高,因此限制了它的使用。

五、石蜡钝化 LA

由于 β-型 LA 针状结晶容易发生自爆,所以人们希望 LA 在析出时生成细小结晶。这种 LA 虽然减少了自爆危险,但因其颗粒太细,流散性不好,故用其装填雷管时,容易聚集结块或黏附管壁,这不仅不易装填和压药,而且增加其压爆的危险性。为了改善 LA 的流散性,最初是将 LA 用石蜡的苯溶液进行钝化,然后用绢筛造粒,再经干燥筛选得到产品,称为石蜡钝化 LA。但此种 LA 的起爆能力大大降低,且随压药压力增高而极限药量显著增加。当压药压力超过 70 MPa 时,就有起爆不完全的现象。另外,由于石蜡熔点较低(54 ℃),在高温下可能因石蜡析出引起瞎火。

六、明胶 LA

明胶 LA(GLA)是 1967 年研制的,是在明胶及 MoS_2 悬浮体的溶液中沉淀出来的,MoS_2 结合入 LA 聚集晶体中,因而能得到所需黏结性及极佳性能的产品,但它们的堆积密度及威力均低于 DLA。

七、粉末 LA

粉末 LA 的颗粒细(3~5 μm),不含晶形控制剂,通过仔细控制反应液的浓度、反应温度、介质 pH 和其他条件而制得,纯度在 99% 以上。由于它的结晶细小,流散性差,故不适于装填一般的雷管,但可用于高压电雷管中作为起爆剂。

八、碱性 LA

碱性 LA(BLA)是近年出现的新型改性 LA 品种,现已中试生产(2.5 kg/批),并用于装填雷管。下文对其性能和应用予以简介。

BLA是在适当的反应温度及搅拌速度下，以含Cepol DV和甘油的醋酸铅水溶液与含三硝基间苯三酚（TNPG）的叠氮化钠和氢氧化钠的混合水溶液反应制得。

BLA为流散性结晶，不吸湿，无黏性。其散装密度为（2.0±0.2）g/cm^3，起爆力强，热稳定性及水解稳定性好，与铜的相容性优于SLA，起爆值为70 mg。BLA与SLA的性能比较见表12－3。

表12－3 BLA与SLA的性能比较

序号	性 能	SLA	BLA
1	LA含量/%（不低于）	95.66	96.0
2	撞击感度（FI）	9～10	65～72
3	摩擦感度（Julius Peters仪）	极敏感（50 g载荷时爆炸）	较低（200 g载荷时不爆炸）
4	爆温/℃	325.0	350.0
5	散装密度/（g·cm^{-3}）	1.75～1.85	2±0.2
6	引爆值/mg	40～50	70.0
7	火焰感度	差	好
8	与铜及青铜的相容性	不相容	较好

BLA的撞击及摩擦感度比SLA的低，BLA的*FI*为65～72，这相当于猛炸药的范围，因而BLA在制造、干燥、筛分、装药、处理、运输及储存中，可认为是安全的。在BLA制造过程中加入TNPG，可提高BLA的火焰感度。随后人们还研发出用含少量LS的BLA起爆药来取代SLA起爆药。此外，BLA为圆形结晶，流散性好，便于装填。因此，BLA是一个较理想的雷管装药，具有较低的感度、较好的热稳定性及水解稳定性。

已采用两种雷管，即管式或开式雷管（No.27，33，36M及78）和闭式/引信雷管（No.40mg，80mg，132mg，400mg，5gm，8.64gm及26m），对BLA的性能进行评估。这些雷管通常含ASA混合起爆药（LA∶LS∶铝粉＝65.0∶32.5∶0.5），该起爆药再压装于主炸药（猛炸药）上面，根据ASA的特点和BLA的性能，用BLA设计了混合起爆药BLASA（BLA∶LS∶铝粉＝80∶19∶1），再将ASA及BLASA分别用于各型雷管进行比较。ASA和BLASA的撞击感度和摩擦感度示于表12－4。表中数据说明，BLASA比ASA钝感得多。因此，BLASA在混合、装药及处理时较为安全；而且，为使混合起爆药具有良好的火焰感度，100份ASA需要32.5份LS，而BLASA只需19份LS即可。

表12－4 BLASA与ASA的感度

序号	性 能	数 据	
		BLASA	ASA
1	钝感指数（*FI*）	64	15
2	摩擦感度（Julius Peters仪）	300 g时不作用，350 g时作用	150 g时不作用，200 g时作用

12.4.3 制造

一、CLA

CLA 是以羧甲基纤维素钠盐（羧－钠）作晶形控制剂，酒石酸钠或酒石酸氢钾为辅助控制剂，由三水乙酸铅与氮化钠的复分解反应制得。

羧甲基纤维素是高分子化合物，它的聚合度（或相对分子质量）对 LA 的结晶过程有着重要的影响。制备 CLA 时，通常使用的是羧甲基纤维素的钠盐，它能溶于水而生成黏性溶液。在 LA 的结晶过程中，钠盐转变成不溶性的铅盐而成为晶核，LA 则围绕晶核集聚成长，成为密实的起爆药颗粒。因此，采用的羧甲基纤维素的聚合度要在一定的范围，如聚合度过高，则制备母液过黏，这会影响 LA 物理性质。

制备 CLA 时，是在 28 ℃ ~32 ℃下，将三水乙酸铅水溶液和叠氮化钠水溶液同时加入强力搅拌下的羧甲基纤维素钠及酒石酸钠的水溶液中，析出结晶后继续搅拌 10 min，用倾析法移出母液，结晶用水和酒精洗涤，烘干即得产品。

制备 CLA 的反应见反应式（12.1）~反应式（12.3）。

氮化钠与乙酸铅复分解反应生成氮化铅：

$$2NaN_3 + Pb(CH_3COO)_2 \cdot 3H_2O \longrightarrow Pb(N_3)_2 + 2CH_3COONa + 3H_2O \tag{12.1}$$

羧甲基纤维素钠与乙酸铅反应，发生离子交换，生成羧甲基纤维素铅：

$$2RnOCH_2COONa + Pb(CH_3COO)_2 \cdot 3H_2O \longrightarrow (RnOCH_2COO)_2Pb + 2CH_3COONa + 3H_2O \tag{12.2}$$

酒石酸钠与乙酸铅复分解反应生成酒石酸铅：

$$C_4H_4O_6Na_2 \cdot 2H_2O + Pb(CH_3COO)_2 \cdot 3H_2O \longrightarrow C_4H_4O_6Pb + 2CH_3COONa + 5H_2O \tag{12.3}$$

制造 CLA 的料液浓度及用量比示于表 12－5。

表 12－5 制造 CLA 的料液浓度及用量比（用于 100 g 级制备）

料液名称		浓度/%	用量/mL	pH
低浓度料液	三水乙酸铅	14.0	835 ~ 770	自然酸度
	氮化钠	5.5	880 ~ 780	9 ~ 12
	羧－钠	0.1	400 ~ 500	自然酸度
	酒石酸钠	0.1	100	4
高浓度料液	三水乙酸铅	25	460	5
	氮化钠	10	420 ~ 430	8
	羧－钠	0.1	400	8
	酒石酸钠	0.5	50	4

图 12 - 3 为制造 CLA 的工艺流程方框图。

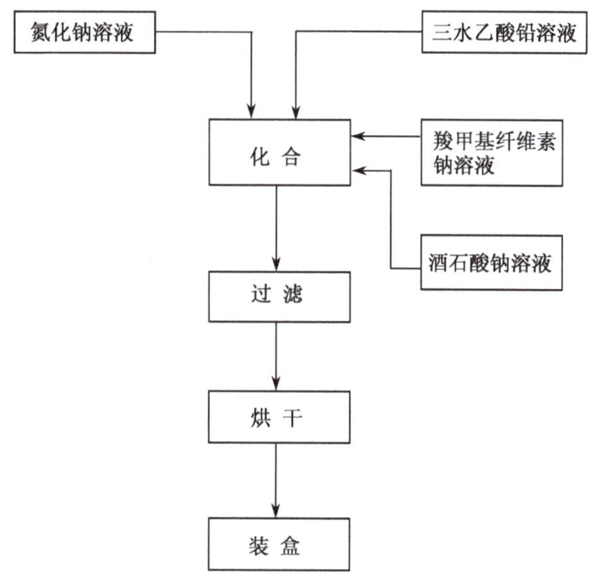

图 12 - 3 CLA 制备工艺流程方框图

制造 CLA(100 g 量)的工艺过程如下。在化合器中加入 400 ~ 500 mL 羧 - 钠溶液、100 mL 酒石酸钠溶液及适量蒸馏水,将物料预热到(33 ± 5)℃,然后按规定比例同时加入氮化钠溶液与三水乙酸铅溶液。氮化钠溶液加料时间为 40 ~ 50 min,乙酸铅溶液的为 55 ~ 60 min。料液加完后,继续搅拌 10 min,即可出料。

二、DCA

DCA 是在糊精存在下,由硝酸铅或醋酸铅水溶液与氮化钠水溶液反应制得。见反应式(12.4)。

$$2NaN_3 + Pb(NO_3)_2 \xrightarrow{\text{糊精溶液}} Pb(N_3)_2 + 2NaNO_3 \tag{12.4}$$

糊精溶液能抑制氮化铅晶体尖端部位的生长,提高反应溶液黏度和晶体表面的液膜厚度,从而减慢 LA 晶体的成长速率,有利于得到短柱状结晶。

制造 DLA 的工艺过程包括原料配制、化合、洗涤、脱水、干燥等工序,其流程见图 12 - 4。

制造 DLA 的关键工序是化合,其操作程序是:先将硝酸铅溶液及糊精溶液加入化合器内,升至所需温度,再均匀加入氮化钠溶液,加完后再搅拌几分钟即可出料。

化合工序的工艺条件如下:氮化钠溶液浓度 3% ~ 10%;硝酸铅溶液浓度 6% ~ 15%,pH 2 ~ 3;糊精溶液浓度 5%;反应液 pH 6 ~ 7;反应(化合)温度 55 ℃ ~ 65 ℃;搅拌转速 70 ~ 100 r/min。

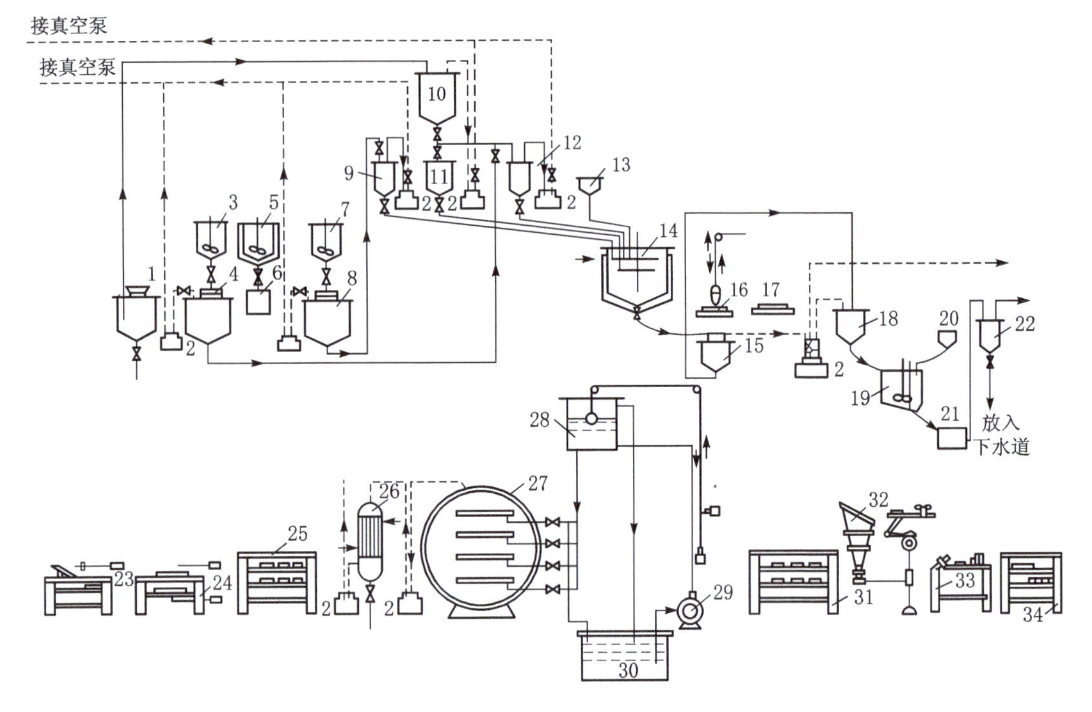

图 12-4 DLA 制备工艺流程图

1—净化过滤器;2—安全瓶;3—氮化钠配料槽;4—氮化钠过滤器;5—硝酸钡配制槽;6—硝酸钡储槽;7—硝酸铅配制槽;8—硝酸铅过滤器;9—硝酸铅计量槽;10—净水高位槽;11—净水计量槽;12—氮化钠计量槽;13—加控制剂漏斗;14—化合器;15—过滤器;16—吊滤袋装置;17—盘;18—母液接受槽;19—母液销毁槽;20—加酸漏斗;21—过滤器;22—废酸槽;23—分盘工作台;24—耙药台;25—预烘药架;26—冷凝器;27—真空干燥器;28—高位水箱;29—水泵;30—热水槽;31—晾药架;32—倒药机;33—测假密度台;34—产品存放架

12.5 三硝基间苯二酚铅

12.5.1 主要性能

2,4,6-三硝基间苯二酚铅是2,4,6-三硝基间苯二酚的铅盐(简写为LTNR),又称斯蒂芬酸铅(LS)。一般情况下,三硝基间苯二酚铅(正铅盐)含一分子结晶水,其分子式为$C_6H(NO_2)_3O_2Pb \cdot H_2O$,相对分子质量468.29,化学结构式为

O

O_4N— —NO_2 Pb · H_2O

O_2

NO_2

三硝基间苯二酚是含有两个羟基的二元酸,又由于分子中三个硝基的吸电子效应,它

易于分两步解离出 H^+。见反应式(12.5)。

$$(12.5)$$

三硝基间苯二酚是一种相当强的二元酸,可生成分子组成和物理化学性质各异的三种盐,例如其铅盐就有中性铅盐(或正铅盐)、碱式铅盐和酸式铅盐。中性三硝基间苯二酚铅(N - LTNR),加热到 115 ℃经 16 h 才能脱去结晶水;若加热至 135 ℃ ~145 ℃,脱水速度可增快。无水三硝基间苯二酚铅在潮湿大气中又能吸水重新形成水合物。

碱式三硝基间苯二酚铅(B - LTNR)分子式为 $C_6H(NO_2)_3O_2Pb_2(OH)_2$,结构式可写成

$$Pb^{2+} \cdot Pb(OH)_2$$

中性三硝基间苯二酚铅为橘黄色到浅红棕色晶体,热安定性好,80 ℃下经 56 d 仍保持其爆炸性能。撞击感度比雷汞及氮化铅的低,但火焰感度远高于此两者,而静电火花感度则是起爆药中最高的。吸湿性 0.02%(30 ℃,相对湿度 90%),几乎不溶于四氯化碳、苯和其他非极性溶剂,微溶于丙酮、乙酸及甲醇,易溶于 25% ~30% 的醋酸铵溶液,常温下在水中溶解度为0.04 g/(100 g)。晶体密度 3.02 g/cm^3,表观密度 1.4 ~1.6 g/cm^3,爆发点 282 ℃(5 s),熔点 260 ℃ ~310 ℃(爆炸),爆燃点 274 ℃ ~280 ℃,爆热 1.5 MJ/kg,密度2.6 g/cm^3时爆速 4.9 km/s,爆容 368 L/kg,做功能力 130 cm^3(20 g)(铅铸扩孔值),撞击功2.45 ~4.90 J,撞击感度(400 g 落锤)上限 36 cm、下限 11.5 cm,摩擦感度 70%,火焰感度 54 cm(全发火最大高度),起爆力较弱。100 ℃第一个 48 h 失重 0.38%,第二个 48 h 失重0.73%,100 h 内不爆炸。

三硝基间苯二酚铅的爆轰成长期较长,起爆力较小,故不适宜单独用作雷管装药;它具有很高的火焰感度,常用于火焰雷管中。在电发火的火工品中,常用三硝基间苯二酚铅做电发火头的成分。三硝基间苯二酚铅与四氮烯的混合药剂,对针刺撞击敏感,常用于无锈蚀铅击发药中代替雷汞。在针刺火工品中,三硝基间苯二酚铅也是针刺药的重要组分。

三硝基间苯二酚铅的主要缺点是静电感度大，容易产生静电积聚，造成静电火花放电而发生爆炸事故。特别是它与其他物质或晶粒之间相互摩擦时，都易产生静电积聚现象。为了降低其静电感度，曾采用石蜡将其钝化，但石蜡易软化，这种钝化产品不能用于较热地区；改用沥青钝化，提高了它的耐热性，但工艺复杂，且制造中存在一定的危险。近年来，针对三硝基间苯二酚铅对静电敏感和容易积聚静电的问题，进行了大量的改性研究工作，如用羧甲基纤维素代替沥青钝化造粒，用石墨或其他钝化物质包覆三硝基间苯二酚铅，同时还积极研究三硝基间苯二酚铅的代用品，如采用静电感度较小的二硝基间苯二酚铅、三硝基间苯三酚铅及壳内制备的三硝基间苯二酚铅等。现在用作起爆药、点火药、击发药和针刺药等的改性三硝基间苯二酚铅品种，已逐渐形成系列产品。

12.5.2 制造

制造三硝基间苯二酚铅是令三硝基间苯二酚与硫酸钠或氧化镁反应，生成钠盐或镁盐，后者再与硝酸铅或醋酸铅反应。见反应式(12.6)。

$$\text{OH},\ O_2N,\ NO_2,\ OH,\ NO_2\ (\text{三硝基间苯二酚}) + MgO \longrightarrow \text{OH},\ O_2N,\ NO_2,\ O,\ NO_2 \rangle Mg \xrightarrow{Pb(NO_3)_2} \text{OH},\ O_2N,\ NO_2,\ O,\ NO_2 \rangle Pb \cdot H_2O \tag{12.6}$$

镁盐法优于钠盐法，这是因为：① 镁盐的溶解度比钠盐的高，溶液中固体悬浮物较少，可使反应更趋完全。② 镁盐所得产品的纯度和得率都比较高，因为镁盐溶液中 CO_3^{2-} 含量甚低，因而可避免 CO_3^{2-} 与 Pb^{2+} 反应生成碳酸铅和碱式碳酸铅（$PbCO_3 \cdot Pb(OH)_2$）的白色泥状物。③ 镁盐法产品表观密度较高，流散性好。

制造沥青钝化的三硝基间苯二酚铅（钠盐法）工艺流程包括原料配制、化合、洗涤、过滤、钝感等，图 12－5 是其工艺流程方框图。

制造三硝基间苯二酚铅化合工序的工艺条件如下：三硝基间苯二酚钠溶液浓度约 4%，pH 4.5～5；硝酸铅溶液浓度 14%～15%，pH 2～3；硝酸铅过用量 18%～20%；反应液 pH 4～5；反应（化合）温度 60 ℃～65 ℃；沥青钝化液浓度约 15%；搅拌转速 70～100 r/min。

12.6 二硝基重氮酚

二硝基重氮酚是一种做功能力可与梯恩梯相比的单质炸药，学名 4,6－二硝基－2－重氮基－1－氧化苯，简称 DDNP，分子式 $C_6H_2N_4O_5$，相对分子质量 210.11，环状重氮氧化物结构式可表示如下：

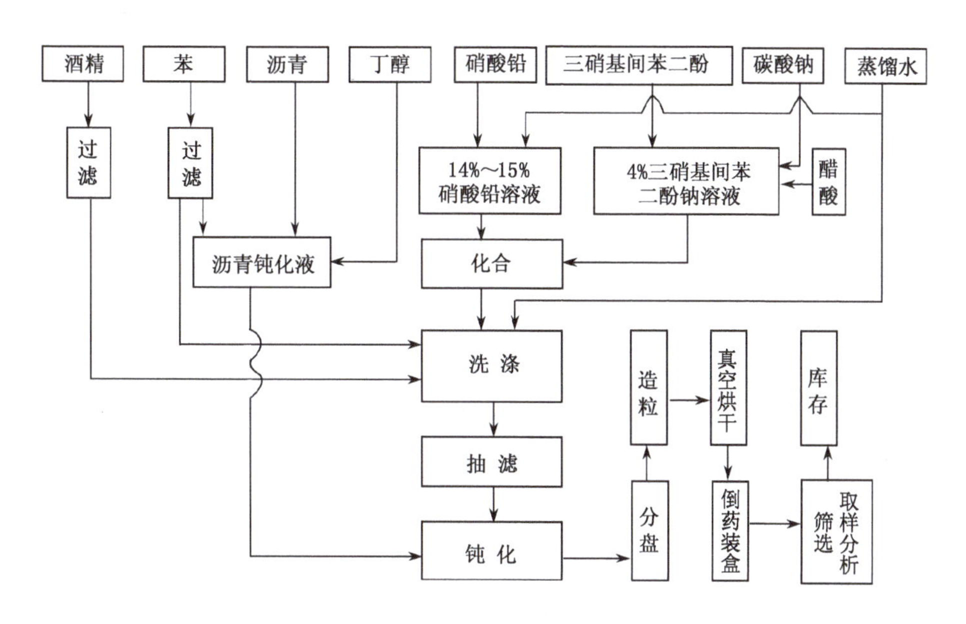

图 12－5　沥青钝化三硝基间苯二酚铅制造工艺流程方框图

DDNP 纯品为黄色针状结晶，工业品为棕紫色球形聚晶。撞击和摩擦感度均低于雷汞及纯氮化铅而接近糊精氮化铅，火焰感度高于糊精氮化铅而与雷汞相近。起爆力为雷汞的两倍，但密度低，耐压性和流散性较差。吸湿性 0.04%（30 ℃，相对湿度 90%），50 ℃下放置 30 个月无挥发。微溶于四氯化碳及乙醚，25 ℃时在水中溶解度为 0.08%，可溶于丙酮、乙醇、甲醇、乙酸乙酯、吡啶、苯胺及乙酸。晶体密度 1.63 g/cm^3，表观密度 0.27 g/cm^3，熔点 157 ℃，爆发点 195 ℃（5 s），爆燃点 180 ℃，爆热 3.43 MJ/kg，密度 0.9 g/cm^3 时爆速 4.4 km/s，爆容 865 L/kg，做功能力 326 cm^3（10 g）（铅𫐐扩孔值）或 97%（TNT 当量），撞击功 1.47 J，撞击感度（400 g 落锤）上限大于 40 cm，下限 17.5 cm，摩擦感度 25%，火焰感度 17 cm（全发火最大高度）。100 ℃第一个 48 h 及第二个 48 h 失重分别为 2.10% 及 2.20%，100 h 内不爆炸。

20 世纪 40 年代后，DDNP 作为工业雷管装药取代了雷汞，还用于装填电雷管、毫秒延期雷管及其他火工品，是目前产量最大的单质起爆药之一。

制造 DDNP 常以苦味酸为原料，经中和、还原及重氮化等几步制得（称为钠盐悬浮法），见反应式（12.7）。

$$(O_2N)_2C_6H_2(OH)(NO_2) \longrightarrow (O_2N)_2C_6H_2(ONa)(NO_2) \longrightarrow (O_2N)_2C_6H_2(ONa)(NH_2) \longrightarrow O_2N\text{-}C_6H_2(NO_2)(O\text{-}N{=}N) \tag{12.7}$$

制造 DDNP 的工艺流程见图 12－6。

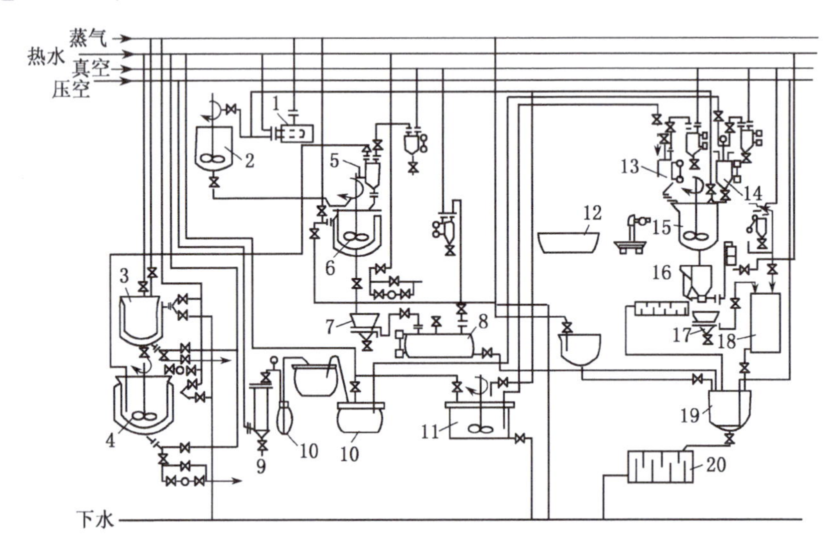

图 12－6 DDNP 制备工艺流程图

1—快速加热器；2—中和反应槽；3—硫化钠溶解槽；4—硫化钠溶液配制槽；5—硫化钠溶液计量槽；6—还原反应槽；7—抽滤器；8—缓冲器；9—空气过滤器；10—盐酸配制槽；11—亚硝酸钠溶液配制槽；12—氨基苦味酸钠储槽；13—亚硝酸钠溶液计量槽；14—盐酸计量槽；15—重氮化反应槽；16—漂洗器；17—抽滤器；18—缓冲器；19—销毁槽；20—沉淀池

制造 DDNP 的关键工序是重氮化。进行此工序时，将含水 30%～40% 的氨基苦味酸钠及水加入反应器，使其成为悬浮液。搅拌，先加入适量亚硝酸钠溶液，约 1 min 后同时滴加亚硝酸钠液及盐酸，但盐酸应先加完。加完料后再搅拌一定时间即完成反应。重氮化条件如下：物料 pH：加料阶段 8～9，平稳阶段 5～6，结束阶段约为 2；反应温度30 ℃～40 ℃。

12.7 雷 汞

雷汞是雷酸的汞盐，学名雷酸汞，分子式 $Hg(ONC)_2$，相对分子质量 284.65。为白色或灰白色八面体结晶（白雷汞或灰雷汞），属斜方晶系，机械撞击、摩擦和针刺感度均较高，起爆力和安定性均次于叠氮化铅。耐压性较差，压药压力增高，火焰感度下降，200 MPa 时被“压死”，此时只能发火和燃烧，而不能爆炸。易溶于乙醇、吡啶、氰化钾水溶液、氨水、乙醇胺及氨的丙酮溶液(饱和)。晶体密度 4.42 g/cm³,表观密度 1.55 ~ 1.75 g/cm³,爆发点 210 ℃(5 s),爆燃点 165 ℃,爆热 1.4 MJ/kg,密度 3.07 g/cm³时爆速 3.93 km/s,爆容250 ~300 L/kg,做功能力 25.6 cm³(2 g)(铅筹扩孔值),撞击功 1 ~2 J,摩擦感度 100%,火焰感度 20 cm(全发火最大高度),起爆 1 g 梯恩梯或黑索今所需量分别为 0.25 g 及 0.19 g,75 ℃ 48 h 失重 0.18%,100 ℃ 16 h 爆炸。

近百年来,雷汞一直是雷管的主装药和火帽击发药的重要组分,但由于它有毒,热安定性和耐压性差,同时含雷汞的击发药易腐蚀炮膛和药筒,故已逐渐为其他起爆药所取代,在我国已基本被淘汰。

雷汞是由汞与硝酸反应生成硝酸汞后,再与酒精作用而生成的。见反应式(13.8)。

$$3Hg + 6C_2H_5OH + 20HNO_3 \longrightarrow 3Hg(ONC)_2 + 28H_2O + 8NO + 6NO_2 + 6CO_2 \quad (12.8)$$

制造雷汞包括配稀硝酸、制硝酸汞、化合、过滤、洗涤、筛选、减压过滤及干燥等工序,其工艺流程如图 12 - 7 所示。

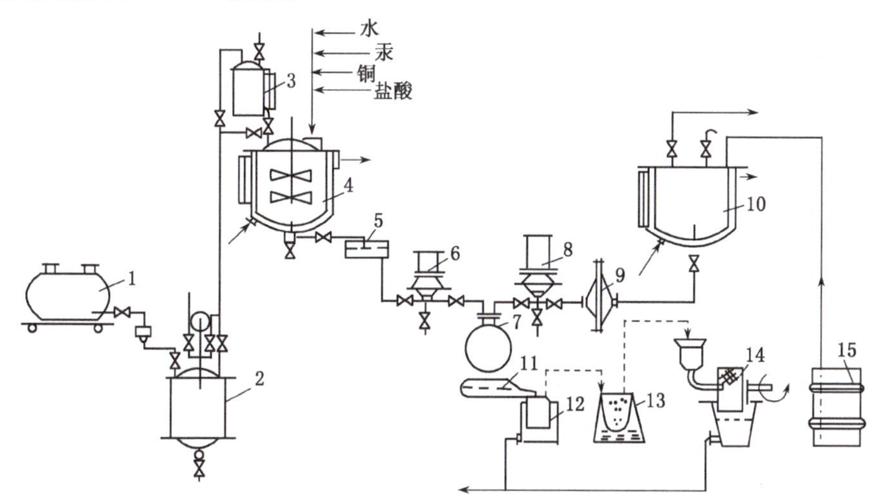

图 12 -7　雷汞制备工艺流程图

1—运酸车;2—扬酸槽;3—浓硝酸计量槽;4—反应器(化合器);5—硝酸汞溶液过滤槽;6—硝酸汞溶液计量器;7—反应器;8—酒精计量槽;9—酒精过滤器;10—酒精高位槽;11—出料斗;12—母液分离桶;13—洗涤桶;14—雷汞湿筛;15—酒精桶

制造雷汞化合工序的工艺条件如下:反应温度约 85 ℃;反应时间 40 ~50 min;硝酸浓度约为 60%;料比是汞: 硝酸酒精: 铜: 浓盐酸 =1: (8.7 ~9): (8.5 ~9): (0.005 ~0.01): (0.005 ~0.01)。制备雷汞时加入少量铜及盐酸,是为了改善产品的纯度、色泽及颗粒度。

12.8　四　氮　烯

四氮烯是一种氮含量很高的单质起爆药,又称特屈拉辛,学名 1 -(5′ - 四唑基) -4 -

脒基四氮烯，含一分子水，分子式 $C_2H_6N_{10} \cdot H_2O$，相对分子质量 188.16，结构式如下：

$$\begin{array}{l} N-N \\ \| \quad\quad \rangle C-N=N-\overset{H}{N}-\overset{H}{N}-C(=NH)-NH_2 \cdot H_2O \\ N-NH \end{array}$$

四氮烯为白色或淡黄色针状结晶，摩擦和火焰感度略低于雷汞，但撞击感度略高于雷汞。流散性和耐热性较差，猛度小，起爆能低，不能单独用作起爆药。吸湿性 0.77%（30 ℃，相对湿度 90%），50 ℃时失去表面常含有的 4% 低分子挥发物。基本上不溶于冷水及一般有机溶剂（如丙酮、乙醇、乙醚、苯、甲苯、四氯化碳及二氯乙烷等），溶于稀硝酸。晶体密度 1.64 g/cm^3，表观密度 0.4 ~ 0.5 g/cm^3，熔点 140 ℃ ~ 160 ℃（爆炸），爆发点（5 s）160 ℃，爆热 2.75 MJ/kg，爆容 1 190 L/kg，做功能力 155 cm^3（铅𫔀扩孔值），撞击功 0.981 J，撞击感度（400 g 落锤）上限 6.0 cm，下限 3.0 cm，摩擦感度 70%，火焰感度 15 cm（全发火最大高度）。高于 75 ℃时分解，75 ℃ 48 h 失重 0.5%，100 ℃第一个 48 h 失重 23.2%，第二个 48 h 失重 3.4%，100 h 内不爆炸。四氮烯用作击发药的组分，制造无雷汞或无腐蚀性击发药，或用于提高击发药的针刺感度和点火性能。

四氮烯是由氨基胍硝酸盐重氮化制得。见反应式（12.9）。

$$C(=NH)(NH-NH_2)(NH_2) \cdot H_2CO_3 + HNO_3 \longrightarrow C(=NH)(NH-NH_2)(NH_2) \cdot HNO_3 \longrightarrow \text{(N=N-NH-N=)}C-N=N-NH-NH-C(=NH)-NH_2 \tag{12.9}$$

图 12 - 8 是以氨基胍重碳酸盐为原料制造四氮烯的工艺流程方框图。

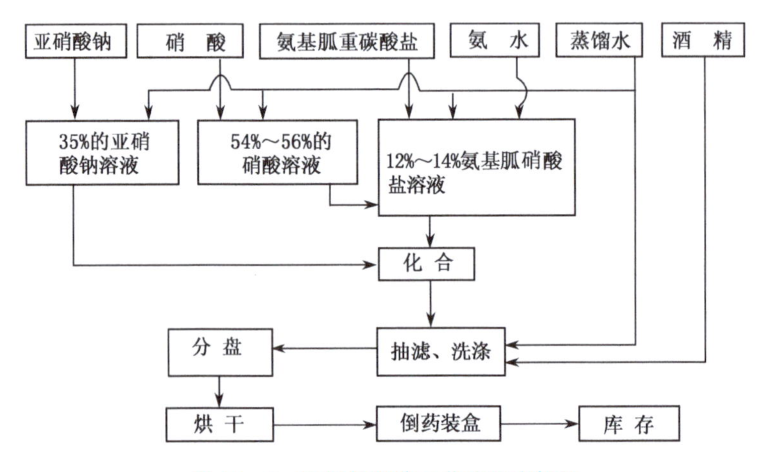

图 12 - 8 四氮烯制造工艺流程方框图

制造四氮烯的重氮化工艺条件如下：反应液 pH 4 ~ 6，温度 50 ℃ ~ 60 ℃，反应时间 1 ~ 1.5 h，重氮化亚硝酸钠用量为理论量的 1.2 倍，亚硝酸钠溶液浓度约 35%，硝酸浓度约 56%，氨基胍重碳酸盐溶液浓度 12% ~ 14%。

12.9　四唑类起爆药

四唑是由一个碳原子与四个氮原子组成的五元杂环化合物,是弱的一元酸。由铅、铜、汞等重金属离子形成的四唑衍生物都具有起爆性能,其起爆力近于叠氮化铅,火焰感度比斯蒂芬酸铅的好,是一类很有发展前途的起爆药。

12.9.1　5,5′-重氮氨基四唑铅

5,5′-重氮氨基四唑铅的分子式为 $C_2HN_{11}Pb \cdot 4H_2O$,相对分子质量 458.36,结构式如下:

```
N—N                           N—N
‖    ＼                     ／   ‖
‖      C—N═N—NH—C       ‖  · 4H2O
‖    ／                     ＼   ‖
N—N —————— Pb —————— N—N
```

此四唑铅是一种较好的起爆药,晶体流散性好,密度 2.96 g/cm^3,表观密度 1.15 g/cm^3,撞击感度:1 kg 落锤的发火下限为 30 cm;火焰感度:与火焰接触即爆炸。爆发点 185 ℃ ~195 ℃,做功能力 70 cm^3(铅𬭚扩孔值),起爆力与叠氮化铅相近。往含有阿拉伯胶的 5,5′-重氮氨基四唑钠溶液中滴加乙酸铅溶液制得。

12.9.2　5-硝基四唑汞

5-硝基四唑汞的分子式为 $C_2N_{10}O_4Hg$,相对分子质量 428.68,结构式如下:

```
N—N                         N—N
‖    ＼                   ／   ‖
‖      C—NO2   O2N—C       ‖
‖    ／                   ＼   ‖
N—N —————— Hg —————— N—N
```

5-硝基四唑汞是一种很有前途的起爆药,可代替叠氮化铅。它的密度为 3.325 g/cm^3,表观密度 1.30~1.65 g/cm^3,爆发点 227 ℃。撞击感度:400 g 落锤 50% 发火的落高为 6.5 cm,上限 13 cm,下限 2.5 cm。摩擦感度:0.64 MPa 表压及 50°摆角时的发火率为 78%。针刺感度:上限 13 cm,下限 2 cm。起爆能力:对 86 mg 太安的极限起爆药量为 10 mg(采用 4.5 mm 镍铜雷管,压药压力 18 MPa)。爆速(装药密度 2.96 g/cm^3)6.33 km/s。在 75 ℃下加热 48 h 无失重。5-硝基四唑汞的某些性能优于叠氮化铅,它可与 2% 的四氮烯混合制成针刺药,也可用作雷管的单一装药。在晶形控制剂作用下,以 5-硝基四唑铜与硝酸汞反应制得,国外已于 1976 年工业生产,中国于 1981 年制得。

5-硝基四唑汞的合成是首先用亚硝酸钠和硫酸铜处理 5-氨基四唑,制得 $Cu(NT)_2HNT \cdot 4H_2O$(NT 表示硝基四唑);然后将所得铜盐转变为乙二胺复合物;最后将此复合物在硝酸中用硝酸汞处理即得。用于制备此起爆药的前体及最后产品均用空气干燥。

用于制备硝基四唑盐的中间体是钠盐,中间体的纯度可明显影响产品的某些性能。

钠盐的纯度提高，产品的引燃温度及“压死”压力均增高。与银盐不同，汞盐不具备多晶型性。改变反应温度，可提高产品得率。此起爆药是一种很有效的单组分起爆药，其输出能甚至大于 LA。且与 LA 不同，此四唑汞盐即使在潮湿环境中，也具有优异的着火能力。此外，它的稳定性也不受二氧化碳的影响，在热带储存时，其性能也不恶化。此起爆药的静电感度也低于其他正在使用的起爆药。与 MF 不同，它不致被“压死”。

曾研究过以 5－硝基四唑的银盐和汞盐取代 LA，最后的结论是，在小型雷管中，汞盐极为有效，具有比 LA 更优的性能。

12.9.3　二银氨基四唑高氯酸盐

它是 1972 年首次报道的起爆药，分子式 $CH_2N_5O_4ClAg_2$，相对分子质量 399.25，结构式如下：

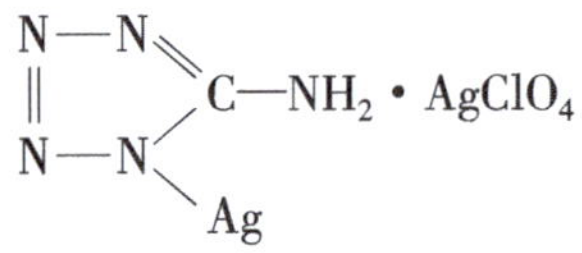

N—N=C—NH_2 · $AgClO_4$（四唑环，N 上连 Ag）

此起爆药为白色晶体，银含量 54.03%，高氯酸根含量 24.90%，密度 3.46 g/cm^3，表观密度 1.5～2.0 g/cm^3。微溶于水、乙醇及丙醇，易溶于乙二胺，不溶于甲苯、四氯化碳等。爆发点 374 ℃，撞击感度、摩擦感度与针刺感度均比羧甲基纤维素叠氮化铅的低，热安定性极佳，250 ℃下加热 50 h 分解甚微，但起爆力小。已成功地用于深井采油耐高温雷管装药。是以 5－氨基四唑、氧化银及高氯酸反应制得。

12.9.4　四唑类双铅盐起爆药

以两种四唑衍生物（盐）或一种四唑衍生物（盐）和斯蒂芬酸（盐）与硝酸铅或醋酸铅反应，以共沉淀法可制得一系列双铅盐起爆药，它们既具有相当于叠氮化铅的起爆能力，又具有斯蒂芬酸铅的火焰感度。在双铅盐起爆药的分子结构中，大多保持各自组分的结构，但都被结合成铅盐。5－硝氨基四唑与斯蒂芬酸的双铅盐即是一例。

此双铅盐分子式 $C_7HN_9O_{10}Pb_2$，相对分子质量 785.52。结构式如下：

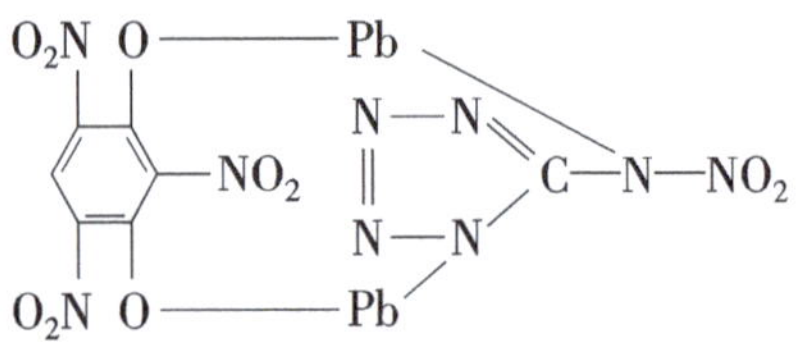

（苯环上连 O_2N、NO_2、O_2N 及两个 O—Pb；两个 Pb 分别连接四唑环 N 与 C—N—NO_2 的 N）

此起爆药为柠檬黄色，密度 3.60 g/cm^3，表观密度 0.8～1.0 g/cm^3，在水中溶解度 0.32 g/L（25 ℃）及 1.75 g/L（90 ℃），爆发点 325 ℃（5 s），摩擦感度与四氮烯的相近，撞击感度比四氮烯的低，针刺感度比四氮烯的高，火焰感度比斯蒂芬酸铅及四氮烯的均优，起爆力比斯蒂芬酸铅的大，210 ℃下加热 24 h 失重 0.15%，在 65 ℃的水中储存几个月亦不分解，爆热1.78 MJ/kg，爆速 4.1 km/s（密度 2.7 g/cm^3）。可单独使用，也可与其他起爆药混合使用，可作为炮弹的底火药或雷管的点火装药以代替斯蒂芬酸铅。

12.10　有机叠氮类起爆药

LS 是一种起爆力较弱的起爆药，故 LS 常与 LA 联用以提高雷管的火焰感度。LS 也用于火帽中代替 MF。另外，对冲击敏感的混合起爆药，则需采用四氮烯。不过四氮烯与 MF 类似，在热和湿的大气中稳定性差。再有，LS 也存在静电危险，所以人们正在研发 LS 的替代品。美国以六（溴甲基）苯与叠氮化钠在 DMF 中反应，合成了六（叠氮甲基）苯［HAB，结构式见下］。HAB 的分子式为 $C_6(CH_2N_3)_6$，在苯环的六个位置均被叠氮甲基取代，含 61.8% 的氮，属于径向平面化合物，具有紧密而对称的盘状结构，因而它的熔点高，稳定性好，在溶剂中溶解度低。基于 HAB 的物理、热化学及爆炸性能，它是一个对热稳定及对水解稳定的化合物，冲击、摩擦和静电感度均不很高，但对某些撞击较敏感。初步表明，HAB 有可能在感度较低的桥丝雷管中代替 LS，也有可能在撞击起爆器材中（例如在一些雷管/火帽中）代替四氮烯。此外，HAB 易点燃，燃速高而不爆炸，故它也有可能用作引火药的组分。但 HAB 的威力不够大（根据铅板的压痕判断），所以它不适于代替 LA 作为中部雷管装药。

CH_2N_3
N_3H_2C　CH_2N_3
N_3H_2C　CH_2N_3
CH_2N_3

12.11　共沉淀起爆药

12.11.1　概述

共沉淀起爆药指两种或两种以上起爆药组分，在晶形控制剂作用下以共沉淀方法制得的起爆药，它们保持原有起爆药组分的价键关系、组成和性能，但与机械混合起爆药相比，具有组分均匀、性能稳定、制造安全、可简化雷管装配工艺等优点。在选用共沉淀起爆药组分时，应考虑起爆药的晶体表面、相容性及介质条件等诸多因素，并根据对共沉淀起爆药性能的要求，确定起爆药组分的配比。

共沉淀起爆药是 20 世纪 70 年代发展起来的，中国已研制成功多种，现将其中的某些种类汇集于表 12－6。

表 12-6 共沉淀起爆药

名 称	性 能	制 法	用 途
叠氮化铅与斯蒂芬酸铅共沉淀起爆药（D·S共沉淀起爆药）	浅黄色聚球形，晶体密度3.8 g/cm³，表观密度1.4～1.7 g/cm³，爆发点304 ℃，撞击感度与斯蒂芬酸铅的相同，起爆力可与叠氮化铅媲美	叠氮化钠与斯蒂芬酸钠（或铵）的混合溶液与硝酸铅（或乙酸铅）溶液反应制得	可代替糊精叠氮化铅和沥青斯蒂芬酸铅，用于炮弹火焰雷管
四氮烯与斯蒂芬酸铅共沉淀起爆药（S·S共沉淀起爆药，四氮烯与斯蒂芬酸铅质量分数比为15/85）	橘黄色晶体，表观密度0.8～0.9 g/cm³，爆发点151 ℃（5 s），撞击、摩擦、针刺和火焰感度均与同组成的机械混合物相近	四氮烯、斯蒂芬酸镁溶液与硫酸铅溶液反应制得	用于无雷汞击发药，以代替四氮烯与斯蒂芬酸铅的机械混合物
四氮烯与羧甲基纤维素叠氮化铅共沉淀起爆药（S·SD共沉淀起爆药，含四氮烯2.5%～5.0%，羧甲基纤维素叠氮化铅94%）	白色聚晶体，晶体密度4.75 g/cm³，表观密度1.0 g/cm³，微溶于水及乙醇，爆发点331 ℃～342 ℃（5 s），85 ℃下加热48 h放出气体0.44 mL/g（真空热安定性）	在晶型控制剂作用下，以四氮烯为晶种，使叠氮化铅在其晶面上包覆成长，聚集成粒制得	用作针刺药，以代替四氮烯与叠氮化铅的机械混合物
碱式苦味酸铅与叠氮化铅共沉淀起爆药（K·D共沉淀起爆药，K/D约0.44）	黄至橘红色聚晶体，100 ℃ 48 h放出气体0.4 mL/g（真空热安定性），爆发点262 ℃～264 ℃（5 s），静电感度低于叠氮化铅，对火焰敏感，起爆力与叠氮化铅的相近	苦味酸钠与叠氮化钠在碱性条件下以硝酸铅为共沉淀剂制得	可代替二硝基重氮酚用于工程爆破雷管

12.11.2 制造

一、D·S共沉淀起爆药

D·S共沉淀起爆药是令叠氮化铅与三硝基间苯二酚铅共沉淀制得。见反应式（12.10）。

$$\begin{aligned}&2NaN_3+2Pb(NO_3)_2+C_6H(NO_2)_3(OH)_2+MgO\longrightarrow\\&Pb(N_3)_2\cdot C_6H(NO_2)_3O_2Pb+Mg(NO_3)_2+2NaNO_3+H_2O\end{aligned}\tag{12.10}$$

图12-9是制造D·S共沉淀起爆药的工艺流程方框图。制造此起爆药时，按表

12－7 配好料液，先将基本料液全部加入化合器内，升温至 50 ℃～55 ℃，再将提前液在 1 min 内加入，随后搅拌 1～2 min，再按规定的滴加速度加入混合液，在 25～35 min 加完。继续搅拌 5 min，再降温至 35 ℃出料。

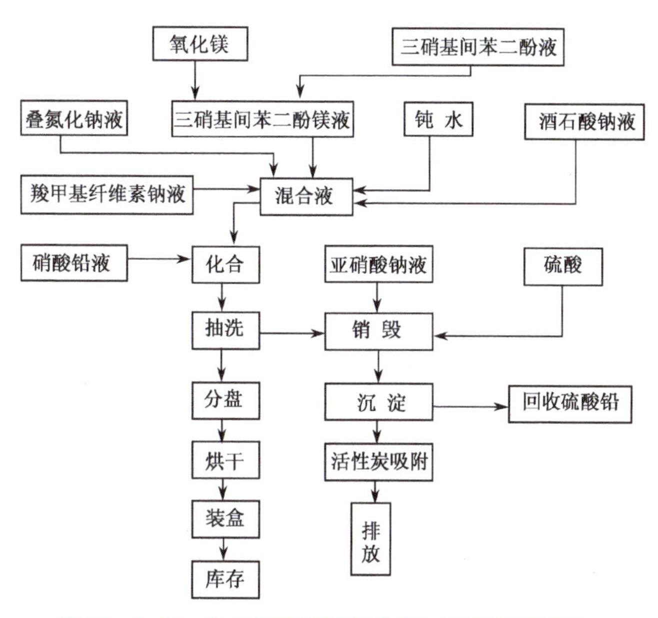

图 12－9 D·S 共沉淀起爆药制备工艺流程方框图

表 12－7 制备 D·S 共沉淀起爆药的料液浓度及用量比（用于 1 kg 级制备）

名称	组分	浓度/%	pH	用量/L	
				65/35①	60/40①
基本液	硝酸铅	8	2～4	14.50	14.00
提前液	三硝基间苯二酚镁	3.5～4	4～6	1.43	1.60
	羧甲基纤维素钠	0.2	4～6	0.15	0.15
混合液	叠氮化钠	9～10	7～10	2.75	2.60
	三硝基间苯二酚镁	3.5～4	4～6	3.70	4.30
	羧甲基纤维素钠	0.2	4～6	0.15	0.15
	酒石酸钠	5	4～6	0.14	0.14

① 65/35 和 60/40 是指叠氮化铅/三硝基间苯二酚铅的质量比。

二、K·D 共沉淀起爆药

K·D 共沉淀起爆药是令叠氮化铅与碱式苦味酸铅共沉淀制得。见反应式(12.11)。

$$C_6H_2(NO_2)_3ONa + 5NaN_3 + 2NaOH + 4Pb(NO_3)_2 \longrightarrow C_6H_2(NO_2)_3OPb(OH)\cdot Pb(OH)N_3\cdot 2Pb(N_3)_2 + 8NaNO_3 \quad (12.11)$$

制备K·D共沉淀起爆药的工艺流程方框图见图12-10。其制备工艺条件与D·S共沉淀起爆药的基本相同。制备时，按表12-8配制料液，先将基本液全部加入化合器中，升温至70 ℃~75 ℃，再将提前液在1 min左右加入。搅拌1~2 min后，再滴加混合液，加料时间为25~35 min。料液加完后，继续搅拌5~10 min，降温至35 ℃以下出料。

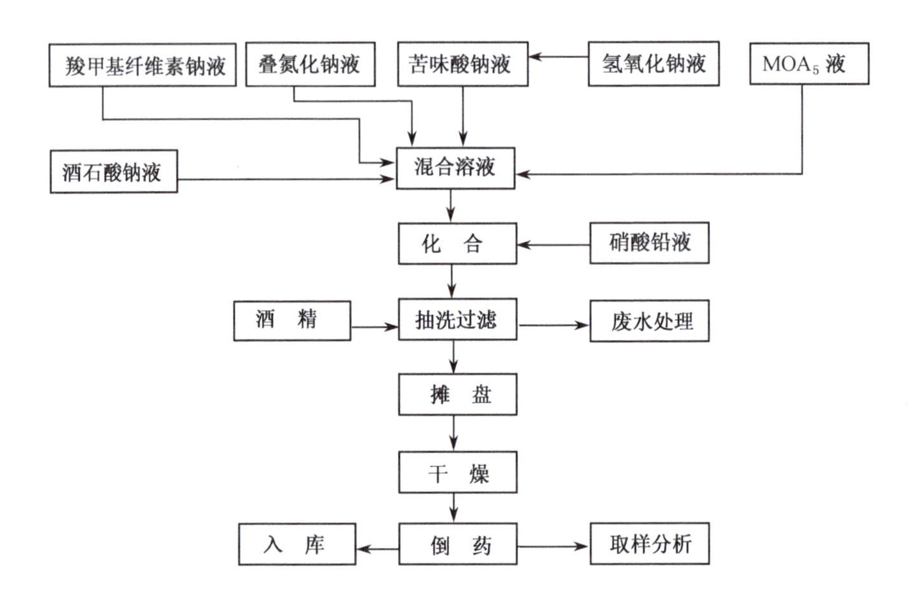

图12-10 K·D共沉淀起爆药制备工艺流程方框图

表12-8 K·D共沉淀起爆药的料液浓度及用量比（用于1 kg级制备）

名称	组分	浓度/%	pH	用量/L
基本液	硝酸铅	15~16	2~3	7.80
提前液	苦味酸钠	1.5~2.0	4~6	0.50
	酒石酸钠	5	4~6	0.05
	羧甲基纤维素钠	0.5	4~6	0.025
	MOA_5	1	4~6	0.025
混合液	叠氮化钠	9~10	8~9	2.750
	苦味酸钠	1.2~2.0	4~6	13.00
	酒石酸钠	5	4~6	0.30
	羧甲基纤维素钠	0.5	4~6	0.20
	MOA_5	1	4~6	0.10

12.12　配位化合物起爆药

12.12.1　1－(5－氰基－四唑)五氨络钴(Ⅲ)高氯酸盐

随着火工药剂向高能、低感、可靠方向发展,配位化合物起爆药应运而生,其中最具代表性的是钴配位化合物起爆药,通式为[Co(Ⅲ)$(NH_3)_5XY$]$(ClO_4)_n$(X、Y 为配位体),而最为人熟知的是 1－(5－氰基四唑)五氨络钴(Ⅲ)高氯酸盐,简称 CP,其结构式如下:

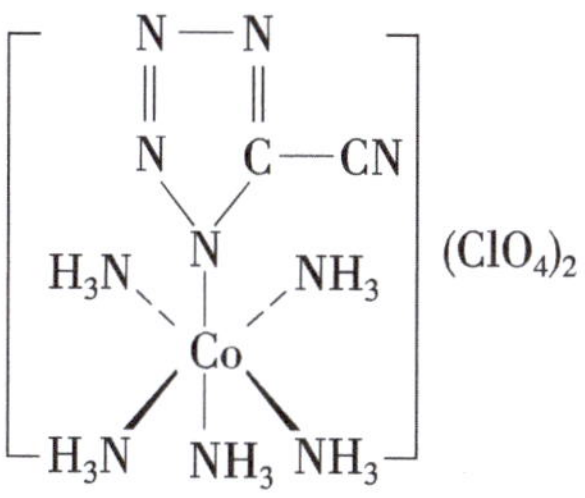

一、性能

CP 为黄色流散性晶体,结晶密度为 1.965 g/cm^3,吸湿性很低,100 ℃ 48 h 热分解放气量≤2.0 mL/g,DSC(5 ℃/min,N_2)放热峰温 284 ℃及 290 ℃。CP 与 RDX、HMX 及 PETN 的相容性良好,与铝、不锈钢、镍－铬以及钨也相容,但与黄铜及紫铜不相容。CP 既具有起爆药特征,又可做猛炸药使用。用明火不易点燃 CP,100～200 目 CP 的摩擦感度(90°,2.0 MPa)60%(相同条件下 RDX 为 24%),撞击感度(5 kg,25 cm)32%(相同条件下 RDX 为 50%),爆发点 356 ℃(5 s),静电火花感度也很低。可认为 CP 被意外引爆的感度比一般起爆药(如 LA)小得多,但当 CP 被适当约束时,引燃后很快转为爆轰。人们以雷管或其他硬件对 CP 的能量进行评估后指出,在很多热丝雷管中,特别是当首先考虑安全时,CP 可代替其他起爆药。

二、合成

CP 的合成是将水合五氨络钴(Ⅲ)高氯酸盐(APCP)和 5－氰基四唑(CT)通过 N－Co 键相连而实现的。故 CP 合成步骤包括 APCP 的合成、CT 的合成以及由此两中间体合成 CP。

1. APCP 的合成

往硝酸钴、氨水和碳酸铵的混合溶液中,长时间通入 O_2,并保持物料 pH 9～10,可将 Co^{2+} 氧化成 Co^{3+} 而生成硝酸碳酸五氨络钴(Ⅲ),后者再与 $HClO_4$ 水溶液反应,此时 CO_3^{2-} 先转变为 HCO_3^-,然后 HCO_3^- 又被 H_2O 分子取代,同时 NO_3^- 也被 ClO_4^- 取代,并放出 CO_2,即得 APCP。见反应式(12.12)。

$$Co(NO_3)_2 \cdot 6H_2O \xrightarrow[O^2]{NH_4OH,(NH_4)_2CO_3} [Co(NH_3)_5CO_3]NO_3 \xrightarrow{HClO_4/H_2O}$$

$$[Co(NH_3)_5HCO_3](ClO_4)(NO_3) \xrightarrow{HClO_4/H_2O} [Co(NH_3)_5 \cdot H_2O](ClO_4)_3 \quad (12.12)$$

2. CT 的合成

CT 是令$(CN)_2$和叠氮化钠环化制得，而$(CN)_2$则由氰化钾与Cu^{2+}反应生成。见反应式(12.13)。

$$KCN \xrightarrow[H_2O]{Cu^{2+}} (CN)_2\uparrow + CuCN$$

$$(CN)_2 + HCl + NaN_3 \xrightarrow{H_2O} \text{5-氰基四唑（N—N, ‖ ‖, N C—CN, N—H）} + NaCl \quad (12.13)$$

3. CP 的合成

将 APCP 水溶液与 CT 水溶液在 85 ℃ ~90 ℃下反应 3 h，即可完成分子链接，再冷却结晶即制得 CP，见反应式(12.14)。

$$[Co(NH_3)_5 \cdot H_2O](ClO_4)_3 + \text{5-氰基四唑} \longrightarrow [Co(NH_3)_5(\text{N-5-氰基四唑})](ClO_4)_2 \quad (12.14)$$

12.12.2 双(5－硝基－四唑)四氨络钴(Ⅲ)高氯酸盐

上述 CP 现已无货供应，因为制造它的原料之一——氰有毒，受环保条例的限制而不销售了。1986 年报道了一个与 CP 相关的化合物双(5－硝基－四唑)四氨络钴(Ⅲ)高氯酸盐(BNCP)，它可用于热丝雷管中。BNCP 的合成共有四步(见反应式 12.15)。

(1) 在酸性介质中，于 65 ℃下令双氰胺与叠氮化钠反应，制得 5－氨基四唑的一水合物(AT)。

(2) 在过量亚硝酸钠和硫酸铜存在下，令 AT 重氮化，生成中间体——复合铜盐$[Cu(NT)_2 \cdot HNT \cdot 4H_2O]$，再令后者转变为 5－硝基四唑钠盐的二水合物$[NaNT \cdot 2H_2O]$。

(3) 用 Schlessinger 法合成碳酸四氨络钴(Ⅲ)硝酸盐(CTCN)。

(4) 用高氯酸水溶液(3%)使 CTCN 酸化，再往其中逐滴加入 5－硝基四唑钠盐二水合物的水溶液，即制得 BNCP。

$$H_2N—\underset{\underset{NH}{\|}}{C}—NHCN + 2NaN_3 \xrightarrow[65\ ℃]{HCl} \text{(5-氨基四唑)}—NH_2 \cdot H_2O$$

双氰胺　　叠氮化钠　　AT

$$\text{AT}\cdot H_2O \xrightarrow[CuSO_4,4\ ℃\sim5\ ℃]{NaNO_2/H^+} Cu(NT)_2 \cdot HNT \cdot 4H_2O \xrightarrow[80\ ℃]{NaOH/H_2O} NaNT \cdot 2H_2O$$

AT

$$Co(NO_3)_2 \cdot 6H_2O + 3NH_3(aq) + (NH_4)_2CO_3 + 1/2H_2O_2 \xrightarrow{70\ ℃}$$
$$[Co(NH_3)_4CO_3]NO_3 + NH_4NO_3 + H_2O$$

CTCN

$$CTCN + HClO_4 \xrightarrow[80\ ℃]{H_2O} [Co(NH_3)_4 \cdot 2H_2O]ClO_4 + CO_2 + HNO_3$$

ATCP

$$ATCP + 2NaNT \cdot 2H_2O \xrightarrow[85\ ℃]{HClO_4/H_2O} [Co(NH_3)_4(NT)_2]^{\oplus}ClO_4^{\ominus} \qquad (12.15)$$

BNCP 粗产品可用含约 1% 高氯酸的水溶液重结晶，得率约 75%，产品为淡橙色的针状结晶。BNCP 的结构经元素分析、热重分析、ESCA 及 IR 鉴定，其某些重要性能见表 12－9。BNCP 的 DDT 过程比 CP 的更快，所需距离更短（在钢管中）。

表 12－9　BNCP 的某些重要性能

性　　能	数　　据
晶型及色泽	淡橙色针状结晶
散装密度/(g · cm^{-3})	0.3
挥发分/%	0.02
撞击感度(50% 爆炸落高)/cm	30～34
摩擦感度(不爆的)/kg	3.2
火花感度/J	5.0
爆温/℃	260.0
VOD(装药密度 0.6 g · cm^{-3})/(m · s^{-1})	5 700

续表

性　　能	数　　据
爆热/($J \cdot g^{-1}$)	4 401.54
爆容/($cm^{-3} \cdot g$)	739

与常规起爆药(LA、LS、MF)相比,BNCP在下述方面均胜一筹。

- BNCP具有较高的能量输出;
- BNCP进行DDT过程时,约束条件较宽松,所需时间较短;
- BNCP对环境的危害较低;
- BNCP处理时较安全。

上述几点使BNCP在处理和运输时危险性较小,因而可能成为常用DDT炸药的潜在替代物。同时,BNCP与半导体桥丝相容。鉴于BNCP的优点,有人已研发了BNCP作为DDT炸药在半导体桥丝(SLB)安全电爆炸装置(EED)中的应用。

12.12.3　硝酸肼镍

雷管是爆炸装置中一个关键性部件,它含有少量极敏感的起爆药,目前常用的起爆药是弱酸的无机盐,如MF、LA和LS等,但它们均有一些缺点,且为非生态友好物质。为了克服现存起爆药的缺点,可采用硝酸肼镍(NHN),其分子式为[{$Ni(N_2H_4)_3$}$(NO_3)_2$],它也是一个配位化合物,具有较佳的储存稳定性,且对生态环境友好。

有文献报道了NHN的合成及特性。NHN的重要优点是:① 易于制造,原材料价廉且来源丰富;② 热稳定性及水解稳定性好;③ 撞击感度(h_{50} 84 cm)、摩擦感度(10 N以下不敏感)和静电火花感度均较低,但对火焰及灼热丝则有适当的感度;④ 在无约束时能爆轰;⑤ 生成大量高压气体;⑥ 爆速为7 000 m/s,位于起爆药与猛炸药之间。简言之,上述特征使NHN适宜在雷管中用作起爆药,以它代替LA,不会有损雷管的性能。据预期,NHN基雷管有可能于近期大量代替LA/SLA/BLA基雷管,这会提高雷管制造、加工、运输及储存的安全。

12.13　混合起爆药

12.13.1　击发药

击发药是由机械撞击作用或气泡绝热压缩作用而引起爆燃的混合药剂。受引发后,产生热点,起爆药分解,随后引起可燃剂与氧化剂的燃烧反应,形成的火焰用以点燃发射药、点火药、延期药或雷管。击发药的主要组成是起爆药、可燃剂和氧化剂,也可含钝感剂、敏化剂、黏合剂等附加剂。常用的起爆药有雷汞、氮化铅、斯蒂芬酸铅及四氮烯;氧化剂有氯酸盐、硝酸盐；可燃剂有硫化钠、硅粉、铝粉、锆粉。按历史发展，击发药可分为腐蚀性击发药、无腐蚀性击发药、伊雷击发药及特种电击发药四类。

腐蚀性击发药由雷汞、氯酸钾、三硫化二锑组成，对内膛有腐蚀作用，已逐渐被无腐蚀击发药所取代。无腐蚀药不含雷汞，而以斯蒂芬酸铅和四氮烯混合物作为起爆剂；也不含氯酸钾，而以硝酸钡、硝酸铅、四氧化三铅等为氧化剂；且以锆、铝等可燃剂代替部分或全部三硫化二锑，还加入少量（5%左右）猛炸药（太安或梯恩梯）。

击发药要求机械感度适中，作用可靠，点火能力高，热安定性良好，无腐蚀，与金属及塑料相容，使用、储存安全。影响击发药感度和点火能力的主要因素是药剂的成分、配比、物理状态（粒度、硬度）及装药密度。击发药用于各种引信火帽、炮弹发射筒底火火帽和枪弹底火火帽。

为了从本质上解决击发药制造过程中的安全问题，20 世纪 70 年代，国外发明了一种新的制备击发药的方法——壳内击发药制备技术。该法是将起爆所需的两种或多种原材料或混合药所需的其他组分一起压入壳体内，再加入反应液，在适当温度下使其反应生成起爆药，而达到混合起爆药的配方设计要求。这种方法制造过程安全、可靠且效率高。这种技术首先由英国伊雷（Eley）公司研制成功，故常称为伊雷击发药制造法，我国称之为壳内击发药制造法。例如，制备含斯蒂芬酸铅的击发药时，可将三硝基间苯二酚与铅化合物置于壳体内反应制得。伊雷击发药的性能与用干混法制得的同类产品相当。

12.13.2　针刺药

针刺药是受针刺作用激发而发生爆燃的混合药剂。其主要组成为起爆药、可燃剂及氧化剂，有时还加敏化剂或钝感剂。常用起爆药是氮化铅、斯蒂芬酸铅及 S·SD 共沉淀起爆药等；可燃剂为硫化锑、硫氰酸铅、硅粉、硅铁粉、铝粉、镁粉等；氧化剂为氯酸钾、硝酸钡、硝酸铅等；敏化剂常为四氮烯。按历史发展，针刺药可分为含雷汞和不含雷汞两大类，但前一类已不常用，后一类又分为含氮化铅和不含氮化铅的两种。针刺药中的四氮烯，是为了增强针刺感度，而斯蒂芬酸铅的作用则是为了增强点火能力。针刺药应具有适当的针刺敏感度和猛度，足够的点火能力，良好的安全性和相容性。许多击发药可用作针刺药，但针刺药不一定能用作击发药。目前尚无单组分针刺药。针刺药用于装填针刺火工品。常用击发药和针刺药的组成见表 12－10。

表 12－10　常用击发药、针刺药的组成及质量分数　%

组　成	品　种							
	击发药					针刺药		
	PA101	VH_2	FA956	无汞	无锈蚀	AN6	PA100	NOL－130
Sb_2S_3	17	5	15	40	15	33.3	17.0	15
$KClO_3$	53			34		33.4	53.0	

续表

组成	品种							
	击发药					针刺药		
	PA101	VH_2	FA956	无汞	无锈蚀	AN6	PA100	NOL-130
$Ba(NO_3)_2$		39	32					20
$Pb(CNS)_2$	25					25.0		
$C_6H(NO_3)_2O_2Pb$		38	37	22	38			40
四氮烯		2	4	4	3			5
$Pb(N_3)_2$	5					28.3	5.0	20
PbO_2		5						
Al			7					
太安			5					
金刚砂		11				5.0		
KNO_3					44			

12.13.3 摩擦药

摩擦药是由摩擦引发而发火的混合药剂，也称拉火药。其主要组分与击发药及针刺药的相同，为起爆药、氧化剂、可燃剂及黏结剂。常用摩擦药大多由雷汞、氯酸钾、三硫化二锑、木炭粉及虫胶黏合剂组成，也可不用雷汞而代之以硫氰酸铅。还有一类摩擦药不含起爆药，主要组成是氯酸钾和三硫化二锑，有时还加少量硫、面粉及玻璃粉。摩擦药应具有适当的摩擦感度、足够的点火能力和良好的安定性，且制造和使用安全。摩擦药用于装填摩擦火帽或拉火管。

附　　录

附录表 1　某些炸药在几种溶剂中的溶解度①

炸药＼溶剂	丙酮	二甲基甲酰胺	二甲基亚砜	氯仿	四氯化碳	苯	甲苯	二硫化碳	乙醇	乙腈	乙醚	醋酸乙酯	硝酸	硫酸	水
二硝基甲苯	溶	溶				溶		微	微		微				不
三硝基甲苯	溶	溶	溶	溶	微	溶	溶	微	微	溶	微	溶	溶	溶	不
二氨基三硝基苯	不	溶	溶		不	不	不	不	微		不	不			不
三氨基三硝基苯	不	不	不	不	不	不	不	不	不		不	不	不	溶	不
六硝基芪	微	溶	微							溶					
六硝基偶氮苯	溶			微	微							微			
六硝基二苯胺	溶										微		溶		不
六亚硝基苯	溶	溶	溶		不	溶			溶		溶	溶			不
塔柯特		微	溶	不					不		不	不	微		不
二氨基六硝基联苯	溶	溶	溶	微									溶		
苦味酸		溶		溶	微	溶	溶		溶		溶	溶	溶	溶	微
苦味酸铵	溶	溶				溶						溶			溶
六硝基二苯砜	溶	溶	溶							溶			溶		
三硝基氯苯	溶			溶	微	溶	溶		溶		溶	溶			
黑索今	溶	溶	溶	不	不	不	不	不	微	溶	不	不	溶		不
奥克托今	溶	溶	溶	不	不			不		微	微				不
特屈儿	溶			微	不	溶		不	微	溶	微	溶	溶		不
乙二硝胺	溶	溶	溶						微						微
硝基胍	不	溶	溶	不	不	不		不	微		不	不	微	溶	不
太安	溶	溶	溶	不	不	微	微	不	不		微	溶			不
硝化甘油	溶			溶	微	溶	溶	微	溶	溶	溶	溶	溶	溶	微
硝化棉	溶	溶		不	不				溶		不				不
4,4－二硝基戊酸乙酯	溶	溶	溶	溶	溶				溶		溶	溶			不
三羟甲基乙烷三硝酸酯	溶														
双(2－氟－2,2－二硝基乙醇)缩甲醛	溶	溶	溶	溶	不				溶		溶	溶			不

① 表中的“不”是指在室温下 100 mL 溶剂中能溶的炸药量小于 0.1 g;“微”为 0.1 ~ 5 g;“溶”为大于5 g。

附录表 2　常见单质炸药的熔点(按熔点值排列)

炸药名称	熔点/℃	炸药名称	熔点/℃
硝基异丁基甘油三硝酸酯	－30.5	1,8－二硝基萘	173.5
1,2,4－丁三醇三硝酸酯	－27	对二硝基苯	174

续表

炸药名称	熔点/℃	炸药名称	熔点/℃
乙二醇二硝酸酯	-20	乙二硝胺	175(分解)
二乙二醇二硝酸酯	-10.5 (不稳定型) 2(稳定型)	2,4-二硝基-*N*-甲苯胺	177.5
1,1,1-三羟甲基乙烷三硝酸酯	-3	2,4,6-三硝基间苯二酚	180
硝化甘油	13.5(稳定型)	2,4,6-三硝基间二甲苯	182
	2.8(不稳定型)	2,4-二硝基苯甲酸	183
三羟甲基丙烷三硝酸酯	51	1,3,5-三硝基-1,3,5-三氮杂环己酮-2	184
二乙醇硝胺二硝酸酯	51.3	五硝基苯胺	192
2,6-二硝基甲苯	61	黑索今	204.1
丁四醇四硝酸酯 2,4-二硝基甲苯	61~61.5 70.5	3,5-二硝基苯甲酸	205 210(分解)
六硝基六氮杂异伍尔兹烷	(CL-20)		
2,4-二硝基苯甲醛	72	2,3,4,6-四硝基苯胺	217
四羟甲基环戊酮四硝酸酯	74(α) 66.7(β)	1,5-二硝苯萘	217.5
2,4,6-三硝基苯乙醚	80	2,4,6-三硝基苯甲酸	228.7
梯恩梯	80.9	四硝基甘脲	230(爆炸)
2,4,6-三硝基氯苯	82.5	硝基胍	232(分解)
4,6-二硝基邻甲苯酚	87	六硝基二苯胺	243~245
间二硝基苯	90	1,3,3,5,7,7-六硝基-1,5-二氮杂环辛烷	250(分解)
2,4-二硝基苯甲醚	95.2	六硝基苯	254~258
2,4,5-三硝基甲苯	104	六硝基联苯	263
2,4,6-三硝基间甲苯酚	109.5	奥克托今	278.5~280
2,4-二硝基-*N*-乙苯胺	112	苦味酸铵	280
2,3,4-三硝基甲苯	112	二氨基三硝基苯	288
甘露糖醇六硝酸酯	112~113	1,3,6,8-四硝基咔唑	296
2,4-二硝基酚	114	*N*,*N*′,*N*″-三苦基三聚氰酰胺	301~302
1,3,5-三硝基苯	122	六硝基联苯胺	304

续表

炸药名称	熔点/℃	炸药名称	熔点/℃
苦味酸	122.5	3-苦胺基-1,2,4-三唑	310
四羟甲基环己醇五硝酸酯	122.5	六硝基芪(Ⅱ)	318
特屈儿	129.5	三氨基三硝基苯	350
太安	142.9	*C*,*C′*,*C″*-三苦基均三嗪	352~353
2,4-二硝基间苯二酚	148	2,6-双(三硝基苯胺基)-3,5-二硝基吡啶	360
硝酸铵	170	四硝基二苯并-1,3a,4,6a-四氮杂戊塔烯	410(分解)

附录表3　某些混合炸药用高分子化合物组分在几种溶剂中的溶解性

高分子化合物＼溶剂	丙酮	苯	甲苯	二氯乙烷	氯仿	四氯化碳	甲乙酮	甲基异丁基酮	四氢呋喃	二甲基甲酰胺	二甲亚砜	汽油	醋酸乙酯	硝酸	甲酸
聚乙烯		溶	溶		溶	溶					溶				
聚异丁烯		溶	溶		溶	溶									
聚苯乙烯		溶	溶		溶	溶							溶		
聚三氟氯乙烯	溶于三氟甲基二氯苯和三氟五氯戊烷														
二氟氯乙烯与偏氟乙烯的共聚物	溶		不				溶	溶	溶					溶	
三氟氯乙烯与偏氟乙烯的共聚物													溶	溶	
聚酰胺(尼龙)					溶										溶
聚二甲基硅氧烷						溶									
氟橡胶	溶						溶	溶	溶				溶		
氯乙烯共聚物			溶												
含氯和氟的高聚物			溶		溶	溶	溶				溶				
端羟基聚丁二烯			溶		溶	溶	溶								
丁基橡胶		溶			溶	溶									
亚硝基氟橡胶		微				微									
氨基甲酸乙酯橡胶	溶			溶	溶		溶	溶	溶	溶	溶				
氯乙烯与醋酸乙烯共聚物				溶											
磷酸三(β-氯乙基)酯		溶	溶		溶	溶	溶	溶							
聚丙烯酸-2,2-二硝基乙酯			溶	溶											
聚丙烯酸-2,2-二硝基丙酯			溶	溶	溶		溶	溶							
苯乙烯、丁烯和苯乙烯的嵌段共聚物			溶									溶			
不饱和聚酯与苯乙烯的混合物				溶											
环氧树脂		溶	溶		溶						溶	溶			

附录表 4　不同温度下硝酸的密度

质量分数/%	在下列温度(℃)下的密度/(g·cm^{-3})					
	10	15	20	30	40	60
35	1.222 7	1.218 8	1.214 0	1.205 5	1.196 6	1.178 4
36	1.229 3	1.224 8	1.220 5	1.211 8	1.202 9	—
39	1.249 5	1.244 7	1.240 0	1.230 9	1.221 1	—
40	1.256 0	1.251 1	1.246 3	1.237 0	1.227 0	1.206 9
42	1.269 4	1.264 3	1.259 3	1.240 0	1.239 2	—
45	1.289 0	1.283 6	1.278 3	1.268 0	1.257 0	1.235 0
46	1.295 8	1.290 8	1.284 9	1.274 4	1.263 2	—
49	1.315 3	1.306 9	1.304 0	1.292 9	1.281 1	—
50	1.321 5	1.315 7	1.310 0	1.298 7	1.286 7	1.262 8
54	1.345 8	1.339 6	1.333 5	1.321 4	1.308 7	—
55	1.351 8	1.345 5	1.339 8	1.327 0	1.314 1	1.288 3
60	1.380 1	1.373 4	1.366 7	1.353 3	1.339 8	1.312 4
62	1.390 6	1.383 7	1.376 8	1.363 0	1.349 3	—
85	1.485 2	1.476 9	1.468 6	1.451 8	—	—
86	1.488 3	1.479 9	1.471 6	1.454 7	—	—
87	1.491 4	1.482 9	1.474 6	1.457 6	—	—
88	1.494 4	1.485 8	1.477 4	1.460 4	—	—
89	1.497 1	1.488 5	1.480 0	1.463 0	—	—
90	1.499 7	1.491 1	1.482 6	1.465 6	—	—
91	1.502 3	1.493 6	1.485 1	1.468 0	—	—
92	1.504 8	1.496 0	1.487 4	1.470 3	—	—
93	1.506 7	1.497 9	1.489 2	1.472 1	—	—
94	1.508 8	1.499 9	1.491 2	1.474 1	—	—
95	1.510 9	1.501 9	1.493 2	1.476 1	—	—
96	1.512 4	1.504 0	1.495 3	1.478 1	—	—
97	1.513 9	1.506 2	1.497 5	1.480 3	—	—
98	1.517 6	1.509 4	1.500 9	1.483 7	—	—
99	1.522 7	1.514 0	1.505 5	1.488 1	—	—
100	1.529 3	1.521 1	1.512 6	1.494 8	—	—

附录表 5　不同温度下硫酸的密度

质量分数/%	在下列温度(℃)下硫酸的密度/(g·cm^{-3})										
	0	10	15	20	25	30	40	50	60	80	100
5	1.036 4	1.034 4	1.032 2	1.031 7	1.030 0	1.028 1	1.024 0	1.019 2	1.014 0	1.002 2	0.988 8
10	1.073 5	1.070 0	1.068 1	1.066 1	1.064 0	1.061 7	1.057 0	1.051 7	1.046 0	1.033 8	1.020 4

续表

质量分数/%	在下列温度(℃)下硫酸的密度/(g·cm⁻³)										
	0	10	15	20	25	30	40	50	60	80	100
15	1.111 6	1.106 9	1.104 5	1.102 0	1.099 4	1.096 8	1.091 4	1.085 7	1.079 8	1.067 1	1.053 7
20	1.151 0	1.145 3	1.142 4	1.139 4	1.136 5	1.133 5	1.127 5	1.121 5	1.115 3	1.102 1	1.088 5
25	1.191 4	1.184 8	1.181 6	1.178 3	1.175 0	1.171 8	1.165 3	1.158 8	1.152 3	1.138 8	1.125 0
30	1.232 6	1.225 5	1.222 0	1.218 5	1.215 0	1.211 5	1.204 6	1.197 7	1.190 9	1.177 1	1.163 0
40	1.317 9	1.310 3	1.306 5	1.302 8	1.299 1	1.295 3	1.288 0	1.280 6	1.273 2	1.258 9	1.244 6
50	1.411 0	1.402 9	1.399 0	1.395 1	1.391 1	1.387 2	1.379 5	1.371 9	1.364 4	1.349 4	1.334 8
60	1.515 4	1.506 7	1.502 4	1.498 3	1.494 0	1.489 8	1.481 6	1.473 5	1.465 6	1.449 7	1.434 4
65	1.571 4	1.562 3	1.557 8	1.553 3	1.549 0	1.544 6	1.536 1	1.527 7	1.519 5	1.503 1	1.487 3
66	1.582 8	1.573 6	1.569 1	1.564 6	1.560 2	1.555 8	1.547 2	1.538 8	1.530 5	1.514 0	1.498 1
67	1.594 3	1.585 0	1.580 5	1.576 0	1.571 5	1.567 1	1.558 4	1.549 9	1.541 6	1.524 9	1.508 9
68	1.605 9	1.596 5	1.592 0	1.587 4	1.582 9	1.578 5	1.569 7	1.561 1	1.552 8	1.535 9	1.519 8
69	1.617 6	1.608 1	1.603 5	1.598 9	1.594 4	1.589 9	1.581 1	1.572 4	1.564 0	1.547 0	1.530 7
70	1.629 3	1.619 8	1.615 1	1.610 5	1.605 9	1.601 4	1.592 5	1.583 8	1.575 3	1.558 2	1.541 7
75	1.688 8	1.678 9	1.674 0	1.669 2	1.664 4	1.659 7	1.650 3	1.641 2	1.632 2	1.614 2	1.596 6
80	1.748 2	1.737 6	1.732 3	1.727 2	1.722 1	1.717 0	1.706 9	1.697 1	1.687 3	1.668 0	1.649 3
90	1.836 1	1.825 2	1.819 8	1.814 4	1.809 1	1.803 8	1.793 3	1.782 9	1.772 9	1.752 5	1.733 1
91	1.841 0	1.830 2	1.824 8	1.819 5	1.814 2	1.809 0	1.798 6	1.788 3	1.778 3	1.758 1	1.738 8
92	1.845 3	1.834 6	1.829 3	1.824 0	1.818 8	1.813 6	1.803 3	1.793 2	1.783 2	1.765 3	1.743 9
93	1.849 0	1.838 4	1.833 1	1.827 9	1.822 7	1.817 6	1.807 4	1.797 4	1.787 6	1.768 1	1.748 5
94	1.852 0	1.841 5	1.836 3	1.831 2	1.826 0	1.821 0	1.810 9	1.801 1	1.791 4	1.772 0	1.752 7
95	1.854 4	1.843 9	1.838 8	1.833 7	1.828 6	1.823 6	1.813 7	1.804 0	1.794 4	1.775 1	1.756 1
96	1.856 0	1.845 7	1.840 6	1.835 5	1.830 5	1.825 5	1.815 7	1.806 0	1.796 5	1.777 3	1.758 6
97	1.856 8	1.846 5	1.841 3	1.836 3	1.831 3	1.826 3	1.816 5	1.807 0	1.797 6	1.778 5	1.760 6
98	1.856 8	1.846 5	1.841 4	1.836 5	1.831 5	1.826 5	1.816 7	1.807 2	1.797 8	1.778 6	1.760 9
99	1.855 1	1.844 5	1.839 3	1.834 2	1.829 2	1.824 2	1.814 5	1.805 0	1.795 8	1.777 8	1.760 9
100	1.851 7	1.840 9	1.835 7	1.830 5	1.825 5	1.820 5	1.810 8	1.801 5	1.792 5	1.776 5	1.760 7

附录表 6　25 ℃时发烟硫酸的密度

游离 SO_3 质量分数/%	SO_3 总质量分数/%	H_2SO_4 质量分数/%	密度/(g·cm⁻³)	游离 SO_3 质量分数/%	SO_3 总质量分数/%	H_2SO_4 质量分数/%	密度/(g·cm⁻³)
2	82.00	100.45	1.827 0	38	88.61	108.55	1.953 4
4	82.37	100.90	1.836 0	39	88.80	108.78	1.955 9

续表

游离 SO_3 质量分数 /%	SO_3 总质量分数 /%	H_2SO_4 质量分数 /%	密度/ $(g \cdot cm^{-3})$	游离 SO_3 质量分数 /%	SO_3 总质量分数 /%	H_2SO_4 质量分数 /%	密度/ $(g \cdot cm^{-3})$
6	82.73	101.35	1.842 5	40	88.98	109.00	1.958 4
8	83.10	101.80	1.849 8	41	89.16	109.22	1.959 8
10	83.47	102.25	1.856 5	42	89.35	109.45	1.961 2
12	83.84	102.70	1.862 7	44	89.71	109.90	1.964 3
14	84.20	103.15	1.869 2	46	90.08	110.35	1.967 2
16	84.57	103.60	1.875 6	48	90.45	110.80	1.970 2
18	85.12	104.05	1.883 0	50	90.82	111.25	1.973 3
19	85.31	104.27	1.887 5	52	91.18	111.70	1.974 9
20	85.49	104.50	1.891 9	54	91.55	112.15	1.976 0
21	85.67	104.73	1.896 9	56	91.92	112.60	1.977 2
22	86.04	104.95	1.902 0	57	92.10	112.82	1.976 3
24	86.41	105.40	1.909 2	58	92.29	113.05	1.975 4
26	86.78	105.85	1.915 8	59	92.47	113.28	1.974 6
28	87.14	106.30	1.922 0	60	92.65	113.50	1.973 8
30	87.51	106.75	1.928 0	61	92.84	113.73	1.972 3
32	87.88	107.20	1.933 8	62	93.02	113.95	1.970 9
34	88.24	107.65	1.940 5	80	96.33	118.00	1.925 1
36		108.10	1.947 4	100	100.00	122.50	1.837 0

附录表 7　硝酸的比热容

质量分数/%	比热容/$(4.184\ kJ \cdot kg^{-1} \cdot ℃^{-1})$				质量分数/%	比热容/$(4.184\ kJ \cdot kg^{-1} \cdot ℃^{-1})$			
	2 ℃	20 ℃	40 ℃	60 ℃		2 ℃	20 ℃	40 ℃	60 ℃
1	0.993	0.990	0.985	0.990	50	0.667	0.680	0.693	0.710
2	0.978	0.980	0.973	0.980	55	0.649	0.660	0.675	0.690
4	0.953	0.950	0.951	0.960	60	0.630	0.640	0.654	0.670
6	0.927	0.930	0.929	0.940	65	0.607	0.620	0.629	0.640
10	0.884	0.890	0.891	0.900	70	0.583	0.590	0.603	0.640
15	0.838	0.940	0.851	0.860	75	0.558	0.570	0.574	0.580
20	0.799	0.800	0.815	0.830	80	0.535	0.540	0.548	0.560
25	0.767	0.780	0.786	0.800	85	0.515	0.520	0.521	0.530
30	0.739	0.760	0.764	0.780	90	0.490	0.490	0.493	0.500
35	0.716	0.740	0.744	0.770	95	0.456	0.460	0.461	0.460
40	0.698	0.720	0.726	0.750	100	0.418	0.420	0.425	0.430
45	0.682	0.700	0.709	0.730					

附录表 8　硫酸和发烟硫酸的比热容和热焓量

质量分数/%	20 ℃时比热容/(4.184 kJ·kg^{-1}·$℃^{-1}$)	在下列温度(℃)时的热焓量/(4.184 kJ·kg^{-1})								
		20	40	60	80	100	120	150	200	250
60	0.545	10.6	21.6	33.1	44.9	57.1	69.7	90.1	—	—
61	0.539	10.5	21.4	32.7	44.4	56.5	69.0	89.2	—	—
62	0.534	10.4	21.1	32.3	43.8	55.8	68.2	88.6	—	—
63	0.528	10.2	20.9	31.9	43.4	55.2	67.4	87.2	—	—
64	0.522	10.1	20.7	31.6	43.0	54.7	66.8	86.3	—	—
65	0.517	10.0	20.5	31.3	42.6	54.2	66.2	85.7	—	—
66	0.511	9.9	20.3	31.0	42.2	53.7	65.6	84.7	—	—
67	0.506	9.9	20.1	30.8	41.8	53.3	65.2	84.4	—	—
68	0.500 3	9.8	19.9	30.5	41.4	52.8	64.6	83.3	—	—
69	0.494 8	9.7	19.7	30.2	41.0	52.3	64.3	82.6	—	—
70	0.489 4	9.5	19.5	29.8	40.6	51.7	63.5	81.7	—	—
71	0.484 1	9.5	19.4	29.6	40.2	51.3	62.6	80.5	112	—
72	0.478 7	9.4	19.2	29.4	39.9	50.9	62.2	79.8	111	—
73	0.473 4	9.4	18.9	29.0	39.4	50.0	61.1	78.2	109	—
74	0.468 2	9.4	18.9	29.0	39.2	50.0	61.0	77.0	107	—
75	0.462 9	9.3	18.9	28.9	39.1	49.7	60.6	76.0	105	—
85	0.411 8	8.2	16.7	25.4	34.3	43.5	52.9	67.5	92.0	118
86	0.406 8	8.1	16.4	25.0	33.8	42.9	52.2	66.6	91.3	117
87	0.401 8	8.0	16.2	24.7	33.4	42.4	51.6	65.8	90.3	116
88	0.396 8	7.9	16.0	24.3	32.9	41.7	50.8	64.8	89.9	114
89	0.391 8	7.8	15.8	24.0	32.5	41.2	50.2	64.0	87.9	113
90	0.386 9	7.7	15.6	23.7	32.1	40.7	49.6	63.0	87.4	112
91	0.382 0	7.6	15.4	23.5	31.8	40.4	49.2	62.8	86.3	111
92	0.377 1	7.5	15.2	23.1	31.3	39.7	48.4	61.8	84.9	109
93	0.372 1	7.3	14.9	22.7	30.8	39.0	47.6	60.8	84.1	109
94	0.367 2	7.2	14.7	22.4	30.3	38.5	46.9	60.6	83.0	107
95	0.362 4	7.15	14.5	22.2	30.0	38.1	46.5	59.5	82.3	107
96	0.357 5	7.0	14.3	21.8	29.6	37.6	45.8	58.8	81.4	106
97	0.352 6	6.9	14.1	21.5	29.1	37.1	45.2	58.0	80.6	105
98	0.347 7	6.8	13.9	21.3	28.9	36.8	44.9	57.6	80.2	104
99	0.342 9	6.7	13.7	21.1	28.4	36.2	44.2	56.7	79.1	103
100	0.338 0	6.6	13.5	20.7	28.2	35.9	43.9	56.5	78.8	103
含游离 SO_3 10%	0.338 5	6.6	13.5	20.7	28.2	35.9	44.0	56.6	78.9	103
含游离 SO_3 15%	0.338 9	6.6	13.6	20.8	28.3	36.0	44.0	56.6		—
含游离 SO_3 20%	0.339 5	6.6	13.6	20.8	28.3	36.0	44.1	56.7	79.0	—

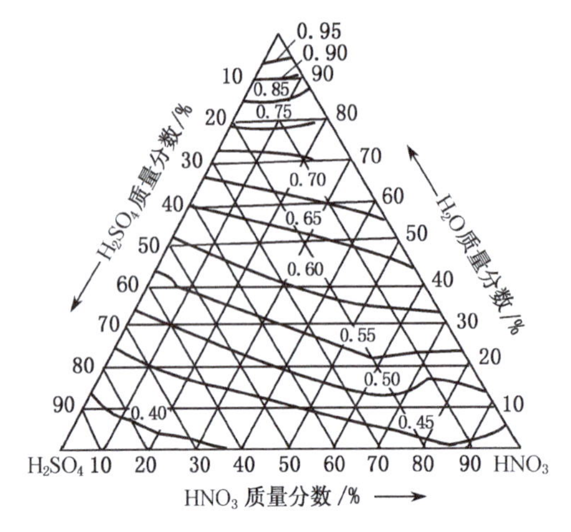

附录图 1　$HNO_3-H_2O-H_2SO$ 三元混合物在 (25 ±1) ℃时的比热容(4.184 kJ · kg^{-1} · $℃^{-1}$)

附录图 2　25 ℃下硝硫混酸的密度($g\cdot cm^{-3}$)

附录图 3 的用法：

图右边的斜直线表示混酸中硫酸浓度 w_S(%)与总酸度(%)(硫酸浓度 w_S(%)及硝酸浓度 w_N(%)之和)的比值，即 $x=\frac{w_S}{w_S+w_N}$。中间曲线表示混酸中水的浓度，即 w_W(%)。左边直线为混酸的稀释热(4.184 kJ · kg^{-1})。

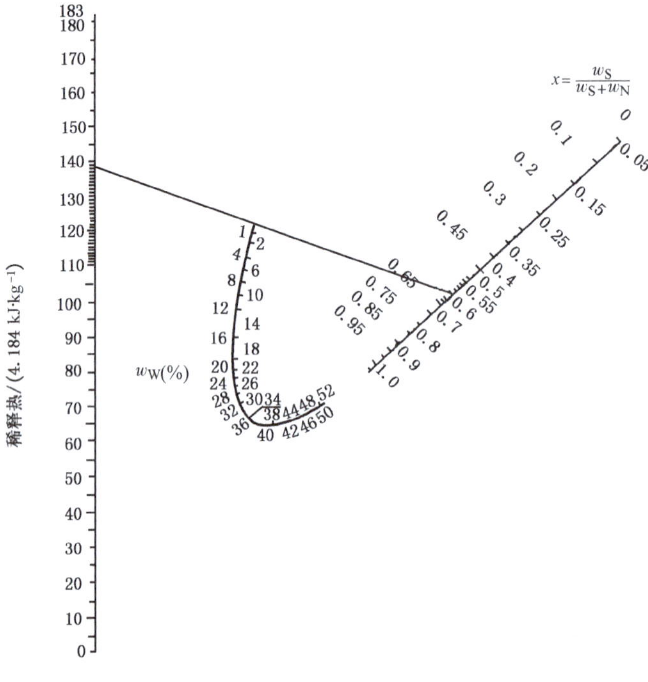

附录图 3　硝硫混酸稀释热

查图时，先算出 x 值，在右边斜直线上找出 x 值的点，再在中间曲线上找出混酸中水含量的点，然后将两点连成直线并延伸交于左边直线一点，此点所示的值，即为每千克混酸的稀释热。如含 H_2SO_4 50% 及 HNO_3 50% 的混酸的稀释热，由图查得为 $138\times4.184=577$ ($kJ\cdot kg^{-1}$)。

附录表 9　常见单质炸药及混合炸药组分的缩略语

缩略语	名称
ABS	丙烯腈－丁二烯－苯乙烯共聚物
ABH	偶氮双(2,2′,4,4′,6,6′－六硝基联苯)
Adiprene	一种液态聚醚型聚氨酯弹性体
ADN	二硝酰胺铵
ADNT	3,5－二硝基－1,2,4－三唑胺
AFC	加合物形成剂
AFNOL	2,2,8,8－四硝基－4,6－二氧－1,9－壬二醇和 4,4－二硝基庚二酰氯的缩聚物
AMMO	3－甲基－3－叠氮甲基氧丁环
AN	硝酸铵
ANFO	铵油炸药
AP	高氯酸铵
APCP	水合五氨络钴(Ⅲ)高氯酸盐
Aristowax	微晶石蜡
AS	丙烯腈－苯乙烯共聚物
ATC	乙酰柠檬酸三丁酯
AZOX	3－甲基氧丁环
BAMO	3,3－双(叠氮甲基)氧丁环
BBP	邻苯二甲酸丁苄酯
BCMO	3,3－二(氯甲基)氧丁环
BCP	邻苯二甲酸环己基丁基酯
BDNPA	双(2,2－二硝基丙醇)缩乙醛
BDNPAF	BDNPA 与 BDNPF(1∶1)的低共熔物
BDNPF	双(2,2－二硝基丙醇)缩甲醛
BL	γ－丁内酯
BLTNR	碱式三硝基间苯二酚铅
BNMO	双(3－硝酰氧甲基)氧丁环
BO	环氧丁烷

续表

BSK	1,7－二乙酰氧基－2,4,6－三硝基－2,4,6－三氮杂庚烷
BTF	六亚硝基苯或苯并三氧化呋咱
BTNEN	重(三硝基乙基)硝胺
BTTN	1,2,4－丁三醇三硝酸酯
BTX	5,7－二硝基－1－苦基苯并三唑
Cab－O－Sil	胶体二氧化硅
Carbowax	聚乙二醇蜡
CDS	醋酸丁基纤维素
CE	特屈儿（2,4,6－三硝基－*N*－硝基－*N*－甲基苯胺或2,4,6－三硝基苯甲硝胺）
CEF	三(β－氯乙基)磷酸酯
Colton	三聚氰胺－甲醛树脂中空微球
CP	环戊酮
CP	1－(5－氰基四唑)五氨络钴(Ⅲ)高氯酸盐
CS	硬脂酸钙
CT	5－氰基四唑
CTA	三醋酸纤维素
CTPB	端羧聚丁二烯
D炸药	苦味酸铵（2,4,6－三硝基苯酚铵）
DADN	1,5－二乙酰基－3,7－二硝基－1,3,5,7－四氮杂环辛烷(1,5－二乙酰基八氢化－3,7－二硝基－1,3,5,7－四吖辛因)
DADNE (FOX－7)	1,1－二氨基－2,2－二硝基乙烯
DAHNDB	二氨基六硝基联苯
DANNO	1,5－二乙酰基－3－硝基－7－亚硝基－1,3,5,7－四氮杂环辛烷(1,5－二乙酰基八氢化－3－硝基－7－亚硝基－1,3,5,7－四吖辛因)
DANP	1,3－二叠氮基－2－硝基－2－氮杂丙烷
DANPE (DIANP)	1,5－二叠氮基－3－硝基－3－氮杂戊烷
DATB	二氨基三硝基苯
DBP	邻苯二甲酸二丁酯
DBTDL	二月桂酸二丁基锡

续表

DCHP	邻苯二甲酸二环己基酯
DCNPE	1,5－二氯－3－硝基－3－氮杂戊烷
DDA	己二酸二癸酯
DDNP	二硝基重氮酚（4,6－二硝基－2－重氮基－1－氧化苯）
DECH	二乙烯环己烷
DEGDN	二乙二醇二硝酸酯
DEP	邻苯二甲酸二乙酯
DIAD	二异丙基偶氮二羧酸酯
DIDP	邻苯二甲酸二异癸酯
DINA	二乙醇硝胺二硝酸酯（吉纳）
DINGU	二硝基甘脲
DIPAM	2,2′,4,4′,6,6′－二氨基六硝基联苯;二苦酰胺
DMA	二甲基乙酰胺
DMF	二甲基甲酰胺
DMP	邻苯二甲酸二甲酯
DMSO	二甲基亚砜
DNDG	硝化二乙二醇（一缩二乙二醇二硝酸酯）
(DEGDN,DGDN,DEGN)	
DNMIMO	2－(二硝基亚甲基)－4,5－咪唑烷二酮
DNN	二硝基萘
DNNPE	1,5－二硝酰氧基－3－硝基－3－氮杂戊烷
DNOAF	3,3′－二硝基－4,4′－氧化偶氮呋咱
DNP	二硝基酚
DNPA	丙烯酸－2,2－二硝基丙酯
DNPN	4,4－二硝基戊腈
DNT	二硝基甲苯
DOA	己二酸二辛酯
DODECA	2,2′,2″,2‴,4,4′,4″,4‴,6,6′,6″,6‴－十二硝基联四苯
DOP	邻苯二甲酸二辛酯
DOS	癸二酸二辛酯
DOZ	壬二酸二辛酯
DPAP	二苯胺

续表

DPT	二硝基五亚甲基四胺
EAK	乙二胺二硝酸盐－硝酸铵－硝酸钾
ECH	环氧氯丙烷
EDD	乙二胺二硝酸盐
EDNA	乙二硝胺（*N*,*N*′－二硝基乙二胺）
EDNP	4,4－二硝基戊酸乙酯
EG	乙二醇
EGDN(GDN)	硝化乙二醇（乙二醇二硝酸酯）
Elavax	乙烯与醋酸乙烯酯共聚物
ENT	5－硝基四唑乙二胺
Estane	热塑性聚酯型和聚醚型聚氨酯弹性体
EVA	乙烯与醋酸乙烯共聚物
Exon	氯乙烯树脂（均聚物或共聚物）
F_{2311}	偏二氟乙烯和三氟氯乙烯(1∶1)共聚物
F_{246G}	偏氟乙烯、四氟乙烯及全氟丙烯共聚物
F_{2641}	偏二氟乙烯与全氟丙烯共聚物
F_4	聚四氟乙烯
FAE	燃料－空气炸药
FeAA	乙酰丙酮铁
FEFO	双(1－氟－2,2－二硝基乙醇)缩甲醛
FG	氟碳石墨
FI	感度系数
FM－1	一种混合的硝基缩甲醛
FPC461	氯乙烯与三氟氯乙烯共聚物
G	石墨
GAP	聚叠氮缩水甘油醚
GDN(EGDN)	乙二醇二硝酸酯
GUDN	*N*－脒基脲二硝酰胺
(FOX－12)	
HADN	乌洛托品二硝酸盐
HAIW	六乙酰基六氮杂异伍兹烷
HBIW	六苄基六氮杂异伍兹烷

续表

HCO(7507)	1,3,3,5,7,7－六硝基－1,5－二氮杂环辛烷
HEDE	高能量密度炸药
HEDM	高能量密度材料
Hexyl	2,2′,4,4′,6,6′－六硝基二苯胺(黑喜儿)
HHTTD	2,4,7,9,11,14－六硝基－2,4,7,9,11,14－六氮杂三环[8.4.0.0^{3,8}]十四烷－5,6,12,13－并双氧化呋咱（六硝基六氮杂三环十四环并双氧化呋咱）
HMD1	六亚甲基二异氰酸酯
HMX	奥克托今(1,3,5,7－四硝基－1,3,5,7－四氮杂环辛烷)
HN	硝酸肼
HNAB	六硝基偶氮苯
HNB	六硝基苯
HNBP	六硝基联苯
HNDB	六硝基联苄
HNDO	六硝基二苯醚
HNDPS	六硝基二苯硫
HNDPSO	六硝基二苯砜
HNDPU	六硝基二苯脲
HNE	六硝基乙烷
HNF	硝仿肼
HNHAA	六硝基六氮杂金刚烷
HNHAW	六硝基六氮杂伍兹烷
HNIW	六硝基六氮杂异伍兹烷
HNO	六硝基草酰苯胺
HNS	六硝基芪
HTPB	端羟聚丁二烯
HTTD	六氮杂三环十四烷并双呋咱二盐酸盐一水化物
Hycar－1572	丁二烯、丙烯腈与少量甲基丙烯酸的共聚物
Hycar－2600	丙烯酸乙酯、苯乙烯与丙烯腈的共聚物
K－56	2,5,7,9－四硝基－2,5,7,9－四氮杂双环[4.3.0]壬酮－8
Kel－F	三氟氯乙烯与偏二氟乙烯共聚物
KN	硝酸钾

续表

KP	高氯酸钾
Kratone	苯乙烯、亚乙基丁烯和苯乙烯的嵌段共聚物
Laminac	不饱和聚酯－苯乙烯树脂
LLM－105	2,6－二氨基－3,5－二硝基吡嗪－1－氧化物
LTNR	2,4,6－三硝基间苯二酚铅(斯蒂芬酸铅)
MAN	甲胺硝酸盐
MAPP	含35.9%丙炔、24.5%丙二烯、7.3%丙烯、18.5%丙烷与13.8%丁烷的混合物
MC	二氯甲烷
MDI	二苯基甲烷－4,4′－二异氰酸酯
MEDINA	甲二硝胺
MMAMA	甲基丙烯酸甲酯与丙烯酸甲酯的共聚物
MNT	一硝基甲苯
N－100	三官能团异氰酸酯
NC	纤维素硝酸酯(硝化棉)
NEPE	硝酸酯聚醚增塑的推进剂
NF	硝仿
NG	丙三醇三硝酸酯(硝化甘油)
NIBTN	硝基异丁基甘油三硝酸酯(2－羟甲基－2－硝基－1,3－丙二醇三硝酸酯或三羟甲基硝基甲烷三硝酸酯或硝基异丁三醇三硝酸酯或NIB－甘油三硝酸酯)
NIMO	3－硝酰氧基－3－甲基氧丁环
NLTNR	中性三硝基间苯二酚铅
NM	硝基甲烷
NMP	*N*－甲基－2－吡咯烷酮
NONA	九硝基联三苯
NP	硝基增塑剂
NPS	硝基聚苯乙烯
NPU	硝基聚氨酯
NQ	硝基胍
NTO	3－硝基－1,2,4－三唑－5－酮
ONC	八硝基立方烷

续表

ONT	2,2′,4,4′,4″,6,6′,6″ - 八硝基联三苯
PA	苦味酸(2,4,6 - 三硝基苯酚)
PADP	2,6 - 双(苦基偶氮) - 3,5 - 二硝基吡啶
PAP1	多亚甲基多苯基异氰酸酯
PAT	3 - 苦胺基 - 1,2,4 - 三唑
PBX	高聚物黏结炸药,塑料黏结炸药
PC	聚碳酸酯
PCL	多氯卵磷脂
PDADN	二叠氮基新戊二醇二硝酸酯
PDFNEA	聚丙烯酸 - 2,2 - 二氟 - 2 - 硝基乙酯
PDMS	聚二甲基硅氧烷
PE	聚乙烯
PENCO	2,2′,4,4′,6 - 五硝基二苯甲酮
PETN	太安(季戊四醇四硝酸酯)
PFDNEA	聚丙烯酸 - 2,2 - 二硝基 - 2 - 氟乙酯
PIB	聚异丁烯
PMMA	聚甲基丙烯酸甲酯
PN	硝酸钾
PPA	多磷酸
PPG	聚丙烯乙二酸
PS	聚苯乙烯
PTFE	聚四氟乙烯
PU	聚氨酯
PVA	聚乙烯醇
PVAC	聚乙烯乙酸酯
PVB	聚乙烯醇缩丁醛
PVC	聚氯乙烯
PVFO	聚乙烯醇缩甲醛
PVN	硝化聚乙烯醇(聚乙烯醇硝酸酯)
PYX	2,6 - 二苦胺基 - 3,5 - 二硝基吡啶
RDX	黑索今,环三亚甲基三硝胺
R - 盐	1,3,5 - 三氮 - 1,3,5 - 三亚硝基环己烷

续表

SA	硬脂酸,斯蒂芬酸,三硝基间苯二酚
Santa wax	烃蜡
SD33	硅橡胶
SN	硝酸钠
Stanolind wax	微晶烃蜡
Superla wax	不带支链的烷烃蜡
Sylgard	低温固化硅酮树脂
TAB	1,2,4－三叠氮丁烷
TACOT	四硝基二苯并－1,3a,4,6a－四氮杂戊搭烯(塔柯特)
TADA	四氮杂十氢化萘
TADBIW	四乙酰基二苄基六氮杂异伍兹烷
TADEIW	四乙酰基二乙基六氮杂异伍兹烷
TADFIW	四乙酰基二甲酰基六氮杂异伍兹烷
TAGN	硝酸三氨基胍
TAIW	四乙酰基六氮杂异伍兹烷
TAPE	四叠氮甲基甲烷
TAT	1,3,5,7－四乙酰基－1,3,5,7－四氮杂环辛烷(1,3,5,7－四乙酰基八氢化－1,3,5,7－四吖辛因)
TATB	三氨基三硝基苯
TBM	*N*,*N'*,*N''*－三(2－硝基苯并二氧化呋咱)三聚氰胺
TCEP	磷酸三(β－氯乙基)酯
TCP	磷酸三甲苯酯
TEGDN	硝化三乙二醇(二缩三乙二醇二硝酸酯或三甘醇二硝酸酯或太根)
Tetryl	特屈儿
TFAA	三氟醋酐
THF	四氢呋喃
TMETN	三羟甲基乙烷三硝酸酯(1,3－丙二醇－2－羟甲基－2－甲基三硝酸酯或甲基异丁三醇三硝酸酯或异戊三醇三硝酸酯或硝化戊甘油)
TNA	2,3,4,6－四硝基苯胺
TNAD	四硝基四氮杂十氢化萘(反式－1,4,5,8－四硝基－1,4,5,8－四氮杂十氢化萘)
TNAZ	1,3,3－三硝基氮杂环丁烷

续表

TNB	1,3,5－三硝基苯
TNBC	三硝基氯苄
TNC	1,3,5,7－四硝基立方烷或1,3,6,8－四硝基咔唑
TNCB	苦基氯(2,4,6－三硝基氯苯)
TNEF	双(三硝基乙醇)缩甲醛
TNEOC	四(2,2,2－三硝基乙基)原碳酸酯
TNEOF	三(2,2,2－三硝基乙基)原甲酸酯
TNETB	4,4,4－三硝基丁酸－2,2,2－三硝基乙酯
TNM	四硝基甲烷
TNAO	三硝基苯甲醚
TNO	四硝基草酰苯胺
TNN	四硝基萘
TNP	1,1,1,3－四硝基丙烷
TNPDU	2,4,6,8－四硝基－2,4,6,8－四氮杂双环[3.3.1]壬二酮－3,7(四硝基丙烷二脲)
TNT	2,4,6－三硝基甲苯
TNX	三硝基间二甲苯
TOP	磷酸三辛酯
TPB	1,3,5－三苦基苯
TPM	N,N',N''－三苦基三聚氰胺
TTP	磷酸三甲苯酯
Viton	一系列以全氟丙烯与偏二氟乙烯共聚物为基的弹性体
Viton A	一种以全氟丙烯与偏二氟乙烯共聚物为基的弹性体
W	蜡
662	1,3,5－三硝基－1,3,5三氮杂环己酮－2

附录表10　常见军用混合炸药代号及组成

代　号	组　成
A－3	91RDX/9合成蜡(质量分数,以下同)
A－4	97RDX/3钝感蜡
A－5	(98～99)RDX/(2～1)SA
A－589	86HMX/14PB
A－590	80.3HMX/5.9Al/13.8PB

续表

代　号	组　成
A－591	69HMX/17Al/14PB
A－592	57HMX/29Al/14PB
Amatol	(50～80)AN/(50～20)TNT
Ammonal	(22～54)AN/(67～30)TNT/(11～16)Al
Ammonite	$50NH_4NO_3/15Ca(NO_3)_2 \cdot 4H_2O$/25RDX/10PETN
A－Ⅸ－Ⅰ	95RDX/5 混合蜡
A－Ⅸ－Ⅱ	76RDX/4 混合蜡/20Al(片状)
A－Ⅸ－20	76RDX/(4.2～4.4)高熔点白蜡/(19.5～19.6)Al
Alex－20	44RDX/32TNT/20Al/4 蜡
Amatex－20	40AN/40TNT/20RDX
B 炸药	64RDX/36TNT；60RDX/40TNT/1.0 蜡(外加)；63 RDX/36TNT/1.0 蜡
B－2	60RDX/40TNT
B－4	60RDX/39.5TNT/0.5$CaSiO_3$
B－Ⅰ(钝感)	60RDX/40TNT/5 乳化蜡(外加)
B－Ⅱ(钝感)	55.2RDX/40.0TNT/1.2PIB/3.6 蜡
Baratol	$67Ba(NO_3)_2$/33TNT
Baranal	$50Ba(NO_3)_2$/35TNT/15Al
C 炸药	88.3RDX/11.7 非爆炸性增塑剂(含 0.6% 卵磷脂)
C－2	78.7RDX/12.0DNT/5TNT/2.7MNT/0.6NC/1.0 溶剂
C－3	77RDX/10DNT/5MNT/4TNT/3CE/1.0NC
C－4	91RDX/5.3DOP/2.1PIB/1.6 马达油
CH－6	97.5RDX/0.5PIB/1.5CS/0.5G
Cyclotol	(60～77)RDX/(40～23)TNT
DBX	21AN/21RDX/40TNT/18Al
Destex	74.7TNT/18.7Al/4.7 蜡/1.9G
Dithekite	液体炸药，其中一种配方为：24.4$C_6H_5NO_2$/62.6HNO_3/13H_2O
E－4	$44NH_4NO_3/10NaNO_3$/2 尿素/14Hexyl/30Al
Ednatol	30EDNA/70TNT
EL－506A	85PETN/15 黏结剂
EL－506C	63PETN/8NC/28.2ATC/0.8 草绿色染料
Extex	80PETN/20Sylgard 182
FXRNC－Ⅱ	63RDX/8.2ATC/20TMETN/8NC/0.8 草绿色染料/0.2DPA
H－6	(44～45)RDX/30TNT/(20～21)Al/(0～0.5) $CaCl_2$/5 D－2 钝感剂
HBX	40RDX/38TNT/17Al/5 D－2 钝感剂
HBX－1	40RDX/38TNT/17Al/5 D－2 钝感剂/0.5$CaCl_2$
HBX－3	31RDX/29TNT/35Al/5 D－2 钝感剂/0.5$CaCl_2$

续表

代　号	组　成
Hexal	69RDX/29Al/2(7.7EC/3.3DBP/1.3 中定剂)
HTA-3	49HMX/29TNT/22Al
Hexoplast75	75RDX/(3.6~3.8) TNT/20DNT(液)/(1.2~1.4) NC
Hexotol	60RDX/40TNT
KMA	40TNT/20DNN/30Hexyl/10Al
LX-01	33.2TNM/51.7NM/15.1(1-硝基丙烷)
LX-02-1	73.5PETN/17.6 异丁橡胶/6.9ATC/2.0SiO_2
LX-04	85HMX/15Viton A
LX-07	90HMX/10Viton A
LX-08	63.7PETN/34.3 硅树脂/2.0 SiO_2
LX-09	93HMX/4.6PDNPA/2.4FEFO
LX-10	95HMX/5Viton A
LX-11	80HMX/20Viton A
LX-14	95.5HMX/4.5Estane 5702-F_1
LX-17	92.5TATB/7.5Kel-F
Macarit	28TNT/72$Pb(NO_3)_2$
MC	57.6RDX/19TNT/17Al/6.4 卤蜡
Minol-2	40AN/40TNT/20Al
Mischpulver	83 黑火药/12$KClO_4$/5Al
MP	88PA/12 石蜡
Octol	(70~80) HMX/(30~20) TNT
PBX-9205	92RDX/6PS/2DOP
PBX-9010	90RDX/10Kel-F3700
PBX-9011	90HMX/10Estance 5740
PBX-9404	94HMX/3NC/3CEF
PBX-9407	94RDX/6Exon 461
PBX-9501	95HMX/2.5Estane/1.25BDNPA/1.25BDNPF
PBX-9502	95TATB/5 Kel-F800
PBX-9503	15HMX/80TATB/5 Kel-F800
PBX-9604	96RDX/4 Kel-F800
PBXN-1	68RDX/20Al/12 尼龙
PBXN-2	94.5HMX/5.5 尼龙
PBXN-3	86HMX/14 尼龙
PBXN-4	95DATB/5 尼龙
PBXN-5	95HMX/5Viton A
PBXN-101	82HMX/18Laminac

续表

代 号	组 成
PBXN－102	59HMX/23Al/18Laminac
PBXN－103	40AP/27Al/23TMETN/2.5TEGDN/6NC(球状)/1.32 乙基中定剂/0.2 间苯二胺
PBXN－104	93.5TATB/6.3 尼龙/0.2 邻苯二胺
PBXN－105	7RDX/4TNT/49.8AP/25.8Al/12.92(BDNPA/BDNPF)/3.13 端羟基聚环氧乙烷/0.34 三羟甲基丙烷/0.83 甲苯二异氰酸酯/0.17 苯基－β－萘胺/0.10 二月桂酸二丁基锡
Pentolite	(50～75)PETN/(50～25) TNT
Pentrinite	44PETN/4NC/52NG
Picratol	52D 炸药/48TNT
Plastrotyl	86TNT/10DNT(液) /0.3 胶棉/3.7 松节油
Plumbotol	70$Pb(NO_3)_2$/30TNT
PTX－1	30RDX/50CE/20TNT
PTX－2	(41～44)RDX/(28～33) TNT/(26～28) PETN
RX－02－AB	(75～80) PETN/(25～20) 硅橡胶
RX－03－AD	95TATB/5Etane－5720F
RX－04－AB	85HMX/15Viton A
RX－15	90PETN/8Exon 461 / 2DOP
RX－24－AA	95HMX/4.5Exon454/0.5G
RX－25－AA	22HMX/58AP/10Viton A/10Al
RX－27	80TACOT/20Viton A
RX－28－AM	90.3HMX/5.2HNS/4.5Estane
S－6	40TNT/30Hexyl/20 二硝基二苯胺/10Al
Tetrytol	(65～80) CE/(35～20) TNT
Torpex	41RDX/41TNT/18Al
Trialene	(50～80) TNT/(25～10) RDX/(25～10) Al
Trimonite	(88～90) PA/(12～10) 硝基萘
Tritonal	80TNT/20Al
Trojan	(23～27) 硝化淀粉/(31～25) AN/(36～40) $NaNO_3$/(1.5～2.5) 木炭/(0.5～1.5) 润滑油/(0.5～1.5) $CaCO_3$
TГA	60TNT/24RDX/16Al
TГAГ－5	60TNT/24RDX/16Al/5 卤蜡(外加)
TГAф－5	(37.5～40) TNT/(37～40.5) RDX/18Al/4 地蜡/0.1 尿素

参 考 文 献

[1]劳允亮,盛涤伦．火工药剂学[M]．北京:北京理工大学出版社,2011.

[2]覃光明,葛光学．含能化合物合成反应与过程[M].北京:化学工业出版社,2011.

[3]舒远杰,霍冀川．炸药学概论[M].北京:化学工业出版社,2011.

[4]吕春绪,等．炸药的绿色制造[M].北京:国防工业出版社,2011.

[5]金韶华．炸药理论[M].西安:西北工业大学出版社,2010.

[6]U. Teipel. 含能材料[M].欧育湘,译．北京:国防工业出版社,2009.

[7]Agrawal. J. P. High Energy Mateials[M]. Weinhein (Germany): Wiely-VCH Press, 2011.

[8]《中国化工百科全书》编辑委员会．中国化工百科全书(vol. 17)[M]. 北京:化学工业出版社,1997.

[9]张熙和,云主惠．爆炸化学[M]. 北京:国防工业出版社,1998.

[10]郑孟菊,等．炸药性能及测试技术[M]. 北京:兵器工业出版社,1990.

[11]Agrarval J. P. Some New High Energy Materials and Their Formulations for Specialized Applications[J]. prop., Explos., Pyrotech., 2005,30:316-328.

[12]欧育湘．太安[M]. 北京:兵器工业出版社,1993.

[13]《兵器工业科学技术辞典》编辑委员会．兵器工业科学技术辞典:火药与炸药[M]. 北京:国防工业出版社,1991.

[14]《国防科技名词大典》总编委会．国防科技名词大典:兵器[M]. 北京:航空工业出版社等,2002.

[15]董海山,周芬芬．高能炸药及其相关物性能[M]. 北京:科学出版社,1989.

[16]冯长根．热爆炸理论[M]. 北京:科学出版社,1992.

[17]《炸药理论》编写组. 炸药理论[M]. 北京:国防工业出版社,1982.

[18]《爆炸及其作用》编写组. 爆炸及其作用(上册)[M]. 北京:国防工业出版社,1982.

[19]Akhavan J. The Chemistry of Explosives[M]. Cambridge: Royal Society of Chemistry Information Sciences, 1999.

[20]Manelis G. B, Nazin G. M., Rubstov Yu. I. Thermal Decomposition and Combustion of Explosives and Propellants[M]. London: Taylor and Francis Group, 2003.

[21]孙荣康,魏运洋. 硝基化合物炸药化学与工艺学[M]. 北京:兵器工业出版社,1992.

[22]任特生. 硝胺及硝酸酯炸药化学与工艺学[M]. 北京:兵器工业出版社,1994.

[23]师昌绪. 材料辞典[M]. 北京:化学工业出版社,1994.

[24]周发歧．炸药合成化学[M]. 北京:国防工业出版社,1984.

[25]欧育湘．炸药分析[M]. 北京:国防工业出版社,1978.

[26]吕春绪．工业炸药理论[M]. 北京:兵器工业出版社,2003.

[27]《中国化工百科全书》编辑委员会. 化工百科全书(vol. 19)[M]. 北京:化学工业出版社,1999.

[28]金泽渊,唐彩琴．火炸药与装药理论[M]. 北京: 兵器工业出版社,1988.

[29]孙业斌,惠君明,曹欣茂. 军用混合炸药[M]. 北京:兵器工业出版社,1995.

[30]欧育湘．炸药分析[M]. 北京:兵器工业出版社,1994.

[31]国防科学技术工业委员会科学技术部．中国军事百科全书:炸药弹药分册[M]. 北京:军事出版社,1991.

[32]《中国大百科全书》总编辑部．中国大百科全书:化工卷及军事卷[M]. 北京:中国大百科全书出版

社,1987.

[33]Howe-Grant M. Encyclopedia of Chemical Technology, 4th Edition, vol. 10. New York: John Wiley &Sons, Inc., 1993.

[34]张熙和,丁来欣,朱广军. 炸药实验室制备方法[M]. 北京:兵器工业出版社,1997.

[35]欧育湘,刘进全. 高能量密度化合物[M]. 北京:国防工业出版社,2004.

[36]吕春绪. 硝化理论[M]. 南京:江苏科技出版社,1993.

[37]余从煊,温敬铨,欧育湘. 物理有机化学[M]. 北京:北京理工大学出版社,1991.

[38]欧育湘,杨志军. 物理与机理有机化学[M]. 北京:北京理工大学出版社,1992.

[39]Federoff B. T., Sheffield O. E. Encyclopedia of Explosives and the Related Items, vol. 1 – 7[M]. Dover(USA): Picatinny Arsenal, 1960—1975.

[40]Sheffield O. E., Kaye S. M. Encyclopedia of Explosives and the Related Items, vol. 8 – 10[M]. Dover(USA): Picatinny Arsenal, 1976—1983.

[41]欧育湘,周智明. 炸药合成化学[M]. 北京:兵器工业出版社,1998.

[42]戴隆泽,尹世英,陈跃坤. 炸药生产工艺设计[M]. 北京:兵器工业出版社,1996.

[43]乌尔班斯基 T. 炸药的化学与工艺学(vol. 3)[M]. 欧育湘,等,译. 北京:国防工业出版社,1976.

[44]奥尔布赖特 L. F. 工业与实验室硝化[M]. 欧育湘,等,译. 北京:化学工业出版社,1984.

[45]叶毓鹏,奚美虹,张利洪. 炸药用原材料化学与工艺学[M]. 北京:兵器工业出版社,1997.

[46]钟一鹏,等. 国外炸药性能手册[M]. 北京:兵器工业出版社,1990.

[47]李战雄. 呋咱和氧化呋咱系含能化合物的合成、结构及性能研究[D]. 北京:北京理工大学,2001.

[48]王建龙. 苯并氧化呋咱含能衍生物的合成、结构及性能研究[D]. 北京:北京理工大学,2004.

[49]《炸药实验》编写组. 炸药实验及波谱分析[M]. 北京:兵器工业教材编审室,1985.

[50]曹欣茂,李福平. 奥克托今高能炸药及其应用[M]. 北京:兵器工业出版社,1993.

[51]王乃兴. 高氮高密度含能化合物的合成[D]. 北京:北京理工大学,1993.

[52]叶玲. 叠氮磷化物的合成[D]. 北京:北京理工大学,1998.

[53]闫红. 叠氮含能化合物的合成及性能研究[D]. 北京:北京理工大学,1995.

[54]汤业朋,罗顺火,舒远杰,等. 2002 年火炸药技术及钝感弹药学术研讨会论文集[C]. 四川绵阳:《含能材料》编辑部,2002.

[55]Feng Changen. Theory and Practice of Energetic Materials(vol. V)[M]. Beijing/New York: Science Press, 2003.

[56]中国材料研究学会. 2002 年中国材料研讨会论文集[M]. 北京:中国材料研究学会出版部,2002.

[57]Agrawal J. P. R. D. Hodgson. Organic Chemistry of Explosives[M]. Chichester(UK): John Wiley & Sons, 2007.

[58]《混合炸药》编写组. 猛炸药的化学与工艺学(下册)[M]. 北京:国防工业出版社,1983.

[59]孙国祥. 高分子混合炸药[M]. 北京:国防工业出版社,1985.

[60]汪旭光. 乳化炸药[M]. 北京:冶金工业出版社,1986.

[61]吕春绪,刘祖亮,倪欧琪. 工业炸药[M]. 北京:兵器工业出版社,1994.

[62]王文佶,云主惠. 工业炸药[M]. 北京:兵器工业出版社,1993.

[63]汪旭光,聂森林,云主惠. 浆状炸药的理论与实践[M]. 北京:冶金工业出版社,1985.

[64]《兵器工业科学技术辞典》编辑委员会. 兵器工业科学技术辞典:火工品与烟火技术[M]. 北京:国防工业出版社,1991.

[65]劳允亮,黄浩川. 起爆药学[M]. 北京:国防工业出版社,1980.
[66]耿俊峰. 高能配位化合物高氯酸-2-(5-氰基四唑)五氨合钴(Ⅲ)的合成、结构及性能研究[D]. 北京:北京理工大学,1994.
[67]劳允亮. 起爆药化学与工艺学[M]. 北京:北京理工大学出版社,1997.
[68]Kubota N. Propellants and Explosives[M]. Weinheim(Germany):Wiley-VCH,2002.
[69]Akhavan J. The Chemistry of Explosives, 2nd Edition[M]. Cambridge(UK):The Royal Society of Chemistry,2004.
[70]Meyer R. Köhler J., Homburg A. Explosives, 5th Edition[M]. Weinheim (Germany):Wiley-VCH Verlag GmbH,2002.
[71]Cork J. R. The Chemistry and Characteristics of Explosive Materials[M]. New York: Vantage Press,2001.

索　引

0～9

A～Z

ε～ω

E

F

G

H

J

K

M

N

P

Q

R

S

T

Y

Z